W0267941

Ökonomische und soziologische Tourismustrends

Dominik Pietzcker · Christina Vaih-Baur
(Hrsg.)

Ökonomische und soziologische Tourismustrends

Strategien und Konzepte im globalen Destinationsmarketing

Hrsg.
Dominik Pietzcker
Berlin, Deutschland

Christina Vaih-Baur
Hochschule Macromedia
Stuttgart, Deutschland

ISBN 978-3-658-29639-1 ISBN 978-3-658-29640-7 (eBook)
https://doi.org/10.1007/978-3-658-29640-7

Die Deutsche Nationalbibliothek verzeichnet diese Publikation in der Deutschen Nationalbibliografie; detaillierte bibliografische Daten sind im Internet über http://dnb.d-nb.de abrufbar.

© Springer Fachmedien Wiesbaden GmbH, ein Teil von Springer Nature 2020
Das Werk einschließlich aller seiner Teile ist urheberrechtlich geschützt. Jede Verwertung, die nicht ausdrücklich vom Urheberrechtsgesetz zugelassen ist, bedarf der vorherigen Zustimmung des Verlags. Das gilt insbesondere für Vervielfältigungen, Bearbeitungen, Übersetzungen, Mikroverfilmungen und die Einspeicherung und Verarbeitung in elektronischen Systemen.
Die Wiedergabe von allgemein beschreibenden Bezeichnungen, Marken, Unternehmensnamen etc. in diesem Werk bedeutet nicht, dass diese frei durch jedermann benutzt werden dürfen. Die Berechtigung zur Benutzung unterliegt, auch ohne gesonderten Hinweis hierzu, den Regeln des Markenrechts. Die Rechte des jeweiligen Zeicheninhabers sind zu beachten.
Der Verlag, die Autoren und die Herausgeber gehen davon aus, dass die Angaben und Informationen in diesem Werk zum Zeitpunkt der Veröffentlichung vollständig und korrekt sind. Weder der Verlag, noch die Autoren oder die Herausgeber übernehmen, ausdrücklich oder implizit, Gewähr für den Inhalt des Werkes, etwaige Fehler oder Äußerungen. Der Verlag bleibt im Hinblick auf geografische Zuordnungen und Gebietsbezeichnungen in veröffentlichten Karten und Institutionsadressen neutral.

Planung/Lektorat: Angela Meffert
Springer Gabler ist ein Imprint der eingetragenen Gesellschaft Springer Fachmedien Wiesbaden GmbH und ist ein Teil von Springer Nature.
Die Anschrift der Gesellschaft ist: Abraham-Lincoln-Str. 46, 65189 Wiesbaden, Germany

Je weiter dein Weg,
Desto weniger Nachricht erhalte ich von dir.

Ujang Xiu, So fern bist du gereist (11. Jhdt.)

Geschwinde! Geschwinde!
Es teilt sich die Welle,
Es naht sich die Ferne;
Schon seh ich das Land!

Johann Wolfgang von Goethe,
Glückliche Fahrt (18. Jhd.)

Je mehr die Menschen in die weiten Länder reisen,
desto ähnlicher werden die Länder.

Aglaia Veteranyi, Wörter statt Möbel (21. Jhd.)

Vorwort

Dem Reisen hinterherschreiben und vorausdenken

Einem Buch über Tourismus, Destinationen und Reisen stellt sich ein Paradoxon besonderer Art. Während jede Reise stets ein Entwurf in die Zukunft, ein Sprung ins Offene ist, entpuppt sich das Schreiben notwendigerweise als Reflexion über das, was bereits eingetreten ist. Doch gerade die Zukunftsgerichtetheit des Reisens, der Vorsatz und die Hoffnung, etwas Ungewöhnliches zu erleben und die Langeweile der Gegenwart zu überwinden, gehört zu den stärksten Anreizen des Unterwegsseins: „Dich lockt der West mit seinen leichten Flügeln", schrieb Goethe im West-östlichen Divan. Jede Reise ist eine Verlockung und dadurch auch ein Risiko.

Das Risiko der Herausgeberschaft besteht darin, das gewählte Themenfeld nur partiell abzuschreiten. Wer viele Aspekte bietet, produziert noch längst kein sinnvolles Ganzes. Dieses Risiko war den Herausgebern bewusst. Daher unterliegt der gesamte Band einem einzigen Leitgedanken, nämlich der Frage: Was macht im Zeitalter der Globalisierung und der digitalen Erreichbarkeit noch den Reiz des Reisens aus? Oder anders gesagt: Was macht das Reisen speziell, jenseits seiner medialen Vorwegnahme?

Der vorliegende Band vereint Beiträge von über 30 Autorinnen und Autoren aus neun Ländern und vier Kontinenten. Soziologische und empirische Studien wechseln sich ab mit historischen Darstellungen, kulturwissenschaftlichen Überlegungen und der Darstellung aktueller Trends im globalen Geschäft des Tourismus. Nischen und Mainstream, All-inclusive und individuelle Reiseangebote, Städte- und Naturerlebnis, die bunten Facetten touristischer Möglichkeiten werden gleichermaßen ausgeleuchtet. Breiten Raum nehmen die Darstellungen und Porträts von Einzeldestinationen ein – Länder, Städte und Regionen in Europa, Asien und Afrika. Aber auch die wichtigsten technologischen und medialen Trends finden Berücksichtigung, vor allem die Frage, wie die Digitalisierung der Kommunikation das Marketing der Tourismusbranche verwandelt hat.

Doch es geht nicht nur um positive Potenziale. Auch die wesentlichste Limitation des Tourismus, seine ökologischen, gesundheitlichen und kulturellen Grenzen, werden im vorliegenden Band diskutiert. *Overtourism* ist nicht nur in Venedig und Luzern längst Realität und wirft einige grundsätzliche Fragen zur Massenmobilität auf. Ähnlich verhält es sich mit den ökologischen Kollateralwirkungen des Tourismus, die sich nicht länger ausblenden lassen. Eine detaillierte Darstellung des Impacts von Covid-19 auf die Tourismusbranche bleibt späteren Publikationen vorbehalten.

Besonderen Wert legten die Herausgeber auf die praktische Perspektive. Etliche Interviews mit Branchenexperten, Managerinnen und Tourismusrepräsentanten wurden geführt. Sie geben einen lebendigen Einblick in die Aspekte, Aufgaben und Herausforderungen von Einzeldestinationen, in die Eigenarten typischer Reisemilieus sowie in spezialisierte Branchen.

Der vorliegende Band gliedert sich in vier Teile. Der erste Teil gibt Aufschluss über soziologische, historische und ökonomische Hintergründe des Reisens. Internationale Trends und Einzelmarktanalysen werden hier ebenso dargestellt wie kulturwissenschaftliche Überlegungen und historische Spezifika des Reisens wie etwa die Grand Tour im 18. Jahrhundert oder der aufkommende Massentourismus im 20. Jahrhundert.

Im zweiten Teil werden globale und regionale Aspekte des Tourismus anhand konkreter Destinationen diskutiert. Wie verändern chinesische Touristen die Baikalregion Russlands? Gelingt es Aserbaidschan und seiner Hauptstadt Baku, sich als Destination im Luxussegment zu positionieren? Kann sich Moldawien als osteuropäisches Reiseziel etablieren? Oder auch: Hat Shoppingtourismus noch Zukunft? Dies sind nur einige der typischen Fragen in diesem Teil.

Im dritten Teil kommen ausschließlich Expertinnen, Branchenrepräsentanten und Tourismusmanagerinnen zu Wort. Sie geben Einblick in die Besonderheiten ihres jeweiligen touristischen Segmentes. Das Spektrum reicht vom Spezialanbieter für Studienreisen oder Kreuzfahrten bis hin zum Vertreter exotischer Destinationen. Ebenfalls wird der Frage nachgegangen, ob Tourismus auch als Beitrag zum erfolgreichen Nation Branding verstanden werden kann.

Der vierte und letzte Teil widmet sich schließlich den medialen Ausprägungen von Tourismus und Mobilität. Es geht um Informationstechnologien, digital getriebene Geschäftsmodelle, mobile und responsive Kommunikationsimpulse, aber auch um das klassische Beratungsgeschäft für die Individualreise, welches zumindest im Hochpreissegment bemerkenswert stabil ist.

Der globale Tourismus und mit ihm einzelne Destinationen sind schon immer verwundbare und überraschend instabile ökonomische und ökologische Systeme, die leicht durch Terrorakte, Naturkatastrophen, infrastrukturelle Zusammenbrüche oder, wie erst jüngst, durch Gesundheitsrisiken aus dem Gleichgewicht gebracht werden können. Diese krisenhaft-temporären Erscheinungen bleiben in diesem Band jedoch unberücksichtigt, da sie in das Feld des staatlichen Krisenmanagements und der politischen Entscheidungen fallen. Die rapide Verbreitung eines Infekts und in unmittelbarer Konsequenz der weltweite Zusammenbruch touristischer Märkte zeigen allerdings die dunkle Seite der globalen und individuellen Mobilität.

Reisen, Tourismus und Destinationsmarketing bleiben ein unerschöpfliches Themenfeld. Dennoch wollten die Herausgeber mehr als nur *ein* Schlaglicht auf die ökonomischen und soziokulturellen Bedingtheiten der Reisebranche und ihre momentanen Manifestationen werfen. Aus dem Prisma unterschiedlicher Perspektiven zum Thema Reisen und Tourismus ergibt sich eine klare und unmissverständliche Botschaft. Auch unter den neuen ökologischen Limitationen gehört das Reisen zu den großen und unabdingbaren Erfahrungen menschlichen Lebens. Insofern lässt sich dieser Band auch als Einladung zur nächsten Reise lesen.

Christina Vaih-Baur
Dominik Pietzcker

Stuttgart
Berlin
im Frühjahr 2020

Inhaltsverzeichnis

Teil IV Nische und Mainstream – Mediale Ausprägungen von Mobilität und Tourismus

Teil I

Soziologische, ökonomische und historische Hintergründe des Reisens

Tourismuspsychologie und -soziologie – Zur Aktualität einander ergänzender Perspektiven

1

H. Jürgen Kagelmann und Walter Kiefl

Zusammenfassung

Das touristische Reisen wird im Folgenden aus einer soziologischen und psychologischen Perspektive in Verbindung mit den Ergebnissen sozial- und kulturwissenschaftlicher Forschung beleuchtet. Hierbei werden sowohl Reisemotive als auch Wandlungsprozesse im Tourismus durch veränderte Rahmenbedingungen und Wertewandel sowie aktuelle Tourismusphänomene dargestellt. Dabei soll explizit zwischen Reisen und Tourismus differenziert werden. In Anlehnung an eine schon vor längerer Zeit eingeführte Abgrenzung soll daher unter „Reisen" das aus verschiedenen existenziellen Gründen und Motiven (z. B. Nahrungssuche, Flucht vor Verfolgung, Ausbildung, Arbeit) veranlasste, meist organisierte, einem Plan folgende, ohne zeitliche Beschränkungen stattfindende und somit zweckgerichtete Sich-Fortbewegen vom bisherigen Zuhause verstanden werden. „Tourismus" ist dagegen das Reisen aus nicht-existenziellen Motiven (z. B. Unterhaltung, Vermeidung von Langeweile, Befriedigung von Neugierde, Spaß haben), was primär aus der Motivation zur Gewinnung von „Differenzerfahrungen" (Suche nach Kontrast zum gewohnten Alltag) geschieht. Die nachstehenden Ausführungen beziehen sich ausschließlich auf das touristische Reisen.

H. Jürgen Kagelmann · W. Kiefl (✉)
München, Deutschland
E-Mail: mentalibre@gmx.de

H. Jürgen Kagelmann
E-Mail: jkagelmann@gmx.de

© Springer Fachmedien Wiesbaden GmbH, ein Teil von Springer Nature 2020
D. Pietzcker und C. Vaih-Baur (Hrsg.), *Ökonomische und soziologische Tourismustrends*,
https://doi.org/10.1007/978-3-658-29640-7_1

1.1 Tourismuspsychologie und Tourismussoziologie als angewandte, problemlösende Sozialwissenschaften

In den angewandten Sozialwissenschaften geht es um eine Transformation der entsprechenden Grundlagenwissenschaften – hier Soziologie und Psychologie – bzw. ihrer Begriffe, Konzepte, Theorien und Methoden zur Erfassung, Bearbeitung und Lösung von *Problemen,* die für ein bestimmtes Fachgebiet – hier Freizeit, Tourismus und Urlaub – eine Rolle spielen. Um das Reiseverhalten und seine Veränderungen zu begreifen, ist es wichtig, sowohl nach den jeweiligen gesellschaftlichen und kulturellen Gegebenheiten als auch den damit in Wechselwirkung stehenden Motiven zu fragen. Die wesentlichen Schritte dazu sind:

a. eine exakte Beschreibung und Analyse des Problems;
b. die „Übersetzung" der als wesentlich betrachteten Faktoren und Prozesse in die soziologische bzw. psychologische Begrifflichkeit;
c. die Heranziehung entsprechender Erkenntnisse aus den sozialwissenschaftlichen Grundlagendisziplinen;
d. die kontinuierliche Überprüfung, inwieweit die daraus gezogenen Folgerungen für die Problembearbeitung sinnvoll sind;
e. ggf. eine Revision von Lösungsvorschlägen.

Das Anliegen der *Tourismussoziologie* besteht darin, gesellschaftliche Ursachen und die davon geprägten unterschiedlichen Erscheinungsformen touristischer Mobilität, deren Verbreitungsgrad sowie die gesellschaftlichen Voraussetzungen, Rahmenbedingungen, Strukturen, Wirkungen und Funktionen des Tourismus zu analysieren. Ihr Interesse gilt somit der Entwicklung und dem Wandel touristischen Geschehens (z. B. gesellschaftlicher Stellenwert des Reisens, Wandel von Urlaubs- und Reiseformen, Entwicklung und Wirkungen der Tourismusindustrie) sowie deren Veränderungen als auch der Beschreibung und Analyse der sozialen Prozesse zwischen Reisenden, Bereisten und den im Tourismus Beschäftigten in Abhängigkeit von gesellschaftlichen, demografischen, wirtschaftlichen, politischen Faktoren bzw. Entwicklungen und unter Einbeziehung kultureller Werthaltungen. Im Unterschied zur wertenden Kulturkritik des Massentourismus (z. B. Enzensberger 1958) zielt die Tourismussoziologie auf eine vorurteilsfreie Bestandsaufnahme der Formen und Bedingungen touristischen Reisens ab, wobei sie sich der Methoden und Techniken quantitativer und qualitativer Sozialforschung bedient (Vester 1993a, S. 37).

Im Unterschied dazu stehen bei der *Tourismuspsychologie* Wahrnehmen, Erleben und Verhalten sowie die Motivationen der am Tourismus Beteiligten im Vordergrund. Besonders in den anglo-amerikanischen Ländern sind seit den 1950er/1960er Jahren wichtige theoretische wie empirische tourismuspsychologische Arbeiten entstanden. Sie sind von erheblicher praktischer Bedeutung, so etwa Fragen nach den psychischen Kosten und Profiten des Reisens, nach Konflikten, psychischen Barrieren und Problemen zwischen

Touristen und der Bevölkerung. Weitere Themen sind die Chancen und Schwierigkeiten interkultureller Kommunikation, die therapeutischen Wirkungen touristischen Reisens, die Herausbildung, Festigung und Modifizierung von Stereotypen, das Zustandekommen von Reiseentscheidungen, Prozesse der Wahrnehmung und Verarbeitung von Reiseeindrücken oder die Untersuchung von Reisemotiven und ihrer Veränderungen in Abhängigkeit von gesellschaftlichen Prozessen.

Ungeachtet der großen wirtschaftlichen Bedeutung des Tourismus ist eine entsprechende Grundlagenforschung in Deutschland – wo die betriebswirtschaftliche Betrachtungsweise und die Untersuchung geografischer Auswirkungen überwiegen – immer noch vergleichsweise wenig etabliert. Das ist vor allem deshalb ein Mangel, weil oft die Perspektiven der handelnden Personen, d. h. der Touristen und der mit ihnen interagierenden Personen bzw., soziologisch gesehen, Rollenträger vernachlässigt oder nur beschränkt auf ökonomisch handelnde Subjekte gesehen werden. Sozial- und kulturwissenschaftliche Tourismusthemen wurden lange Zeit nur marginal im Rahmen der Freizeitsoziologie und -psychologie bearbeitet. Viele Impulse einer stärker sozial- und kulturwissenschaftlich sowie psychologisch ausgerichteten Tourismusforschung/-wissenschaft sind vom 1961 gegründeten Studienkreis für Tourismus, Starnberg, ausgegangen. Heute ist die sozialwissenschaftlich orientierte Beschäftigung mit Tourismus, Urlaub und Reisen im deutschen Sprachraum nur an wenigen universitären Orten festgemacht, z. B. Eichstätt, Innsbruck, Lüneburg, Salzburg.

Soweit eine unmittelbare wirtschaftliche Anwendbarkeit ersichtlich war, haben sich lange Zeit in erster Linie Konsum-, Marketing- und Werbepsychologie mit dem Tourismus befasst. Häufig stellt sich bei tourismussoziologisch bzw. tourismuspsychologisch angelegten Analysen aber heraus, dass sich deren Problemsicht und Lösungsvorschläge nicht mit der – im Vergleich dazu engeren – Betrachtungsweise des Tourismusmarketings vereinbaren lassen. Typisch dafür ist das Thema touristische Überbeanspruchung oder „Overtourism“[1]. Bei diesem aktuell vieldiskutierten, meist recht kritisch betrachteten und vermeintlich neuem Phänomen des Massentourismus wird deutlich, dass gesamtgesellschaftlichen Veränderungen, z. B. warum immer mehr Menschen reisen, dass touristisches Reisen vielfältiger geworden ist, und die Gründe dafür immer noch wenig Berücksichtigung finden. Eine sozialwissenschaftliche Betrachtungsweise geht von den veränderten Rahmenbedingungen aus: In der modernen (Freizeit-)Kultur hat Reisen bzw. „Urlaub machen“ einen anderen, wesentlich höheren Stellenwert als noch vor wenigen Jahrzehnten: Einmal ist es in den schon „reisegewohnten“ europäischen und US-amerikanischen Populationen zu einem Bedeutungsverlust bzw. einer Ausdifferenzierung

[1]Der Begriff Overtourism wurde nicht innerhalb der Tourismuswissenschaften entwickelt, sondern ist eine Erfindung der US-amerikanischen Marketingzeitschrift Skift vom Juni 2016; auch die erste Definition stammt aus dieser Marketingfabrik (Rafat 2018). Da die Bezeichnung Overtourism bzw. „Übertourismus“ u. E. wenig sinnvoll ist, sollten für dieses Phänomen besser die Begriffe „touristische Überbeanspruchung“ oder „touristische Überbelastung“ verwendet werden.

traditioneller Motive wie „neue Erfahrungen machen“, „sich erholen“, „sich weiterbilden“, „etwas für die Gesundheit tun“ etc. gekommen: „Unterhaltung“, „demonstrativer Konsum“, „Selbstinszenierung“, „Selbstoptimierung“, „Erlebnisse“, die Erfüllung allgemeiner und/oder bezugsgruppenspezifischer Erwartungen und die Orientierung an vorgegebenen und schnell wechselnden Trends spielen – zumindest in den vielfach als Meinungsführer geltenden kaufkräftigen und zeitgeistkonformen Schichten bzw. Subkulturen auch im Hinblick auf das Reisen eine immer größere Rolle. Zum anderen haben immer mehr Menschen – besonders in den neuen Industrienationen und in den Schwellenländern – die westliche Wertschätzung des touristischen Reisens übernommen. Da sie zu einem großen Teil auch über die finanziellen Möglichkeiten dazu verfügen, praktizieren sie es auch mit manchen kultur- und länderspezifischen Nuancen, wobei nicht a priori davon ausgegangen werden kann, dass die „westlich“ anerkannten Reisemotive (Neugier, Erholung, Bildungserweiterung u. a.) gleichermaßen auch für sie gelten.

1.2 Reisemotivationen

Das größte Problem heute – und auch schon früher – ist die Erklärung des Phänomens, *warum* Menschen überhaupt verreisen wollen. Dafür gibt es Dutzende von Theorien und Hunderte vorgeschlagener Motive. Diese Reisemotive lassen sich verschieden einteilen, z. B. in extrinsische und intrinsische (Reisen zur Erfüllung nicht notwendigerweise damit verbundener Bedürfnisse vs. Reisen als Selbstzweck), manifeste und latente, oder „Hin zu“- und „Weg von“-Motive. Die beliebte Auflistung von Motiven, z. B. für Befragungen, ist nicht unproblematisch:

Grundsätzlich wird heute – im Unterschied zu früher – betont, dass Urlauber mit *einer* Reise in der Regel *mehrere Motive gleichzeitig* verfolgen: Man will sowohl abschalten und sich entspannen als auch sich vergnügen und sich körperlich betätigen usw. Damit sind arithmetische Angaben über die Beliebtheit von *einzelnen* Reisemotiven nur eingeschränkt aussagekräftig.

Die konnotative Bedeutung der Motivkategorien hat sich seit Beginn ihrer regelmäßigen Erfassung, d. h. seit ca. 1971, geändert und verändert sich weiter. So wird heute unter „Erholung“ mehr und teilweise anderes verstanden als in den 1970er Jahren, was Vergleiche mit früher nicht einfach macht.

Infolge des gesellschaftlichen Wertewandels haben sich neuere hedonistische Freizeitwerte wie Selbstverwirklichung, Lebensgenuss, Spaß und Geselligkeit entwickelt, die es in den teilweise mehrere Jahrzehnte alten Auflistungen nicht gegeben hat.

Vielfach wird in der Diskussion der „führenden“ Motive bei Vergleichen der 1970er mit den 2010er Jahren übersehen, dass Befragte heute immer wesentlich mehr Motive angeben als ihre Pendants früher – was auch den Vergleich eines einzelnen Motivs über die Jahre hinweg wenig sinnvoll erscheinen lässt[2].

Schließlich: Motive sind dem allgemeinen wissenschaftlichen Verständnis nach Konstrukte, also Bezeichnungen für Gegenstände, die erst durch menschliches Denken konzipiert und existent werden (Endruweit 2002, S. 544), also Hilfsmittel zur Beschreibung von Erscheinungen, die nur aus Daten erschlossen werden können und sich *nicht* unmittelbar beobachten und erfragen lassen.

Bei den Gründen für das Reisen werden vor allem besonders drei Motive immer wieder genannt:

1. **Verreisen als Glückssuche:** Als ein grundlegendes Motiv für das freiwillige, intrinsisch motivierte Verreisen wird vielfach die Suche nach „Glück“ genannt. Diese Annahme ist mehr als problematisch: Unterschätzt wird der subjektive Charakter, d. h., dass vermutlich so viele Vorstellungen von Glück existieren, wie es Menschen gibt, und dass sich diese Vorstellungen bei jedem andauernd ändern können. Der scheinbar einleuchtende Begriff des „Glücks“ entzieht sich aufgrund seiner Abhängigkeit von rasch wechselnden individuellen Befindlichkeiten und Bewertungen, die weitgehend von gesellschaftlichen Vorgaben determiniert und modifiziert sind, einer allgemeinen Festlegung und messbaren Erfassung. Existierende, von starkem Unterhaltungscharakter geprägte Befragungsergebnisse erfassen eigentlich nur die „Zufriedenheit“ mit Urlaubsangeboten. Weiterhin ist es eine Illusion, dass die mittels der gängigen Umfrageforschung erhaltenen Antworten bzw. deren Verteilungen die Art und Häufigkeit dieser Motive korrekt abbilden, denn die leicht abfragbaren Angaben für die Gründe (Motive) touristischen Verreisens unterliegen sehr häufig einer *Verzerrung* durch den Faktor *„soziale Erwünschtheit“* (LaPiere 1934), indem sich Befragte häufig bewusst oder unbewusst daran orientieren, was sie als gesellschaftlich positiv bewertet oder zumindest akzeptiert ansehen.
2. **Verreisen als temporäre Flucht aus dem Alltag:** Praktikabler ist die Unterscheidung von *„Hin zu-“ („Pull-“)* und *„Weg von-“ („Push-“)-Motiven,* wobei schon der französische Philosoph und Moralist Michael Eyquem Montaigne (1533–1592) fand, dass Letztere oft leichter erkennbar sind als Erstere: *„Wenn man mich fragt, warum ich reise, antworte ich: Ich weiß wohl, wovor ich fliehe, aber nicht, wonach ich suche.“* Darin spiegeln sich zwei sozialpsychologische Dispositionen wider. Während sich „Hin zu-“Motive – man ist auf ein bestimmtes Ziel hin orientiert, z. B. eine Destination oder Reiseart – im Neugier- und Explorationsverhalten manifestieren, steht hinter den „Weg von“-Motiven der Wunsch, dem Alltag

[2]Die Daten der seit 1971 alljährlich erhobenen Reiseanalyse basieren auf einer Listenvorgabe mit Möglichkeiten der Mehrfachnennung, z. B. „Worauf kam es Ihnen bei ihrer (Haupt-)Urlaubsreise (im Jahr …) eigentlich hauptsächlich an? Hier habe ich einige Vorgaben, bitte kreuzen Sie alle zutreffenden Nennungen an!“.

und dem gewohnten sozialen Milieu und den damit verbundenen sozialen Zwängen zumindest für begrenzte Zeit zu entfliehen: z. B. in „künstliche", d. h. touristisch aufbereitete/optimierte, „inszenierte" Erlebniswelten, All-inclusive-Anlagen, Ferienclubs, Spaßbäder, Wellnesseinrichtungen usw.

3. **Reisen als Wunsch nach Differenzerfahrung:** Je anstrengender, unerfreulicher, eintöniger, bedrohlicher oder sinnloser der Alltag empfunden wird, desto mehr nimmt das Bedürfnis nach einem zeitweiligen Ausbruch, einer „Auszeit", in tourismuswissenschaftlicher Perspektive nach einer „Differenzerfahrung", zu. Hintergründe sind etwa die mit dem Aufkommen des Neoliberalismus spürbare Verschlechterung des gesellschaftlichen Klimas seit den 1990er Jahren, die Renaissance überwunden geglaubter Irrationalitäten und der schleichende Abbau vormals erreichter Frei- und Gleichheiten, weiterhin die Unbehagen und Angst erregende Existenz globaler Krisen, politischer Konflikte und Kriege. Der Hintergrund für die Suche nach Differenzerfahrungen kann aber auch eine Art Sinnkrise sein: Die zur Verfügung stehende Zeit kann für viele nicht anders gefüllt werden als durch das „ständige" Reisen. Mit anderen Worten: Es geht um Unterhaltung und „Zeit totschlagen", also um die Bewältigung von Langeweile.

1.3 Wandlungsprozesse im Tourismus durch veränderte Rahmenbedingungen und Wertewandel

Gewöhnlich werden Probleme im Tourismus dem Tourismusmarketing und Tourismusmanagement überlassen So lautet z. B. eine charakteristische Aussage: „Overtourismus gibt es nicht, es gibt nur Undermanagement". Soziologische und psychologische Erkenntnisse machen jedoch deutlich, dass viele Lösungsvorschläge, z. B. den Zugang zu den stark frequentierten Zielen zu reglementieren und gleichzeitig durch Werbung und Anreize andere Ziele aufzuwerten, wenig erfolgversprechend sind, solange die gesellschaftlichen Rahmenbedingungen und die Motive der Besuchswilligen unberücksichtigt bleiben. Erst wenn Kenntnisse über soziale und kulturelle Bedeutungen des Reisens bzw. bestimmter Reiseformen und die Beweggründe der Reisenden bestehen, ist es sinnvoll, sich über Maßnahmen zum Tourismusmanagement der von einer touristischen Überbeanspruchung betroffenen Orte, etwa Venedig, Dubrovnik, Barcelona, Palma de Mallorca etc., oder Attraktionen Gedanken zu machen.

Dass der Tourismus nicht nur Nutzen, Vorteile und Gewinne aufweist, sondern immer auch Probleme mit sich bringt, psychische, soziale und andere Kosten, sowie Umweltbelastungen, zeigt sich derzeit im gesellschaftlichen Diskurs zur touristischen Überbeanspruchung.

Die aktuelle Situation des touristischen Reisens wird von demografischen, ökonomischen, technischen, sozio-kulturellen und sozialpsychologischen Rahmenbedingungen mitbestimmt:

a. **Allgemeine Zunahme der Mobilität:** Es reisen weltweit jedes Jahr mehr Menschen als früher,[3] was zum einen vor allem auf die gestiegenen Einkommen, also mehr verfügbare Mittel für den Urlaubskonsum, und ein Mehr an Freizeit in den traditionellen und aufstrebenden Industrienationen (besonders Südostasiens) zurückzuführen ist, zum anderen auf veränderte Motivationen im gesellschaftlichen Kontext.
b. **Expliziter Konsumcharakter:** Reisen ist ein hoher allgemeiner kultureller Wert geworden, d. h., es ist nicht mehr ein Ausnahmeerlebnis, sondern – für ca. 3/4 der Deutschen über 14 Jahre[4] – eine Selbstverständlichkeit. Damit findet Reisen vergleichbar dem Erwerb anderer Konsumgüter als Konsumprodukt statt und hat – so Michael Butler, Chef des Verbands Internet Reisevertrieb VIR – „an Magie verloren" (http://www.fr.de/wirtschaft/reisen-magie-verloren-11050991.html).
c. **Signifikanter Preisverfall:** Reisen ist vor allem aufgrund der Entwicklung moderner Verkehrsmittel und neuer Geschäftsmodelle, z. B. „No frills"-Flugtarife, billigere Kreuzfahrten, nun auch für ein breites Publikum erschwinglich geworden.[5]
d. **Medienpräsenz:** Reisen sind ein zentrales Thema der traditionellen und sozialen Medien geworden. Sie sorgen sowohl für die Verstärkung des allgemeinen Interesses als auch für das das Setzen von Trends.

1.3.1 Zunahme des Reisens als Zeichen gesellschaftlichen Wertewandels

Heutiges Reisen- und insbesondere die quantitative Zunahme von touristischen Reisen- lässt sich als Ausdruck eines bemerkenswerten *Wertewandels* innerhalb der letzten drei Jahrzehnte auffassen. Damit ist gemeint, dass sich zentrale Überzeugungen

---

[3]Gemäß der BAT-Tourismusanalyse waren 2018 „rund zwei Drittel der Deutschen im vergangenen Jahr im Urlaub verreist, enorme 4 % mehr als 2017". Allerdings hat sich die durchschnittliche Reisedauer weiter verringert; von 13 Tagen (2017) auf 12 Tage (2018). Das bedeutet aber kein Ende der Reiselust „… fast jeder zweite Deutsche ist sich schon jetzt sicher, in diesem Jahr (2019) zu verreisen und jeder achte plant sogar zwei oder mehr Urlaube (…) „lediglich 17 % der Bürger sagen, dass sie 2019 nicht in den Urlaub fahren werden." Weitere Ergebnisse der Analyse: Die Reiseintensität hat in allen Altersgruppen zugenommen, am stärksten in der Gruppe der über 55-Jährigen und ganz besonders in der Gruppe der 65- bis 74-Jährigen. Deutschland war 2018 weiterhin das beliebteste Reiseziel der Deutschen (34 %), gefolgt von Spanien, Italien und Österreich. Jeder achte Deutsche unternahm eine Reise außerhalb Europas (Ulrich 2019).

[4]Dabei ist zu berücksichtigen, dass es soziodemografisch definierte Gruppen gibt und geben wird, die aus Mangel an Geld, Zeit, Gesundheit und/oder Mobilität nicht in der Lage sind, dies aber gern tun würden. Es scheint, dass sich 14 % der Deutschen keinen einwöchigen Urlaub leisten können; darunter vor allem Alleinerziehende (Infographik. Viele Europäer können sich keinen Urlaub leisten. (Statista 2019)).

[5]In diesem Zusammenhang wird häufig von einer „Demokratisierung des Reisens" gesprochen, was ebenso ideologisch wie falsch ist.

einzelner Personen oder gesellschaftlicher Gruppen mit hoher normativer Relevanz („Muss-Charakter") verändern. Zur besseren Veranschaulichung bzw. Vereinfachung von Wandlungsvorgängen werden dabei häufig Epochen oder Gesellschaftstypen einander gegenübergestellt, z. B. „traditionell" vs. „modern" oder „modern" vs. „postmodern". Die Brauchbarkeit des ursprünglich aus der Architekturtheorie stammenden Begriffs der „Postmoderne"[6] für eine Vielzahl zeitgenössischer Kulturerscheinungen, die sich als Weiterentwicklung oder Überwindung der „Moderne" verstehen, ist jedoch umstritten, u. a., weil es zwangsläufig zur Frage führt, was nach der Postmoderne kommt, und weil eine derart grobe Typisierung bzw. Dichotomie („Moderne" vs. „Postmoderne") für weiterführende Analysen nicht unbedingt hilfreich ist. Unbestritten ist jedoch, dass es in den letzten vierzig bis fünfzig Jahren zu einem wahrnehmbaren Wertewandel gekommen ist.

In den Theorien des Wertewandels spielen Gruppen von zentralen Werten einer Gesellschaft eine Rolle, z. B. materialistische vs. postmaterialistische Werte (Inglehart 1989), „Pflicht- und Akzeptanzwerte" vs. „Selbstentfaltungswerte" (Klages 1985, 2001) oder gemeinschaftsorientierte Werte vs. individuell-subjektive Werte, wobei die jeweils letztgenannte Kategorie zukünftig im Zunehmen begriffen sein soll. So zeigen z. B. viele Befragungen, dass bei jüngeren Menschen, die der Generation Millennium oder Generation Z angehören, mit höherer Qualifikation materialistische Werte wie der Besitz eines Hauses oder eines hochwertigen Kraftfahrzeugs als weniger erstrebenswert gelten im Vergleich zu früher, während Wünsche nach „Selbstentfaltung", „authentischen interkulturellen Erfahrungen" oder „(hedonistischen) Erlebnissen" eine Aufwertung erfahren haben. Reisen kann als ein wesentliches Vehikel gesehen werden, diese neuen Wertvorstellungen zu realisieren. Ein Beispiel dafür ist der Erfolg von Portalen wie Airbnb, deren Kunden zu einem Großteil den Wunsch nach einem „authentischen" Urlaub („live like a local" u. Ä.) äußern. Charakteristisch ist auch, dass Emotionen und Befindlichkeiten eine hohe, stark gestiegene Bedeutung im und für das Leben vieler Menschen haben. Emotional geprägte Motive ersetzen reale Gründe. Ein Beispiel: Die traditionelle „Erholungssuche" ist eigentlich eine verstandesmäßig geprägte Angelegenheit, insofern sie als Mittel dienen soll, die angegriffene Leistungsfähigkeit wieder zu erneuern. Events bzw. Eventreisen sind dagegen „Partys voller Emotionen". Eine zentrale Frage jedes Wertewandels ist, *warum* manche früher wichtigen Werte auf einmal zweitrangig werden, während bislang nachgeordnete Werte Bedeutsamkeit erlangen. Dies kann zusammenhängen mit:

---

[6]Anhänger der postmoderne Architekturtheorie wandten sich z. B. gegen die alleinige Ausrichtung am Prinzip des Funktionalismus und die Vernachlässigung historischer Formen sowie lokaler und regionaler Identität. Der Begriff wurde dann zur Beschreibung eines Gegenmodells der „Moderne" übernommen – als künstlerisches, kulturelles, wissenschaftliches und politisches Bestreben, das bemüht ist, bestimmte Institutionen, Methoden, Begriffe und Denkmuster der Moderne (z. B. ihr beständiges Innovationsstreben) zugunsten eines Relativismus (Vielfalt gleichberechtigter Perspektiven) aufzulösen und zu überwinden (Lyotard 2012).

- *historischen Umbrüchen* und den dadurch initiierten sozialen Veränderungen. Zum Beispiel im Nachkriegsdeutschland die allmähliche Herabstufung von Haltungen wie Ordnungsliebe, Gehorsam, und Fleiß zu sog. Sekundärtugenden bei gleichzeitiger Aufwertung von Konsumfreudigkeit und Genuss;
- *der schleichenden Erosion* überkommener, aber zunehmend als unbrauchbar betrachteter traditioneller Werte, wie Sparsamkeit oder Arbeitsethos, zugunsten neuer, v. a. zuerst von gesellschaftlichen Aufsteigern vertretenen und im Laufe der Zeit von gesellschaftlichen Mehrheiten übernommenen Haltungen wie die Aufwertung der Freizeit;
- *Impulsen von außen,* d. h. von anderen wirtschaftlich, militärisch und kulturell dominierenden Gesellschaften bzw. dem Einfluss ihrer Medien. Ein Beispiel dafür sind die USA in der deutschen Nachkriegszeit.
- *neuen technischen Entwicklungen* wie Internet, Digitalisierung usw., und ihren Inhalten und Botschaften. Inwieweit die Sozialen Medien ein Einflussträger oder ein Ergebnis des Wertewandels sind, ist nicht eindeutig. Auffällig ist dabei jedoch der damit oft einhergehende und sachlich nicht notwendige Anstrich einer Pseudo-Personalisierung und Emotionalisierung sowohl hinsichtlich der Auswahl und Beschreibung von Zielen, Unterkünften, Sehenswürdigkeiten, Lokalen usw. als auch bei den Bewertungen. Hat man sich früher auf oft geschönte, aber doch eher nüchtern gehaltene Katalogbeschreibungen oder Beurteilungen auf den Freundes- und Bekanntenkreis verlassen, so vertrauen heute viele den persönlich gehaltenen und oft emotional gefärbten, und dabei immer häufiger gefälschten, Bewertungen eines anonymen Publikums, dem man sich zugehörig fühlt.
- Der vermutlich wichtigste Faktor ist eine komplette *A-Politisierung.* Die freiwillige Enthaltung rational-politischer Entscheidungsteilnahme ist ein wesentliches Phänomen seit den 1990er Jahren im Vergleich zu den 1960er/1970er Jahren. Sie drückt sich deutlich aus in einer stärkeren Konzentration auf den privaten Bereich, auf den persönlichen Genuss und in der Ausrichtung auf Konsum. Dominierend scheint eine emotionale, „bauch-gesteuerte“ Betrachtung politischer Vorgänge. Dies entstammt jedoch nicht nur dem Gefühl einer weitgehenden Entbehrlichkeit gesellschaftlicher Auseinandersetzungen bzw. der Beteiligung daran, sondern auch der Erkenntnis *eigener Ohnmacht* in Anbetracht aktueller und drohender Entwicklungen und der daraus folgenden *Zukunftsangst,* die vielfach dazu führt, die Bedrohungen zu ignorieren oder zu verdrängen und möglichst viel „mitzunehmen“, d. h. zu konsumieren – und damit auch zu reisen – *so lange es noch geht ...*

1.3.2 Änderungen bei den Reisemotiven

Dass Reisen für viele Menschen im Vergleich zu früher einen anderen Sinn bekommen hat, ist nicht neu; schon früher ist es zu solchen Bedeutungsveränderungen gekommen. So gab es z. B. in der Idee der aus politischen und somit existenziellen Gründen unternommenen

„Grand Tour“ des jüngeren englischen Adels durch die verschiedenen Fürstenhäuser und zu attraktiven Sehenswürdigkeiten, besonders Italiens relativ festgelegten Routen waren eine historisch neuartige Verbindung des Reisens mit Unterhaltung, Lust und Spaß. Im 19./20. Jahrhundert ist mit dem wachsenden Wohlstand in den Industrienationen und der Entwicklung mobilitätserleichternder Produkte und Einrichtungen, wie Eisenbahn, Dampfschiff, PKW und Flugzeug, die geplante Fortbewegung und damit das Reisen als neue „Lust“, d. h. als Freizeitbeschäftigung *um ihrer selbst willen,* entstanden.

Heute lassen sich neue motivationale Entwicklungen feststellen:

- Das klassische intrinsische Reisemotiv der *Neugier,* auf andere Länder und Kulturen und neue Begegnungen, hat zugunsten anderer Motive an Bedeutung verloren.
- Das früher stark betonte *Bildungsmotiv* ist in den Hintergrund getreten.
- Der auch physiologisch wichtige Wunsch, sich von den Belastungen des Arbeitslebens *erholen* zu wollen bzw. zu müssen – festgelegt in arbeitsrechtlichen Normen, die eine Definition des Urlaubs als gezielte Maßnahme zur Wiederherstellung der Arbeitskraft beinhalten[7], ist zurückgegangen. Dieses Motiv wird jedoch immer noch stereotyp in der Werbung betont – was es zunehmend zu einem gesellschaftlichen Mythos werden lässt.
- *Unterhaltung* oder der Kampf gegen Langeweile ist ein wichtiges, wenn nicht sogar *das* wesentliche (Reise-)Motiv der Postmoderne (Aloys 2001). Es reflektiert zunehmende Zeitsouveränität eines Großteils der Menschen, oder – einfach formuliert – eine nicht mehr eindeutig mit wesentlichen sinnvollen Tätigkeiten zu füllende Freizeit, die mit Medienkonsum auf verschiedensten Kanälen, Gaming, Spielen verschiedenster Anspruchsniveaus und eben Reisen erledigt werden muss. Noch mehr als früher haben Urlaub und Verreisen den Charakter einer Ventilsitte (s. u.) bekommen, indem damit Möglichkeiten zum Ausleben unterdrückter und verdrängter, vor allem emotionaler und sozialer, Bedürfnisse geboten werden. Darauf hat sich die Reiseindustrie auch durch eine Vielzahl entsprechender passiver und aktiver Unterhaltungsangebote eingestellt. Sehr wichtig ist dabei der Erlebnis- oder Spaßfaktor. Die entsprechenden Zahlen nehmen seit Jahren kontinuierlich zu, insoweit sie nicht von Wirtschafts- und Finanzkrisen beeinträchtigt werden[8].

[7]Damit stellt Urlaub – zumindest für Menschen im Arbeitsprozess – stets auch eine Form von Leistungserbringung dar. Das Anklammern an akzeptierte traditionelle gesellschaftliche Werte (Erhaltung und Wiederherstellung der Arbeitskraft) erfüllt die wesentliche Norm der Sinnhaftigkeit. Ein sinnloses Verbringen von Zeit fern von zu Hause (z. B. „Ballermann“) stellt dagegen eine Missachtung dieser Forderung, und damit einen Verstoß gegen gesellschaftliche Normen dar.

[8]Wie erste Trendanalysen von IPK International (2018) zur Entwicklung der Auslandsreisen auf der Basis des World Travel Monitors belegen, zeigt sich international keine Abschwächung der allgemeinen Reiseaktivität. Demnach entwickelt sich der weltweite Tourismus mit plus 3,5 % weiterhin positiv.

- *Soziale Motive* allgemein scheinen eine größere Rolle als früher zu spielen, weil die traditionellen Möglichkeiten, Menschen ein „Miteinander" zu bieten, etwa im Rahmen der christlichen Kirchen, der Gewerkschaften, der organisierten Vereine, von Familien[9] etc. erschwert sind und/oder weil die soziale Kraft dieser Segregate aus unterschiedlichen Gründen stark nachgelassen hat. An ihre Stelle sind eher unverbindliche Gruppierungen ohne formale Führung getreten.
- Der zunehmende *Wunsch nach sozialer Differenzierung*. Die Reiseintensität[10] hat auch deshalb zugenommen, weil Reisen generell und manche Arten besonders, z. B. Busreisen, Flüge und z. T. auch Kreuzfahrten, sehr billig geworden sind, womit sie aber ihren besonderen Prestigewert eingebüßt haben. Auf der anderen Seite hat die zunehmende Verfügbarkeit des Konsumgutes Reise diese zu einem Indikator für Sozialprestige und Lebensphilosophie instrumentalisiert, womit sie als Mittel der sozialen Differenzierung zu einem wichtigen Thema des gesellschaftlichen Diskurses geworden sind. Mit anderen Worten: Reisen boten schon früher und heute wieder neu eine Möglichkeit, seine soziale Stellung zu demonstrieren und Neid zu erzeugen, wobei es vielfältige und immer neue Ausprägungen gibt.

In den Freizeitparks von Disney, Universal etc. können die stundenlangen Wartezeiten bei beliebten Attraktionen durch den Kauf spezieller, mehrerer hundert US-Dollar teurer „VIP-Pässe" umgangen werden. Sie ermöglichen es, die Attraktionen ohne langes Anstehen zu genießen und damit den Aufenthalt im Freizeitpark stressfrei und sehr *effizient* zu gestalten. Für die Masse der Besucherfamilien aus der Mittelschicht ist dies nicht möglich.

Befragungen nach der Präferenz von Motiven können hierzu Aufschlüsse geben, vor allem, wenn die standardisierten klischeebehafteten Kategorien auf ihre latente Bedeutung hin untersucht würden. Ein Beispiel: Laut Umfragen hochgeschätzte Wünsche nach „Ruhe" und „unzerstörter Natur" könnten über die sicherlich vorhandene Präferenz von Naturerlebnissen hinaus die Hilflosigkeit und sogar Ablehnung von postmodernen Strukturen mit ihrer ungeheuren und als bedrohlich empfundenen Informationskomplexität verraten.

---

[9]Dies bezieht sich einerseits auf die Auflösung der traditionellen Familie, in der mehrere Generationen unter einem Dach lebten, andererseits besonders auf die Zunahme von Ein-Personen-Haushalten.

[10]Bei den im deutschsprachigen Raum verbreiteten repräsentativen Reisebefragungen unterscheiden sich die Ergebnisse hinsichtlich der Anzahl der aktiv Reisenden teilweise beträchtlich, was auf unterschiedliche Definitionen und Fragestellungen zurückgeht. Ein Vergleich der Ergebnisse von vier Urlaubsreisen-Befragungen zwischen 1993 und 2001 ergab Unterschiede in der Reiseintensität von zwischen 20 % und 25 %. So reisten z. B. im Jahr 2001 laut F.U.R.-Reiseanalyse 76 % der Deutschen über 14 Jahre; laut BAT-Tourismusanalyse aber nur 51 % (BAT 2003, S. 13).

Der Wertewandel allgemein findet seinen sichtbaren Ausdruck in den Darstellungen von Befragungen aller Themenarten und den daraus erstellten Listen oder „Rankings“, also Aufstellungen und Tabellen mit häufig explizitem Rangcharakter. Das Motiv „Reisen“ allgemein hat sich in den Ergebnissen nationaler und internationaler Erhebungen während der letzten Jahre nach oben geschoben und nimmt auch in den konventionellen und neuen Medien breiten Raum ein.

1.3.3 Neue Reise- und Tourismusformen

Die den Wertewandel begleitende Herausbildung neuer bzw. veränderter Reisemotive schlägt sich im verminderten Zuspruch zu traditionellen Formen, z. B. „Sommerfrische“, Strandurlaub oder in einer „Aufwertung“, z. B. „Glamping“ statt Camping, nieder. Indiz sind auch ständig neue, teilweise skurril anmutende und oft kurzlebige neue Marketingprodukte, die aber letztlich nur Variationen ein- und desselben Phänomens, nämlich der „Unterhaltungs-Reise“ sind.

Beispiele sind: Achterbahn-Tourismus, Area 51 – Tourismus, Bienentourismus, Bleisure-Reise, Dark Tourism, Grusel-Tourismus, auch Weird Tourism genannt, Digitaler Detox-Urlaub, entschleunigter bzw. Slow Tourismus, Esoterik-Reisen, Evangelikaler Tourismus, extremer Abenteuertourismus, Ferienlager für Erwachsene, Filmtourismus, Frauenreisen, Fußball-Tourismus. Geisterjagd-Tourismus, alle Arten von „Genuss“-Reisen, Katastrophen-Tourismus, „Kreativer“ Urlaub, Lebenshilfe-Reisen, Männerurlaub, naturnaher Gesundheitstourismus, Naturisten Tourismus, Nordic Walking Urlaub, Öko-Wellness-Reisen, Parfümtourismus, Radurlaub, Reisen für Trauernde, Schnupperpilgern, Slum Tourism, Stadtwandern, Voluntourism, 24-h-Wandern, Waldbadeurlaub, Weintherapie-Reise, Weltuntergangstourismus u. v. a. m.

Sie sind der sichtbare Versuch, die Ware, also den Konsumartikel „Reise“, dessen Kauf oder Nutzung nicht lebensnotwendig ist, immer wieder neu ins Bewusstsein einer wenig produkttreuen Adressatenschaft zu rücken. Ständig kommen neue bzw. weiterentwickelte Formen oder auch nur neue Begriffe hinzu, die teilweise originelle, teilweise auch nur Ausdifferenzierungen schon existierender Arten, selten aber grundsätzlich neue Arten sind.

1.3.4 Touristische Überbeanspruchung (Overtourism) und Verdichtung (Crowding)

Dass eine touristische Überbeanspruchung für viele Einheimische ein ernsthaftes Problem darstellt, zeigt sich nicht nur an der großen Menge von Besuchern besonders nachgefragter Destinationen wie Barcelona (2018: 32 Mio. Besucher), Venedig (2018: 30 Mio. Besucher), Amsterdam (2018: 20 Mio. Besucher), Santorin (2018: 5 Mio. Besucher) oder Dubrovnik (2018: 1,5 Mio. Besucher), sondern vor allem auch an den dadurch entstehenden Folgekosten, z. B. Ressourcenverknappung, bzw. Hinterlassenschaften wie Müll und den sozio-ökonomischen Auswirkungen, z. B. kommerzialisierte „private“ Zimmervermietungen und damit Verknappung und Verteuerung des Wohnraums für Einheimische, eines längst nicht mehr auf eine Saison beschränkten Touristenbooms. Die zunehmend in den Medien stattfindende Thematisierung der hier angedeuteten Probleme scheint bislang aber erst bescheidene Auswirkungen auf Reiseabsichten und Reiseverhalten gehabt zu haben: Nach einer 2018 durchgeführten Befragung zieht nur jeder vierte Deutsche in Erwägung, zukünftig weniger überlaufene Ziele aufzusuchen, und nur 11 % befürworteten Eintrittsgelder in vielbesuchte Städte (Kagelmann und Kiefl 2018b).

Die Frage nach dem Vorliegen von „touristischer Überbeanspruchung“ lässt sich nicht einfach beantworten. Zunächst ist festzustellen, dass dabei meist nicht objektiv messbare Kriterien, z. B. Personen auf zehn Quadratmetern oder Touristen pro Einheimischen, oder eine über einen Grenzwert hinausgehende extreme Frequentierung von Orten, Sehenswürdigkeiten oder Vergnügungsparks durch nicht dauerhaft dort lebende Menschen einschließlich der dadurch verursachten ökologischen und sozio-ökonomischen Belastungen, wie die vermehrte Beanspruchung natürliche Ressourcen, Abfall bzw. Infrastruktur, Bodenpreise, Lebenshaltungskosten, gemeint sind. Häufig handelt es sich bei den Klagen über eine touristische Überbeanspruchung um aufgrund subjektiver Maßstäbe von Augenzeugen als „zu groß“ betrachtete und vielfach Unbehagen verursachende Besuchermengen. In der Regel begnügt man sich in der Diskussion mit den Urteilen von Beobachtern und Leidtragenden, die – auch interessenabhängig – sehr stark differieren können. Während sich z. B. an einer traditionellen Lebensweise orientierende oder ruhebedürftige Bewohner eines Ortes bereits durch eine Busladung Touristen belästigt fühlen, wird bei anderen die Schmerzgrenze erst bei täglich einigen zehntausend erreicht. Und bei denen, die davon profitieren, nicht einmal dann. Festzuhalten bleibt, dass – in Ermangelung verbindlicher Kriterien und objektiver Grenzwerte – von einer touristischen Überbelastung oft nur im Sinne individueller subjektiver Schmerzgrenzen gesprochen wird.

Ein Blick in die sich damit beschäftigenden Literatur zeigt, dass es sich bei der touristischen Überbelastung um kein neuartiges Phänomen handelt. Klagen über zu viele Reisende gehen bis auf die Antike zurück (z. B. Seneca), gab es auch im Mittelalter (vgl. Ohler 1991) und wurden mit dem in den späten 1950er Jahren einsetzenden Massentourismus häufiger und z. T. auch radikaler. Seit den späten 1970er Jahren hat sich die Umweltpsychologie verstärkt mit den negativen Auswirkungen extremer sozialer Dichte, dem „Crowding“ befasst (Vester 1993b). Menschen können manchmal die zu große Nähe zu vielen anderen Menschen als unangenehm oder sogar bedrohlich empfinden. Neben der Anzahl der Personen kommt es dabei u. a. auf die Art des Raumes an, auf die Ähnlichkeit oder Unähnlichkeit der Menschen darin, wobei interkulturelle Unterschiede eine große Rolle spielen, sowie auf die Art und Intensität der darin stattfindenden Interaktionen, auf akustische Reize, Gerüche, Temperatur usw.

Ein Beispiel: Crowding war kein Problem bei den früher in den USA sehr beliebten Wetten von Studenten, ein Telefonhäuschen mit möglichst vielen Menschen zu füllen, da sich daran nur rekordsüchtige und wenig phobische Personen beteiligt haben. Es kann aber gelegentlich ein Problem bei großen religiösen Ereignissen (Hadsch in Mekka) oder Freizeitevents (Rockkonzerte) sein, vor allem dann, wenn die entsprechende Situation sichtbar unstrukturiert ist. Auch wenn man weiß, worauf man sich einlässt, kann es immer zu unvorhergesehenen Entwicklungen kommen, z. B. 2010 bei der Love-Parade in Duisburg. Grenzwertig sind auch überfüllte Massenverkehrsmittel oder Freibäder.

Das Crowding-Erlebnis ist eine Stresserfahrung, die sich in einem Gefühl der Reizüberflutung ausdrückt. Psychische Probleme, die als Folge von Crowding auftreten können, sind vor allem Gefühle von Beengtheit, Angst und Panik, bis hin zur Todesangst, weil man etwa befürchtet, nicht mehr entkommen zu können; Angst vor Menschenmassen und Körperkontakt, Angst vor engen/geschlossenen Räumen; schlimmstenfalls Massenpanik. Nicht jeder ist davon gleichermaßen betroffen. Faktoren, die dabei eine Rolle spielen (können) sind u. a. Alter, frühere Erfahrungen mit Massenansammlungen, Kulturzugehörigkeit, die Dauer des „Enge-Zustandes“, die Sichtbarkeit des Umfangs der umgebenden Menschenmassen und die von Ordnungskräften und Auswegen. Angesichts der Vielfalt von Faktoren ist es schwierig, allgemeine Management-Regeln zu formulieren (Robson und Kimes 2009).

Die Bedeutung von Persönlichkeits-, soziodemografischen und anderen Faktoren ist auch kulturspezifisch. Angehörige von stark in Massen sozialisierten Kulturen wie z. B. in Ostasien leiden weniger darunter als Menschen, die, wie z. B. in Mitteleuropa, in sehr auf Abstand haltenden Kulturen aufgewachsen sind. Überspitzt könnte man sagen, dass übervolle Attraktionen für Deutsche ein Horror sind, während es für Chinesen gerade erst anfängt, lustig zu werden.

Eine Möglichkeit, unwillkommenes Crowding zu begrenzen besteht bei sehr stark besuchten Attraktionen in der Preisgestaltung, die für eine Begrenzung des Zugangs und damit für Ruhe, Vermeidung von Crowding und Exklusivität sorgt. Ein All-inclusive-Besuch von Discovery Cove etwa, einem auf 1000 Besucher täglich begrenzten Wasserpark mit einer Vielzahl von Meerestieren in Orlando, Florida, kostet pro Person und Tag 260 US$.

Handelt es sich demnach bei dem aktuell diskutierten Phänomen der touristischen Überbelastung und des Crowdings also nur um eine Neuauflage der bekannten Kritik am Massentourismus ab dem Ende der 1960er Jahre, um „alten Wein in neuen Schläuchen“ – oder weist die derzeitige Diskussion auf eine zwar ähnliche, aber in vieler Hinsicht auch neuartige Problematik hin?

Für Letzteres spricht, dass manche Auswüchse des aktuellen Tourismus Dimensionen angenommen haben, die es früher nur sehr vereinzelt gegeben hat. Das lässt sich z. B. in bestimmten Orten am Verhältnis der Touristen zu den Einheimischen, etwa Venedig, Dubrovnik, Barcelona, Amsterdam, aber auch auf Island und im Zillertal, an den von den Touristen und/oder ihren Fortbewegungsmitteln verursachte Müllmengen bzw. Schadstoffen oder an der Zunahme von Protesten Einheimischer gegen die Touristenflut erkennen. Diese Überbelastung ist aber nicht nur eine Folge der Fokussierung auf besonders nachgefragte Ziele, sondern hängt – neben der Deregulierung des Tourismus durch das Internet – auch mit der bereits erwähnten allgemeinen Zunahme der Reisehäufigkeit zusammen. Generell haben die Zahl der Reisenden und die Zahl der von ihnen unternommenen Reisen stark zugenommen; ein Ende dieser Entwicklung oder auch nur ein Abflauen ist derzeit nicht erkennbar.

Hinzu kommen relativ neue touristische Entwicklungen, so das überproportionale Wachstum des Kreuzfahrttourismus, der zu einem ständig steigenden Umschlag von Menschen in den am meisten frequentierten Hafenstädten geführt hat. Mit anderen Worten: Immer mehr Menschen unternehmen eine Kreuzfahrt und betrachten es als ihr natürliches Recht, an den ausgesuchten Häfen auszusteigen und die betreffenden Städte heimzusuchen. Von einem „Besuch" im traditionellen Sinn – mit entsprechenden, den Einheimischen zukommenden Konsumausgaben – kann bei vier, sechs oder acht Stunden Aufenthalt keine Rede sein.

Für wachsenden Unmut bei Einheimischen sorgen auch mehr und mehr kommerzialisierte Wohnungstauschaktivitäten auf speziellen Internetportalen wie vor allem Airbnb, das inzwischen einen Börsenkapitalwert von einigen Milliarden US-Dollar aufweist. Die Kritik an dieser Entwicklung bezieht sich auf einen anderen Aspekt als den der rein quantitativen „Vermassung", nämlich auf die sozialökologischen und sozialökonomischen Auswirkungen von Urlaubs- und Beherbergungsformen, die dem durch die modernen Kommunikationstechnologien geförderten Wunsch vieler Touristen nach möglichst individueller Erlebnis- und Genussoptimierung zu möglichst günstigen Preisen nachkommen. Durch eine wachsende Anzahl privater Vermietungen vor allem seitens darauf spezialisierter Firmen wird knapper Wohnraum kommerzialisiert, d. h., er geht der ansässigen Bevölkerung verloren. So werden den Wienern allein durch die Airbnb-Vermietungen schätzungsweise 2000 Wohnungen entzogen und in Florenz sind fast 20 % der Wohnungen im historischen Zentrum an Touristen vermietet. Ähnlich sieht es auch in anderen touristisch interessanten Städten wie z. B. Palma de Mallorca oder Barcelona aus. So ist es nicht verwunderlich, dass es deswegen immer häufiger zu massiven und ernst zu nehmenden Protesten der Einheimischen kommt.

Lange Zeit bestand das vordringliche Ziel des lokalen Tourismusmanagements darin, für eine kontinuierliche Erhöhung der Zahl der ankommenden Gäste zu sorgen, gemäß der simplen Marketing-Weisheit, dass mehr Ankommende der Destination gut tun, weil sie mehr Geld bringen. Um die damit verbundenen negativen Folgen hat man sich nicht gekümmert bzw. das anderen Stellen überlassen, deren Mehraufwendungen überwiegend von der Öffentlichkeit, d. h. der einheimischen Bevölkerung getragen werden müssen.

Angesichts der nicht mehr zu übersehenden Kehrseiten von Reisefreiheit und der Wirtschaftsmacht Tourismus drängt sich die Frage nach geeigneten Regulierungsmaßnahmen auf. Dirigistische Eingriffe wie die Besteuerung extrem umweltschädlicher Kreuzfahrtschiffe und spezielle Abgaben für die von ihnen angelandeten Kurzbesucher, die Begrenzung privater Zimmervermietungen und Mietwagen, die Kontrolle von Zugängen zu Attraktionen, Touristenabgaben und Bettensteuern, die Festlegung maximaler Besucherzahlen, z. B. auf Santorin, oder der Verweildauer, z. B. seit 2018 beim Taj Mahal, das in diesem Jahr von über 7 Mio. Menschen aufgesucht wurde, die Beschränkung von überwiegend touristischen Bedürfnissen dienenden Geschäften in bestimmten Zonen, wie z. B. seit 2017 in Amsterdam, oder die Sanktionierung und Erschwerung unerwünschten Verhaltens zeigen mitunter Wirkung. So werden in Florenz um die Mittagszeit die Plätze vor den wichtigsten Sehenswürdigkeiten mit Seifenwasser gereinigt, um zu verhindern, dass sich Touristen auf das Pflaster oder auf Treppen setzen, dort essen und ihren Müll liegen lassen. Der Kreuzfahrtverband Clia führt den Rückgang der Venedigbesucher von 1,7 Mio. (2013) auf 1,4 Mio. (2017) auf die der Branche inzwischen auferlegten Restriktionen zurück. Damit lassen sich die durch die touristische Überbelastung genannten Probleme aber nicht grundsätzlich lösen. Es ist fraglich, ob die auf diese Weise eingedämmten Massen dann andere Destinationen und Attraktionen heimsuchen, denn für einen Großteil der Touristen gibt es subjektiv keine Alternativen zu den bekannten „einzigartigen" und jahrzehnte- wenn nicht jahrhundertelang touristisch inszenierten Zielorten wie Venedig oder Dubrovnik. Für viele ergibt sich der besondere Wert einer Stadt oder Attraktion gerade durch die hohe Frequentierung, und so kommen gerade deshalb immer mehr, weil immer mehr kommen.

1.3.5 Kreuzfahrten – Insel der Seligen und Modell Schneckenhaus

Die Beliebtheit von (vor allem) Kreuzfahrten nimmt – ungeachtet mancher damit zusammenhängenden Probleme – seit Jahren stetig zu. Während 2005 weltweit 15 Mio. Menschen eine Kreuzfahrt unternommen haben, waren es zehn Jahre später bereits 20,4 Mio. (davon 1,81 Mio. Deutsche) und 2017 rund 26,7 Mio. (davon 2,27 Mio. Deutsche). Für 2019 wird mit rund 30 Mio. Passagieren gerechnet. Der Umsatz des deutschen Hochseekreuzfahrtmarktes betrug 2018 rund 3,4 Mrd. EUR. Den weitaus größten Anteil der Teilnehmer an Hochseekreuzfahrten stellten 2018 US-Amerikaner (13,1 Mio.), gefolgt in weitem Abstand von Chinesen (2,4 Mio.), Deutschen (2,2 Mio.), Briten (2,0 Mio.) und Australiern (1,3 Mio.). Die Zunahme der Fahrgäste spiegelt sich wider in der Anzahl und Größe der Schiffe. Allein 2018 kamen 15 neue Einheiten in Fahrt. Das derzeit größte Kreuzfahrtschiff weist eine Länge von 362 m auf und kann bis zu 5500 Fahrgäste beherbergen.

Zu den klassischen Unterhaltungsmöglichkeiten für die Seetage wie Restaurants, Bibliothek, Vorträge, Theater, Pool, Wellness usw., sind neue Attraktionen hinzugekommen: Kletterwände, Wasserparks, sich über mehrere Decks erstreckende Wasserrutschen, Parks mit echten Bäumen, Bars mit Roboterbedienung, Go-Kart-Bahnen oder sich seitlich am Schiff befindliche und über mehrere Decks bewegliche Veranden von der Größe eines Tennisplatzes. Auch die neuen kleineren und hochpreisigen Kreuzfahrtschiffe und Expeditionskreuzfahrtschiffe haben viel zu bieten, so z. B. neuerdings Unterwasserkameras, Hubschrauber und Unterseebote (Jansen 2016).

Dass die (Hochsee-)Kreuzfahrtschiffe ihr ihnen vormals anhaftendes Images als Orte der Langeweile und Steifheit verloren haben, geht auf die seit den späten 1960er Jahren zu beobachtende Differenzierung der Angebote und damit auf die Gewinnung neuer Zielgruppen zurück. Mit dem Aufkommen der sog. „Free-Style-“ oder „Fun“-Kreuzfahrten mit kürzeren Strecken, jüngerem Publikum, ungezwungenerer Atmosphäre, und den Themenkreuzfahrten sind frühere Hemmschwellen und Vorbehalte weitgehend geschwunden.

Für die große Nachfrage nach Kreuzfahrten spielen mehrere Faktoren eine Rolle:

a. **Wohlstand:** Mit dem Industrialisierungs- und Modernisierungsprozess hat – besonders seit den 1950er Jahren – die Massenkaufkraft in Deutschland und in vielen anderen europäischen Ländern stetig zugenommen, sodass vormalige Luxusgüter wie die Lust-Seereise auch für Bezieher mittlerer und kleiner Einkommen bezahlbar wurden.
b. **Prestigewert:** Heutige Kreuzfahrtteilnehmer zehren immer noch vom ehemaligen Prestigewert einer Seereise. Soziologisch gesehen stellen Kreuzfahrten damit ein „gesunkenes Kulturgut“ dar. Dieser aus der Volkskunde stammende Begriff bezieht sich auf die Adaptierung von Kulturelementen, z. B. Werte, Moden, Verhaltensstile und Konsumgüter, von höheren sozialen Schichten nach unten. Motor dieses Prozesses ist auf der Empfängerseite v. a. der Wunsch, auf diese Weise am Prestige der führenden gesellschaftlichen Gruppen zu partizipieren.
c. **Effizienz, Bequemlichkeit und „umsorgt werden“:** Der post-moderne Tourist will *vieles zur gleichen Zeit* haben. Diesem zentralen Motiv kommen Kreuzfahrten entgegen. Teilnehmer können innerhalb eines begrenzten Zeitraums viele weit voneinander entfernte Destinationen aufsuchen, ohne dabei ihre komfortable Unterkunft wechseln zu müssen. Wie die Schnecke haben sie ihr Haus immer dabei und sparen sich auf diese Weise sowohl das lästige Kofferpacken als auch – abgesehen von der freiwilligen Teilnahme an organisierten Rundfahrten und Programmen – den Wechsel von Verkehrsmitteln. Hinzu kommt das im Alltag inzwischen selten gewordene Erlebnis des „Allseitig-umsorgt-Werdens“, d. h., soziale Alltagsdefizite werden ausgeglichen. Wahrgenommen zu werden und aufgeschlossene und geduldige Ansprechpartner für Fragen, Probleme und Wünsche zu finden, ist in den zunehmend automatisierten und digitalisierten modernen Dienstleistungswüsten keine Selbstverständlichkeit und wird deshalb sehr geschätzt.
d. **Rollentausch:** Ein nicht seltenes Urlaubsmotiv ist der temporäre Rollenwechsel. Einmal im Leben „König für einen Tag zu sein“ ist eine reizvolle Perspektive, vor allem für Menschen, die im Alltag selbst als Dienstleistende tätig sind.

e. **Multiple Bedürfnisbefriedigung:** Es soll nicht wenige Kreuzfahrer geben, die in den Häfen das Schiff nicht verlassen, weil sie die dort gebotene Bequemlichkeit und Sicherheit so schätzen und ihnen die gebotenen Unterhaltungsmöglichkeiten und das Bordprogramm genug Abwechslung bieten. Wahrscheinlich gibt es nicht viele Reisearten, die gleichzeitig so viel unterschiedliche Wünsche und Bedürfnisse befriedigen und so wenig Verpflichtungen auferlegen wie moderne Kreuzfahrten.
f. **Unverbindliche Geselligkeit:** Auf vielen modernen Kreuzfahrtschiffen gibt es – optional – weder feste Tischzeiten noch feste Restaurantplätze. Man kann auch sonst alleine bleiben und sich in seine Kabine oder eine stille Ecke zurückzuziehen oder – mit vergleichsweise wenig Mühe – Anschluss finden und mehr oder weniger unverbindliche Kontakte herstellen, wozu auch die Vielzahl der Unterhaltungsangebote, Betätigungsmöglichkeiten und Attraktionen beiträgt.
g. **Wunsch nach Sicherheit:** Sicherheit ist ein wichtiges und vielfach unterschätztes Bedürfnis von Touristen. Kreuzfahrten gelten – nicht immer zu Recht – als sicher. Das bezieht sich nicht nur auf die Sicherheit vor Unfällen, Katastrophen und Terroranschlägen, sondern auch auf eine gefühlte Geborgenheit in einer als relativ statushomogen wahrgenommenen Pseudo-Gemeinschaft in einer interessanten und abwechslungsreichen, aber dennoch überschaubaren und von Störungen weitgehend verschonten Umgebung.
h. **Hedonismus:** Der gemeinsame Nenner ist der für die Postmoderne charakteristische Wunsch nach individuellem Glück. Eine behagliche und luxuriöse Aus-Zeit mit aufgeschlossenen und entspannten Mitmenschen und freundlichen dienstbaren Geistern auf einer „Insel der Seligen“ kommt den Vorstellungen vom Paradies sehr nahe, zumal die zeitliche Begrenzung dafür sorgt, dass diese für die Anbieter profitable Illusion bis zur nächsten Buchung erhalten bleibt.

1.3.6 Senioren-Tourismus – Gibt es immer mehr Alte auf Reisen?

Aufgrund des soziodemografischen Wandels (steigende Lebenserwartung und tendenziell sinkende Geburtenraten) nimmt in den meisten entwickelten Industrienationen der Anteil der Älteren zu. Die euphemistisch als „Best Ager“ bezeichneten Senioren tun der Reiseindustrie derzeit insgesamt gut. Diese profitiert davon, dass niemand alt sein will, dass die Generation 50+ zum großen Teil über genügend finanzielle Mittel verfügt, und sie sich – auch um Vitalität und Aufgeschlossenheit zu demonstrieren – gerne auf Reisen begibt. Das Problem ist aber, die zukünftige Bedeutung des Tourismus der älteren Generationen richtig einzuschätzen. Wenn seitens der Touristikindustrie ein starkes Anwachsen des Seniorentourismus und eine künftige Hochkonjunktur dieses Segments vorhergesagt wird, bleibt häufig offen, ob die über 50-Jährigen, über 60-Jährigen oder über 70-Jährigen mit der diffusen Gruppe (eigentlich Sozialkategorie) der „Senioren“ gemeint sind, d. h., es stellt sich die Frage, ob das bloße Lebensalter eine aussagekräftige, valide Einteilung hinsichtlich Reise-, Freizeit und Lebensstile erlaubt. Zweitens wird unterstellt, dass sich die Zunahme des Bevölkerungsanteils der Älteren auch zukünftig in einer entsprechenden Erhöhung der Reiseintensität niederschlagen wird. Eine derartige Extrapolation ist jedoch fragwürdig, da sie auf der Annahme gründet, dass mit der Zunahme der älteren Generation auch das von ihr für Konsumausgaben bereitgestellte Kapital im Durchschnitt gleich bleibt bzw. – entsprechend der quantitativen Zunahme der Älteren – insgesamt sogar wesentlich mehr wird. Dabei wird aber offenbar nicht berücksichtigt, dass – ein Gleichbleiben der wirtschaftlichen Rahmenbedingungen unterstellt – die Renten der Senioren (die den wesentlichen Teil ihrer Einkünfte ausmachen) nach dem sog. Generationenvertrag in direktem Zusammenhang mit der Zahl der arbeitenden und für die Renten aufkommenden Menschen steht. Da die Zahl der sozialversicherten jüngeren Menschen aber relativ abnimmt, wird zukünftig wesentlich weniger Rentenkapital zur Verfügung stehen, das z. B. für Reisen oder andere Freizeitvergnügen ausgegeben werden kann.

1.3.7 Gesundheitstourismus – Wie gesundheitsförderlich kann Urlaub sein?

Der Gedanke, den Urlaub für die körperliche und/oder seelische Gesundung zu nutzen oder dadurch Krankheiten vorzubeugen knüpft an die ursprüngliche Begründung des Urlaubs an, die darin bestand, sich damit Weise von den Belastungen des Arbeits- und Berufslebens zu erholen, um die Arbeitskraft wiederherzustellen. Dem kommt der neue Gesundheitstourismus entgegen, der dem allgemeinen Verständnis nach eine hybride Angelegenheit ist, typisch für den postmateriellen und postmodernen Wertekanon: Man reist aus Vergnügen *und* um damit eine positive, häufig unspezifische Wirkung auf die Gesundheit zu erreichen. Viele Destinationen und Anbieter haben dieses „Doppelmotiv" von Urlaubern erkannt und werben offensiv damit. Mit Etiketten wie „gesundheitsförderlich" o. Ä. wird dabei allerdings ziemlich lässig umgegangen. Nur selten findet man Hinweise auf Wirkungsaussagen, die sich auf anerkannte wissenschaftliche Verfahren stützen. Das heißt, die versprochenen „gesundheitsförderlichen" Maßnahmen werden kaum mit Forschungsergebnissen belegt, die dem Ideal einer medizinisch/gesundheitlich ausgerichteten Vorgehensweise entsprechen, also Evidenz bieten (Kagelmann und Kiefl 2016, S. 27 f.). Destinationen sind immer noch nicht verpflichtet, zu belegen, dass und wie ihre lokalen Angebote tatsächlich gesundheitsförderlich sind. So können die angebotenen touristischen Produkte auch wirkungslos oder sogar schädlich sein, von obskuren esoterischen Angeboten ganz abgesehen. Anstatt sich mühevollen und teuren Überprüfungen zu unterziehen, werden fantasievolle Bezeichnungen kreiert wie z. B. „Anti-Depressionsreisen", „Retreat-Urlaub", „Digital-Detox-Urlaub", oder „Selfnessurlaub", um auf diese Weise eine assoziative Beziehung zur erwünschten Gesundheit für Produkte mit diffuser Wirkung herzustellen.

1.3.8 Selbstoptimierungs-Urlaub – Ist das Arbeiten an sich selbst im Urlaub möglich, sinnvoll und erfolgreich?

In den 1960er Jahren kam die Idee der physischen und psychischen Selbstoptimierung als – unter Anleitung von Fachleuten – zu leistender kontinuierlicher, also im Prinzip lebenslänglicher Arbeit an sich selbst auf. Sie gründet sich auf die Überzeugung, auf diese Weise mehr aus sich machen zu können, mehr Lebenschancen wahrzunehmen und beruflich und privat erfolgreicher zu sein. Für den Psychologen Erich Fromm war das allerdings schon in den 1970er Jahren nichts als „ein großer Schwindel". Unter den Bedingungen des Leistungsprinzips und vor allem der Wettbewerbsideologie hat sich heute daraus ein gesellschaftlicher Zwang zum Aufspüren immer weiterer persönlicher Defizite bzw. Verbesserungspotenziale entwickelt. Wer dieser neunen Norm nicht nachkommen kann oder will, also nicht an sich arbeiten möchte, unterliegt einem beträchtlichem Rechtfertigungs- und häufig sogar Sanktionsdruck. „... und so tragen viele Menschen lebenslänglich eine Last in Form Hunderter unerledigter Selbstverbesserungsprodukte mit sich herum, und glauben, erst glücklich sein zu dürfen, wenn sie dünn, reich, ausgeglichen und klug sind. ... Wer nicht an sich arbeitet, hat das Mitgefühl anderer nicht verdient" (Niazi Shahabi 2013, S. 10). Der Druck zur Selbstoptimierung erfasst zunehmend auch Privatleben und Freizeitbereich. So konnten sich Selbstoptimierungsurlaube zu einem wachsenden Marktsegment entwickeln.

Dies beinhaltet auch das Arbeiten an der äußeren Erscheinung (Naumann 2006), d. h. die Aufwertung des gelungenen, vollkommenen und beneidenswerten Körpers als „Erlebnisort des Ichs" (Bachleitner und Penz 2004) sowohl als Selbstzweck als auch als Mittel zur Erlangung besserer beruflicher und gesellschaftlicher Positionen und – nicht zuletzt – für die Partnersuche (Hamermesh 2011). Der Druck zur Selbstoptimierung endet nicht beim Aussehen, sondern erstreckt sich auch auf Geist, Seele und Verhalten, also alles. Dies zeigt sich v. a. in den sozialen Medien, wo Blogger und Influencer als neue selbsternannte „Experten" millionenfach stark normative Tipps zur richtigen Kleidung, Körperpflege, Gesundheit und zu Unterhaltungsangeboten und Reisezielen geben. Soziologisch gesehen handelt es sich dabei um (neue) Normen, d. h. gesellschaftliche Verhaltensvorschriften. Damit ist dem Einzelnen auferlegt, ständig an der Gewinnung, Bewahrung und Weiterentwicklung „positiver" Einstellungen zu allen möglichen Facetten des Lebens zu „arbeiten" – überwiegend in der Freizeit. Die Facetten eines so gekennzeichneten Urlaubs erstrecken sich von Abenteuerurlauben, die die Überlebensfähigkeit in gefährlichen Situationen verbessern sollen über Anti-Depressions- und Anti-Stress-Reisen, ‚Digital-Detox-Ferien, Entschlackungskuren, Fastenurlaube, Feng Shui-Reisen, Fitnessreisen und Golf-Wellness-Reisen bis zu Schönheitsfarmurlauben, um nur einige davon zu nennen‘ (Kiefl und Kagelmann 2017).

Den verschiedenen Arten des Selbstoptimierungsurlaubs, von der Entschlackung bis zur Esoterik ist gemeinsam:

- Der normative Charakter: Die Teilnehmer müssen aktiv mitmachen, was im Prinzip der Arbeit gleichkommt und den Vorstellungen von einer Muße, also der Zeit als tätiges Nichtstun, innere Ruhe, zweckfrei-schöpferische Verwendung von Zeit und Wahrnehmung der Möglichkeiten der Selbstfindung und Selbstverwirklichung, diametral entgegengesetzt ist.
- Das Versprechen, die Beschwerlichkeit und Unübersichtlichkeit des Lebens mit unzähligen Wahlmöglichkeiten durch Kurse in den Griff zu bekommen. Da dies nie befriedigend geschieht, kommt es zu manchmal lebenslangen „Selbstoptimierungs-Karrieren". Fast unnötig ist es, zu bemerken, dass es keine seriösen und belastbaren Untersuchungsergebnisse über den Erfolg dieser Art von Urlaub gibt.

1.3.9 Event-Tourismus – oder warum will jemand dabei sein?

Der in den letzten Jahren immer beliebter gewordene Event-Tourismus, das Reisen an Orte, an welchen besondere und emotional ansprechende Ereignisse inszeniert werden, ist kein neues Phänomen. Schon in Zeiten, als das Reisen anstrengender gewesen ist, haben Menschen Reisen unternommen, um als Zuschauer bei Ritterturnieren, Kaiserkrönungen, Hexen- und Ketzerverbrennungen oder Heiligsprechungen dabei zu sein. Bei all dem handelte es sich – im Unterschied zu den meisten anderen zeitweiligen Ortsveränderungen der vergangenen Jahrhunderte – um eine Art von frühem Tourismus, denn die Anwesenheit an den genannten Ereignissen war meist nicht existenziell motiviert, sondern Selbstzweck.

Anlässe und Ziele des modernen Event-Tourismus sind im Vergleich zu den früheren Formen zahlreicher und vielfältiger und werden in der Regel lange vorher geplant. Ausschlaggebend dafür ist die Erwartung eines besonderen emotionalen Erlebens. Neben der Attraktion der Veranstaltung kommt es darauf an, inwieweit das Kriterium der *Multimotivationalität* erfüllt ist. Damit ist gemeint, dass etwa bei einem Rockkonzert mehrere Motive befriedigt werden, z. B. durch ein interessantes Rahmenprogramm, außergewöhnliche kulinarische Angebote, besondere Erlebnisse, Möglichkeiten zum Erwerb von Fan-Artikeln, Bewegungs- und Mitmachaktionen usw. Vordergründig scheint das Motiv des Erlebens von Größen der Unterhaltungsbranche dominant zu sein. Aber die sozialen Motive, das Kennenlernen von und die Kommunikation mit Gleichgesinnten, sind mindestens ebenso sehr wichtig. Musikevents stellen eine Möglichkeit zur Identitätsvergewisserung von Menschen gleicher Alterskategorie und gleicher Interessen dar. Individuen zeigen sich bei solchen Ereignissen als Mitglieder von Gruppen oder weniger scharf definierter Subkulturen oder Szenen. Verschiedentlich (z. B. McCannell 1989) werden Reisen zu Events als säkularisierte Formen von traditionellen Pilgerreisen und spiritueller Erfahrungssuche betrachtet.

1.3.10 Nachhaltiges Reisen und entschleunigter Tourismus – Anspruch, Einstellung und Realität

Bei den meisten Erhebungen, die nach der Bereitschaft zum nachhaltigen Reisen fragen, treten mehrere Fehlerquellen auf: Zum einen spielen systematische Befragungsfehler, wie etwa Suggestivfragen eine Rolle, zum anderen wird die Vergleichbarkeit von Ergebnissen oft durch unterschiedliche Definitionen und Schwierigkeiten der Messbarkeit eingeschränkt. So gibt es keine verbindlichen Festlegungen für umweltbewusstes, nachhaltiges oder ökologisches Reisen. Abgesehen davon muss von erheblichen Antwortverzerrungen bzw. Diskrepanzen zwischen geäußerten Meinungen und dem darauf bezogenen Verhalten in Richtung „Sozialer Erwünschtheit" ausgegangen werden. Danach geben Befragte häufig nicht ihre wirkliche Meinung an, sondern das, von dem sie glauben, dass es die Mehrheit vertritt, und/oder ihnen wichtig erscheinende Mitglieds- und Bezugsgruppen teilen und/oder populären bzw. politisch „korrekten" Ideen entspricht, also normativen Charakter hat. Das Ausmaß solcher Verzerrungen ist besonders groß, wenn nach politischen Präferenzen, religiösen und ethischen Haltungen, sexuellen Vorlieben oder – allgemeiner – nach stark polarisierenden und heiklen Themen gefragt wird. Sich angesichts des drohenden Klimawandels ökologischen Herausforderungen gegenüber indifferent zu äußern und umweltbelastendes Streben nach Bequemlichkeit und Genuss offen zu vertreten, passt nicht zum verbreiteten Selbst- und Wunschbild eines umfassend informierten, aufgeklärten, kritischen, engagierten und „achtsamen" Zeitgenossen.

Die vermehrt auftretenden Indikatoren einer weltweiten Klimaveränderung werden sich zukünftig stärker auch auf das touristische Reisen auswirken, besonders dann, wenn sich aufgrund von Ressourcenverknappung und ökologisch motivierter staatlicher Maßnahmen auch die Kosten erhöhen. Dies betrifft vor allem Flugreisen bzw. die dadurch verursachten Schadstoffe. Neben Kohlendioxid werden dabei Stickoxide, Aerosole, Ruß, Kohlenmonoxid und andere Schadstoffe ausgestoßen. Würde man die durch das Fliegen entstehenden Umweltschäden zu den niedrigen Flugpreisen hinzurechnen, wären Flugreisen kaum noch bezahlbar (Braun 2019). Somit läge es aus Gründen des Umwelt- und Klimaschutzes nahe, sich zumindest bei Urlaubsflügen mehr Zurückhaltung aufzuerlegen, zumal Bahnfahrten innerhalb Deutschlands – entgegen einer immer noch verbreiteten Meinung – meist günstiger als Fliegen sind und oft nur geringe oder gar keine Zeitnachteile beinhalten.

Auf den ersten Blick machen Umfrageergebnisse Hoffnung auf Veränderungen zugunsten der Umwelt: Der Reiseanalyse 2017 zufolge hielten 31 % der Befragten die ökologische Verträglichkeit des Urlaubs für wichtig. In anderen Befragungen sprachen sich sogar bis zu 80 % der Interviewten für ein nachhaltiges Reisen aus (BMBF 2018). Eine Online-Repräsentativbefragung des Instituts für Management und Tourismus (IMT) der Fachhochschule Westküste in Heide mit 1000 Befragten zwischen 16 und 64 Jahren kam dagegen auf deutlich niedrigere Werte. Danach konnten nur 34 % mit dem Begriff „entschleunigter Tourismus" (u. a. Verzicht auf Flugzeug und PKW zugunsten von Bahn und Fahrrad) etwas anfangen (Koch et al. 2011). Eine Studie der Hochschule

Luzern identifizierte fünf Reisetypen, unter welchen der „ökologisch" bewusste Typ einen Anteil von 22 % ausmachte (Wehrli et al. 2011). Daraus kann aber noch nicht auf einen entsprechenden Anteil tatsächlich umweltbewusst Reisender geschlossen werden, denn die wenigen vorhandenen Studien ergaben selbst bei großzügiger Auslegung nur Anteilswerte zwischen 10 und 12 %. Im Jahr 2017 haben immerhin schon 17 % der Deutschen einen umweltfreundlichen Urlaub gebucht (Frankreich 18 %, Belgien und Großbritannien jeweils 9 %, Schweden 6 % und Niederlande 5 %). Nach einer Umfrage des ADAC aus dem Jahr 2018 ist die Zahl der Fahrgäste im Eisenbahn-Fernverkehr innerhalb Deutschlands gegenüber dem Vorjahr um 4,4 % gestiegen, doch handelt es sich dabei nur z. T. um touristisches Reisen (Hermann 2019). Bei einer anderen Umfrage sprach sich eine Mehrheit von 74 % dafür aus, ganz auf kurze Flüge zu verzichten und die Flugpreise zugunsten des Klimaschutzes zu erhöhen. Mehr als die Hälfte würde es sogar akzeptieren, wenn Flüge deutlich teurer würden (Airliners 2019). Doch muss hier neben den Verzerrungen durch „soziale Erwünschtheit" auch noch die geringe oder fehlende Betroffenheit der meisten Befragten (im Gegensatz etwa zu einer drastischen Erhöhung der Benzinpreise an der Tankstelle) berücksichtigt werden. Mit anderen Worten: Solange sich eine geplante Maßnahme hauptsächlich auf andere auswirkt, wird man eher bereit sein, radikalen, aber selbst nicht schmerzenden Lösungen zuzustimmen.

Bislang gibt es noch wenig Hinweise, dass sich das Reiseverhalten in absehbarer Zeit zugunsten eines nachhaltigen oder entschleunigten Tourismus ändert: Nach Angaben der Flugsicherung war 2017 ein Rekordjahr für den deutschen Luftraum, indem mehr als 24 Mio. Menschen innerdeutsche Flugverbindungen genutzt haben. 2018 ist die Anzahl der Flugpassagiere an deutschen Flughäfen noch um weitere 4,2 % gegenüber dem Vorjahr gestiegen. Da auch die Beliebtheit praktisch nur mit dem Flugzeug erreichbarer Fernziele ungebrochen ist, gehen Experten davon aus, dass der Flugverkehr weiter zunehmen wird. Allein für Flüge innerhalb Europas wird von einem Wachstum von 53 % bis 2040 ausgegangen. Bezeichnend scheint noch, dass bisher nur relativ wenige Fluggäste die Möglichkeit zur Bezahlung einer freiwilligen CO_2-Kompensation genutzt haben.

1.4 Fazit

Es bleibt die ernüchternde Feststellung, dass die weitere Entwicklung des Tourismus nur z. T. von objektiven und sozial anerkannten Bedürfnissen der Reisenden, z. B. nach Erholung, Pflege und Wiederherstellung der Gesundheit, Entwicklung kreativer Fähigkeiten usw., oder gar von den Erfordernissen der Umwelt oder den Ansprüchen der Bereisten abhängt, sondern – neben den Interessen der Anbieter – zum großen Teil auch auf sozial weniger akzeptierten Motiven der Touristen wie Sensationslust, Voyeurismus oder dem Wunsch nach demonstrativen Konsum und sozialer Differenzierung beruht.

Eine stärkere Einbeziehung der soziologischen und psychologischen Perspektiven in Verbindung mit den Ergebnissen sozial- und kulturwissenschaftlicher Forschung – und damit die Verabschiedung von der bisherigen Dominanz der betriebswirtschaftlichen

Sichtweise – kann nicht nur zum besseren Verständnis der Motive sowohl von Touristen als auch von Dienstleistern und Bereisten beitragen, sondern auch die Anbieter bereichern, um weiterhin neue Destinationen und Urlaubsarten, aber auch Trends und Moden zu kreieren, wenn auch oft zulasten der Umwelt und der Ansässigen. Für das Letztgenannte mehr Sensibilität und Bewusstsein zu entwickeln wäre ein weiteres – und wesentlicheres – Ziel der Tourismuswissenschaft.

Literatur

Airliners. (2019). Fliegen, Bahnfahren Hintergrund. http://www.airliners.de/fliegen-bahnfahren-hintergrund/51316?utmsource-feed&utmmedium-rss&utmcampaignum-all. Zugegriffen: 9. Aug. 2019.

Aloys, G. (2001). *Poptourismus. Tourismus der Zukunft. Prophezeiungen, Impulse und Thesen für das 21. Jahrhundert*. Ischgl: Workshop Ischgl.

Bachleitner, R., & Penz, O. (2004). Der Körper als Erlebnisort des Ichs. In H. J. Kagelmann, R. Bachleitner, & M. Rieder (Hrsg.), *Erlebniswelten. Zum Erlebnisboom in der Postmoderne* (S. 151–159). München: Profil.

BAT. (2003). *19. Deutsche Tourismusanalyse. Tourismus und Reiseverhalten 2002/2003*. Hamburg: Stiftung für Zukunftsfragen.

BMBF. (2018). *Green Travel Transformation. Nachhaltige Reiseangebote erkennen und verkaufen. Abschlussbericht des BMBF-Verbundforschungsprojektes. Ausgangslage, Projektwege, Ergebnisse, Erkenntnisse, Ausblick*. Lüneburg: BMBF.

Braun, F. (2019). Aufgeflogen. Bank & Umwelt. *Das Magazin der Umweltbank, 82,* 23.

Endruweit, G. (2002). Soziologie. In G. Endruweit & G. Trommsdorff (Hrsg.), *Wörterbuch der Soziologie* (2. völlig neubearbeitete und erweiterte Aufl., S. 539–545). Stuttgart: Lucius & Lucius.

Enzensberger, H. M. (1958). Eine Theorie des Tourismus. *Universitas, 42,* 660–676.

Hamermesh, D. S. (2011). *Beauty pays. Why attractive people are more successful*. New Jersey: Princeton University Press.

Hermann, F. (2019). Grün, fair, klimafreundlich – So geht nachhaltiger Urlaub. Bank & Umwelt. *Das Magazin der Umweltbank, 82,* 14–15.

Inglehart, R. (1989). *Kultureller Umbruch. Wertwandel in der westlichen Welt*. Frankfurt a. M.: Campus.

IPK International. (2018). World travel trends 2018/2019. What are the trends to look out for? https://www.itb-kongress.de/media/itbkall/ITB2019.

Jansen, F. (2016). Die Flotte der Kreuzfahrtschiffe wächst rasant. In Witthöft, H.-J. (Hrsg.), *Köhlers Flottenkalender 2017* (S. 144–153). Hamburg: Maximilian.

Kagelmann, H. J., & Kiefl, W. (2016). *Gesundheitsreisen und Gesundheitstourismus. Grundlagen und Lexikon*. München: Profil.

Kagelmann, H. J., & Kiefl, W. (2018a). Hartnäckigen Mythen im Tourismus auf der Spur: Mythos: Wellness hat eine jahrhundertealte Geschichte. *Wellhotel, 60*(60), 40.

Kagelmann, H. J., & Kiefl, W. (2018b). Overtourismus – Wirklich etwas Neues? *Wellhotel, 61*(2018), 48–50.

Kiefl, W., & Kagelmann H. J. (2017). Die Quadratur des Kreises. Gedanken zum postmodernen Gesundheits-, Wohlfühl- und Freizeitstress. In R. Freericks & D. Brinkmann (Hrsg.), *Gesundheit in der entwickelten Erlebnisgesellschaft. Analysen, Perspektiven, Projekte. Hochschule Bremen;* Dokumentation der Fachtagung 25./26. November 2016 (S. 15–46). Bremen: IFKA e. V.

Klages, H. (1985). *Wertorientierungen im Wandel*. Frankfurt a. M.: Campus.

Klages, H. (2001). *Wertedynamik. Über die Wandelbarkeit des Selbstverständlichen*. Zürich: Edition Interfrom.

Koch, A., Eisenstein, B., & Eilzer, C. (2011). Reisetrend „Slow Tourism"; Ausgewählte empirische Befunde. In C. Antz, B. Eisenstein, & C. Eilzer (Hrsg.), *Slow Tourism. Reisen zwischen Langsamkeit und Sinnlichkeit* (S. 41–54). München: Meidenbauer.

LaPiere, R. T. (1934). Attitude vs. action. *Social Forces, 13,* 230–237.

Lyotard, J.-F. (2012). *Das postmoderne Wissen populär* (7. Aufl.). Wien: Passagen (Zuerst 1979).

MacCannell, D. (1989). *The tourist. A new theory of leisure class*. New York: Schocken Books (Erstveröffentlichung 1989).

Naumann, F. (2006). *Schöne Menschen haben mehr vom Leben*. Frankfurt a. M.: Fischer.

Niazi-Shahabi, R. (2013). *Ich bleib so scheiße wie ich bin. Lockerlassen und mehr vom Leben haben*. München: Piper.

Ohler, N. (1991). *Reisen im Mittelalter*. München: Dtv.

Rafat, A. (2018). The genesis of overtourism: Why we came up with the term and what's happened since. Skift, Aug 14, 2018.

Reinhardt, U. (2019). *35. Tourismusanalyse*. Hamburg: BAT.

Robson, S. K. A., & Kimes, S. E. (2009). Don't sit so close to me: Restaurant table characteristics and guest satisfaction. *Cornell Hospitality Report, 9*(2), 6–16.

Statista. (2019). Viele Europäer könen sich keinen Urlaub leisten, auf. http://de.statista.com/infografik/18883/viele-europaeer-koennen-sich-keinen-urlaub-leisten. Zugegriffen: 9. Aug. 2019.

Ulrich, R. (2019). *35. Tourismusanalyse*. Hamburg: BAT, Stiftung für Zukunftsfragen.

Vester, H.-G. (1993a). Tourismussoziologie. In H. Hahn & H. J. Kagelmann (Hrsg.), *Tourismuspsychologie und Tourismussoziologie. Ein Handbuch zur Tourismuswissenschaft* (S. 36–43). München: Quintessenz.

Vester, H.-G. (1993b). Crowding. In H. Hahn & H. J. Kagelmann (Hrsg.), *Tourismuspsychologie und Tourismussoziologie. Ein Handbuch zur Tourismuswissenschaft* (S. 123–124). München: Quintessenz.

Wehrli, R., Schwarz, J., & Stettler, J. (2011). *Are tourists willing to pay more for sustainable tourism? A choice experiment in Switzerland*. Lucerne University of Applied Sciences and Arts (Hrsg.), ITW Working Paper Tourismus, 3.

Dr. Walter Kiefl, Diplom-Soziologe, Studium der Soziologie, Psychologie, Ethnologie und Erwachsenenpädagogik in München; Promotion. Tätigkeit als wissenschaftlicher Mitarbeiter am Institut für Soziologie der Ludwig-Maximilian-Universität in München, am Lehrstuhl für Bevölkerungswissenschaft der Universität Bamberg sowie am Deutschen Jugendinstitut e. V. in München. Arbeits- und Interessenschwerpunkte u. a. Viktimologie, Soziologie der Familie, Generatives Verhalten, Tourismus. Seit 2001 freiberuflich als Autor in München tätig.

Dr. H. Jürgen Kagelmann, Diplom-Psychologe. Studium der Psychologie und Soziologie in Regensburg und Freiburg im Breisgau, Dissertation (Dr. Phil.) an der Universität Freiburg/Breisgau. Tätigkeit in der psychotherapeutischen Forschung sowie Lehrbeauftragter für Medienpsychologie und Medienpädagogik an Hochschulen in Deutschland, Österreich und der Schweiz. 2009 Professor für Tourismus in Chur/CH. Jürgen Kagelmann ist Mitbegründer der Deutschen Gesellschaft für Tourismus und Verleger des Profil-Verlags München. Zahlreiche wissenschaftliche Veröffentlichungen u. a. zum Gesundheitstourismus, zur Tourismuspsychologie und Tourismussoziologie, zu touristischen Erlebniswelten und zur Populärkultur.

A Field Theoretical Discovery of the Tourism Industry

2

Robert Dorschel

Abstract

Sociologists have been primarily concerned with tourism as a phenomenon of consumption rather than production. This has led to a neglect of the production of touristic services even though the tourism industry has become one of the largest economic sectors in the world. The sociological consumption-fetish is seen as a result of the complex nature of the tourism industry and the dominance of micro-sociological theories in the research field of tourism. Pierre Bourdieu's theory of social fields will be introduced as a different theoretical approach to the study of tourism. Field theory is particularly well suited to grasp the differentiated nature of the tourism industry because it provides the concepts to analyze the cultural logics and intertwined power structures of interrelated webs of relations. Field theory hence shifts the focus from social interactions to social relations. The potential of field theory will be exemplified through the case of New York City as a touristic industrial field. Furthermore, the contours of the USA as a national touristic field and its relation to the global field of tourism will be sketched out.

R. Dorschel (✉)
Department of Sociology, University of Cambridge, Cambridge, United Kingdom
E-Mail: rcd49@cam.ac.uk

© Springer Fachmedien Wiesbaden GmbH, ein Teil von Springer Nature 2020
D. Pietzcker und C. Vaih-Baur (Hrsg.), *Ökonomische und soziologische Tourismustrends*,
https://doi.org/10.1007/978-3-658-29640-7_2

2.1 Introduction

The study of *tourism* has been a fruitful but one-sided endeavor for sociology. While sociologists along with other social scientists have contributed critical insights into the cultural schemata that are entangled with touristic practices[1] (Cohen and Cohen 2019), they were primarily concerned with tourism as a phenomenon of consumption and not production. If at all, the tourism industry has been a secondary object of analysis to sociologists – despite the expansion of economic sociology, and the numerous sociological inquiries into other areas of economic life (Swedberg 2003; White 1981). This is surprising given the fact that the tourism industry has advanced to become one of the largest industries in the world (Urry 2003). According the World Tourism Organization, tourism is the World's third largest export category; in 2017, 1.3 billion international tourist arrivals around the world were recorded. For several developing countries, tourism is the most important economic sector (UNWTO 2018).

Of course, scholars of business and economics have studied this rising industry. In spite of the fragmented and diverse nature of the tourism industry, they managed to provide systemic insights into its (historical) economic developments (Jennings 2001; Lickorish and Jenkins 2007). However, from a sociological perspective, business and economic scholars often put the cart before the horse because they tend to ignore the social and cultural structures in which the tourism industry is embedded. Yet, there would be no market activity without social rules, norms and institutions (Abolafia 1998; Durkheim 1997; Granovetter 1985). There is thus a clear need to analyze the cultural and social structures of the tourism industry in order to understand the economic field, and its various embedded sub-fields like the field of destination marketing, at a deeper level.

How can we study the differentiated tourism industry from a sociocultural perspective? I argue that micro-sociological theories, which have dominated the sociological study of tourism in recent decades, do not provide the adequate framework to grasp the larger social configurations that are structuring tourism industries. Therefore Pierre Bourdieu's field theory will be introduced as an alternative theoretical tool kit to study the tourism industry. Field theory provides analytical concepts to study areas of social and economic life, like the tourism industry, as relatively autonomous spheres, where social logics, capital forms and cultural meaning systems shape the relations and struggles among actors (Bourdieu 1990, p. 67). Field theories' theoretical flexibility helps us to conceptualize the tourism industry as something like a living Russian doll: as interrelated fields on the local, national and global level. Unlike economics, field theory

[1]The definition of "tourism" and the "tourist" is disputed. The World Tourism Organization supports a wide definition, arguing that: "Tourism is a social, cultural and economic phenomenon which entails the movement of people to countries or places outside their usual environment for personal or business/professional purposes" (UNTWO 2019). In the following, I will focus on tourism as a personal leisure activity.

then explains regularities in individual and organizational action by recourse to social positions vis-à-vis others (Martin 2003).

The goal of this paper is two-fold: to map out the tourism industry as an object of analysis for social scientists, and to demonstrate a theoretical tool kit to do the job. In the following, I will first recapitulate recent sociological studies of tourism. In the second portion, I will introduce field theory as an analytical heuristic that redirects the attention from social interactions to social relations. I will then empirically exemplify the potential of field theory by sketching out the contours of New York City as a touristic industrial field. Finally, I will present an outlook for the conceptualization of the USA as a field and its relation to the global field of tourism.

2.2 Sociology and Tourism

The sociological study of tourism originated primarily in Germany. Leopold von Wiese laid one of the first stones with his work "Fremdenverkehr als zwischenmenschliche Beziehung" (1930). The research field began to see consolidation in the second half of the twentieth century with historical and evolutionary perspectives dominating the style of analysis, for example with Wolfgang Knebel's "Soziologische Strukturwandlungen im Modernen Tourismus" (1960). These sociological studies argued that human beings have traveled since the very beginning of their existence. Travel was often undertaken for economic purposes, but it also occurred for religious reasons and, of course, because of war and climate change (Theobald 2012, p. 5). Then, in the Roman era, the practice of travel was recorded for the first time as activity for pure leisure among the elite. Centuries later, it was industrialization, decreasing costs of transportation, the emergence of a middle-class and new cultural frames that enabled "travel for leisure" to become a social practice on a mass scale.[2]

After the early phase of the sociological exploration of tourism from the macro-theoretical perspective, the trend reversed with the emergence of symbolic interactionist and ethnomethodological approaches in social sciences (Dann and Cohen 1991, p. 156). From the 1970s on, studies of tourism had a micro-sociological focus: the locus of attention shifted to the subject of the tourist and the interactions occurring in his or her travels; important works were published in this paradigm. Studies like MacCannell's *The Tourist: A New Theory of the Leisure Class* (MacCannell 1999) found in the tourist the social figure that offered insights into new social identities of late modernity. MacCannell argues that tourism has become a quest for authenticity. The author describes tourists to be on a secular pilgrimage, longing to get to the authentic back stage of life. Another mile stone was John Urry's *The Tourist Gaze* (Urry 2002). Urry

[2]It has been interestingly noted that the practices of seemingly leisure seeking tourists, for example when sightseeing, are actually often driven by a strict work ethic (Cohen and Cohen 2019, p. 164).

builds on Foucauldian theories of control and surveillance (Cheong and Miller 2000) to argue that there are systematic ways of "seeing", and that the ways of touristic seeing are subjugating social practices. According to Urry, the touristic gaze, just like the medical gaze, is socially organized on the basis of certain knowledge structures and often ends up creating "the other". Furthermore, Urry elaborates on the consequences of different gazes for different places and social practices. He poses as the objects of his research interactions between tourists, hosts and environments. His widely-acclaimed studies laid the groundwork for many sociological studies of tourism to come – for example, the ongoing surge of Actor-network-theoretical approaches to tourism research (van der Duim et al. 2013).

A principal characteristic of the sociology of tourism is that *consumption* marks the analytical point of departure (see Boltanski and Esquerre 2020 for a rare and innovative exception).[3] In my view, this fixation on consumption is partly due to the micro-theoretical hegemony in the research field. The micro-theoretical schools, such as symbolic interactionism and ethnomethodology, place their emphasis on the power of interactions – not power relations but self-dynamic interactions (re)produce the social order (Blumer 1986). Hence, if one deploys this theoretical perspective, the tourism industry indeed manifests itself not as an organism but rather as a number of idiosyncratic theaters with a front and back stage. The tourism industry shrinks to singular destinations and individuals within them. What remains in the shadow of thrilling and easily-observable interactions are the social forces of the socioeconomic apparatuses – sectors, industries or multi-national corporations. In other words, fields, within which the theaters are embedded.

These two interrelated factors, the consumption-fetish and the popularity of micro theories led to an almost total neglect of the tourism industry as an object of sociological analysis.[4] The role of the actors like hotel chains, air lines, travel operators, booking agencies, guides, governmental agencies etc., remained, if at all, a secondary object of analysis. One great exception is Arlie Hochschild's concept of emotional labor which she generated from her study of the work of flight attendants for the airline industry (2012). However, Hochschild's analytical connection of touristic consumption and production, or Sherman's study of service work in luxury hotels (2007), remain the exception. Up to the present day, the industry seems not to be of great interests to social sciences. In an editorial of the Journal *Annals of Tourism Research*, Tribe and Xiao write: "Due to the scope of Annals as a social sciences journal, some subjects such as industry or industry perspectives, business and operations are not as frequently published in this journal as

[3]Of course there are further sociological studies with an interest in the 'back stage' of touristic consumption (MacCannell 1973). Yet, these studies remain on a micro-sociological level, without contextualizing touristic places as embedded into industrial structures.

[4]The consumption-fetish may also be partly explainable by the fact that most sociologists are frequent consumers of touristic services but probably few sociologists have worked in the tourism industry or are socially acquainted to workers of the tourism industry.

in other tourism periodicals." (Tribe and Xiao 2011, p. 20). And the future does not necessarily promise a change: Scott and Eric Cohen, two of the leading sociological scholars in the field, write in a recent article for the journal *Current Issues in Tourism*: "[the] seven topics that we consider to be on the forefront of current developments in the sociological study of tourism [are]: emotions, sensory experiences, materialities, gender, ethics, authentication and the philosophical groundings of tourism theories." (Cohen and Cohen 2019, p. 153).

This understanding of the tourism industry as a distant phenomenon to social sciences is peculiar. Economic Sociologists, beginning with Marx, Weber and later Polanyi, have highlighted that economic action is always embedded in social structures. This line of research is not marginal within social sciences today. In the 1970s, a big wave of sociological scholars turned to the economy and investigated organizations, industries and markets systematically for the social texture that economists had left out (Granovetter 1985). However, this research interest seems not to have diffused into the study of tourism. Up until today, there are barely any sociological studies analyzing the tourism industry as primary object of analysis (two important exception are Turner's and Ash's work on international tourism [1975], as well as Dann's and Cohen's writings on "commercialized hospitality" [1991]). My argument, again, is that the lack of literature on the tourism industry as an object of analysis is fostered by the research field's micro-theoretical hegemony. In the next section, Pierre Bourdieu's field theory will be introduced as a framework to overcome this state without drifting away from empirical ground.

2.3 Bourdieu's Field Theory

In all of his work, Bourdieu avoids operating with the term "society". Instead, in order to account for the complexity of modern societies, Bourdieu uses the notions of fields:

> "In analytical terms, a field may be defined as a network, or a configuration, of objective relations between positions. […] In highly differentiated societies, the social cosmos is made up of a number of such relatively autonomous social microcosm, i.e., spaces of objective relations that are the site of a logic and necessity that are specific and irreducible to those that regulate other fields." (Bourdieu and Wacquant 1992, p. 97)

Thus, fields are fundamentally characterized by two structures:

1. the objective relations between actors and
2. a field-specific logic; an idiosyncratic set of rules and norms.

In a nut shell: fields are structured by *power* and *culture* (Swartz 1998).

Let us explore the notion of culture with more nuance.[5] According to Bourdieu, fields are arenas of *common* belief systems as well as *conflictive* belief systems. All actors of a field (individuals, groups and organizations) share a common motivation to participate in the struggle of a field; they have a cultural investment in the game: an *illusio* (Bourdieu 1990, p. 66). Furthermore, fields are sites of common fundamental norms that everybody acknowledges: the *doxa* (Bourdieu 1996, p. 184). This field-specific culture also manifests itself through social and symbolic boundaries of a field: "It is not uncommon for fields to have a quasi-institutionalized existence in the form of branches of activity equipped with professional organizations functioning as clubs for the managers of the industry, defense groups for the prevailing boundaries, and hence for the principle of exclusion underlying them" (Bourdieu 2005, pp. 80–81). Boundaries also manifest themselves simply in educational requirements or habitual skills that are necessary for a field entry. Importantly, these social and symbolic boundaries, just like the rules of the game, are themselves always a stake of struggles within and between fields; and it's a matter of empirical investigation where the boundaries at a given moment (Emirbayer and Johnson 2008, p. 8).

Intra-field relations are just as much shaped by conflictive meaning systems as they are by undisputed beliefs and norms. Actors compete over the *nomos*, which refers to the hegemonic symbolic order that establishes the ruling classification principles within a field. Together the common and conflictive culture constitutes the relative autonomy of a field, meaning that "what happens to any object transversing this space cannot be explained solely by the intrinsic properties of the object in question" (Bourdieu and Wacquant 1992, p. 100). In order to grasp the cultural logics of a field we are required, to at least, broadly analyze its historical development. The social order of a field rarely changes abruptly because the cultural patterns of a field are crystallized in the habitus of actors (Bourdieu 1990, pp. 60–65). The habitus refers to the system of dispositions acquired by actors through (field)socialization, and according to Bourdieu, the habitus is rather durable and tends towards reproduction (2013).

The struggle within a field (and between fields) can be systemically analyzed and made intelligible through the concept of *capital* (Bourdieu 1983). Capital refers to social attributes that can be used to acquire a dominant position within a field. The *volume and composition of capital* thus determines the objective position of an actor within a field. Capital functions as a recognized currency within social relations that grants power and control over the ruling societal organization and classification principles, the nomos. Thus, power and culture are intertwined. However, there is always resistance such that the potency and conversion rates of the different forms of capital (economic, cultural,

[5]Bourdieu rarely himself uses the notion of culture. Instead, he prefers the notion of "position-takings" to refer to meaning established through practices. Positions are then the somewhat formal dimension of social relations, while positions-takings refer to the content, the meaning-aspect of those relations (Emirbayer and Johnson 2008, pp. 15, 24).

political, technological, symbolic, etc.) are always at stake in a struggle, just like the rules and boundaries of a field.[6] Actors collaborate with one another in groups and form poles within a field. Every field has a particular, historically-grown economy of practices and field-specific strategies[7] that require deciphering.

The conflictive nature of fields is not limited to intrafield-relations but expands to interfield-relations as well (Bourdieu 1998). Fields compete against one another to improve their position within the social space.[8] The fight between fields follows the same mechanism as within fields: actors use their capital forms to try to establish a cultural order that secures and improves their objective position. Hence, if we do want retrieve a notion of society, we can best imagine it as a Russian doll (Fligstein and McAdam 2011, p. 3). Social space consists of vertically and horizontally positioned social fields that are further characterized by proximity or distance. There is the highest level, where the large and powerful fields, including "the state", interact and compete. In Bourdieu's work these power fields were mainly the economic field, the cultural field, the academic field and the political field. These power fields themselves are organisms of an array of (sub)fields, which then again also obtain subfields. An example is the economic field[9]: this power field itself can only be adequately understood as an ensemble of industries, subfields; such as the tech, chemical, automobile or tourism industry. All these industries themselves are again socio-economically differentiated in more specialized sectors, such as the tech hardware sector and software sector. At the end, we can even find field structures at the level of the firm: "if we enter the "black box" that is the firm, we find not individuals, but, once again, a structure – that of the firm as a field, endowed with a relative autonomy in respect of the constraints associated with the firm's position within the field of firms." (Bourdieu 2005, p. 81).

Hence, fields are embedded into larger structures but they are not deterministically reducible to the logics of those larger structures in the sense of a crude functionalism. Rather there is a "genuine qualitative leap" (Bourdieu and Wacquant 1992, p. 104) of

---

[6]How many forms of capital there are in a field, is an empirical question. Economic, cultural, social and symbolic capital though are present (more or less effective) in every field.

[7]This doesn't necessarily mean that actors are always "strategists". Rather Bourdieu's sociology follows the psychoanalytic-inspired perspective that strategies are often pursued without conscious strategizing by actors (Bourdieu 2002a).

[8]The social space can be understood as something like a society, and is also referred to by Bourdieu as field of power in certain instances (Schmitz et al. 2016). However in other instances, the field of power can also be understood as a restricted part of the social place where the elites of all fields determine the field-overarching currency exchange rates for the different field-specific capital forms (Bourdieu 1998).

[9]The economic field, in times of neoliberalism, is according to Bourdieu actually the most powerful field, having overtaken the field of power (Bourdieu 2004a). Bourdieu described neoliberalism as the *intrusion* of social logics of the economic field into other social fields, thereby threatening their relative autonomy.

culture from level to level. In the end, field theory does not provide us with a priori explanations of how the social world works. It only provides us with concepts and a broad framework of the structure of modern, differentiated societies. However, this framework and its instruments can help us to systematically study culture and power in the complex and multi-layered terrains of the social; field analysis is a balance between inductive and deductive research. Therefore, field theory does not only help us to analyze the tourism industry but comes useful even beforehand by guiding (not determining) the process of the construction of the object of analysis (Bourdieu et al. 1991).

2.4 Tourism Industries from a Field Perspective

Does such a thing as a tourism industry exist? Sinclair, Blake and Sugiyarto argue that "[t]ourism is a composite product, involving transport, accommodation, catering, attractions and other services such as shops and banks. It differs from other products in that it cannot be examined prior to purchase, cannot be stored and involves an element of travel." (Sinclair et al. 2003, p. 30). The takeaway from this definition is that the tourism industry consists of a heterogeneous ensemble of economic actors who are providing services or goods to people traveling. In a healthy structuralist attitude, field theory argues that a differentiated aggregate, such as the tourism industry, is more than the sum of its individual parts; it is better understood a collection of related actors; an orchestra that manages to play a concert.

But how do we manage to observe the concert? The construction of the object of analysis starts by locating a web of actors who exist in relation to each other. This does not necessarily mean locating clusters of direct interactions (often actors in a field may never meet each other in person) but rather a set of actors with common interest and attributes (Bourdieu and Wacquant 1992, p. 227). Finding a web of relations is not done in one stroke but requires constant reflection – similar to the grounded theory research process (Glaser and Strauss 1967). Bourdieu does give a practical trick:

> "I suggest that you use this very simple but convenient instrument of construction of the object: the square-table of the pertinent properties of a set of agents or institutions: If, for example, my task is to analyze various combat sports (wrestling, judo, akido, boxing, etc.), or different institutions of higher learning, or different Parisian newspapers, I will enter each of these institutions on a line and I will create a new column each time I discover a property necessary to characterize one of them; this will oblige me to question all the other institutions on the presence or absence of this property. This may be done at the purely inductive stage of initial locating." (Bourdieu and Wacquant 1992, p. 230).

We shall take the theoretical discussions to an empirical case. The United States is a central player in the world wide tourism industry. The constructed and marketized historic sites, vibrant cities, natural landscapes, cultural events, shopping options as well as recreational and entertainment options attract millions of tourists every year

(Aratuo and Etienne 2019). Of course a lot of the tourists traveling to the USA are of international origin. Therefore, the economic actors constituting the U.S.-American tourism industry are also deeply involved struggles in an international arena. But we will begin by limiting our scope to the city level, followed by an outlook to the national and global field. On another note: the following sections will be, due to the scope of this paper, limited to an elaboration of the production of touristic services as a social field (it should be noted that field theory also has the potential to study production and consumption of economic services together as one field). The next section is far from a rigorous empirical case study. Rather, empirical illustrations will be given based on secondary literature in order to exemplify the potential and the deployment of field theory for the study of tourism industries.

2.5 The Case of New York City as a Touristic Field

As discussed, we can locate a social field when we find a number of actors who stand in relation with one another through common attributes as well as a conflictive fight over a field-specific capital. In New York City, one of the most attractive tourist destinations in the world, we will find a large number of different actors pursuing the goal to gain a (bigger) share of the capital brought by tourists.[10] Among the actors in this field we will find: city guides, cab and Uber drivers, double decker buses, hot dog carts, museums, art galleries, theaters, hotels, luxury stores, airlines, tour operators, security services companies, marketing agencies and various departments of the city government. These actors are accommodating, in one way or another, the 62.8 million tourists that traveled to New York in 2017 (nycgo 2018). They do not pursue their jobs in pure harmony but instead are seeking to improve their (market) position.[11]

The world famous New York theaters on Broadway, for example, are in competition with one another as well as with other artistic establishments in the city. They compete over the economic capital that tourists spend on entertainment.[12] The process of this competition is highly social (the word "rivalry" might be better suited to address this aspect). Bourdieu showed in his study about the market of home-ownership that economic actors closely watch each other (Bourdieu 2002b). Similar to White (White 1981), he argues that actors position themselves vis-à-vis other actors in their services

[10]For this field, the capital being distributed is primarily of economic nature. However, other forms also play a role, f. e. the prestige in form of symbolic capital that can be gained through attracting (certain) tourists.

[11]The only anthropological constant – the only pre-social attribute – Bourdieu assumes about human beings is that they strive for recognition – whatever this may be in their particular field (Bourdieu 2004b, p. 309). In the economic field, we can assume recognition is predominantly mediated through economic capital.

[12]Of course, the Broadway entertainment industry itself could be considered a (sub)field.

and market strategies. But there can also be alliances between different actors and across segments of a field. Field theory is not only about competition but also about collaboration. Collaboration can occur at different levels of a field. In their study on the New York Broadway musicals from 1945 to 1989, Uzzi and Spiro found evidence that artists from different theaters networked with one another, ultimately creating a "small world" with an illusio that diffused and stirred creativity (2005). The artistic networks of NYC therefore greatly contributed to the rise of this important sector of the touristic field. Another case study that addresses the social aspects of the NYC touristic economic life is Richman's ethnographic study of the diamond market on 47th street. Richman asks why the "diamond district in midtown Manhattan – surrounded by skyscrapers and sophisticated financial institutions – continues to thrive as an ethnic marketplace that operates like a traditional bazaar"? (Richman 2017). He finds the answer lies in ethnic trading networks. He argues fundamental morals govern the actions of diamond sellers as an institution: if one actor breaks with the norms, all other actors will stop business relations with this person. Through these cultural norms, the idiosyncratic doxa, the diamond market in New York City was able to reduce transaction costs without relying heavily on lawyers, courts and state coercion. The diamond market on 47th street, which is a popular place for tourists from all over the world, therefore can only be understood through local cultural rules (institutions). And we will find such cultural systems in all subindustries of touristic industries. A researcher may find these social backbones of economic relations enforced through field-specific networks, club-meetings, rituals and symbolic boundaries. An intensive study would likely detect particular cultural patterns at the city level – between subindustries more or less focused on tourists (to my best knowledge, there are no studies hereabout yet). One could expect, for example, that the NYC touristic industrial field is united by a doxa that articulates that tourism is "good" for the city. The actors have a collective interest in positioning tourism as a beneficial, utilitarian matter for the city, against possible concerns of rising housing prices, over-crowdedness and environmental issues.

We can distill two different tactics and two strategies that economic actors within a field may pursue to increase their capital. The tactics are either challenging field-internal competitors, or collaborating with field-internal competitors to improve the position of the overall field in social space (the side effect here is that they will not improve their field-position). And they can pursue these tactics under the strategy of obeying the field rules, or alternatively, by trying to change the rules of the game. The first strategy plays out when actors compete directly through quality of services, by lowering prices or integrating other services into their business models. We saw this take place in tourism in the 1950s onwards, when hotels, for example were beginning to see customers as wanting services beyond simply buying accommodations. Hotels then integrated shopping boutiques and other stores into their buildings (Lickorish and Jenkins 2007, pp. 2–3). The tactic of collaboration under established field rules, with regard to our case, translates to coordinated efforts by actors trying to improve New York City's attractiveness as a tourist destination. We can examine this tactic in practice in the governmental or private city marketing campaigns conducted in almost every major city. These agencies often aim to frame cities as *singularities* within the global tourism field (Reckwitz 2017). In New York City, NYC & Company is the official marketing organization. According to their internet homepage:

> "NYC & Company is the official destination marketing organization (DMO) and convention and visitors bureau (CVB) for the five boroughs of New York City. Our mission is to maximize travel and tourism opportunities throughout the City, build economic prosperity and spread the dynamic image of New York City around the world. A 501(c) 6 private corporation, NYC & Company represents the interests of nearly 2,000 member organizations across the spectrum of businesses and organizations in the City." (nycgo 2019).

The second strategy of changing the rules of the game is a more powerful move. It involves imaginations and the capacity to act (Raza and Silva 2020, p. 109). Currently we can detect a potentially field-changing actor in the company Airbnb. This internet-based platform is trying to change what counts as a place to stay. Thereby it is attacking the fundamental rules of the (sub)field. The state is an important actor who always plays a role in field struggles like these. When actors like Airbnb strive to change the rules of a field they also must interact with the state. Bourdieu characterizes the state to possess not only the monopoly over physical violence but also over symbolic violence. The state possesses the power to promote a field and to regulate it; the state (in most countries) sets the rules for competition. In New York City, the state is currently (at least partially) in conflict with Airbnb over the question when apartments are still considerable as residential apartments. Such questions of governmental classification highly determine the course of field struggles. Another legislative power the City of New York has is the political determination of items that are exempt from local tax (NYC-tax 2019). Here we find, among others, that clothing and foot wear items are exempt from the 4% local tax – thereby giving a (political) break to the shopping industry. Therefore, the role and position of the state (itself an ensemble of multiple governmental and administrative fields) needs to be evaluated. Non-state actors, in their field struggles, pursue to get the state power on their sides (Bourdieu 1998).

What becomes obvious from a field perspective is that economic action is embedded in social structures (understood as crystallized social practices). Therefore, it is always necessary to analyze the historical development of the field structures. For example, Miriam Greenberg has shown the significant role that political actors with particular ideologies played for the New York City's tourism industry. She retraces in her genealogical analysis how the city "turned its chaotic image into a brand". She argues that the branding of New York City was not only a marketing tool but also a political strategy meant to legitimatize market-based solutions over social objectives (Greenberg 2009). Such historic analyses, that follow the trajectories of actors, will contribute greatly to a decryption of the field specific habitus. The habitus manifests itself in certain dispositions: in worldviews and skills (Bourdieu 1990; Dorschel and Allmendinger 2019). The habitus will never purely resemble a homo economicus; economic actions are not driven by rationality but by field-specific cultural meaning systems and power struggles. The workers at tourism marketing organizations, for example, have a specific, class-based habitus. Their particular challenge though lies in the design of a product for people who do not necessarily share their habitus. We may expect to find an occupational habitus in the subfield of tourism marketing that corresponds to this cultural challenge.

2.6 Outlook on a National Field and the Global Field of the Tourism Industry

One of the central and undervalued strengths of field theory it is that is a flexible framework; it is not bound to organizations, networks, institutions, regions or states (while it can very well grasp these aggregates as fields). Field theory enables us to *locate webs of relations that shape social life – it can be deployed on all levels of society.*[13] As illustrated, this can be on the level of a city as illustrated with the NYC tourism industry and even on lower levels such as the district of Broadway theaters. In the following, I will provide an outlook on the national and global touristic fields. We will find a new and different ensemble of actors competing and collaborating, however, the basal logics and field dynamics will remain the same.

As mentioned, the United States is a big player in the global tourism industry. Measured by overall receipts, international and domestic tourists are responsible for $1035.7 billion direct travel expenses in the U.S. in 2017 – resulting in $165 billion total tax revenues. Furthermore, an additional $2.4 trillion indirect and induced expenses can be measured (US Travel Association 2018).[14] According to Aratuo and Etienne (2019), the U.S.-American tourism industry can be classified into six sub-industries: accommodation, air transportation, shopping, food and beverage, other transportation, and recreation and entertainment. Of course it is debatable, whether this number is sufficient. However it is unavoidable at larger field levels to reduce complexity by limiting the analysis to a meaningful extract, representative of the actors of the field (Bourdieu and Wacquant 1992, p. 232).

Similar to our findings in lower field levels of social space, we will also find competition and collaboration on the national level. Within the sub-industries, for example, airlines such as American Airlines, Delta Airlines and United Airlines compete with one another over passengers. But airlines also collaborate in efforts against other transportation carriers such as railways or rental car firms. They collaborate and fuse their capital in trade associations, lobbying for lower gasoline taxes, organizing air

[13]Fligstein and McAdam radicalize the flexibility of field theory by arguing that as soon as two or more people, on a regular basis, relate to each other by competing over any resource, we may speak of a field (Fligstein and McAdam 2011).

[14]We have considered these additional spendings to be part of the practices within a touristic field.

travel, using the same airports, flying passengers from other airlines, etc. Furthermore, sub-industries also share a certain organizational and corporate culture. There are social requirements to work for firms in the airline sector – such as educational certificates and habitual characteristics like a fitting illusio. These cultural boundaries help to stabilize the (re)production of social (sub)fields.

Before finishing the list of involved actors, the analytical decomposition of the national tourism field into sub-industries and sectors needs to be critically reflected. While it seems reasonable to consider sub-industries and sectors to be the central aggregate players in the national field, other actors possibly need to be taken into account as well. Again, as on all levels, it is the state/government that we can expect to play a crucial role in these fields. Governments may indeed be the most important actors in the national and global field(s) of tourism (Lickorish and Jenkins 2007, p. 7). They provide crucial material infrastructure, security, political stability, they offer investment incentives, they conduct national marketing campaigns, etc. Furthermore, large tour operators such as Thomson Holidays (UK), Neckermann and TUI (Germany) and Tjerborg (Denmark) also need to be taken into consideration as important actors. These companies employ tens of thousands of people and strategize multinationally. Given their volume of capital, they can, on their own, exert tremendous effects within national fields as well as on the global field.

As we can see, it is a slippery slope to follow the web of touristic actors on a national level without touching the global field level. Yet it would be wrong from a field theoretical perspective to consider the global field as a superpower field. Rather, the global field of tourism is again simply a relatively autonomous sphere. It is not dependent but also not independent of lower levels. The global field of the tourism industry might be best approached as consisting of multinational operating companies, international organizations, national governments as well as economic industries and sectors which operate on a global scale. The global field is most likely united by a certain culture and collaboration to promote travel as a human practice. Studies could investigate the field-specific cultures through the habitus of the industries' elites. The habitus, which brings light to the illusio and doxa of the field, may be found through interviews or observations of tourism ministers in governments, leading managers at the tour operators, or the bureaucratic elite at the 1975 founded World Tourism Organization. Again, this global field is also a battleground with an inner frontline and an outer frontline. The inner frontline is the competition between the diverse actors over obtaining a bigger share of the resources that touristic visitors worldwide bring with them. This interest will be pursued through various coalitions, tactics and strategies which would need to be explored. And then the global field of tourism also has to compete against other fields and movements in global social space. I will give just example, which I argue could seriously threaten the entire global field of tourism: the global field of actors "fighting climate change". This ensemble of diverse actors has gained massive momentum (Neckel et al. 2018), and they share the belief that rising CO_2-emissions need to be reduced – which makes them a somewhat natural enemy of growing air traffic – for which tourism is greatly responsible. Hence, we can expect increasing field tension on this matter –not just between global fields – but possibly also between the global field of tourism and actors of national touristic fields. The more nationally bound actors could pursue a strategy that builds on and promotes more local and regional touristic activities, thereby threatening the ensemble of actors who are promoting global touristic travel. Last but not least we may even find actors in the global field of tourism who see their touristic sites threatened by climate change try to change the field from the inside.

2.7 Conclusion

The tourism industry as object of analysis has been left to economics and business scholars. This paper argued that this is not only the consequence of the fragmentation and complexity of the tourism industry but also because the sociology of tourism as research field has mostly resisted theoretical deployments and developments beyond the micro-level. The goal of this paper was to flank the interactionist domination by introducing Pierre Bourdieu's relational field theory to the study of tourism. Field theory brings two new perspectives to the study of tourism: First of all, it helps to contextualize interactions in larger social structures: in relational fields. This could help to overcome the neglect of the production of touristic services by providing a framework that can grasp the differentiated and complex nature of the tourism industry. Secondly, field theory draws particular attention to the intertwined cultural logics and corresponding power systems at all levels of the tourism industry. While field theory does not give a priori answers to social problems and questions, it will provide new perspectives to study the phenomenon of tourism.

References

Abolafia, M. Y. (1998). Markets as cultures: An ethnographic approach. *The Sociological Review, 46* (1), 69–85.

Aratuo, D. N., & Etienne, X. L. (2019). Industry level analysis of tourism-economic growth in the United States. *Tourism Management, 70,* 333–340.

Blumer, H. (1986). *Symbolic interactionism: Perspective and method.* Chicago: University of Chicago Press.

Boltanski, L. & Esquerre, A. (2020). *Enrichment. A Critique of Commodities.* New York: John Wiley & Sons.

Bourdieu, P. (1983). Ökonomisches Kapital, kulturelles Kapital, soziales Kapital. *Soziale Ungleichheiten, Soziale Welt Sonderband, 2,* 183–198.

Bourdieu, P. (1990). *The logic of practice.* Stanford: Stanford University Press. Accessed 2 Dec 2018.

Bourdieu, P. (1996). *The rules of art: Genesis and structure of the literary field.* Stanford: Stanford University Press.

Bourdieu, P. (1998). *The state nobility: Elite schools in the field of power.* Stanford: Stanford University Press.

Bourdieu, P. (2002a). *Ein soziologischer Selbstversuch.* Frankfurt a. M.: Suhrkamp.

Bourdieu, P. (2002b). *Der Einzige und sein Eigenheim.* Hamburg: VSA.

Bourdieu, P. (2004a). *Gegenfeuer.* Konstanz: UVK.

Bourdieu, P. (2004b). *Meditationen: Zur Kritik der scholastischen Vernunft.* Frankfurt a. M.: Suhrkamp.

Bourdieu, P. (2005). Principles of an economic anthropology. In N. J. Smelser & R. Swedberg (Hrsg.), *The handbook of economic sociology.* Princeton: Princeton University Press.

Bourdieu, P. (2013). *Algerian sketches.* Cambridge: Polity.

Bourdieu, P., & Wacquant, L. J. D. (1992). *An invitation to reflexive sociology.* Chicago: University of Chicago Press.

Bourdieu, P., Chamboredon, J.-C., & Passeron, J.-C. (1991). *The craft of sociology: Epistemological prelimaries.* Berlin: de Gruyter.

Cheong, S.-M., & Miller, M. L. (2000). Power and tourism: A Foucauldian observation. *Annals of Tourism Research, 27*(2), 371–390.

Cohen, E., & Cohen, S. (2019). New directions in the sociology of tourism. *Current Issues in Tourism, 22*(2), 153–172.

Dann, G., & Cohen, E. (1991). Sociology and tourism. *Annals of Tourism Research, 18*(1), 155–169.

Dorschel, R., & Allmendinger, J. (2019). Über die sozialen Fesseln unserer Sprache. In L. M. Eichinger & A. Plewnia (Hrsg.), *Neues vom heutigen Deutsch. Empirisch – Methodisch – Theoretisch. Jahrbuch des Instituts für Deutsche Sprache 2018.* Berlin: de Gruyter.

Durkheim, E. (1997). *The division of labor in society.* New York: Free Press.

Emirbayer, M., & Johnson, V. (2008). Bourdieu and organizational analysis. *Theory and Society, 37*(1), 1–44.

Fligstein, N., & McAdam, D. (2011). Toward a general theory of strategic action fields. *Sociological Theory, 29*(1), 1–26.

Glaser, B., & Strauss, A. (1967). *The discovey of grounded theory: Strategies for qualitative research.* New York: de Gruyter.

Granovetter, M. (1985). Economic action and social structure: The problem of embeddedness. *American Journal of Sociology, 91*(3), 481–510.

Greenberg, M. (2009). *Branding New York: How a city in crisis was sold to the world.* New York: Routledge. Accessed 9 Feb 2019.

Hochschild, A. R. (2012). *The managed heart: Commercialization of human feeling.* Berkeley: University of California Press.

Jennings, G. (2001). *Tourism research.* Australia: Wiley.

Knebel, H.-J. (1960). *Soziologische Strukturwandlungen im modernen Tourismus.* Stuttgart: Enke.

Lickorish, L. J., & Jenkins, C. L. (2007). *Introduction to tourism.* London: Routledge.

MacCannell, D. (1973). Staged authenticity: Arrangements of social space in tourist settings. *American Journal of Sociology, 79*(3), 589–603.

MacCannell, D. (1999). *The tourist: A new theory of the leisure class.* Berkeley: University of California Press.

Martin, J. L. (2003). What is field theory? *American Journal of Sociology, 109*(1), 1–49.

Neckel, S., Besedovsky, N., Boddenberg, M., Hasenfratz, M., Pritz, S. M., & Wiegand, T. (2018). *Die Gesellschaft der Nachhaltigkeit: Umrisse eines Forschungsprogramms.* Bielefeld: Transcript.

nycgo. (2018). Press Release De Blasio. https://business.nycgo.com/press-and-media/press-releases/articles/post/mayor-de-blasio-and-nyc-company-announce-nyc-welcomed-record-628-million-visitors-in-2017/. Accessed 4 Feb 2019.

nycgo. (2019). About NCY and company. https://business.nycgo.com/about-us/who-we-are/. Accessed 31 Jan 2019.

NYC-tax. (2019). *Lists of Exempt and Taxable Clothing, Footwear, and Items Used to Make or Repair Exempt Clothing.* https://www.tax.ny.gov/pubs_and_bulls/tg_bulletins/st/clothing_chart.htm. Accessed 1 Feb 2019.

Raza, S. & Silva, F. C. D. (2020). The time of the human: temporality and philosophical sociology. *Distinktion: Journal of Social Theory, 21* (1): 103–111.

Reckwitz, A. (2017). *Die Gesellschaft der Singularitäten: Zum Strukturwandel der Moderne* (6. Aufl.). Berlin: Suhrkamp.

Richman, B. (2017). *Stateless commerce.* Cambridge: Harvard University Press.

Schmitz, A., Witte, D., & Gengnagel, V. (2016). Pluralizing field analysis: Toward a relational understanding of the field of power. *Social Science Information, 56*(1), 49–73.

Sherman, R. (2007). *Class acts: Service and inequality in luxury hotels* (1. Aufl.). Berkeley: University of California Press.

Sinclair, T., Blake, A., & Sugiyarto, G. (2003). The economics of tourism. In C. P. Cooper (Hrsg.), *Classic reviews in tourism.* Bristol: Channel View Publications.

Swartz, D. (1998). *Culture and power: The sociology of Pierre Bourdieu.* Chicago: University of Chicago Press.

Swedberg, R. (2003). *Principles of economic sociology.* Princeton: Princeton University Press.

Theobald, W. F. (2012). *Global tourism.* London: Routledge.

Tribe, J. Xiao, H. (2011). Developments in tourism social science. *Annals of Tourism Research, 38*(1): 7–26.

UNTWO. (2019). Understanding tourism: Basic glossary. cf.cdn.unwto.org/sites/all/files/docpdf/glossaryenrev.pdf. Accessed 1 Feb 2019.

UNWTO. (2018). Tourism highlights. https://www.e-unwto.org/doi/pdf/10.18111/9789284419876. Accessed 1 Feb 2019.

Urry, J. (2002). *The tourist gaze.* London: SAGE.

Urry, J. (2003). The sociology of tourism. In C. P. Cooper (Hrsg.), *Classic reviews of tourism* (pp. 9–22). Bristol: Channel View Publications.

US Travel Association. (2018). *Travel Facts and Figures.* https://www.ustravel.org/research/travel-facts-and-figures. Accessed 1 Feb 2019.

Uzzi, B., & Spiro, J. (2005). Collaboration and creativity: The small world problem. *American Journal of Sociology, 111*(2), 447–504.

van der Duim, R., Ren, C., & Thór Jóhannesson, G. (2013). Ordering, materiality, and multiplicity: Enacting actor-network Theory in tourism. *Tourist Studies, 13*(1), 3–20.

von Wiese, L. (1930). *Fremdenverkehr als zwischenmenschliche Beziehungen.* Berlin: Archiv für Fremdenverkehr.

White, H. C. (1981). Where do markets come from? *American Journal of Sociology, 87*(3), 517–547.

Robert Dorschel is a Ph.D. candidate at the Department of Sociology and member of Darwin College at the University of Cambridge. He conducts research in the fields of labour, culture and social theory. His dissertation focuses on the class of digital professionals. Deploying qualitative methods, he analyses the social practices and subjectivities of entrepreneurs and tech workers in the digital economies of Germany and the US.

Die wohlige Wandlung der Ferne – Trends und Zukunftsszenarien des modernen Tourismus

3

Wolfgang Kreuter

Zusammenfassung

Betrachtet man die aktuellen ökonomischen Basisdaten der Tourismusbranche weltweit, zeichnet sich zunächst ein ziemlich positives Bild über deren voraussehbare Zukunft ab. Bis 2030 wird, Kontinuität vorausgesetzt, die Zahl der Touristen weltweit auf 1,8 Mrd. Reisende pro Jahr ansteigen. Derzeit liegt sie bei rund 1,3 Mrd. Die Tourismusbranche ist heute einer der wachstums- und beschäftigungsintensivsten und zugleich krisensichersten Wirtschaftsbereiche weltweit.

3.1 Tourismus als internationaler Wachstumsmarkt

Allein in Deutschland arbeiten im Tourismus mehr Menschen als in den Top-Branchen Maschinenbau plus Automobilindustrie und Finanzdienstleistungen zusammengenommen. Acht Jahre in Folge stiegen bis 2018 die weltweiten Ausgaben von Touristen in den Destinationen, besonders in den Schwellen- und Entwicklungsländern. Tendenz weiterhin steigend. Heute hat der gesamte Tourismus, als Exportkategorie betrachtet, einen Wert von 1,6 Billionen US$ erreicht und ist damit nach Chemie- und Mineralölindustrie und noch vor der Automobilindustrie auf Platz drei der globalen Exportbranchen. In vielen Entwicklungsländern ist der Tourismus sogar das mit Abstand wichtigste Exportprodukt.

Vom Tourismus gehen weitaus stärkere Wachstumsimpulse in den sich entwickelnden Ländern Afrikas und Asiens aus als von der gesamten Entwicklungshilfe, die global

W. Kreuter (✉)
Billdal, Schweden
E-Mail: wkrtr@me.com

© Springer Fachmedien Wiesbaden GmbH, ein Teil von Springer Nature 2020
D. Pietzcker und C. Vaih-Baur (Hrsg.), *Ökonomische und soziologische Tourismustrends*,
https://doi.org/10.1007/978-3-658-29640-7_3

aufgewendet wird. Zum Vergleich: Die Geberländer bringen heute zwar insgesamt etwa 145 Mrd. US$ an Entwicklungshilfe auf, was immerhin einer Verdoppelung seit dem Jahr 2000 entspricht, aber die globalen Tourismusausgaben in den Destinationen haben sich in der selben Zeit um einen weitaus höheren Faktor vergrößert, auf heute weit über 500 Mrd. US$ (World Tourism Organization 2018, UNWTO Tourism Highlights, 2018 Edition, Madrid, S. 1–19). Ebenso zeitigen die wirtschaftspolitischen und ökologischen Impulse des wachsenden touristischen Marktes zunehmend positive Auswirkungen. Mit vielfältigen innovativen Projekten, politischen Initiativen und Aufklärungskampagnen hat es die weltweite touristische Industrie vermocht, nachhaltiges Wirtschaften auch in den Destinationen zu einem Leitkonzept der Tourismus-Anbieter zu machen. Noch längst genügen die Standards vielfach zwar nicht den Anforderungen für eine nachhaltige Entwicklung, aber das gemeinsame Ziel eines umweltbewussten und sozial verantwortlichen Tourismus ist zwischen Tourismus-Anbietern und Destinationen zumindest weitgehend anerkannt.

3.2 Ökonomische, kulturelle und strukturelle Herausforderungen

Ist der Tourismus also zum Glücksbringer für die Welt geworden? Kann am touristischen Wesen gar die Welt genesen? Wird er möglicherweise entscheidend dazu beitragen, nachhaltigen Wohlstand in immer größeren Teilen der Welt zu schaffen, maxikulturelles Denken und Handeln, Toleranz und Offenheit in der Welt zu verbreiten? Etwas zu schaffen also, was die globale Politik derzeit erkennbar nicht vermag, eine bessere, weil offenere Welt für alle? Fast könnte es so scheinen. Der Tourismus ist jedoch zunächst einmal eine Wirtschaftsbranche, die wie alle anderen von grundlegenden gesellschaftlichen und ökonomischen Trends geprägt ist, denen sie allerdings auf besondere Weise gerecht werden muss. Die Wirkungen dieses besonderen Umgangs mit Trends sind, da touristische Produkte auf dem Erlebnisreichtum sich intensivierender friedlicher und erlebnisorientierter Interaktionen von Kulturen fußen, stets auch dazu angetan, interkulturelle Kompetenz und Akzeptanz zu fördern. War der Tourismus noch in den 1950er und 1960er Jahren seitens intellektueller Kritiker als ein fordistisch produziertes Massenphänomen verachtet, gar als eine Inszenierung der „Freiheit als Massenbetrug“, wie es Hans Magnus Enzensberger in einer nach wie vor rezipierten, frühen Schrift formulierte (Enzensberger 1958), so nutzt und verstärkt er heute Konsumtrends, die das Wohlbefinden Reisender zum Ziel haben, aber dabei auch das Wohl der bereisten Welt immer stärker berücksichtigen müssen. Zu diesem Wohl gehören eine intakte Natur und weitgehende politische Stabilität in den Destinationen.

Gerade touristische Produkte sind heute und in Zukunft mehr als alle anderen Produkte der modernen Konsumgesellschaft abhängig von einem verantwortungsbewusst betriebenen Erhalt der Erlebnismöglichkeit von Natur sowie auch ihrer sozio-kulturellen Umgebung.

Allerdings sind die Schattenseiten des wachsenden Tourismus nicht zu übersehen. Besonders in den Destinationen, die von Touristen am meisten frequentiert werden, wächst die Sorge vor einem *Over-Tourism.* Die damit bezeichnete touristische Überflutung von Städten und Landschaften, deren Infra- und Ökostruktur die permanente Präsenz eines touristischen Massenansturms kaum schadlos überstehen können, führt in einigen Gebieten zum wachsenden Akzeptanzverlust gegenüber dem Tourismus generell. Venedig ist nur ein, allerdings ein besonders besorgniserregendes Beispiel dieses negativen Wachstumseffekts.

Aber wohin geht die Reise insgesamt? Welche bereits heute klar erkennbaren Trends prägen den Tourismus von morgen und welche Szenarien und Herausforderungen ergeben sich daraus? Und werden dabei die positiven Effekte überwiegen, werden die genutzten Chancen die vorhandenen Risiken vermindern helfen?

3.2.1 Die Touristen werden älter – mit allen Konsequen zen für das touristische Metier

Ein zentraler übergreifender Trend mit Wirkung auf viele Konsumbereiche ist der sozio-demografische Wandel. Deutschland altert zwar schneller als viele andere Länder, aber die Alterung von Bevölkerungen ist ein globaler Prozess (Böhm et al. 2009, S. 22). Das globale Durchschnittsalter wird bis zum Jahre 2050 von derzeit 22 Jahren auf 38 Jahre ansteigen. Bereits in zwei Jahren wird in den Mitgliedstaaten der OECD jeder Dritte über 60 Jahre alt sein. Dieser unumkehrbare Trend wird zu einer erheblichen Vergrößerung der Zahl älterer Reisender im Weltmaßstab führen. Insbesondere beim Service-Design touristischer Angebote wird das umfangreiche Veränderungen auslösen. Kommunikation und Marketing haben bereits begonnen, mit dem Trend zu arbeiten. Heute sind die älteren Reisenden der Generation 50plus vornehmlich westlicher Länder aufgrund ihrer höheren Kaufkraft im Vergleich zu jüngeren Zielgruppen weitaus stärker umworben. Dies gilt allerdings nicht mehr nur für deren klassische Reisenachfrage, wie etwa die nach Kreuzfahrten, sondern in immer stärkerem Maße auch für bislang eher jugendlich wirkende Angebote wie Outdoor-Sport und Abenteuertourismus (Groß et al. 2019, S. 275–281).

Es ist davon auszugehen, dass die Alterung im Tourismus eine ganze Reihe von weiteren Nachfrage-Effekten auslösen wird. Der *Gesundheitstourismus,* also das Reisen zwecks Nutzung spezifischer medizinischer oder Wellness-Angebote, wird sich erheblich ausweiten. Dies nicht nur deswegen, weil ältere Menschen mehr körperliche Probleme bewältigen müssen und bereit sind, dazu auch entlegene Spezial-Anbieter aufzusuchen, sondern vor allem, weil sich mit dem Megatrend der *Longevity* (neues Altern) auch eine neue Einstellung zur Gesundheit entwickelt. Die sieht nicht mehr nur die bloße körperliche Funktionalität im Mittelpunkt, sondern nimmt das eigene Ich und das ganzheitliche Wohlbefinden als gleichrangig wahr. Damit aber werden sich die bereits jetzt starken Trends des weltweiten Wellness-Reisens noch vertiefen. Der seit den 1960er Jahren zu beobachtende Hang damals noch jüngerer Menschen, zwecks Kontakt und Einkehr in neue spirituelle Welten zu reisen, wird sich weiter verbreiten, allerdings jetzt immer mehr unter der Generation der über 60-Jährigen (Berg 2008, S. 17–21).

Das spirituelle Reisen wird allerdings dabei nicht allein auf die Ferne gerichtet sein, sondern könnte auch im Bereich des *Mikro-Tourismus,* also des Reisens in bislang wenig erkundete Bereiche naheliegender Städte oder Naturgegenden, zu einem erweiterten Boom spezifischer Wellness-Angebote führen. Insbesondere durch die Verquickung des Spirituellen mit dem Sinnlichen sind vollkommen neue Angebote denkbar, die meditative, körperliche und kulturelle Erlebnisse miteinander koppeln.

So sehr das rein körperliche Motiv bei älteren Reisenden in den Hintergrund tritt, so klar ist allerdings auch, dass sich die Service-Designs aller Reiseangebote vor dem Hintergrund von Longevity weitaus stärker den altersgerechten Aspekten von Zugänglichkeit, Mobilität und Körperaktivität widmen müssen. Die Herstellung von Barrierefreiheit wird daher eine immer bedeutendere Rolle in allen Formen des Tourismus für ältere Konsumenten spielen. Der sozio-demografische Wandel führt damit aus den klassischen Altersheimen der Vergangenheit heraus und zu den globalen Wellness-Oasen des Alterns, womit das Alter zugleich eine völlig neue soziologische Realität schaffen kann. Die Reise wird zum wohlempfundenen Erleben eines vorgezogenen Paradieses.

3.2.2 Die Touristen werden mächtiger – nicht nur in den Medien

Die extensive Nutzung sozialer Medien hat ein beachtliches Wachstum des Einflusses von Touristen auf die Gestaltung touristischer Angebote mit sich gebracht. Das hat im Wesentlichen mit einer grundlegenden Veränderung der Statusdemonstration im Konsumverhalten zu tun. Waren zu Zeiten der Kritik Enzensbergers am Tourismus noch der Besitz und dessen Vorführung das vordringliche Motiv und der Inhalt der Statusdemonstration, so ist es heute das Teilen von Erfahrungen. Da dieses im Wesentlichen über soziale Medien stattfindet und zu wahren Fotostürmen besonders auf Plattformen wie Instagram oder Facebook führt, wenn Menschen Grüße aus dem Urlaub für ihre Follower & Friends posten, werden Form und Inhalt der Tourismuskommunikation auch immer stärker von diesem durch Nutzer generierten Content geprägt. Nicht ohne Grund sind viele der wirklich und nicht nur eingebildet einflussreichen Influencer im Bereich des Tourismus-Marketing angesiedelt. Zunehmend nutzen führende Tourismusunternehmen die Influencer-Szene im Rahmen ihrer Marketing-Strategien angesichts des sich hier entwickelnden Potenzials, Einfluss auf die Kaufentscheidungen und auch die längerfristigen Einstellungen von Touristen zu haben (vgl. Horizont 2019).

Statistischen Erhebungen zufolge ist diese strategische Entscheidung durchaus berechtigt, denn die durchschnittliche Zahl der Follower von Influencern im Tourismus liegt mit 53.937 weltweit auf dem dritten Platz hinter den Bereichen Unterhaltung und Gesundheit/Fitness aber noch vor dem Bereich Fashion (Statista 2019).

Es kann davon ausgegangen werden, dass der potenzierte Einfluss der Gesamtheit individueller Touristen, die soziale Medien nutzen, sogar noch höher liegt. Die unabhängige Berichterstattung in den sozialen Medien vermittelt unmittelbare Erlebnisse und glaubwürdige subjektive Eindrücke von Destinationen. In Zukunft werden diese Eindrücke der sogenannten Recommender immer mehr zu direkten Einblicken führen, weil das Bewegtbild im Anwendungsspektrum der sozialen Medien zentrale Bedeutung gewinnt. Social Videos werden daher zukünftig für den touristischen Informations- und Meinungsaustausch die wichtigsten Medien sein. Schon jetzt zeigt sich angesichts der Popularität von Plattformen wie Snapchat und Instagram gerade unter jungen Nutzern, dass die Zukunft dem Medium gehört, das schnelle Aufmerksamkeit generiert. Aber auch Anbieter wie Vimeo und viele Holiday-Checks und Hotelbewertungsplattformen arbeiten immer stärker mit dem Medium des Bewegtbilds, immer mehr auch live, um dichtere Eindrücke zu vermitteln. Damit aber wächst nicht nur die direkte Verkaufschance über das Internet, sondern auch die Einfluss-Macht der Touristen selbst. Denn Destinationen können nun direkt und live hinsichtlich der Qualität ihrer Angebote bewertet, Reisen sehr viel schneller gebucht, aber auch abgesagt werden. Das Zauberwort der Zukunft lautet also Transparenz. Je transparenter allerdings der Markt wird, desto mehr wachsen die Gefahren für einzelne Anbieter. Es ist nicht von der Hand zu weisen, dass der Machtzuwachs der Touristen zu einem ebenso stärkeren Zwang aufseiten der Anbieter führt, die Konzentration eigener Macht durch immer größere Unternehmens-Merger zu verstärken, um die neuen disruptiven Risiken der Transparenz zu minimieren, die insbesondere im verstärkten Preiskampf liegen. Besonders am Vergleich der Aktienperformance von Booking.com (nach oben) mit dem weltgrößten Pauschalreiseanbieter TUI (nach unten) lässt sich ablesen, wohin die Reise der digital basierten Macht des zukünftigen Touristen führt. Sicher nicht in die Pauschale.

Viele Branchen nutzen bereits die wertvoller werdende Ressource Konsument mittels Crowdsourcing. Überwiegend geschieht dies im Rahmen von Open-Innovation-Prozessen, bei denen die Ideen von Konsumenten für Produkt- und Serviceinnovationen abgerufen werden, meist mittels Ideenwettbewerben, die via soziale Medien initiiert und auf eigenen Plattformen realisiert werden. Auch die Zukunft des Tourismus wird stärker von *Open Innovation* geprägt sein müssen. Derzeit gibt es zwar noch wenige Beispiele von Co-Creation- und Mass-Customization-Initiativen im Tourismus und auch die Verwertung der angeworbenen Ideen ist weithin noch unzureichend (Tussyadiah und Zach 2013, S. 242–253). Aber die Fantasie und Erfahrung von Touristen sind das Lebenselixier einer wachstumsintensiven und auf Nachhaltigkeit setzenden Branche. Besonders die Destinationen werden daher in einen stärkeren Lernwettbewerb treten müssen, um bei dieser Erfahrungsrevolution, die ja auch die Halbwertzeit positiv verfestigter Images verkürzen kann, Schritt zu halten.

3.2.3 Die Touristen werden individueller

Die Digitalisierung schafft nicht nur immer bessere Mittel, um die Markttransparenz zu erhöhen und erfolgreiche Kaufentscheidungen zu ermöglichen, sondern sie unterstützt auch den ohnehin starken Individualisierungs-Trend moderner Konsumenten. Da die Zukunft immer mehr integrierten, bald auch am oder sogar im Körper getragenen Devices gehört, werden die technischen Anpassungen an die individuellen Bedürfnisse der Nutzer auch im Tourismus enorm zunehmen. Die Reisen der Zukunft werden daher immer weniger massentouristischen Charakter haben, sondern von individuell abgestimmten Service-Designs geprägt sein. Ein im Urlaubsdomizil ankommender Reisender wird schon beim Empfang mit den auf seine Bedürfnisse abgestimmten Angeboten überrascht werden können, die er zudem permanent weiter anpassen kann. Das überdies zukünftig ausgebaute Live-Streaming, das auf Sharing-Plattformen direkt geteilt wird, ermöglicht gleichzeitig sowohl ein intensiveres Erlebnismanagement als auch eine authentische Zufriedenheitsmessung, die die Macht der Konsumenten ebenso erhöht, wie sie die Geschäftsmodelle der Anbieter unterstützt. Die Individualisierung des Touristen geht daher mit seiner höheren Sozialisierung einher. Enzensberger würde auch dies wohl als eine Freiheit werten, die den Selbstbetrug bereits in sich trägt. Aber eine solche Kritik ignoriert, dass besonders der Freiraum, der heute vom subjektiven Faktor des Touristen immer weiter ausgedehnt und angefüllt wird, eine soziale Errungenschaft ist, die hart erkämpft werden musste. Dass der individuelle Tourist, komme er aus Europa oder aus China, in Zukunft sich mehr und erfüllter in diesem Freiraum bewegen kann, ist kein Geschenk. Die Freiheit des Urlaubs ist kein Selbstbetrug, sondern eine soziale Beute, um die ganze Generationen in unterschiedlichen Kulturen mit erheblich voneinander abweichender Kampfdauer ringen mussten. Diese Freiheit hat auch den Luxus, und sei er noch so überschaubar, zu einem integrierten Bestandteil individueller touristischer Erlebnisse gemacht. Ein bereits heute stark verbreitetes Produkt wird hier auch in Zukunft eine besondere Rolle spielen: *Glamping,* das glamouröse Urlauben im Freien. Dieses besondere Erleben der Kombination von Luxus und Natur unterstützt das im Individualisierungstrend lebhafte Bedürfnis nach subjektiver Inszenierung einer neuen *Nähe in der Ferne.* Immer mehr Heimat soll in der Ferne erlebt werden können. Nicht allein das kommode Erlebnis dieser fernen Heimat oder heimatlichen Ferne ist dabei entscheidend, sondern die besondere Nähe zum eigenen Ich, die in ihr entdeckt und genossen werden kann.

Der individualisierte Tourist, der sich allmählich aus der fordistischen Massenfütterung löst, stellt allerdings auch einen sich verstärkenden Stressfaktor für die Tourismusbranche und ihre Dienstleistungsfähigkeit dar, möglicherweise auch für die Nachhaltigkeitsanforderungen, denen diese genügen muss. Der Tourist verlangt nämlich einen immer höheren Komfort bei der Reise selbst. Nicht mehr das reine Wohin wird das Reisen von morgen prägen, sondern immer mehr auch die Frage, *wie* man wohin gelangt.

3.3 Eine Revolution der Mobilität muss kommen

Damit aber rückt die Herausforderung der Massen-Mobilität ins Zentrum der Frage nach den Dynamiken des zukünftigen Tourismus. In 80 Tagen um die Welt war vorgestern. Heute können nahezu alle Orte der Welt in 24 h Stunden erreicht werden. Aber was kommt morgen?

Es ist unübersehbar, dass das Reisen nicht mehr unter dem Geschwindigkeitsdruck der Billigfliegerepoche stehen bleiben kann, der noch dem Grundsatz folgte, für möglichst wenig Geld möglichst schnell möglichst weit zu kommen. Das zukünftige Reisen wird von einer geradezu revolutionären Umwälzung in den Mobilitätskonzepten geprägt sein müssen, damit es für immer mehr Touristen weltweit überhaupt funktionieren und die Umwelt dies auch aushalten kann. Besonders angesichts der Tatsache, dass die Zahl der Städtereisen in Europa seit Jahren massiv zunimmt und die Belastungen urbaner Verkehrssysteme damit auch, wird an der grundlegenden Veränderung der Mobilitätskonzepte, die sowohl dem individuellen Komfort-Anspruch als auch der umweltgerechten Nachhaltigkeit genügen müssen, kein Weg vorbei führen (Zukunftsinstitut 2019).

Nur eine umfassende Elektrifizierung des Individualverkehrs bei gleichzeitiger Ausweitung und Optimierung des E-Car-Rentings mittels ausgebauter Smart Grids, die intelligent vernetzte Automobile ermöglichen, kann die Belastungen der Städte und auch der suburbanen Landschaften wirkungsvoll reduzieren helfen.

Zugleich wird aber auch der Flugverkehr technisch umgewälzt werden müssen. Denn bereits heute nutzen mehr Menschen das Flugzeug als das Auto für das Reisen, was im Fernreisesektor ohnehin nicht anders zu machen ist. Das Fliegen wird auch in Zukunft die zentrale globale Mobilitätsform bleiben. Finden bereits heute rund 3,3 Mrd. Flugreisen pro Jahr statt, so wird sich diese Zahl angesichts der weiteren Steigerung des internationalen Touristenverkehrs bis zum Jahre 2050 mehr als verdoppelt haben. Angesichts des bereits jetzt schon erheblichen Beitrags des Flugverkehrs zu den für den Klimawandel verantwortlichen Emissionen ist es daher dringend geboten, heftig an der Emissionsschraube des Flugverkehrs zu drehen. Aber ist ein massiv emissionsreduzierter Flugverkehr überhaupt möglich? Die Antwort, an der Umweltschützer und Industrie bereits gemeinsam arbeiten, lautet Ja. Voraussetzungen sind allerdings Umwälzungen in der gesamten Wertschöpfungs- und Emissionskette des Fliegens, von neuen Methoden in der Flugzeugproduktion über die Entwicklung neuer Kraftstoffe wie dem Bio-Sprit der zweiten Generation bis zu einem völlig veränderten Luftraummanagement (Boell 2016).

3.4 Zwei mögliche Zukunftsszenarien: Kontinuität oder Bruch

Zwei Szenarien lassen sich vor dem Hintergrund dieser Trends und Herausforderungen für eine seriös vorhersagbare Zukunft des Tourismus grob formulieren, eines der Kontinuität und eines des Bruchs.

3.4.1 Kontinuität: Die wohlige Ferne rückt immer näher

Der Tourismus von morgen wird von denselben Trends beherrscht, die bereits heute prägend sind. Longevity, Individualismus, Konsumentenmacht und Mobilitätsmoderne führen zu einer absehbaren weiteren Ausdifferenzierung in breitere Angebote eines digital gesteuerten Massentourismus einerseits und eines immer stärker spezialisierten Luxustourismus andererseits. Letzterer wird beherrscht von vielfältigen Glamping- und neu kombinierten Luxusangeboten, die global in diversen Destinationen positioniert sind. Die asiatischen und afrikanischen Destinationen kombinieren ihre Glamping-Angebote mit speziellen Spiritualismus- respektive Naturerlebnissen. In diesem Szenario wird dem Naturschutz und der nachhaltigen Entwicklung eine weiter wachsende Bedeutung zukommen. Die Destinationen treten immer stärker in einen Wettbewerb um die Authentizität der eigenen Angebote. Damit wird es zugleich einen weiteren Boom europäischer Angebote an Städte- und Kulturtrips geben. Die Destinationen werden nahbarer. Umweltpolitische Aspekte werden stärker berücksichtigt. Vor allem Innovationen in ökologische Mobilität sorgen dafür, dass die vermeintliche wohlige Ferne näher rückt.

3.4.2 Bruch: Der Weg in die Welt wird steiniger

Der Tourismus ist nicht nur aus seinen Trends zu verstehen, sondern er ist als Subsystem eingebettet in eine Umwelt anderer einflussreicher Systeme wie Politik, Natur, Technik, Kultur, Wirtschaft und Gesellschaft. Und hier ist es unübersehbar, dass insbesondere die Systeme Politik und Wirtschaft sich derzeit in einem höchst volatilen Zustand befinden. Die Zukunft des Tourismus wird daher stärker als heute von wirtschaftlichen und politischen Krisen sowie von Naturkatastrophen und Pandemien, die entweder dem Klimawandel geschuldet sind oder auch verschlechterten Umweltqualitäten in den Destinationen, negativ beeinflusst. Gleichzeitig führt die weitere Individualisierung zur Verstärkung eines Mikrotourismus, zu einer Zunahme der „Voyage autour de ma chambre“ (Xavier de Maistre), einer Abkehr also von den Fernzielen und einer Hinwendung zur neuen Nähe. Diese ist mittels digitaler Optimierung zukünftig auch leichter organisierbar. Der Ferntourismus wird angesichts dieser neuen „Zimmerreisen“ und dem Drang nach mikrotouristischem Heimaterleben an wirtschaftlicher Bedeutung einbüßen und damit auch seine vitale Rolle im Zusammenwachsen der Welt verlieren. Die wirtschaftlichen Auswirkungen dieser Brüche sind kaum absehbar, aber sie könnten zu erheblichen wirtschaftlichen Verwerfungen führen, die weitere Entwicklung vieler Destinationen bremsen.

3.5 Fazit: It's all about politics

Die Zukunft ist nie exakt vorhersehbar, aber nach allem, was aus heutigen Trends und Gegentrends ableitbar ist, scheint das Kontinuitätsszenario mit immer wiederkehrenden regionalen Brüchen das wahrscheinlichere. Insbesondere die internationale Politik ist auch hierbei mehr als bisher gefordert, die stabilitäts- und entwicklungsfördernden Potenziale des Tourismus zu schützen und zu stärken, damit das Reisen zum Wohlstand aller beiträgt. Im Tourismus der Zukunft könnte dann noch vieles mehr möglich werden. Nur die Pauschalreise zum Mond wird es wohl nicht geben.

Literatur

Berg, W. (2008). *Gesundheitstourismus und Wellnesstourismus.* München: R. Oldenbourg Verlag.

Boell. (2016). https://www.boell.de/de/2016/06/01/nachhaltiges-fliegen. Zugegriffen: 15. Febr.2019.

Böhm, K., Tesch-Römer, C., & Ziese, T. (2009). *Beiträge zur Gesundheitsberichterstattung des Bundes. Gesundheit und Krankheit im Alter.* Berlin: Robert Koch - Institut.

Enzensberger, H. M. (1958). Vergebliche Brandung der Ferne: Eine Theorie des Tourismus. *Merkur, 12*(8), 701–720.

Groß, S., Peters, J. E., Roth, R., Schmude, J., & Zehrer, A. (2019). *Wandel im Tourismus. Internationalität, Demografie und Digitalisierung.* Berlin: Erich Schmidt Verlag.

Horizont. (2019). https://www.horizont.net/marketing/kommentare/Influencer-Marketing-im-Tourismus-Wie-Instagram-dem-Neckermann-Katalog-Konkurrenz-macht. Zugegriffen: 6. März 2019.

Statista. (2019). https://de.statista.com/statistik/daten/studie/719010/umfrage/durchschnittliche-anzahl-der-follower-von-influencern-nach-branchen-weltweit/. Zugegriffen: 5. Febr. 2019.

Tussyadiah, I., & Zach, F. (2013). *Social media strategy and capacity for consumer co-creation among destination marketing organizations.* Berlin: Springer Verlag.

World Tourism Organization. (2018). *UNWTO tourism highlights* (2018 Aufl.). Madrid.

Zukunftsinstitut. (2019). https://www.zukunftsinstitut.de/artikel/tourismus/leisure-travel-tourismus-der-zukunft/. Zugegriffen: 15. Febr. 2019.

Wolfgang Kreuter studierte Politikwissenschaft und schloss nach seinem beendeten Studium eine journalistische Ausbildung ab. Über 25 Jahre arbeitete er in leitenden Positionen in der internationalen Kommunikationsbranche, u. a. für die Agenturen MasterMedia, ABC und Euro RSCG. Diverse touristische Destinationen und Unternehmen zählten dabei zu seinen Kunden, u. a. die TUI AG, Marokko, Portugal, die Türkei, der Kanton Graubünden und Estland.

Jede Reise beginnt im Kopf – Über den Aufbruch als Existenzform

4

Dominik Pietzcker

„J'allais chercher des images: voilà tout."
Chateaubriand

Zusammenfassung

Das Reisen gehört zu den großen Topoi der Menschheitsgeschichte. Die Tatsache, dass sich alljährlich hunderte von Millionen Touristen weltweit auf eine Urlaubsreise begeben, ist ein historisch vergleichsweise junges Phänomen. Bis in die Mitte des letzten Jahrhunderts galt, dass nur privilegierte Minderheiten verreisen konnten. Bildung, Prestige, Zeit und Geld waren die Voraussetzungen. Die globalen Eintrittsbarrieren in den Tourismus haben sich seither radikal minimiert. Dies führt einerseits zu einer Demokratisierung des Reisens, andererseits jedoch auch zu der völligen Verausgabung touristischer Destinationen. Selbst in Zeiten des Massen- und Pauschaltourismus gibt es aber eine Art des Verreisens, die konkurrenzlos bleibt: die Reise in der Fantasie, den Träumen und der Literatur.

4.1 Unterwegs zu einem Ort, an dem wir nicht sind

Nichts liegt uns näher, als genau dort sein zu wollen, wo wir uns augenblicklich nicht befinden. Diese menschliche Sehnsucht ist nur unzulänglich mit *Fernweh* umschrieben.[1] Sie benennt den Drang, räumliche Grenzen zu überwinden und hinter sich zu lassen,

[1]Gottfried Benn (1986, S. 167) schreibt doppeldeutig vom „Eros der Ferne".

D. Pietzcker (✉)
Berlin, Deutschland
E-Mail: dominik@dominik-pietzcker.com

© Springer Fachmedien Wiesbaden GmbH, ein Teil von Springer Nature 2020

D. Pietzcker und C. Vaih-Baur (Hrsg.), *Ökonomische und soziologische Tourismustrends*,
https://doi.org/10.1007/978-3-658-29640-7_4

den Wunsch, dem Erwartbaren zu entkommen, Konventionen zu brechen und dem Alltäglichen zu entfliehen. Gewohnheit ist Restriktion, ihr Gegenentwurf der Aufbruch ins Offene und Ungewisse. Jede Reise ist ein *Freiheitsversprechen,* ein individuelles Wagnis mit mehr oder weniger kontrollierbaren Risiken.[2] Wer reist, lässt sich auf das Unerwartete ein, auf eine andere Sprache, Topografie, Kultur und Geschichte. Dies gilt selbst für die trivialste Form des Reisens, die zeitlich eng limitierte Urlaubsfahrt, die nicht selten mit einem Massenstau auf den überlasteten Routen beginnt.[3] Auch wenn der Reisende nie der erste und einzige Tourist am Platze ist, auch wenn es keine weißen Flecken mehr auf der Weltkarte gibt,[4] so ist doch jede Reise auch heute noch eine subjektiv empfundene Entdeckung. Für jeden gibt es ein persönliches Arkadien: zum *ersten Mal* in Venedig, Rom, Neapel und Palermo.[5] Zum *ersten Mal* auf einem anderen Kontinent. Zum *ersten Mal* allein auf Reisen. Diese subjektiv unwiederholbaren Erfahrungen sind lebensgeschichtlich für jeden Einzelnen ein Moment authentischen Empfindens. In diesem Sinne ist jede Reise auch eine *Bildungsreise.* Derjenige, der zurückkehrt, ist ein anderer als derjenige, der aufgebrochen ist.

Gleichgültig, welches Ziel auch angesteuert wird, der prägende Eindruck bleibt. In der Erinnerung ist das Reiseerlebnis oftmals unvergesslich und gehört unlösbar zur eigenen Biografie. Reiseeindrücke bezeichnen nicht selten eine Lebenswende. Das Andere wirft ein neues Licht – oder auch einen Schlagschatten – auf das vermeintlich Eigene. Zweifellos gehört es zu den ergiebigsten Aspekten des Reisens, dass es die *Identität des Reisenden radikal in Frage* stellt. Unterwegs lässt sich ohne weiteres feststellen, dass die

---

[2]Vgl. das romantische Gedicht *Tragödie* (1829) von Heinrich Heine (2007, S. 306): „Entflieh mit mir und sei mein Weib, / Und ruh an meinem Herzen aus; / Fern in der Fremde sei mein Herz / Dein Vaterland und Vaterhaus."

[3]Vgl. Garotti (2016, S. 216): „Die Entwicklung des Tourismus hat seit den 60er Jahren zu einer Veränderung der Reisebedingungen geführt. Die Entfernungen werden kleiner und die Grenzen sind immer leichter zu überschreiten, bis die Globalisierung und der Massentourismus die kulturellen und geographischen Unterschiede quasi auslöscht." Zum Thema Automobilität und Tourismus vgl. Dorsch (2016, S. 63). Kritisch auch schon Enzensberger (1995).

[4]Für Ernst Jünger war genau dies, die Möglichkeit der Entdeckung des noch Unentdeckten, ein starker Antrieb zum Aufbruch ins Ungewisse, vgl. das reichlich verklärte Erinnerungsbuch *Afrikanische Spiele* von 1936. Vgl. Harari (2018, S. 353): „Die weißen Flecken auf der Landkarte übten eine magische Anziehungskraft auf die Europäer aus, und sie machten sich daran, einen nach dem anderen auszufüllen."

[5]Dies waren in chronologischer Reihenfolge die Reisestationen von Goethes erster italienischen Reise in 1786. Sein Bericht (vgl. J. W. v. Goethe 1976, S. 84–259) beginnt mit dem Ausruf: „Auch ich in Arkadien!", welcher auf das bekannte Renaissancewort *Et in Arcadio ego* zurückgeht. Zu diesem Ausspruch vgl. auch das gleichnamige Gemälde im Louvre von Nicolas Poussin, welches eine Gruppe von Hirten zeigt, die einen Kenotaph entdecken. Weitere anschauliche Reiseberichte über die traditionelle *Grand Tour* der europäischen Aristokratie und bürgerlichen Bildungseliten durch Nord- und Süditalien im 18. und 19. Jahrhundert finden sich im Sammelband von Imorde und Wegerhoff (2018).

eigenen Lebensgepflogenheiten keineswegs die einzig möglichen und schon gar nicht die bestmöglichen sind. Sofern man nicht als Kolonialist aufbricht, um den eigenen Herrschaftsanspruch zu bestätigen oder durchzusetzen,[6] ist jede Reise auch ein Prüfstand der eigenen Existenz, ihrer Konventionen und Rahmenbedingungen. Jede Reise ist daher auch eine Relativierung der eigenen Lebens- und Gesellschaftsrealität. Überall in der Welt lässt sich feststellen, dass vollkommen andere und in sich funktionale Lebens-, Arbeits-, und Kulturverhältnisse herrschen als im eigenen Herkunftswinkel.

Die entscheidende Erfahrung des Reisens ist also die Erkenntnis, dass *ein anderes Leben als das eigene möglich* ist. In diesem Sinne ist jede Reise eine Infragestellung des persönlichen Daseinsentwurfs. Vor allem die Konfrontation mit einem gänzlich unterschiedlichen Kulturkreis macht die Begrenztheit der eigenen Herkunft deutlich. Vertraute Konzepte wie Zeit, Werteverständnis und soziale Rollenmuster scheinen plötzlich auf den Kopf gestellt.[7] Die systematische Abweichung von der internalisierten Norm wird in der Reiseerfahrung zur neuen Konstante. Der äußere Bruch und die innere Bereicherung fallen zusammen. „Das ist das Angenehme auf Reisen, dass auch das Gewöhnliche durch Neuheit und Überraschung das Ansehen eines Abenteuers gewinnt." So schreibt Goethe in seiner *Italienischen Reise* (Goethe 1976, S. 230). Das Heraustreten aus dem eigenen Kulturkreis eröffnet vollkommen neue Erlebnismöglichkeiten, die – weil ungewohnt – an das buchstäblich Magische grenzen. Noch Siegried Kracauer beschreibt in seinem Reisebericht *Felsenwahn in Positano* von 1925, wie ihm die Hafenstadt „aus der Versenkung gezaubert" erscheint.[8] Antike Reminiszenzen und profane Gegenwart verschmelzen zu einer imaginierten „Enklave verschollener Gewalten" (ebd.).

Außenwelt und Innenwelt, das Betrachtete und das Empfundene, Bildungswelt und Realität gehen ineinander über und lassen sich nicht länger unterscheiden. Jede Reise verfügt über eine ambivalente Qualität – sie geht nach Innen und nach Außen, in die Bereiche des Realen ebenso wie in die des Emotionalen und Mythischen. In einem Satz, das Reisen steht dem Traume ebenso nahe wie der Wirklichkeit.

---

[6]Diese Haltung lässt sich präzise als genuin europäisch bezeichnen – es ist die Haltung des kolonialistischen Unterdrückers, der dem entdeckten Landstrich den Stempel der eigenen Kultur aufzwingt und sich weitestgehend unbeeindruckt von der Andersartigkeit des Vorgefundenen zeigt. Vgl. hierzu das antikolonialistische Manifest von Aimé Césaire, *Discours sur le Colonialisme* (1964) sowie aktuell Serge Gruzinski (2014).

[7]Vgl. hierzu die literarische Studie *Minoun* (1998) von Rafael Chirbes. Die Erfahrung einer völlig anderen Kultur, die dennoch einer eigenen Logik folgt, gehört zu den Grunderkenntnissen der modernen Ethnologie und Soziologie, vgl. z. B. Margaret Mead (*Coming of Age in Samoa,* 1928), Henri Lévi-Strauss (*Tristes Tropiques,* 1955) sowie Pierre Bourdieu (*Sociologie de l'Algérie,* 1960). Vertiefend hierzu Chachaoua (2012).

[8]Vgl. Siegfried Kracauers Reisebericht Felsenwahn in Positano (Frankfurter Zeitung, 20. Oktober 1925), wieder veröffentlicht in Siegfried Kracauer (2013, S. 59–69), hier S. 60–61.

4.2 Zur Ambivalenz des Reisens: psychischer und realer Raum

Der Aufbruch als *Reise zu sich selbst* muss nicht zwingend unter positiven Vorzeichen erfolgen. Im Zeitalter des zeitlich strikt reglementierten Tourismus gehört zwar dies zur konventionellen Reiseerwartung. Die Einlösung eines positiven Reiseversprechens ist gewissermaßen Pflicht. Doch wird durch diese Erwartungshaltung jenes Risiko eingehegt, welches unlösbar zu jeder Veränderung gehört. Der abenteuerliche Charakter des Reisens geht verloren, wenn alles nach Plan funktionieren soll. Was vom definierten Ablauf abweicht, wird vom modernen Reisenden grundsätzlich als Stress verbucht und bildet die Grundlage für Regressforderungen. Echte Veränderung ist aber nur um den Preis eines unkalkulierbaren Risikos zu haben.

Eine Reise kann den Reisenden auch *zerstören,* insofern sie ihn an seine inneren Grenzen führt, und weit über diese hinaus. In dem modernen Klassiker *Heart of Darkness* (1899) schildert Joseph Conrad die Reise durch Belgisch-Kongo als existenzielle Grenzerfahrung, die den Protagonisten an die Pforten der Zivilisationshölle führt. In nüchternen Worten beschreibt Conrad einen Trip ohne Wiederkehr, dessen Stationen die Begegnung mit der Fragilität von Kultur, der gesundheitliche Zusammenbruch und die Einsicht in die Bösartigkeit der menschlichen Natur sind.[9] Der Erfahrungskreis könnte, verglichen mit einem All-Inclusive-Reiseangebot, kaum unterschiedlicher sein. Auch William Somerset Maugham beschreibt in seinen Reiseerzählungen aus der Endzeit des britischen Empire die Ambivalenz des Reisens. Die Grenzerfahrung an den Rändern der Zivilisation endet nicht selten in Gewalt, Zerstörung und Tod.[10] Überhaupt gehört die virtuose Reiseschriftstellerei zu den literarischen Besonderheiten des niedergehenden britischen Empire. T. E. Lawrence, Eric Ambler, Robert Byron, Patrick Leigh Fermor und Graham Green sind ohne den exotischen Hintergrund ihrer Reisereportagen und Romane undenkbar,[11] was sie von deutschen Autoren, die nur selten aus dem zentraleuropäischen Raum heraustreten, in der Tat qualitativ unterscheidet.[12] Auch amerikanische Autoren der Moderne und Spätmoderne setzen ihre Protagonisten häufig in ein vollkommen fremdes Umfeld, vor dem die abendländischen Besonderheiten in Kultur, Psychologie und individuellem Selbstverständnis umso plastischer, man kann auch sagen: tragischer, hervortreten. In *Snow on Kilimanjaro* (Ernest Hemingway), *The Sheltering Sky* (Paul Bowles) und *The Night of the Iguana*

[9]T.S. Eliot (*The Hollow Men,* 1925) und Francis Ford Coppola (*Apocalypse Now,* 1979) greifen später auf Motive von Conrads düsterer Erzählung zurück. Eliots Langgedicht trägt als Motto ein Zitat aus *Heart of Darkness.* „Mistah Kurtz – he dead" (Eliot 1974, S. 87).

[10]Vgl. v. a. die Erzählung *Rain* (Erstveröffentlichung 1921) von W. S. Maugham.

[11]Vgl. *The Seven Pillars of Wisdom* (Lawrence), *The Comedians* und *Travels with my Aunt* (Green), *The Road to Oxiana* (Byron) sowie *The Mask of Dimitrios* und *Topkapi* (Ambler). Für weitere Hinweise zur britischen Reiseliteratur seit dem Viktorianismus vgl. Said (2003, S. 195).

[12]Ausnahme sind die sog. Shanghai-Romane der deutsch-jüdischen Emigranten der späten 1930er Jahre, vgl. Aurnhammer (2005).

(Tennessee Williams) werden die Protagonisten in einer feindlichen oder gänzlich indifferenten Umgebung mit sich selbst konfrontiert. Eben diese Isolation und Selbstkonfrontation ist keine genuin literarische Erfahrung, sondern umschreibt den riskanten Kern des Reiseabenteuers selbst. Herausgelöst aus den vertrauten soziokulturellen Netzen wird die vermeintliche Befreiung aus den Alltagszwängen zu einer Bewährungsprobe für die psychische Widerstandsfähigkeit des Individuums und die Belastbarkeit seiner Beziehungen.

Der Ausbruch aus dem Rahmen des Gewohnten ist also nicht zum Nulltarif zu haben. Auch heute lassen sich unterwegs Krankheiten, Diebstahl, Unfälle, unliebsame Überraschungen jedweder Art nicht ausschließen.[13] Aber all dies wird durch das Gefühl der Freiheit, deren Erfahrbarkeit erst jenseits des Gewöhnlichen liegt, wettgemacht. Hierfür genügt es schon, über die Schwelle der eigenen Klassenzugehörigkeit zu treten. Jack Kerouac beschreibt in seinem legendären Erstling *On the Road* von 1957 die Reise durch Amerika in einem bunt bemalten Bus – quer über alle Rassen-, Klassen- und Bildungsschranken hinweg. Der Geist der Hippiebewegung, befeuert nicht zuletzt durch den exzessiven Gebrauch psychogener Drogen, erweist sich für einen kurzen geschichtlichen Moment als Befreiungsvehikel. Mit der räumlichen Mobilität geht die soziale, sexuelle und emanzipatorische einher – zumindest in der Vorstellungswelt der *Beatniks*.[14] In diesem trügerischen Gefühl der prinzipiellen Offenheit, offen für paradoxe Eindrücke, zwischenmenschliche Begegnungen, klassenlose Diskurse und gegenseitiges Vertrauen, so unbegründet es auch sein mag, liegt der eigentümlich-zeitlose Zauber des Reisens. Ein Zauber, der sich, unnötig zu sagen, in der kommerzialisierten und miniaturisierten Tourismuswelt zunehmend als illusionär erweist.

4.3 Reisen als Plan und Fantasie

Was aber tun diejenigen, die zuhause geblieben sind? Sie sehnen sich nach dem Ort, an dem sie nicht sind und zu dem sie womöglich nie gelangen werden. Die *imaginierte Ferne* übt eine geradezu magnetische Wirkung auf den eigenen Aufenthaltsort aus. Raum und Bewusstsein des Subjektes sind nicht zwingend kongruent; tatsächlich sind sie es nur selten. Realität und Fantasie driften oft genug weit auseinander. Der deutsche Romantiker Heinrich Heine schreibt (Heine 2007, S. 171):

---

[13]Zu dieser Art von Reiseabenteuern vgl. die beiden Essays von Robb (1996, 2010) über Süditalien und Sizilien.

[14]Vgl. hierzu Jack Kerouacs *On the Road* (1957) sowie sein von fernöstlicher Religion inspiriertes Buch *The Scripture of the Golden Eternity* (1960). In ironischer Brechung hingegen die Hippie- und Drogenreportage *The Electric Cool Aid Acid Test* (1968) von Tom Wolfe. Es muss an dieser Stelle nicht ausdrücklich betont werden, dass die amerikanische Emanzipationsbestrebung als Reisebewegung (nach Kalifornien, nach Indien, zu sich selbst) gesellschaftlich und machtpolitisch weitestgehend folgenlos blieb.

Wir sprachen von fernen Küsten,
Vom Süden und vom Nord,
Und von den seltsamen Völkern
Und seltsamen Sitten dort.

Das *Hier und Jetzt* setzt ein *Dort und Noch nicht* (oder ein Gewesensein und Nimmermehr) voraus. Dem Reisen und der Reisefantasie liegt daher ein seltsames anthropologisches Paradox, eine Art romantische Unruhe zugrunde:[15] Wo man ist, will man nicht sein, daher geht die Reise immer weiter. Reisen impliziert die Bereitschaft, das Vertraute hinter sich zu lassen, Gewohntes abzulegen und die vorgefundene Realität zu transzendieren. Im Aufbruch liegt ein Momentum eigener Art. Es ist das Versprechen der Ungebundenheit, und jedes Gepäckstück wiegt leichter als der zurückgelassene Alltag. Wiederum Heinrich Heine (ebd., S. 225):

In deinem Aug entdeck ich neue Welten,
Und in der eignen Welt wird's mir zu enge.

Dieser deutliche Eskapismus hat neben der räumlichen auch eine geistige Dimension. Wer immobil bleibt, kann dennoch aufbrechen – zu der inneren Reise nach den „wild uncharted regions of the human mind" (W.S. Burroughs).[16] Stimuliert von Büchern, Filmen und Bildern entsteht ein inneres Panorama, welches in der Intensität des Erlebens der direkten Realitätserfahrung kaum nachsteht. Die Bildhaftigkeit der inneren Vorstellungswelt ist eben nicht durch den Abgleich mit der Wirklichkeit gedeckt, sondern entwickelt einen Erlebniswert eigenen Rechts. Ob real oder imaginiert macht zumindest ästhetisch keinen Unterschied.

Die Sehnsucht nach dem Süden gilt als literarischer und künstlerischer Topos schlechthin – von der klassisch-romantischen Antikenbegeisterung *(Goethe, Hölderlin, Seume, Platen)* bis zur kritisch gesehenen massentouristischen Destinationsvermarktung im 20. Jahrhundert *(d'Eramo, Enzensberger, Garotti, Settis)*.[17] Das klassische Reiseversprechen als Bildung von Charakter und Geist kann aber nur eingelöst werden, wenn die Dislokation eine gewollte ist und die Reise gewissermaßen unter affirmativen Vorzeichen angetreten wird. Dies ist der zentrale Unterschied zwischen der *Reise als Vergnügen* und der *Reise als Flucht,* die in Zeiten erzwungener Migration besondere Bedeutung gewinnt.[18] Doch wie steht es mit der Reise als *Entdeckung?*

---

[15]Vgl. hierzu die orientalischen Märchen von Wilhelm Hauff, die mit wenigen Ausnahmen vor exotischen Schauplätzen oder auf hoher See spielen: „So waren wir mehrere Tage auf dem Schiffe; es ging immer nach Osten (…)." (Hauff 1969, S. 42).

[16]Zu diesen Reisen in die Welt der eigenen Fantasien und Obsessionen gehören auch die exogen stimulierten Rauscherfahrungen, die durchaus als Reiseerlebnisse begriffen werden können. Vgl. die beiden bekannten Berichte von Charles Baudelaire, *Les paradies artificiels* (1860) und Ernst Jünger, *Annäherungen* (1971).

[17]Vgl. hierzu auch den Herausgeberband von Visser und Ferreira (2013, S. 9–11) sowie Wagenbach (2007).

[18]Zu dieser Unterscheidung zwischen Reisevergnügen und Reisezwang, weit vor den aktuellen Flüchtlingsdebatten, vgl. Klaus Manns *Flucht in den Norden* von 1934.

Zu den größten Reisenden mit dem geringsten Bewegungsradius gehört der portugiesische Prinz Heinrich der Seefahrer (1394–1460). Außer zwei kurzen militärischen Abenteuern im nordafrikanischen Ceuta sowie in Tanger hat er das portugiesische Festland nie verlassen; und doch gehört er zu den prägenden Figuren des Zeitalters der maritimen Entdeckungen. Heinrich stattete die portugiesischen Expeditionen entlang der westafrikanischen Küste aus und schuf damit die Grundlagen für das portugiesische Weltreich. Er kannte die Reiseberichte von Marco Polo, Wilhelm von Rubruk und Ibn Battuta, korrespondierte mit den führenden Geografen seiner Zeit und träumte davon, dass portugiesische Karavellen Indien auf dem Seeweg erreichen würden. Seine Kapitäne entdeckten die Azoren, Madeira und gründeten Handelsstützpunkte entlang der westafrikanischen Küste. Heinrich selbst hingegen blieb zeitlebens auf dem portugiesischen Festland. Die bekannte Statue im Hafen von Lissabon, errichtet zu seinem 500. Todestag, zeigt den in die unbestimmte Ferne blickenden Prinzen, der in seinen Händen eine Miniaturkaravelle hält. Die Inschrift lautet: „Durch Meere, die niemals zuvor befahren wurden". Heinrich ist niemals aufgebrochen – aber seine Neugierde und Weltoffenheit stieß die Türe ins Zeitalter der Entdeckungsreisen weit auf (vgl. Schmitt 1981). So gleicht er dem modernen Organisator von Fernreisen, bei dem sämtliche Informationsflüsse zusammenlaufen, der jedoch selbst die Zentrale niemals verlässt.

In der Figur Heinrich des Seefahrers werden die Potenziale des *imaginären Reisens* deutlich, die stets unvergleichlich größer sind als die realen. Der Reiseverkehr zu Wasser, zu Land und in der Luft verwandelt sich im Bewusstsein des Einzelnen in einen Strom aus Gedanken und Plänen, Berichten und Bildern, Träumen und Sehnsüchten. Die imaginäre Reise ist das bevorzugte Vehikel der Ängstlichen und Schüchternen. So gibt es, in den Worten der italienischen Autorin Natalia Ginzburg, auch heute noch den Typus des neugierigen und den des ängstlichen Reisenden. Die Abenteuerlustigen und Aufbruchsbereiten unterscheiden sich von den Zurückhaltenden und Sicherheitsbedürftigen. Ginzburg schreibt in ihrem Reiseessay *Ungeschickte Reisende* (zit. n. Wagenbach 2007, S. 61):

> Es gibt Menschen, die sich aufs Reisen verstehen und andere, die sich nicht darauf verstehen. Es gibt Menschen, für die jede Reise Angst und Mühe bedeutet, eine zermürbende Unternehmung. Für andere ist es eine so einfache Handlung wie Naseputzen. (…) Vor allem fürchten diese Menschen, den Zug oder das Flugzeug zu versäumen; sie finden diese Furcht seltsam, da sie in offenem Widerspruch steht zu ihrem innigsten Wunsch, nämlich dem, zu Hause zu bleiben.

Das Zeitalter des Massentourismus bedient in erster Linie die Sicherheitsbedürfnisse von Reisenden, die beides wollen: eindrucksvolle Erlebnisse, doch auf keinen Fall ein wie auch immer geartetes Risiko.[19] Es wird sich zeigen, inwieweit dies überhaupt möglich ist.

---

[19] Eine kritische Würdigung des Zeitalters des Massentourismus bei d'Eramo (2018, S. 275–293).

4.4 Die Reise als Lebensgleichnis

Die strukturelle Abfolge aus *Aufbruch, Reise, Ankunft und Rückkehr* hat neben der touristischen auch eine wesentlich ältere, epische Dimension. In diesem Sinne ist schon die *Odyssee* im Kern ein Reisebericht. Wie bei jeder Reise finden sich Hindernisse, Gefahren und Verluste ebenso wie menschliche Begegnungen, überraschende Erlebnisse und Glücksmomente. Die Fahrt in die Unterwelt[20] als Konfrontation mit dem eigenen Tod, der eigenen Sterblichkeit, gehört hier ebenfalls zum Reiseprogramm. In der Vorstellung der antiken Welt umfährt Odysseus die äußersten Ränder der mediterranen Welt, von Kleinasien bis zum westlichen Sizilien. Odysseus segelt nicht als Krieger, sondern als Seemann, denn eine Reise zu unternehmen bedeutet immer auch, sich einem *anderen Element* anzuvertrauen. Das Abenteuer der Fahrt vollzieht sich unter bestimmten ideologischen, religiösen und soziologischen Vorzeichen. Aufbruch, Reise und Rückkehr sind feste Erfahrungstatsachen des Lebens, und genau aus diesem Grunde ästhetisch macht- und wirkungsvolle Topoi. In verkürzter und gedrängter Form stellt jede Reise ein Lebensgleichnis dar, welches auch heute noch unmittelbar verstanden wird. Jede Reise knüpft an soziale und anthropologische Muster an, die sich seit der Antike verfolgen lassen. Als Phänomen des Überganges ist jede Reise auch ein *rite de passage* (Arnold van Gennep), die zu einem vorderhand unbekannten Ziel führt.

Als Lebensgleichnis ist das Ende jeder Reise determiniert; der Tod verleiht ihr eine schmerzliche Ernsthaftigkeit. Diese ultimative Unausweichlichkeit lässt sich ästhetisch zwar ausschmücken oder verbrämen, nimmt ihr aber nicht das Gift. Die letzte Verwandlung erfolgt auf der Passage vom Reich der Lebenden ins Reich der Toten. Der Reisetopos und seine existenzielle Deutung sind so evident, dass sie bis in die Reiseliteratur des 19. Jahrhunderts überdauern. Verpackt in die euphemistische Sprache des Bildungsbürgertums liest sich das so (zit. n. Wagenbach 2007, S. 88):

> „Es ist durchaus erlaubt, eine Reise durch Italien mit dem Verlauf des menschlichen Lebens zu vergleichen. Die Poeebene und das Tal des Arno sind glatt, blühend und schön wie die Jugend; wir gelangen nach Rom, um dort den Blick für das Wesentliche, die Erfahrung und Bedachtheit zu erwerben, die sich für das erwachsene Alter ziemen. Nach turbulenten Zeiten kehrt man zu den Bequemlichkeiten zurück, die dem Alter angemessen sind, nämlich zur Sonne, zur freien Luft und zur üppigen Natur Neapels. Am Ende erscheint uns Paestum wie der Sonnenuntergang, der unsere müde gewordene Pilgerfahrt abschließt und unseren Mühen ein Ende bereitet."[21]

---

[20]Vgl. Homer: Odyssee, XI. Gesang (Homer 1990, S. 593–600).

[21]Der letale Ausgang der Reise erinnert nicht von ungefähr an Buchtitel wie *Der Tod in Venedig* (Thomas Mann) oder *Der Tod in Rom* (Wolfgang Koeppen). Vgl. auch Goethe, *Italienische Reise, Zweiter Teil* (Goethe 1976, S. 223; Eintrag vom 3. März 1787): „Von der Lage der Stadt und ihren Herrlichkeiten, die so oft beschrieben und belobt sind, kein Wort. Vedi Napoli e poi muori! sagen sie hier. Siehe Neapel und stirb! (…) Daß kein Neapolitaner von seiner Stadt weichen will, daß ihre Dichter von der Glückseligkeit der hiesigen Lage in gewaltigen Hyperbeln singen, ist ihnen nicht zu verdenken, und wenn auch noch ein paar Vesuve in der Nachbarschaft stünden." Zu den Wandlungen Neapels im 20. Jahrhundert vgl. Lewis (2012).

4.5 Entdecken, erobern, verreisen

Die Ursprünge des modernen Tourismus liegen im Expansionsbestreben der abendländischen Kultur. Es ist die griechische Kriegerkaste, es sind die Kolonisten und Großhändler, die den mediterranen Raum der Antike erschließen. Zu Reisen ist ein Privileg der freien Bürger und der aristokratischen Minderheiten. Wer in der Polis nicht herrschen kann, setzt die Segel gen Westen und gründet seine eigene Kolonie, die nicht selten zu einer Tyrannis wurde.[22] Sizilien und das südliche Italien, aber auch die Chersonnes am Schwarzen Meer, sind griechisch. *Zu reisen bedeutet, herrschen zu wollen.* Dieses Paradigma gilt für die gesamte Antike und weit darüber hinaus. Das Römische Reich, mit seinem lange Zeit unbefriedigten Dominanzstreben und Expansionsdrang, setzte in diesem Geist die Reihe der Eroberungen bis an den Atlantik, bis nach Südengland fort.[23] Auch die Kreuzzüge (vgl. Frankopan 2012) sind von einem religiös überhöhten imperialen Gedanken getragen. Man betritt das Heilige Land, um es vermeintlich zurückzuerobern und für die Christenheit in Besitz zu nehmen. Venedig, der Papst und die europäischen Fürsten sind sich in dieser Frage einig, zumal alle involvierten Parteien durch Landgewinn, Raub, Handel und politischen Einfluss von den Kreuzzügen profitieren.

In dieser blutigen Tradition des abendländischen Expansionismus stehen die kolonialen Abenteuer des 15. bis 19. Jahrhunderts (Gruzinski 2014; Said 2003). Auch der heutige Reisende begibt sich in die Nachfolge europäischer Eroberer, um sich an seinem Ankunftsort auszubreiten, wohlzufühlen und sämtliche Dienstleistungen in Anspruch zu nehmen, die sein Budget ihm gestatten. *Wer reist, demonstriert Macht und Privileg.* An diesem Status des Touristen, der durch das Reisen seine ökonomische Überlegenheit unterstreicht, hat sich bis heute wenig geändert. Forderten zu früheren Zeiten die Invasoren und Kolonialisten Gehorsam und Unterwerfung, so begnügen sich heutige Touristen mit einer möglichst perfekten Dienstleistung. Diese ist aber in Kern nichts anders als die Anpassung der Einheimischen an die Erwartungshaltung der zahlenden Klientel. Prägend für die touristische Destination ist es, dass sie „nicht von der unabhängigen Arbeit ihrer lebenden Bürger zehrt, sondern von der Ausbeutung der Schöpferkraft ihrer Vorfahren und von der Neugier der Fremden. Man muss den Mut haben, laut herauszuschreien, dass wir auf Kosten von Toten und Barbaren leben. Wir sind Hausmeister in Leichenhallen und Dienstboten exotischer Vagabunden“ (Settis 2019, S. 123). Die romantische Reisemetapher verblasst, sobald das Unterwegssein eine primär ökonomische Färbung erlangt (d'Eramo 2018, S. 98): „Wenn der Tourismus eine Industrie ist, so sind die Touristen der entsprechende Markt; und die verschiedenen Touristenstädte treten in Konkurrenz zueinander, um sich eine Scheibe dieses Marktes zu sichern.“

[22]Das klassische Beispiel sind der syrakusische Tyrann Dionysios I. und sein gleichnamiger Sohn. Platon gehörte zu seinen politischen Beratern – das frühe Beispiel einer Mésalliance zwischen Geist und Macht. Zu den griechischen Kolonien und ihren mythischen Vorläufern vgl. Fox (2011).

[23]Vgl. hierzu die ausführliche Darstellung bei Fox (2013, S. 38–51 sowie 427–541).

Nachdem die ganze Welt entdeckt, erobert und vermessen wurde, lässt sie sich nun im individuellen Reiseabenteuer persönlich besichtigen. Dabei kommt es zu bemerkenswerten Konzentrationen der Reiseströme. Paris und London, Venedig und Rom, Berlin und Barcelona wirken wie touristische Staubsauger. Hier spricht man vom Matthäus-Effekt: Destinationen, die bereits populär sind, werden in Zukunft noch populärer und überstrapazieren dadurch ihre heimische Infrastruktur. 90 Mio. Touristen besuchten in 2018 Paris; für 2022 rechnet man bereits mit 100 Mio.[24] Nach der Eroberung der Welt folgt ihre Erschließung als touristisches Ziel. Die Selbstwidersprüche und paradoxen Folgen der Popularität einer Destination lassen sich nicht ohne weiteres vermeiden. Einerseits ziehen Orte millionenfach Touristen an, andererseits werden sie gerade durch diesen Andrang als Reiseziel entwertet. Umberto Ecco bemerkt zu diesem eigentümlichen Phänomen (Wagenbach 2007, S. 119):

> Wenn alle Zugang zu den erlesenen Gütern haben, kann keiner sie mehr genießen. Früher konnten nur Thomas Manns hochgebildete Kunstgeschichtsprofessoren nach Venedig reisen. Heute können alle hin, aber sie finden ein ungenießbares Venedig vor. Es ist wie bei der Einrichtung von Fußgängerzonen in den historischen Stadtzentren: wie dumm waren die Ladenbesitzer, die fürchteten, es werde niemand mehr kommen. Alle kommen. Aber kaum ist das Zentrum zur Fußgängerzone gemacht worden, kommen auch die Massen aus den Vorstädten, die Boutiquen weichen Jeans-Läden, die Nobelstraßen werden zu Junkfoodmeilen, die Via del Corso wird zur Borgata und am Ku'damm verkauft man Plastikunterwäsche.

Die Demokratisierung des Reisens ist nicht ohne ästhetische Verwerfungen durchsetzbar. Als Massenerfahrung wird die Reise zum Spektakel und zerstört genau dadurch den individuellen Erlebniswert, zu welchem sie eigentlich führen soll.[25] Eine mögliche Antwort darauf ist die Entwicklung von Destinationsprofilen in unterschiedlichen wirtschaftlichen Segmenten, wie sie von Boltanski und Esquerre für das Hochpreissegment kritisch analysiert wurde (Boltanski und Esquerre 2018, S. 57–65). Tradition, Kultur, landwirtschaftliche Reize, gastronomische Angebote und Übernachtungsmöglichkeiten bilden zusammen eine Inszenierung, die dem Touristen exakt das widerspiegelt, was seiner Erwartungshaltung entspricht. Mit anderen Worten: Es wird alles getan, damit der Reisende in seiner eigenen Filterblase verbleibt.

4.6 Zwischen Neugierde, Risiko und Erfüllung

Die gewollte Minimierung der globalen Reiserisiken lässt sich weder politisch noch polizeilich durchsetzen. Auch heute bleiben die Gefahren unübersehbar; es sind nur andere geworden. Nicht mangelnde Hygiene oder eine lückenhafte Infrastruktur bilden das

[24]Vgl. den Artikel von Michel Guerrin (2019) in *Le Monde* zum Brand von Notre-Dame.

[25]Zu diesem paradoxen Phänomen vgl. ausführlich Settis (2019^2).

höchste Risiko, sondern die Unwägbarkeiten von Pandemien und terroristischer Gewalt in einer von Dysbalancen geprägten Welt. Nicht zufällig trifft der internationale Terrorismus insbesondere touristische Ziele: New York, London, Paris, Nizza, Madrid sowie exotische Reisedestinationen in Thailand und Sri Lanka. Längst gibt es kein unschuldiges Paradies mehr und es scheint vollkommen sinnlos, dieses überhaupt noch zu suchen. Wonach aber richten sich dann die Interessen zeitgenössischer Touristen und Reisenden? Die polnische Tourismusexpertin Alzbeta Királova schreibt (Králova 2017, S. XV): „Visitors require a customized approach, intelligent creative and interactive communication (…). They prefer less crowded and less known destinations that offer local knowledge and authentic culture (…). Destinations‘ visitors become producers of their experiences."

Ein entscheidendes Kriterium ist der Reisekomfort. Der deutsche Romanist Ernst Robert Curtius (2015, S. 629) berichtet von einer Zugreise von Paris nach Lissabon im Jahr 1935, die fahrplanmäßig über fünfzig Stunden dauerte. In dieser Zeitspanne lässt sich heute mehrfach die Welt umrunden. Der als kritisch betrachtete Faktor Zeit, eingebettet in die minutiöse Urlaubsplanung der globalen Mittelklasse, führt dazu, dass die Reise als Bewegungsverlauf zwischen Abfahrt und Ankunft möglichst verknappt wird. Europäische Destinationen lassen sich, ausgehend von einem beliebigen deutschen Flughafen, innerhalb von maximal vier Stunden erreichen. Nicht das Unterwegssein ist für den modernen Reisenden entscheidend, sondern die Erfahrungen nach dem Ankommen. Umso wichtiger ist daher die Segmentierung der Destinationen: Kultur oder Sport, Unterhaltung oder Bewegung, Natur oder urbanes Flair, individuelles Erlebnis oder Pauschalangebot. Tamara Ratz (in: Kiralova 2017, S. 203–222) beschreibt ein Budapester Restaurant, welches die „creative synergy between literature and gastronomy" anstrebt. Die Antwort auf ein weltweit steigendes Tourismusangebot lautet Individualisierung *und* Standardisierung. Zwar scheint das Angebot auf die jeweiligen Erwartungen und Bedürfnisse präzise abgestimmt zu sein, doch treffen sich die vermeintlichen Reiseabenteurer an den immer gleichen touristischen Hotspots zu den immer gleichen Aktivitäten. In europäischen Großstädten lässt sich dieses Phänomen schon länger beobachten. Der neue touristische Phänotyp ist an Rollkoffer, Smartphone, Sneakers und Sonnenbrille leicht zu erkennen.

4.7 Zur wachsenden Bedeutung der Reisekommunikation

Zwangsläufig führt der Massentourismus zu einer Nivellierung des Reiseerlebnisses. Weltweit begegnen dem Reisenden dieselben Hotelketten, dieselben zeitlich limitierten Erlebnismöglichkeiten sowie Komfort- und Shoppingangebote. In der Sprache des Marketings: Tourismus ist ein typisches *Me-too*-Produkt geworden, dessen ursprüngliche Singularität der Vergangenheit angehört. Selbst originale Bauwerke und ikonische Stadtansichten, wie etwa von Venedig, werden maßstabsgetreu an anderer Stelle errichtet (vgl. Settis 2019). Die ungebrochene Popularität des Reisens führt weltweit zum Auf- und Ausbau touristischer Infrastrukturprojekte, die unwiederholbare individuelle Erlebnisse in standardisierte Erfahrungen verwandeln. Hierzu gehört insbesondere die fotografische Abbildbarkeit des Angebots. Das Selfie wird zur Pflichtkommunikation. Dies funktioniert aber nur dann, wenn sich möglichst viele am Ritual der biografischen Selbstdokumentation und -vermarktung beteiligen. Der Vielzahl möglicher Reiseziele entspricht die Vielzahl ihrer bildhaften Darstellungen. Der *iconic turn* (Mitchell 2018, S. 101–135) hat auch das touristische Marketing erreicht. Die Austauschbarkeit der Reiseziele erhöht den Druck nach kommunikativer Profilierung. Wenn das Angebot ein vergleichbares ist, soll wenigstens die Kommunikation einzigartig, d. h. unvergleichbar, sein. Die *Unique Selling Proposition* (USP) verwandelt sich zur *Unique Communication Proposition* (UCP).

Bevor die Reise überhaupt angetreten wird, ist eine schier unübersehbare Flut an Informationen zu bewältigen (vgl. Aslam 2016). Reiseführer, Prospekte, Zeitungsartikel, Websites, Reiseberichte auf privaten Blogs, offizielle Informationen der jeweiligen Tourismusbehörden, Einträge auf Vergleichsportalen etc. – sie alle versuchen, das Konventionelle ins Unvergessliche und das Austauschbare ins Singuläre zu verwandeln. Das Reiseparadox des Massentourismus lautet: Obgleich die Reisenden eine artikulierte und einschätzbare Erwartung hinsichtlich Komfort, Budget und Erlebnis haben, träumt jeder von ihnen von einer *unvergleichlichen, einzigartigen, persönlichen* Erfahrung. Diese kann aber nicht vor Ort eingelöst werden, sondern lediglich durch Werbung, Public Relations und Empfehlungsmarketing vorab suggeriert werden. Während sich die Destinationen einander angleichen, wird die Kommunikation immer ausgefallener und aufwendiger. Das touristische Urlaubsversprechen liegt damit weniger in der Realität als vielmehr in der Kommunikation (vgl. Garotti 2016).

4.8 Das Weltall als Reiseziel

Als aus dem Alltag herausgehobenes Erlebnisprojekt bedurfte die Reise als Aufbruch ins Ungewisse seit jeher einer vielfältigen gedanklichen und logistischen Vorbereitung. Bankiers und Geschäftsträger wurden vorab benachrichtigt, Empfehlungsschreiben ausgestellt, Visa erteilt und Währungen umgetauscht. Erst in jüngster Zeit genügen Pass, Zahnbürste und Kreditkarte. Die Globalisierung und Nivellierung des Tourismus führt aber zu dem Bedürfnis nach Reiserouten, die sich jenseits ausgetretener Pfade befinden. Die terrestrischen Wegmarken kommen dafür nur noch bedingt in Betracht. Wer daher nach Destinationen sucht, die erst am Anfang ihrer touristischen Entwicklung stehen, dessen Blick richtet sich zwangsläufig himmelwärts.

Rundflüge in der Stratosphäre sind keine Utopie mehr. Der globale Reisehunger ist noch immer ungestillt, und wem ein Reiseziel irgendwo auf der Erde als zu konventionell erscheint, kann in absehbarer Zeit interplanetarische Destinationen ansteuern. Der kalifornische Multi-Unternehmer Elon Musk stellte im September 2016 die Pläne seiner Firma SpaceX vor, bemannte Raumflüge zum Mars anzubieten. Für die erste Reiseetappe, die zum Mond führen soll, gibt es bereits einen zahlenden Passagier, den japanischen Milliardär Yusaku Maezawa (FAS 2019, S. 25).[26] Auch Amazon-Gründer Jeff Bezos investiert in den intergalaktischen Tourismus. Sein Unternehmen Blue Origin plant die dauerhafte Besiedelung des Mondes durch erdmüde Kolonialisten (Economist 2019, S. 66). Richard Branson arbeitet mit Virgin Galactic ebenfalls an der touristischen Exploration des Weltalls (FAS, ebd.). Die Ära des Weltraumtourismus hat längst begonnen. Literarische und cineastische Science Fiction ist ein Wirklichkeitsszenario (Burroughs 1982, S. 39): „... Red night sky over a desert city... a white ship sailing across a gleaming empty sky dusted with stars...". Das fantastische und das Reale, das Denkbare und das Machbare rücken unter den Vorzeichen von Mobilität und Tourismus näher zusammen. Die Implikationen dieser Entwicklung sind völlig offen – wirtschaftlich, ökologisch, anthropologisch. Was geschieht mit den ausreisewilligen Weltraumkolonialisten? Werden sie ihr Leben in der Endlosschleife eines SciFi-Films verbringen? Mit welchen Erinnerungen werden sie zurückkehren? Die Exploration des Weltraums folgt der abendländischen Logik von Expansion und Kolonialismus. Hindernisse sind daher nicht kultureller, sondern bestenfalls technologischer und finanzieller Natur. Mit Jeff Bezos gehört immerhin der reichste Mann der Erde zu den führenden Investoren des Projektes (Economist, ebd.).

4.9 Zum Schluss

Die zukünftige Entwicklung des Tourismus ist unter infrastrukturellen und technologischen Aspekten so offen wie nie zuvor. Die Tradition der Grand Tour des 17. Jahrhunderts, Minderheitenprivileg der gebildeten Stände, ist restlos überholt. Die globale Mittelklasse macht sich für zwei Wochen im Jahr auf die Suche nach ihrem singulären Reiseerlebnis. Bis 2030 umfasst diese Schicht rund zwei Milliarden Menschen (Guerrin 2019). Der sog. Übertourismus *(surtourisme, over-tourism)* ist für die populärsten globalen Reisedestinationen längst Realität. Venedig und Paris, Rom und Barcelona, aber auch die Schweizer Alpen und die Chinesische Mauer können den touristischen Andrang nur um den Preis des Selbstverlustes bewältigen. Während Touristen das authentische Erlebnis suchen, wird dieses durch die Bereitstellung einer auf Tourismus ausgerichteten Infrastruktur zwangsläufig verstellt. Das Eintauchen in einen divergenten Kultur- und Erlebnisraum, eigentlich die wahre Reisemotivation, wird auf diese Weise unmöglich. Das Reisen im Kopf, in den endogenen Bildern, Träumen, Fantasien, hat also weiterhin Konjunktur. Auch unter pandemischen Vorzeichen.

[26]Zu den Anfängen der US-amerikanischen Raumfahrt vgl. Erickson (2005).

Literatur

Aslam, M., Cooper, M. J. M., Othman, N., & Lew, A. A. (Hrsg.). (2016). *Sustainable tourism in the global south. Communities, environments and management.* Newcastle upon Tyre: Cambridge Scholars Publishing.

Aurnhammer, A. (2005). *Vicki Baums Roman Hotel Shanghai (1939) im Kontext der deutschen Shanghai-Romane.* Freiburg: Sonderdrucke der Albert-Ludwigs-Universität [Originalbeitrag erschienen in: Maoping Wei (Hrsg.): Zhong De wenxue guanxi yanjiu wenji: Vorträge eines im Oktober 2003 an der Shanghai International Studies University abgehaltenen bilateralen Symposiums. Shanghai: Shanghai Foreign Language Education Press, 2005, S. 214–235].

Benn, G. (1986). *Sämtliche Werke, Stuttgarter Ausgabe* (Bd. 1, Gedichte 1). Stuttgart: Klett-Cotta

Boltanski, L., & Esquerre, A. (2018). *Bereicherung. Eine Kritik der Ware.* Berlin: Suhrkamp.

Bourdieu, P. (2012). *Sociologie de l'Algérie.* Paris: Quadrige.

Burroughs, W. S. (1982). *Cities of the red nights.* London: Picador.

Césaire, A. (2003). *Discours sur le colonialisme.* Paris: Présence Africaine.

Chachoua, K. (2012). Pierre Bourdieu et l'Algérie. Le savant et la politique. In *Revue des mondes musulmans et de la Méditerranée (REMMM)* (Bd. 131). http://journals.openedition.org/remmm/7522.

Chirbes, R. (1998). *Minoun.* Berlin: Wagenbach.

Curtius, E. R. (2015). *Briefe aus einem halben Jahrhundert. Eine Auswahl, herausgegeben und kommentiert von Frank-Rutger Hausmann* (= Saecula Spiritalia Bd. 49). Baden-Baden: Valentin Koerner.

d'Eramo, M. (2018). *Die Welt im Selfie. Eine Besichtigung des touristischen Zeitalters.* Berlin: Suhrkamp.

Dorsch, M. (2016). *Verkehr und Tourismus.* Plauen: M&S.

Eliot, T. S. (1974). *Collected poems 1909–1962.* London: Faber & Faber.

Enzensberger, H. M. (1995). Eine Theorie des Tourismus. In *Einzelheiten I* (S. 179–205). Suhrkamp.

Erickson, M. (2005). *Into the unknown together. The DOD, NASA, and Early Spaceflight.* Maxwell Air Force Base: Air University Press.

FAS. (2019). Autos auf dem Mond (ohne Autorenangabe), 12. Mai 2019, S. 25.

Fox, R. L. (2011). *Reisende Helden. Die Anfänge der griehischen Kultur im homerischen Zeitalter.* Stuttgart: Klett-Cotta.

Fox, R. L. (2013). *Die klassische Welt. Eine Weltgeschichte von Homer bis Hadrian.* Stuttgart: Klett-Cotta.

Frankopan, P. (2012). *The first crusade. The call from the east.* Cambridge: Belknap PressPetrosan, Kreuzritter.

Garotti, F. R. (2016). *Das Image Italiens in deutschen touristischen Katalogen.* Rom: Carocci editore S.p.A.

Gruzinski, S. (2014). *Drache und Federschlange. Europas Griff nach Amerika und China 1519/20.* Frankfurt a. M.: Campus.

Guerrin, M. (2019). La leçon de Notre-Dame. In *Le Monde* (S. 32).

Hall, C. M., Gössling, S., & Scott, D. (Hrsg.). (2015). *The Routledge handbook of tourism and sustainability.* London: Routledge.

Harari, Y. N. (2018). *Eine kurze Geschichte der Menschheit.* München: Pantheon/Random House.

Hauff, W. (1969). *Märchen und Novellen.* Zürich: Manesse.

Heine, H. (2007). *Sämtliche Gedichte in zeitlicher Folge.* Frankfurt: Insel.

Homer. (1990). *Ilias und Odyssee. In der Übersetzung von Johann Heinrich Voß.* Zürich: Artemis Winkler

Imorde, J., & Wegerhoff, E. (2018). *Dreckige Laken. Die Kehrseite der „Grand Tour“*. Berlin: Wagenbach.

Johannesson, G. T., Ren, C., & van der Duim, R. (Hrsg.). (2015). *Tourism encounters and controversies. Ontological politics of tourism development*. Farnham: Ashgate.

Jones, A., & Philips, M. (Hrsg.). (2018). *Global climate change and coastal tourism. Recognizing problems, managing solutions and future expectations*. Boston: CAB International.

Kirālova, A. (Hrsg.). (2017). *Driving tourism through creative destinations and activities*. Hershey (USA): IGI Global.

Jünger, E. (1970). *Annäherungen. Drogen und Rausch*. Stuttgart: Klett-Cotta.

Jünger, E. (2013). *Afrikanische Spiele*. Stuttgart: Klett-Cotta.

Kerouac, J. (2000). *On the road*. London: Penguin Classics.

Kracauer, S. (2013). *Straßen in Berlin und anderswo*. Berlin: Suhrkamp.

Lewis, N. (2012). *Naples 1944*. London: Penguin Classics.

Mead, M. (2001). *Coming of age in Samoa: A psychological study of primitive youth for western civilisation*. New York: HarperCollins.

Mitchell, W. J. T. (2018). *Bildtheorie. Herausgegeben und mit einem Nachwort von Gustav Frank*. Berlin: Suhrkamp.

Ratz, T. (2017). Innovation in tourism service development in Budapest – The creative synergy of literature and gastronomy. In *Királova* (a. a. O., S. 203–222).

Robb, P. (1996). *Midnight in Sicily*. London: Bloomsbury.

Robb, P. (2010). *Streetfight in Naples*. London: Bloomsbury.

Said, E. W. (2003). *Orientalism*. London: Penguin Classics.

Settis, S. (2019^{2}). *Wenn Venedig stirbt. Streitschrift gegen den Ausverkauf der Städte*. Berlin: Wagenbach.

Schmitt, C. (1981). *Land und Meer*. Köln-Lövenich: Hohenheim.

Schmidt, J. (2019). *Ein Auftrag für Otto Kwant*. München: Beck.

Stasiuk, A. (2008). *Dojczland*. Frankfurt a. M.: Suhrkamp.

The Economist. (2019). *Living in outer space – Back to the future (ohne Autorenangabe)* (Bd. 431, Nr. 9143, 18. Mai–24. Mai 2019, S. 66).

Visser, G., & Ferreira, S. (Hrsg.). (2013). *Tourism and crisis. Critial studies in tourism, business and management*. London: Routledge.

von Goethe, J. W. (1976). *Reisen. Artemis-Gedenkausgabe* (Werke Bd. 6). München: Winkler.

von Hofmannsthal, H. (2009). *Erzählungen, Erfundene Gespräche und Briefe, Reisen* (Gesammelte Werke Bd. 7). Frankfurt a. M.: Fischer.

Wagenbach, K. (Hrsg.). (2007). *Nach Italien! Anleitung für eine glückliche Reise*. Berlin: Wagenbach.

Weeden, C., & Boluk, K. (Hrsg.). (2014). *Managing ethical consumption in tourism*. London: Routledge.

Wolfe, T. (1968). *The electric cool aid acid test*. New York: Farrar, Straus and Giroux (FSG).

Prof. Dr. Dominik Pietzcker studierte Philosophie, Geschichte und Vergleichende Literaturwissenschaft in Freiburg/Br., am Trinity College in Dublin sowie in Wien. Promotion mit einer komparatistischen Studie zur Literatur des Fin de Siècle. Mehrjährige Tätigkeit als Kreativdirektor in Deutschland und im europäischen Ausland. Leitung von Tourismuskampagnen in Süd- und Osteuropa sowie von Kommunikationsmaßnahmen für die Europäische Kommission. Seit 2012 Professur für Medienmanagement und Public Relations an der Macromedia Hochschule in Hamburg und Berlin. Regelmäßige Publikationen zu den Themen interkulturelle Kommunikation, Mediensoziologie, Konsumforschung sowie zur Transformation der Medienberufe. Er unterrichtet ebenfalls am Zheijang University City College in Hangzhou sowie der Tongji University in Shanghai (VR China).

5 Fordistischer Massentourismus im kurzen 20. Jahrhundert und die „Nationalsozialistische Gemeinschaft ‚Kraft durch Freude'" (KdF)

Rüdiger Hachtmann

Zusammenfassung

Vier Thesen werden im Folgenden näher ausgeführt und begründet: Erstens spiegeln die historischen Veränderungen und Verästelungen des Tourismus – meist mit zeitlicher Verzögerung – den Wandel der politisch-gesellschaftlichen sowie nicht zuletzt der mikro- und makroökonomischen Rahmenbedingungen. Wenn man davon ausgeht, dass im kurzen 20. Jahrhundert vom Ersten Weltkrieg bis in die 1980er Jahre der Fordismus das zentrale betriebliche Produktionsregime in den wichtigsten industriellen Kernsektoren (Hachtmann 2011; Hachtmann und Saldern 2009a, b) – und nicht nur dort – war, dann folgt daraus als zweite These: Auch der moderne Tourismus des 20. Jahrhunderts weist ausgeprägt fordistische Züge auf. Für die Implementierung eines fordistischen Massentourismus war, drittens, die NS-Diktatur von zentraler Bedeutung (Spode 1997, 2003, S. 119, 2004; Hachtmann 2007, 160–162, 173–175). Das Dritte Reich wurde im deutschen Raum zur „Sattelzeit" des fordistischen Tourismus und bahnte, dies wäre eine vierte These, dem Massentourismus der DDR wie der Bundesrepublik den Weg.

5.1 Der Tourismus – Ein Spiegel der Produktionsregime und Gesellschaftsformationen

Die touristischen „Produktionsbedingungen" weisen seit etwa Mitte des 19. Jahrhunderts auffällige Parallelen zur Mikroökonomie „normaler" Unternehmen auf – mit tourismus-typischen Verzerrungen. Jedem industriellen Rationalisierungsschub folgte

R. Hachtmann (✉)
Berlin, Deutschland
E-Mail: hachtmann@zzf-potsdam.de

© Springer Fachmedien Wiesbaden GmbH, ein Teil von Springer Nature 2020
D. Pietzcker und C. Vaih-Baur (Hrsg.), *Ökonomische und soziologische Tourismustrends*,
https://doi.org/10.1007/978-3-658-29640-7_5

eine vergleichbare Variante tourismusgewerblicher Modernisierung. Dies wird deutlich, wenn man sich die normal gewerblichen und die touristischen Produktionsweisen, idealtypisch vereinfacht, anschaut.

Die gewerbliche Produktion im Handwerk war in aller Regel *Einzelfertigung* auf Bestellung. Dies galt mit stärkeren Einschränkungen auch für die frühe (Proto-) Industrie vor der Entfaltung des modernen Kapitalismus. Ähnliches lässt sich über das vormoderne Reisen sagen, das sich noch nicht als Urlaub und Tourismus im modernen Sinne kennzeichnen lässt: Sowohl die adlige Kavalierstour seit dem 16. Jahrhundert als auch die frühe bürgerliche Bildungsreise des 18. und beginnenden 19. Jahrhunderts waren proto-touristische „Einzelfertigungen".

Abgelöst wurde die Einzelfertigung durch die *Serien- oder Reihenfertigung,* die Herstellung einer größeren Zahl gleichartiger Erzeugnisse für einen anonymen Markt. Die Serienfertigung markiert auf der Ebene des einzelnen Betriebes den Übergang zur industriellen Moderne. Die Produktion bleibt allerdings auf überschaubare Stückzahlen und deren Fertigung in relativ kurzen Zeiträumen beschränkt. Zentrale Figur des frühen Massentourismus war der Brite Thomas Cook. Ihm gelang seit 1841 der Durchbruch zum modernen kommerziellen Massentourismus, weil er die Vorteile serieller Produktion erkannte und für den sukzessive von ihm zum Pauschalreisegeschäft ausgebauten Tourismus fruchtbar zu machen verstand. Dass Thomas Cook ein Engländer war, ist kein Zufall, sondern ist vielmehr darauf zurückzuführen, dass Großbritannien der Pionier des Industriekapitalismus war. Auch sonst waren die Briten Pioniere des modernen Tourismus, vor dem Hintergrund der ökonomisch-gesellschaftlichen Vorreiterrolle Englands. Man denke nur an die Geschichte der Seebäder, die mit der Gründung der Bäder in Scarborough und Brighton 1730 und 1736 einsetzte, während mit Doberan-Heiligendamm 1793 und Norderney 1797 erst mehr als ein halbes Jahrhundert später deutsche Ost- und Nordseebäder entstanden. Auch die Geschichte des Alpentourismus, der mit der Gründung des ersten nationalen Alpenverseins durch die Briten 1857 begann, illustriert die Vorreiterrolle der Engländer (Hachtmann 2007, S. 81–89).

In den ersten Jahrzehnten des 20. Jahrhundert wurde die limitierte Serienfertigung durch die *Massenfertigung* abgelöst. Von Massenfertigung wird gesprochen, wenn ein Unternehmen über einen langen Zeitraum große Mengen gleichartiger Erzeugnisse herstellt. Fließfertigung wurde zwar insbesondere in der Nahrungsmittelindustrie schon vor Henry Ford eingeführt (z. B. bei Bahlsen/Hannover 1905), erst durch Ford und seine Tin Lizzy ab 1913 jedoch global popularisiert. Der US-Automobilkönig knüpfte dabei an Frederick W. Taylor und dessen System an; Taylor analysierte komplexe Arbeitsgänge, zergliederte diese in Teilschritte und setzte sie neu zusammen. Ford verknüpfte die einfachen, repetitiven Handgriffe an monotonen Arbeitsplätzen durch das Transportband. Fordistische Produktionsregime sowie daran anschließende halb- oder vollautomatische Fertigungssysteme setzen Massenproduktion und Massenmärkte, also auch Massenkonsum voraus. Massentourismus ist gleichfalls „Massen-" oder zumindest „Serienproduktion". Nur mithilfe des Prinzips der Massen- und Fließfertigung lässt sich ein zentraler Aspekt auch des Massentourismus realisieren – Kostensenkung, niedrige

Endpreise und damit die Ausweitung des „Reisekonsums" auch auf einkommensschwache Schichten.

Ein quasi-industrielles Tourismusgewerbe und damit auch eine touristische „Fließfertigung" besitzen im Unterschied zur „profanen" Warenproduktion allerdings die Eigentümlichkeit, dass es nicht das Produkt, sondern der Verbraucher, also der Tourist ist, der gleichsam von Station zu Station „fließt". Wie bei anderen Dienstleistungen fallen beim Tourismus zudem Konsumtion und Produktion tendenziell zusammen; die Ware wird an Ort und Stelle verbraucht. Am Ende dieses Prozesses erscheint nicht das fertige Produkt, es ist vielmehr verschwunden (und bleibt als Erinnerung). Außerdem ist das touristische Produkt nicht „lagerfähig". Die Angebotsmengen, z. B. die Zahl der Hotelzimmer, sind starr und können nicht flexibel der Nachfrage angepasst werden. Um die fixen Kapazitäten optimal auszulasten, führten findige Tourismusanbieter die teurere Hauptsaison und die billigere Vor- bzw. Nachsaison sowie seit den 1930er Jahren die Wintersaison ein.

Das dem starren Fordismus folgende sog. *Baukastenprinzip* als industrielle Produktionsform hat zwar ältere Wurzeln; seine breite Einführung in die verarbeitende Industrie datiert in der Bundesrepublik grob aber erst auf die 1960er und 1970er Jahre. Was ist mit Baukastenprinzip gemeint? Rationalisierungseffekte werden hier dadurch erzielt, dass eine gemeinsame, einheitliche Plattform geschaffen, also mit Blick auf bestimmte Grundelemente des Endprodukts die Vereinheitlichung von Arbeitsorganisation und Fertigungsstruktur vorangetrieben wird; die einzelnen Teile sind dabei identisch und so genormt, dass sie zusammenpassen. Von dieser gemeinsamen Plattform aus werden dann unterschiedliche Typen eines Produkts, z. B. verschiedene Automodelle, produziert. Dieses Produktionsprinzip, das die Fließfertigung nicht ersetzt, sondern ergänzt, besitzt den Vorteil, dass es dem Bedürfnis des Konsumenten nach Individualität Rechnung trägt, ohne dass die Rationalisierungseffekte der Massenfertigung aufgegeben werden. Ein solches Baukastenprinzip wird etwa seit den 1980er Jahren zunehmend auch von Tourismusveranstaltern etabliert; der Tourist kann sich aus einer Reihe serieller Angebote touristischer Einzelsegmente „seinen Urlaub" zusammenstellen. Er geht dann mit der Illusion auf Reisen, dass er einen individuellen Urlaub macht und nur eine Art Hilfestellung der Reiseveranstalter in Anspruch nimmt. Die „Teile" des Urlaubs bleiben jedoch genormte Produkte einer „Massenfertigung" und werden nur individuell kombiniert.

Das Baukastenprinzip ließ sich grundsätzlich noch mit der fordistischen Produktionsweise vereinbaren. Anders ist dies bei der Automatisierung, Digitalisierung oder *„Computerisierung"* sowie dem Vordringen des *Internets* seit den 1990er Jahren. Sie drücken global im hochkapitalistischen Westen, Norden und im „fernen" Osten inzwischen der industriellen Produktion wie dem Dienstleistungsgewerbe den Stempel auf. Für die Zeit ab Ende der 1970er Jahre sprechen Ökonomen und Soziologen gern von „Postfordismus", obwohl dies voreilig ist, denkt man an die Ausbreitung eines „schmutzigen Fordismus" auf dem afrikanischen Kontinent sowie in weiten Teilen Asiens und Südamerikas. In den „entwickelteren" Ländern aber prägen nachfordistische Strukturen, nämlich moderne IT-Technologien und Kommunikationsmittel die Industrie (weitgehend) – und inzwischen auch den Tourismus. Man denke an Unternehmen, die eine Art touristische Grundversorgung versprechen oder bestimmte Segmente des aktuellen Tourismus bedienen, wie etwa „Airbnb“, „booking.com“, „billigfluege“ oder „Getyourguide“.

Außerdem ist zu berücksichtigen: Jedem Industrialisierungsschub des 19. und 20. Jahrhundert ging die Einführung neuer Transportmittel voraus. Diese beschleunigten ihrerseits grundlegende Wandlungen des Tourismus oder ermöglichten diese erst. Beim ersten und zweiten Industrialisierungsschub (in Mitteleuropa etwa ab 1840 bzw. seit ca. 1880) standen Eisenbahn und Dampfschiff Pate. Ohne Eisenbahn und Dampfschiff aber auch kein Thomas Cook mit seinen massentouristischen Innovationen. Die dritte industrielle Revolution – seit Mitte der 20er Jahre des 20. Jahrhunderts – wurde von der Etablierung und Verbreitung des Autos und des Kraftrades begleitet; vor allem das Motorrad besaß in Deutschland von den 1920ern bis in die 1950er Jahre eine so große Bedeutung wie sonst nirgends auf der Welt (Steinbeck 2012). Die nächste Industrialisierungswelle seit Anfang der 1960er Jahre wurde durch das Flugzeug begünstig, das sich zugleich rasch und neben dem PKW zum zentralen touristischen Vehikel entwickelte. Der gegenwärtige Umbruch der modernen Industrie wie des Dienstleistungs- und hier nicht zuletzt des Tourismusgewerbes schließlich ist ohne moderne Kommunikationstechniken nicht zu denken.

5.2 „Opera Nazionale Dopolavoro“ und „Nationalsozialistische Gemeinschaft ‚Kraft durch Freude‘“ – Der Faschismus als Wegbereiter des modernen europäischen Massentourismus

Die folgenden Ausführungen konzentrieren sich auf den italienischen Faschismus und den deutschen Nazismus. Hinzuweisen ist allerdings darauf, dass parallele Phänomene auch in anderen europäischen Ländern zu beobachten waren – namentlich in Großbritannien mit den Holiday Camps Bill Butlins ab 1936. Allerdings waren die massentouristischen Aktivitäten in den nicht-faschistischen Ländern nicht so gigantisch dimensioniert wie insbesondere der quasi-staatliche Tourismus der „NS-Gemeinschaft ‚Kraft durch Freude‘“ (KdF).

Der italienische und vor allem der deutsche Faschismus haben die Tourismusgeschichte auf eine spezifische Weise nachhaltig geprägt. Dabei standen Taylorismus und Fordismus Pate. Die 1925 in Italien als Freizeit- und Tourismusorganisation aus der Taufe gehobene halbstaatliche, von der faschistischen Partei kontrollierte „Opera Nazionale Dopolavoro“ (OND) wurzelte in US-amerikanischen Modellen eines tayloristischen personnel managements; die nicht-staatlichen Vorläufer des faschistischen OND gingen auf die Initiative des einflußreichen Managers Mario Giani zurück, der als führender Angestellter eines italienischen Zweigwerks der Westinghouse Corporation eine erste betriebliche Organisation „Dopolavoro“ im Jahre 1919 ins Leben rief und besonders in solchen Großbetrieben des norditalienischen Industrieraumes, die auch die industrielle Rationalisierung in besonders starkem Maße forcierten, schon bald Nachahmer fand. Zu den betriebswirtschaftlichen Zielsetzungen traten politische Motive hinzu; „Dopolavoro“ war Bestandteil eines technokratischen Konzepts, die vorfaschistische Nachkriegskrise 1919/1920 sozialtechnisch „in den Griff“ zu bekommen und eine rebellische Arbeitnehmerschaft durch materielle Zugeständnisse ruhig zu stellen (de Grazia 1981; Liebscher 1998a, b, 2009).

Auch nach ihrer „Verstaatlichung“ 1925 blieb die Mitgliedschaft in der faschistischen Freizeit- und Tourismusorganisation freiwillig – im Unterschied zur Ende 1933 gegründeten „Nationalsozialistischen Gemeinschaft ‚Kraft durch Freude‘“ (KdF), der automatisch sämtliche Mitglieder der „Deutschen Arbeitsfront“ (DAF) angehörten. Gleichfalls im Unterschied zu KdF war Dopolavoro überdies den einzelnen faschistischen Staatsgewerkschaften assoziiert; so gab es einen Metallarbeiter-Dopolavoro, einen Postarbeiter-Dopolavoro usw.

Von den Mitgliedern des OND, deren Zahl 1939 bei schließlich knapp vier Millionen lag, fuhr allerdings nur ein Bruchteil mit OND in den Urlaub, 1936 etwa vierhunderttausend. Diese Zahl nimmt sich zwar im Vergleich zu den 10,8 Mio. Personen, die im selben Jahr mit KdF auf Reisen gingen, bescheiden aus. Noch mehr gilt dies für die sechstausend Italiener, die in den Genuss der sechs Kreuzfahrten kamen, die OND im folgenden Jahr organisierte – im Vergleich zu den 130.000 Personen, die allein 1937 mit KdF-Schiffen in See stachen und die NS-Organisation zu einem Vorreiter des „maritimen Massentourismus“ machten, auf den dreißig Jahre später unausgesprochen die US-amerikanischen und europäischen Kreuzfahrtgesellschaften zurückgriffen (Meyer-Hentrich 2019, S. 208).

Gleichwohl war OND der eigentlich Pionier eines faschistischen Massentourismus. Während der zweiten Hälfte der 1920er Jahre avancierte die italienische Fortbildungs-, Freizeit- und Tourismusorganisation nicht zuletzt in Deutschland zu einer viel bewunderten Einrichtung. Auch Robert Ley – seit Anfang Mai 1933 Chef der DAF und damit auch von KdF – war von dem faschistischen Freizeit- und Tourismusanbieter fasziniert. Er hatte Dopolavoro 1929 als Mitglied der nationalsozialistischen Fraktion des preußischen Abgeordnetenhauses kennengelernt. Wie sehr OND zum Vorbild für KdF wurde, zeigte sich bei der Gründung der der DAF angeschlossenen Tourismus- und Kulturorganisation am 27. November 1933: Ley übernahm anfangs sogar den Namen „Nach der Arbeit“ für die neue Organisation. Erst zwei Monate später wurde sie in „NS-Gemeinschaft ‚Kraft durch Freude‘“ umgetauft.

Statistisch betrachtet war der Erfolg von KdF immens. 1938 gingen mehr als zehn Millionen Menschen mit der NS-Tourismusorganisation auf Reisen. Achtzig bis neunzig Prozent der von KdF ausgewiesenen Reisen waren allerdings Wanderungen oder „Kurzfahrten“, d. h. kleine Unternehmungen von maximal zwei Tagen Dauer, die sich nur eingeschränkt als „touristisch“ klassifizieren lassen. Lediglich zehn bis fünfzehn Prozent waren mindestens dreitägige Urlaubsfahrten. Die von der NS-Propaganda groß herausgestellten Seereisen nach Italien, Portugal oder Norwegen schließlich machten nur ein bis zwei Prozent aller KdF-Fahrten aus.

5.3 Der KdF-Tourismus und die ihm zugrunde liegenden Ziele und Prinzipien

Der Gründung von KdF, die über ihre insgesamt fünf „Ämter" einem breiten Publikum auch preisgünstige Kulturveranstaltungen offerierte und sich dem Breitensport außerhalb der Vereine widmete (Hachtmann 2016; Timpe 2017, S. 33–43), lag ein breitgefächertes politisches Kalkül zugrunde. Erstens waren alle KdF-Freizeit- und Urlaubsangebote als *Kompensationen für die 1933/1934 vollzogene Entrechtung* der deutschen Arbeitnehmerschaft konzipiert. Die Gewerkschaften waren zerschlagen, die DAF bildete keinen Ersatz. Mit KdF als von Anbeginn riesiger Tourismusorganisation wollte Ley die sozialistische Arbeiterbewegung, die in der zweiten Hälfte der 1920er Jahre ebenfalls begonnen hatte (nach dem britischen Vorbild der Workers Travel Association) massentouristische Aktivitäten zu entwickeln (Keitz 1997), sozialpolitisch in den Schatten stellen. Das wurde auch symbolisch betont. Die Grundsteinlegung des „KdF-Bades der 20 000" in Prora auf Rügen beispielsweise wurde bewusst auf den 2. Mai 1936 gelegt, den dritten Jahrestag der Zerschlagung der freien Gewerkschaften.

Zweitens sollte KdF dem *Ideologem der „Volksgemeinschaft"*, in der die überkommenen Standes- und Klassenunterschiede angeblich keine Gültigkeit mehr besäßen, *Realitätstüchtigkeit* verschaffen. Dass sich insgesamt nur wenige Arbeitnehmer Seereisen oder längere Landurlaube finanziell leisten konnten, änderte nichts daran, dass sich in wachsenden Arbeiter- und Angestelltenschichten das durch geschickte Inszenierungen der NS-Propaganda genährte *Gefühl*, das Regime wolle das bürgerliche Klassenprivileg auf Urlaub und Tourismus brechen, breit machte. Tatsächlich dachten die Nazis durchaus ernsthaft daran, eine *Massenkonsumgesellschaft* zu realisieren, mit modernen, fordistischen Zügen, wie sie sich in der Bundesrepublik seit den 1950er Jahren durchsetzte. Allerdings – und das unterscheidet die NS-Visionen von allen nach 1945 realisierten Varianten der Massenkonsumgesellschaft fundamental – sollte sie in einer rassisch segregierten Gesellschaft verwirklicht werden: Nur „erbbiologisch gesunde, deutsch-arische" Menschen sollten in den Genuss des KdF-Tourismus sowie weiterer, preiswerter Konsumangebote des DAF-Wirtschaftsimperiums (Hachtmann 2012) kommen.

Drittens wollte das NS-Regime mit Hilfe von KdF die *Entpolitisierung* der breiten Arbeitnehmerschichten bewerkstelligen. Ziel der Nazis war es, die Arbeitnehmer zu einer unpolitischen, durch Freizeit und Tourismus zufriedengestellten, „eingelullten" Manövriermasse zu degradieren, die den bellizistischen (kriegsgerichteten) Zielen des Regimes keinen Widerstand entgegensetzte. KdF war ein Zuckerbrot, das die den Arbeitern zugedachte passive Rolle versüßen sollte. Gleichzeitig diente KdF der Rundumbetreuung der Arbeitnehmer, insofern viertens auch ihrer *Kontrolle.*

Fünftens diente KdF der Entspannung in einem unmittelbaren Sinne, der physischen und psychischen *Regeneration der Arbeitskraft.* Das war während der NS-Zeit nötiger denn je: Seit 1936 wurden die Arbeitszeiten weit über das bis 1929/1933 bekannte Maß hinaus ausgedehnt und auf breiter Front in der Industrie, namentlich in den rüstungswichtigen Branchen rationalisiert, d. h., es wurden moderne Formen der Fertigungstechnik und der Arbeitsorganisation eingeführt, mithin wurde auch die Intensität der Arbeit erhöht.

Sechstens sollte der KdF-Massentourismus politisch-psychisch *für die Kriege konditionieren,* die die Nazis von Anbeginn zu führen gedachten. Hitler wollte, so erklärte er Mitte November 1933, „ein nervenstarkes Volk, denn nur allein mit einem Volk, das seine Nerven behält, kann man wahrhaft große Politik machen".

Siebtens war KdF mit seinem einprägsamen Logo ein zentraler Bestandteil der *Imagepolitik* des Hitler-Regimes. In besonderem Maß galt dies für die Auslands- und hier wiederum die Seereisen. Die KdF-Touristen traten, wenn sie im Ausland von Bord der Schiffe gingen, faktisch als Werbeträger der NS-Diktatur auf. Auch nach Innen wirkten die KdF-Auslandstouristen als Propagandisten: Wenn sie durch das südeuropäische Ausland tourten, verglichen sie die häufig weit elenderen Lebensverhältnisse großer Teile der dortigen Bevölkerung mit dem Lebensstandard in Deutschland, und berichteten dies zuhause.

Achtens war die von KdF initiierte Form des Massentourismus aus der Sicht der Nationalsozialisten ökonomisch hochgradig funktional. Der von der DAF-Suborganisation durchgeführte Tourismus war ein elegantes Instrument, *Kaufkraft abzuschöpfen,* ohne dass die knappen, für die Aufrüstung notwendigen Devisen in Anspruch genommen und die seit 1933/1934 begonnene, ab 1936 forcierte Aufrüstung gebremst werden musste. Mit dem KDF-Massentourismus, der zu mehr als neunzig Prozent Inlandstourismus blieb, ließ sich ein bedeutender Teil des Konsums auf Bereiche umlenken, die nur begrenzt die Konsumgüterproduktion erhöhten und kaum Importe nötig machten.

Ein zugleich ökonomisches wie politisches Ziel war neuntens schließlich die *Erschließung von strukturschwachen Regionen* für den Tourismus, mit dem ursprünglich skeptische Teile der dortigen Bevölkerung für die NS-Diktatur gewonnen wurden. Bereits 1935 fuhr ein knappes Drittel aller KdF-Reisenden in Zielregionen, die zuvor keinen oder kaum Tourismus gekannt hatten. Bis 1938/1939 wuchs dieser Anteil auf sechzig Prozent.

Vor Kriegsbeginn wurden fünf KdF-eigene Seebäder geplant; sie sollten auf Rügen, bei Kolberg (Pommern), an der Kurischen Nehrung (Ostpreußen), bei Kiel-Travemünde und nahe Danzig entstehen. Nach den Siegen der deutschen Wehrmacht im Westen fantasierte Ley 1940 zeitweilig sogar von zehn Seebädern. Begonnen wurde nur mit dem Bau einer einzigen, riesigen Ferienanlage, dem Seebad Prora auf Rügen. Bis Kriegsbeginn war das erste „Bad der 20.000" fast fertiggestellt. Die Pläne für KdF-Seebäder an der Kurischen Nehrung sowie nahe Kolberg waren zwar gleichfalls weit gediehen, wurden jedoch durch die örtlichen Behörden sabotiert.

5.4 KdF-Fordismus und kommerzieller Tourismus 1933 bis 1945

Quantitativ stieß KdF mit dem Seebad auf Rügen in neue Dimensionen vor. Prora wurde zur Mutter der modernen Hotelburgen, die heute etwa die Mittelmeerküsten verunzieren. Die von KdF avisierte touristische Massen(ab)fertigung und das ihr zugrunde liegende „Konzept einer industrialisierten Jahresfreizeit" (Spode 1982, S. 310) besaßen einen quasi-fordistischen Charakter.

Auf der einen Seite des „Seebades der 20.000" auf Rügen, zur Insel hin, waren Eisenbahnschienen verlegt. Von einem eigens errichteten Bahnhof sollten die insgesamt 350.000 Touristen, für die Prora pro Saison ausgelegt war, direkt in ihre Unterkünfte verfrachtet werden, um von der Seeseite der gigantischen Hotelanlage aus in wenigen Minuten ans Meer zu gelangen. Eine solche Erfrischung hatten die Prora-Touristen freilich auch nötig, wenn man sich die Verlade- und Abfertigungsvorgänge vorstellt, die geplant waren: Kaum überschaubare Menschenströme ergossen sich zu bestimmten Zeitpunkten in die Wohnzellen der megalomanen Touristenfestung; Massenspeisungen in riesigen Kantinen waren vorgesehen. Die Längsfront des Baues, aufgelockert lediglich durch zehn Quertrakte, war parallel zum Strand errichtet und knapp 6 km lang. Der Strand wäre – vielen heutigen Abschnitten der Mittelmeerküste nicht unähnlich – zu einem Massenliegeplatz geworden.

Zwar wurde Prora als touristisches Massenquartier nie in Betrieb genommen (Rostock und Schäche 1992). Aber die Protagonisten des NS-Regimes planten langfristig. Fordistische Urlaubsstrukturen hatten in ihrer Perspektive nicht zuletzt auch politische Vorteile: In Massenunterkünften wie in Prora und während der Massenabfertigungen dort war die Kontrolle des Einzelnen viel leichter zu gewährleisten als bei einer dezentralen Unterbringung von KdF-Urlaubern oder bei einem nicht-organisierten, privaten Individualtourismus.

Oben war festgestellt worden, dass die historischen Veränderungen und Verästelungen des Tourismus den Wandel nicht zuletzt der mikro- wie makroökonomischen Rahmenbedingungen spiegelten. Dass sich ausgerechnet mit KdF und dem „Bad der 20.000" das Fließfertigungsprinzip im Tourismus durchgesetzt hat (Spode 1997; ders. 2004), ist kein Zufall, sondern lief den Veränderungen der betrieblichen Produktionsstrukturen parallel: Fließfertigung war zwar schon lange vor 1933 bekannt, auch in Deutschland. Indessen wurde bis 1929/1933 über Rationalisierung vor allem diskutiert; im betrieblichen Alltag kam dieses „amerikanische" Produktionsprinzip bis zur NS-Machtergreifung nur begrenzt zur Anwendung. Erst seit Mitte der 1930er Jahre wurden im Deutschen Reich vor dem Hintergrund einer normierten Rüstungsmassenfertigung auf breiter Front fordistische Produktionsregime eingeführt. Fließbänder fanden ebenso Eingang wie ein elaborierter Taylorismus (das REFA-Verfahren, das seit 1936 einen ungeahnten Aufschwung erlebte) oder Arbeitsbewertungsverfahren, die 1942 mit dem „Lohnkatalog Eisen und Metall" für die metallverarbeitende Industrie flächendeckend implementiert und bis in die 1960er

Jahre hinein in der Bundesrepublik angewendet wurden (Hachtmann 1989). Man kann – entgegen kritischer Einwände (z. B. Baranowski 2004, S. 8 f., 18 f.; dazu: Hachtmann 2010) – bereits für die Zeit des Dritten Reiches von einer „Amerikanisierung“ von Wirtschaft wie Gesellschaft sprechen, da die Orientierung am Vorbild der USA unübersehbar war (Hachtmann 1996; Gassert 1997). Ihren architektonischen Ausdruck fand die US-Orientierung im VW-Werk bei Fallersleben (dem späteren Wolfsburg), das der damals modernsten Automobilfabrik der Welt, dem Ford-Werk River Rouge bei Detroit unmittelbar nachempfunden war.

Trotz Kriegswirtschaft und „Arisierung“ tasteten die Protagonisten der Hitler-Diktatur die bestehenden Eigentumsverhältnisse an industriellen Produktionsmitteln nicht grundsätzlich an. Im Gegenteil, während der Weltwirtschaftskrise verstaatlichte Banken und Großkonzerne (etwa die riesigen Vereinigten Stahlwerke) wurden ab Mitte der 1930er Jahre wieder reprivatisiert. Seit 1933 mutierte die deutsche Volkswirtschaft zwar zu einer „Kriegswirtschaft zu Friedenszeiten“, dies jedoch auf weiterhin privatkapitalistischer Grundlage.

Die marktwirtschaftliche Basis der NS-Diktatur setzte auch dem KdF-Massentourismus Grenzen: Neben dem KdF-Amt „Reisen, Wandern, Urlaub“ organisierten auch kommerzielle Tourismusveranstalter Reisen. Diese legten nach dem Auftreten von KdF keineswegs die Hände resigniert in den Schoß. Auch sie beflügelte der 1934/1935 einsetzende (rüstungsbedingt) rasche wirtschaftliche Aufschwung. Sie nahmen (wie im Konkurrenz-Kapitalismus üblich) die touristische „Kampfansage“ des DAF-Subunternehmens, insbesondere dessen Urlaubsangebote zu Niedrigpreisen, offensiv als Herausforderung an. Der neu auf dem Markt auftretenden Wettbewerber KdF veranlasste etablierte private Reiseveranstalter seit 1933, nun ihrerseits mit den Preisen herunterzugehen und ebenfalls die ökonomischen Vorteile der Massenfertigung zu nutzen. Sie setzten sich zudem mit ihrer Werbung bewusst von KdF ab und machten sich zunutze, dass „viele wohlsituierte Leute über KdF sehr verschnupft“ waren und „Schauergeschichten von dem ungezogenen Benehmen der KdF-Leute“ kolportierten, nach denen sich viele von ihnen „sinnlos besöffen und nachts einen greulichen Lärm machten“ (Sopade-Berichte 1939, S. 478).

In welchem Ausmaß das private Tourismusgewerbe im Dritten Reich boomte, lässt sich den in dürren Worten abgefassten Geschäftsberichten deutscher Reisebüros entnehmen: „Vom Jahre 1934 ging es wieder aufwärts“; die „Unternehmen wuchsen rasch“ und „entwickelten sich ausgezeichnet“; „hervorragend“ war vor allem die Zeit vor Beginn des Zweiten Weltkrieges (Fuss 1960). Mitte der 1920er Jahre existierten in Deutschland 364 kommerzielle Reisebüros. Bis Juni 1939 hatte sich ihre Zahl nach der amtlichen Statistik auf 1049 (ein Wert, der in der Bundesrepublik erst 1960 wieder erreicht wurde) fast verdreifacht. In besonderem Maße profitierte das eng mit der Reichsbahn verbundene größte deutsche Reiseunternehmen, die 1918 gegründete Mitteleuropäische Reisebüro G.m.b.H. (MER). Deren Umsatz stieg von 142 Mio. RM 1932 auf 217 Mio. RM im letzten Vorkriegsjahr 1938. Der Umsatz des KdF-Amtes „Reisen, Wandern, Urlaub“ nahm sich im selben Jahr mit 99,8 Mio. Reichsmark dagegen fast bescheiden aus (Hachtmann 2007).

Ähnlich wie KdF boten Reichsbahn und MER zudem (bereits seit Mitte 1932) halb-, später ein- oder maximal zweitätige „Fahrten ins Blaue“, ins nähere Umland, zu preislichen Sonderkonditionen an – und popularisierten so ebenfalls den Tourismus auch in einkommensschwachen Schichten (Kollmar 2005).

Auch sonst wurden die Deutschen von einer ungekannten Reiselust ergriffen. Ebenfalls im Schatten von KdF kam der Camping-Urlaub immer stärker in Mode. Er nahm überdies zunehmend „organisierte“ Formen an. In seinem ersten „Zeltplatznachweis für Kraftfahrer“ von 1938 wies der ADAC zweihundert Campingplätze aus. Angesteuert wurden die Campingplätze weniger von PKWs – die trotz aller Mühen des NS-Regimes um eine Automobilisierung auf deutschen Straßen und Autobahnen selten blieben –, sondern von Motorrädern, den „Automobilen des kleinen Mannes“ (Frank Steinbeck). 1938 fuhr etwa die Hälfte des Weltbestandes an Krafträdern auf deutschen Straßen.

Der Kriegsbeginn bereitete dem Tourismus der Deutschen nicht das Ende. Seit Sommer 1940, nachdem die Benelux-Staaten besetzt waren und Frankreich in einem „Blitzkrieg“ besiegt worden war, erlebte der deutsche Tourismus eine erneute Blüte. Erst in der zweiten Kriegshälfte versiegten die Touristenströme allmählich. KdF freilich partizipierte an dem nach den „Blitzsiegen“ einsetzenden Boom nur eingeschränkt. Die ohnehin im Krieg völlig überlastete Reichsbahn transportierte keine KdF-Touristen mehr. Einige Schiffe der Organisation dienten seit 1939/1940 als Lazarettschiffe; andere wurden für die Umsiedlung der Baltendeutschen ins Deutsche Reich sowie schließlich als Wohnschiffe für die Kriegsmarine eingesetzt. Reisen und Urlaub der Deutschen blieben bei Kriegsbeginn deshalb überwiegend kommerziell. Zunehmend wurden auch Soldaten zur Zielgruppe (zuletzt: Gordon 2018), wie die auflagenstarken Reise- und Städteführer Baedekers etwa über die landschaftlichen Schönheiten des okkupierten Polen oder die kulturellen Highlights des besetzten Paris bis 1942/1943 eindrucksvoll illustrieren. Die „Europa-Erfahrungen“ deutscher Soldaten im Zweiten Weltkrieg wiederum erklären wesentlich, warum sich namentlich der bundesdeutsche Tourismus seit den 1960er Jahren rasch „europäisierte“, nun allerdings als friedlicher „transnationaler Kulturmittler“ und „konstitutives europäisches Kulturgut“ (Greiner 2014, S. 432, 442), die das Zusammenwachsen zur EU begünstigten.

5.5 Von der NS-Diktatur als Sattelzeit des modernen deutschen Tourismus zum Massentourismus in der DDR und der Bonner Republik

Das KdF-Amt „Reisen, Wandern, Urlaub“ markiert mit seinen niedrigen Preisen und seinen Tourismusangeboten, die von der Anreise über die Unterkunft bis zur kulturellen „Betreuung“ alles einschlossen, im deutschen Raum den Anfang der modernen Pauschalreise. Die Namen Neckermann, TUI usw. mit ihrem Charterflugtourismus und ihrer „All-inclusive“-Betreuung vor Ort stehen seit den 1960er Jahren für den Durchbruch touristischer „Fließfertigung“ und den steilen Aufstieg der Tourismusbranche, der auch durch die Krisen Mitte der 1970er und ab Anfang der 1990er Jahre nicht unterbrochen wurde (Fabian 2016).

Gleichwohl – trotz dieser relativen Unempfindlichkeit gegenüber Krisen – waren und stellen Marktförmigkeit und Formwandlungen des Massentourismus in der Bundesrepublik und überhaupt den westlichen Industrieländern immer recht unmittelbare Abbilder der jeweiligen Grundstrukturen der jeweiligen *kapitalistischen Industriegesellschaften* dar. Auf wieder eigene Weise bildeten sich im Ostblock-Tourismus die Strukturen der *Kommandowirtschaft des stalinistischen und nachstalinistischen Realsozialismus* ab: So wie die gesamte Wirtschaft der DDR und der anderen sog. realsozialistischen Staaten zentral gelenkt und bürokratisch reglementiert war, wurde auch der organisierte Tourismus von staatlichen Institutionen beherrscht: in Ostdeutschland vom FDGB-Feriendienst bzw. Staatlichen Reisebüro der DDR. Entgegen ihren politisch-ökonomischen Absichten gelang es der SED-Führung (und ebenso den Staatsparteien anderer Ostblockländer) freilich nicht, die Industrie fordistisch durchzustrukturieren (Hübner 2014; Hachtmann 2015).

Infolgedessen spiegelten sich auch die strukturellen Defizite der ehemaligen Ostblock-Ökonomien im „realsozialistischen" Tourismus: Die DDR und die anderen osteuropäischen Staaten waren Mangelwirtschaften; vieles war über die offiziellen Kanäle nicht oder lediglich in begrenzten Mengen zu erhalten, und wenn, dann häufig nur zu extrem hohen Preisen. Ganz ähnlich war dies beim Tourismus: Die Angebote vom FDGB-Feriendienst und staatlichen Reisebüro der DDR reichten nicht aus, die Nachfrage zu befriedigen (z. B. Görlich 2012). Die Folge von Mangelwirtschaft und bürokratischer Reglementierung: Es bildeten sich auch im touristischen Bereich Nischen aus, die eine immer größere Bedeutung erlangten. So wie es im Realsozialismus eine Schattenwirtschaft gab, entwickelte sich auch ein nicht unmittelbar staatlich kontrollierter Tourismus. Die touristische Schattenwirtschaft erlaubte zwar eine gewisse Elastizität der realsozialistischen Tourismusökonomie. Mit jener wurden jedoch in wachsendem Maße marktwirtschaftliche Elemente implementiert, die das Prinzip des Staatstourismus wie überhaupt das gesamte System einer staatlich dirigierten Wirtschaft unterspülten.

Nicht nur ökonomisch und in seiner betrieblichen Produktionsweise, auch politisch wurde und wird der Tourismus entscheidend durch die Rahmenbedingungen, durch die jeweiligen Herrschaftsformen geprägt. Das begann bereits mit dem, dem modernen Massentourismus vorausgehenden, Proto-Tourismus. In den *absolutistischen Monarchien* suchte der Herrscher den damaligen „Tourismus" durch Reisebarrieren und Reiseprivilegien systematisch einzuhegen, um sich eine möglichst vollständige Verfügungsgewalt über seine Untertanen zu verschaffen oder zu erhalten; die Grand Tour als wichtigste Form des adligen Prototourismus kann auch als Versuch privilegierter Stände interpretiert werden, sich diesem Anspruch auf absolute monarchische Verfügungsgewalt wenigstens zeitweilig zu entziehen.

Zum Kennzeichen der *Diktaturen des 20. Jahrhunderts* wurden politisch motivierte Überformungen der Reiseindustrie, die gezielte Förderung und eine soziale Ausweitung des Tourismus mit ideologischen Hintergedanken. Die Stichworte „Sozialintegration" und „Systemstabilisierung" (die übrigens auch den Funktionseliten eines liberalen Kapitalismus nicht fremd sind, wenn sie „Tourismus" thematisieren) müssen hier reichen. Der vergleichende Blick auf beide Diktaturen zeigt freilich auch grundsätzliche Systemunterschiede. Anders als das NS-Regime suchten die Protagonisten des „Realsozialismus" mit ihrer sog. Planwirtschaft auch ein grundsätzlich anderes Tourismus-Modell einzuführen (das Traditionen der sozialistischen Arbeiterbewegung aufnahm, diese allerdings autoritär überformte): Was KdF auf freiwilliger Basis erreichen wollte – durch das Angebot eines Massentourismus zu Niedrigstpreisen in Konkurrenz zu kommerziellen Anbietern –, wurde in der DDR mittels einer politisch erzwungenen Monopolisierung des Tourismus in den Händen des Staates versucht: die Instrumentalisierung des Reisens zum Zweck politisch-ideologischer Erziehung und Kontrolle. Kontrolle war jedoch nicht umfassend möglich – je mehr die DDR und die anderen Ostblockstaaten alterten, desto weniger. Die Ventile, die das SED-Regime für einen wachsenden Individualtourismus ließ, genügten der eingemauerten DDR-Bevölkerung auf Dauer bekanntlich nicht, wie sich 1989 zeigte.

5.6 Fazit

Die jeweiligen touristischen Praxen sind und waren nicht lediglich Spiegelungen politischer und sonstiger Zumutungen. Sie reflektieren darüber hinaus oft die jeweiligen politisch-gesellschaftlichen Alternativen; sie sind nicht selten markant *oppositionell* konturiert. So ist es kein Zufall, dass parallel zum Aufstieg des frühen kommerziellen Massentourismus auch verschiedene Varianten eines *genossenschaftlichen* Tourismus entstanden, etwa die proletarisch-sozialistischen Naturfreunde (Pils 1994), die Alpenvereine (z. B. Gidl 2007), der Krypto-Tourismus der Wandervögel[1] oder das Jugendherbergswerk (Reulecke und Stambolis 2009). „Genossenschaftlich" heißt, dass die Produktion von Gütern nicht ausschließlich nach marktwirtschaftlichen Gesichtspunkten erfolgt. Nicht Profitstreben treibt die genossenschaftlichen „Tourismusproduzenten" – die zumeist gleichzeitig auch die touristischen Konsumenten sind –, sondern der im Falle der Naturfreunde sozialistisch inspirierte Versuch, materielle Gleichheit in einem zentralen gesellschaftlichen Bereich herzustellen und dennoch individuellen Entfaltungsmöglichkeiten Raum zu lassen.

[1]Der jugendbewegte Wandervogel trug Anfang des 20. Jahrhunderts in Deutschland nicht wenig zur Emanzipation einer natur- und, wenige Jahre später, kriegsbegeisterten Generation bei.

Literatur

Baranowski, S. (2004). *Strength trough joy. Consumerism and mass tourism in the Third Reich.* Cambridge: Cambridge University Press.

de Grazia, V. (1981). *Mass organization of leisure in fascist Italy*. Cambridge: Cambridge University Press.

Fabian, S. (2016). *Boom in der Krise – Boom, Tourismus und Individualverkehr in der Bundesrepublik Deutschland und Großbritannien (1970–1990)*. Göttingen: Wallstein.

Fuss, K. (1960). *Geschichte des Reisebüros*. Darmstadt: Jaeger.

Gassert, P. (1997). *Amerika im Dritten Reich. Ideologie, Propaganda und Volksmeinung*. Stuttgart: Franz Steiner.

Gidl, A. (2007). *Alpenverein. Die Städter entdecken die Alpen*. Wien: Böhlau.

Görlich, C. (2012). *Urlaub vom Staat. Zur Geschichte des Tourismus in der DDR*. Köln: Böhlau.

Gordon, B. M. (2018). *War tourism. Second world war France from defeat and occupation to the creation of heritage*. Ithaca: Cornell University Press.

Greiner, F. (2014). *Wege nach Europa. Deutungen eines imaginierten Kontinents in deutschen, britischen und amerikanischen Printmedien, 1914–1945*, Göttingen: Wallstein.

Hachtmann, R. (1989). *Industriearbeit im „Dritten Reich". Untersuchungen zu den Lohn- und Arbeitsbedingungen in Deutschland 1933 bis 1945*. Göttingen: Vandenhoeck & Ruprecht. https://zeitgeschichte-digital.de/doks/frontdoor/deliver/index/docId/1331/file/hachtmann_industriearbeit_1986.pdf.

Hachtmann, R. (1996). „Die Begründer der amerikanischen Technik sind fast lauter schwäbisch-allemannische Menschen": Nazi-Deutschland, der Blick auf die USA und die „Amerikanisierung" der industriellen Produktionsstrukturen im „Dritten Reich". In A. Lüdtke, I. Marßolek, & A. von Saldern (Hrsg.), *Amerikanisierung. Traum und Alptraum im Deutschland des 20. Jahrhunderts* (S. 37–66). Stuttgart: Franz Steiner. https://zeitgeschichte-digital.de/doks/frontdoor/deliver/index/docId/636/file/hachtmann_amerikanisierung_der_produktion_1996.pdf.

Hachtmann, R. (2007). *Tourismus-Geschichte*. Göttingen: UTB.

Hachtmann, R. (2010). Tourismus und Tourismus-Geschichte, version: 1.0. In *Docupedia-Zeitgeschichte*. http://docupedia.de/zg/Tourismus und Tourismusgeschichte. Zugegriffen: 22. Dez. 2010.

Hachtmann, R. (2011). Fordismus, version: 1.0. In: *Docupedia-Zeitgeschichte*. http://docupedia.de/zg/fordismus?oldid=84605. Zugegriffen: 27. Okt. 2011.

Hachtmann, R. (2012). *Das Wirtschaftsimperium der Deutschen Arbeitsfront*. Göttingen: Wallstein.

Hachtmann, R. (2015). Rationalisierung, Automatisierung, Digitalisierung. Arbeit im Wandel. In F. Bösch (Hrsg.), *Geteilte Geschichte. Ost- und Westdeutschland 1970–2000* (S. 195–237). Göttingen: Vandenhoeck & Ruprecht.

Hachtmann, R. (2016). „Bäuche wegmassieren" und „überflüssiges Fett in unserem Volke beseitigen" – der kommunale Breitensport der NS-Gemeinschaft „Kraft durch Freude". In F. Becker & R. Schäfer (Hrsg.), *Sport und Nationalsozialismus* (S. 27–65). Göttingen: Wallstein.

Hachtmann, R., & v. Saldern, A. (2009a). „Gesellschaft am Fließband". Fordistische Produktion und Herrschaftspraxis in Deutschland. In *Studies in contemporary history/Zeithistorische Forschungen 6 (2009)* (Bd. 2, S. 186–208). https://zeithistorische-forschungen.de/2-2009/id=4509.

Hachtmann, R., & v. Saldern, A. (2009b). Das fordistische Jahrhundert. Eine Einleitung. In *Studies in contemporary history/Zeithistorische Forschungen 6 (2009)* (Bd. 2, S. 174–185). https://zeithistorische-forschungen.de/2-2009/id=4508.

Hübner, P. (2014). *Arbeit, Arbeiter und Technik in der DDR 1971 bis 1989. Zwischen Fordismus und digitaler Revolution*. Bonn: Dietz Nachf.

Keitz, C. (1997). *Reisen als Leitbild: Die Entstehung des modernen Massentourismus in Deutschland.* München: dtv.

Kollmar, M. (2005). *Mit der Reichsbahn ins Blaue: Eine populäre Tourismusform in den 1930er Jahren.* Hövelhof: DGEG Medien GmbH.

Liebscher, D. (1998a). Organisierte Freizeit als Sozialpolitik: Die faschistische Opera Nazionale Dopolavoro und die NS-Gemeinschaft Kraft durch Freude 1925–1929. In J. Petersen & W. Schieder (Hrsg.), *Faschismus und Gesellschaft in Italien.: Staat – Wirtschaft – Kultur* (S. 67–90). Köln: SH.

Liebscher, D. (1998b). Freizeit im Faschismus: Die „Opera Nazionale Dopolavoro" und ihre internationale Bedeutung. *In Mitteilungsblatt des Instituts zur Erforschung der europäischen Arbeiterbewegungen, 21,* 158–170.

Liebscher, D. (2009). *Freude und Arbeit. Zur internationalen Freizeit- und Sozialpolitik des faschistischen Italien und des NS-Regimes.* Köln: Böhlau.

Meyer-Hentrich, W. (2019). *Wahnsinn Kreuzfahrt. Gefahr für Natur und Mensch.* Berlin: Chr. Links.

Pils, M. (1994). *„Berg frei!" 100 Jahre Naturfreunde.* Wien: Verlag für Gesellschaftskritik.

Reulecke, J., & Stambolis, B. (Hrsg.). (2009). *100 Jahre Jugendherbergen 1909–2009. Anfänge – Wandlungen – Rück- und Ausblicke.* Essen: Klartext.

Rostock, J., & Schäche, W. (1992). *Paradiesruinen. Das KdF-Bad der Zwanzigtausend auf Rügen.* Berlin: C.H. Links.

Sopade-Berichte (1939). Deutschland-Berichte der Sozialdemokratischen Partei Deutschlands (SOPADE) 1934–1940. In von K. Behnken (Hrsg.). Salzhausen/Frankfurt.

Spode, H. (1982). Arbeiterurlaub im Dritten Reich. In C. Sachse u. a. (Hrsg.), *Angst, Belohnung, Zucht und Ordnung. Herrschaftsmechanismen im Nationalsozialismus* (S. 275–328). Opladen: Westdeutscher.

Spode, H. (1997). Ein Seebad für zwanzigtausend Volksgenossen. Zur Grammatik und Geschichte des fordistischen Urlaubs. In P. J. Brenner (Hrsg.), *Reisekultur in Deutschland: Von der Weimarer Republik zum „Dritten Reich"* (S. 7–47). Tübingen: Niemeyer.

Spode, H. (2003). *Wie die Deutschen „Reiseweltmeister" wurden.* Erfurt: Landeszentrale für politische Bildung.

Spode, H. (2004). Fordism, mass tourism and the Third Reich. The ‚Strength through Joy' Seaside as an Index Fossil. *In Journal of Social History, 38,* 127–155.

Steinbeck, F. (2012). *Das Motorrad. Ein deutscher Sonderweg in die automobile Gesellschaft.* Stuttgart: Steiner.

Timpe, J. (2017). *Nazi-organized recreation and entertainment in the Third Reich.* London: Palgrave Macmillan.

Rüdiger Hachtmann studierte Geschichte und Politologie in Berlin. Promotion mit einer Studie zur Industriearbeit im Dritten Reich. Wissenschaftlicher Assistent von Reinhard Rürup; Habilitation mit einer Arbeit zur Revolution von 1848/1849. 2001 außerplanmäßige Professur an der TU Berlin; Projektleiter am Zentrum für Zeithistorische Forschung in Potsdam; seit 2019 Senior Fellow. Zahlreiche Publikationen zum 19. und 20. Jahrhundert. Weitere Monographien u. a. „Epochenschwelle zur Moderne: Deutschland und Europa 1848/49" (2002); „Wissenschaftsmanagement im Dritten Reich. Die Generalverwaltung der Kaiser-Wilhelm-Gesellschaft" (2007); „Tourismus-Geschichte" (2007); „Das Wirtschaftsimperium der Deutschen Arbeitsfront" (2012).

6 Sporttourismus – Tourismus der körperlichen Bewegung

Kerstin Heuwinkel

Zusammenfassung

Sporttourismus gilt als ein inhomogener Nischenmarkt mit unterschiedlichen Ausprägungen. Neben dem eventbezogenen Sporttourismus (hier vor allem Mega-Events wie Olympische Spiele) mit fraglichen Folgen für die ausrichtende Destination gewinnen andere Formate wie Trainingslager und Aktivurlaub für semiprofessionelle Sporttreibende an Bedeutung. Es sind nicht allein ökonomischen Überlegungen, sondern Möglichkeiten in der Destinationsentwicklung und dem -marketing, die für eine Neuausrichtung im Rahmen der Destination Governance sprechen. Während Sporttourismus lange Zeit auf kurzfristige und vor allem beobachtende Tätigkeiten (das Zuschauen) ausgerichtet war, entwickelt er sich in den letzten Jahren zunehmend zu einer verdichteten Form der *serious leisure* und trägt zur Profilierung von Destinationen bei.

6.1 Sporttourismus – Mehr als ein Nischenmarkt

Sporttourismus ist einer von vielen Nischenmärkten im Tourismus, die (in Teilen überhöhte) Aufmerksamkeit auf sich ziehen (Crompton 1995, Freyer 2002). Sie versprechen nicht nur Wachstum, sondern können ebenfalls als Marktöffner für andere

Danksagung: Mein Dank gilt Prof. Liz Bressan, meiner wunderbaren und viel zu früh verstorbenen Kollegin in Stellenbosch für ihre Offenheit und die Bereitschaft, ihr Wissen zu teilen, sowie für ihren wunderbaren Humor.

K. Heuwinkel (✉)
htw saar, Saarbrücken, Deutschland
E-Mail: kerstin.heuwinkel@htwsaar.de

© Springer Fachmedien Wiesbaden GmbH, ein Teil von Springer Nature 2020

D. Pietzcker und C. Vaih-Baur (Hrsg.), *Ökonomische und soziologische Tourismustrends*,
https://doi.org/10.1007/978-3-658-29640-7_6

Tourismusmärkte fungieren oder das Produktspektrum abrunden (Weed und Bull 2004, Freyer 2011). Das gilt sowohl für einzelne Destinationen als auch für Reiseveranstalter, Resorts und Hotels, die ihr Programm erweitern wollen. Die UNWTO hat 2019 gemeinsam mit dem Barça Innovation Hub (BIHUB) einen Wettbewerb für Sporttourismus-Start-ups initiiert (UNWTO 2019a) und betont die sozioökomischen Potenziale in Kombination mit innovativen Ideen. Diese Aktivität zeigt beispielhaft die hohen Erwartungen, die an diesen Bereich gestellt werden.

Die Gründe für die hohen Erwartungen sind vielfältig. Der Sportbezug verspricht zunächst den Zugang zu einem lukrativen Markt (Wittmann 2015). In Deutschland beliefen sich im Jahr 2010 die Gesamtausgaben für den aktiven Sportkonsum auf knapp 80 Mrd. EUR (BMWi 2012). Diese setzten sich aus 26,0 Mrd. EUR (33 %) für Fahrten zum Sport oder vom Sport zurück, 19,0 Mrd. EUR (25 %) für Sportkleidung, Sportschuhe und -geräte und 14,0 Mrd. EUR (18 %) für Sportreisen zusammen (ebenda). Hinzu kommen Ausgaben von knapp 10 Mrd. EUR für den passiven Sportkonsum. Die bedeutendsten Kategorien sind hierbei Eintrittsgelder mit 4,0 Mrd. EUR (41 %), Hotel- und Gaststättendienstleistungen mit 2,0 Mrd. EUR (20 %) und Medien mit 1,5 Mrd. EUR (16 %). Besonders hoch sind die Ausgaben für Sportarten wie Fußball (aufgrund der Masse), Golf, Segeln, Tennis und Wintersportarten (Schunk et al. 2017).

Das Satellitenkonto Sport liefert für das Jahr 2015 korrigierte Werte und beziffert die sportbezogenen Konsumausgaben in Deutschland (private Haushalte, Sportvereine und -verbände sowie Staat) mit 81,5[1] Mrd. EUR (BMWi 2018). Für die aktive Sportausübung gaben demnach private Haushalte in Deutschland im Jahr 2015 insgesamt rund 56 Mrd. EUR aus und für die passive 8,8 Mrd. EUR (ebenda). Studien zeigen weiterhin, dass Sportreisende über eine lange Zeit und über lange Entfernungen reisen (Wittmann 2015). Sie kehren regelmäßig an einen Ort zurück, auch, um dort mit d1978er Familie Urlaub zu machen. Darüber hinaus zeigt Gibson (1998), dass Sporttouristen über ein überdurchschnittlich hohes Einkommen und Bildungsniveau verfügen.[2] Das macht sie für Destinationen gleich mehrfach attraktiv. Untersuchungen zu Reisen rund um die sportliche Aktivität von Kindern und Jugendlichen, bei denen die Eltern und Geschwister mitreisen, weisen einen hohen Anteil an Wochenend- und Kurzreisen nach (Keshock 2015).

Ergänzend kommt aus Marketingsicht hinzu, dass Sport in der Kommunikation gut eingesetzt werden kann und eine hohe Medienaufmerksamkeit erreicht (Freyer 2002). Übertragungsrechte sind ein Milliardengeschäft (ebenda, S. 3) und sichern den Zugang zu einem Publikum in Millionenhöhe. Da eventbezogene Kommunikation an Bedeutung

[1]Beim Sportsatellitenkonto wurden methodische Veränderungen im Zuge der Aktualisierung durchgeführt. Die Werte können deswegen nicht mit früheren Veröffentlichungen verglichen werden.

[2]Somit ist Sport entgegen anderslautender Aussagen nicht demokratisiert, sondern weiterhin ein Element kulturellen Kapitals (Bourdieu), das eine gesellschaftliche Distinktion ermöglicht.

gewinnt, eignet sich der Sport aufgrund seines Eventcharakters und der hohen Aktivität sehr. Er bietet zahlreiche aufregende visuelle Elemente, z. B. spektakuläre Sprünge und Zweikämpfe. Da es beim Sport (im engen Sinn) um das Gewinnen und daraus resultierend das Verlieren geht, bietet der Sport zahlreiche emotionsgeladene Geschichten.

Weiterhin erlaubt der Sporttourismus eine gute Segmentierung und gezielte Zielgruppenansprache, da die Bedürfnisse und Anforderungen sich klar von der Sportart ableiten lassen (Tassiopoulos und Haydam 2008). Die Erwartungen können definiert und in Produkte sowie Dienstleistungen überführt werden. Im Vordergrund steht die spezifische Sportart als Quasi-Destination und nicht die Destination als solche. Neben den genannten direkten ökonomischen Gründen (Generierung von Einnahmen, Zugang zu attraktiven Zielgruppen und Kommunikation), gibt es weitere Merkmale, die diesen Markt zu einem stark umworbenen Segment machen. So besteht erstens eine direkte Verbindung zur infrastrukturellen Entwicklung von Destinationen (Bieger und Beritelli 2013, Hallmann 2010). Für die meisten Sportarten werden besondere Infrastrukturen benötigt, die nicht nur für Gäste, sondern auch für Einheimische einen Mehrwert darstellen können. Spezielle Sportstätten oder die Einrichtung von Wander- und Radwegen sind Beispiele dafür. Hinzu kommen Transportmöglichkeiten, insbesondere ÖPNV. Dieses Argument ist jedoch mit Vorsicht zu betrachten, da einige der – insbesondere für Mega-Events geschaffenen Infrastrukturen – für den täglichen Gebrauch überdimensioniert und damit ungeeignet sind (Malhado und Arau 2017; Crompton 1995). In den letzten Jahren gibt es zunehmend Kritik an den Mega-Events und die Legacy[3] wird angezweifelt (Lee und Taylor 2004). Die finanzielle Belastung, ökologische Folgen bis hin zur Zwangsumsiedlung von Einwohnenden mindern die Euphorie. Sinnvoller und nachhaltiger scheint die Fokussierung auf durchgängige Sportangebote oder kleinere Events *(small-scale sports events)* zu sein (Higham 1999). Giampiccoli et al. (2015, S. 1116) plädieren für einen einzigen Ort für Wettkämpfe und Training, einen „United Olympic Nations of Sport". Dadurch soll die durch Skandale, Korruption und Ausbeutung von Menschen durchgezogene Welt der Mega-Sportevents wieder zu ihren Ursprüngen zurückgebracht und unangebrachte politische sowie ökonomische Interessen ausgeschlossen werden.

Der Aspekt der Nachhaltigkeit, der nachhaltigen Entwicklung und des nachhaltigen Tourismus wird seit Jahren diskutiert (vgl. exemplarisch Lane 2009). Empfehlungen von UNWTO (2019b), BMU (2015) sowie von Wissenschaftlern (Lill und Thomas 2012) gehen dahin, dass erstens alle drei Säulen der Nachhaltigkeit – Ökonomie, Ökologie, Gesellschaft – berücksichtigt werden müssen und dass zweitens auch die Sporttouristen und ihre Bedürfnisse mit in die Überlegungen einbezogen werden. Welche Anforderungen stellen diese Menschen an die Destination? Was benötigen sie und wie wollen sie behandelt werden? Die Entwicklung einer Destination sollte somit mehrere

[3]Legacy beschreibt strukturelle Veränderungen in einer Destination, die in Zusammenhang mit einer Großveranstaltung stehen und eine dauerhafte Veränderung initiieren (Scheu und Preuss 2017).

Aspekte berücksichtigen und in Einklang bringen. Nach einer Aussage von Weed und Bull (2004, S. 37) basiert Sporttourismus auf der Interaktion zwischen Aktivität, Menschen und Ort. Die ohnehin schon sehr komplexe touristische Dienstleistungskette (Freyer 2015) muss erweitert und Akteure involviert werden, die keine Expertise im Bereich des Tourismus haben. Da Sportstätten wie Sporthallen, Schwimmbäder und Stadien sich häufig in öffentlicher Hand befinden, sind privatwirtschaftliche (Reiseveranstalter, Hotel, Restaurant etc.), Nonprofit (DMO als eingetragener Verein) und öffentliche Strukturen zu integrieren.

Sport wird unabhängig vom Tourismus eine wichtige gesellschaftliche Bedeutung zugeschrieben (Bourdieu 1978, Breuer und Mutter 2013, Frey und Eitzen 1991). Stichworte in diesem Bereich sind die soziale Integration, die Schaffung eines geteilten positiven Selbstverständnisses, die Hervorhebung von Werten wie Fleiß, Fairness und Gesundheit[4] oder auch die Entwicklung von positiven Rollenmodellen. Nicht zuletzt wurde im Rahmen der Frauenfußball-Weltmeisterschaft 2019 die ungleiche Bezahlung von Sportlerinnen und Sportlern öffentlich diskutiert.[5] Trotz der beschriebenen Attraktivität des Sporttourismus ist es dennoch nicht trivial, eine klare Definition von Sporttourismus sowie verlässliche Zahlen zu finden. So hat die UNWTO (2010) einen Anteil von 25 % an allen Tourismuseinnahmen kommuniziert. Das Sports Travel Magazine spricht davon, dass 27 % aller Reisen allein durch den Sport motiviert sind. In Kanada hatte der Sporttourismus 2010 einen Anteil von fünf Prozent an den Gesamteinnahmen. Im Gegensatz zu sinkenden Tourismuszahlen, wuchsen die Zahlen in diesem Bereich um 4,4 % (Canadian Sport Tourism Alliance 2012). Kritisch äußert sich Freyer (2002). Er geht von fünf bis 15 %[6] (für Sport-, Erlebnis-, Fitness etc. gemeinsam) aus und betont, dass es sich um keine eigenständigen Marktsegmente, sondern um Standards handelt, die beim Urlaub schmückendes Beiwerk sind.

Ein Grund für die schwankenden Zahlen ist die fehlende Strukturierung des Bereichs. So kann Sporttourismus in verschiedene Kategorien unterteilt werden. Die meisten Typologien unterscheiden nach der auf Sport bezogenen Aktivität resp. danach, ob der Sport der Hauptanlass der Reise ist oder nicht. Weiterhin ist die Betrachtung durch das Verständnis von Sport beeinflusst. Im engen Sinn ist Sport auf Leistung und Wettkampf bezogen, sowie durch Regeln definiert und in Verbänden organisiert (Digel und Burk 2001). Im weiten Sinn ist Sport nahezu mit körperlicher Bewegung gleichzusetzen. Hall (1992, S. 147) unterscheidet recht grob zwischen Sporttourismus als teilnehmende und Sporttourismus als beobachtende Aktivität. Die Teilnahme kann sich sowohl auf Wettkämpfe als auch auf Training beziehen. Die beobachtende Tätigkeit umfasst neben Mega-Events zunehmend

[4]Trotz der Berichte über Korruption, Doping und gesundheitliche Spätfolgen des Leistungssports steht der Sport weiterhin für diese Ideale.

[5]Interessanterweise konnten die genannten positiven Effekte bisher nicht nachgewiesen werden (Frey und Eitzen 1991).

[6]Konkret nennt er 400.000 bis 450.000 Pauschal-Sport-Touristen (vor allem Cluburlauber) und 5 Mio. Individual-Sport-Reisende bei einer Gesamtzahl von 50 Mio. Urlaubs-Reisenden (Freyer 2002, S. 5).

Tab. 6.1 Typologie Sporttourismus. (Eigene Darstellung)

Definition von Sport		Beispiel
Enge Definition von Sport (Leistung/ Wettkampf)	Teilnahme	Sportveranstaltungen (Wettkämpfe und Massenveranstaltungen)
		Trainingslager, Sportcamps
	Beobachtung	Sportveranstaltungen (Wettkämpfe und Massenveranstaltungen)
	Sportattraktionen	Museen, Stadien etc.
Weite Definition von Sport (Bewegung/Erholung)	Zentrale Aktivität	Aktivurlaub, z. B. Wander-, Rad-, Kanuurlaub
	Eine Aktivität	Bewegung im Urlaub, z. B. Wanderung, Kanutour

Massensportevents, die das Feld der Teilnehmenden[7] erheblich erweitert. Hall geht nicht weiter darauf ein, ob diese Aktivität das Hauptmotiv der Reise sein muss oder nicht.

Hinsichtlich der zahlenmäßigen Verteilung zwischen Typ 1 (Teilnahme) und Typ 2 (Beobachtung) kann bezogen auf Sportveranstaltungen von einem Verhältnis von 15:85 ausgegangen werden (Laflin 2015). In Ergänzung zu Hall (1992) nennen Autoren wie Higham und Hinch (2009) als dritte Kategorie den Besuch von Orten, die einen Bezug zum Sport haben, ohne dass aber Sport dort aktiv ausgeübt oder beobachtet werden kann. Beispiele dafür sind sämtliche Museen und Ausstellungen oder auch Stadien und historische Orte, an denen Sport getrieben wurde.

Eine mögliche vierte Kategorie sind Outdoor- und andere Bewegungsaktivitäten. Sport- und Aktivurlaube bis hin zu an militärischen Lagern orientierten Boot Camps werden zunehmend nachgefragt. Diese ergänzen den klassischen Club-Urlaub bei dem Sport nur ein schmückendes Beiwerk war und vor allem für Spaß sorgen sollte. Wenn jedoch jede Reise einem Sportinhalt in den Sporttourismus einbezogen wird, verliert der Begriff Sporttourismus jegliche Trennschärfe gegenüber den meisten anderen Tourismusformen, da aufgrund der gesellschaftlichen Begeisterung für Sport im Großteil[8] aller Reisen Bewegungsinhalte zu finden sind (Tab. 6.1).

Um ein besseres Verständnis für den Bereich Sporttourismus zu entwickeln, werden im nächsten Kapitel die drei Bereiche Sportveranstaltungen (Events), Trainingslager und Aktivurlaub strukturiert dargestellt und hinsichtlich der Relevanz für Destinationen bewertet. Besonderes Augenmerk liegt dabei auf dem Aspekt der Kommunikation.

---

[7]Die hohe Anzahl der Teilnehmenden erfordert eine steigende Anzahl an Mitarbeitenden, vor allem Volunteers.

[8]Die Reiseanalyse weist regelmäßig einen Anteil von mehr als 60 % Sport im Urlaub an.

6.2 Events, Trainingslager und Aktivurlaub

Der Großteil der wissenschaftlichen Publikationen zum Sporttourismus sowie die Medienaufmerksamkeit richten sich auf Sportevents und dort vor allem auf die Generierung von Einnahmen durch TV- und Werbeverträge und Besucher sowie Marketingeffekte (Airola und Craig 2000, Ergänzend zu diesem Thema findet eine weniger behandelte Form des Sporttourismus – die für Profi- und semiprofessionelle Sportler wichtigen Trainingslager – besondere Berücksichtigung. Ein weiteres Thema bildet die Darstellung der zunehmenden Ausrichtung auf (ernsthafte) sportliche Aktivitäten bei Reisen (Heuwinkel 2017).

6.2.1 Eventbezogener Sporttourismus

Weed und Bull (2004) weisen darauf hin, dass die Messung des Impacts von Sportevents bereits eine eigenständige Disziplin resp. Industrie geworden ist. Das Geschäftsmodell von Unternehmen wie SportCal beruht zum Großteil auf der Formulierung von Prognosen und der Messung von durch Sportveranstaltungen genierten Einnahmen. Es gilt, die hohen Investitionen zu rechtfertigen und politische Akteure von den Vorteilen zu überzeugen. Vor diesem Hintergrund ist es nicht verwunderlich, dass die Zahlen bezüglich der Besuchenden, der Beteiligten und der Einnahmen sowie anderer positiver Effekte von Jahr zu Jahr steigen (Blake 2005).

Die Hauptziele der Folgenabschätzung im Zusammenhang mit dem Sporttourismus sind die Ermittlung der Auswirkungen von (Groß-)Sportereignissen (Crompton et al. 2001; Tyrrell und Johnston 2001). Im Hinblick auf die Wirtschaft werden die Besucherausgaben berechnet (Crompton 1995). Darüber hinaus wird der Beitrag dieser Ereignisse zur Transformation in einem Land analysiert (Swart et al. 2011). Andere Autoren konzentrieren sich auf den Zusammenhang zwischen Mega-Events und nachhaltiger Entwicklung (Lill und Thomas 2012). Nur einige Studien berücksichtigen Fachbesucher resp. Sport-Geschäftsreisende, d. h. Sportler, Trainer, Ärzte, Medien (Heuwinkel und Venter 2018; Turco et al. 2010). Umfragen zu Massenveranstaltungen wie dem Berlin-Marathon berücksichtigen sowohl Teilnehmende als auch Besuchende. Dennoch sind Massenveranstaltungen ebenso wie die Veranstaltungen im Leistungs- und Amateurbereich kurzfristige Events, die nur wenige Tage dauern (W2Consulting 2015). Zwar wird immer das Thema *legacy* (Vermächtnis) diskutiert, es stellt sich aber die Frage, wie durch ein kurzfristiges Ereignis nachhaltige Effekte erzielt werden können. Der Begriff des *impacts* scheint angemessener zu sein (Scheu und Preuss 2017).

Wie in der Einleitung beschrieben, mehren sich die Zweifel an einem längerfristigen Nutzen von Großveranstaltungen. Die steigenden Kosten führen dazu, dass sich Destinationen zusammenschließen. So finden Spiele der Fußball-Europameisterschaften 2021 (UEFA EURO 2021) in 12 europäischen Ländern statt. Ausrichter der Eishockey Weltmeisterschaft 2017 waren Paris und Köln. Um für die Medien interessant zu sein, werden darüber hinaus Multisport-Events kreiert. 2018 fanden die Leichtathletik-Europameisterschaften in Berlin zeitgleich mit sechs weiteren Europameisterschaften (Schwimmen, Turnen, Rudern, Golf, Rad Triathlon) in Glasgow statt. Hamburg richtete 2019 zeitgleich Mixed Triathlon WM, Beachvolleyball WM und die EM im Bogenschießen aus. Die einzelnen Wettkämpfe wurden zeitlich so angeordnet, dass das Fernsehen durchgängig berichten konnte.

Zusammenfassend sind Sportgroßveranstaltungen auf den ersten Blick ein Instrument, das Aufmerksamkeit auf eine Destination lenkt und diese bekannt machen kann. Zunehmende Konkurrenz, steigende Kosten und Probleme in der Nachnutzung von Infrastrukturen nach dem Event lassen an einem langfristigen Nutzen zweifeln. Darüber hinaus sind Mega-Events wie die Olympischen Spiele, die FIFA-Weltmeisterschaft, die Tour de France und der Iron Man inzwischen zu Marken geworden, welche die Kommunikation dominieren und die Destination in den Hintergrund drängen. Eine sporteventbezogene Kommunikation im Destinationsmarketing kann ein Einstieg in diesen Nischenmarkt sein, sollte sich aber nicht auf diesen beschränken.

6.2.2 Trainingslager

Neben dem zuvor beschriebenen auf Sportveranstaltungen bezogenen Sporttourismus bilden Trainingslager und Wettkampfreisen ein wichtiges Element des Sporttourismus (Standeven und Deknop 1999, Weed und Bull 2004, Heuwinkel und Bressan 2016). Im Gegensatz zu Sportveranstaltungen, die explizit von den Destinationen entwickelt werden resp. die von dieser ausgerichtet werden, entwickelten sich lange Zeit Trainingslager oft zufällig, da in der Destination geeignete Trainingsmöglichkeiten gegeben waren. Die eigentliche Kompetenz der Destination lag nicht in der Tourismus-, sondern in der Sportinfrastruktur, die wiederum häufig nicht (allein) im Verantwortungsbereich der Destinationsmanagementorganisation (DMO) lag. Einzelne Sportler, Trainer oder auch Vertreter von Verbänden entdeckten im Rahmen von Wettkämpfen oder durch persönliche Kontakte eine Destination mit angemessener Sportinfrastruktur und sahen das Potenzial für Trainingslager. Die erforderliche touristische Infrastruktur wurde in der Nähe der Sportanlagen gesucht und stellenweise improvisierend hinzugefügt. Ein alternatives Modell zu dieser ungeplanten Entwicklung sind spezielle Resorts, die Sport- und Tourismusinfrastruktur inclusive aller ergänzenden Dienstleistungen anbieten. Beispiele für diese Resorts sind Kienbaum in Deutschland, der Club La Santa auf Lanzarote und Gloria Sports Resorts in Belek, Türkei (Heuwinkel und Venter 2018).

Trainingslager erfüllen unterschiedliche Zwecke. Ein erster Grund sind klimatische Bedingungen. Gerade im Outdoor-Bereich wird versucht, durch Trainingslager ein durchgängiges Training im Freien zu ermöglichen. Für europäische Teams, Sportler und Sportlerinnen bedeutet das häufig, dass sie in der Zeit zwischen November und März einen oder mehrere Aufenthalte in warmen und sonnenreichen Regionen verbringen. Beispiele für diese Regionen sind Destinationen in Südafrika, Kenia, auf den Kanaren oder in Florida. Das Training im Freien ermöglicht eine größere Flexibilität und die Sonneneinstrahlung hat positive Trainingseffekte.

Ein zweiter Grund für einen Aufenthalt im Ausland liegt in motivationalen Aspekten. Die Auswahl der Sportler ist abhängig von ihrem Leistungsniveau und den Einschätzungen der Erfolgschancen bei anstehenden Wettkämpfen. Während für einige Sportler die Kosten komplett bezahlt werden, müssen andere sich selbst beteiligen. Bei einigen Sportarten ist es aufgrund der Marketingeffekte inzwischen so, dass Mannschaften eingeladen werden. Prominentestes Beispiel dafür ist der Fußball.

Ein dritter Grund für Trainingslager ist die größere geografische Streuung internationaler Wettkämpfe. Die klassischen Formate internationaler Meisterschaften werden erweitert, beispielsweise um altersklassenspezifische Wettkämpfe, und um Veranstaltungen wie die IAAF Diamond League ergänzt. Veränderte Nominierungskriterien erhöhen den Druck auf die Sportler, rund um das Jahr in Höchstform zu sein und internationale Sportveranstaltungen abseits der nationalen und internationalen Titelkämpfe zu besuchen. Zur Vorbereitung auf besondere klimatische Bedingungen an einem Wettkampfort wird ein Trainingslager mit vergleichbaren Bedingungen vorab veranstaltet.

Trainingslager unterscheiden sich hinsichtlich ihrer Dauer und reichen von Kurzaufenthalten von wenigen Tagen bis zu mehrmonatigen Aufenthalten. Üblich sind zwei bis vier Wochen je nach Wettkampfplan. Somit halten sich die Sportteams wesentlich länger in einer Destination auf, als Urlauber. Daraus leiten sich besondere Anforderungen bspw. hinsichtlich der Größe der Unterkünfte, der Möglichkeit zur Selbstversorgung und des Rahmenprogramms ab (Heuwinkel und Bressan 2016). In Abb. 6.1 sind wesentliche Anforderungen dargestellt.

Ein erster Block von Anforderungen bezieht sich auf die natürlichen Begebenheiten, hier vor allem die klimatischen Bedingungen. Basis für die Bewertung ist ein Abgleich

Abb. 6.1 Anforderungen an Destinationen. (Eigene Darstellung basierend auf Heuwinkel 2017)

von Wetterdaten und Expertenmeinungen mit den Anforderungen, die sich aus der jeweiligen Sportart hinsichtlich Temperaturen, Sonneneinstrahlung, Niederschlags- und Windverhältnisse ableiten. Ebenfalls betrachtet werden sportgeografische Aspekte wie die Beschaffenheit des Geländes. Für einige Sportarten ist eine Höhenlage ein entscheidender Aspekt. Besondere Brandungswellen lassen Klitmøller in Dänemark zu Cold Hawai werden.

Ein zweites Kriterium ist die Sport- und Tourismusinfrastruktur. Die Sportinfrastruktur umfasst sämtliche für das Training und für Testwettkämpfe erforderlichen Plätze, Räume (z. B. Kraftraum) und Hallen mit entsprechender Ausstattung. Diese müssen ohne viel Organisationsaufwand zugängig und nutzbar sein. Nicht zugängliche oder überfüllte Trainingsplätze und Hallen sind ein Ausschlusskriterium. Von Bedeutung können heimische Teams und Athleten sein, da diese als Trainingspartner fungieren können. Ein prominentes Beispiel ist San Diego, welches alljährlich die internationale Sprintelite anzieht. Die Anwesenheit von Konkurrenten kann unter Umständen stören.

Touristische Produkte und Dienstleistungen müssen den Anforderungen von Leistungssportgruppen gerecht werden. Gruppen von 20 bis zu 150 Personen wollen gemeinsam, in der Nähe zu den Trainingsstätten und im Vier- oder Fünf-Sterne-Bereich untergebracht werden. Es wird Vollpension mit sportgerechter Ernährung bezüglich Umfang und Ausgestaltung erwartet. Alternativ dazu kann Bedarf an Selbstversorgungsmöglichkeiten bestehen. Zu den weiteren Dienstleistungen zählen Transfer, Unterhaltung und vor allem die medizinische Betreuung. Zwar reisen Leistungssportgruppen inzwischen mit eigenen Medizinern und Psychologen, jedoch stellt ein Vorhalten entsprechender Leistungen einen Mehrwert dar. Ein Alleinstellungsmerkmal können besondere diagnostische oder regenerative Verfahren oder Anwendungen sein. Eine steigende Popularität erlebt in den letzten Jahren die Kryotherapie (Krüger et al. 2015). Neben den Produkten und Dienstleistungen unterscheiden Destinationen sich hinsichtlich des Images, des Ambientes und der Stimmung vor Ort. Hinzu kommt, dass manche Destinationen direkt mit Sportarten assoziiert werden und dadurch an Attraktivität gewinnen. Beispiele sind Irland und Rugby, Hawaii und Triathlon, die USA und American Football sowie Indien und Cricket. Diese schwer zu quantifizierbaren Aspekte werden ergänzt durch Zusatzangebote, die einen Mehrwert bedeuten. Zu diesen zählen Experten vor Ort oder Workshops zu Themen, die für die Sportler von Interesse sind. Beispiele sind ein spezielles Coaching, die psychologische Betreuung oder auch die Karriereplanung. Nike hat das Oregon Projekt speziell für Mittel- und Langstreckenläufer initiiert.

Neben den Kriterien, die für eine Destination sprechen, gibt es Hemmnisse. Zu diesen zählen eine strapaziöse Anreise, aufwendige Einreisebestimmungen und vor allem gesundheitliche Risiken sowie eine unsichere politische Situation[9] oder kulturelle

[9]Zur Diskussion stehen beispielsweise in den letzten Jahren Trainingslager in der Türkei.

Unterschiede. Ein Beispiel für letzteres sind Bekleidungsvorschriften für Frauen, welche die übliche Trainingsbekleidung verbieten resp. als unangemessen beschreiben. Einige Destinationen stehen nach Dopingfällen unter besonderer Beobachtung.

Die sehr spezifischen Anforderungen führen dazu, dass die Bewertung der Destination nach besonderen Maßstäben erfolgt, die von der klassischen Urlaubersicht abweicht. Ein erweitertes Modell des Destinationslebenszyklus veranschaulicht, dass aufgrund der Fokussierung sehr viel früher der Punkt der Sättigung erreicht wird. Hinzu kommt, dass Leistungssportler trainings- und wettkampfbedingt reisen und demnach viel Zeit außerhalb des gewohnten Umfeldes verbringen. Eine Destination, die bereits vertraut ist, kann die Anpassung erleichtern, wird aber kritischer betrachtet und mit „früher“ verglichen (Abb. 6.2).

Da Trainingslager als Einnahmequelle und die Potenziale derselben für die Vermarktung einer Destination erkannt werden, zeichnet sich eine wachsende Konkurrenz zwischen Destinationen ab. Reiseveranstalter greifen das Thema auf und entwickeln Gesamtpakete. Noch sind Verbände wesentliche Akteure in dem Bereich, aber es ist zu erwarten, dass Spezialveranstalter oder Agenturen dieses Feld besetzen werden.

Obwohl es sich trotz des Wachstums um einen Nischenmarkt im Nischenmarkt handelt, sind Trainingslager aus drei Gründen relevant für Destinationen. Die klaren Anforderungen ermöglichen erstens eine relativ einfache Umsetzung und damit eine hohe Kundenzufriedenheit und Loyalität. Zweitens steigt die Anzahl der Amateursportler und damit ebenfalls die Nachfrage nach semiprofessionellen Trainingslagern resp. nach Destinationen, die Infrastrukturen für das Training im Urlaub vorhalten. Trainingslager können drittens sehr gut im Destinationsmarketing eingesetzt werden. Vor allem im Bereich der sozialen Medien gibt es große Potenziale, da die jungen Sportler und Sportlerinnen zumeist medienaffin sind und Kanäle wie Instagram aktiv nutzen.

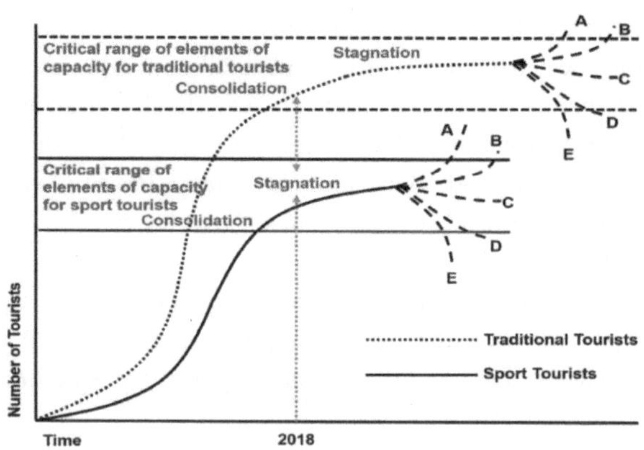

Abb. 6.2 Destinationslebenszyklus für Leistungssportler und Touristen. (Quelle: Heuwinkel und Venter 2018)

6.2.3 Sportorientierter Tourismus und Aktivurlaub

Der Sportbereich gilt als einer der größten Freizeitmärkte mit einem stetigen Wachstum. Zunehmender Wohlstand bei einem Großteil der Bevölkerung sowie mehr freiverfügbare Zeit sind Gründe dafür (Freericks er al. 2010). Der DOSB zählte 2018 rund 27,4 Mio. Mitgliedschaften (DOSB 2018). Eine Studie zeigt, dass sieben von zehn Deutschen Sport treiben (Splendid Research 2018). Die Sportarten, die am häufigsten ausgeübt werden, sind Laufen/Joggen, Radfahren und Schwimmer sowie Krafttraining/Fitness-Studio und Wandern. Bei jüngeren Altersgruppen steht Krafttraining/Fitness-Studio mit 49,4 % an zweiter Stelle. Bei älteren Menschen ist die häufigste Sportart das Wandern mit 38,9 %. Jüngere Personen und Frauen geben an, dass wichtige Motive für Sport die Gewichtsreduktion und die Optimierung des Körpers sind (Stiftung für Zukunftsfragen 2019). Sie haben Interesse an der kontinuierlichen Ausübung von Sport, sowohl im Alltag als auch während einer Reise. Unabhängig von der Sportart geben mehr als die Hälfte aller Personen an, dass sie Sport treiben, um sich wohl zu fühlen und dass sie Spaß an der Ausübung haben. Somit ist Sport eine positiv besetzte Aktivität.

Die zuvor genannten Zahlen geben Aufschluss über Sportinfrastrukturen, die eine Destination in Ergänzung zum gegebenen natürlichen Bewegungsraum anbieten sollte, wenn sie sportaffine Menschen unter Berücksichtigung altersbedingter Schwankungen anziehen möchte. Mit Ausnahme von Krafttraining/Fitness-Studio handelt es sich um Sportarten, die im Freien betrieben werden können. Da es sich um nicht angeleitete Individualsportarten[10] handelt, ist der Organisationsaufwand relativ gering. Benötigt werden jedoch eine angemessene Wegeinfrastruktur sowie Routen, Beschilderung, Verpflegung und unter Umständen spezifische Beherbergungsleistungen, z. B. Fahrradkeller oder Trockenkammern. Beim Schwimmen sind eine besondere Infrastruktur oder geeignete Seen und Abschnitte am Meer erforderlich. Beim Radfahren kann die Mitnahme des eigenen Fahrrads resp. die Bereitstellung von Mieträdern eine nachgefragte Serviceleistung sein.

Sport wird durch zahlreiche Nebenaktivitäten begleitet. Dies sind zum einen planerische und kontrollierende Tätigkeiten sowie Regeneration (z. B. Sauna) und Behandlung (z. B. Physiotherapie). Die Ausgaben für Sportgeräte und -ausstattung sind bei Sportarten wie Radfahren, Fußball, Tennis und Handball höher als die Mitgliedsbeiträge. Sportartikel werden zunehmend nicht nur beim Sport, sondern auch im Alltag getragen. Ergänzend kommen spezielle Nahrungsmittel und Pflegeprodukte sowie Unterhaltungs- und spezielle Sportelektronik (z. B. Smartwatches) hinzu.

Der sportorientierte Tourismus und Aktivurlaub ist seitens der Destination deutlich weniger geplant als Sportevents und Trainingslager. Die folgenden vier Trends werden zukünftig jedoch dafür sorgen, dass sportorientierter Tourismus ein Segment des

[10]Der Sport kann, muss aber nicht gemeinsam ausgeübt werden. In den letzten Jahren löst der selbstständig ausgeübte Sport zunehmend den organisierten Vereinssport ab (Freericks et al. 2010).

Destinationsmanagements vieler Destinationen wird (W2 Consulting 2015). So zeichnet sich erstens eine weitere Differenzierung von Sportarten, Sportgeräten und Sporträumen ab. Beispielsweise wird das klassische Radfahren auf der Straße durch Mountain Bike und Downhill ergänzt. Relevant ist die steigende Anzahl von E-Bikes, die längere Distanzen sowie die leichtere Überwindung von Höhenunterschieden möglich macht. Zweitens wird Sport stärker in Richtung des Erlebens und des Abenteuers entwickelt. Die Suche nach dem kalkulierbaren Risiko (Heuwinkel 2018) ist für viele Menschen ein Gegenpol zum unkalkulierbaren Risiko des Lebens geworden. Künstlicher Sportwelten gewinnen drittens an Bedeutung. Gleiches gilt abschließend für Freizeitparks, die eine Kombination aus Unterhaltung, Entspannung und Fitness, sportliche Aktivitäten bieten.

In Ergänzung zu den genannten Trends kann das Konzept der *serious leisure* (Stebbins 1982) als Grundlage dienen, um die (veränderte) Bedeutung von Sport deutlich zu machen. Das Konzept setzt daran an, dass für viele Menschen Freizeit nicht nur aus sporadischen, unverbindlichen und Just-for-Fun-Elementen besteht, sondern Elemente der Ausdauer, Entwicklung, Anstrengung sowie der Reglementierung und Unterordnung beinhaltet. Darüber hinaus trägt jede Art der seriösen Freizeit dazu bei, dass Menschen sich als Teil einer Gruppe sehen und eine soziale Identität in Ergänzung zu Familie, Arbeit und Religion entwickeln, die sie stärkt.

In der Einleitung wurde die Eignung von Sport für die (bildbasierte) Kommunikation bereits erläutert. Die positive Konnotation von Sport – Wohlfühlen, Spaß und Körperoptimierung – steigern die Potenziale sportbasierter- resp. sportorientierter Kommunikation von Destinationen. Die Möglichkeit des Image-Aufbaus durch Sport kann verhalten positiv bewertet werden. Die alleinige Profilierung als Sport-Destination ist schwierig, muss aber nicht unbedingt angestrebt werden, da das Attribut Sport bereits wirkt.

6.3 Zwischenbetrachtung

Die drei dargestellten Formen des sportbezogenen Tourismus zeigen deutliche Unterschiede hinsichtlich quantitativer und qualitativer Aspekte auf. Während Events vor allem viele Menschen anziehen und kurzfristige Medienaufmerksamkeit erreichen, liegen die Stärken von Trainingslagern und sportorientierten Angeboten auf der langfristigen Infrastruktur- und Produktentwicklung. Tab. 6.2 stellt die Aussagen dar.

Tab. 6.2 (Quelle: eigene Darstellung basierend auf Literaturanalyse)

	Masse	Medienaufmerksamkeit	Infrastruktur langfristig	Produktentwicklung	Selbstständigkeit
Sportevent	+++++	+++++	+	+	+
Trainingslager	+	+++	+++	+++	++
Sporturlaub	+++	+	+++++	+++++	+++++

Sportevents, vor allem die internationalen Wettkämpfe, werden zunehmend zu einer eigenen Marke und die internationalen Verbände geben den Destinationen die Regularien vor. Dadurch wird es schwierig, sich in der eventbezogenen Kommunikation eindeutig zu positionieren. In den beiden anderen Bereichen – Trainingslager und Sporturlaub – hingegen, können Destinationen sich besser profilieren. Die Ausrichtung auf eine Ausprägung des Sporttourismus resp. auf eine Kombination der Optionen (z. B. Event plus Trainingslager) ist somit eine wichtige strategische Entscheidung.

6.4 Case Study: Stellenbosch

Anhand einer kurzen Case Study wird gezeigt, wie sich in einer Destination eine Form des Sporttourismus zunächst zufällig entwickelte, als Nischenprodukt etablierte und in Folge Sporttourismus als ein Element in die allgemeine Tourismusstrategie zu integrieren ist. Stellenbosch[11] ist eine Stadt mit rund 20.000 Einwohnern am Western Cape, Südafrika (Statistics South Africa 2011). Sie ist nach Kapstadt die zweitälteste europäische Siedlung Südafrikas und liegt 55 km östlich von Kapstadt. Stellenbosch ist bekannt als Weinregion und bildet für viele Südafrikareisende den Auftakt oder Abschluss einer Rundreise, da der Flughafen Cape Town International nur 30 km entfernt liegt und gut erreichbar ist.

Bereits seit den 1990er Jahren reisen deutsche und andere europäische Leistungssportler (insbesondere Leichtathleten, Feldhockeyteams, Triathleten und Radsportler) sowie Trainer und Betreuende nach Stellenbosch, um sich dort zunächst auf die Hallensaison und dann auf die Saison im Freien vorzubereiten. So trainierten beispielsweise allein im Zeitraum November 2015 bis April 2016 Athleten aus insgesamt dreizehn europäischen Ländern in Stellenbosch. Zu den Ländern gehörten Belgien, Dänemark, Deutschland, Estland, die Niederlande, Norwegen, Österreich, Polen, Schweden, die Schweiz, Tschechien, Ungarn und das Vereinigte Königreich. Die Mehrheit dieser Gruppen bestand aus fünf bis 30 Athleten, wobei das deutsche Kontingent mit 125 Athleten bei weitem das größte war. Die meisten dieser Trainingslager dauerten zwei bis drei Wochen, obwohl einige Athleten im Sommer bis zu 46 Tage am Stück in Stellenbosch blieben (Stellenbosch University Athletics Club, persönliche Kommunikation, Oktober 2017).

Genutzt werden die zur Stellenbosch University gehörenden Sportanalagen inclusive Gym, die angrenzenden Hügel sowie der nahe gelegene Strand. Lange Zeit erfolgte die Organisation der Trainingslager für Leichtathletik-Teams durch die Vermittlung eines seit vielen Jahren in Deutschland lebenden Südafrikaners, der nach Ende seiner aktiven Laufbahn als Trainer arbeitet und die bestehenden Kontakte nach Stellenbosch (Universität, Guest Houses, Mietwagenfirma) nutzt. Ergänzende Abstimmungen erfolgen

[11]Stellenbosch Municipality umfasst neben Stellenbosch Stadt die umliegende ländliche Gegend sowie die Stadt Franschhoek.

seitens des Deutschen Leichtathletik Verbandes. Die Organisation in anderen Sportarten erfolgt ebenfalls über persönliche Kontakte. Neben den spezifischen Sportanlagen zieht die Landschaft rund um Stellenbosch viele sportaffine Menschen an, die dort wandern, laufen (cross und trail running) oder Rad fahren (sowohl Straßenrennen als auch Mountain Bikes). Events wie das Cape Epic bringen professionelle und semi-professionelle Radsportler aus der ganzen Welt nach Stellenbosch und in die umliegenden Gebiete.

Seit der Jahrtausendwende vollzieht sich in Stellenbosch ein bemerkenswerter demografischer Wandel. So ergab die Volkszählung 2011 einen Bevölkerungszuwachs[12] von 31,2 % (155.733) gegenüber der vorangegangenen Volkszählung von 2001 (118.709) (Statistics South Africa 2017). Der Charakter von Stellenbosch wird auch weiterhin von der Studentenschaft geprägt, die im Zeitraum 2007–2015 um 28,6 %[13] zunahm (Stellenbosch University 2018). Dieses Wachstum hat dazu geführt, dass aus planerischer Sicht Druck auf die Stadt ausgeübt wurde – Verkehrsstaus sind eines der auffälligsten und unangenehmsten Probleme. Hinzu kommen Schwierigkeiten in der Wasser- und Energieversorgung sowie steigende ökologische Belastungen.

Die Tourismuszahlen (Ankünfte, Übernachtungen und Ausgaben) sind nach Angaben der DMO (Stellenbosch 360, persönliche Kommunikation März 2019) ebenfalls gestiegen. Zahlen liegen nur für die gesamte Region Western Cape vor (Wesgro 2019). Diese zeigen einen deutlichen Anstieg. Obwohl die Preise für Unterkunft, Mietwagen und Restaurants erhöht wurden (jährlich circa plus 10 %) macht der günstige Wechselkurs Südafrika weiterhin zu einer preisgünstigen Destination. Stellenbosch steht im direkten Vergleich mit Kapstadt sehr positiv dar und profitiert von der Nähe. Inzwischen bevorzugen viele Touristen Stellenbosch als Standort, um von dort aus die Cap-Region zu erkunden. Das wiederum erhöht das Tourismusaufkommen in Stellenbosch.

Der Anstieg des Tourismus in Stellenbosch steht in Wechselwirkung mit den zuvor beschriebenen Veränderungen der Stadt. Vor allem die sehr fokussierten Leistungssportteams stellen fest, dass die Stadt sich wandelt und die Beschaulichkeit sowie Exklusivität einbüßt. Stellenbosch befindet sich in einer Situation, da sowohl die allgemeine Stadtentwicklung als auch die Entwicklung der Sporttourismusprodukte gesteuert und Strategien entwickelt werden müssen. Beim Tourismus besteht die Herausforderung darin, erforderliche Strukturen aufzubauen, Stakeholder zu identifizieren und gemeinsam Entscheidungen hinsichtlich der Produkte und Kommunikation zu treffen.

Viele der Leistungssportteams ziehen sich aus der Stadt zurück und nutzen aus organisatorischen Gründen ein Hotel außerhalb der Stadt für die Übernachtung sowie die Sportanlagen für das Training. Damit geht für sie die Besonderheit einer integrierten Lebens- und Trainingsumgebung verloren. Ein Alleinstellungsmerkmal Stellenboschs

---

[12]Bezogen auf Stellenbosch Municipality.

[13]Insgesamt studieren rund 30.000 Studierende an der Stellenbosch University, 25.000 davon in Stellenbosch Stadt (Stellenbosch University 2018).

war lange, dass es sich nicht um ein isoliertes Trainingsareal wie auf Lanzarote handelte. Die Universität selbst betrachtet die Sportanlagen zunehmend als Profit-Center und schraubt die Preise nach oben. Weiterhin ergeben sich durch die konkurrierende Nutzung der Sportanlagen durch Studierende und Sporttouristen zeitweise Konflikte, beispielsweise hinsichtlich des Umgangs mit Materialien oder der gegenseitigen Störung aufgrund von überfüllten Trainingsstätten. Die Stellenbosch Academy of Sport könnte in diesem Umfeld ein wichtiger Akteur sein, da sie aufgrund des Portfolios interessante Zusatzleistungen für professionelle Teams anbieten könnte.

Bezogen auf den Bereich des Aktivurlaubs entwickeln sich in Stellenbosch Spezialanbieter, z. B. Dirtopia mit der Ausrichtung auf den Bereich Trail für Hiking, Running und Mountain Bike. Andererseits erweitern ortsansässige Tourismusdienstleister wie Spier 1692 (ursprünglich ein Weingut) ihr Produktportfolio um Sportelemente, z. B. die Stellenbosch Mountain Bike Challenge. Eine abgestimmte Strategie existiert weder im Bereich der Produktentwicklung noch in der Kommunikation und macht die Schwächen fehlender Governance deutlich (Raich 2006).

6.5 Destinationsmanagement und Sporttourismus in der Kommunikation

Sport und sportliche Aktivitäten werden zunehmend von der (deutschen) Bevölkerung ausgeübt und auch auf Reisen – sowohl im klassischen Urlaub als auch bei Geschäftsreisen – nachgefragt. Sporttourismus im Sinne der aktiven Ausübung einer Sportart während einer Reise ist zwar wie dargestellt ein Nischenmarkt, bringt aber für Destinationen positive Effekte, vor allem in der Kommunikation. Hinzu kommt die steigende Anzahl und Verdichtung von reisenden Sportlern incl. Betreuenden – Sportgeschäftsreisenden – die rund um das Jahr trainieren oder an Wettbewerben teilnehmen und somit auf professionelle Sportdestinationen angewiesen sind.

Mit Vorsicht sollten einmalige Sportgroßveranstaltungen wie Europa- und Weltmeisterschaften oder auch Olympische Spiele betrachtet werden. Besser sollten sich wiederholende und dauerhafte Formaten umgesetzt werden, da nur auf diese Weise die Sportinfrastrukturen und -services sinnvoll in die Destination integriert werden können. Gerade weil es sich um einen zu integrierenden Bereich handelt, sollte die Umsetzung geplant und koordiniert erfolgen. Während in den Anfängen eine spontane und ungeplante Entwicklung möglich ist, setzt die dauerhafte Einbeziehung von Sport eine Destination Governance (Bieger und Beritelli 2013) voraus. Rahmenbedingungen und die Interessen aller Stakeholder sind zu berücksichtigen. Die eventbezogene Debatte um *legacy* aufgreifend, kann gefordert werden, dass Sporttourismus in einer Destination auf umfassenden Strategien und Taktiken beruht. Der entsprechende Begriff dafür ist *leverage* (Chalip 2006).

Die auf den Leistungssport ausgerichtete Strategie adressiert im ersten Moment nur ein kleines Segment. Aber sie diszipliniert das Destinationsmanagement, da in diesem Bereich eine hohe Professionalität gefordert wird und signalisiert über diese Professionalität nach außen Seriosität. Diese kann genutzt werden, um ein größeres Segment – die semiprofessionell Sportreisenden und bewegungsorientierten Urlauber – anzusprechen. Vor dem Hintergrund der *serious leisure* (Stebbins 1982) kann erwartet werden, dass körperliche Bewegung im Urlaub und auf Reisen zukünftig nicht mehr nur schmückendes und episodenhaftes Beiwerk, sondern fester Bestandteil des Handelns und der narrativen Reisebiografie ist.

Sportliche Aktivitäten eignen sich abschließend sehr gut für die digitale Inszenierung, sowohl des Selbst als auch der Destination. Destinationen können sich ausgehend vom Sport präsentieren und darüber hinaus den Gästen die Möglichkeit geben, sich zu inszenieren und profilieren. Somit ist Sporttourismus – wenn er professionell und fokussiert umgesetzt wird – ein dankbares Feld für Destinationen.

Literatur

Airola, J., & Craig, S. (2000). *The projected economic impact on Houston of hosting the 2012 Summer Olympic Games*. Houston: University of Houston, Department of Economics.

Bieger, T., & Beritelli, P. (2013). *Management von Destinationen* (8. Aufl.). München: Oldenburg Wissenschaftsverlag.

Blake, A. (2005). *The economic impact of the London 2012 Olympics*. Nottingham: Christel DeHaan Tourism and Travel Research Institute, Nottingham University Business School.

BMU Bundesministerium für Umwelt, Naturschutz und Reaktorsicherheit. (2015). Green Champions für Sport und Umwelt – Leitfaden für nachhaltige Sportgroßveranstaltungen. E-Book. Zugegriffen: 1. Juni 2019.

BMWi Bundeministerium für Wirtschaft und Energie. (2012). Wirtschaftsfaktor Sport. Die wirtschaftliche Bedeutung des Sports in Deutschland. Monatsberichte. https://www.bmwi.de/Redaktion/DE/Downloads/Monatsbericht/02-2012-I-4.pdf?__blob=publicationFile&v=3. Zugegriffen: 24. Juni 2019.

BMWi Bundesministerium für Wirtschaft und Energie. (2018). Sportwirtschaft Fakten & Zahlen, Ausgabe 2018. https://www.bmwi.de/Redaktion/DE/Publikationen/Wirtschaft/sportwirtschaft-fakten-und-zahlen.html. Zugegriffen: 24. Juni 2019.

BMWi Bundesministerium für Wirtschaft und Energie. (2019). Die ökonomische Bedeutung des Sports in Deutschland – Sportsatellitenkonto (SSK) 2016. https://www.bmwi.de/Redaktion/DE/Publikationen/Wirtschaft/sportsatellitenkonto-2016.html. Zugegriffen: 24. Juni 2019.

Bourdieu, P. (1978). Sport and social class. *Social Science Information, 17*(6), 819–840.

Breuer, C., & Mutter, F. (2013). *Zum Wert des Sports aus ökonomischer Perspektive*. Köln: DSHS.

Canadian Sport Tourism Alliance. (2012). Sport tourism spending soars to $3.6 B annually. https://canadiansporttourism.com/sites/default/files/docs/sport_tourism_spending_soars_eng.pdf. Zugegriffen: 24. Juni 2019.

Chalip, L. (2006). Towards social leverage of sports events. *Journal of Sport & Tourism, 11*(2), 109–127.

Crompton, J. L. (1995). Economic impact analysis of sports facilities and events: Eleven sources of misapplication. *Journal of Sport Management, 9,* 14–35.

Crompton, J., Lee, S., & Shuster, T. (2001). A guide for undertaking economic impact studies: The springfest example. *Journal of Travel Research, 40*(1), 79–87.

Digel, H., & Burk, V. (2001). Sport und Medien. Entwicklungstendenzen und Probleme einer lukrativen Beziehung. In G. Roters, W. Klingler, & M. Gerhards (Hrsg.), *Sport und Sportrezeption* (S. 15–31). Baden-Baden: Nomos.

DOSB Deutsche Olympische Sportbund. (2018). Bestandserebung 2018. https://cdn.dosb.de/user_upload/www.dosb.de/uber_uns/Bestandserhebung/BE-Heft_2018.pdf. Zugegriffen: 13. Juni 2019.

Freericks, R., Hartmann, R., & Stecker, B. (2010). *Freizeitwissenschaft: Handbuch für Pädagogik, Management und nachhaltige Entwicklung*. München: Oldenburg.

Frey, J., & Eitzen, S. (1991). Sport and society. *Annual Review of Sociology, 17,* 503–522.

Freyer, W. (2002). Sport-Tourismus – Einige Anmerkungen aus Sicht der Wissenschaft(en). In A. Dreyer (Hrsg.), *Tourismus und Sport.* Wiesbaden: Springer.

Freyer, W. (2011). *Sport-Marketing* (4. Aufl.). Berlin: Schmidt.

Freyer, W. (2015). *Tourismus* (11. Aufl.). Oldenburg: De Gruyter.

Giampiccoli, A., ‚Shawn' Lee, S., & Nauright, J. (2015). Destination South Africa: Comparing global sports mega-events and recurring localized sports events in South Africa for tourism and economic development. *Current Issues in Tourism, 18,* 229–248. https://doi.org/10.1080/13683500.2013.787050.

Gibson, H. (1998). Active sport tourism: Who participates? *Sport Management Review, 1*(1), 45–76. https://doi.org/10.1016/s1441-3523(98)70099-3.

Hall, C. (1992). Adventure, sport and health. In C. Hall & B. Weiler (Hrsg.), *Special interest tourism* (S. 141–158). London: Wiley.

Hallmann, K. (2010). *Zur Funktionsweise von Sportevents – Eine theoretisch-empirische Analyse der Entstehung und Rolle von Images sowie deren Interdependenzen zwischen Events und Destinationen.* Dissertation an der DSHS.

Heuwinkel, K. (2017). Gesundheits- und Sporttourismus im ndlichen Raum. In R. Roth & J. Schwark (Hrsg.), *Wirtschaftsfaktor Sporttourismus. Schriften zu Tourismus und Freizeit* (Bd. 19, S. 77–88). Berlin: ESV.

Heuwinkel, K. (2018). *Tourismussoziologie*. München: UTB/UVK.

Heuwinkel, K., & Bressan, L. (2016). *Responsible high performance sports tourism – Opportunities and limitations*. Eberswalde: BEST EN Think Tank XVI.

Heuwinkel, K., & Venter, G. (2018). Applying the tourist area life cycle within sport tourism: The case of Stellenbosch and German athletes. *Journal of Sport Tourism, 22*(3), 1–17. https://doi.org/10.1080/14775085.2018.1504691.

Higham, J. (1999). Commentary- sport as an avenue of tourism development. An analysis of the positive and negative impacts of sport tourism. *Current issues in Tourism, 2*(1), 82–90.

Higham, J., & Hinch, T. (2009). *Sport and tourism.* Oxford: Elsevier.

Inter Vistas Consulting Inc. (2002). The economic impact of the 2010 Winter Olympic and Paralympic Games: An update. http://www.intervistas.com.Zugegriffen: 17. Apr. 2019.

Keshock, C. (2015). Economic impact of sport business travellers to football event. Vortrag European Sport Tourism Summit, Limerick.

Krüger, M., et al. (2015). Whole-Limerick. *International Journal of Sports Physiology and Performance.* https://doi.org/10.1123/ijspp.2014-0392.

Laflin, M. (2015). Measuring sports tourism success. The global sports index. Vortrag European Sport Tourism Summit, Limerick.

Lane, B. (2009). Thirty years of sustainable tourism: Drivers, progress, problems – And the future. In S. Gössling, C. M. Hall, & D. B. Weaver (Hrsg.), *Sustainable tourism futures* (S. 19–32). New York: Routledge.

Lee, C., & Taylor, T. (2004). Critical reflections on the economic impact assessment of a mega-event: The case of 2002 FIFA World Cup. *Tourism Management, 26,* 595–603.

Lill, D., & Thomas, A. (2012). The contribution of a mega-event to the sustainable development of South African tourism. *African Journal of Business Management, 6*(10), 3662–3672.

Malhado, A., & Arau, L. (2017). Welcome to hell: Rio 2016 Olympics failing to secure sustainable transport legacy. *Event Management, 21*(4), 523–526. https://doi.org/10.3727/152599517x15015178156277.

Raich, F. (2006). *Governance räumlicher Wettbewerbseinheiten – Ein Ansatz für die Tourismus-Destination*. Wiesbaden: DUV.

Scheu, A., & Preuss, H. (2017). The legacy of the olympic games from 1896–2016. Mainzer Papers on Sport Economics & Management.

Schunk, H., Könecke, T., & Preuß, H. (2017). Markenbezogene Zahlungsbereitschaft für Sportbekleidung – Quantifizierung von Preispremien für Funktions-T-Shirts mittels der Conjoint-Analyse. *Sciamus – Sport und Management, 7*(1), 1–19.

Splendid Research. (2018). *Warum treiben die Deutschen Sport und welche Motive halten sie davon ab?* https://www.splendid-research.com/de/studie-sport.html. Zugegriffen 15.05.2019

Standeven, J., & Deknop, P. (1999). *Sport tourism*. Illinois: Human Kinetics Publishers.

Statistics South Africa. (2011). http://www.statssa.gov.za/?page_id=993&id=stellenbosch-municipality.

Statistics South Africa. (2017). Stellenbosch. http://www.statssa.gov.za/?page_id=993&id=stellenbosch-municipality. Zugegriffen: 24. Juni 2020.

Stebbins, R. A. (1982). Serious leisure: A conceptual statement. *Pacific Sociological Review, 25,* 251–272.

Stellenbosch University. (2018). Statistical data. http://www.sun.ac.za/english/Pages/statistical_profile.aspx. Zugegriffen: 9. Juli 2019.

Stiftung für Zukunftsfragen. (2019). Freizeitmonitor 2018. Aktivitäten im Jahresvergleich. http://www.freizeitmonitor.de/. Zugegriffen: 17. Juli 2019.

Swart, K., Bob, U., Knott, B., & Salie, M. (2011). A sport and sociocultural legacy beyond 2010: A case study of the Football Foundation of South Africa. *Development Southern Africa, 28*(3), 415–428.

Tassiopoulos, D., & Haydam, N. (2008). Golf tourists in South Africa: A demand-side study of a niche market in sports tourism. *Tourism Management, 29,* 870–882.

Turco, D., Papadimitriou, D., & Berber, S. (2010). International athletes as tourists: Consumer behaviour by participants of the 2007 and 2009 World Universiade Games. Presented at the inaugural UNWTO/South Africa International Summit on Tourism, Sport and Mega-events, Johannesburg, South Africa, February 24.

Tyrrell, T., & Johnston, R. (2001). A framework for assessing direct economic impacts of tourist events: Distinguishing origins, destinations, and causes of expenditures. *Journal of Travel Research, 40*(1), 94–100.

UNWTO. (2010). International Summit on Tourism, Sport and Mega-events. Johannesburg, South Africa. http://summit.ersvp.co.za/pages/default.asp. Zugegriffen: 24. Juni 2020.

UNWTO. (2019a). UNWTO and Barça Innovation Hub Launch Global Sports Tourism Start-up Competition. PR 19043. Madrid. http://www2.unwto.org/press-release/2019-06-13/unwto-and-barca-innovation-hub-launch-global-sports-tourism-start-competiti. Zugegriffen: 24. Juni 2019.

UNWTO. (2019b). Sport Tourism and Sustainable DevelopmentGoals (SDGs). https://webunwto.s3.eu-west-1.amazonaws.com/s3fs-public/2019-09/sporttourismandsdgs.pdf. Zugegriffen: 24. Juni 2020.

W2 Consulting. (2015). Future trends in sport tourism. Vortrag auf dem European Sport Tourism Summit, Limerick.

Wesgro. (2019). Tourism research. http://www.wesgro.co.za/tourism_research?category_research_type=Tourism. Zugegriffen: 17. Apr. 2019.

Weed, M. E., & Bull, C. J. (2004). *Sports tourism: Participants, policy and providers*. Oxford: Elsevier.

Wittmann, L. (2015). Sport tourism – Sleeping giant of the tourism market. https://www.skal.org/sites/default/files/media/Public/Web/PDFs/sporttourism.pdf. 24. Juni 2019.

Prof. Dr. Kerstin Heuwinkel ist seit 2005 Professorin für Internationales Tourismus-Management, insbesondere Tourismussoziologie, an der Hochschule für Technik und Wirtschaft des Saarlandes, htw saar. Ihre aktuellen Forschungen liegen im Umfeld des Responsible Tourism mit Fokus auf Sportreisen. Ausgangspunkt für ihre Arbeiten ist ein interdisziplinärer Ansatz, im Wesentlichen die Kombination von Soziologie und Informationswissenschaft. Kerstin Heuwinkel ist Autorin zahlreicher akademischer Publikationen. Sie hält regelmäßig Vorträge auf Konferenzen und ist Mitglied der Deutschen Gesellschaft für Tourismuswissenschaft DGT e. V. sowie im Arbeitskreis Tourismusforschung der Deutschen Gesellschaft für Geographie e. V.

7 Langsam Reisen, schnell vermarkten – Ideologie und Medialität aktueller Reisedokus am Beispiel von *Weit*

Anna Karina Sennefelder

Zusammenfassung

Das Kapitel widmet sich dem Zusammenhang von medialer Reiserepräsentation, ideologischer Selbstkonstitution und kapitalistischer Dynamik exemplarisch anhand des Fallbeispiels *Weit.* Dem Motiv des „langsam Reisens" bzw. des dezidiert „anders Reisens", wie es sich exemplarisch in *„Weit"* realisiert findet, nähert sich die Argumentation dabei in drei Schritten: Zunächst liegt der Fokus auf zentralen ideologischen Eigenschaften, die den zeitgenössischen Reise-Diskurs prägen, um in einem zweiten Schritt zu erläutern, inwiefern diese ideologischen Eigenschaften mit den im „ästhetischen Kapitalismus" virulent gewordenen „Begehrnissen" korrespondieren. Anschließend wird erläutert, inwiefern diese ideologischen Zusammenhänge helfen können, die Medialität und Popularität eines Phänomens wie *Weit* besser zu verstehen.

7.1 Die neuen digitalen Reiseutensilien

Ohne Zweifel hat der Selfie-Stick den Wanderstab ersetzt und wer heute reist, produziert in aller Regel gigantische Bildermengen, die das „Projekt Reise" in seinen diversen Phasen ungefragt für die Ewigkeit fixieren – jedenfalls gilt das für die Bewohner*innen

A. K. Sennefelder (✉)
Albert-Ludwigs-Universität, Freiburg, Deutschland
E-Mail: anna.sennefelder@neuesreisen.uni-freiburg.de

© Springer Fachmedien Wiesbaden GmbH, ein Teil von Springer Nature 2020

D. Pietzcker und C. Vaih-Baur (Hrsg.), *Ökonomische und soziologische Tourismustrends*,
https://doi.org/10.1007/978-3-658-29640-7_7

marktwirtschaftlich organisierter Industriestaaten.[1] Es wird vor, während und nach der Reise fotografiert, gefilmt, gepostet, gebloggt und gevloggt. So *Weit,* so bekannt. Aber die Feststellung, dass „die Welt“ gewissermaßen „im Selfie“ erscheint, ist alles andere als trivial. Wie d’Eramo und Kempter in ihrem gleichnamigen Buch polemisch festhalten, manifestiert sich in den „mithilfe auch von Metallprothesen“ aufgenommenen Selbstportraits nicht nur der für den Tourismus gut erforschte „Prozess der Markierung“, sondern es drückt sich darin auch „ein unbezwingbares Bedürfnis aus, das eigene Dasein zu bestätigen [...], ein Verlangen, sich zu vergewissern, dass unser Dasein kein Ammenmärchen ist, nichts Eingebildetes, sondern dass wir *wirklich da sind:* Das Selfie fotografiert eine solche Selbstunsicherheit, dass es zum Heulen ist.“ (d’Eramo und Kempter 2018, S. 52–53). Das Selfie ist nicht nur die „bisher erfolgreichste Bildgattung der Sozialen Medien“ (Ullrich 2019), sondern kann auch als das symbolstärkste Format innerhalb aktueller medialer Repräsentation von Reiseerfahrungen gelten, die heute auf existenzielle Weise mit visuellen „Praktiken des Zu-Sehen-Gebens“ verbunden sind, die wiederum, von den „‚Rahmen‘, in [denen] man gesehen und an(erkannt) werden will“ bestimmt werden (Wenk 2013, S. 286). Wenn man aber wie Wenk davon ausgeht, dass die Frage nach dem „Verhältnis von Subjektivierung/Subjektivation und visuellen Praktiken“ auch impliziert, dass man fragt, „wie über das Sehen und das Sich-zu-Sehen-Geben [...] das eigene ‚Selbst‘ gebildet und auch verändert wird“ (ebd., S. 278), zeigt sich schnell, dass es beim Blick auf die „Selfie-Kultur“ (Aguigah 2019) um mehr geht als um eine mediale Trendbestimmung. Denn die Frage, inwiefern das „Sich-zu-sehen-Geben“ beim Reisen mehr ist als eine nur je situationsangepasste Selbstinszenierung, führt unweigerlich zur Frage nach der Funktion medialer Repräsentationen für die Selbstkonstitution des „postpostmodernen Subjekts“.

Dass Selfies omnipräsent sind und medial repräsentierte Reiseerfahrungen häufig extrem egozentriert sind, dürfte unstrittig sein, ungeklärt scheint indes die Frage: *Warum?* Warum gibt es aktuell eine derart starke Konzentration auf das Private und Subjektive? Welche Selbstentwürfe stehen dahinter und auf welche Entwicklungen lassen sich diese wiederum zurückführen? Meiner These nach lassen sich der aktuell zu beobachtende Boom an egozentrierten Reiserepräsentationen und die Gefallsucht in den sozialen Medien – eindrucksvolle Beispiele dafür kann jeder auch ohne eigenen Account auf Instagram unter bekannten Hashtags wie #instatravel, #traveladdict, # travelblogger oder #travelgram finden – zumindest in Teilen durch die von Gernot Böhme beschriebene Ausweitung der Bedürfnisse im „ästhetischen Kapitalismus“ erklären. Hinter den millionenfach abonnierten,[2] schillernden und positiven

[1]Diese Einschränkung gilt auch im weiteren Verlauf der Analyse, die nicht den Anspruch erhebt, Reisen in seinen globalen Differenzen darzustellen, sondern sich auf die Betrachtung von Reiserepräsentationen beschränkt, die innerhalb der marktwirtschaftlichen Industriestaaten zirkulieren.

[2]Für den Account „Travelgram“ werden am 29.07.2019 1,5 Mio. Abonnent*innen gezählt. Vgl. Instagram (2019).

Reiseerzählungen, Posts, Selfies und (in der großen Mehrheit) anerkennenden Kommentaren stehen augenscheinlich die in der aktuellen Phase des Kapitalismus unstillbar gewordenen „Begehrnisse“ (Böhme 2016, S. 28–29), was bedeutet, dass es bei der medialen Repräsentation von Reiseerfahrungen letztlich auch „nur“ um die Befriedigung von kapitalistischen Bedürfnissen geht, selbst wenn innerhalb des Reisenarrativs genau das geleugnet bzw. das Gegenteil behauptet wird.[3]

7.2 Positivität, Privilegien-Ausblendung und Selbstverwirklichung als ideologische Kernmerkmale im zeitgenössischen Reise-Diskurs

Im Spiegel-Interview zu ihrer deutschlandweit äußerst erfolgreichen (Kech 2017) Reise-Dokumentation *Weit. Geschichte von einem Weg um die Welt* (Allgaier und Weisser 2017a) sagt Patrick Allgaier: „also wir haben jetzt nicht gesagt, wir machen einen positiven Film über die Welt, wo man zeigen kann, dass man der Welt vertrauen kann, sondern das ist automatisch gekommen, über die Zeit“ (Pieper 2017) und Gwen Weisser fügt hinzu, dass es stimme, man habe ein „wahnsinns Privileg“ mit dem deutschen Pass, man habe sich auch viele Gedanken dazu gemacht, aber selbst wenn Leute aus manchen Ländern nicht ausreisen könnten, würden sie sich immerhin freuen, dass man vorbei käme (Pieper 2017).

Beide Antworten implizieren die im Video-Interview herausgeschnittenen Fragen nach der ungebrochenen „Positivität“ des Films einerseits und den augenscheinlichen „Privilegien“ der beiden Reisenden und Filmproduzierenden andererseits. Diese beiden Aspekte sind meiner Ansicht nach zentral für das Verständnis der den zeitgenössischen Reisediskurs prägenden Ideologie, welcher man sich sehr einfach über zwei Fragen nähern kann: Warum ist Reisen aktuell derart positiv konnotiert? Und: Wer reist?

Die Frage, warum „wir“[4] so gerne reisen, stellen sich nicht nur passionierte Reisende, auch Theoretiker*innen unterschiedlichster Disziplinen haben sich ihr gewidmet und sie zu beantworten versucht. Stephen Greenblatt führt die immer wiederkehrende Reiselust auf unser Verlangen nach Ausbruch aus Alltagsroutinen zurück und auf „die Zunahme der objektiven Widerständigkeit der Welt und die verringerte Souveränität des Ichs“, die wir beim Reisen erleben und die dazu führt, „dass wir das Reisen oft als Urlaub nicht nur von der gewohnten Umgebung, sondern auch von uns selbst erleben.“ (Greenblatt 1996, S. 10) Treffend hält er fest: „Die Geschichte des Reisens ist die Geschichte der

[3]Die hier formulierte These entwickle ich aktuell im Rahmen meines Habilitationsprojektes, das im von der VolkswagenStiftung geförderten Forschungskolleg „Neues Reisen – Neue Medien“ entsteht. Für weiterführende Informationen zu meinem Buch und dem Kolleg vgl. www.neuesreisen.uni-freiburg.de.

[4]Vgl. Anmerkung 1.

gewollten und kontrollierten Entfremdung“ (ebd.) und benennt damit, was leicht in Vergessenheit gerät, nämlich dass Reisen immer etwas mit Intention und Kontrolle zu tun hat, auch wenn sinnliches Erleben, Kontingenz und Abenteuer im simultanen oder nachträglichen Erzählen der Reise fast ausschließlich im Vordergrund stehen. Christoph Hennig kritisiert die pauschale Verunglimpfung der „Reiselust“; dem Vorwurf, Tourismus sei Eskapismus, stellt er das große imaginative Potenzial des Reisens gegenüber und rehabilitiert innerhalb der vieldiskutierten Distinktion von „wahren Reisenden“ und „Tourist*innen“ – die Hans Magnus Enzensberger in seinem berühmtem Aufsatz schon 1962 als reaktionär und dumm beschrieben hat (Enzensberger 1962, S. 183–184) – selbst die „konventionellsten Ferienformen“, weil auch diese „Wirklichkeitsverschiebungen und Spannungselemente“ (Hennig 1997, S. 12) mit sich brächten. Auch Alain de Botton ist in seiner *Kunst des Reisens* bemüht, das „Streben nach Glück“, das „unser Leben beherrscht“ (Botton 2002, S. 17) und das er eng mit dem Reisen assoziiert sieht, referenzreich nachzuspüren und Silvain Tesson konstatiert gleich zu Beginn seines *Kurzen Berichts von der Unermesslichkeit der Welt,* dass es beim Reisen wesentlich auch um eine veränderte Zeitwahrnehmung gehe, was dann, konform mit der aktuellen Debatte rund um das Thema Nachhaltigkeit, zu einer Apologie des langsamen Unterwegsseins und des Reisens *„by fair means“* (Tesson 2013, S. 13) wird: „Um dem aussichtslosen Kampf, den unsere Seelen auf der Erde führen, zu entkommen, hilft nichts so gut wie langsames Vorankommen, Schritt für Schritt.“ (ebd.).

Doch so vielfältig solche Erklärungen zum Phänomen „Reisefaszination“ klingen mögen, sie alle ähneln sich bezüglich eines zentralen blinden Flecks, der die Ausgangsfrage prägt. Denn wer daran interessiert ist, zu beantworten, warum „wir“ so gerne reisen, sollte zuallererst definieren, wer die genaue Referenz von „wir“ ist. Zwar kann man sich auf einen generalisierenden Ansatz berufen, bei dem es darum gehen soll, den „der Menschheit“ innewohnenden Trieb zum Reisen gleichsam als anthropologische Grundkonstante zu setzen und deshalb bewusst ahistorisch und verallgemeinernd „unser“ Reisefieber behandeln zu wollen. Aber abgesehen davon, dass solche undifferenzierten Annahmen auch nur bedingt hilfreiche Erkenntnisse zutage fördern können, ist es durchaus interessant zu sehen, dass nicht nur in den zeitgenössischen Repräsentationen von Reiseerfahrung, sondern auch in der Literatur, die sich aktuell theoretisch und phänomenologisch mit „Reise“ auseinandersetzt, so gut wie nie erörtert wird, „wer“ überhaupt reist. Es geht stets um den adäquaten Modus des Reisens, auch in ganz dezidierter Abkehr von einer destinationsorientierten Reisekultur: „Wir werden überhäuft mit Ratschlägen, wohin wir reisen, hören aber nur wenig, *warum* und *wie* wir reisen sollten“ (Botton 2002, S. 17). Symptomatisch wird die zentrale Frage nach den eigentlichen Akteuren ausgeblendet, was natürlich veranschaulicht, wie ungleich Privilegien weltweit verteilt sind, da diejenigen, die reisen können und über das Reisen philosophieren, indem sie die Frage, wer reisen kann, ausklammern, die globale Schieflage diskursiv reproduzieren, anstatt sie aufzubrechen.

Reisen – um ebenfalls einmal generalisierend über „die Menschheit“ zu sprechen – war und ist niemals unabhängig von ethnischen, sozialen, nationalen und ökonomischen

Privilegien – was die oben skizzierte Literatur erstaunlicherweise aber nicht thematisiert. Es scheint deshalb, als würde das Wissen um die basalen Voraussetzung für das Reisen im 21. Jahrhundert, nämlich im Besitz einer zur Reise legitimierenden Staatsangehörigkeit und den entsprechenden Dokumenten zu sein sowie über die nötigen Wissens- und Geldressourcen zu verfügen, um eine Reise durchführen zu können, stets stillschweigend und selbstverständlich vorausgesetzt. Selbst in dezidiert kritischen Überlegungen zum Thema „Reise" findet man simplifizierende Feststellungen wie: „Inzwischen jedoch reisen nicht mehr nur die Oberschichten, und es reist auch nicht nur die Erste Welt. Alle reisen, und allein Kranke und Superarme fehlen entschuldigt." (Kaube 2018) Zwar handelt es sich bei den genannten Texten nicht um tourismus- oder wirtschaftswissenschaftliche Studien, bei denen exakte Zahlen zur weltweiten Visa- und Reisefreiheit (vgl. Bundeszentrale für politische Bildung 2017) zu erwarten wären, sondern um Texte, die „unser aller" Reiselust mal lyrischer, mal feuilletonistischer, mal historischer darzustellen versuchen und dies natürlich auch dürfen. Dennoch ist die konsequente Ausblendung der globalen Schieflage in Sachen Reisemöglichkeit in diesem nicht streng wissenschaftlichen Diskurs markant und aufschlussreich zugleich, zeigt sie doch, dass in eben jenem dezidiert spielerischen, nicht empirisch gestützten Diskurs das Thema „Reise" gern sehr emotional, emphatisch und positiv behandelt wird. Dies wiederum kann die eingangs genannte auffallende Positivität und Privilegien-Marginalisierung in medialen Repräsentationen von Reiseerfahrung wie *Weit* erklären, da eben auch der zugehörige Metadiskurs ideologisch stark davon geprägt ist.

Die grundsätzlich affirmative und in großen Teilen unkritische Haltung gegenüber dem Reisen wird somit in verschiedenen textuellen und situativen Konstellationen reproduziert und intensiviert und erscheint dadurch legitimationsfrei: dass Reisen etwas Positives ist, steht gewissermaßen völlig außer Frage.[5] Diese positive Grundierung des Reisens kann man – wie es etwa Greenblatt, de Botton und Tesson tun – mit menschlicher Neugier, Erfahrungsdurst, Abenteuerlust und der Sehnsucht nach außeralltäglichen Erfahrungsstrukturen sicherlich grundsätzlich erklären, im zeitgenössischen Diskurs spielt meiner Ansicht nach aber besonders das Moment der Selbstverwirklichung eine entscheidende Rolle für die apodiktische Positivität. Reisen wird insbesondere deshalb als etwas Positives gesetzt und immer wieder reproduziert, weil es als ultimatives Vehikel für Selbsterfahrung, Selbstverwirklichung und Selbstfindung gilt.

Neben der markanten Verbindung von Positivität und Privilegien-Ausblendung bzw. Marginalisierung, tritt als weiteres ideologisches Merkmal zeitgenössischer Reiserepräsentationen die Selbstverwirklichung hinzu, die sich musterhaft entlang der für die

[5]Selbstverständlich soll dies nicht implizieren, jeglicher nicht-empirische Reise-Diskurs sei gänzlich unkritisch – zu Subkategorien von ‚Reise', wie etwa nachhaltigem Reisen, Overtourism oder Instagrammability erscheinen durchaus kritische Beiträge – es geht mir nur darum, auf das den Diskurs dominierende Merkmal der Positivität hinzuweisen.

aventiure[6] typischen Stationen abwickelt: sich von der Gemeinschaft abkehren, lange unterwegs sein, herausfordernde Erfahrungen machen, neue Erkenntnisse erlangen, geläutert in die Gemeinschaft zurückkehren. Die *aventiure* in zeitgenössischen Reiserepräsentationen geht dabei häufig mit einem kathartischen Verständnis von Reise einher, die quasi zwangsläufig in einem „neuen", „besseren" Selbstverhältnis kulminiert. Asyndetisch gebündelt fallen entsprechende Sätze z. B. im Trailer zu *Reiss aus,* einer Reisedokumentation aus dem Jahr 2019, die, wie schon *Weit,* wiederum ein deutsches Paar auf Reisen zeigt. Diesmal sind es Lena Wendt und Ulrich Stirnat, die sich nach eigener Aussage von Allgaier und Weisser persönlich Ratschläge für die Filmproduktion einholten (Youtube 2019, 5:39): „Ich habe diesen Traum: Alles hinschmeißen. Das Nötigste in ein Auto quetschen. Und einfach losfahren. Abhauen. Mich selbst wieder spüren." Diese von Wendt vorgetragenen Reise-Motive ergänzt dann Stirnat: „Mit Anfang 30 Burn-Out? Das soll mein Leben sein? Wo sind mein Spaß, meine Freude, mein Lachen geblieben?", woraufhin Wendt wieder übernimmt: „Was passiert, wenn wir unser Leben wieder selbst in die Hand nehmen?" und Stirnat abschließend fragt: „Was, wenn wir alle Sicherheiten aufgeben, wenn wir den Mut aufbringen, auf die Reise zu gehen? Eine Reise, die uns an unsere Grenzen bringt." (Wendt und Stirnat 2019). Die Aussagen und Fragen werden zu jeweils passenden Reiseaufnahmen montiert, welche die Inhalte unterstreichen (am Anfang ist ein vollgequetschtes Auto zu sehen, wenn es um „Grenzen" geht, sieht man einen offenbar sehr kranken Stirnat) oder konterkarieren (wenn vom „Burnout" die Rede ist, sieht man Stirnat in Nahaufnahme beim Surfen), und selbst ohne hier vertiefend auf die gewählte Bildsprache eingehen zu können, ist die Kernbotschaft eindeutig: Reisen ist Selbstermächtigung, bedeutet Rückgewinnung einer im kapitalistischen System abhanden gekommenen Autonomie, Reisen macht Freude, ja, man stößt dabei auch an Grenzen, letztlich aber ist dies gut und nötig, um wieder zum eigentlichen Selbst vorzudringen. Was hier aufgrund des Formats „Fimtrailer" sehr komprimiert ausgedrückt wird, ist die ideologische Maxime, an der sich die meisten zeitgenössischen Reiserepräsentationen abarbeiten. Ob in Reiseblogs, Vlogs, Dokumentationen, Reiseberichten oder Posts, immer ist „Reisen" das Mittel der Stunde, wenn es darum geht, ein unverfälschtes Selbstverhältnis zu erreichen, wobei es stets auf den adäquaten Modus ankommt. Nur wer „richtig" reist, findet am Schluss auch das „bessere" Selbst.

Entscheidend ist nun, dass die „Reise zu sich" zugleich auch als „Reise fort von der entfremdenden Welt des Konsumierens, Verbrauchens und Sich-Erschöpfens" erzählt wird, d. h., Reisen geht im zugehörigen Diskurs, sowohl auf der Produktions- als auch auf der Rezeptionsseite, häufig mit einer expliziten Kritik der kapitalistischen Lebensweise einher.

[6]Für eine aktuelle Beschäftigung mit der aventiure als einem „Grundcharakteristikum von Kultur" vgl. z. B. Mareike Böth (2017), die zurecht konstatiert, dass jede Gesellschaft ihre eigenen „Aventiure-Vorstellungen" in „bestimmten Genres" formuliert, „die bestimmen, welche Herausforderungen überhaupt erzählbar sind und in welcher Form dies zu geschehen hat". (S. 281)

Dieses Motiv der Abkehr und der Reduktion – so meine These – kollidiert allerdings häufig mit einem perfekt auf die entsprechende Nachfrage hin abgestimmten sich „Zu-Sehen-Geben" (Wenk 2013, S. 286) beim Reisen. Die mediale Inszenierung von Reiseerfahrung reiht sich damit oft schon während oder nach der Reise in eben jene kapitalistischen Strukturen ein, die innerhalb der eigenen Reiseerzählung den kritischen Anlass für das Fortgehen bilden. Polemisch zugespitzt heißt das, die Reise weg vom kapitalistischen, entfremdenden Alltag endet sehr häufig genau dort, wo sie angefangen hat. Wenn nun aber auch jenes beim Reisen wieder (oder gänzlich neu) entdeckte, „bessere" Selbst nach der Rückkehr in dieselben Verhaltensmuster verfällt, von denen die Reise ursprünglich wegführen sollte, wenn alle „Zu-sich-Reisenden" bloggen, vloggen, Dokumentationen drehen, Bücher veröffentlichen, Websites erstellen und Vorträge übers Reisen halten, stellt sich die oben schon skizzierte Frage, ob darin nicht ein performativer Selbstwiderspruch liegt.

7.3 „Ästhetischer Kapitalismus" oder: Warum Reiserepräsentationen so „begehrt" sind

Gernot Böhmes Analysen zu den speziellen Eigenschaften, die den *Ästhetischen Kapitalismus* in seiner aktuellen Phase ausmachen und ihn von vorhergehenden Entwicklungsstufen unterscheiden, können im hier gesetzten Rahmen nur sehr summarisch wiedergegeben werden. Die Grundprämisse lautet: Wir[7] befinden uns im Zustand der „Überflussgesellschaft" (Böhme 2016, S. 68), d. h., die elementaren Bedürfnisse aller können mühelos befriedigt werden. Warum, so fragt Böhme unter Bezug auf Herbert Marcuse, der in *Triebstruktur und Gesellschaft* bereits 1978 dieselbe Frage gestellt hat, regiert in der Überflussgesellschaft nicht das „Lustprinzip" (ebd.), weshalb leben wir nicht mittlerweile im von Karl Marx projektierten „Reich der Freiheit" (ebd., S. 69)? Marcuses Antwort darauf war, dass das von Sigmund Freud sog. „Realitätsprinzip" (ebd., S. 64) zum „Leistungsprinzip" (ebd., S. 65) verschärft wurde und zwar im Interesse der „Herrschenden" (womit Staat und Unterhaltungsindustrie gemeint sein sollen, vgl. ebd., S. 72), welche die Massen disziplinieren wollen, selbst dann, wenn dies „ökonomisch nicht mehr nötig ist" (ebd., S. 76). Das Realitätsprinzip nach Freud wiederum besagt, dass wir alle nur überleben können, wenn wir uns „Triebverzicht, Aufschub der Lust und Arbeit" (ebd., S. 64) aufzwingen.

Böhmes entscheidender Beitrag ist nun, dass er im Gegensatz zu Marcuse keine unbestimmten Herrschaftsinteressen als Erklärung für unsere anhaltende Leistungsorientierung anführt, sondern diese ganz schlicht auf kapitalistische Zusammenhänge zurückführt:

[7]Leider sagt Böhme selbst nicht, wen konkret er damit meint. Aus seinen Ausführungen leitet sich meiner Ansicht nach aber immer wieder ab, dass er sich auf die marktwirtschaftlich organisierten Industriestaaten bzw. die sog. „Staaten der Ersten Welt" bezieht.

> „Damit haben wir endlich den wahren Mechanismus identifiziert, der das Leistungsprinzip in unserer Gesellschaft aufrechterhält und immer wieder verstärkt. Man braucht dafür nicht nach anonymen Herrschenden zu fragen oder den Staat als Herrschaftsordnung anzurufen. Es sind schlicht ökonomische Interessen, die sich im Kapitalismus auswirken, wenn er durch die Entwicklung der Produktivkräfte in die Überflussgesellschaft übergeht. Ich nenne das Stadium, in das der Kapitalismus dann eintritt, ästhetische Ökonomie. Der Kapitalismus qua ästhetischer Ökonomie ist dafür verantwortlich, dass der Mensch auch im Überfluss nie zufrieden ist und sein gesamtes Dasein unter dem Gesichtspunkt von Leistung sieht." (ebd., S. 73)

Wirtschaftswachstum, so argumentiert Böhme, ist für kapitalistische Gesellschaften „essentiell", sogar „so essentiell, dass weder ein Politiker noch ein Ökonom die Notwendigkeit von Wachstum heute infrage stellt." (ebd., S. 74). In einer Überflussgesellschaft aber, in der die Grundbedürfnisse längst gestillt sind und im marktwirtschaftlichen Bedienen dieser Bedürfnisse folglich kein Wachstum mehr generierbar ist, kann „Wachstum […] nur aufrechterhalten werden, wenn der Sektor der Bedürfnisse ausgeweitet wird." (ebd.) Im Anschluss an diese zentrale Überlegung kommt Böhme zu jenem Begriff, der auch für die hier verfolgte These angewendet wird, nämlich den „Begehrnissen":

> Begehrnisse sind solche Bedürfnisse, die dadurch, dass man ihnen entspricht, nicht gestillt, sondern gesteigert werden. Bedürfnisse im engeren Sinne, etwa zu trinken, zu schlafen oder sich vor der Kälte zu schützen, verschwinden in dem Moment, in dem sie gestillt werden. Das ist bei Begehrnissen anders: Wer Macht hat, will mehr Macht, wer berühmt ist, will noch berühmter werden usw. Wichtig ist, dass es Begehrnisse gibt, die direkt ökonomisch ausgebeutet werden können. Und gerade diese richten sich auf die Inszenierungen und damit die Steigerung des Lebens. Für Ausstattung, Glanz und Sichtbarkeit gibt es keine natürlichen Grenzen. Vielmehr verlangt hier jede Stufe, die man erreicht, nach einer weiteren Steigerung. Da Wachstum wesentlich zum Kapitalismus gehört, muss die kapitalistische Produktion in einem bestimmten Entwicklungsstadium, das durch die grundsätzliche Befriedigung der Bedürfnisse einer Bevölkerung charakterisiert ist, für das Weitere explizit auf die Begehrnisse setzen. Die Wirtschaft wird damit zur ästhetischen Ökonomie. (ebd., S. 28–29)

Böhme differenziert gleich zu Beginn seiner Theorie vier „wirtschaftsrelevante Begehrnisse", also Bedürfnisse, die innerhalb eines nicht mehr auf „Gebrauchswerten", sondern auf „Inszenierungswerten" (ebd., S. 100) basierenden kapitalistischen Systems – der ästhetischen Ökonomie – nicht mehr stillbar, sondern nur noch intensivierbar sind (ebd., S. 12):

1. das Bedürfnis nach Ausstattung des Lebens
2. das Bedürfnis, gesehen und gehört zu werden
3. das Bedürfnis nach Ruhm
4. das Bedürfnis nach Mobilität

Meiner Ansicht nach lässt sich die oben beschriebene Ideologie, die in aktuellen Reiserepräsentationen zum Ausdruck kommt, auf diese von Böhme indizierten Begehrnisse

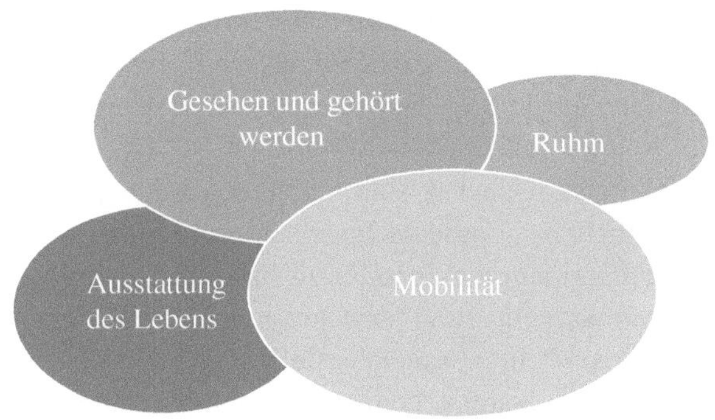

Abb. 7.1 Begehrnisstruktur beim Reisen in Anlehung an die Begehrnisse im ästhetischen Kapitalismus nach Gernot Böhme

zurückzuführen bzw. kann das Erzählmuster, das in Beispielen wie *Reiss aus* oder *Weit* realisiert wird, als ein Muster verstanden werden, das die im ästhetischen Kapitalismus virulent gewordenen Begehrnisse zu stillen vorgibt – was per Definition freilich unmöglich ist. Fasst man die vier Begehrnis-Kategorien nach Böhme einmal grafisch zusammen, so erscheinen „Mobilität" und „gesehen und gehört werden" als die beiden Begehrnisse, die in den medialen Repräsentationen von Reiseerfahrung besonders stark im Fokus stehen. Wer derartige Reiserepräsentationen produziert und rezipiert, findet sein Bedürfnis nach Unterwegssein, nach Reisen und dem Davonberichten gesteigert. Im Gegensatz zu anderen Aktivitäten oder Produkten, die auf das Stillen von einzelnen „Begehrnissen" abzielen, überlagern sich in der medialen Repräsentation von Reiseerfahrung alle vier „Begehrnisse", wodurch die enorme Popularität eben dieser nachvollziehbar wird und zwar jenseits naheliegender Erklärungen, wie der, dass wir alle uns an schönen Bilder aus „fernen Ländern" erfreuen und uns gern in unserer Reiselust bestärken lassen. Reise-Dokumentationen wie *Weit* oder *Reiss aus* zielen – ob bewusst oder unbewusst mag dahingestellt bleiben – gewissermaßen ins Zentrum dieser sich überlagernden Begehrnis-Struktur: Das „Mobilsein" führt zur „Ausstattung des Lebens" (besondere Erfahrungen, festgehalten in besonderen Bildern, über die man sich ästhetisch klar von anderen abgrenzt), die mediale Übersetzung und Verbreitung der Reiseerfahrung ermöglichen es einem „gesehen und gehört zu werden" und im Idealfall erlangt man sogar „Ruhm" (Abb. 7.1).

Vor dem Hintergrund dieses theoretischen Brückenschlags, der die Popularität zeitgenössischer und häufig betont visueller Repräsentationen von Reiseerfahrung erklären soll, kann nun ein detaillierter Blick auf die Medialität und die vermittelte Ideologie von *Weit* geworfen werden.

7.4 *Weit.* Eine Geschichte über das „Gute in der Welt" und seine mediale Realisierung

Die beiden Prologe, die Allgaier und Weisser ihrem Film und ihrem *Reisemagazin* voranstellen, sind identisch und evozieren über das Beispiel der realen Begegnung mit einem Elefanten den eklatanten Unterschied von Realität und Fantasie, der sich durch das Reisen abbauen lasse. Im Film wird im Anschluss an die animierte Zeichnung eines Elefanten auflösend angemerkt: „Die Erfahrung kommt und die Phantasie geht" (ebd., 00:47). Im Magazin folgen ein Vorwort, das die Genese des Magazins erläutert und dann ein Prolog. Die zentrale Botschaft in beiden Medien lautet: Reisen bedeutet, die Welt zu sehen „wie sie wirklich ist" (wörtlich sagt Weisser das im Film, als von der Einreise nach Pakistan berichtet wird, vgl. ebd., 42:52), ein schon seit den frühneuzeitlichen „Entdeckungsreisen" bekannter Topos, der indes kaum etwas von seiner Faszination eingebüßt zu haben scheint. Konform mit den rhetorischen Regeln *captatio attentio* und *benevolentiae* werden zu Beginn von *Weit* „authentische Erfahrungen" in Aussicht gestellt und im Prolog des Magazins auch der zugehörige Bescheidenheitstopos kommuniziert – „wir sind nichts Besonderes, hören lediglich auf das Gefühl im Bauch" – der in keiner guten Exordialtopik fehlen darf. Neben diesen genre- und einleitungstypischen Formulierungen knüpft der Prolog im *Reisemagazin* aber auch inhaltlich deutlich an die oben erläuterte Ideologie zeitgenössischer Reiserepräsentationen an:

> „Uns zieht es hinaus. Mit Rucksack, Zelt und nur dem, was wir wirklich brauchen. Uns das alles über Land. Nie den Kontakt zur Erde verlieren. Immer Strecke spüren. Über die Meere mit dem Schiff, denn jeden Meter wollen wir mit all unseren Sinnen wahrnehmen, mit Zeit reisen. Wir lernen Grenzen kennen. Wollen lernen, was Verzicht heißt und was Genuss bedeutet. Es ist der Versuch nicht mehr als fünf Euro am Tag auszugeben. zwei oder drei Jahre Vielleicht mehr, vielleicht weniger Wir folgen unserem Weg, sind nichts Besonderes, hören lediglich auf das Gefühl im Bauch. Dabei sind Spontanität und Neugier unsere engsten Begleiter. Wir verlassen unser Zuhause, um zu lernen, was für andere Heimat bedeutet. Und es wird einen Film geben. Irgendwann. Denn dann sind wir so *Weit* in den Osten gereist, dass wir über den Westen wieder zurück gekehrt sind." (Allgaier und Weisser 2017b, S. 9)

Die Reise-Programmatik von *Weit,* die auf sehr breite und langanhaltende Resonanz gestoßen ist, reiht sich zunächst erkennbar in drei gesellschaftliche Trendthemen ein, die sich hier implizit um die Begriffe „Entschleunigung", „Achtsamkeit" und „Heimat" gruppieren. Das Credo lautet: Reduktion, Verzicht, Geduld, Sinnlichkeit und Bescheidenheit, aber auch Erdverbundenheit und ein erfahrungsbasiertes Heimatverständnis sind positive Werte, die allesamt auf Reisen erfahrbar und erlernbar sind. Die starke Betonung des Bildungseffekts, den das Reisen mit sich bringen soll (in dem kurzen Abschnitt wird das Verb „lernen" dreimal wiederholt) stellt einerseits eine weitere diskursgeschichtliche Filiation dar – die berühmte Grand-Tour und das Zeitalter der Bildungsreisen haben hier eindeutig Spuren hinterlassen – und suggeriert andererseits, dass Reisen ein Remedium angesichts akuter gesellschaftlicher Defizite sein kann: Reisen wirkt der Beschleunigung, Entfremdung und dem „Heimatverlust" entgegen. Ferner ist die Reise mit dem klaren Ziel verbunden, etwas „anders" zu machen; kommunikativ ausgespart, aber *ex negativo* deutlich herauszulesen, steht auch hier die nicht-sinnliche, hektische und konsumorientierte Alltagswelt in der Kritik und dient als Kontrastfolie, vor der das Reisemotiv seine Wirkung entfaltet. Entsprechend liegt der Fokus im Magazin und im Film, wie oben erläutert, auf dem adäquaten *Modus* des

Reisens, der hier programmatisch als langsames und aisthetisches Reisen definiert wird. Die in Aussicht gestellten Erkenntnisse, die performativ durch das Reisen gewonnen werden sollen („lernen Grenzen kennen“, „wollen lernen, was Verzicht heißt“, „lernen, was für andere Heimat ist“) dominieren derart, dass die Schlussankündigung, die verrät, in welches mediale Format die während der Reise gemachten Erfahrungen überführt werden sollen, beinahe untergeht: „Es wird einen Film geben“.

Tatsächlich haben Allgaier und Weisser sehr viel mehr als nur einen Film produziert, womit *Weit* nur eines von vielen aktuellen Beispielen ist, in welchem Reiseerfahrung nicht nur in einem spezifischen Medium nacherzählt wird, sondern „mit den Mitteln mehrerer Medien zugleich“ (Renner 2013, S. 7). Trotz zahlreicher jüngst erschienener Publikationen zur „Transmedialität“ (Wolf 2017; Thon 2016; Mahne 2007; Meyer et al. 2006), und den intensiven Bemühungen Marie-Laure Ryans eine weder „medienblinde“ noch „radikal medienspezifische“ „transmediale Narratologie“ (Ryan 2004, S. 33–34) zu entwickeln, ist ein Phänomen wie *Weit,* bei der *Die Geschichte von einem Weg um die Welt* in verschiedenen Medien gleichzeitig vermittelt wird, leider noch immer terminologisch schwer zu fassen. Denn, wie Jan-Noël Thon zusammenfasst, lassen sich innerhalb des allgemeinen Verständnisses von Transmedialität als „medienübergreifendes Phänomen“ (Thon 2016, S. 11) drei Forschungstendenzen differenzieren: Erstens literarisch orientierte Theorien, die Transmedialität als medienunabhängiges Phänomen begreifen, bei dem wesentlich ästhetische Strategien im Fokus stehen. Zweitens medienwissenschaftlich orientierte Theorien, die sich vor allen für die – meist fiktionale – transmediale Repräsentation von Figuren, Welten und Geschichten interessieren und drittens eine im Kontext von Journalismus und Werbung anzusiedelnde Tendenz, bei der es um die crossmediale Verbreitung nicht-fiktionaler Inhalte geht (ebd., S. 11–12). Gemessen an diesem Spektrum lässt sich *Weit* bestenfalls in einem Zwischenbereich von transmedialem Storytelling (die „Geschichte“ ihrer Reise um die Welt wird auf verschiedenen medialen Kanälen realisiert) und crossmedialer Kommunikation (Film, Magazin und Webseite vermarkten gleichzeitig dasselbe Produkt) einordnen.

7.5 Vom Vlog zum crossmedialen Produkt

Nicht nur die Trans- und Crossmedialität, auch die Chronologie der Mediatisierung von *Weit* ist typisch für zeitgenössische Repräsentationspraktiken. Ursprünglich hatten Allgaier und Weisser während der Reise 28 jeweils ca. fünfminütige Vlogs unter dem Titel „Ohne Flugzeug um die Welt“ für die *Badische Zeitung* produziert (Badische Zeitung 2016). Der Erfolg dieses „Video-Tagebuchs“ führte dann, so informiert die Webseite, zum Filmprojekt. Der 127-minütige Dokumentarfilm lief 2017 bundesweit in den Kinos und erzählt die Reise in vier Kapiteln, von denen das erste fast die Hälfte des Films ausmacht, das letzte hingegen nur wenige Minuten umfasst. Schon zu Beginn der Reise, 2013, wurde eine Webseite erstellt, die sich aktuell in sechs Kategorien gliedert: „Reise“, „Film“, „Magazin“, „Heimat“, „Gästebuch“, „Shop“ (Allgaier und Weisser 2019) und crossmedial auf die anderen Medien verweist oder Teile draus bereitstellt. Und noch im selben Jahr wie der Film wurde das retro-haptische, in lindgrünes Leinen gebundene, 262 Seiten umfassende *Reisemagazin* im Selbstverlag veröffentlicht, das binnengegliedert wird in „Momentaufnahmen", „Gedanken" und „Ratschläge und Rezepte" (Allgaier und Weisser 2017b, S. 13). Das betont langsame (insgesamt reisen Allgaier und Weisser dreieinhalb Jahre lang und legen, ihrer Erzählung nach, alle Strecken zurück, ohne zu fliegen) und mit allen Sinnen reisende Duo hat sich nach der Rückkehr ganz offenbar zu einer raschen und umfangreichen Vermarktung ihrer sehr persönlichen (die beiden bekommen während der Reise ein Kind) Reiseerfahrung entschieden. Sie sind nicht nur, wie man Reisende mit medialer Strategie im Gepäck und im „Zeitalter der webbasierten Selbstermächtigung" inzwischen nennt, „Produser" (Klemm 2016, S. 35), sondern auch ganz klassische Unternehmende geworden, haben eine GbR gegründet und ihr Produkt über die oben genannten medialen Kanäle hinaus auch persönlich bei Filmvorführungen, Vorträgen, Messen und in Interviews besprochen und beworben.

Im *Reisemagazin* in der Rubrik „Gedanken" zum Thema „Reisen und Filmen" heißt es: „Wir sind unterwegs, um zu reisen. Der Film ist ein Beiwerk, das aus unserer Leidenschaft als Filmemacher heraus entstanden ist, nie aber die tatsächliche Reise lenkte" (Allgaier und Weisser 2017b, S. 143) und auch auf der Webseite in der Rubrik „Film" wird topisch die Unverfälschtheit der Aufnahmen betont: „Doch immer stand auch fest, dass das Einfangen von Momenten die Reise nie lenken, dominieren oder gar bestimmen sollte. Die Kamera lief nebenbei, nur von uns geführt oder am Wegrand platziert. Sie dokumentierte ausschließlich, was wir tatsächlich auf der Reise erlebten" (Allgaier und Weisser 2019). Abgesehen davon, dass natürlich jeder Erzählakt, auch im Dokumentarischen, grundsätzlich immer ein Inszenieren bedeutet, und abgesehen davon, dass sehr viele Einstellungen im Film, in denen das Paar etwa laufend von hinten, laufend von vorne oder von oben aus der Totalen gezeigt wird (vgl. z. B. Allgaier und Weisser 2017a, 1:58:33), schwerlich entstanden sein können, ohne dass die Kamera bewusst zunächst weiter vorn oder sehr *Weit* weg postiert wurde oder ein Dritter gefilmt haben müsste, ist auch fraglich, ob unsere ohnehin selektive Wahrnehmung nicht nach noch strengeren Selektionskriterien funktioniert, wenn man weiß, dass man eine Kamera dabei hat und das ultimate Ziel verfolgt, aus dem entstehenden Material einen Film zu machen. Influencer, die Destinationen, Hotels oder Airlines bewerben, sind dezidiert selektiv und achten bei der bereisten Umgebung mittlerweile vor allem auf die „Instagrammability" (Reuter 2019). Allgaier und Weisser wollen sich zwar nicht als „Influencer" verstanden wissen, die mediale Distribution ihrer Reiseerfahrung indes befördert denselben Effekt, zumindest wenn man den zahlreichen Faneinträgen im „Gästebuch" auf der Webseite glauben darf, für die insbesondere der Film eine ganz entscheidende Inspirationsquelle für die eigene Reiseplanung darstellt.[8]

---

[8]Influencer, die für Reiseunternehmen agieren, haben, entgegen einer weitläufigen Annahme, vornehmlich den Auftrag, Kunden etwa für eine bestimmte Destination zu „inspirieren" und nicht, eine direkt messbare gesteigerte Nachfrage zu produzieren. Vgl. ARD Audiothek (2019).

7.6 Positivität und Privilegien

Die betont langsame Reise in *Weit* als Abkehr von einem auf fraglichen Werten basierenden System hat sich bereits als ideologisch direkt anschlussfähig an die eingangs erörterten Trends erwiesen, doch auch die beiden bereits beschriebenen besonders diskurstypischen Elemente, die apodiktische Positivität und die Marginalisierung von Privilegien, werden in zahlreichen Passagen des Films und des Magazins reproduziert, wie etwa im Abschnitt „Eine Langzeitreise planen“ in der „Ratschlag“-Rubrik des *Reisemagazins:*

> „In erster Linie spürt man es einfach. Der Ort, an dem man sich befindet, reicht irgendwie nicht mehr aus. Man weiß, dass da noch mehr wartet. [...][9] Wohin will ich eigentlich reisen? Wie lange? Alleine oder mit Partnerin? Das sind wohl die ersten Fragen, die man sich stellt. Meistens kann man sie aus dem Bauch heraus auch direkt beantworten. Aber dann kommt dieser unübersichtliche Berg aus organisatorischen Dingen, die es vor einer großen Reise zu erledigen gilt und er scheint schier unbezwingbar. Ist er aber nicht (...). Und vor allem sollte das Organisatorische nicht davon abhalten, den ersten Schritt zu wagen. Sich am Anfang nur auf den Papierkram zu konzentrieren ist sinnvoll, denn der ist leider unumgänglich. Aber keine Angst: Mit ein bisschen Struktur ist das halb so wild. Die To-Do-Liste sollte ein guter Anhaltspunkt sein.“ (Allgaier und Weisser 2017b, S. 70)

Dass sich hiervon grundsätzlich nur angesprochen fühlen kann, wer im Besitz eines visafreundlichen Reisepasses ist, wird ebenso unkommentiert vorausgesetzt wie das solidarisch heraufbeschworene Unruhegefühl, das einen dazu veranlasse, einen Ortswechsel zu wollen. Mit Gernot Böhme gesprochen drückt sich an dieser Stelle sehr anschaulich das „Unbehagen im Wohlstand“ (Böhme 2016, S. 20) aus, das zugleich völlig ohne Reflexion der eigenen Voraussetzungen bleibt. Dass ein Großteil der Menschen dem „Gefühl“, das der „Ort, an dem man sich befindet, irgendwie nicht mehr ausreicht“ gar nicht nachgehen kann oder dabei sein Leben auf gefährlicher Flucht riskieren muss, hat an dieser Stelle keinen Raum. Zur Privilegien-Ausblendung gehört, dass eben nicht gesagt wird, dass sich nicht jeder einfach überlegen kann, wie er eine Langzeitreise nach individuellem Geschmack ausrichten kann, sondern dass dies nur für eine sehr privilegierte Gruppe von Menschen mit speziellen materiellen und intellektuellen Voraussetzungen gilt. Diese objektive Einschränkung scheint als geteiltes Vorwissen vorausgesetzt zu werden, das nicht mehr mitgeteilt werden muss. Aber genau durch das Nicht-Kommunizieren der geltenden Einschränkung wird zugleich der sachlich falsche Eindruck vermittelt, dass eben doch jeder sich seinen persönlichen Reisetraum erfüllen könne, wenn er denn nur wolle. Positivität und Privilegien-Ausblendung setzen sich selbst dort fort, wo ein reflexives Innehalten stattfindet:

[9]An dieser Stelle folgt eine Pflanzenmetapher, die Idee zur Reise müsse wie ein Keimling versorgt oder frühzeitig gerupft werden.

> Nie zuvor war es so einfach zu reisen wie heute. Und niemand weiß, ob es noch ewig so bleiben wird. Ich betrachte es als das Privileg unserer Generation, die Welt so unmittelbar und unkompliziert erleben zu dürfen! Lasst es uns nutzen. Und zu guter Letzt: Mut braucht man eigentlich nur für den ersten Schritt. Danach wird die Reise schon leiten. Wenn man wie ein Kind bleibt: Neugierig, aktiv, voller Vertrauen. (Allgaier und Weisser 2017b, S. 70)

Einfach losreisen ist, global betrachtet, leider kein „Generationen-Privileg", sondern abhängig von Nationalität, Geschlecht, ökonomischen Verhältnissen und Bildung und es ist vielleicht das größte Privileg der „Happy Few", sich aus Selbstkonstitutionsgründen nicht nur wie ein Kind verhalten zu wollen – was sicher viele Menschen gern tun würden – sondern sich auch entsprechend verhalten zu können, ohne ernsthafte Konsequenzen oder Sanktionen fürchten zu müssen. Emotional, positiv und unreflektiert in Bezug auf Privilegien setzt sich dann auch die angekündigte To-do-Liste aus Einträgen wie „Träumen", „Job kündigen und sich als Arbeitsuchend/bzw. Arbeitslos" melden, „Haus, Wohnung, Zimmer untervermieten oder Verträge kündigen" oder „eine Visakarte beantragen" zusammen (ebd., S. 71), wodurch implizit ein weiteres Mal sehr deutlich wird, wie voraussetzungsreich das scheinbar so Einfache und Naheliegende tatsächlich ist: Es gilt zuerst einmal Wohnraum, Geld, Arbeit, Krankenversicherung und einen die Reise ermöglichenden Pass zu haben, bevor man sich all dieser Annehmlichkeiten für eine bestimmte Zeit entledigen kann, um zu reisen. Das hier kritisierte Muster aus Nicht-Reflexion von eigenen Voraussetzungen bei gleichzeitiger Suggestion von allgemeiner Machbarkeit setzt sich auch im Abschnitt „Visa-Labyrinth" kontinuierlich fort und es wird auf der obersten grafischen Hierarchieebene weder sachlich noch selbstironisch (beides wären hier denkbare und einfach zu realisierende Alternativen) gefragt: „Bist Du im Besitz einer für Visumsanträge berechtigenden Nationalität?", sondern nur: „Benötigst Du für den Aufenthalt in deinem Zielland ein Visum?" (ebd., S. 104)

7.7 Heimat, Vertrauen und Wunderbares

Das im Prolog des *Reisemagazins* prominent genannte Erkenntnisinteresse an „Heimat" spielt auch im Film eine besondere Rolle und auf der Webseite gibt es eine eigene „Heimat"-Rubrik. Im Erklärungstext zu den dort versammelten kurzen „Film-Portraits" zeigt sich ein weiteres Mal, dass auch in zeitgenössischen Reiserepräsentationen und trotz neuer medialer Darstellungsmöglichkeiten, letztlich dasselbe versucht wird wie schon in frühneuzeitlichen Reiseberichten, nämlich die Welt durch die Schilderung von Reiserfahrungen als homogenes Ganzes im unendlich diversen Kosmos zu verbürgen und zu konzeptualisieren. Universalistisch-versöhnlich heißt es auf der Webseite:

> Dieses „Heimat"-Projekt liegt uns besonders am Herzen. Denn es hat uns immer wieder gezeigt: Wir mögen unter vollkommen verschiedenen Umständen leben, komplett verschiedene Rahmenbedingungen haben, und uns im Kern doch sehr ähnlich sein. Ja, wir alle streben letztlich nach einem friedvollen und harmonischen Leben, wollen unsere Familien versorgen können, uns ein Zuhause schaffen, einer Arbeit nachgehen – eine Heimat haben. (Allgaier und Weisser 2019)

Zusätzlich zur schon genannten *aventiure* und dem Topos, dass die Welt sich beim Reisen zeige „wie sie wirklich ist", wird auch hier eine alte, mit dem Reisen assoziierte Vorstellung tradiert, bei der es, wie Peter Brenner zusammengefasst hat, um die „Herstellung einer Einheit der Welt angesichts der unbestreitbaren Vielfalt der empirischen Dinge" (Brenner 1989, S. 31) geht.

Heimat, Vertrauen und Wunderbares sind jene Begriffe, die der Film zentral verhandelt. Das unverfälschte Staunen eines Kindes ist der Wahrnehmungsmodus, um den in *Weit* permanent gerungen wird und in dem folglich Reflexionen, Problematisierungen und Kritik keinen Platz haben. Die Menschen, die Allgaier und Weisser in Murgab in Tadschikistan treffen, sind für sie „ein Wunder" (Allgaier und Weisser 2017a, 17:31), es wird das „Wunderbare am Trampen" beschrieben, das einem immer neuen Geschichten bringe, die nicht planbar seien (ebd., 22:03), gesagt, dass „Freiwilligenarbeit" ein „wunderbares Geben und Nehmen" darstelle (ebd., 39:55). Im Abgesang werden konsequenterweise Heimat, Wunderbares und Vertrauen pathosreich miteinander verwoben, wenn Allgaier sagt: „Es ist wunderbar, das letzte Stück zu laufen, langsam zu sein, in Ruhe heimzukehren" (ebd., 2:00:46), Weisser dann ergänzt: „Wir haben sehen dürfen, wie bunt und vielfältig die Welt ist, haben erlebt, dass sie viel Gutes hat und dass es wunderbare Menschen da draußen gibt, ganz egal wo" (ebd., 2:02:36) und Allgaier resümiert: „Und was am Ende bleibt, ist die Erfahrung, die Erfahrung, dass es sich lohnt zu vertrauen" (ebd., 2:03:49). Die vielfache Betonung des Wunderbaren markiert eine weitere Traditionslinie im Reisediskurs, denn das Staunen über das „Wunderbare" hat Stephen Greenblatt als wesentliches Charakteristikum der Repräsentationspraxis europäischer Reisender im 16. Jahrhundert beschrieben (Greenblatt 1998, S. 39–40). Mit ihrer Programmatik des unbekümmerten, dezidiert nicht-problematisierenden Erzählens von ihrer Reise und dem Fokus auf dem staunenden Überwältigtsein ob der ganzen Schönheit und Freundlichkeit in der Welt, knüpfen Allgaier und Weisser in gewisser Weise an diese alte Praxis an, indes natürlich mit einer der kolonialistischen Geste diametral entgegenstehenden Haltung von Offenheit und Dankbarkeit.

Der Candidesche Optimismus, der die Begegnung mit allen Menschen im Film prägt, wird an einer Stelle besonders auffällig, wenngleich unfreiwillig, konterkariert: in der besagten Szene werden die beiden von einem sie absetzenden Fahrer gefragt, wo sie eigentlich noch alles hinwollten und „wer das bezahle" (Allgaier und Weisser 2017a, Minte 24:29), woraufhin Allgaier und Weisser erklären, sie würden trampen, im Zelt schlafen und jeden Tag Nudeln mit Tomatensauce essen. Allgaier kommentiert die Szene im Anschluss: „Manch einer kann nicht verstehen, was wir da machen, ist besorgt, uns so alleine in der Wildnis zurückzulassen. Dabei ist es genau das, was wir wollen. Draußen sein." (ebd., 24:39). In der Frage, wer die weite Reise bezahle, drückt sich aber weniger Besorgnis aus, als vielmehr Unverständnis über das Handeln der Beiden und die Neugier zu erfahren, wie sie dieses Handeln konkret finanzieren. Der Dialog hätte insofern eine Steilvorlage für die Thematisierung von Privilegien sein können, für eine Reflexion der ökonomischen Bedingungen ihrer Reise und der Wirkung, die sie damit auf Menschen mit weniger Privilegien ausüben, aber stattdessen geht es ein weiteres Mal um das ganz persönliche Verlangen, „draußen" zu sein, den Wunsch, sich der Stille hinzugeben. *Weit* will ein Film sein, der authentisch vermittelt, wie schön die Welt ist, in Szenen wie dieser aber zeigt sich eine deutliche Geste der Abgrenzung gegenüber den „Unverständigen". Die Chance, zu reflektieren, inwiefern solche Abgrenzungen überhaupt erst durch bestimmte Privilegien und Zugehörigkeiten möglich werden oder warum es sehr voraussetzungsreich ist, eine „Phase seines Lebens" zum „Unterwegssein" zu nutzen und sich „Pausen" von der eigenen „Freiheit" zu nehmen (ebd., 29:07), wird nicht genutzt.

Auch dann, wenn im Film Themen wie prekäre oder unmenschliche Arbeit, nationalstaatliche Repressionen oder Armut als Themen auftauchen, werden diese meist unkommentiert stehen gelassen oder, wenn überhaupt, nur sehr oberflächlich verhandelt. Zu Beginn des Films z. B., wenn das Paar durch die kasachische Steppe trampt, wird zwar gesagt, dass der sie mitnehmende Fahrer Äpfel per Laster 900 km *Weit* nach Astana fahren muss, dass er, nachdem er sich nachts verfahren hat, übermüdet ist und sie ihn nur mühsam zu einer Pause überreden können (ebd., 09:28), eine weitergehende Beschäftigung mit den erkennbar harten Arbeitsverhältnissen aber bleibt aus. Wenn die beiden in den Iran reisen, sagt Allgaier: „Wir haben gehört von Todesstrafe auf Homosexualität, Peitschenhieben auf Alkoholkonsum und dass man nicht tanzen darf. Und doch wurde uns auch viel Wunderbares erzählt. Von den Menschen und der außergewöhnlichen Gastfreundschaft in diesem Land" (ebd., 32:33). Sätze wie diese würden in anderen Kontexten wohlwollend als Plattitüde, weniger wohlwollend als kulturelles Stereotyp bezeichnet, in *Weit* gehören sie fest zum Positivitätsprogramm, das sich in seiner Schlichtheit kontinuierlich treu bleibt. Über die Einwohner Belutschistans etwa heißt es: „Die Menschen in diesem Teil der Welt haben eine tolle Ausstrahlung" (ebd., 47:30) oder auch: „Die Nachrichten zuhause beschränken Pakistan meist nur auf Terror und Gewalt. Jetzt, wo wir hier sind sehen wir, dass dieses Land viel mehr ist, als sein einseitiges Image" (ebd., 49:37). Wenn sich solche Aussagen häufen, stellt sich unwillkürlich die Frage, ob man Kulturklischees mit solch banalen Sätzen wirklich wirksam entkräften kann, aber Widerständigkeit gehört nicht zu den Dingen, die *Weit* vermitteln möchte. Ausführlich wird ferner die Begegnung mit Amir in Teheran erzählt, einem jungen iranischen Studenten, dessen Visumsantrag für Deutschland abgelehnt wurde: „Amir darf nicht nach Deutschland, bekommt kein Visum, und dass, obwohl die Uni Tübingen ihm sogar ein Stipendium anbietet, in Neurowissenschaften." Das Schreiben der deutschen Botschaft wird in Großaufnahme eingeblendet, die Gründe für die Ablehnung liest Weisser vor und blickt dann fragend nach oben" (ebd., 34:12-3). In der nächsten Einstellung heißt es: Wenn er schon nicht nach Deutschland darf, kommt Amir wenigstens ein Stück mit uns mit. Amir hat sein Heimatland noch nie bereist". Und die Episode wird beschlossen mit dem prospektiven Satz: „Amir wird in sechs Monaten ein Visum für Italien bekommen. Und in vier Jahren bei uns in Freiburg auf der Couch schlafen." (ebd., 38:00) Ende gut, alles gut, so scheint es. Es ist ohne Frage eine interkulturell-kompetente, eine empathische und ethisch wertvolle Geste, Amir mit auf die Reise zu nehmen und es stimmt optimistisch, dass es eine Wiederbegegnung in Deutschland geben wird. Aber auch in dieser Sequenz bleibt es bei der höchst subjektiven und privaten Sichtweise auf das Einzelschicksal eines Anderen. Die Erlebnisse werden nicht in allgemeine politische Fragen oder selbstreflexive Kommentare überführt, sondern bleiben individualisiert stehen. *Weit* repetiert dieses Erzählmuster auch in den weiteren Filmkapiteln, am Ende eines Aufenthaltes, einer Begegnung und am Ende der ganzen Reise steht stets eine ausdrückliche Affirmation des Positiven und Guten in der Welt. Krisen (wie ein blockierter Weg oder ein kaputtes Auto) lassen sich überwinden und wenn man es braucht, findet sich immer irgendwo eine helfende Hand und ein „kleines Häuschen", das man mieten und in das man sich zurückziehen kann; von Krankheit, Streit, Geldmangel oder anderen denkbaren typischen Konflikten, die sich beim Reisen (zumal als Paar) gerne mal ergeben, ist keine Rede.

Weit will nicht problematisieren, will beschreiben, ohne zu werten und das Angenehme und Schöne betonen. Allgaier und Weisser präsentieren sich als lebende Beweise für das erfahrbare Gute in der Welt (wozu im Übrigen der kontinuierlich unaufgeregte Erzählton der beiden beiträgt) und natürlich ist es legitim zu sagen, dass man für eine Reise-Dokumentation eine höchst private, dezidiert nicht-selbstreflexive und unpolitische Erzählweise wählt. Aber da *Weit* nur ein Beispiel von vielen ist, es sich also um einen klaren Trend innerhalb aktueller medialer Repräsentation von Reiseerfahrung handelt, kann man die Frage, warum genau diese Art der Erzählung gewählt wird, stellen, ohne dabei Einzelkritik zu üben, denn es geht dann nicht mehr nur um Allgaier und Weisser, sondern um ein kultur- und sozial wissenschaftlich relevantes Phänomen. Dieses Phänomen wurde hier ideologisch in seinen Grundzügen dargestellt und die Frage, wieso derzeit so viele selbsternannte Botschafter des Guten unterwegs sind, mit der „Begehrnis-Struktur" im ästhetischen Kapitalismus zu beantworten versucht.

7.8 Fazit

Der performative Selbstwiderspruch, der mit Bezug auf Gernot Böhmes Theorie als ein im postkapitalistischen System begründeter Widerspruch erläutert wurde, der sich in zeitgenössischen Reiserepräsentationen dadurch realisiert, dass die programmatische Abkehr vom entfremdenden, konsumorientierten Alltag letztlich genau dorthin zurückführt, indem die eigene Reiseerfahrung trans- und crossmedial vermarktet wird, ist – wie hier diskutiert wurde – auch für *Weit* nicht von der Hand zu weisen. Auf der Ebene des Dargestellten, also der Reise selbst, wird bei den Rezipient*innen vor allem das „Begehrnis" nach „Mobilität" intensiviert (in den Rezensionen und Kommentaren bekräftigen fast alle, wie sehr *Weit* vor allem die Lust, selbst auf Reisen zu gehen, befördert habe). Auf der Ebene der Darstellung, also den verschiedenen medialen Formaten der Repräsentation, verstärkt *Weit* das Begehrnis nach „gesehen und gehört werden": Man möchte in erster Linie ebensolche schönen, sinnlichen Reiseerfahrungen machen, wie es Allgaier und Weisser vormachen, und in zweiter Linie möchte man auch gerne eine solche mediale Erfolgsgeschichte vorweisen können. Filme wie *Weit* lassen den Wunsch entstehen, sich ebenso geschickt mediale Aufmerksamkeit mit einem

Herzensprojekt verschaffen zu können, wie die beiden Langzeitreisenden, womit auch die „Begehrnisse" „Ausstattung des Lebens" und „Ruhm" mit auf den Plan treten. Die Erfolgsgeschichte von *Weit* befeuert die im ästhetischen Kapitalismus ohnehin virulenten Begehrnisse. Dass es bei der medialen Verbreitung von Produkten wie *Weit* neben medialer Aufmerksamkeit für eine gute Sache letztlich ebenso um die Generierung von Gewinn geht wie etwa bei der Bewerbung eines Pauschalurlaubs durch einen Reiseanbieter, wird freilich nicht gesagt. Auch *Weit* reproduziert das gängige Klischee vom richtigen Reisen, das auf authentischen Begegnungen und Erfahrungen beruht und sich vom banalen Tourismus abgrenzt. In der Verstärkung der Begehrnisse und im marktwirtschaftlichen Ausbeuten dieser Begehrnisse (Kunden kaufen Kinotickets, das Reisemagazin, die DVD, den Soundtrack oder Eintrittskarten zu Vorträgen) lässt sich jedoch auch diese Distinktion als eine künstliche und letztlich unhaltbare dekonstruieren.

Auch wenn *Weit* kein prototypisches Beispiel der im medialen Selbstdarstellungskontext oft kritisierten Kategorie „Tyrannei der Intimität" (Dietz 2007, S. 120) darstellt, so reiht sich doch die Reiseprogrammatik mit der hier erörterten Ideologie und der erfolgreichen trans- und crossmedialen Vermarktung in einen zu beobachtenden Trend ein, der sich insbesondere die Begehrnisse nach „Mobilität" und „gesehen und gehört" werden zu Nutzen macht. Auch das langsame Reisen führt am Schluss überraschend schnell ins kapitalistische Hamsterrad zurück, in dem Wachstum und Gewinn existenziell sind und kaum eine Reiseerfahrung zu kostbar oder privat ist, als dass sie nicht montiert, in Umlauf gebracht, mit medialer Aufmerksamkeit bedacht und zu Geld verwandelt werden könnte. Folgt man dieser Analyse, so belegt die Popularität von *Weit* einmal mehr, wie gut sich derzeit Gewinn aus dem marktwirtschaftlichen Bedienen von „Begehrnissen" schlagen lässt.

Literatur

Aguigah, R. (2019). *Was die Selfie-Kultur über die Gegenwart verrät.* https://www.deutschlandfunkkultur.de/diskussion-ueber-bildsprache-was-die-selfie-kultur-ueber.974.de.html?dram:article_id=445669.

Allgaier, P., & Weisser, G. (2017a). *Weit: Die Geschichte von einem Weg um die Welt.* Norsingen: weit GbR.

Allgaier, P., & Weisser, G. (2017b). *Weit: Ein Reisemagazin.* Norsingen: weit GbR.

Allgaier, P., & Weisser, G. (2019). *Weit.* https://www.weitumdiewelt.de/.

ARD Audiothek. (2019). *Urlaubshypes – wie Instagram unsere Reisen beeinflusst.* https://www.ardaudiothek.de/ab-21/urlaubshypes-wie-instagram-unsere-reisen-beeinflusst/65145466.

Badische Zeitung. (2016). *Ohne Flugzeit um die Welt.* https://www.badische-zeitung.de/ohne-flugzeug-um-die-welt.

Böhme, G. (2016). *Ästhetischer Kapitalismus.* Berlin: Suhrkamp.

Böth, M. (2017). Wege zum Glück: Intersektionalität und die kulturelle Semantik des Glücks in Bernardin de Saint-Pierres Kolonialroman „Paul et Virginie" (1788). In S. Schul, M. Böth, & M. Mecklenburg (Hrsg.), *Abenteuerliche ‚Überkreuzungen': Vormoderne intersektional* (S. 281–310). Göttingen: V&R unipress.

de Botton, A. (2002). *Kunst des Reisens: Aus dem Englischen von Silvia Morawetz*. Frankfurt a. M.: S. Fischer.

Brenner, P. J. (1989). *Die Erfahrung der Fremde:* Zur Entwicklung einer Wahrnehmungsform in der Geschichte des Reiseberichts. In P. J. Brenner (Hrsg.), *Der Reisebericht: Die Entwicklung einer Gattung in der deutschen Literatur* (S. 14–49). Frankfurt a. M.: Suhrkamp.

Bundeszentrale für politische Bildung. (2017). *Nachschlagen/Zahlen und Fakten/Globalisierung/Kulturelle Globalisierung/Reisefreiheit*. https://www.bpb.de/nachschlagen/zahlen-und-fakten/globalisierung/52792/reisefreiheit.

D'Eramo, M., & Kempter, M. (2018). *Die Welt im Selfie: Eine Besichtigung des touristischen Zeitalters*. Berlin: Suhrkamp.

Dietz, S. (2007). *Die Menschenwürde der Rampensau:* Selbstdarstellungskultur in der massenmedialen Gesellschaft. In F. Kannetzky (Hrsg.), *Personalität. Studien zu einem Schlüsselbegriff der Philosophie* (S. 119–142). Leipzig: Leipziger Univ.-Verl.

Enzensberger, H. M. (1962). *Einzelheiten I. Bewußsteins-Industrie*. Frankfurt a. M.: Suhrkamp.

Greenblatt, S. (1996). Warum Reisen. *NZZ Folio, 6,* 7–11.

Greenblatt, S. (1998). *Wunderbare Besitztümer: Die Erfindung des Fremden: Reisende und Entdecker*. Berlin: Wagenbach.

Hennig, C. (1997). *Reiselust: Touristen, Tourismus und Urlaubskultur*. Frankfurt a. M.: Insel-Verl.

Instagram. (2019). Travelgram. https://www.instagram.com/travelgram/?hl=de.

Kaube, J. (2018). Ist Reisen noch zeitgemäß? Nein. Es ist nur Schichtungskarneval und Rollenkaraoke. *Frankfurter Allgemeine Quarterly*. https://www.faz.net/aktuell/stil/quarterly/ist-reisen-noch-zeitgemaess-ein-pro-und-contra-im-f-a-z-quarterly-15899672.html#void.

Kech, F. (2017). Freiburger Reise-Film „Weit" erobert Platz 1 in deutschen Kinos. *Badische Zeitung*. https://www.badische-zeitung.de/freiburg/freiburger-reise-film-weit-erobert-platz-1-in-deutschen-kinos–141947034.html.

Klemm, M. (2016). Ich reise, also blogge ich.: Wie Reiseberichte im Social Web zur multimodalen Echtzeit-Selbstdokumentation werden. In K. Hahn & A. Schmidl (Hrsg.), *Websites & Sightseeing*: *Tourismus in Medienkulturen* (S. 31–62). Wiesbaden: Springer VS.

Mahne, N. (2007). *Transmediale Erzähltheorie: Eine Einführung*. Göttingen: Vandenhoeck & Ruprecht.

Meyer, U., Simanowski, R., & Zeller, C. (Hrsg.). (2006). *Transmedialität: Zur Ästhetik paraliterarischer Verfahren*. Göttingen: Wallstein.

Pieper, F. (2017). *Per Anhalter um die Welt* (Videodatei). https://www.spiegel.de/video/dokumentarfilm-weit-per-anhalter-um-die-welt-video-1777202.html.

Renner, K. N. (2013). Erzählen im Zeitalter der Medienkonvergenz. In K. N. Renner (Hrsg.), *Medien – Erzählen – Gesellschaft: Transmediales Erzählen im Zeitalter der Medienkonvergenz* (S. 2–15). Berlin: De Gruyter.

Reuter, M. (2019). Die Banalität des Besonderen. https://netzpolitik.org/2019/instagram-und-die-banalitaet-der-perfekten-inszenierung/#spendenleiste. Zugegriffen: 18. Febr. 2019.

Ryan, M.-L. (2004). Introduction. In M.-L. Ryan (Hrsg.), *Narrative across media: The languages of storytelling* (S. 1–40). Lincoln: University of Nebraska Press.

Tesson, S. (2013). *Kurzer Bericht von der Unermesslichkeit der Welt*. Berlin: Matthes & Seitz.

Thon, J.-N. (2016). *Transmedial narratology and contemporary media culture*. Lincoln: University of Nebraska Press.

Ullrich, W. (2019). *Selfies: Digitale Bildkulturen*. Berlin: Wagenbach K.

Wendt, L., & Stirnat, U. (2019). Reiss aus. https://www.reissausderfilm.de/.

Wenk, S. (2013). Praktiken des Zu-sehen-Gebens aus der Perspektive der Studien zur visuellen Kultur. In T. Alkemeyer, G. Budde, & D. Freist (Hrsg.), *Selbst-Bildungen: Soziale und kulturelle Praktiken der Subjektivierung* (S. 275). Bielefeld: Transcript.

Wolf, W. (2017). Transmedial narratology: Theoretical foundations and some applications (fiction, single pictures, instrumental music). *Narrative, 25*(3), 256–285.

Youtube. (2019). Reiss aus. Filmpremiere in Stuttgart. https://www.youtube.com/watch?v=_CpYuULoxnU.

Dr. Anna Karina Sennefelder ist Postdoktorandin und Koordinatorin des von der VolkswagenStiftung geförderten Forschungskollegs „Neues Reisen – Neue Medien". Sie forscht im Rahmen ihrer Habilitation zur Ideologie und Medialisierung zeitgenössischer Repräsentationen von Reiseerfahrung. Ihre Dissertation *Rückzugsorte des Erzählens* beschäftigt sich mit autobiographischer Selbstkonstitution und Muße in der französischen Literatur des 19. Jahrhunderts und ist 2018 bei Mohr Siebeck erschienen. Anna Sennefelder hat im Bereich Koordination und Diversity Management im SFB 1015 Muße gearbeitet und ist Mitherausgeberin von *Muße. Ein Magazin.*

Tourismus zwischen Wirtschaft, Demografie und Kundeninteresse

8

Ulrich Reinhardt

Zusammenfassung

Der Tourismus ist eine der größten Wirtschaftsbranchen der Welt, so machte er im Jahr 2019 mit einem Beitrag von 8,9 Billionen US$, einen Anteil von 10,3 % des weltweiten Bruttoinlandsproduktes aus. Laut dem World Travel und Tourism Council arbeiten 330 Mio. Menschen im Tourismus, und laut dem Deutschen Reiseverband kümmern sich alleine in Deutschland über 2300 Reiseveranstalter um die Wünsche der Kunden. Die Welttourismusorganisation (UNWTO) schätzt, dass zurzeit ca. 1,5 Mrd. Menschen pro Jahr auf Reisen unterwegs sind, davon alleine 742 Mio. in Europa. Im Jahr 2019 verzeichnete die Reise- und Tourismusbranche laut dem World Travel und Tourism Council ein Wachstum von 3,5 % und die UNWTO rechnet mit einer weiteren Steigerung auf 1,8 Mrd. internationale Tourismusankünfte im Jahr 2030. Der Tourismus ist aber nicht nur ein Wirtschaftszweig, der über beeindruckende Wachstumsraten verfügt oder dessen Relevanz sich allein in Zahlen und Statistiken ausdrücken lässt. Er ist auch ein soziales Phänomen, das von gesellschaftlichen Veränderungen beeinflusst wird sowie selber auf Individuen und Gruppen bzw. deren Bedürfnisse, Vorstellungen und Träume einwirkt.

U. Reinhardt (✉)
BAT-Stiftung für Zukunftsfragen, Hamburg, Deutschland
E-Mail: reinhardt@zukunftsfragen.de

© Springer Fachmedien Wiesbaden GmbH, ein Teil von Springer Nature 2020
D. Pietzcker und C. Vaih-Baur (Hrsg.), *Ökonomische und soziologische Tourismustrends*,
https://doi.org/10.1007/978-3-658-29640-7_8

8.1 Gesellschaftliche Rahmenbedingungen im Wandel

Touristische Vorstellungen und Ansprüche werden sowohl von der individuellen Persönlichkeitsstruktur als auch von gesellschaftlichen Prozessen bestimmt, die die Wahrnehmung, Bewertung und Handlungsmöglichkeiten der Bürger beeinflussen. Veränderungen im Tourismus sind somit auch immer der Spiegel einer Gesellschaft im Wandel.

In den letzten Jahrzehnten erlebte die deutsche Tourismusbranche fast jährlich neue Rekordzahlen. Selbst Terroranschläge, Naturkatastrophen oder Wirtschaftskrisen führten nur zu temporären Rückgängen bzw. verschoben lediglich Tourismusströme. Die Gründe für den Boom der Branche sind zahlreich. Zu nennen sind unter anderem ein hohes Lohnniveau der Reisenden, niedrige Arbeitslosenzahlen, wachsender Wohlstand, zunehmende (günstige) Mobilitätsmöglichkeiten, eine hohe Bevölkerungsdichte in den Städten (dort ist der Wunsch nach einer Kompensation besonders hoch – Urlaub in der Natur), eine relativ ausgeglichene Altersverteilung oder offene Grenzen mit einer stabilen Sicherheitslage in den bereisten Ländern. Zudem ließen enge Zeitstrukturen, starke berufliche und private Verpflichtungen, zunehmende Technisierung und Digitalisierung sowie Leistungs- und Optimierungstendenzen einen Wirtschaftsbereich anwachsen, der Ausgleich zum Alltag schaffen konnte. (vgl. Popp und Reinhardt 2015) Die letztgenannten Gründe können hierbei auch auf eine wachsende Kritik an gesellschaftlichen Rahmenbedingungen hinweisen, welche durch Reisen ausgeglichen werden soll.

Für die Zukunft zeichnen sich für einige der genannten Faktoren gravierende Veränderungen ab, die wiederum zu einem veränderten Reiseverhalten der Bürger und damit auch zu Veränderungen in der Tourismusbranche führen werden.

So wird es hinsichtlich der *Altersverteilung* zu einem starken Anstieg der älteren Generationen kommen (Statistisches Bundesamt 2019).

- Im Jahr 2000 waren 21 % der Bevölkerung unter 20 Jahre, 24 % waren dagegen über 60 Jahre.
- Aktuell liegt der Anteil junger Mitbürger bei 18 %, während der Anteil Älterer auf 29 % gestiegen ist.
- 2050 wird sich der Anteil von über 60-Jährigen sogar auf 37 % erhöhen.

Bereits in den kommenden 20 Jahren wird sich die Altersverteilung stark verändern:

- Die Anzahl der 5- bis 29-Jährigen sinkt um 1,3 Mio. von 21,0 auf 19,7 Mio.
- Die Anzahl der 30- bis 64-Jährigen sinkt um 5,3 Mio. von 40,1 auf 34,8 Mio.
- Die Anzahl der über 65-Jährigen steigt um 5,1 Mio. von 18,1 auf 23,2 Mio.

Hauptgrund für diese Entwicklung ist zum einen eine steigende Lebenserwartung. So prognostiziert das Statistische Bundesamt (2018a) bei Geburten bis 2060 eine zunehmende Lebenserwartung für Männer von +4 bis +8 Jahren und für Frauen von +3 bis +6 Jahren.

Zum anderen sinkt – trotz einer zuletzt wieder leicht steigenden Geburtenrate und einer zunehmenden Einwanderung – die Anzahl jüngerer Bürger. Dieser demografische Wandel wird die Gesellschaft und damit auch die Reisebranche verändern. In Zukunft wird es zunehmend mehr ältere Menschen geben und viele von ihnen werden dank des medizinischen Fortschritts und eines höheren Lebensstandards im Vergleich zu früheren Generationen (sehr) lange leben. Dies stellt nicht nur die Politik vor Herausforderungen, wenn es z. B. um die Zukunft des Renten- oder Pflegesystems geht, sondern auch Reiseunternehmen müssen die Intensität einer etwaigen Verschiebung der Kundenzielgruppen und Kundenbedürfnisse beachten.

Auch bei den Aspekten des *Wohlstandes* und *Einkommens* lassen sich Veränderungen aufzeigen, die auf eine steigende Ungleichheit hinsichtlich finanzieller Möglichkeiten und Ressourcen hindeuten. Aktuell besitzen zehn Prozent der Bundesbürger etwa zwei Drittel des Nettovermögens. Vor zwanzig Jahren waren es noch 45 %. Die unteren 50 % der Bevölkerung kommen dagegen lediglich auf 2,5 % des Nettovermögens. Die Armutsgefährdungsquote lag 2017 bei 16,1 % und somit war jede sechste Person in Deutschland armutsgefährdet (Statistisches Bundesamt 2018b). Besonders betroffen sind hierbei Alleinerziehende, Arbeitslose, Alleinstehende sowie Mitbürger mit einem Migrationshintergrund.

Für die Zukunft deutet sich kaum eine Veränderung dieser Spaltung an. Im Gegenteil: 89 % der Bundesbürger gehen von einer zunehmenden Spaltung der Gesellschaft in den kommenden 20 Jahren aus (vgl. Reinhardt und Popp 2018). Auch bleiben die Einkommensunterschiede nach Alter hoch. Vor allem in großen Unternehmen gilt das Senioritätsprinzip: Je älter, desto mehr Einkommen. Bereits 40-jährige Arbeitnehmer verdienen in der Regel doppelt so viel wie Berufseinsteiger. Am meisten verdienen Arbeitnehmer kurz vor dem Ruhestand. Auch hier deutet nichts auf eine zukünftige Veränderung dieser Situation hin – so sinnvoll sie auch wäre.

Gerade in den letzten Jahren ist die Vorstellung, in einem Europa der *Sicherheit* zu leben, bei vielen Bürgern ins Wanken geraten. Nicht nur wirtschaftliche Krisen bereiten Sorgen und Ängste, sondern auch die Wahrnehmung, nicht mehr unbesorgt in bisher sicher geglaubte Länder reisen zu können. Diese Einschätzung lässt sich durch den Anstieg offizieller Reisewarnungen objektivieren. So sprach das Auswärtige Amt alleine im Jahr 2019 Reisewarnungen für 25 Länder aus (Auswärtiges Amt 2019). Aber auch die subjektive Vorstellung von Sicherheit und Unsicherheit führt zu einem veränderten Verhalten und hat direkten Einfluss auf die Auswahl, Planung und den zukünftigen Besuch von Reisedestinationen.

So wie das Reiseverhalten Defizite in der Gesellschaft widerspiegelt, zeigt es aber auch progressive gesellschaftliche Entwicklungen und Veränderungen an. Dies wird besonders im Kontext des Urlaubsmotivs Wetter deutlich. Ein Hauptmotiv der Bundesbürger für eine Urlaubsreise ist die Sehnsucht nach Sonne und Wärme, oftmals in Verbindung mit Strand und Meer. Da die klimatischen Verhältnisse in Deutschland eher unbeständig sind, war dieses touristische Bedürfnis steter Garant für Reisen in Länder mit Sonnengarantie. Seit der Klimawandel sowohl in den Sehnsuchtsdestinationen der

Deutschen als auch im Land selbst zu spüren ist, hat sich vielerorts ein gesellschaftliches Bewusstsein entwickelt, das sich dem Umweltschutz und der Nachhaltigkeit stärker verpflichtet fühlt als in der Vergangenheit. Hierbei sind allerdings Differenzen zwischen Anspruch und Wirklichkeit zu verzeichnen. So werden laut einer Untersuchung der Universität Sydney alleine durch den Tourismus weltweit acht Prozent der globalen Treibhausgase ausgestoßen (Nature Research 2018) und damit ebenso viele wie in Indien und Deutschland zusammen. Hinsichtlich der direkten Probleme und Klimaentwicklungen in zahlreichen Reiseländern rücken im besonderen Maße die Aspekte eines erhöhten Verkehrsaufkommens, einer zunehmenden Landschafts- und Artenzerstörung sowie der Wasserverschmutzung und Abfallentsorgung in den Fokus der Öffentlichkeit. Ein dominanter Faktor bei Letzterer ist die zunehmende Menge an Plastikmüll, die in den Urlaubsorten durch die Gastronomie sowie die zahlreichen Konsumangebote, aber auch das Verhalten der Touristen und Einheimischen vor Ort, angesammelt wird. So werden an den Stränden und Küsten, z. B. in der Karibik oder den Badeparadiesen im indischen Ozean, oftmals große Mengen von Plastikmüll angespült. In vielen Destinationen vor Ort ist eine geeignete Infrastruktur zur Beseitigung des steigenden Müllaufkommens nicht vorhanden, woran sich zahlreiche Touristen – obwohl selbst mitverantwortlich – stören. In der Folge sinken die Einnahmen aus dem Tourismussektor.

8.2 Reisemotive zwischen Beständigkeit und Wandel

Die Vorstellung, dass sich die Urlaubsmotive der Touristen anhand ihrer gewählten Urlaubsziele ableiten lassen, wird der Komplexität dieser Thematik nicht immer gerecht. Während einem Urlauber 14 Tage Strandurlaub vor allem als Erholung und Muße dienen, verbindet ein anderer hiermit Aktivität und Sportlichkeit, wohingegen ein dritter die Geselligkeit schätzt und auf der Suche nach neuen Bekanntschaften und Kontakten ist. Die Motive für eine Reise sind immer auch von individuellen Vorlieben, Interessen und Erwartungen geleitet und dementsprechend vielseitig, bunt und scheinbar auch widersprüchlich. Regeneration und Aktivität müssen sich beispielsweise bei den individuellen Reisemotiven nicht ausschließen, sondern spiegeln Bedürfnisse und Erwartungen wider, die an unterschiedlichen Orten und Zeiten erlebt werden möchten. Multiple Urlaubsidentitäten sind jederzeit möglich und treten immer stärker in den Vordergrund. Trotz aller Heterogenität lassen sich dennoch einige idealtypische Hauptmotive ausmachen, die in der Realität zahlreiche Überschneidungen aufweisen.

Urlaubsrechtlich dient der Urlaub dem Arbeitnehmer als eine gesetzlich zugestandene Zeit zur Erholung und Regeneration. Diese Aspekte sind nach wie vor für die Mehrzahl der Deutschen von zentraler Bedeutung. Frei von beruflichen oder privaten Verpflichtungen, festen Strukturen und engen Zeitvorgaben möchten sie die Seele baumeln lassen, äußere und innere Ruhe empfinden, keinem Stress und keiner Hektik ausgesetzt sein (vgl. Abb. 8.1). Hierzu gehören beispielsweise langes Ausschlafen, gutes Essen, ein

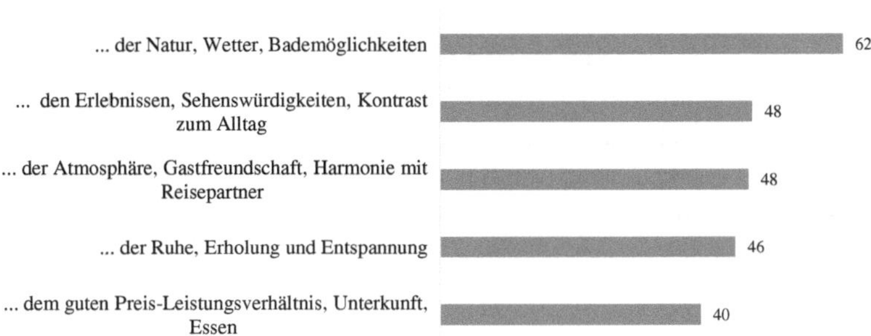

Abb. 8.1 Reisemotive der Deutschen. (Quelle: unveröffentlichte Sonderauswertung auf der Basis der Tourismusanalyse 2016, BAT-STIFTUNG FÜR ZUKUNFTSFRAGEN)

Sonnenbad, freie Zeiteinteilung, Ruhe oder Wellness-Angebote. Verbunden hiermit sind die Motive des Komforts, des guten Wetters und der besonderen Atmosphäre.

Der wohl bedeutsamste Faktor für das Genussempfinden im Urlaub ist die Zeit. In der genussvollen Muße, der Erholung oder auch Aktivität ohne Zeitvorgaben zeigt sich eine tiefe Sehnsucht der Reisenden. Die Zeit für die Aufnahme von neuen Anregungen im Gegensatz zum schnellen „Abhaken" von möglichst vielen Eindrücken. Die Zeit für Entspannung im Gegensatz zur Regeneration, um neue Leistungen zu erbringen. Die Zeit für Freunde und Geselligkeit im Gegensatz zur Vereinzelung und Anonymisierung in der Masse. Oder einfach die Zeit, um die Muße zu genießen. Muße ist hierbei nicht passives Verharren, sondern die Chance, innere Bedürfnisse zu erkennen. So kann sie in schnelllebigen Zeiten zu einem Luxusgut werden, zu einem Zufluchtsort, an dem keine ständige Erreichbarkeit und Ablenkung herrschen, sondern Stille als Möglichkeit wahrgenommen wird, Neues zu entdecken, Pausen zu machen und innezuhalten.

Komfort bei der Urlaubsausstattung und ein schönes Ambiente werden für die allermeisten Reisenden als eine Art Grundvoraussetzung für einen schönen Urlaub gesehen und entsprechend sind nur die wenigsten bereit, Abstriche vorzunehmen. Gesucht wird eine saubere und angenehm ausgestattete Unterkunft mit einem guten gastronomischen Angebot sowie einer gepflegten Umgebung. Eingeschlossen ist hiermit auch die Erwartung einer guten Infrastruktur. Die Urlauber wollen sich um möglichst wenig kümmern und alltägliche Pflichten nicht wahrnehmen müssen. Stattdessen möchten sie sich verwöhnen lassen und Zeit für die Erfüllung weitergehender Bedürfnisse haben.

Eine schöne Atmosphäre wird dagegen eher der immateriellen Qualität zugeordnet und betrifft vor allem die zwischenmenschlichen Kontakte. Hier wünschen sich die Urlauber Freundlichkeit, einen zuvorkommenden Service, individuelle Zuwendung, Rücksichtnahme und besonders bei Auslandsreisen mitunter auch einmal Kontakte zu der einheimischen Bevölkerung.

Schönes und sonniges Wetter ist für die meisten Urlauber ebenfalls von großer Bedeutung und steht in enger Verbindung mit dem Wunsch nach Strand und Wasser. Aber auch die Stadtbesichtigung oder die Bergwanderung werden bei angenehmen Temperaturen stärker genossen. Hier wird die Verbindung zum Kontrastmotiv deutlich. Während der Alltag von zahlreichen Verpflichtungen geprägt ist und das Wetter eine eher untergeordnete Rolle spielt, assoziieren die Bundesbürger Urlaub immer mit Sonne, die den Kontrast zum Alltagstrott auch äußerlich sichtbar macht und zahlreiche Möglichkeiten für ein „Outdoor-Leben",inklusive Geselligkeit, Unterhaltung, Erholung und Aktivitäten, eröffnet.

Das *Kontrastmotiv* ist eine der stärksten Antriebskräfte des Reisens. Der Urlauber möchte eine Gegenwelt zum Alltag schaffen, eine Welt, in der er all die Wünsche und Bedürfnisse realisieren kann, für die sonst keine Zeit und kein Raum vorhanden sind bzw. in der er sich diese nicht nimmt. In dieser Urlaubswelt kann er neue Rollen einnehmen, wobei er sich durchaus bewusst ist, dass es nur eine Alternative auf Zeit ist. Aber auch wenn er sich der Illusion gewahr ist, ergibt sich doch die Chance, zumindest für kurze Zeit neue Perspektiven, Gedanken und Aktivitäten zu entwickeln. Im Urlaub kann er seine Sehnsucht nach Neuem und Außergewöhnlichem stillen und in ein kalkuliertes Abenteuer eintauchen. Es geht nicht nur darum, das Alte hinter sich zu lassen, sondern auch darum, etwas zu erfahren, wonach man sich im Bewussten oder Unbewussten sehnte. Das können beispielsweise der Urlaub in der Natur, das Kennenlernen des Lebens auf einem Bauernhof oder das Eintauchen in die Partymeilen der Großstädte sein. Die Gewohnheiten des Alltags werden aufgegeben, um sich kurzzeitig in einer anderen Lebenswelt zu bewegen, die der eigenen entgegensteht oder diese durch neue Elemente ergänzt.

Weitere Motive für das Reisen sind die Begegnung mit der Kultur, der Natur und der Wunsch nach Sportaktivitäten. Im Bereich der Kultur möchte der Urlauber passiven und aktiven Kunstgenuss erleben. Besonders in Touristenzentren und Großstädten erhofft man sich, diese Wünsche realisieren zu können. Seien es Museen, Ausstellungen, Musikveranstaltungen, Festivals, Messen und im immer stärkeren Maße Events – die Erwartungen sind hoch und vielseitig und sollen zu Erlebnishöhepunkten des Urlaubs werden. Neben den individuellen Interessen treten hier auch die Motive der Selbstinszenierung und der Optimierung hervor. Die effektvolle öffentliche Darbietung wird zur Kulisse der eigenen Persönlichkeit, die via Instagram oder Facebook schnell geteilt wird. Besuche von Sehenswürdigkeiten können so mitunter zu einer Pflichtaufgabe werden, um sich selbst optimal darstellen zu können. Das Sightseeing wird zum Lifeseeing. Neben den passiven Kulturmotiven erfährt auch das aktive Kunstmotiv in Verbindung mit Selbstentfaltung eine immer stärkere Bedeutung. Hierunter fallen vor allem Workshops, bei denen man mit Gleichgesinnten künstlerische Tätigkeiten ausübt oder gemeinsame Ausflüge, die nach dem Theaterbesuch noch Begegnungen mit den Künstlern ermöglichen. Bei Fernreisen wird der Fokus vermehrt auf Kontakte mit der einheimischen Bevölkerung gelegt. Die Urlauber wollen hier nicht nur Kulissen, sondern auch einen Blick auf Ursprünglichkeit und lokale Traditionen werfen. In diesem Kontext ist auch das Bedürfnis vieler Touristen zu nennen, ein Verhältnis zu den einheimischen Menschen aufzubauen.

Bei Reisen, in deren Mittelpunkt das Naturerlebnis steht, lassen sich unterschiedliche Wünsche beobachten. Besonders Städter suchen im Urlaub das Grüne, die idyllische Landschaft und die unberührte Natur. Hiermit verbunden ist das Bedürfnis nach Erholung, Regeneration und Ruhe. Andere Urlauber zieht es vor allen an exotische Strände, gewaltige Bergmassive, karibische Insellandschaften oder tropische Regenwälder. Oftmals dient hier die Umgebung, ähnlich zum Eventtourismus, als eine grandiose Kulisse der Selbstdarstellung, verknüpft mit dem Wunsch nach einer steten Steigerung der Erlebnisse.

Urlaub trägt auch immer den Wunsch nach Aktivität in sich. Man wünscht sich, die Trägheit und Bequemlichkeit des Alltags hinter sich zu lassen und das Gefühl der Intensität zu erleben. Hierfür bieten Sportreisen eine ideale Möglichkeit. Man kann die gewohnte Passivität ausgleichen und die neuen sportlichen Erfahrungen nutzen, um diese im täglichen Leben zu integrieren. Andere Urlauber wiederum möchten ihre Aktivitäten des Alltags auch im Urlaub fortsetzen bzw. optimieren. Hier werden Aspekte der steten Steigerung deutlich, sowohl, was die Leistungsfähigkeit, als auch, was die Örtlichkeit betrifft. Beispielhaft hierfür ist die zunehmende Beliebtheit von Berg-, Rad oder Luftsporttourismus, welche die Besteigung von Hochgebirgen sowie die anschließende Abfahrt mit einem Mountainbike oder den Sprung aus einem Flugzeug in 4000 m Höhe ermöglichen.

Zusammenfassend ist festzuhalten, dass alle Motive trotz ihrer Heterogenität die Elemente des Kontrastes und der Komplementarität in unterschiedlicher Stärke aufzeigen. Die Urlauber möchten weg vom Alltag, hin zu etwas Neuem, Alternativen erleben, neue Erfahrungen machen, Komfort genießen, ihre Lebenswelt durch erweiterte Perspektiven bereichern oder Kontraste zu ihr setzen. Aber sie können ihre Gewohnheiten auch nur begrenzt aufgeben. Sind sie doch von bewussten und unbewussten Vorstellungen geprägt, wissen um ihre zeitlich begrenzte Ferienzeit und führen Verhaltensweisen des Alltags fort, denen sie eigentlich entfliehen wollten (z. B. Optimierung und Pflichtaufgaben, Beibehalten von Rollenmustern).

Im Kontext mit den sozialen und demografischen Veränderungen in der Gesellschaft lässt sich in den letzten Jahren auch eine Verschiebung bzw. Erweiterung von Reisemotiven beobachten, die auf zukünftige Trends sowie veränderte Möglichkeiten und Bedürfnisse hinweist. Dies betrifft vor allem die Aspekte des Wetters, der Natur, der Finanzierbarkeit, der Erreichbarkeit, der Selbsterfahrung und der Sicherheit. Als relativ beständig erweisen sich dagegen die Motive der Entspannung, des Komforts, des Kontrastes, der Kultur und der Aktivität.

Während das Motiv Sonne in Verbindung mit Strand und Meer in den letzten Jahrzehnten an erster Stelle der Urlaubswünsche stand, wird es in Zukunft nicht mehr die ausschlaggebende Rolle spielen. Bedingt durch den Klimawandel werden zukünftig Wetterextreme in Form von Hitze, Stürmen, Starkregen oder Überflutungen zunehmen und sich einige Reiseziele in unbeständige und mitunter sogar unsichere Destinationen umwandeln. Länder, die ehemals erfolgreich mit einer Sonnengarantie warben, werden mit den Assoziationen und Realitäten einer dramatischen Erwärmung konfrontiert werden. Die Sehnsucht nach der Sonne wird der Angst vor Hitze, Dürren und Wassererwärmungen mit all ihren Konsequenzen weichen. Dementsprechend wird eine Neudefinition dessen erfolgen, was unter Urlaubswetter zu verstehen ist, bzw. werden andere Urlaubsmotive stärker in den Vordergrund rücken.

Im Kontext der klimatischen Veränderungen wird es auch eine Neubewertung des Naturmotives geben. Die Urlauber sind sich ihrer individuellen Verantwortung gegenüber einem verstärkten Umweltschutz bewusst und beziehen schon heute zahlreiche Umweltfaktoren in ihre Urlaubsplanung mit ein. Dabei zeigt sich allerdings oftmals ein ambivalentes Verhältnis zwischen theoretischer Verantwortung und praktischer Umsetzung. Einerseits schätzen sie eine intakte natürliche Landschaft, präferieren umweltfreundliche Konzepte und fordern persönliche Sorgfalt, andererseits wird oftmals nach wie vor eher umweltschädigendes Reiseverhalten praktiziert, etwa bei der Nutzung der Reiseverkehrsmittel und dem Verhalten vor Ort. Dennoch ist ein grundsätzlicher Wandel dahingehend zu beobachten, dass ein zerstörerischer Umgang mit der natürlichen Umwelt nicht mehr akzeptiert wird und Reisemotive sowie Reiseplanung dementsprechend ausgerichtet werden.

Betrachtet man die große Sorge breiter Bevölkerungsgruppen vor einer zunehmenden Kluft zwischen Arm und Reich und die Sorge einer zukünftig unüberwindbaren Spaltung der Gesellschaft, stellt sich auch die Frage nach der Finanzierbarkeit von Urlaubsreisen. Auch wenn die meisten Menschen eher auf andere Konsumangebote als das Reisen verzichten werden, werden mehr Bundesbürger dem finanziellen Motiv eine stärkere Bedeutung beimessen müssen bzw. ihre Reisedauer weiter verkürzen. Diese Entwicklung zeichnet sich schon seit einigen Jahrzehnten ab. So dauerte der Haupturlaub in den 1980er Jahren noch über 18 Tage, reduzierte sich in den 1990er Jahren auf 16 Tage und lag im ersten Jahrzehnt des 21. Jahrhundert bei etwa 14 Tagen. In diesem Jahrzehnt schwankt die Urlaubsdauer um die 12 Tage. (SfZ Tourismusanalyse 2019) Berücksichtigt werden muss in diesem Zusammenhang zudem, dass statistische Erhebungen in der Regel lediglich die Bürger berücksichtigen, die sich eine Urlaubsreise leisten können. Die aus finanziellen Gründen Daheimgebliebenen werden dagegen in ihren Bedürfnissen und Vorstellungen kaum erfasst.

Der demografische Wandel hin zu einer älter werdenden Gesellschaft wird sich ebenfalls in erheblichem Maße auf zukünftige Reisemotive auswirken. So werden die Wünsche der älteren Generationen nach einer besseren Erreichbarkeit einen größeren Kundenkreis erfassen. Spielte dieses Motiv bisher eine eher nachgeordnete Rolle, werden zukünftig zunehmend Inlandsreisen geplant werden. Verbunden hiermit ist das Bedürfnis nach mehr Service, einer ärztlichen Versorgung, bequemer Infrastruktur und altersgerechten Angeboten. Durch diese Entwicklung besteht auch die Möglichkeit, den derzeitigen Optimierungs-, Oberflächlichkeits- und Schnelligkeitstendenzen mit mehr Muße, Ruhe und Verlangsamung entgegenzutreten.

Vergleicht man die einzelnen Reisemotive untereinander und setzt diese in einen Kontext mit den sozialen und demografischen Veränderungen in unserer Gesellschaft, wird die Entwicklung zu mehr Entschleunigung auf Reisen deutlich. Für immer weniger Reisende bedeutet Selbstbestimmung über die Verwendung der eigenen freien Zeit, ein „immer mehr in immer kürzeren Intervallen“. Stattdessen wird zunehmend die freie Zeit selbst als Genuss betrachten. Es scheint, als sei für einen zunehmenden Teil der Bevölkerung der Zenit an Schnelllebigkeit erreicht, wodurch die Sehnsucht nach Alternativen immer deutlicher hervortritt.

Verbunden hiermit ist der Aspekt der Selbsterfahrung. Die Urlauber konzentrieren sich stärker auf kleine Momente, Besinnlichkeit und innere Einkehr. Die Selbstdarstellung weicht der Selbsterfahrung, sei es bei einer Auszeit im Kloster, einer spirituellen Wanderung auf einer Pilgerreise oder auch schon bei einem kürzeren Aufenthalt in einer Wellnessoase. Inmitten einer Welt, die sich technisch und digital immer schneller entwickelt, in der die Zeitvorgaben immer enger strukturierter erscheinen, sehnt sich der Einzelne nach mehr Muße, Ruhe und Innerlichkeit. Mit Muße lassen sich Alternativen zu scheinbar optimalen und vernünftigen Vorgaben entwickeln. In dieser Wahrnehmung wird deutlich, wie sehr das Gefühl der Selbstbestimmung mit freier Zeiteinteilung zusammenhängt und wie der zeitlich unbeschränkte Genuss der Muße ein Teil der eigenen Identität ist.

Zu beachten sind hierbei – wie bei allen Motiven – die fließenden Übergänge, z. B. kann die spirituelle Reise auch den Charakter einer Selbstdarstellung annehmen. So begaben sich beispielsweise zahlreiche Bundesbürger auf den Jakobsweg, nachdem Hape Kerkeling diesen für sich entdeckt hatte. Wichtiger, als zu sich selbst zu finden, war für viele Pilgerer, mitreden zu können oder die Strecke in Rekordzeit abgelaufen zu sein.

Das wichtigste Reisemotiv für die Urlaubsplanung ist aktuell die Sicherheit. Die Bundesbürger nehmen Abschied von ihren idealisierten Vorstellungen vom Paradies. Die heile Urlaubswelt hat Risse bekommen und erweist sich immer mehr als ein Mythos. Den Traum von der schönsten Jahreszeit gibt es oft nur noch in der Wunschvorstellung und Katalogwelt. Gestiegene Kriminalität in den USA, Überfälle in Nordafrika, Schüsse in Rio, Bombenanschläge auf Bali oder in der Türkei – weltweit werden Touristen in die Realität der jeweiligen Gesellschaft hineingezogen. Ehemals sichere Urlaubsländer haben mit Krisen, Konflikten und Gewalt zu kämpfen, die auch vor komfortablen Ferienanlagen nicht haltmachen. Mancherorts werden diese auch direkt zu Zielscheiben von Gewalt, sei es, weil sie bestimmten Wertvorstellungen widersprechen oder als Symbol für Ausbeutung und Eurozentrismus dienen. So haben globalisierte Konflikte auch die Welt des Tourismus erreicht und das Paradies mit den Sonnenseiten des Urlaubslebens in die Wirklichkeit zurückgeholt. Dementsprechend rückt das lange untergeordnete Motiv der Sicherheit bei den Urlaubern immer mehr in den Vordergrund.

8.3 Reiseziele zwischen Event und Muße

Der Wandel der gesellschaftlichen Rahmenbedingungen und der Reisemotive findet seinen Wiederhall in einer Verschiebung der Reiseziele. Während die Zahlen einiger Urlaubsdestinationen stabil bleiben, können bei anderen Zuwächse oder Verluste verzeichnet werden (vgl. Abb. 8.2).

8.3.1 Inlandstourismus: Kurz – nah – weg

Deutschland bleibt das beliebteste Reiseziel der Bundesbürger, und zwar mit steigender Tendenz. Jeder dritte Reisende verbringt seine Ferien im eigenen Land. Der Inlandstourismus erobert seine Marktanteile wieder zurück, die er vor der Jahrtausendwende schon einmal besessen hat. Der soziale und demografische Wandel in Deutschland verstärkt diese Entwicklung. Sowohl die steigende Anzahl an Singles und Senioren, Gering- wie aber auch Besserverdienenden, die sich öfter eine Inlandsreise als Zweiturlaub leisten können, sind besonders häufig an einem Urlaub zwischen Flensburg und Oberammergau interessiert. Hinzu kommt eine wachsende Anzahl von Touristen, die im Bewusstsein der Nachhaltigkeit und des Umweltschutzes vermehrt auf Fernreisen verzichten.

Statt Wärme, Ferne und Weite wird wieder mehr die Nähe gesucht. Die Inlandsmarketing-Kampagne der Deutschen Zentrale für Tourismus „Kurz – nah – weg“ trägt Früchte. Viele Ferienregionen in Deutschland brauchen die Konkurrenz der Sonnenziele nicht zu fürchten. Mit dem bundesweiten Ausbau von Marktsegmenten wie Wellness und Kultur oder Gemütlichkeit und Gastfreundschaft gelingt es vielen inländischen Ferienregionen, sich zu attraktiven Ganzjahresanbietern zu entwickeln – auch unabhängig

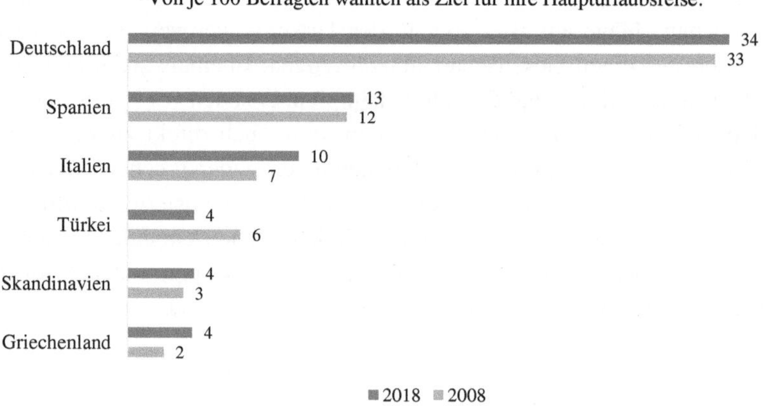

Abb. 8.2 Haupturlaubsziele der Deutschen im 10-Jahres-Vergleich. (Quelle: Tourismusanalyse 2019, BAT-STIFTUNG FÜR ZUKUNFTSFRAGEN)

von Wetter und Jahreszeit. Ein Grund hierfür ist sicherlich auch die Sicherheit, selbst wenn diese nur gefühlt ist.

8.3.2 Wellnesstourismus: Wohlgefühl rundum

Der Mensch im Gesundheitsfieber: Wellness, also ganzheitliches Wohlbefinden für Körper und Seele, schwappt als Gesundheitswelle durch Ferienregionen. Eine Gesundheitsreform auf privatwirtschaftlicher Basis. Jenseits von Krankenhausimage, Sozialversicherung und chronischem Leiden entwickelt sich Wellness zum Zauberwort für ein rundes und runderneuertes Wohlbefinden. Auftanken, Kraft schöpfen und Spaß haben sind wesentliche Elemente der Wellness-Welle. Mal geht es um Well-Being in exotischem Ambiente und mal um Relaxen für Body & Soul. Vitalität, Schönheit und Lebensfreude werden herausgefordert und gefördert (und nicht etwa Krankheiten kuriert). Das Rundum-Wohlgefühl soll die Erholung alten Typs ergänzen. Die wellnessorientierte Urlaubsform kann es überall geben, auch und gerade im eigenen Lande, wenn die Wohlfühl-Atmosphäre garantiert wird. Kur- und Bäderabteilungen wandeln sich zu Wellness-Tempeln zwischen Heubad und türkischem Dampfbad, Fußmassagen und Ganzkörperpackungen.

Im Wellnesstourismus spiegelt sich auch der Wandel vom Wohlstand zum Wohlbefinden wider. Die Krise der Wohlstandsgesellschaft wird zur mentalen Chance, erneut über Lebensqualität nachzudenken, sich also Gedanken über das persönliche Wohlergehen zu machen – von der Körperpflege bis zur gesunden Ernährung, von Gesundheitstipps bis zu Fitness und Fun. Im Wellnessurlaub suchen und finden die Menschen das Gleichgewicht von Spannung und Entspannung wieder. Aus dem traditionellen „Kurlaub“ werden künftig „Ferien zum Ich“. Dabei können sowohl Aspekte der Selbstoptimierung und Selbstdarstellung als auch der Muße und des Seelenbadens verwirklicht werden.

8.3.3 Städtetourismus: Kulturmetropolen als Anziehungspunkte

Beim Städtetourismus zeigen sich soziale und demografische Veränderungen in besonderem Maße. Zum einen ist noch nie eine Generation mit so viel Zeit und Bildung herangewachsen, die sich durch mannigfaltige Bedürfnisse und Interessen, auch im kulturellen Bereich, auszeichnet. Zum anderen stellen gerade die älteren Zielgruppen eine stetig wachsende Kundengruppe da, die ebenfalls vielseitig interessiert sowie körperlich agil ist und Urlaubsdestinationen in der Nähe sowie Kurztrips präferiert. Dies wirkt sich auf den gesamten Reisemarkt aus. Die Menschen wollen in Zukunft mehr Städte und Metropolen in aller Welt kennenlernen. Der Städtetourismus floriert und entwickelt sich zu einem stabilen Zukunftstrend – allerdings mehr für den Kurzzeittourismus. Dies zeigen auch die Fakten: Während Ende der 1980er Jahre lediglich sechs

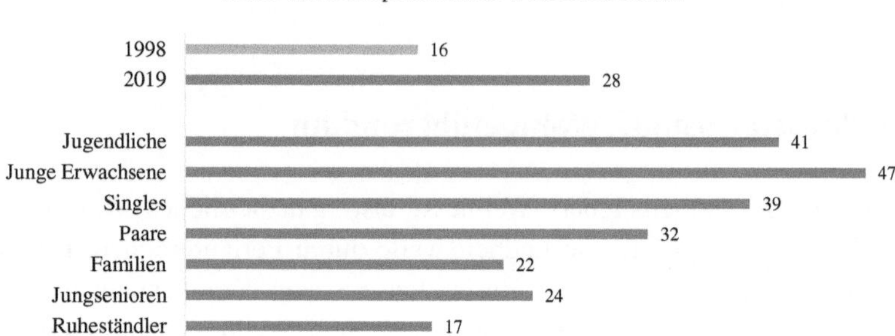

Abb. 8.3 Städtereisen sind im Trend. (Quelle: Tourismusanalyse 2019, BAT-STIFTUNG FÜR ZUKUNFTSFRAGEN)

Prozent der Bundesbürger mindestens einmal im Jahr eine Städtereise unternahmen, erhöhte sich dies bis zur Jahrtausendwende bereits auf mehr als das Doppelte (16 %). Aktuell gibt mehr als jeder vierte Bundesbürger an, in Zukunft die Metropolen der Welt kennenlernen zu wollen (vgl. Abb. 8.3).

Entsprechend zählen Kurz- und Städtetrips zu den Reiseformen mit den größten Zukunftschancen. S.A.S. heißt die Erlebnisformel: *Sightseeing, Atmosphäre, Shopping.* Das sind die Hauptmotivatoren für Städtereisende: Sie wollen Sehenswürdiges und Erlebenswertes genießen. Sie wollen in Atmosphäre baden und in angenehmem Ambiente ein wenig das Zeitgefühl verlieren. Sie wollen bummeln und flanieren gehen und mehr Gefühle als Waren kaufen und dabei Einkäufe beinahe nebenbei erledigen. Hinzu kommen Events jeder Art, die eine Städtereise lohnenswert und reizvoll machen. Das kann ein Musical, ein Marathonlauf, eine Kunstausstellung oder eine Love Parade sein. Die Stadt als Erlebnismetropole zwischen Sehen und Gesehenwerden, zwischen Sightseeing und Lifeseeing: Das macht die wachsende Faszination aus.

8.3.4 Pilgerreisen: auf der Suche nach sich selbst

Eine Melange zwischen den Motiven Kontrast, Kultur und Erholung, zwischen den Reisezielen Wellness und Städtetour, erweitert durch die Aspekte der Selbsterfahrung, Entschleunigung und Selbstdarstellung, zeigt sich in Form der angesagten Pilgerreisen, wie etwa des Jakobswegs, an denen jeder dritte Deutsche sein Interesse bekundet. Berücksichtigt man in diesem Kontext die oben genannte wechselseitige Beziehung zwischen Reisesehnsüchten und Defiziten in der Gesellschaft, offenbart sich ein durch feste Strukturen, Hektik, Zeitnot, Stress und Fremdbestimmung gekennzeichnetes Alltagsbild. Als Kontrast erhofft sich der Wanderer die Erfahrung neuer Zeitrhythmen, Selbstbestimmung und Selbsterkenntnis. Nicht zu unterschätzen ist dabei das Motiv der positiven Rückmeldung seiner Mitmenschen, die dieser Form des Reisens eine positive Assoziation zuschreiben.

Einer konstanten Beliebtheit erfreuen sich in diesem Zusammenhang religiöse Orte: Ob die Heilquellen von Lourdes, ein Besuch des Fatima-Schreins in Portugal oder der Schwarzen Madonna im Kloster Montserrat – für einen Teil der Deutschen üben diese und andere religiöse Orte eine besondere Faszination aus. Die Besichtigung dieser oftmals imposanten und bekannten Gotteshäuser ist hierbei sowohl durch Religiosität als auch durch kulturelles Interesse geprägt und gleicht oftmals auch einer Art kollektiver Pflicht: Bestimmte Sehenswürdigkeiten „muss" man gesehen haben. Und auch für eine Reise an religiöse Orte – von Rom bis Jerusalem oder von Mekka bis Medina – können sich viele Bürger begeistern. Der Trend, Städte mit spirituellem Hintergrund zu besuchen, hat sich hierbei so positiv entwickelt, dass selbst das Pilgerbüro des Vatikans mittlerweile mit Fluglinien kooperiert, um die Besucherströme (alleine etwa 6 Mio. Touristen pro Jahr im Vatikanischen Museum) im kleinsten Staat der Welt besser zu steuern (Domradio.de 2019).

8.3.5 Wassertourismus: Erlebnisreisen auf dem Wasser

Innerhalb des breit gefächerten Natururlaubs nimmt der Wassertourismus eine dominante Stellung ein. Bei ihm wird unter anderem der Widerspruch von guten Absichten und Verantwortung auf der einen und praktischem Verhalten der Urlauber auf der anderen Seite deutlich. So sehr sich das öffentliche und private Umweltbewusstsein auch gewandelt hat und vermehrt Einfluss auf die Urlaubsplanung nimmt, in der Praxis wird diese Verantwortung beim Wasserurlaub bisher nicht deutlich. Nicht nur die beliebten großen Kreuzfahrtschiffe, Vergnügungsdampfer und der ferne Taucherurlaub weisen eine negative Umweltbilanz auf. Der Wassersport allgemein hat sich zu einem Massenphänomen entwickelt, welches nicht nur während der langen Urlaubszeiten, sondern auch bei Ausflügen oder Wochenendtrips auftritt. Ob Motorboote, Taucher und Wasserskifahrer, Ruderer, Segler oder Surfer – die Faszination Wasser ist und bleibt hoch. Die Gründe hierfür sind zahlreich, wie das Beispiel Kreuzfahrttourismus zeigt. Diese halten die Sehnsucht nach der Insel wach: Sie garantieren Freiheit genauso wie Geborgenheit, bieten die Weite der Ozeane und die Abgeschiedenheit der Kabinen, sind unterwegs zu fremden Kulturen und garantieren zugleich ein zweites Zuhause an Bord. Urlaub auf dem Wasser – das ist mal Verwöhnung und mal Abenteuer, auf jeden Fall ein Reiseerlebnis, das immer mehr Urlauber fasziniert. Mit dem „Traumschiff" in die Karibik, an Bord der „MEIN SCHIFF" durch die Ägäis und mit der „Donauprinzessin" von Passau nach Budapest: Die Wasser-Urlaubsträume der Deutschen kennen kaum Grenzen. Eine Kreuzfahrt an Bord eines Luxusschiffes wird als Traumurlaub par excellence empfunden.

Aber auch Reisen mit Haus- und Motorbooten versprechen Freiheit und Unabhängigkeit, Geborgenheit, Erholung und Aktivität. Ein Symbol für Urlaub in Eigenregie. Romantik inklusive. Und bei anderen Booten wie Flößen, Kanus oder Ruderbooten bietet sich die Option der Entspannung, Entschleunigung und Muße beim gemächlichen Dahingleiten durch die Wellen. Die starke Nachfrage, besonders bei jungen Menschen, nach Trendsportarten wie Wildwasser-Rafting, Floating, Canyoning oder Kiten versprechen dagegen Abenteuer in der wilden Natur, Extremerfahrungen sowie auch die Möglichkeiten der Optimierung und Selbstdarstellung. So finden die Motive Natur, Aktivität und Kontrast ihre Verwirklichung.

8.3.6 Themenparktourismus: vom Tagesausflug zum Kurzurlaub

In Zukunft werden aus traditionellen Ausflugszielen neue Reiseziele. Rust und Brühl, Soltau und Sierksdorf (von Orlando, Las Vegas oder Los Angeles ganz zu schweigen) können den traditionellen Fremdenverkehrsgebieten Konkurrenz machen, weil sie den Touristen des 21. Jahrhunderts eine Erlebnisgarantie bieten. Jeder Besucher kann an einem Ort in kürzester Zeit so viel wie möglich erleben. Um den zahlreichen Angeboten aus Fahrgeschäften, Shows und Unterhaltung gerecht zu werden, entscheiden sich immer mehr Besucher zur Verlängerung der Aufenthaltsdauer. Sie machen den Themenpark zu einem Kurzurlaubsresort, in dem Erleben und Vergnügen sowie Entspannen und Relaxen gleichermaßen möglich sind. Dies erklärt die wachsende Faszination, welche sie insbesondere auf Kinder, Jugendliche und Familien ausüben, die ihre Urlaubswünsche nur zu gerne in Erlebnis- und Themenparks verwirklichen wollen.

8.3.7 Fernreisen in die Sonne: zwischen Wunsch und Wirklichkeit

Jahrzehntelang haben die Bürger ihre Sehnsucht nach Sonne, Meer und Strand mit fernen Destinationen verbunden. Entspannt in der Strandliege den Sonnenuntergang über dem azurblauen Himmel auf einer Karibikinsel betrachtend – so stellten und stellen sich auch noch heute viele das Urlaubsparadies vor. Zu dieser Sehnsucht gesellten sich noch ein Flair von Exotik, eine weite räumliche Distanz zum Heimatland und damit zum Alltag sowie die Assoziation von Ursprünglichkeit und Natürlichkeit der einheimischen Bevölkerung. Die Verbindung zahlreicher Urlaubsmotive schien hier die gelungene Erfüllung zu finden: Sonne, Erholung, Komfort, Atmosphäre, Kontrast und Natur. In der Wirklichkeit entpuppte sich das Reiseland oftmals eher als eine perfekte Kulisse, bei der die Einheimischen als Statisten fungierten, um den Touristen eine Traumwelt zu präsentieren. Nur die wenigsten Urlauber hatten ein wirkliches Interesse an interkulturellen Kontakten und das Gefühl, ein offener Weltbürger zu sein, entsprach mehr einem eurozentrischen Wunschdenken. Der Tourist stand stets im Mittelpunkt und die Bedürfnisse und Vorstellungen der lokalen Menschen blieben meistens unbeachtet bzw. wurden nur dann relevant, wenn Konflikte drohten. Im Kontext mit größerer globaler und individueller Verantwortung bzw. Gerechtigkeit ist in den letzten Jahren jedoch ein leichter Wandel zu beobachten. Es mehren sich Ansätze, auch die lokale Bevölkerung an den Gewinnen durch den Tourismus partizipieren zu lassen. Auch wird so versucht, den Gefahren eines Verlustes von kultureller Identität und Tradition entgegenzuwirken sowie Aspekte des Umweltschutzes und der Nachhaltigkeit stärker zu berücksichtigen.

8.4 Herausforderungen als Möglichkeit der Neuorientierung

Das Reisen wurde in seiner Geschichte stets von gesellschaftlichen Bewegungen und Veränderungen beeinflusst und war gleichzeitig auch aktiver Impulsgeber für ein sich wandelndes Bewusstsein von Freizeit, Selbsterfahrung und Fremde. Ebenso auch für die Vorstellung, welche Visionen und Träume die Bundesbürger mit der Ferne verbinden oder welche Kompensationsmöglichkeit der Urlaub für den Alltag bieten kann. Neben diesem Erkenntnispotenzial versprachen und versprechen Urlaubsreisen aber auch die perfekte Illusion. um sich in paradiesische Ferienwelten zu begeben, ohne die sozialen, ökonomischen und ökologischen Folgen dieser Inszenierung näher zu beachten.

Gegenwärtig zeigt sich besonders deutlich: Der Tourismus ist nicht nur ein Spiegelbild der Gesellschaft, sondern wird auch von globalen Faktoren beeinflusst (z. B. Klimawandel, zunehmende Technisierung und Digitalisierung). Diese sich immer schneller verändernden Rahmenbedingungen verlangen eine Anpassung der Destinationen (u. a. Interessen der Bevölkerung vertreten, infrastrukturelle Voraussetzung schaffen, lokale Unternehmen fördern), der Reisenden (Reflexion und Eigenverantwortung), aber auch der Tourismusbranche selber. Für diese wird der zukünftige wirtschaftliche Erfolg entscheidend davon abhängen, inwieweit die Anbieter bereit sind, gegenwärtige und zukünftige Herausforderungen zu erkennen, verantwortungsvoll auf diese zu reagieren und mit neuen Ideen und Engagement die Wünsche und Bedürfnisse ebenso wie die Ängste und Sorgen der Reisenden zu berücksichtigen. Es gilt hierbei, eine Balance zu finden zwischen ökonomischem Gewinn, individueller Kundenzufriedenheit und gesellschaftlicher Verantwortung bezüglich sozialer, ökologischer sowie ethischer Aspekte.

Eine andere große Herausforderung, aber auch Chance für die Tourismusbranche ergibt sich zweifellos durch den demografischen Wandel in Deutschland. Bisher werden die Träume und Bedürfnisse von Jungsenioren und Ruheständlern meistens noch unter einer wenig differenzierten Perspektive grob zusammengefasst und finden sich innerhalb der vorhandenen Angebote nur ungenügend wieder. Da sie jedoch zukünftig eine stark heterogene Majorität sein wird, ist eine stärkere Analyse ihrer Urlaubswünsche ebenso erforderlich wie sinnvoll. Schon heute wünschen sich viele ältere Reisende Komfort, Sauberkeit und Service, eine gemütliche Atmosphäre und gutes Essen. Andere betonen dagegen eher die Möglichkeiten, einen körperlich sehr aktiven Urlaub zu verleben, und suchen Erlebnisse und Unterhaltung. Gemeinsam ist den älteren Reisenden, dass die Arbeit – wenn überhaupt – eine nachgeordnete Rolle in ihrem Leben spielt und der Urlaub daher deutlich weniger der Regeneration und Erholung dient. Stattdessen ist schon gegenwärtig die große Mehrheit an kulturellen Aktivitäten interessiert, möchte Sehenswürdigkeiten besuchen, neue Menschen kennenlernen und anderen Kulturen begegnen. Sie sind offen, neugierig und aktiv. Reich an Lebenserfahrung, benötigen sie eine geringere Selbstdarstellung und Bestätigung durch ihre Mitmenschen. Selbstbewusst möchten sie ihre Bedürfnisse verwirklichen und neue

Impulse entdecken. Zudem sind sie Vorreiter von Entschleunigung und einer Lebensqualität, die der steten Steigerung und Optimierung von Erlebnissen und Schnelligkeit entgegensteht.

Für die Zukunft gilt es, das Potenzial dieser großen Gruppe von älteren Bundesbürgern, welche an Urlaubsreisen interessiert sowie zeitlich flexibel und finanziell gut ausgestattet sind, stärker zu berücksichtigen und gemäß deren Vorlieben und Wünschen entsprechend Konzepte zu entwickeln und Angebote bereitzustellen. Zweifellos keine einfache Aufgabe, aber eine lohende.

8.5 Förderung nachhaltiger Innovationen und ethischer Verantwortung

Die wachsende Umweltzerstörung stellt die bisherigen Geschäftskonzepte der Tourismusbranche nicht nur vor finanzielle und ethische Herausforderungen, sondern bietet auch vielfältige Möglichkeiten, um gesellschaftliche Verantwortung zu übernehmen, ein neues Image zu erarbeiten und neue Käufergruppen zu binden. Hierbei ist es wichtig, nicht den Eindruck zu vermitteln, „nur" auf Konsumentenbedürfnisse zu reagieren, sondern aktiv alternative Entwürfe und Ideen zu entwickeln. Bisher sind innovative Konzepte noch ein Nischenbereich. Dennoch zeigen gerade diese zahlreichen Einzelfälle das vielfältige Potenzial, auf die klimatischen Herausforderungen und Gefährdungen zu reagieren. Die Recyclinginfrastruktur in Urlaubsdestinationen soll ebenfalls gestärkt und neue Arbeitsweisen sollen gefördert werden. Auch zahlreiche Inseln in der Karibik werben zunehmend mit nachhaltigen Konzepten. In einem Öko-Resort auf Anguilla etwa kommen 90 % der Speisen aus der eigenen ersten hydroponischen Farm der Karibik. Mittels eines Systems aus Gewächshäusern und Außen-Plantagen wird somit nicht nur für eine Ertragssteigerung gesorgt, sondern auch die Versorgung der Einheimischen und Touristen ist durch die Verbindung der angeschlossenen Solaranlage mit einer Trinkwasseraufbereitung gesichert. Auf eine aufwendige Außenversorgung ist man nicht mehr angewiesen und spart riesige Mengen an Wasser und Energie (Gerganoff 2017).

Die Möglichkeiten des nachhaltigen Tourismus sind unendlich, reichen von kompostierbarem Geschirr bis zu Konzepten der Mäßigung und Beschränkung, die nicht mehr negative Assoziationen hervorrufen, sondern mit Verantwortung und Lebensqualität gleichgesetzt werden. Verbunden hiermit ist auch eine ethische Verantwortung, die lokale Bevölkerung nicht als billige Servicekräfte und Statisten einer exotischen Umgebung zu sehen, sondern als gleichberechtigte Partner. Nicht mehr die alleinige Gewinnmaximierung würde dann im Vordergrund stehen, sondern die Kooperation und Lebensqualität der Bevölkerung. Die Konzepte der Zukunft müssen eine Balance zwischen den Bedürfnissen der Reisenden und den Fragen der Einheimischen finden, welche Art des Tourismus sie wollen, wie und in welchem Tempo dieser gestaltet werden soll und wie soziale und nachhaltige Aspekte integriert werden können. Hierbei könnten auch vermehrt digitale Möglichkeiten genutzt werden, um den Urlaubern verstärkte Transparenz über Produktionsbedingungen, Arbeitsverhältnisse und Ressourcenschonung zu geben. Dabei geht es nicht darum, ihnen ein schlechtes bzw. gutes Gewissen zu vermitteln, sondern ihr emotionales Erleben durch weiterreichende Aspekte zu ergänzen und verantwortungsvolle Ausgleichmodelle anzubieten.

So, wie die Reisebranche oftmals sehr sensibel auf sich wandelnde Bedürfnisse der Urlauber reagiert, wird auch der einzelne Reisende in seinem Verhalten und seinen Vorstellungen von gesellschaftlichen Veränderungen betroffen und wirkt aktiv auf Strukturen- und Wertewandel ein. In zahlreichen aktuellen Studien wird deutlich, dass innerhalb der Bevölkerung ein wachsendes Bewusstsein für globale Herausforderungen zu beobachten ist. Dies betrifft z. B. ethische und nachhaltige Aspekte. Viele Bürger haben erkannt, dass es nicht genügt, auf politischer und wirtschaftlicher Ebene Reformen einzufordern und keine eigenen Verhaltensveränderungen vorzunehmen. Der theoretischen Einsicht von stärkerer globaler Gleichberechtigung und umweltschützenden Maßnahmen folgt jedoch gerade im Freizeitbereich noch nicht im großen Umfang die praktische Umsetzung. Für die Zukunft wird somit nicht nur von unternehmerischer Seite eine Neukonzeptionierung verlangt, sondern auch von jedem einzelnen Touristen. Es gilt, die progressiven Ansätze von einer Entschleunigung, Mäßigung, Besinnung auf Originalität, Ursprünglichkeit und Natürlichkeit zu stärken und weiterzuentwickeln und eine Balance zu finden zwischen den individuellen Urlaubsbedürfnissen und der gesellschaftlichen Verantwortung.

8.6 Abschließend

Tourismus ist ein facettenreiches Phänomen und ein Spiegelbild der Gesellschaft. All die Wahrnehmungen, Funktionen und Ausübungen vom Reisen zeigen nicht nur individuelle und gruppenspezifische Lebenswelten auf, sondern spiegeln und konfrontieren die Gesellschaft als Ganzes mit ihren, auch kritisch zu hinterfragenden, Werten, Abhängigkeiten und Entwicklungen. In der modernen Gesellschaft bieten zahllose Konsumangebote im Freizeitbereich vielfältige Genussmöglichkeiten, aber auch Momente des Überdrusses und der Überforderung. Zahlreiche Bundesbürger fühlen sich zuweilen abgelenkt und durch das Überangebot verunsichert und fremdbestimmt. Innerhalb der riesigen Produktauswahl vermögen sie ihre inneren Genussbedürfnisse nicht immer zu erkennen. Um aus den geradezu unendlich vielen Angeboten das Passende für einen selbst zu finden, springen viele Bürger von einem Angebot zum nächsten, getrieben von der Angst, etwas zu verpassen oder vom neuesten Trend ausgeschlossen zu werden. Dies betrifft auch den Tourismussektor. Auf der Suche nach Alternativen können die Aspekte der *Reduzierung*, des *Verzichtes* und der *Selbsterfahrung* eine neue stärkere Bedeutung erlangen.

Literatur

Auswärtiges Amt. (2019). Aktuelle Reisewarnungen. https://www.auswaertiges-amt.de/de/ReiseUndSicherheit/reise-und-sicherheitshinweise/reisewarnungen.

BAT-STIFTUNG FÜR ZUKUNFTSFRAGEN. (2016). Tourismusanalyse.

BAT-STIFTUNG FÜR ZUKUNFTSFRAGEN. (2019). Tourismusanalyse.

BAT-STIFTUNG FÜR ZUKUNFTSFRAGEN. (1988–2019). Unveröffentlichte Sonderauswertung auf der Basis von Repräsentativbefragungen in den Jahren.

Domradio.de. (2019). Gefahrenzone Vatikan. https://www.domradio.de/themen/vatikan/2019-01-03/den-vatikanischen-museen-wird-der-besucherandrang-zum-risiko.

Gerganoff, M. (2017). Grünes Paradies: Nachhaltiger Urlaub in der Karibik. Aio. https://aiomag.de/nachhaltig-reisen-so-gruen-ist-die-karibik-3818.

Nature Research. (2018). The carbon footprint of global tourism. https://www.nature.com/articles/s41558-018-0141-x.

Popp, R., & Reinhardt, U. (2015). *ZUKUNFT: Deutschland im Wandel – der Mensch im Mittelpunkt.* Wien: LIT.

Reinhardt, U., & Popp, R. (2018). *Schöne neue Arbeitswelt?* Hamburg: BAT-STIFTUNG FÜR ZUKUNFTSFRAGEN.

Statistisches Bundesamt. (2018a). Lebenserwartung und Sterblichkeit. https://www.destatis.de/DE/Themen/Querschnitt/Demografischer-Wandel/Aspekte/demografie-lebenserwartung.html.

Statistisches Bundesamt. (2018b). Pressemitteilung Nr. 421. https://www.destatis.de/DE/Presse/Pressemitteilungen/2018/10/PD18_421_634.html.

Statistisches Bundesamt. (2019). 14. Koordinierte Bevölkerungsvorausrechnung für Deutschland. https://service.destatis.de/bevoelkerungspyramide/#!y=2024.

Prof. Dr. Ulrich Reinhardt ist Zukunftswissenschaftler und Wissenschaftlicher Leiter der BAT-STIFTUNG FUR ZUKUNFTSFRAGEN. Er hält zudem eine Professur für Empirische Zukunftsforschung am Fachbereich Wirtschaft der Fachhochschule Westküste in Heide. Seine Forschungsschwerpunkte umfassen u. a. den gesellschaftlichen Wandel, das Freizeit-, Konsum- und Tourismusverhalten sowie die Europaforschung. Er ist Mitherausgeber des „European Journal of Futures Research“ und sitzt in zahlreichen Wissenschaftsgremien.

Teil II
Globale und regionale Aspekte des Tourismus

9 Azerbaijan as an International Luxury Destination

Nadine Reif

Abstract

Global tourism has increased sharply in recent decades. According to the UNWTO, more than 1.3 billion worldwide cross-border travel arrivals were counted in 2017. By comparison, in 1950 the figure was 25 million. This also leads to the fact that some countries are suffering from "overtourism". Many travelers therefore seek to explore new and unknown destinations to escape the masses. Azerbaijan seems to be an alternative of first choice.

9.1 Introduction

Global tourism revenues encountered 1340 billion US$ in 2017 (Pohlmann 2018). The growing tourism industry shows that there is an opportunity for the city Baku in Azerbaijan to attract a higher number of international travelers. Countries with the highest international tourism spending were by far China, the USA and Germany (Pohlmann 2018). This is one of the main reasons tourists from the DACH region and China were chosen for this paper. Recent studies show that Chinese travelers are willing to spend large budgets for their holidays, to discover new destinations (Nielsen 2017). China is currently the world's largest outbound travel market measured by trips taken and expenditures made (Dichter et al. 2018). The study conducted by McKinsey (2018) also shows that Chinese tourists have the highest international spending per trip among global travelers. The target group has a high influence on tourism and could increase the number of visitors travelling to Baku.

N. Reif (✉)
Munich, Germany

© Springer Fachmedien Wiesbaden GmbH, ein Teil von Springer Nature 2020
D. Pietzcker und C. Vaih-Baur (Hrsg.), *Ökonomische und soziologische Tourismustrends*,
https://doi.org/10.1007/978-3-658-29640-7_9

Tourism has become one of the main service sectors in Azerbaijan and the capital Baku. The industry started to gain awareness after the country gained its independency. Especially the government of Azerbaijan prioritized the tourism sector and heavily invested in the development of an infrastructure suitable for international travelers (Mirzoeva and Mirzoeva 2016). However, the city is still not very well known among international tourists. By bringing the Formula 1 race to Baku the city made a first attempt to gain some international awareness. However, there is still potential for the city to gain more recognition across luxury travelers in the international tourism market.

9.2 Analysis of Tourist Attractions and Infrastructure in Baku

Tourist attractions are a key factor for choosing a certain destination and can be identified as one of the main elements the tourism of a destination is built on. Researchers therefore argue that attractions are highly important for a city. These attractions have the characteristics of a "non-home" and trigger the intention to visit a city/country. Examples are landscapes; activities and experiences tourists come across during their stay (Lew 1987). According to MacCannell (1980) an attraction needs to consist of three elements to be considered one. This includes "a tourist, a location to be viewed and an image, which makes the area unique" (MacCannell 1980). Social institutions contribute as well to this category of "non-entertainment" attractions, which are referred to as "comfort attractions", according to Lew (1987). These elements highly contribute to the overall experience of the tourist, but are often not considered (Zouni and Kouremenos 2008; MacCannell 1980). One of the most cited researchers focusing on tourist attractions is Alan A. Lew. He developed a framework, which addresses attractions from three different perspectives. These include the ideographic, organizational, and tourist cognition based approach (Lew 1987). The three perspectives take a different look at the characteristics of attractions and identify them "as being natural, social, presenting separation or connectivity, and lastly offering risk or security" (Saraniemi and Kylänen 2010).

9.3 Adjustment of Lew's Tourist Attraction Framework to the City Baku

As mentioned above, the tourist attraction framework of Lew consists of three major perspectives, the ideographic, organizational and cognitive perspective (Lew 1987). Each section provides specific typologies on how to analyze the tourism infrastructure of attractions in a certain destination. It is not possible to apply all typologies to a destination, as each place has its specific area to focus on and will not be able to fulfill all characteristics mentioned by Lew (1987). As the researcher already mentioned in his paper, the framework is a guideline for destinations to analyze their attraction potential, help plan the infrastructure as well as develop the image of a place (Lew 1987). In the case of Baku the attractions and the core competencies of the city can be defined by its architectural diversity, cultural heritage and natural beauty (Ideographic Perspective). These three core competencies shall also lay the basis for the repositioning of the destination. Looking at the architectural diversity of Baku the city has many buildings from famous architects including the Heydar Aliyev center developed from Zaha Hadid or the carpet museum designed from the German architect Franz Yants. Moreover, the city is currently planning a skyscraper as well as a Charlet Village in the mountains to offer tourists entertainment options in the winter (expert interview). The buildings around the city show influences from different epochs and cultures including European and Russian styles. Another highlight are the Flame Towers, which are the symbol of Baku and Azerbaijan. The three towers are at the same time an attraction itself, due to their architectural style.

The city of Baku has many different cultural influences, which date back to a rich history. This is also displayed in the various attractions of the city. Especially the 2000-year-old UNESCO protected old town brings the tourists back into another century. Residents in the old town sell traditional clothes, dishes, carpets and souvenirs. The restaurants in the area serve traditional Azerbaijani dishes and tourists can see how the dishes are prepared in the old ovens. The tourists are able to be a part of the "old" Baku and get to know the traditions and customs, if they are willing to experience the insideness of the place (Organizational Perspective). Looking at the cultural heritage of Baku and its attractions, the Old Town is not the only place the city has to offer. The Shirvanshah Palace was the former royal palace of the city and can be visited. Moreover, the city provides a great variety of museums, which give the traveler information about the city Baku as well as the country Azerbaijan. This includes the National Museum of History and Art, as well as the museum of Modern Art, which shows recent paintings of Azerbaijani and international artists. Moreover, what many tourists are not aware of is the Jazz culture of Baku. Many bars and restaurants in the center offer live Jazz music and Baku hosts several Jazz festivals around the year. Citizens of Baku used to glorify the "Golden Times", which in their eyes shaped the city's unique culture, where the best jazz of the Soviet Union was played and musicians from all communist countries met (Krebs 2016). The jazz culture can still be felt in the bars around Baku and during the festivals.

As Lew mentions in his analysis, the infrastructure around attractions (food, access, location) are also an important part (Organizational Perspective) (Lew 1987). Especially Chinese travelers pay close attention to the restaurant options, when choosing a destination. The study by McKinsey (2018) indicated that this is one major criterion when Chinese travelers choose a destination (Dichter et al. 2018). It is therefore important to consider the food options in Baku as an attraction for Chinese travelers. The city offers a great variety of local and international restaurants. This includes the famous French restaurant L'Avenue, a Hard Rock Café, Fusion Kitchens, Italian, as well as traditional Azerbaijani restaurants.

Table 9.1 Lew's tourist attraction framework adjusted to Baku. (Own elaboration, 2019)

Perspective and category	Typology
Ideographic	
Panorama, leisure nature, tourist infrastructure	Architectural diversity – cultural heritage – natural beauty (expert judgment)
Organizational	
Spatial feature	Isolated – accessible
Spatial feature	Unplanned – planned infrastructure
Spatial feature spatial feature	Building sites – urban flight infrastructure
Cognitive	Unique – common
Tourist experience	
Cross-perspective valuation	Preference/popularity of attractions (survey)

The analysis shows that Baku offers a variety of diverse attraction for tourists, ranging from great architectural buildings, to museums and natural attractions as well as an infrastructure that allows an easy access. However, in the case of Baku, Lew's (1987) framework is missing one major aspect. The model clearly helps to analyze the attraction infrastructure within the city, but misses to analyze the infrastructure on how to get to the destination. Attractions are influencing a tourist's decision to visit the destination, however, if the travel route is too complicated/long it negatively affects the destination. Looking at the DACH region there are only direct flights from Berlin, Frankfurt, Vienna and Geneva to Baku (expert interview). These flights are on specific days and it is not possible for travelers to get a direct flight every day of the week. Travelers from other cities within the DACH region have to take a connection flight in order to get to Baku. The connection flights are at least 7 h and longer, which could be seen as a disadvantage for some tourists. Baku had the chance to become an international airport hub, however the city missed the chance and Georgia was able to establish itself as a flight connection hub, which had a positive influence on their tourism (expert interview). Looking at the direct flights from China tourists are able to get direct flights from Hong Kong, Tianjin Binhai, Beijing, Zhengzhou Xinzhen and Shanghai, however these are also limited to special days. One major step is the development of a flight infrastructure and the cooperation with international airlines to offer travelers a variety of direct flights to Baku (Table 9.1).

9.4 Nation Branding Applied to Baku, Azerbaijan

The choice of the right holiday destination is nowadays not only about finding a place to relax and getting to know a new culture. Tourists use trips/destinations to express themselves to the outer community (Lurham 1998). Holiday destinations are a lifestyle indicator for many individuals and places have to fulfill a "conversational, emotional and celebrity value", in order to match the personality and the way people want to be perceived from an external perspective (Lurham 1998). The World Tourism Organization

(WTO) foresees destinations as the next "fashion accessories" for aspirational travelers (Lurham 1998). "The next century will mark the emergence of tourism destinations as a fashion accessory. The choice of holiday destination will help define the identity of the traveler and, in an increasingly homogeneous world, set the individual apart from the hordes of other tourists" (Lurham 1998). It is therefore highly important for Baku to work on a long-term communication and nation branding strategy.

Tourism destinations can often be seen as sovereign states, with territories governed by different political agendas and competing interests (Morgan et al. 2003). It is therefore challenging for the state to align the agendas of the different parties, to achieve a common goal. It needs to be considered that the branding of a destination is a highly complex and a long-term activity, which is to a large degree influenced by the politics of the country (Henderson 2007). The departments in charge of the nation branding strategy often try to work on the image of a destination and change the existing perception, reputation as well as misconceptions of the place (Morgan et al. 2003). Examples are Milan, known as a city for high fashion and Brazil for its carnivals (Morgan et al. 2003). Each destination has a distinct image, which directly comes into the mind of a tourist (Morgan et al. 2003). The same image needs to be established for Baku.

In 2012, when Baku hosted the Eurovision Song Contest the city made some first attempts to build a global reputation and image. The global campaign focused on presenting Baku as an open and multicultural destination (Krebs 2016). The most associated slogan for Baku was "Azerbaijan the Land of Fire". However, the fires are an indicator for the oil and gas fields, which are the foundation of the country's wealth and enabled the fast development of the capital Baku (Krebs 2016). The slogan is therefore connected to the first oil boom and the multicultural community, which evolved due to the natural phenomena around Baku (Krebs 2016). The campaign was a success within the country and citizens were able to identify themselves with the message conveyed (Krebs 2016). However, outside of Baku and especially in the DACH region the campaign was not very successful. Many people associated missing human rights and a totalitarian regime with the oil boom and therefore also with Azerbaijan (Krebs 2016). This already shows that Baku should focus on other values such as their architectural diversity, historic landmarks and natural attractions/beauty. The rebranding of the destination should lead away from the misperception of a city with political discrepancies to a city with a great culture, heritage and natural diversity.

Key challenges many destinations are facing during the branding initiatives are the different stakeholders, the little management and lagging identities (Morgan et al. 2003). Moreover the marketing mix for destinations consists of two additional Ps; "Politics" and "Paucity" (Morgan et al. 2003). Destinations clearly differ from other products, as they consist of many different sectors including accommodation, hospitality, attractions, arts, entertainment, culture, heritage and the nature. The challenge of the marketing manager lies in developing a strategy that covers the needs of the different components and still communicates a clear image across different channels (Henderson 2007).

The stakeholders, which should be considered during the building of a nation brand are the local and national governments with the agencies, environmental groups, chambers of commerce, trade associations, civic groups, large cooperation in the tourism industry and local organizations (Morgan et al. 2003). The task for public sector destination marketers lies in coping with the political pressure and combining local and regional interests to promote an identity, which is accepted by the private and public sectors (Morgan et al. 2003). Meanwhile, the people in charge also have to take care of the cultural differences between the public and private travel and tourism sector and address their highly differentiated value systems (Henderson 2007). Another major task for Baku includes building relationships with NGOs and key stakeholders including airlines, airports and travel agencies. These stakeholders can be a strong marketing partner and help to reach a wider target group. Moreover, it is essential for Baku to work on their current flight infrastructure, as there are almost no direct flights from the DACH region and China to the destination. These airline partners could include Lufthansa, Singapore Airlines, Azerbaijan Airlines and also MyWay Airlines (Rivers 2018). The city needs to be aware that residents and the internal industry make up the experience in the destination (Henderson 2007). However, tour operators, airlines and destination marketers build the bridge between the tourists and the destination (Henderson 2007).

Before the city addresses the key stakeholders it has to define the positioning or repositioning strategy and agree on the core values of the destination such as their architectural diversity, cultural heritage and natural beauty. The core values of Baku should be long lasting, communicable and meaningful (Zdravkovska 2014). When defining the core values it is necessary to take into consideration how the stakeholders and tourists perceive the destination to match the values and address the key parties.

The next step includes building strong relations with media outlets in order to communicate the new image and showcase Baku's culture, nature, and tourism activities (Zdravkovska 2014). The ultimate goal for Baku is to attract tourists from China, Germany, Austria and Switzerland, make them return to the destination as well as talk positively about their stay.

9.4.1 Empirical Study: Results of a Survey in 2019

In 2019, the author conducted a survey among frequent travelers. Overall 463 Germans, 109 Austrians, 30 Swiss and 74 Chinese participated in the survey, with a mean age of 27 years. The survey included multiple questions regarding the image of Baku as well as an integrated A/B test, which showed two different websites of the city Baku. One presented the destination in a more appealing way to reach luxury travellers.

9.4.2 Image of Baku Among Travelers from China and the DACH Region

Overall 524 participants (77% of people surveyed) have no image of the city Baku. This clearly indicates that the city needs to work on a Nation Brand and define a clear Nation Identity. The results from the survey help to understand how the destination is currently perceived from tourists in China and the DACH market. The current perceptions can be used in the development of a strategy. Furthermore, the results show that 236 people have never heard of the city Baku before. It should be paid close attention to the fact that the majority of people from China have not heard of the city Baku before. This means that destination marketers need to put an emphasis on the Chinese market to increase the awareness and make Baku a known tourist destination in this country. What can also be seen from the results of Baku's image is that the people surveyed had lot of different images of the city and no clear association. This is an indicator that Nation Branders need to work on defining the core competencies and create a clear identity, which can be communicated to the markets of interest.

9.4.3 Perception of Baku as a Luxury Destination

The results from the survey clearly indicate that Baku is able to position itself as a destination for luxury travelers. Overall 57% (387 participants) perceive Baku as a destination for luxury travelers. This also means that the city has to adapt its communication and public relations strategy to reach luxury travelers. Baku has to build strong relations with niche media outlets, which address luxury travelers. The survey also shows that the city has to work on its online presence. 92% of the participants said that they prefer the newly developed website and 94% also said that this website triggers an intention for them to visit the destination.

9.4.4 Infrastructure and Tourist Attractions in Baku

The result from the survey as well as the application of Lew's tourist attraction framework shows that Baku's infrastructure is directed towards international tourists. One factor the city has to work on is the infrastructure of their flight network. 330 participants indicated direct flights as a major influence on choosing a destination, which shows the importance for a sufficient network of direct flights. Building strong cooperation with airlines and travel agencies also makes a significant part of the Nation Brand strategy and can not only be used for the expansion of the flight network, but also by destination marketers, to increase the international awareness of Baku. The most important factor for choosing a destination was the safety of the particular city/country. It is therefore highly important for Baku to make tourists in China and the DACH market aware of the situation at Nagorno-Karabakh and inform them that it has no influence on their journey and stay in Baku. Another factor influencing the decision for travelers to visit a destination is the attractions (506 participants), hotels (480 participants) and restaurants (363 participants). Knowing this, Baku should focus in the marketing and PR strategy on integrating these factors. Moreover, the city has a wide range of luxury hotels including a Four Seasons Hotel, the Fairmont Hotel, the Hyatt Regency as well as the JW Marriott Absheron Baku to name just a few. These should also be included in the communication strategy and also the restaurant offerings. Especially Chinese travelers pay close attention to the various restaurants in a destination (Dichter et al. 2018).

9.5 Conclusion

As already mentioned, tourist attractions also have a major influence on a tourists destination choice. Baku should therefore include the attractions in the Nation Brand strategy. Looking at the results from the survey the most favored attractions are the Caspian Sea with the ferry wheel (464 participants), the Flame Towers (458 participants), the Old Town (444 participants), the Shirvanshah's Palace (356 participants) as well as Little Venice (351 participants). Also when cooperating with travel agencies in the German-speaking market and China it is important to emphasize these attractions and offer tourist special experiences, which include the above mentioned tourist sights. In order to create an international reputation and develop a Nation Brand it is necessary to include the attractions in the long-term strategy (Anholt 2010).

References

Anholt, S. (2010). *Places: Identity, images and reputation*. New York: Basingstoke.

Dichter, A., Chen, G., Saxon, S., et al. (2018). Chinese tourists: Dispelling the myths. An in-depth look at China's outbound tourist market. *McKinsey&Company Report*, 2–11.

Guido, G., Peluso, A. M., Prete, M. I., et al. (2013). Customer-centric strategies in place marketing. *Customer-Centric Marketing Strategies, 1*, 435–452. https://doi.org/10.4018/978-1-4666-2524-2.ch021.

Henderson, J. C. (2007). Uniquely Singapore? A case study in destination branding. *Journal of Vacation Marketing, 13*(3), 261–274. https://doi.org/10.1177/1356766707077695.

Krebs, M. (2016). From cosmopolitan Baku to tolerant Azerbaijan—Branding „The Land of Fire".

Lew, A. A. (1987). A framework of tourist attraction research. *Annals of Tourism Research, 14*(4), 553–575. https://doi.org/10.1016/0160-7383(87)90071-5.

Lurham. (1998). World tourism. Crystal ball gazing tourism. *Journal of the Tourism Society, 96*, 13.

MacCannell, D. (1980). *The tourist: A new theory of the leisure class*. New York: Schocken Books.

Mirzoeva, A., & Mirzoeva, F. (2016). The main directions and perspectives of the development of tourism in Azerbaijan. *International Journal of Humanities and Natural Sciences, 1*, 201 –209 (part 7).

Morgan, N. J., Pritchard, A., & Piggott, R. (2003). Destination branding and the role of the stakeholders: The case of New Zealand. *Journal of Vacation Marketing, 9*(3), 285–299. https://doi.org/10.1177/135676670300900307.

Nielsen. (2017). *Outbound Chinese Tourism and Consumption Trends*. Nielsen Report.

Pohlmann, S. (2018). Tourismus weltweit. https://de.statista.com/themen/702/tourismus-weltweit/. Accessed 19 Mar 2019.

Rivers, M. (2018). Aiming Big: Georgia's MyWay Airlines Plans Intercontinental Hub In Tbilisi. https://www.forbes.com/sites/martinrivers/2018/03/01/aiming-big-georgias-myway-airlines-plans-intercontinental-hub-in-tbilisi/#76af02ab3fbd. Retrieved 20 June 2018.

Saraniemi, S., & Kylänen, M. (2010). Problematizing the concept of tourism destination: An analysis of different theoretical approaches. *Journal of Travel Research, 50*(2), 133–143. https://doi.org/10.1177/0047287510362775.

Zdravkovska, A. (2014). Challenges of public relations in tourism of republic of Macedonia. *Journal of Process Management—New Technologies, International, 2*(2), 27–35.

Zouni, G., & Kouremenos, A. (2008). Do tourism providers know their visitors? An investigation of tourism experience at a destination. *Tourism and Hospitality Research, 8*(4), 282–297. https://doi.org/10.1057/thr.2008.30.

Nadine Reif, B.A., finished the International Baccalaureate in London and began her studies at CASS Business School London. She studied media- and communication management at Macromedia University of Applied Sciences in Munich and wrote her award winning bachelor thesis on Azerbaijan as an international touristic destination in 2020.

10 Wie chinesische Besucher den Tourismus am Baikalsee verändern

Stefanie Erpel und Natalia Rubcova

Zusammenfassung

Spätestens mit der Fußballweltmeisterschaft in Russland 2018 rückte die Russische Föderation in das Augenmerk des internationalen Tourismus. Doch Russland ist weit mehr als Moskau, Sankt Petersburg oder gar Sotschi. Auch abseits der großen Städte, im Fernen Osten Russlands entwickelt sich der Tourismus. Der vorliegende Artikel untersucht die Entwicklung des Tourismus in der Baikalregion. Besonderer Schwerpunkt liegt in der Ausrichtung dessen auf chinesische Besucher. Die Autorinnen beschreiben allgemeine Trends und Dynamiken in der Tourismusbranche, damit einhergehende Änderungen in der touristischen Infrastruktur sowie auftretende Probleme. Anhand von Statistiken, aktuellen Umfragen und Experteninterviews werden drei Problemfelder lokalisiert, die mit den zunehmenden chinesischen Touristenströmen und unzureichender Vorbereitung Russlands darauf entstehen: ökonomische, ökologische und soziokulturelle. Abschließend geben die Autorinnen ein Fazit sowie einen Ausblick.

S. Erpel (✉)
Universität Potsdam, Potsdam, Deutschland
E-Mail: serpel@stud.macromedia.de

N. Rubcova
Baikal State University, Irkutsk, Russland
E-Mail: runatasha21@yandex.ru

© Springer Fachmedien Wiesbaden GmbH, ein Teil von Springer Nature 2020

D. Pietzcker und C. Vaih-Baur (Hrsg.), *Ökonomische und soziologische Tourismustrends*,
https://doi.org/10.1007/978-3-658-29640-7_10

10.1 Partner und Konkurrenten

Russland und China, das sind zwei Giganten in Fernost, die nach über 400 Jahren gemeinsamer Beziehungen immer noch auf der Suche nach der Definition ihres Verhältnisses zueinander sind: Freunde, Partner, Konkurrenten oder Gegner? Die Anfänge russisch-chinesischer Zusammenarbeit reichen ins 17. Jahrhundert zurück, in dem mit dem Vertrag von Nerčinst der Grenzverlauf in der Amur-Region und damit wichtige Handelsrouten der Teestraße festgesetzt wurden (vgl. Berezkin 2014, S. 78). Im 19. Jahrhundert verleibte sich das russische Zarenreich große Gebiete der Mandschurei ein und gründete die Hafenstadt Vladivostok.

In eben diesem Vladivostok fand erst im Herbst 2018 das größte russische Militärmanöver seit 1981 statt. Das Besondere dabei war nicht die enorme Truppenstärke von 300.000 Mann, sondern die erstmalige Beteiligung der Volksrepublik China an diesem Manöver (vgl. Richter 2018). Russland und China zeigen Stärke und partnerschaftliche Zusammenarbeit in Zeiten westlicher Sanktionen. Doch handelt es sich keineswegs um eine Freundschaft, sondern vielmehr um eine strategische Partnerschaft auf unterschiedlichem Niveau.

Einen Tiefpunkt erlebten die Beziehungen beider kommunistischer Staaten in 1969, als es nach sich abzeichnenden ideologischen Gegensätzen zu kriegerischen Auseinandersetzungen am Grenzfluss Ussuri kam. Seit dem Ende des kalten Krieges kam es zu Freundschaftsverträgen und strategischen Partnerschaften zwischen den beiden Staaten. Wirtschaftlich und demografisch ist China Russland weitaus überlegen. Die wirtschaftliche Zusammenarbeit ist zwar intensiv, aber dennoch nicht zufriedenstellend (vgl. Sommer 2018). Großprojekte stocken und Interessenkonflikte zeichnen sich zunehmend mit dem Projekt der Neuen Seidenstraße ab. Die militärische Kooperation ist dafür umso umfassender. Der kleine Bruder der Sowjetunion aus den 1950ern hat sich rasant zu einem großen Bruder verwandelt. Inwieweit dieser auch sicherheitspolitisch den Ton angeben wird, bleibt abzuwarten.

10.2 Entwicklung des Tourismus am Baikalsee

Nicht nur diplomatisch, militärisch und wirtschaftlich haben die beiden Staaten ihre Beziehungen intensiviert, sondern auch – und vor allem – im Bereich des Tourismus. Dieser Schritt erscheint sinnvoll in Anbetracht der geografischen Nähe beider Länder und der über 4000 km langen gemeinsamen Grenze. Die Entwicklung von Tourismus als Wirtschaftszweig wird spätestens mit dem 2011 in Kraft getretenen Programm „Zur Entwicklung des ein- und ausgehenden Tourismus in Russland (2011–2018)“ und durch weitere Programme befördert (Präsident Russlands 2015). Dies ist auch ein Versuch, die Abhängigkeit von Rohstoffexporten zu minimieren.

Der Tourismussektor generierte 2017 laut WTTC einen direkten Beitrag zum russischen BIP von 1,2 % und soll bis 2018 um 2,8 % wachsen (WTTC 2018, S. 3). Der europäische Durchschnitt liegt jedoch bei 1,8 %. Auch der prozentuale Anteil von Beschäftigten im Tourismussektor lag 2017 unter europäischem und weltweitem Durchschnitt (WTTC 2018, S. 8). Laut WTTC erzielte Russland 2018 in fast allen touristischen Bereichen eine überdurchschnittliche Wachstumsrate (2018, S. 9). Dieses überdurchschnittliche Wachstum spiegelt sich aber nicht in der Langzeitprognose 2018–2028 wider; lediglich bei den direkten Kapitalinvestitionen im Tourismussektor kann Russland auf europäischem Niveau mithalten (WTTC 2018, S. 10). Im Jahr 2017 besuchten 24.390.000 ausländische Touristen die Russische Föderation, das sind 0,74 % weniger als im Vorjahr. Der größte Teil dieser Menge (20.367 von 24.390) kam 2017 laut UNWTO (2018, S. 1) aus Europa. Das verwundert nicht, denn die beliebtesten Reiseziele in Russland sind die im europäischen Teil gelegenen Städte Moskau und St. Petersburg.[1] Darauf folgen Besucher aus dem ostasiatischen und pazifischen Raum. Aus der Volksrepublik China besuchten 2017 1.478.000 Touristen Russland, was ca. 15 % mehr als im Vorjahr sind. Im Vergleich dazu kamen 580.000 Deutsche nach Russland; 2,39 % mehr als im Vorjahr (Rosturizm 2017).

Platz fünf unter den russischen Regionen mit den meisten ausländischen Reisenden belegt der Irkutsker Oblast, welcher die gesamte Westseite des Baikalsees umfasst (Agentur für Tourismus des Irkutsker Oblasts 2018, S. 1). Der Baikalsee ist der sauberste und tiefste See der Erde mit den weltweit größten Trinkwasserreserven. Mit über 600 km Länge ist er länger als Deutschland. Der Baikalsee befindet sich im Süden Sibiriens, unweit der mongolischen Grenze zwischen dem Oblast Irkutsk und der Republik Burjatien, welche größtenteils buddhistisch geprägt ist. Mit der Lage an der Transsibirischen Eisenbahn ist der Baikal Jahr für Jahr beliebtes Ausflugsziel für Touristen, besonders für Besucher aus China (Abb. 10.1, 10.2 und 10.3).

Laut Angaben der Tourismusagentur des Irkutsker Oblast besuchten in den ersten neun Monaten des Jahres 2018 1.215.000 Touristen die Region, darunter 263.900 Ausländer,[2] was einen Zuwachs von 40,9 % zum Vorjahr ausmacht (S. 2, 2018). 63,2 % dieser ausländischen Reisenden kamen aus China (Agentur für Tourismus des Irkutsker Oblast 2018, S. 3). Im gesamtrussischen Vergleich zieht die Baikalregion also überdurchschnittlich viele Chinesen an, was die Region zunehmend verändert und in den nächsten Kapiteln erläutert wird. Die zweitgrößte ausländische Besuchergruppe 2018 waren Südkoreaner, gefolgt von ca. 8000 Deutschen[3]. Die Ausrichtung des Tourismus in der Baikalregion auf Besucher aus Fernost nimmt weiterhin zu. So schloss die Tourismusagentur des

[1]Persönliches Telefongespräch der Verfasserin Stefanie Erpel mit dem Präsidenten der Russländischen Hotelassoziation, G.A. Lamšin, geführt am 30.10.2018.

[2]Nach Angaben der Migrationsbehörde des Innenministeriums der Russischen Föderation, ausgenommen sind Einreisen mit dem Ziel eines Arbeits- oder Studienaufenthaltes.

[3]Laut Mailanfrage an das Tourist Information Center in Irkutsk am 20.10.2018.

Abb. 10.1 Blick von der Insel Olchon (Westseite des Sees) auf den Baikal, aufgenommen am 06.10.2018

Abb. 10.2 Buddhistische Gebetsfahnen im Siedlungsgebiet der Burjaten auf Olchon, aufgenommen am 06.10.2018

Abb. 10.3 Die Gemeinde Chužir auf der Insel Olchon, aufgenommen am 06.10.2018

Irkutsker Oblast 2018 Vereinbarungen mit Vertretern der Tourismusbranche aus der Mongolei, Südkorea, Vietnam, der chinesischen Provinz Schandun, Urumqi, Hainan und der Mandschurei ab, ebenso wie mit Polen und Kuba (vgl. Agentur für Tourismus des Irkutsker Oblast 2018, S. 19).

Der wachsende Tourismussektor ist eine große Chance für den russischen Fernen Osten, der seit dem Ende der Sowjetunion durch den Abbau von Industrie und Abwanderung junger Menschen leidet. Dieser Mangel an qualifiziertem Personal macht sich nun besonders bemerkbar. So fehlen der Region Beschäftigte mit entsprechender Ausbildung im Tourismussektor, Personal mittlerer Führungsebenen mit interkulturellen Kompetenzen und Erfahrung mit ausländischen Gästen sowie vor allem Personal mit Englisch- und besonders Chinesischkenntnissen (vgl. Danilenko und Rubcova 2014, S. 110).

Auch der Präsident der Russländischen Hotelvereinigung prangert in einem Interview[4] den Mangel an Übersetzern an, was zur Beschäftigung von chinesischen Übersetzern ohne jegliche Kenntnis der Orte und Geschichte der Baikalregion führe. Diese Unkenntnis wiederum führt zur Verbreitung falscher historischer Fakten, was bei Bekanntwerden durchaus in Spannungen zwischen der örtlichen Bevölkerung und den chinesischen Touristen münden kann. Ebenfalls gibt es zu wenig Unterkünfte mit entsprechendem Standard, vor allem im Zwei- und Drei-Sterne-Bereich sowie mangelnden Zugang zu mehrsprachigen Informationsmaterialien vor Ort. Ein besonders schwerwiegendes Problem ist die Überlastung und Überalterung der verkehrstechnischen Infrastruktur, illegale Mülldeponien und Kanalisationen. Die Transportmittel sind der Menge an Touristen nicht gewachsen und stark verschleißt (vgl. Agentur für Tourismus des Irkutsker Oblast 2018, S. 30). Dies zeigt sich vor allem auf der kleinen Baikalinsel Chužir, die seit knapp zehn Jahren einen touristischen Boom erlebt. Dennoch gibt es bis heute keine asphaltierte Straße, keine funktionierende Kanalisation. Die Wege sind mittlerweile so abgenutzt, dass die Bewohner einfach neben ihnen fahren, inmitten der Natur. Im Juni 2017 wandte sich dann ein Bewohner der Insel, in der vom Staatsfernsehen ausgetragenen Sendung Прямая Линия (direkter Draht), direkt per Videoübertragung an Putin und forderte den Bau einer asphaltierten Straße. Putin versprach diesen Bau und besuchte weniger später die Gemeinde Chužir (vgl. Ria Novosti 2018). Bis heute hat der Bau noch nicht begonnen. Es gibt Untersuchungen und Streitigkeiten, denn Chužir befindet sich im Nationalparkgebiet, was mit dem Erhalt des UNESCO-Weltkulturerbestatus 1996 strengen Regelungen unterliegt. Die rasante Entwicklung des Tourismus kam schneller als die passenden Voraussetzungen dazu geschaffen werden konnten.

10.3 Der Einfluss von Reisenden aus China auf die Baikalregion

Im Jahr 2000 unterzeichneten Vertreter der Russischen Föderation und der chinesischen Volksrepublik eine Übereinkunft über visafreie Gruppenreisen. Damit können Staatsbürger beider Länder im Rahmen von organisierten Gruppenreisen ohne individuelle Beantragung eines Visums in das jeweils andere Land einreisen. Die Einreise erfolgt nach Prüfung der Dokumente durch Erteilung eines Gruppenvisums für eine vorher ausgefüllte Liste mit den Namen der Reisenden (vgl. Visit Russia 2018). Im Sommer 2018 wurde diese Vereinbarung ausgeweitet, sodass nun Gruppen von drei bis 50 Personen

[4]Persönliches Telefongespräch der Verfasserin Stefanie Erpel mit dem Präsidenten der Russländischen Hotelassoziation, G.A. Lamšin, geführt am 30.10.2018.

für bis zu 21 Tage im Zielland bleiben dürfen (Gajva 2018). In sechs Regionen des russischen Fernen Osten werden auch schon elektronische Visa getestet.

Die touristische Assoziation „Welt ohne Grenzen“ beschäftigt sich seit 2013 prioritär mit der Ausrichtung des russischen Tourismus auf chinesische Gäste und schuf 2014 das Projekt Chinafriendly. Dieses betreibt verstärkt Marketing in China für russische Destinationen, hilft touristischen Dienstleistungsunternehmen sich den Bedürfnissen chinesischer Touristen anzupassen und wirkt bei der Organisation des alljährlichen Russisch-Chinesischen Tourismusforums mit (vgl. Visit Russia 2018). Ausdruck der Bedeutung chinesischer Besucher für die Baikalregion ist auch die Errichtung eines chinesischen Generalkonsulats 2013 in Irkutsk (Berezkin 2014, S. 85). Das Straßenbild von Irkutsks Haupteinkaufsstraße (Karl-Marx-Straße) lässt deutlich erkennen, dass auch der lokale Handel die kaufstarken Besucher aus dem Himmelreich zu schätzen weiß. Nach Angaben der UNWTO geben chinesische Touristen im Ausland weltweit das meiste Geld im Urlaub aus nach den USA und Deutschland (Borisova 2015, S. 305, zit. nach UNWTO Annual Report 2014). Die Schaufenster der Geschäfte sind mit Angeboten auf Russisch und Chinesisch geziert, händeringend wird chinesisch-sprachiges Personal gesucht und damit gelockt, dass die Besucher wie daheim mit UnionPay zahlen können. Besonders beliebt sind Marken- und Luxuswaren, sibirische Edelsteine und Souvenirgeschäfte (Abb. 10.4, 10.5 und 10.6).

Wissenschaftler der Baikal State University[5] führten im Sommer 2018 eine Untersuchung durch, deren Ziel die Schaffung eines Portraits eines durchschnittlichen chinesischen Touristen am Baikalsee ist. Als Untersuchungsmethode diente eine Umfrage, die von Juni bis September 2018 in der Stadt Irkutsk durchgeführt wurde. Die Touristen aus China wurden von Mitarbeitern von Hotels, Touristeninformationsdiensten, Gaststätten und freiwilligen Interviewenden befragt. Insgesamt gab es 300 Befragte, von denen 50 % männlich und 50 % weiblich waren. Mit den dadurch erhaltenen Daten ist es möglich, eine Skizze eines durchschnittlichen chinesischen Touristen in der Baikalregion zu schaffen. Dieser ist im Durchschnitt 21 bis 40 Jahre alt, reist in Formation einer touristischen Gruppe, besitzt ein mittleres Einkommensniveau[6] und ist Angestellter oder Unternehmer.

Momentan sind beliebte Tourismusformen Kultur- und Erkenntnistourismus, Ökotourismus, Rehabilitation und Erholung, Abenteuer- und Sporttourismus (v. a. Wassersport, Tauchen und Wintersport), Jagd- und Fischfang, Handels- und Bildungstourismus (vgl. Ržepka et al. 2017, S. 217). Unter den Befragten erwiesen sich Kultur- und Erkenntnisgewinn (47 %), Ökotourismus (37 %), Shopping (23 %) und aktive Erholung (22 %) als beliebteste Reisemotivationen. Die erhaltenen Daten zeugen davon, dass der

[5]Umfrage von Wissenschaftler der Baikal State University, Lehrstuhl für International Business und wirtschaftliche Sicherheit, Erstveröffentlichung der Ergebnisse, durchgeführt von Rubcova, N., Golovčenko, T., Cvigun, I., Kubacova, T., Juni–September 2018.

[6]10493 Yuan (https://www.oecd.org/employment/emp/42546043.pdf).

Abb. 10.4 Werbung für russische Pelze auf Chinesisch im Stadtzentrum von Irkutsk, aufgenommen am 30.10.2018

Abb. 10.5 Russische Airlines werben ausschließlich auf Chinesisch, Karl-Marx-Straße in Irkutsk, aufgenommen am 30.10.2018

Abb. 10.6 Touristische Wegweiser in Irkutsk, aufgenommen am 13.10.2018

Besuch des Baikalsees von chinesischen Touristen positiv mit historischen Denkmälern und Kultur sowie mit vielversprechenden Naturobjekten assoziiert wird. Als Hauptgrund für diese Reisedestinationen gaben die Befragten zu 68 % „Interesse für den Baikalsee" an. Das Interesse für kulturelle Traditionen in der Region war für 34 % und die günstige geografische Lage für circa 30 % der Befragten ausschlaggebend. Die günstigen und damit anziehenden Kosten für eine Tour an den Baikalsee erwiesen sich für 19 % als wichtiger Beweggrund zur Reise. Trotz des günstigen Wechselkurses (10 Rubel: 1 Yuan) erscheinen die Preise für touristische Produkte und begleitende Dienstleistungen den chinesischen Reisenden dennoch hoch. Sie sind an günstigen Service gewöhnt und sogar die lokalen Drei-Sterne-Hotels sind für sie teurer als in China.

Laut der Umfrage sind attraktive Ziele in der Region für chinesische Besucher folgende: Baikalsee (74 %), Siedlung Listvjanka (45 %), Insel Olchon (44 %), Baikalrundbahn (26 %), ethnografische Objekte sowie volkstümliches Gewerbe und Handwerkbetrieb (24 %), Nationalparks und Naturschutzgebiete (22 %). Die durchschnittliche Aufenthaltsdauer in der Region beträgt unter den Befragten vier bis sieben Tage (56 %). 30 % der Befragten planen eine Reise, die länger als sieben Tage ist, was von dem Bedürfnis nach einem längeren Aufenthalt in der Region zeugt. Die kurze Aufenthaltsdauer ist bedingt durch Spezifika der Freizeitgestaltung in China. Die beliebteste Möglichkeit zum Reisen ist während der staatlichen Feiertage, die die Dauer von einer Woche nicht übersteigen.

Die erhaltenen Daten erlauben es, die Schlussfolgerung zu ziehen, dass für die Mehrheit der chinesischen Touristen eine einmalige Reise an den Baikalsee ausreichend ist. Unter den Befragten besuchten 70 % den See zum ersten Mal. Auf die Frage „Planen Sie, erneut an den Baikalsee zu reisen?" antworteten nur 33 % mit Ja, 43 % mit Vielleicht und 23 % planen keinen erneuten Aufenthalt. Die Daten zeugen insbesondere von einer geringen Konkurrenzfähigkeit dieser touristischen Destination für chinesische Besucher (vgl. Žilina 2016, S. 160). Spezialisten führen als Grund dafür Folgendes auf (vgl. Kondrackaja 2012, S. 142 f.; Samarucha und Čistjakova 2012, S. 184 f.; Ržepka et al. 2015, S. 349; Rubcova 2018a, S. 1381 f.; Solodkov und Borisova 2018, S. 53 f.):

1. geringes Niveau des Services und verfügbarer Dienstleistungen für hohe Preise, besonders für Unterkunft und Flugtickets,
2. Sprachbarriere,
3. Fehlen von gut ausgebauten Straßen und große Distanzen zwischen den einzelnen Ziel- und Besichtigungspunkten und
4. Terrorismusgefahr.

Mit der Zunahme von Touristen aus China verschärften sich aber auch die Probleme auf regionaler Ebene: hohe Preise für touristische Produkte, Probleme mit der Bereitstellung komfortabler Unterbringungen, Notwendigkeit der Modernisierung der Verkehrsinfrastruktur, das Formen eines attraktiven Images und nötige Verbesserung der interkulturellen Kommunikation in Zusammenhang mit den Besonderheiten des Konsumverhaltens chinesischer Touristen.

10.4 Vergleich mit Deutschland

Der chinesische Auslandstourismus boomt. Doch das war nicht immer so. Noch bis zu Beginn von Chinas Öffnungspolitik 1978 war Freizeittourismus durchaus noch als „bourgeois capitalist lifestyle" (Fugmann und Arlt 2010, S. 136, zit. nach Zhang und Lew 2003, S. 15) verpönt. Seit den 1990ern dürfen chinesische Staatsbürger in staatlichen Reisebüros Auslandsreisen in Länder mit Approved Destination Status (ADS) buchen. Diese ADS kommen aufgrund von bilateralen Abkommen zustande. Über 126 Staaten besitzen ADS-Status, die EU-Länder erhielten ihn 2004, die USA und Kanada kamen 2008 und 2010 dazu (vgl. Fugmann und Arlt 2010, S. 137). Nicht nur das geografisch nahe Russland spürt diesen Zuwachs. 1,46 Mio. Bürger der VR China reisten 2016 nach Angaben der Deutschen Zentrale für Tourismus (DZT) nach Deutschland, 69 % davon waren Urlaubsreisen. China ist für Deutschland der wichtigste Quellmarkt in Asien und weltweit auf Platz 11 (vgl. DZT 2017, S. 20 f.). Für 2030 sagt die DZT einen Anstieg der Übernachtungszahlen von Touristen aus China und Hongkong von 1,7 Mio. (2013) auf 5 Mio. voraus (GNTB 2018, S. 4, zit. nach GNTB/Claus Sager 2014). Auch in Deutschland ist Shopping eine bevorzugte Freizeitbeschäftigung von chinesischen Reisenden, begünstigt von einem momentan günstigen Wechselkurs und Mehrwertsteuerrückerstattung. Der durchschnittliche chinesische ADS-Tourist ist zwischen 25 und 40 Jahren alt, zu 80 % Unternehmer oder Freiberufler mit Familie und besucht im Schnitt in 11 Tagen vier europäische Länder, darunter Deutschland (vgl. DZT 2017, S. 13, 18). Im Unterschied zur Baikalregion stehen bei Deutschlandreisen Städtetrips an oberster Stelle.

10.5 Ökonomische Auswirkungen der chinesischen Besucher

Die chinesischen Besucher in Russland geben zwar überdurchschnittlich viel Geld aus, dennoch sind keine großen Gewinne in der umliegenden Wirtschaft der Region zu verzeichnen. Spezialisten sind sich einig, dass dieser Tourismus sowohl positive als auch negative Auswirkungen mit sich bringt (Rubcova 2018b, S. 134). Laut Angaben der zuständigen Administration des Irkutsker Oblast (vgl. Agentur für Tourismus des Irkutsker Oblasts 2018, S. 32) betrug der Umfang der erbrachten touristischen Dienstleistungen in der Baikalregion 2017 2,15 Mrd. Rubel; ebenso hoch war dieser Umfang aus den Hotels und anderen Unterkünften der Region. Die Steuereinnahmen des Irkutsker Oblast aus den Tätigkeiten der Hotels und Tourismusagenturen beliefen sich 2017 auf insgesamt 759,2 Mio. Rubel. Der steigenden Touristenanzahl am Baikal zufolge könnte man einen positiven Einfluss des Tourismus auf die Wirtschaft der Region vermuten. Jedoch bleibt der Anteil des Tourismussektors am Bruttoregionalprodukt des Irkutsker Oblast in den vergangenen zehn Jahren unverändert mit einer unbedeutenden Größe von 0,7 %. Diese Entwicklung erscheint paradox vor dem Hintergrund der zunehmenden Anzahl von Touristen, Hotels, Gaststätten und touristischen Firmen (vgl. Tab. 10.1).

Tab. 10.1 Dynamik der Anzahl einreisender Touristen, Hotels und touristischen Unternehmen 2014–2017. (Quelle: Federal State Statistics Service 2018)

Kennzahlen	2014	2015	2016	2017
Anzahl von Übernachtungsgästen in Hotels und Herbergen, in tausend Personen	902	973	725	817
Anzahl von Hotels und Herbergen	346	322	282	332
Einnahmen der Hotels und Herbergen, in Mrd. Rubel	3,29	3,56	3,90	4,16
Anzahl touristischer Firmen	182	135	197	248

Ein Grund für diese Nichtübereinstimmung ist die illegale Ausführung von touristischen Geschäften in der Baikalregion durch chinesische Unternehmen. Wie auch aus Medienberichten aus dem Irkutsker Oblast hervorgeht, gehören viele Hotels und Gasthäuser in der Region chinesischen Staatsbürgern oder stehen unter deren Kontrolle. Dies ist möglich aufgrund der sich teils widersprechenden Bodengesetzgebung in Russland, vor allem seitdem der Baikal zum UNESCO-Weltkulturerbe ernannt und zahlreiche neue Gesetze verabschiedet wurden. Weiterhin gestattet die russische Gesetzgebung den Bau von privaten Wohnhäusern am Baikalsee. Diese Wohnhäuser werden aber nicht als Wohnhäuser, sondern als komplette Hotelgebäude oder Touristenherbergen für chinesische Touristen genutzt. Somit müssen weniger Steuern dafür entrichtet werden. Viele der Betreiber sind ethnische Chinesen, die aber in Besitz der russischen Staatsbürgerschaft sind. Kontrollierende und rechtsschützende Organe gehen hiergegen nicht vor, da sich alte und neue Bodennutzungsgesetze widersprechen und die Gesetzeslage unklar ist. In zahlreichen persönlichen Gesprächen mit Kennern der Tourismusbranche in Irkutsk wurden nicht funktionierende Gesetze, fehlende Ordnung und willkürlicher Verkauf bemängelt. Für den Bau von legalen Hotels an der Uferzone des Baikalsees ist eine große Anzahl von Vereinbarungen und ein hoher Zeitaufwand aufgrund der erheblichen Bürokratie nötig. Ebenso sind große Investitionen erforderlich, damit unternehmerische Tätigkeiten mit allen nötigen ökologischen Normen und Forderungen übereinstimmen. Daher entscheiden sich sowohl chinesische als auch russische Unternehmer zu großen Teilen für den einfacheren, ersten Weg.

In gegenwärtiger Zeit erhält die Wirtschaft des Irkutsker Oblast keinen bedeutenden Ertrag von der Entwicklung des Tourismussektors. Die Touristen aus China erreichen den Irkutsker Flughafen, an dem mehrere chinesische Airlines operieren. Am Baikal angekommen, wohnen die Gruppen chinesischer Touristen in chinesischen Hotels, essen in chinesischen Restaurants und kaufen Souvenirs und Geschenke in Geschäften, die ihnen chinesische Guides empfehlen. Besitzer all dieser Unternehmen sind überwiegend direkt oder indirekt chinesische Staatsbürger. Alle Rechnungen werden über internationale Bezahlsysteme getätigt, nicht besteuert und bringen der Region geringe Einnahmen.[7]

[7]Persönlich geführtes Gespräch der Verfasserin Stefanie Erpel mit Tourismusexperten der Irkutsk State University am 23.10.2018.

Daher sind touristische Produkte und Dienstleistungen am Baikalsee, welche chinesische Agenturen verkaufen, günstiger als Angebote russischer Tourismusunternehmen. Per se benutzen chinesische Firmen praktisch kostenlos die unikalen Naturressourcen der Baikalregion. All das geschieht aufgrund der unausgearbeiteten gesetzlichen Lage. Das Gesetz über Tourismus in der Region ist bis heute nicht vollständig ausgearbeitet, obwohl die Arbeit daran schon einige Jahre andauert.

Abgesehen von illegaler oder Schattenwirtschaft gibt es auch positive Beispiele russisch-chinesischer Zusammenarbeit im Tourismussektor. Im Jahr 2016 unterschrieben das russische Tourismusunternehmen Grand Baikal und die chinesische Firma 中景信 ein Memorandum über die Gründung eines modernen Tourismusclusters auf Weltniveau in der Region. Die vorgeschlagene Summe der Investitionen beträgt 11 Mrd. US$. Die Realisation des Projektes soll innerhalb von acht Jahren geschehen (vgl. Interfax 2016). Eine nötige Bedingung für die Umsetzung dieses Projektes ist die strenge Einhaltung ökologischer Normen und Forderungen der Gesetzgebung zum Schutz des Baikalsees. Diese gesetzlichen Regelungen brauchen dringend zusätzliche Ausarbeitung. Sollte diese nicht erfolgen, könnten die genannten Probleme in noch größerem Umfang auftreten.

10.6 Ökologische Auswirkungen der chinesischen Besucher

Die ökologischen Auswirkungen der beschriebenen Tourismusentwicklung untersuchte die Autorin Natalia Rubcova direkt durch ein Tiefeninterview mit einer Spezialistin der Naturschutzorganisation „Naturschutzpark Pribaikal´e[8]". Dieser Naturschutzpark ist eine föderale staatliche haushaltsplangebundene Einrichtung und wurde 2014 gegründet. Der Naturschutzpark Pribaikal´e dient als Naturschutz-, Wissenschafts- und Forschungs- sowie ökologische Bildungseinrichtung. Die Schutzzone, unmittelbar am Baikalsee angrenzend, gehört zum Territorium des Nationalparks Pribaikal´e und ist beliebtes Ziel für einen Großteil russischer und ausländischer Touristen, die an den Baikalsee reisen. Der Besuch des Nationalparks ist nur möglich mit dem Vorhandensein einer dafür ausgestellten Erlaubnis. Laut Einschätzung der Experten des Naturschutzparks beträgt die maximale Belastungsfähigkeit des Parks 50.000 Touristen pro Jahr. Jährlich erhalten offiziell rund 2000 Touristen eine Erlaubnis für den Besuch des Parks. Nach Meinung der Experten beläuft sich die tatsächliche Anzahl der jährlichen Besucher jedoch auf circa 800.000 Menschen. Somit wird die maximale Belastungsfähigkeit um sechszehn Mal überschritten. Dazu sei angemerkt, dass der grundlegende Anteil an Touristen am Baikal jedoch keine Chinesen, sondern russische Staatsbürger sind. In gegenwärtiger

[8]Interview der Verfasserin Natalia Rubcova mit Babina Svetlana Gennadievna, stellvertretende Direktorin für wissenschaftliche Arbeit des Naturschutzparks Pribaikale, geführt am 12.11.2018.

Zeit wurden im Nationalpark 15 Örtlichkeiten ausfindig gemacht, an denen wegen der hohen Menge an Touristen die Erdoberfläche vollständig zerstört ist (zertretene Vegetation, Bodenverdichtung). Diese Örtlichkeiten können nicht wieder regeneriert werden.

Touristische Lager und Gasthäuser, die auf der Insel Olchon und an den Buchten des Sees gelegen sind, verursachen den existierenden Schaden am Baikalsee und der benachbarten Umgebung. Eine genaue Anzahl dieser Unternehmen zu nennen, gestaltet sich schwierig, denn offizielle Statistiken fehlen. Laut Einschätzung der Ökologen jedoch beläuft sich deren Anzahl auf einige Hunderte. Von diesen sei kein einziges mit Aufbereitungsanlagen ausgestattet, die den internationalen Standards entsprechen. Die Abwässer gelangen ohne Reinigung direkt in den Baikalsee und verschmutzen diesen. Als Resultat dessen verändert sich die Mikroflora im See, es wachsen und blühen Grünalgen. Durch das sich ändernde Ökosystem gehen einige Arten von Organismen zugrunde und verschwinden gänzlich und neue Arten siedeln sich an. Konnte man früher das Seewasser noch ohne vorherige Reinigung trinken, so raten heute die Ökologen davon ab.

Die Insel Olchon befindet sich auf dem Territorium höchster anthropogener Belastung. Ebenso stellt der Rückgang der Population der olchonischen Feldmäuse ein großes durch Touristen verursachtes Problem dar. Diese Feldmaus ist eine einzigartige endemische Art von Säugetieren im Irkutsker Oblast. Diese Art ist in die Rote Liste der bedrohten Tierarten aufgenommen worden. Es ist die einzige Art in Russland, bei dem sich das Areal eines Säugetieres nur in den Grenzen eines geschützten Territoriums befindet. Eine typische touristische Tradition auf Olchon ist das Bauen von kleinen Steinpyramiden. Damit verändert sich die Gestalt der steinernen Biotope, dem Lebensraum der Feldmäuse. Der Bau dieser Pyramiden bringt der Population irreparablen Schaden und führt bis zum vollständigen Verschwinden dieser empfindlichen Art. Außerdem haben die Touristen erheblichen negativen Einfluss auf die Population seltener Vogelarten, deren Lebensraum die Uferzone des Sees ist.

Es ist besonders zu betonen, dass der negative Einfluss auf die Ökologie des Baikalsees nicht die Folge von Besuchern aus einem ganz bestimmten Land ist. Die erhöhte Anzahl an Touristen, die den Baikal besuchen, wird jedoch zweifelsfrei zur Verschärfung und Verstärkung der aufgezählten Probleme beitragen. Nach Einschätzung der Experten sind für den negativen Einfluss auf die Ökologie des Sees nicht nur die Touristen und der Tourismussektor Schuld. Einen ebenso großen Anteil an der Zerstörung der Naturschutzzone haben folgende Faktoren:

1. Vor allem ist es die erhebliche und nicht gesetzesgemäße Abholzung, die dem Waldmassiv des Parks essenziellen Schaden bereitet. Weiterhin verändert sich durch die Abholzung der Umriss der Insel. Die sandigen Ufer werden regelrecht vom Wind verweht. Die Größe der Insel verringert sich schrittweise. Das Klima wird dadurch trockener, was die Flora und Fauna des Parks verändert.

2. Auf dem Territorium des Nationalparks existiert schon seit vielen Jahren ein Problem der Vermüllung. Der Bau von Müllverbrennungs- oder Müllverarbeitungsanlagen ist nicht möglich, da das Territorium zur Naturschutzzone zählt. Der Müll kann nur mit der Fähre abtransportiert werden, was zeitaufwendig und kostspielig ist. Allein für die Entsorgung des Mülls wendet der Naturschutzpark zwei Drittel seines Budgets auf.
3. Der dritte Faktor sind die landwirtschaftlichen Tätigkeiten der örtlichen Bewohner. Diese betreiben Schafzucht und weiden die Schafe auf den Flächen des Naturschutzparks. Bodenverdichtung, Überweidung und Verschwinden seltener Pflanzen sind die Folgen. Eine natürliche Regenration dieser Territorien ist nicht möglich, weswegen eine künstliche Wiederherstellung nötig ist.
4. Ein hohes Level an Wilderei und Erschießen seltener Tierarten (mandschurischer Wapiti, Moschus) ist zu verzeichnen. Die Situation und die Untätigkeit der Strafverfolgungsbehörden verschlimmern sich immens. Die Ökologen brachten zahlreiche Beweise von Wilderei an, doch vor Gericht wurde kein einziger Fall behandelt.
5. Die Verwertung von Abfall des Baikaler Zellulose/Papier-Kombinats ist ein seit bereits vielen Jahrzehnten existierendes Problem, welches bis heute nicht gelöst ist. Obwohl das Kombinat im September 2013 seine Arbeit einstellte, bleibt das Problem der Verwertung seiner Abfälle ungelöst. In den Betriebsjahren hat sich eine Menge von 6,2 Mio. t von Abfällen angehäuft. Trotz dem Vorhandensein von Finanzierungsmitteln aus staatlichen Geldern wurde das Problem nicht gelöst.

Die erfassten Daten zeugen davon, dass das Problem des Umweltschutzes am Baikal ein sehr ernstes ist, welches eine komplexe Lösung, ein systematisches Vorgehen, Kollaboration der verschiedenen Stakeholder inklusive gesellschaftlicher Organisationen, staatlicher Dienste und wissenschaftlichen Zentren erfordert. Die ökologischen Probleme sind durch eine reine Begrenzung der Touristen am Baikal nicht zu lösen. Sollten jedoch die ökologischen Probleme nicht gelöst werden, so verliert die Region das, was ebendiese anlockt- seine einzigartige Naturschönheit.

10.7 Sozio-kulturelle Auswirkungen der chinesischen Besucher

„Das Volk ist in Panik! Die Staatsmächte bleiben handlungslos, und solange sich diese Situation nicht ändert, werden wir weiterhin unser Innerstes verlieren! Unseren Besitz! Die Zukunft unserer Kinder!“ (Ivanec 2017, Petition). Mit diesen Worten ruft die Juristin Julia Ivanec aus Angarsk Präsident Putin, Entscheidungsträger im Föderationsrat sowie die Bürger der Russischen Föderation dazu auf, gegen die, wie sie sie bezeichnet, „Intervention auf Chinesisch“ vorzugehen. Mit ihrer Ende 2017 gestarteten Onlinepetition möchte sie eine „Eroberung“ der Baikalregion, insbesondere des kleinen beliebten Ferienortes Listvjanka, durch chinesische Besucher verhindern und fordert die Regierung zur Beschränkung dessen auf. Ivanec (2017) spricht von dem großangelegten Aufkauf von Grundstücken am Baikalufer durch chinesische Investoren, dem Errichten riesiger Hotelanlagen, dem Verändern des Stadtbildes des kleinen Ortes. In der Tat entwickelt sich in der Region der Tourismus schneller als die dafür nötige Infrastruktur.

Die Autorinnen dieses Textes waren in 2018 selbst in Listvjanka und konnten sich ein Bild von den enormen Bautätigkeiten von Hotelanlagen machen. Im gesamten Ort sind Schilder auf Chinesisch zu sehen, die den Aufkauf von Grundstücken direkt am Ufer bewerben. Ivanec (2017) erklärt in ihrer Petition, dass bereits 10 % des bebaubaren Bodens im Ort von Chinesen aufgekauft worden sei. Dem widerspricht Viktor Sinkov, der Leiter der Rechtsabteilung der örtlichen Verwaltung in Listvjanka. Laut ihm handele es sich dabei um eine Übertreibung. Ebenso spricht er aber auch davon, dass „die Leute nicht selten sagen, all das bedeute, dass die Chinesen zurückkehren wollen" (Clover 2018). Ivanec (2017) bemängelt, dass die chinesischen Tourguides ihren Kunden erzählen würden, dass der Baikal nur temporär Russland gehöre, dass es das Nordmeer der Chinesen sei, an dem früher ihre Stämme gelebt hätten. In einem Interview gesteht sie jedoch ein, sie selbst hätte das so nie gehört aber viele andere (vgl. Černova 2018). In eben diesem Artikel steht aber auch, dass die Bewohner des Ortes keine Intervention fürchten, sondern nur den barbarischen Umgang der chinesischen Touristen mit der sensiblen Natur. „Wir haben selbst die Ziegen in den eigenen Garten gelassen.", propagiert Ivanec (2017). Auf Nachfrage der Autorin zu exakt dieser Formulierung beschwichtigt die Petitionsurheberin ihre Aussage, es handele sich dabei allein um ihre subjektive Meinung. Sie meine es im Sinne, dass es nicht gut sei, Leute dorthin zu lassen, wo ihnen die Lage besonders vorteilhaft erscheint, wo sie selbst nur ihren persönlichen, egoistischen Zielen nachgingen[9].

Die Petition hat mittlerweile schon circa 114.000 Unterzeichner (Stand: Dezember 2018). In den Kommentaren zur Petition finden sich aber auch Stimmen, die die Schuld an den Problemen, die mit dem touristischen Boom verbunden sind, nicht den Touristen, sondern dem Staat und dessen Nichtbeachtung der Probleme sowie der unzureichend ausgearbeiteten Gesetzeslage geben. Die chinesischen Touristen selbst sprechen dennoch von einer freundlichen Einstellung der örtlichen Bewohner ihnen gegenüber (vgl. Clover 2018). Ebenso sprachen Tourismusexperten aus Irkutsk in einem persönlich geführten Interview davon, dass es keine Konflikte zwischen den Touristen und den lokalen Bewohnern gebe, jedoch kleinere Spannungen.[10] Die Autorin Rubcova hat in Zusammenarbeit mit anderen russischen Wissenschaftlern 2018 eine Umfrage[11] von 300 chinesischen Touristen im Irkutsker Oblast durchgeführt. In Übereinstimmung mit den erhobenen Daten geben 48 % der befragten Touristen an, die Einstellung der örtlichen Bevölkerung ihnen gegenüber als gleichgültig, 43 % als freundlich und 9 % als

[9]Antwort von Ivanec vom 12.12.2018 auf Mailanfrage der Autorin Stefanie Erpel.

[10]Persönlich geführtes Gespräch der Verfasserin Stefanie Erpel am 23.10.2018.

[11]Umfrage von Wissenschaftler der Baikal State University, Lehrstuhl für International Business und wirtschaftliche Sicherheit, Erstveröffentlichung der Ergebnisse, durchgeführt von Rubcova, N., Golovčenko, T., Cvigun, I., Kubacova, T., Juni–September 2018.

negativ empfunden haben. Negativ im Sinne einer wahrnehmbaren Abneigung gegenüber Touristen aus China (Golovšenko und Rubcova 2019). Es ist also ersichtlich, dass die Spannungen nicht auf ethnischen oder rassischen Merkmalen basieren, sondern eine Folge unzureichender Regulation und nicht vorhandener Voraussetzungen für Massentourismus darstellen. Dadurch entstehen wirtschaftliche und ökologische Probleme, die wiederum die lokale Bevölkerung betreffen.

Es sollte jedoch nicht verwundern, dass Spannungen entstehen, wenn unterschiedliche Kulturkreise aufeinandertreffen. Die Öffnung Chinas für den internationalen Tourismus, der Kontakt mit dem „Anderen" führt quasi zur Neu- bzw. Redefinition des Eigenen: Tourismus als Weg zur nationalen Identitätsfindung, als Teil der identity politics (vgl. Fugmann und Arlt 2010, S. 141). Die Reisemotivationen chinesischer Besucher unterscheiden sich von der lange vom Westen geprägten und dominierten Sichtweise auf Tourismus und dessen Deutung. Während der westliche Reisende in der Ferne Selbstverwirklichung, Entschleunigung und das einfache Leben sucht (vgl. Fugmann und Arlt 2010, S. 192), spricht Becken von einem „lack of interest in a ‚deep immersion' style of nature experiences" bei den chinesischen Touristen (Arlt 2008, S. 141, zit. nach Becken, 2003). Chinesische Auslandstouristen sind am Vergleichen, um dadurch ihren Weg in die Moderne, zum Fortschritt zu finden. Sie wollen von den bereisten Ländern lernen, sie überholen. Europa und insbesondere Russland haben sie längst überholt. Vielleicht dient nun daher der Tourismus zum Baikalsee als Reise in die Vergangenheit, und die Baikalregion dabei als großes Freilichtmuseum.

10.8 Fazit

Der Tourismus in der Baikalregion entwickelt sich rasant, gar schneller als die dazu nötigen Voraussetzungen geschaffen werden können. Den größten Zuwachs hat die Region von Besuchern aus der VR China zu verzeichnen. Die geografische Nähe, ein günstiger Wechselkurs, verstärkte russisch-chinesische Zusammenarbeit, erleichterte Einreisebedingungen sowie eine erstarkende chinesische Mittelschicht sind die Ursachen dafür. Dieses Potenzial hat die Baikalregion erkannt und setzt im Marketing und Tourismusgewerbe auf die verstärkte Ansprache chinesischer Touristen. Jedoch ist die touristische- und Verkehrsinfrastruktur in Sibirien unzureichend ausgebaut. Es mangelt an chinesisch-sprachigem Personal, komfortablen Unterbringungen, entsprechender Abwasser- und Müllentsorgungsanlagen, belastbaren Verkehrswegen und einer klaren Gesetzeslage hinsichtlich der Bau- und Bodennutzungsrechte innerhalb der UNESCO-geschützen sensiblen Uferzone.

Vor allem die vorhandenen Gesetzeslücken und fehlende staatliche Kontrolle ermöglichen den Aufbau einer touristischen Schattenwirtschaft, besonders durch chinesische Unternehmen, um den russischen Fiskus herum. Die stark zunehmende Umweltverschmutzung um den Baikalsee herum ist nicht auf einzelne Reisende aus China zurückzuführen, sondern auf das Errichten nicht ökologisch-gerechter touristischer Anlagen in diesem sensiblen Ökosystem. Das Problem liegt in der unzureichend ausgearbeiteten gesetzlichen Lage für die Naturschutzregion. Eine Änderung dessen in absehbarer Zukunft ist allerdings nicht abzusehen. Dies sind Schlussfolgerungen auf wirtschaftlicher und ökologischer Ebene. Für die Tourismusforschung gilt es jedoch ihre Forschungsbestrebungen auf nicht-westliche Reisende zu richten und die touristischen Gewohnheiten, Motivationen und Ziele asiatischer Touristen zu erforschen. Jahrelang dominierte eine westliche Deutung in der Tourismusforschung. Ebendiese, und damit auch der Blick vom Eigenen aufs Fremde, wird nun durch die steigende Partizipation von nicht-westlichen, prosperierenden Nationen am internationalen Reiseverkehr infrage gestellt.

Literatur

Agentur für Tourismus des Irkutsker Oblast. (2018). Otčёt agenstva po turizmu Irkutskoj Oblastu o prodelannoj rabote za janvar´ – sentjabr´ 2018 goda. http://irkobl.ru/sites/tour/report/.pdf.

Arlt, W. G. (2008). Chinese tourists in 'Elsewhereland': Behaviour and perceptions of Mainland Chinese tourists at different destinations. In J. Cochrane (Hrsg.), *Asian tourism: Growth & change* (S. 135–144). Oxford: Elsevier.

Berezkin, J. M. (2014). The current state, problems and prospects of economic collaboration between Irkutsk Oblast and China. In *Materialy meždunarodnoj naučo- praktičeskoj konferenzii, Razvitie sotrudničestva prigraničnych regionov Rossii i Kitaja* (S. 78–87). Irkutsk: BGUĖP.

Borisova, A. O. (2015). Uveličenie potoka turistov iz KNR kak faktor razvitija v"ezdnogo turisma v Rossii na sovremennom ėtape. In *Materialy vtoroj meždunarodnoj naučo- praktičeskoj konferenzii, posvjaščennoj 70-letiju Pobedy vo Vtoroj mirovoj vojne (čast´1), Razvitie rossijsko-kitajskich otnošenii: novaja meždunarodnaja real´nost´* (S. 301–307). Irkutsk: BGU.

Černova, M. (2018). Listvjanka po- kitajski. *East Russia.* https://www.eastrussia.ru/material/listvyanka-po-kitayski/.

Clover, C. (2018). Kitajcy mečtajut vernut´sja na Bajkal, byvšij kogda-to čast´ju Kitaja. *Asia Russia Daily.* http://asiarussia.ru/articles/18747/.

Danilenko, N. N., & Rubcova, N. V. (2014). Development of tourism in China and Russia after accession to WTO: Problems and prospects. In *Materialy meždunarodnoj naučo- praktičeskoj konferenzii, Razvitie sotrudničestva prigraničnych regionov Rossii i Kitaja* (S. 103–112). Irkutsk: BGUĖP.

DZT. (2017). Marktinformation: Incoming- Tourismus Deutschland 2017. China/Hongkong. https://www.germany.travel/media/pdf/marktinformationen__lang_/regionalmanagement_asien__australien/China_Hongkong.pdf.

Federal State Statistics Service. (2018). Unified interdepartmental information system. http://www.gks.ru.

Fugmann, R., & Arlt, W. G. (2010). Von der Einbahnstrasse zum Gegenverkehr. Der chinesische Outbound- Tourismus im Spiegel der strukturellen Veränderungen globaler Mobilitäten. *TW Zeitschrift für Tourismuswirtschaft, 2*(2), 133–145.

Gajva, E. (2018). Rossija i Kitaja rasširjat bezvisovyj režim dlja turistov. *Rossijskaja Gazeta.* https://rg.ru/2018/07/27/rossiia-i-kitaj-rasshiriat-bezvizovyj-rezhim-dlia-turistov.html.

GNTB. (2018). GNTB forecast 2030 for inbound tourism to Germany. https://www.germany.travel/media/pdf/ueber_uns_2/DZT_Prognose_2030_836x297_EN_Screen.pdf.

Golovšenko T. P., Rubcova N.V. (2019). AS Asessment of tourist product and hospitality in Baikal region: results of online poll of chinese tourist. *Azimuth of Scientific Research: Economics and Administration, 81*(26). 129–132.

Interfax. (2016). Kitaj vložit $11 mrd. v razvitie turizma na Bajkale. *Interfax.* https://www.interfax.ru/russia/533746.

Ivanec, J. (2017). Vnimanie! Intervencija po-kitajski. Nužna pomošč po spaseniju Svjaščennogo ozera Bajkal! https://www.change.org/.

Kondrackaja, T. A. (2012). Recreational services in the Irkutsk region. *Bulletin of Baikal State University, 6*(68), 140–143.

Präsident Russlands. (2015). Zasedenie prezidenta Gosudarstvennogo soveta. http://kremlin.ru/events/president/news/50138.

Ria Novosti. (2018). Žiteli ostrova Ol´chon ždut novuju dorogu i prosjat grejder dlja staroj. *Ria Novosti.* https://ria.ru/20180607/1522220524.html.

Richter, S. (2018). Heute ist Russland der kleine Bruder. *Zeit- Online.* https://www.zeit.de/politik/ausland/2018-09/militaermanoever-wostok-2018-wladimir-putin-xi-jinping-donald-trump.

Rosturizm. (2017). Količestvo poezdok graždan inostrannych gosudarstv s cel´ju turizma na terriroriju RF za 2017 god. https://www.russiatourism.ru/contents/statistika/statisticheskie-pokazateli-vzaimnykh-poezdok-grazhdan-rossiyskoy-federatsii-i-grazhdan-inostrannykh-gosudarstv/.

Rubcova, N. V. (2018a). The impact of modern economic crises on the effectiveness of the functioning of the tourist and recreational services of the Baikal region. *Regional Economics: Theory and Practice, 16, 7*(454), 1376–1390. https://doi.org/10.24891/re.16.7.1376.

Rubcova, N. V. (2018b). Factors of efficiency of functioning of the sphere of tourist-recreational services of the region: theoretical and applied aspects. *Bulletin of Transbaikal State University, 24*(6), 129–138. https://doi.org/10.21209/2227-9245-2018-24-6-129-138.

Ržepka, Ė. A., Novičkova, T. R., & Aksanova, E. S. (2017). The current state of tourism on Lake Baikal. In *The Euro-Asian cooperation* (S. 215–229). Irkutsk: Baikal State University.

Ržepka, Ė. A., Palkin, O. Y., & Novičkova, T. R. (2015). Tourism in the Baikal region: Geographical, economic and educational aspects. *Izvestija Irkutskoj gosudarstvennoj ekonomičeskoj akademii, 25*(2), 343–351. https://doi.org/10.17150/1993-3541.2015.25(2).

Samarucha, V. I., & Čistjakova, O. V. (2012). The concept of tourism development in the Baikal region. *Scientific and Technical Statements SPbGPU, 3,* 184–189.

Solodkov, M. V., & Borisova, A. O. (2018). Methods of quantitative assessment of export tourist potential as a tool for the development of international tourism. *Azimuth of Scientific Research: Economics and Administration, 7, 3*(24), 52–56.

Sommer, T. (2018). Eine zweifelhafte Partnerschaft. *Zeit- Online.* https://www.zeit.de/politik/ausland/2018-09/chinesisch-russische-beziehungen-usa-sanktionen-handelsstreit.

UNWTO. (2018). Russian Federation: Country-specific: Basic indicators (Compendium) 2013–2017 (09.2018). https://www.e-unwto.org/doi/pdf/10.5555/unwtotfb0643010020132017201809.

Visit Russia. (2018). Bezvisovyj turističeskij obmen. http://www.visit-russia.ru/our-projects/bezvizovyy-turisticheskiy-obmen.

World Travel and Tourism Council WTTC. (2018). Travel and tourism: Economic impact 2018 Russian Federation. https://www.wttc.org/-/media/files/reports/economic-impact-research/countries-2018/russianfederation2018.pdf.

Zhang, G., & Lew, A. (2003). Intoduction: China's tourism boom. In A. Lew et al. (Hrsg.), *Tourism in China* (S. 3–34). New York: London.

Žilina, L. N. (2016). Features of the development of cross-border cooperation between Russia and China. *Azimuth of Scientific Research: Economics and Administration, 5, 4*(17), 159–163.

Stefanie Erpel studierte Medienmanagement in Hamburg und Italien sowie osteuropäische Kulturstudien (M.A.) in Potsdam und Irkutsk (Russische Föderation). Sie ist Stipendiatin der Studienstiftung des Deutschen Volkes. In ihrer universitären Abschlussarbeit beschäftigte sie sich mit politischen und medienwissenschaftlichen Entwicklungen in der Ukraine. Momentan arbeitet sie im Presse- und Informationsamt der Bundesregierung.

Dr. Natalia Rubcova promovierte 2006 an der Baikal State University in Irkutsk (Russische Föderation) zum Thema Effizienz von Serviceaktivitäten. Sie studierte Volkswirtschaft und Management in Irkutsk und hält momentan eine außerordentliche Professur am Lehrstuhl für Marketing an der Baikal State University. Ihr Forschungsschwerpunkt liegt im Dienstleistungssektor, insbesondere in fernöstlichen Grenzregionen.

Overtourism am Beispiel von Luzern und der Rigi

11

Florian Eggli, Jürg Stettler, Lukas Huck und Fabian Weber

Zusammenfassung

Dieser Beitrag gibt einen Einblick in die Vielseitigkeit der Herausforderungen, denen sich viele erfolgreiche Tourismusdestinationen weltweit stellen müssen. Die Auslöser sind, stark vereinfacht gesagt, meist in einem ansteigenden Touristenaufkommen zu suchen, wobei die lokalen Gegebenheiten zu unterschiedlichen Ausgangslagen und Lösungsansätzen führen. Um dies zu veranschaulichen, zieht dieser Beitrag die Stadt Luzern und den Ausflugsberg Rigi als Beispiele heran. Bei Luzern handelt es sich um eine Zentralschweizer Stadt, einen urban geprägten Raum, welcher eine Zentrumfunktion für die gesamte Region rund um den Vierwaldstättersee einnimmt. Die Rigi ist ein Ausflugsberg unweit von Luzern, welcher insbesondere für Tagesausflüge beliebt ist. Beides sind touristische Regionen, die im weiteren Sinne als Destinationen verstanden werden können. Beide können auf eine lange Tourismustradition zurückblicken und sehen sich heute aufgrund ihrer hohen Beliebtheit bei Touristen mit ähnlichen Herausforderungen konfrontiert.

F. Eggli (✉) · J. Stettler · L. Huck · F. Weber
Hochschule Luzern, Luzern, Schweiz
E-Mail: florian.eggli@hslu.ch

J. Stettler
E-Mail: juerg.stettler@hslu.ch

L. Huck
E-Mail: lukas.huck@hslu.ch

F. Weber
E-Mail: fabian.weber@hslu.ch

© Springer Fachmedien Wiesbaden GmbH, ein Teil von Springer Nature 2020

D. Pietzcker und C. Vaih-Baur (Hrsg.), *Ökonomische und soziologische Tourismustrends*,
https://doi.org/10.1007/978-3-658-29640-7_11

11.1 Luzern und Rigi als touristische Destinationen

Die Ausgangslage der beiden Destinationen ist trotz ihrer geografischen Nähe von unterschiedlichen Charakteristiken geprägt. Die beiden Fallstudien eigenen sich deshalb als Anschauungsbeispiele, um die aktuelle Debatte über die stark wachsende Tourismusindustrie, auch ‚Overtourism' genannt, zu illustrieren und aufzuzeigen, wie divers die Treiber und Folgen sein können.

Beide Destinationen verfügen über einige Gemeinsamkeiten, aber auch über prägende Unterschiede. Der Beitrag arbeitet diese beiden Aspekte heraus und bettet sie in einen wirtschaftlichen, historischen und geografischen Kontext ein. Dabei wird versucht, das Phänomen ‚Overtourism' besser zu verstehen und die Ursachen und Gründe zu identifizieren, die dieses Phänomen begünstigen. Zudem werden konkrete Maßnahmen zur Bewältigung der Herausforderungen vorgestellt, welche in den beiden Destinationen zurzeit in Diskussion und Planung respektive bereits in der Umsetzung sind. Doch bevor auf die beiden Fallbeispiele im Detail eingegangen wird, wird der Begriff ‚Overtourism' erläutert und die Entstehung dieses Phänomens kurz beleuchtet.

11.2 Overtourism: Begriff und wirtschaftliche Realität

Erstmals erwähnt wurde der Begriff ‚Overtourism' in einem Online-Beitrag der Tourismus Marktforschung- und Beratungsfirma skift.com. Im Jahr 2016 führte Rafat Ali, CEO von skift.com den Begriff in einem Artikel über Island ein. Dabei grenzte er den Begriff wie folgt ab: „We are coining a new term, ‚Overtourism', as a new construct to look at potential hazards to popular destinations worldwide, as the dynamic forces that power tourism often inflict unavoidable negative consequences if not managed well. In some countries, this can lead to a decline in tourism as a sustainable framework is never put into place for coping with the economic, environmental, and sociocultural effects of tourism. The impact on local residents cannot be understated either" (Ali 2018).

‚Overtourism' umschreibt also die negativen Auswirkungen einer immer stärker wachsenden Tourismusindustrie auf die betroffene Destination. Diese Definition zielt dabei nicht nur auf eine quantitative Wachstumsgrenze, sondern hebt insbesondere die ungenügende Steuerung und Lenkung (if not managed well) hervor. Zudem stützt sie sich auf die drei Nachhaltigkeitsdimensionen (economic, environmental, and sociocultural effects of tourism) und nimmt somit Bezug auf ein etabliertes Konzept aus den 1980er Jahren (vgl. Brundtland-Bericht „Our Common Future" [„Unsere gemeinsame Zukunft"] der Weltkommission für Umwelt und Entwicklung der UN aus dem Jahr (World Commission on Environment and Development 1987). Daher kann festgehalten werden, dass der Begriff Overtourism zwar neu, das Konzept an sich jedoch so alt ist wie der (Massen-)Tourismus selbst. In der Begriffseinführung von skift.com wird zudem die Rolle der lokalen Akteure (impact on local residents) explizit angesprochen. Aufgrund der zentralen Bedeutung der Auswirkungen auf die einheimische Bevölkerung widmet sich der vorliegende Beitrag vertieft diesem Aspekt.

Es steht außer Frage, dass das weltweite Touristenaufkommen vor allem in den vergangenen paar Jahren stark zugenommen hat. Im Jahr 2008 zählte man weltweit 930 Mio. internationale Reiseankünfte. Zehn Jahre später waren es bereits 1,4 Mrd. und Schätzungen gehen davon aus, dass das Wachstum in einem ähnlichen Ausmaß weitergeht. Experten rechnen mit 1,8 Mrd. internationalen Reiseankünften im Jahr 2030 (UNWTO 2019a). Im Lichte dieser Zahlen wird klar, weshalb das Konzept ‚Overtourism' in vergleichsweise kurzer Zeit zu einem prägenden Begriff in der medialen, wirtschaftlichen und wissenschaftlichen Debatte rund um die aktuellen Entwicklungen im Tourismus wurde. Zahlreiche Zeitungsartikel und Fernsehbeiträge berichten dabei vor allem über Spannungen zwischen Einheimischen und Touristen, ausgelöst durch die rasant steigende Tourismusnachfrage. Im Fokus der Diskussion stehen europäische Städte wie beispielsweise Amsterdam, Barcelona oder Venedig. Tourismusexperten suchen an den jährlichen Branchentreffen wie der Internationalen Tourismusbörse Berlin (ITB Berlin 2018), dem UNWTO & WTM World Travel Market Ministers Summit in London (World Travel Market 2017) oder dem World Tourism Forum Lucerne (Weber et al. 2017) nach Lösungen und Maßnahmen, um die Herausforderungen des Tourismuswachstums zu meistern. Das Resultat ist eine Vielfalt an Leitfäden und Beratungsliteratur, wie beispielsweise vom World Travel and Tourism Council WTTC und McKinsey (2017), der UNWTO (2018, 2019b) gemeinsam mit der Hochschule Breda und NHL Stenden und dem Österreichischen Hotelierverband in Zusammenarbeit im Roland Berger (2018). Zudem befasst sich auch die Wissenschaft vermehrt mit dem Phänomen und untersucht es aus geografischer, politologischer und sozioökonomischer Perspektive (Dodds und Butler 2019; Frisch et al. 2019; Colomb und Novy 2017).

Die Auswirkungen auf die jeweiligen Destinationen sind lokal unterschiedlich. Die Auslöser hingegen sind vielfach auf globaler Ebene zu finden. Günstige Flugpreise, wachsender Wohlstand einer immer breiter werdenden globalen Mittelklasse, flexible Arbeitsmodelle, distributiver technischer Wandel mit einer zunehmenden Digitalisierung sowie soziale Vernetzung über wachsendende Distanzen treiben die globale Tourismusnachfrage an. Der vorliegende Beitrag geht nicht weiter auf die Ursachen ein, sondern beschreibt deren Auswirkungen auf die Destinationen. Es ist jedoch unbestritten, dass Lösungsansätze zum Problem ‚Overtourism' nicht erst am Reiseziel greifen sollen, sondern bereits bei der Entscheidung über die Reise und die Reisegestaltung anzusetzen sind. Aufgrund der nur beschränkt verfügbaren Zeilen konzentrieren sich die in diesem Beitrag vorgeschlagenen Lösungsansätze insbesondere auf Maßnahmen vor Ort.

11.3 Die Beispiele Luzern und Rigi

Anhand zwei anwendungsorientierter Fallbeispiele stellt dieser Beitrag die aktuellen Herausforderungen im Zusammenhang mit ‚Overtourism' vor. Beim ersten Beispiel, der Stadt Luzern, handelt es sich um einen urbanen Lebensraum mit rund 80.000 Einwohnern. Dieser nimmt eine politische, gesellschaftliche, ökonomische und kulturelle

Zentrumsfunktion weit über die regionalen Grenzen ein. Diese funktionale Bedeutung der Stadt bedingt ein offenes System, welches von verschiedenen Anspruchsgruppen auf direkte und indirekte Weise geprägt wird und Einschränkungen nur bedingt zulässt. Beim zweiten Beispiel, dem Ausflugsberg Rigi, handelt es sich um einen ländlich geprägten Naherholungsraum, welcher peripher zu Luzern liegt. Während es sich bei der Stadt Luzern im engeren Sinne um eine einzelne politische Gemeinde handelt, umfasst der Ausflugsberg Rigi mehrere politische Gemeinden und erstreckt sich in zwei Kantone. Die ständige Wohnbevölkerung auf dem Berg selbst beträgt nur rund 80 Einwohner (in Rigi Kaltbad). Im Gegensatz zur Stadt Luzern handelt sich bei der Rigi um ein geschlossenes touristisches System, welches mit klar definierten Zugangswegen abgrenzbar ist. Da die Rigi grundsätzlich autofrei ist, erfolgt der Zugang über Zahnrad- und Seilbahnen. Eine Kapazitätsteuerung ist daher leichter möglich als in einem städtischen Umfeld.

Beide Destinationen können auf eine lange und erfolgreiche touristische Tradition zurückblicken, die für das physische Erscheinungsbild jeweils entscheidend ist und das Selbstverständnis der Bevölkerung während mehrerer Generationen geprägt hat. Mit einer gemeinsamen touristischen Vergangenheit, die in der Gründerzeit des Fremdenverkehrs-Zeitalter anfangs des 19. Jahrhunderts fußt, stehen beide Destinationen sinnbildlich für den damaligen Pioniergeist, der von Fortschritt, Zukunftsglauben und dem disruptiven Wandel der Industrialisierung geprägt war. Heute stehen beide Destinationen wegen ihrer Beliebtheit bei Reisenden aus aller Welt vor vergleichbaren touristischen Herausforderungen der Gegenwart und einer von ähnlichen Faktoren geprägten Zukunft. Beide Destinationen erlebten in den vergangenen Jahren durch die Globalisierung der Tourismusindustrie ein überdurchschnittlich hohes touristisches Wachstum, verbunden mit einem grundsätzlichen Strukturwandel der Quellmärkte sowie der entsprechenden Veränderung der Reiseformen. Es erstaunt daher nicht, dass beide Destinationen aktuell mit politischem und gesellschaftlichem Widerstand konfrontiert sind.

11.4 Die Entstehung des Tourismus in der Zentralschweiz

Die Vorläufer des Fremdenverkehrs in der Schweiz liegen im Pilgerwesen, dem Bädertourismus und den Bildungsreisen von Wissenschaftlern, Literaten und Künstlern bis zum Ende des 18. Jahrhunderts. Letztere prägten die romantische Darstellung der Schweiz und rückten die vormals gefürchtete und gemiedene Bergwelt in eine neue, wohlgesinnte Perspektive (vgl. Bürgi 2016; Flückiger Strebel 2013 für gesamten Abschnitt).

Von 1815 bis zum Ausbruch des Ersten Weltkriegs 1914 erlebten der Schweizer Tourismus und insbesondere auch die Region rund um Luzern ihre eigentliche Hochblüte. Diese Zeit war geprägt von technischem Fortschritt im Zuge der Industrialisierung und dem Ausbau der Verkehrswege, vor allem durch den Bau der Gotthardstrasse 1830, welche dem Nord-Süd Transitverkehr mächtigen Auftrieb verlieh. Der Transport von Gütern und Personen wurde schneller, einfacher und risikoärmer und führte zu einem zunehmenden Austausch und Handel zwischen den europäischen Ländern. Neben den wirtschaftlichen und technischen Errungenschaften dieser Pionierzeit setzte auch ein gesellschaftlicher Wandel ein. Eine Neubewertung des Körpers mit einer neuen Art von Gesundheitsgefühl kam auf, was auch durch die Verbreitung von Lithographien und Photographien unterstützt wurde. Reisen an die gesunde Schweizer Berg- und Seeluft entsprach einer immer breiteren gesellschaftlichen Sehnsucht und wurde ausführlich in den ersten Reiseführern beschrieben. Mit dem Aufkommen standardisierter Gruppenreisen durch Thomas Cook setzte die Eroberung der Hochalpen vollends ein.

1835 wurde mit dem Hotel Schwanen in Luzern das erste Aussichtshotel am Vierwaldstättersee eröffnet. Kurz danach wurde das anliegende Seeufer umgestaltet und durch die Erstellung des Schweizerhofquais den Touristen zugänglich gemacht. Es folgte 1845 die Eröffnung des Hotels Schweizerhof, welches unter anderem Leo Tolstoi, Richard Wagner, Kaiserin Eugénie mit Gemahl Kaiser Napoleon III sowie weitere wichtige Persönlichkeiten der damaligen Zeit beherbergte. Auch die britische Königin Victoria verbrachte 1868 einen fünfwöchigen Besuch in Luzern. Diesen nutzte sie für Ausflüge auf die nahe gelegenen Berge Rigi und Pilatus und malte selbst Aquarelle, um die Schönheit der Region festzuhalten. Diese berühmten Gäste, Dichter und Denker, politischen Würdeträger und Meinungsbildner ihrer Zeit konnotierten ein Bild der Schweiz, welches heute noch das kulturelle Selbstverständnis der Schweiz prägt und nachhaltig den touristischen Sehnsuchtsort kultivierte.

Die Luzerner Bevölkerung profitierte in der Gründerzeit maßgeblich von der touristischen Entwicklung, beispielsweise durch die Elektrifizierung der Straßenbeleuchtung, dem Ausbau der Verkehrsverbindungen und der Erschließung der Berge sowie einer steigender Anzahl an Konsum- und Unterhaltungsmöglichkeiten durch Festspiele, Dioramen oder Spielcasinos. Tourismus wurde nicht nur als ökonomischer Segen betrachten, sondern auch als Treiber von Modernisierung, Fortschritt und Urbanität. Dies stieß selbstredend nicht bei allen Bewohnerinnen und Bewohnern auf wohlwollende Reaktionen. Kritische Gegenstimmen und Widerstand wurden jedoch mit dem Verweis auf die wirtschaftliche Bedeutung gekontert und weitgehend ignoriert.

Diese Ambivalenz gegenüber dem Tourismus hält bis heute an. Die Bevölkerung ist sich zwar der ökonomischen Bedeutung bewusst, stört sich jedoch an dem starken Wachstum und den Veränderungen, die der Tourismus nach sich zieht. Während früher vor allem der wirtschaftliche und gesellschaftliche Wandel, der durch den Tourismus ausgelöst wurde, hinterfragt wurde, sind die Herausforderungen heute anderer Natur. Heute sind die beiden Destinationen Rigi und Luzern mit einem starken quantitativen Wachstum konfrontiert, das an neuralgischen Orten zeitweise zu Kapazitätsengpässen und Dichtestress führt. Zudem zeigen sich Anzeichen einer sog. Touristifizierung, will heißen einer zunehmenden Ausrichtung der beiden Orte auf den Tourismus, was sich in der Entwicklung des öffentlichen Raums, der Angebotsgestaltung und Ladenstruktur sowie in der Verkehrs- und Wohnraumplanung niederschlägt.

11.5 Tourismus in Luzern heute

Zu den Wegbereitern des heutigen Tourismus in Luzern gehört Kurt H. Illi. Der gebürtige Luzerner und ausgebildete Werber wurde 1978 zum Verkehrsdirektor der Stadt Luzern berufen und hatte diesen Posten während 22 Jahren inne. Kurt H. Illi war maßgeblich für die Internationalisierung und Diversifizierung der Quellmärkte verantwortlich. Mit unkonventionellen Marketingmethoden wurde das Bild von Luzern in die damals noch unbedeutenden Fernmärkte getragen und so der Grundstein für die weltweite Bekanntheit von Luzern gelegt: „Den Scheichs verkaufte er den Luzerner Regen, in Indien lag er für seine Stadt als Fakir auf einem Nagelbrett, in China schwärmte er auf der Grossen Mauer von der schönen Stadt Luzern“ (Illi o. D.). Er war 1986 der erste Verkehrsdirektor der Schweiz, der nach Peking reiste, was ihm viel Spott einbrachte. Doch in 20 Jahren haben sich die Logiernächte aus dem asiatischen Raum vervierfacht. Waren es früher vor allem Gäste aus Japan, so sind es heute vorwiegend Reisende aus China, welche die Stadt Luzern besuchen. Ausgelöst werden Veränderungen in der Gästestruktur meist durch den wirtschaftlichen, sozialen oder gesellschaftlichen Wandel in den Herkunftsmärkten. So wurde beispielsweise, angestoßen durch die Eurokrise, die Schweiz für viele Gäste aus dem Europäischen Währungsraum quasi über Nacht signifikant teurer. Als Folge war die Zahl der Gäste aus dem Euroraum bis vor wenigen Jahren rückläufig. Beinahe zeitgleich hat sich dafür die US-amerikanische Wirtschaft wieder erholt und gab vielen US-Amerikanern ihre Reiselust zurück. Seither sind sie zur bedeutendsten internationalen Gästegruppe aufgestiegen. Aufgrund der Dynamik und der Wachstumszahlen in den ausländischen Märkten, wird allerdings gerne vergessen, dass die Schweizer selbst für den größten Anteil der Übernachtungen in der Stadt Luzern sorgen.

Bei einer Betrachtung der Nächtigungszahlen wird ersichtlich, welch starke Wachstumsjahre die Luzerner Tourismusindustrie erlebt hat. In den vergangenen zehn Jahren nahm die Zahl der Übernachtungen um 31 % zu. Doch die Nächtigungsstatistik erfasst nur Gäste, welche auch tatsächlich in der Stadt Luzern in einem Hotel übernachtet haben. Wie stark das Touristenaufkommen in der Stadt Luzern zugenommen hat, wird noch deutlicher, wenn man zusätzlich auch die Tagesgäste berücksichtigt. Also Gäste, welche die Stadt Luzern besuchen und am selben Tag ohne Übernachtung wieder verlassen. Weil das Aufkommen der Tagesgäste nur schwer quantifizierbar ist, gibt es keine gesicherten Datengrundlagen. Dass aber die Tagesgäste als Gästegruppe nicht unterschätzt werden dürfen, zeigt eine im Jahr 2017 veröffentlichte Studie zur wirtschaftlichen Bedeutung des Tourismus in Luzern. Die Autoren gehen von schätzungsweise 8,2 Mio. Tagesgästen aus, welche die Stadt Luzern 2014 besucht haben. Dies entspricht einem geschätzten Wachstum von 18 % seit 2012. Zum Vergleich: 2017 zählte man 1,4 Mio. Übernachtungen in der Stadt Luzern. Auch wenn diese Zahlen mit vielen Unsicherheiten behaftet sind, geben sie einen Eindruck über die Bedeutung des Tagestourismus in der Stadt Luzern. Ein Grund für die starke Nachfrage nach Tagesreisen liegt im gesellschaftlichen Wandel und dem Trend nach weniger, dafür kürzeren

Reisen oder Ausflügen. Zudem erlaubt eine mehrtätige Europareise oft nur kurze Aufenthalte an den jeweiligen Orten. Luzern liegt an der in Fernmärkten beliebten Route zwischen Paris und Norditalien und wird daher oft nur als Zwischenstopp angefahren. Doch auch in der Statistik der Tagestouristen gilt, dass die Schweizer fast 70 % der Besuche ausmachen. Dennoch konzentriert sich die öffentliche Diskussion zum Thema ‚Overtourism' fast ausschließlich auf die Gruppengäste aus Asien. Zwar wird fast ein Drittel aller Übernachtungen von Gästen aus Asien generiert, bei einem Einbezug des Tagestourismus relativiert sich diese Betrachtungsweise zumindest auf Zahlenebene. Dass sich der öffentliche Diskurs trotz der unausgeglichenen Mengengerüsten auf die Gäste aus dem asiatischen Raum konzentriert, zeigt, dass die absolute Anzahl allein nicht entscheidend ist. Die Gründe für die ungleiche Wahrnehmung sind im Reiseverhalten, dem Aufenthaltsraum und Aufenthaltszeitpunkt sowie den kulturellen Unterschieden zu suchen. Schweizer Tagesgäste verteilen sich dank heterogener Interessen und Bedürfnissen über die gesamte Stadtregion. Sie besuchen die Stadt am Morgen, um einzukaufen, am Nachmittag für einen Museumsbesuch oder abends für ein Essen im Restaurant. Im starken Kontrast dazu steht das Verhalten asiatischer Tagesgäste, welche oftmals als Teil einer Gruppe reisen. Und viele der Gruppenreisenden besuchen dieselben Orte, in der Regel die bekanntesten Attraktionen und Sehenswürdigkeiten, und aufgrund der gleichen Reisepläne oft zur gleichen Tageszeit (d. h. eher am späteren Nachmittag nach einem Bergausflug). Eine Tatsache, die sich auch in der einseitig verteilten Wertschöpfung widerspiegelt. Rund 70 bis 80 % aller Gruppenreisen durch Zentraleuropa machen in der Stadt Luzern halt. Gerade bei chinesischen Gästen scheint die Kombination von See, Ausflugsberg und Einkaufsmöglichkeiten beliebt. Am Schwanenplatz, wo sich mehrere Uhrengeschäfte befinden und viele Reisecars anhalten, hat die Zahl der Gruppenreisenden besonders stark zugenommen. Innerhalb von sechs Jahren wuchs sie um 0,8 Mio. auf 1,4 Mio. Reisende. Ein großer Teil davon ist asiatischer Herkunft. Diese Entwicklung ist aus wirtschaftlicher Sicht erfreulich. Die durchschnittlichen Tagesausgaben von asiatischen Reisenden sind vergleichsweise hoch. Während ein Schweizer Gast durchschnittlich 140 CHF ausgibt, sind es beispielsweise bei Gästen aus China oder Indien 380 respektive 310 CHF pro Tag (Schweiz Tourismus 2017). Uhrenkäufe sind ein wichtiger Grund für die hohen Tagesausgaben von chinesischen Reisenden. Alleine am Schwanenplatz generierte der Gruppentourismus vergangenes Jahr eine Wertschöpfung von insgesamt 224 Mio. CHF, und rund 455 Beschäftigte können auf dieses Segment zurückgeführt werden. Hinzu kommen weitere 179 Mio. CHF, welche in der übrigen Zentralschweiz erwirtschaftet werden. Daraus resultiert eine vom Gruppentourismus ausgehende Wertschöpfung von 403 Mio. CHF (Hanser Consulting 2018).

Konsequenterweise richten sich die Geschäfte im betroffenen Perimeter auf die Bedürfnisse und Ansprüche der zahlungskräftigen Gäste aus dem asiatischen Raum aus. Es ist deshalb nicht überraschend, dass ein Großteil der touristischen Wertschöpfung in der Stadt Luzern auf einem engen Perimeter von wenigen spezialisierten Wirtschaftszweigen erwirtschaftet wird. Die Folge ist eine Touristifizierung der betroffenen Gegenden mit oftmals negativen Nebenwirkungen, wie beispielsweise einem verstärkten Verkehrs- bzw. Gästeaufkommen. In der subjektiven Betrachtung der lokalen Bevölkerung verliert der betroffene Stadtteil dadurch seinen Charakter, und die Einwohner fühlen sich in ihrem Alltag negativ beeinträchtigt.

Die touristische Entwicklung der Stadt Luzern in den vergangenen Jahren stimulierte den Diskurs in der lokalen Bevölkerung zur Frage „Welchen Tourismus wollen wir in der Stadt Luzern?". Im Zuge der kritischen Äußerungen aus der lokalen Bevölkerung und der medialen Berichterstattung beschäftigt sich auch die lokale Politik zunehmend mit der Thematik ‚Overtourism' und versucht, mit politischen Vorstößen die zukünftige Entwicklung zu beeinflussen und zu lenken. Eine erste politische Initiative, welche es sich zum Ziel gesetzt hat, die negativen Auswirkungen des Tourismus einzudämmen, wurde im September 2017 von den Jungsozialistinnen und Jungsozialisten Schweiz (JUSO) eingereicht. Durch die Umsetzung der Initiative soll ein stadtnaher Parkplatz, welcher bisher vornehmlich von Touristenbussen genutzt wurde, wieder als öffentlichen Raum zur Verfügung stehen. Die Bevölkerung der Stadt Luzern stimmte dieser Initiative knapp zu. In der Folge blieben weitere politische Vorstöße nicht aus. Die Grüne Fraktion forderte nur kurz darauf vom Stadtrat eine langfristige Vorstellung für den Tourismus, eine „Vision Tourismus Luzern 2030", zu entwickeln und lancierte damit endgültig die Diskussion zur Frage, wie die Stadt Luzern den wirtschaftlich bedeutenden Tourismus und die Bedürfnisse der lokalen Bevölkerung zukünftig unter einen Hut bringen soll. Dass der Tourismus eine wirtschaftlich bedeutende Rolle in der Stadt Luzern einnimmt, ist unbestritten. Auf dieses Argument stützen sich auch die Befürworter des Tourismus. Sie lancierten bereits im Frühjahr 2016 eine Sensibilisierungskampagne mit der Botschaft „Tourismus schafft Arbeitsplätze" (Tourismus Forum Luzern). Im Rahmen der Kampagne kamen verschiedene lokale Wirtschaftsvertreter aus unterschiedlichen Branchen zu Wort. Ihre Stimme soll stellvertretend für die vielen kleineren Betriebe stehen, welche von der vom Tourismus induzierten Wertschöpfung profitieren und sich durch den wachsenden Unmut der Bevölkerung ihr Geschäftsmodell infrage gestellt sehen. Um gemeinsam breit abgestützte Lösungen erarbeiten zu können, ist der Einbezug der lokalen Bevölkerung in den politischen Diskurs notwendig. Eine einseitige Kommunikation mit Fokus auf die wirtschaftliche Bedeutung der Tourismusindustrie greift zu kurz. Mit dem Ziel, die weltoffene Grundhaltung, welche die erfolgreiche Entwicklung Luzerns ermöglichte, zu erhalten, wurde im Juni 2018 die Interessensgemeinschaft „IG Weltoffenes Luzern" gegründet. Es werden öffentliche Veranstaltungen mit Teilnahme von Tourismus, Wissenschaft, Politik und Gesellschaft zur breiten Diskussion organisiert. Der Tourismus ist eine Querschnittsbranche und bedingt den Einbezug unterschiedlicher Wirtschaftsvertretern und vor allem der lokalen Bevölkerung für die Erarbeitung von nachhaltigen Lösungsansätzen. Die Diskussion sollte sich nicht auf einzelne isolierte Problemzonen beschränken. Es ist eine ganzheitliche Betrachtung erforderlich, um sowohl die Interessen der Wirtschaft als auch der Bewohner der Stadt zu vereinen.

11.6 Tourismusentwicklung auf der Rigi

Die touristische Geschichte der Rigi geht ebenfalls bis ins 18. Jahrhundert zurück und fußt auf der Bildungsreise der Grand Tour. Insbesondere Gedichte wie Albrecht Hallers „Die Alpen“ oder Johann Wolfgang von Goethes ausführliche Reisdokumentationen verhalfen der „Königin der Berge“, wie die Rigi auch genannt wird, zu ihrem außerordentlichen Status. Es folgte Anfang des 19. Jahrhunderts der Bau von großen Hotelpalästen, die erst nur beschwerlich mit Trägerdiensten und Pferden erreichbar waren, bis später im Jahre 1871 die Eröffnung der ersten Bergbahn Europas von Vitznau nach Rigi Staffelhöhe folgte (Bürgi 2016; Flückiger Strebel 2013).

Bis zum Ausbruch des Ersten Weltkrieges erfreute sich der Berg einer großen Beliebtheit der Adligen und Reichen Europas und seine touristische Infrastruktur wurde stets erweitert und die Erreichbarkeit verbessert. Der Ausflugsberg wurde früh in die Programme britischer Reiseveranstalter aufgenommen. Doch der eigentliche Massentourismus setzte erst nach dem Ende des Zweiten Weltkriegs ein. Dieser entwickelte sich in jüngster Zeit im Zuge der Globalisierung zu einem vermehrt internationalen Phänomen mit einer starken Diversifizierung der Quellmärkte und einer zunehmenden Ausrichtung des Angebotes auf touristische Fernmärkte. Verkörpert wurde diese internationale Positionierung 2009 auch durch die Partnerschaft der Rigi mit dem chinesischen Berg Emei Shan in der Provinz Sichuan. Beide Berge verbindet durch die Partnerschaft auch tonnenschwere Steinbrocken des jeweiligen Partnerberges, welche symbolisch für die Kooperation auf den entsprechenden Gipfeln stehen. Dies unterstreicht die Bedeutung der Partnerschaft und macht sie für alle Gipfelbesucher gut sichtbar.

Diese Investitionen ins Marketing trugen zu einem steigenden Gästeaufkommen auf der Rigi bei. Die Rigi Bahnen konnten 2018 einen Rekord beim Gästeaufkommen vermelden. 910.000 Personen haben den Ausflugsberg besucht, das sind 7,9 % mehr als im Vorjahr. Um das Gästeaufkommen weiter zu steigern, ist es seit einigen Jahren auch ein erklärtes Ziel der Rigi Bahnen, die Zahl der asiatischen Gäste zu erhöhen. Dafür beschäftigen sie eigens Agenturen in China und Südkorea. Die Auswirkungen zeigen sich nicht nur im steigenden Gästeaufkommen, sondern auch in einem sich verändernden Gästemix. 2014 lag der Anteil von Schweizer Gästen bei 80 %. Im Jahr 2018 betrug er noch 60 %. Diese Entwicklungen stoßen nicht bei allen Anwohnenden und Besuchenden auf positiven Anklang. Denn die Ansprache internationaler Reisenden bedingt auch eine Ausrichtung des touristischen Angebots auf deren Bedürfnisse. Es mehren sich die Stimmen, die sich gegenüber einem weiteren Ausbau der touristischen Infrastruktur bei entsprechend ausgerichteter Angebotsgestaltung des Ausflugsbergs kritisch äußern. Um Spannungen zu entschärfen und die Wogen zu glätten, wurden seitens der Bergbahnen verschiedene Maßnahmen getroffen. Unter anderem wurden gesonderte Waggons für die Gruppentouristen aus Asien eingeführt, damit die individuellen Ausflugstouristen bei der Berg- und Talfahrt nicht direkt mit den Gruppenreisenden konfrontiert werden. Zudem wurden Hinweisschilder für die korrekte westliche Toilettenbenutzung installiert und Workshops zur interkulturellen Sensibilisierung der Rigi-Mitarbeitenden durchgeführt (Rosenberg-Taufer und Huilla 2017).

Jüngster Stein des Anstoßes sind die Ausbaupläne der Rigi Bahnen AG, welche beabsichtigen, in den kommenden Jahren 50 bis 60 Mio. CHF in die Modernisierung der Infrastruktur zu investieren, um diese auf einen zeitgemäßen Ausbaustandart zu bringen. Um Letzteres zu erreichen, wurde eine Agentur beauftragt, ein Konzept für eine Neupositionierung der Rigi zu erarbeiten. Im Vordergrund stehen dabei Maßnahmen zur Erlebnisinszenierung. Dabei wird nicht nur auf bekannte Aspekte wie Folklorisierung von Swissness gesetzt, wie beispielsweise eine Schaukäserei oder eine Schokoladenwelt, sondern vermehrt auch auf moderne Technik wie Augmented Reality: „Mit dem vorliegenden Masterplan soll die Attraktivität des Erlebnisses auf der Rigi durch die unterschiedliche thematische Positionierung der einzelnen Attraktionspunkte gesteigert werden. Das Markenprofil der Rigi soll zudem für den Schweizer und den internationalen Markt geschärft sowie Wachstum und Rentabilität nachhaltig gestärkt werden. Begleitend wollen wir mit der Entwicklung der Strukturen mittel- bis langfristig die Rahmenbedingungen schaffen, die eine nachhaltige, zielgerichtete Entwicklung und Vermarktung des Gesamtangebots und die Erstellung adäquater Infrastrukturen erlauben“ (Quant AG 2016, S. 5), wird im Konzept postuliert. Die Inhalte der geplanten Neupositionierung waren für manche Anwohner ein Schritt in eine aus ihrer Sicht nicht gewünschte Richtung. Nicht nur störten sie sich, dass sie beim Entwicklungsprozess des Konzepts nicht oder nur ungenügend einbezogen wurden, sie erbosten sich auch über die zunehmende Disneyfizierung ihres geliebten Rückzugs- und Lebensraums. So wurde 2017 eine Petition lanciert, welche rund 3100 Personen unterschrieben. Im Petitionstext „Nein! zu Rigi-Disney-World“ wurde gefordert, dass die Rigi nicht in eine „Eventalp“ (mit „Schwizer Bergdörfli“, „Swiss-Shopping-Welt“, „Augmented-Reality-Naturerlebnispfad“) verkommen soll. Anstelle der realen Bergwelt würde ein „Freizeit-Ghetto“ entstehen, so die Argumentation, das mit einem „ressourcenverschlingenden Konsum- und Vergnügungsangebot den Ausverkauf der Rigi“ bedeutet. Von den Initianten wird wörtlich verlangt: „Keine Umsetzung des Masterplans (Umbau der Rigi für den Massentourismus), sondern Bewahrung der schlichten und gleichzeitig majestätischen Einfachheit eines Bergs, der von einer faszinierenden Alpen- und Seenlandschaft umrundet die Besucherinnen und Besucher über Jahrhunderte in ihren Bann zog“ (Stettler 2017).

Als Konsequenz dieser Petition wurde ein „Runder Tisch“ mit Vertretern aus Wirtschaft, Politik und Verbänden sowie den Petitionären ins Leben gerufen. In mehreren Workshops wurde eine gemeinsame Charta zur zukünftigen Entwicklung der Rigi ausgearbeitet, welche unter anderem auch Grundsätze zu Partizipationsprozessen und Mitwirkungsverfahren festhält. Die Unterteilung in eine Inhalts- und eine Prozessebene ist damit zu begründen, da in der angedachten Zeitspanne von ein paar wenigen Monaten nicht abschließend die Grundsatzfrage der touristischen Ausrichtung geklärt werden konnte, sondern vielmehr die systematische Einbindung der Anspruchsgruppen geregelt werden sollte. So wurde auf der inhaltlichen Ebene festgehalten, nach welchen Grundsätzen sich die Entwicklung des Berges in den Dimensionen Umwelt, Wirtschaft und Gesellschaft mittelfristig bis ins Jahr 2030 ausrichten soll. Auf Prozessebene hingegen wurden die Verbindlichkeit und zukünftige Zusammenarbeit geregelt. So soll ein Entwicklungsplan mit messbaren Zielen aus der Charta erstellt werden, der als Grundlage für konkrete Projektentwicklungen und Maßnahmen dient. Zudem soll ein regelmäßiges Monitoring für die Umsetzung der Charta garantieren. Die Charta Rigi 2030 wurde von den meisten involvierten Anspruchsgruppen unterzeichnet und befindet sich nun im Umsetzungsprozess.

11.7 Reaktionen auf die Tourismusentwicklung

Die Beispiele der Stadt Luzern und des Ausflugsbergs Rigi zeigen, dass die bislang stetig wachsende und zusehends auf internationale Herkunftsmärkte ausgerichtete Tourismusbranche von den lokalen Bewohnern zunehmend kritisch hinterfragt wird. In beiden Orten regt sich politischer und gesellschaftlicher Widerstand, der nicht nur die aktuelle, auf Wachstum ausgerichtete Tourismusentwicklung hinterfragt, sondern sich auch um die Erhaltung der Attraktivität des Wohn- und Lebensraums sorgt. Eine Reduktion des Problems auf das quantitative Wachstum greift dabei zu kurz, vielmehr geht es den Bewohnern wohl auch um den Verlust ihrer Identität, die Bedrohung ihres gewohnten Umfelds sowie um eine mangelnde Wertschätzung durch die Kurzzeitbesucher, die sich nicht vertieft mit den Eigenheiten und Besonderheiten der Destination vertraut machen. Auch wenn die Situationen nur bedingt vergleichbar sind, gelten diese Vorbehalte für beide Destinationen.

Dass für einzelne Parteien in der Tourismusindustrie der Gruppentourismus aus den Fernmärkten ein sehr attraktives und rentables Geschäftsmodell ist, kann nicht von der Hand gewiesen werden. Im Vergleich zu traditionellen Gästen ist die Wertschöpfung wesentlich größer. Doch die zunehmende Fokussierung auf dieses wirtschaftlich lukrative Gästesegment führt in den Augen einiger Bewohner zu einer Angebotsmonokultur und dem proklamierten Ausverkauf der Werte. Dadurch, dass Gewinne privatisiert sind, aber die negativen Auswirkungen der Touristenströme mehrheitlich von der Allgemeinheit getragen werden, werden vor allem Gruppengäste, die nur kurz in der Destination bleiben und fast ausschließlich Wertschöpfung in der Uhrenindustrie generieren, als problematisch angesehen. Zudem können die teils unterschiedlichen Nutzungsformen des touristischen Angebots sowie gewisse kulturell bedingte Verhaltensweisen zu Missverständnissen und Irritationen führen. So wird in der Bevölkerung nicht nur der Ruf nach einer Deckelung, Lenkung und Kontrolle der Besucherströme laut, sondern auch der Wunsch nach einem anderen Typus von Reisenden. In Anlehnung an MacCannell (1976) könnte von einem Wunsch nach Authentizität gesprochen werden, die sich nun nicht mehr vom Touristen an die Destination richtet, sondern umgekehrt von den Bewohnern der Destination an ihre Besuchenden, quasi als Ruf nach einem authentischen Touristen.

Der heutige Tourismus hat sich in verschiedener Hinsicht weit entfernt vom Tourismus der Gründerzeit. Einige Beispiele deuten darauf hin, dass teilweise ein fast schon nostalgischer Wunsch nach einer Rückkehr vergangener Tage besteht. So wurde 2018 im historischen Museum eine Ausstellung zum 150. Jahrestag des Besuchs von Queen Viktoria veranstaltet, begleitet von Museumstouren an den Originalschauplätzen, unter anderem auch auf der Rigi. Dabei wurde auf die traditionellen Kostüme zurückgegriffen und die alten Zeiten wurden entsprechend hochgelebt. Auch die Ausstellung des britische Malers J.M.W. Turner im Kunstmuseum Luzern kann als Indiz für eine Rückbesinnung auf glorreiche Tage interpretiert werden. Turner besuchte zwischen 1802 und 1844 insgesamt sechsmal die Schweiz und sorgte mit seinen gefeierten Bildern für eine romantische Konnotation einer damals noch unbekannten bzw. gefürchteten Bergwelt. Seine Interpretation der Landschaft in seinen Werken trug dazu bei, dass die Berge für viele Reisende zum Sehnsuchtsort wurden.

Bei der aktuell stattfindenden Diskussion darf allerdings nicht vergessen werden, dass der Tourismus in Luzern auch zur Gründerzeit durchaus kritisch beurteilt wurde (Bürgi 2016). Damals brachte der technische Fortschritt mit seinem disruptiven Wandel ähnliche Umwälzungen wie heute die Digitalisierung. Waren es damals Zahnradbahnen, Dampfschiffe und die Elektrifizierung der Straßenbeleuchtung, die den Tourismus vorangetrieben haben, sind es heute technische Errungenschaften wie virtuelle Realität sowie digitale Zahlungs- und globale Beförderungssysteme, welche die traditionelle Landschaft umkrempeln und revolutionieren. Die Bedenken und Proteste der damaligen Zeit wurden mit denselben Argumenten gekontert wie heutzutage: Zu wichtig sei die ökonomische Bedeutung, so unaufhaltbar die technische und gesellschaftliche Entwicklung, dass man es sich nicht leisten könne, darauf zu verzichten. Dem Tourismus wird in diesem Fall – damals wie heute – eine zentrale Funktion zugestanden, die wirtschaftliche Entwicklung voranzutreiben, welche schlussendlich im Sinne des Fortschritts der gesamten Bevölkerung zugutekommt.

So muss der Tourismus nicht nur als übergeordnetes Symbol für Fortschritt und Veränderung hinhalten, sondern auch als Sündenbock für bestehende Probleme, die er nur indirekt zu verantworten hat. Beispielsweise gibt es für die Monokultur des Ladenangebots vielfältige Gründe wie beispielsweise den Bau von Shopping-Malls in der Peripherie, den starken Zuwachs des Online-Shoppings sowie das Ausweichen von einheimischen Konsumenten in das Ausland aufgrund von Wechselkursvorteilen. Ebenso verhält es sich mit den zunehmenden Verkehrsproblemen im städtischen wie ländlichen Raum. Viele Orte kämpfen mit Verkehrsüberlastungen und Stau. An touristischen Orten wie Luzern oder Rigi werden die Ursachen schnell auf den Tourismus zurückgeführt. Doch auch wenn der Tourismus durchaus ein wichtiger Treiber ist, verschärft er meist primär bereits bestehende Probleme und wird aufgrund seiner Sichtbarkeit als alleiniger Verursacher empfunden. Ähnliches gilt für die Wohnraumpolitik. Günstiger Wohnraum ist in vielen Orten knapp. Angebote wie Airbnb beschleunigen diese ungewünschten Entwicklungen und können das Problem verschärfen, sind aber meist nicht die alleinige Ursache.

Lösungsansätze, welche nur beim Tourismus ansetzen, greifen daher zu kurz. Vielmehr ist eine Gesamtsicht nötig, welche die Komplexität der Phänomene erkennt und den Zusammenhängen Rechnung trägt. Im folgenden Kapitel werden einige Ansätze vorgestellt, welche konkret auf die Gegebenheiten der Stadt Luzern und der Rigi eingehen.

11.8 Lösungsansätze

Der Tourismus ist ein globales Phänomen und dementsprechend sind die Auslöser und Treiber der jüngsten Entwicklungen auf internationaler und weltweiter Ebene zu suchen. Wirtschaftswachstum, steigender Wohlstand in ehemaligen Schwellenländern, verbesserte Transportinfrastrukturen und sinkende Flugpreise sind nur einige von vielen Gründen, welche die Nachfrage nach internationalen Reisen immer stärker wachsen lassen. Doch aus nationaler, regionaler oder lokaler Sicht entziehen sich diese Entwicklungen dem Einflussbereich der Tourismusbranche. Entsprechend gilt es, die Herausforderungen anzunehmen und langfristige Lösungsansätze zu entwickeln. Es liegt auf der Hand, dass es keine universell gültigen Musterlösungen gibt. Lösungsansätze müssen auf lokale Gegebenheiten zugeschnitten werden.

11.8.1 Schaffung einer breit abgestützten Vision

Voraussetzung für eine effektive strategische Positionierung einer Destination ist eine von den Anspruchsgruppen gemeinsam getragene Entwicklungsvision. Diese gilt es, in einem breit abgestützten Partizipationsprozess gemeinsam zu erarbeiten. Dabei sollten die unterschiedlichen Interessensgruppen aus Wirtschaft, Gesellschaft und Politik zu Wort kommen und ihren Anliegen, Vorstellungen und auch Sorgen Ausdruck verleihen. In Bezug auf die Rigi wurde dieser Prozess durch die Petition „Nein! zu Rigi-Disney-World“ ausgelöst und in einem breit angelegten Mitwirkungsverfahren umgesetzt. Der Prozess ist jedoch nicht mit der Unterzeichnung der „Charta Rigi 2030“ abgeschlossen. Vielmehr sollen Strukturen und Gefäße geschaffen werden, um die unterschiedlichen Interessen und Perspektiven langfristig in den dynamischen Entwicklungsprozess einzubinden.

Im Falle von Luzern wurde ein breit angelegter Visions-Prozess durch einen parlamentarischen Vorstoß der Grünen Fraktion initiiert. Diese verlangt vom Stadtrat eine „Vision 2030“, die aufzeigt, in welche Richtung die touristische Entwicklung der Stadt Luzern gehen soll. Dabei wird ausdrücklich auf den Einbezug der touristischen Leistungsträger und der Bevölkerung hingewiesen. In einem solchen Prozess gilt es, die Ängste und Befürchtungen der Bewohnerinnen und Bewohner ernst zu nehmen, aber auch, die wirtschaftliche Grundlage von vielen Arbeitnehmenden, welche der Tourismus bietet, nicht zu gefährden. Der Tourismus umfasst als Querschnittsbranche mehr als nur die direkt touristischen Fragestellungen und tangiert verschiedene Lebensbereiche. Es ist daher wichtig, dass die Diskussion in einen Gesamtkontext eingebettet wird. Die Themenführerschaft ist auf Regierungsebene bzw. bei der Stadtverwaltung anzusiedeln. Parteipolitik und Branchenvertreter werden oft von Partikularinteressen geleitet, welche eine Gesamtsicht erschweren. Diese Perspektiven gilt es zwar explizit in den Prozess einzubinden, jedoch sollte dieser von neutraler Stelle moderiert und in einer gesamtverantwortlichen Funktion geleitet werden. Nur so kann garantiert werden, dass die Vision breit abgestützt ist und von den divergierenden Interessensgruppen im Sinne eines Kompromisses mitgetragen wird. Im Einzelfall können gewisse Maßnahmen zu kurzfristigen Einbußen oder zu einer Anpassung von funktionierenden und lukrativen Geschäftsmodellen führen. Langfristig gesehen, sollte eine gut austarierte Zukunftsstrategie jedoch die Grundlage für eine nachhaltige Tourismusentwicklung legen, die es erlaubt, die verschiedenen ökonomischen, ökologischen und gesellschaftlichen Interessen und Anliegen zu vereinen, welche auf den breit abgestützten Werten und Vorstellungen beruhen.

11.8.2 Strategische Positionierung und gezielte Kundensegmentierung

Ein Teil des Visionsprozesses ist die strategische Positionierung des Tourismus. Jede Destination hat sich der Frage zu stellen, für welchen Tourismus die Destination steht und in Zukunft stehen soll. In einem strategischen Positionierungsprozess werden Image und Markenwerte eruiert, nach welchen die langfristige Entwicklung der Destination zu richten ist. Dies hat konkrete Implikationen auf die Bearbeitung der Quellmärkte und Gästesegmente. Dabei soll nicht nur beachtet werden, dass die anvisierten Gästetypen lukrative Marktteilnehmer darstellen, sondern auch, dass sie mit den lokalen Gegebenheiten kompatibel sind und den Vorstellungen der Bevölkerung entsprechen. Luzern Tourismus (2016) hält beispielsweise im aktuellen Business-Plan 2017 bis 2020 fest, vermehrt Premium- und Individualreisende anzusprechen. Dies entspricht der übergeordneten Positionierung des Reiselandes Schweiz und ist wohl auch mit den Vorstellungen der Bevölkerung vereinbar. Neben der Wertschöpfung spielen auch andere Faktoren wie Wertschätzung und Begegnungsmöglichkeiten eine zentrale Rolle, und diese scheinen im Individual-Segment eher gegeben als im mengen- und preisgetriebenen Massengeschäft. Diese Ausrichtung auf Individualreisende kommt auch im Projekt zur Förderung von chinesischen Individualreisenden (FIT) zum Tragen. In diesem vom Bund mitfinanzierten Forschungsprojekt werden in Zusammenarbeit von über einem Dutzend touristischen Projektpartnern konkrete Angebote und Distributionskanäle entwickelt, die den Ansprüchen und Bedürfnissen dieses spezifischen Marktsegmentes entsprechen (Stettler et al. 2019).

11.8.3 Schaffung von Angeboten und Erlebnissen für Besuchende und Einheimische

Bei der Schaffung von neuen touristischen Angeboten soll nicht nur die strategische Marktpositionierung der Destination, sondern auch die Freizeit- und Unterhaltungsbedürfnisse der eigenen Bewohnerinnen und Bewohner berücksichtigt werden. Für viele Anwohnende stellt der Tourismus nicht in erster Linie einen ökonomischen Nutzen dar, sondern eine willkommene Bereicherung der eigenen Freizeitgestaltung. So werden beispielsweise die Bergbahnen der Rigi oder die Kursschiffe auf dem Vierwaldstättersee zu einem großen Teil von regionalen Anwohnenden für Bergausflüge und Vergnügungsfahrten genutzt. Dennoch wäre beispielsweise die Schifffahrtsgesellschaft des Vierwaldstättersees ohne ausländische Besuchende nicht in der Lage, den eng getakteten Fahrplan ganzjährig aufrechtzuerhalten.

Auch im urbanen Umfeld wird touristische Infrastruktur, wie Spielcasinos, Parkanlagen oder die vielseitigen Einkaufs- und Verpflegungsmöglichkeiten, für das eigene Vergnügungsangebot der Einheimischen genutzt. Um diesen Umstand zu verdeutlichen, hat sich Luzern Tourismus anlässlich ihres 125-jährigen Bestehens im Jahr 2017 eine besondere Aktion ausgedacht und in Zusammenarbeit mit den Luzerner Hoteliers für Einheimische die Hotelübernachtungen in der eigenen Stadt zu einem Spezialpreis erschwinglich gemacht. Die Aktion „Nicht daheim und doch zu Hause“ hatte das Ziel, die Luzerner Bevölkerung einzubeziehen und die teils geschichtsträchtigen Häuser aus der Belle Époque den eigenen Bewohnerinnnen und Bewohner wieder näher zu bringen. Mit diesem Perspektivenwechsel sollte nicht nur das Verständnis gegenüber dem Tourismus gefördert, sondern der Bevölkerung auch für die langjährige Unterstützung gedankt werden.

Ein weiteres Beispiel für die Schaffung von Angeboten und Erlebnissen für Besuchende und Einheimische ist das „Lichtfestival Luzern“. Dieser Anlass wurde von Luzern Tourismus und Luzern Hotels entwickelt, um den frequenzschwachen Monat Januar langfristig stärker zu beleben. Mit seiner thematischen Ausrichtung geht die Veranstaltung sinnbildlich auf die Geschichte von Luzern ein, die traditionell auch als Leuchtenstadt bekannt ist. Bei der Lancierung des Anlasses standen ursprünglich zusätzliche Übernachtungsgäste im Fokus. Die Veranstalter hatten jedoch nicht mit einem solchen Ausmaß an Begeisterung der einheimischen Bevölkerung gerechnet und wurden von Warteschlangen für den Ticketvorverkauf bei der Touristeninformation und ausverkauften Abendvorstellungen regelrecht überrascht. Solche touristischen Angebote stellen für viele Einheimische einen nicht-monetären Mehrwert und die Möglichkeit für eine abwechslungsreiche und attraktive Freizeitgestaltung dar. Dieser durch den Tourismus generierte Nutzen ist vielen lokalen Bewohnern oft zu wenig bewusst und sollte daher vermehrt aktiv kommuniziert werden. Nicht zuletzt können Einheimische dadurch Stolz und Freude dem eigenen Tourismus gegenüber entwickeln.

11.8.4 Lenkungsmaßnahmen

Bisher drehte sich die Diskussion um Lenkungsmaßnahmen in Luzern primär um Verkehrsprobleme und um die Verkehrssituation am Schwanenplatz. Vor einigen Jahren wurde die Restriktion eingeführt, dass die Reisebusse in der Hauptsaison (Mai bis Oktober) zu Spitzenzeiten nur noch halten dürfen, um Passagiere aussteigen zu lassen. Am etwas entfernten Löwenplatz können die Gäste dann wieder einsteigen. Die kürzere Aufenthaltsdauer am Schwanenplatz hat allerdings dazu geführt, dass zu Spitzenzeiten insgesamt mehr Reisebusse halten können. Mit dem Wegfall der Autoparkplätze am Inseli aufgrund der erwähnten Initiative wird sich das Problem um die Parkplätze in der Stadt noch verschärfen. Verschiedene Lösungen – von einer Metro bis zu einem unterirdischen Parking – werden diskutiert. Die Stadt ist momentan daran, ein umfassendes Konzept für Reisebusse zu erarbeiten, das längerfristige Lösungen des Problems präsentieren soll. In einem ersten Schritt soll eine Gebühr für das Anhalten am Schwanenplatz und Löwenplatz eingeführt werden. Die Höhe der Gebühr und die genaue Umsetzung sind aber noch nicht festgelegt.

11.8.5 Problemerkennung, Messen und Monitoring

Eine strategische Positionierung auf bestimmte Märkte und die Adressierung von Individual- statt Gruppenreisenden wie auch die Entwicklung von neuen Angeboten und Erlebnissen wird jedoch nicht ausreichen, um den hohen Wachstumsprognosen aus den neuen Quellmärkten zu begegnen. Denn solche Maßnahmen führen nicht automatisch zur Reduktion bestehender Besucherflüsse, sondern schaffen oft auch zusätzliche und neue. Es darf daher davon ausgegangen werden, dass in Zukunft der Druck auf die städtische Infrastruktur und die Toleranz der Bewohnenden trotz der getroffenen Maßnahmen zunehmen wird. Um dieser Herausforderung zu begegnen, ist ein vertieftes Verständnis der Besucherflüsse und deren Entwicklung notwendig. Eine solide Datengrundlage ist jedoch in vielen Tourismusdestinationen nicht vorhanden, da oftmals lediglich die Logiernächte in Hotels oder die Frequenzzahlen der Bergbahnen systematisch erhoben werden. Viele Gästesegmente nächtigen jedoch nicht in den Hotels der Destination, sondern außerhalb und frequentieren die betroffene Destination als Tagesgäste. Auch die Frequenzzahlen der Bergbahnen geben oft nicht Aufschluss über das konkrete Verhalten vor Ort und dem entsprechenden Nutzen- bzw. Konfliktpotenzial. Diese mangelnde Datenlage führt vielfach zu einer Diskussion, in welcher subjektiv wahrgenommene Argumente dominieren und symptomgetriebene Lösungsansätze postuliert werden, die der Komplexität des Problems nicht gerecht werden.

So wird in der Diskussion oft der Tourismus als Ursache und Treiber von bestehenden Problemen missverstanden und muss als Sündenbock für verschiedene Fehlentwicklungen herhalten. Eine verbesserte Datenlage würde es ermöglichen, die Problemstellung besser zu kontextualisieren und einzuordnen. Wie hoch ist der Anteil des tourismusinduzierten Verkehrs? Wie viel Kurzzeit-Wohnfläche wird auf Internetplattformen angeboten? Was sind die Gründe für die Transformation der Ladenstruktur in der Innenstadt? Solche Fragestellungen gilt es durch die systematische Erhebung unterschiedlicher Datenquellen umfassend zu beantworten. Auch stimmt die subjektive Wahrnehmung der Besuchergruppen oft nicht mit den statistisch erhobenen Gästestrukturen überein. Dies kann auf die unterschiedliche Erkennbarkeit und Auffälligkeit der Quellmärkte und Marktsegmente zurückgeführt werden. Eine verbesserte und auf soliden Daten beruhende Analyse der heutigen Situation würde es nicht nur erlauben, die Situation besser zu verstehen und zu kommunizieren, sondern auch, konkrete Maßnahmen zu treffen, um Engpässe und Problemstellen frühzeitig zu entschärfen. Mit einer systematischen und kontinuierlichen Datenerhebung könnte zudem überprüft werden, ob die getroffenen Maßnahmen zielführend sind und wie sich die Auswirkungen über die Zeit entwickeln. Nur mit regelmäßiger Messung können Effektivität und Effizienz evaluiert und die Maßnahmen laufend optimiert werden.

Literatur

Ali, R. (2018). The genesis of overtourism: Why we came up with the term and what's happened since. Unter Mitarbeit von Andrew Sheivachman und Greg Oates. skift.com. https://skift.com/2018/08/14/the-genesis-of-overtourism-why-we-came-up-with-the-term-and-whats-happened-since. Zugegriffen: 20. Mai 2019.

BHP – Hanser und Partner AG. (2015). *Touristische Wertschöpfung im Kanton Luzern.* Zürich.

Bürgi, A. (2016). *Eine touristische Bilderfabrik. Kommerz, Vergnügen und Belehrung am Luzerner Löwenplatz, 1850–1914.* Zürich: Chronos.

Charta Rigi 2030. (2017). https://www.hslu.ch/de-ch/hochschule-luzern/forschung/projekte/detail/?pid=4061. Zugegriffen: 20. Mai 2019.

Colomb, C., & Novy, J. (Hrsg.). (2017). *Protest and resistance in the tourist city.* London: Routledge.

Dodds, R., & Butler, R. (Hrsg.). (2019). Overtourism, issues, realities and solutions. De Gruyter studies in tourism.

Flückiger Strebel, E. (2013). *Tourismusgeschichte Zentralschweiz Detailprojekt, ViaStoria–Zentrum für Verkehrsgeschichte.* Bern: Universität Bern.

Frisch, T., Sommer, C., Stoltenberg, L., & Stors, N. (Hrsg.). (2019). Tourism and everyday life in the contemporary city. London: Routledge.

Hanser Consulting AG. (2018). *Gruppentourismus in Luzern. Analyse der volkswirtschaftlichen Bedeutung.* Zürich.

Illi, K. H. (o. D.). Biographie. http://www.kurt-illi.ch/biografie.htm. Zugegriffen: 20. Mai 2019.

ITB Berlin. (2018). How many visitors are enough? This year the World's Leading Travel Trade Show placed the spotlight on overtourism, a key topic at ITB Berlin and the ITB Berlin Convention. http://newsroom.itb-berlin.de/de/tags/overtourism. Zugegriffen: 20. Mai 2019.

Luzern Tourismus. (2016). Businessplan Luzern Tourismus AG, 2017–2020, Kurzversion.

MacCannell, D. (1976). *The tourist. A new theory of the leisure class.* New York: University of California Press.

Österreichische Hotelier Vereinigung und Roland Berger. (2018). Protecting your city from overtourism – European city tourism study.

Practices and Solutions: World Tourism Organization (UNWTO).

Quant AG. (2016). Masterplan RIGI. Masterplanung zur nachhaltigen Positionierung des Erlebnisraumes Rigi im Auftrag von RigiPlus AG und RIGI BAHNEN AG.

Rosenberg-Taufer, B., & Huilla, J. (2017). Case study Rigi. In F. Weber, et al. (Hrsg.), *Tourism destinations under pressure – Challenges and innovative solutions.* World Tourism Forum Lucerne.

Schweiz Tourismus. (2017). Tourismus Monitor Schweiz 2017.

Stettler, J., et al. (2019). Motive und Verhalten von chinesischen Individualreisenden in der Zentralschweiz. In T. Bieger, et al. (Hrsg.), *Schweizer Jahrbuch für Tourismus 2018/2019. Neue Technologien und Kommunikation im alpinen Tourismus.* Schmidt.

Stettler, R. (2017). Petition Nein zur Rigi Disney World. https://www.petitionen.com/nein_zu_rigi-disney-world. Zugegriffen: 20. Mai 2019.

Tourismus Forum Luzern. (2016). Tourismus schafft Arbeitsplätze. http://tfl-luzern.ch/index.php/sensibilisierung/sensibilisierung/163-tourismus-schafft-arbeitsplaetze.html. Zugegriffen: 20. Mai 2019.

UNWTO. (2017). Penetrating the Chinese outbound tourism market – Successful.

UNWTO. (2018). *‚Overtourism'? – Understanding and managing urban tourism growth beyond perceptions.* Madrid: World Tourism Organization (UNWTO).

UNWTO. (2019a). *UNWTO World Tourism Barometer* (Bd. 17). Madrid: World Tourism Organization (UNWTO).

UNWTO. (2019b). *‚Overtourism'? – Understanding and managing urban tourism growth beyond perceptions. Bd. 2: Case studies.* Madrid: World Tourism Organization (UNWTO).

Vision Tourismus Luzern 2030. (2017). Archiv: 27. November 2017. https://www.gruene-luzern.ch/?p=artikel&id=201711271112. Zugegriffen: 20. Mai 2019.

Weber, F., Stettler, J., Priskin, J., Rosenberg-Taufer, B., Ponnapureddy, S., Fux, S., Camp, M.-A., & Barth, M. (2017). Tourism destinations under pressure: Challenges and innovative solutions. Lucerne.

World Commission on Environment and Development. (1987). *Our common future.* Oxford: Oxford University Press.

World Tourism Forum Lucerne. (2017). Tourism destinations under pressure – Challenges and innovative solutions.

World Travel & Tourism Council WTTC und McKinsey&Company. (2017). Coping with success – Managing overcrowding in tourism destinations 2017.

World Travel Market. (2017). *UNWTO & WTM Ministers Summit: Tourism protests are a ‚wake-up call'.* London. https://news.wtm.com/unwto-wtm-ministers-summit-tourism-protests-are-a-wake-up-call/.

Florian Eggli ist Wissenschaftlicher Mitarbeiter am Institut für Tourismuswirtschaft ITW der Hochschule Luzern und Doktorand an der Universität Lausanne. In seiner Dissertation beschäftigt er sich mit dem Zusammenleben verschiedener Akteure in der Tourismusstadt Luzern. Er studierte Sozialanthropologie, Medien- und Kommunikationswissenschaften sowie Freizeit und Tourismus (FIF) an der Universität Bern, der Humboldt Universität zu Berlin und der London Metropolitan University.

Jürg Stettler leitet das Institut für Tourismuswirtschaft ITW und ist Forschungsleiter und Vizedirektor der Hochschule Luzern – Wirtschaft. Er studierte Betriebs- und Volkswirtschaftslehre an der Universität Bern. Anschließend arbeitete er am Forschungsinstitut für Freizeit und Tourismus (FIF) der Universität Bern, an welchem er zum Thema „Sport und Verkehr" promovierte. Seine Tätigkeitsschwerpunkte sind nebst der Lehrtätigkeit die Leitung und Bearbeitung von Forschungs- und Beratungsprojekten insbesondere in den Themenbereichen Destinationsmanagement, Sportökonomie und Sportevents sowie Nachhaltigkeit im Tourismus.

Lukas Huck studierte Betriebswirtschaft und erlangte einen Major in Tourismus. Anschließend arbeitete er für Schweiz Tourismus bevor er im Januar 2017 zum Institut für Tourismuswirtschaft ITW der Hochschule Luzern – Wirtschaft wechselte. Seither ist er aktiv in der Beratung und Forschung in den Themenbereichen Destinationsmanagement und Destinationsentwicklung.

Fabian Weber hat an der Universität Basel Geografie, Soziologie sowie Natur-, Landschaft- und Umweltschutz (NLU) studiert. Er promovierte am Forschungsinstitut für Freizeit und Tourismus (FIF) an der Universität Bern. Am Institut für Tourismuswirtschaft ITW der Hochschule Luzern – Wirtschaft ist er Dozent und Projektleiter und unter anderem verantwortlich für den Major Tourismus sowie den englischsprachigen Major in Tourism & Hospitality Management. Zu seinen Schwerpunkten in Forschung & Beratung gehören insbesondere die Themen Nachhaltigkeit im Tourismus, nachhaltige Angebotsgestaltung, Zertifizierungen und Labels sowie Qualitäts- und Umweltmanagement.

The Touristic Reframing of Political and Economic Crises – An Application on Russia and Egypt

12

Mohamed Badr

Abstract

Tourism is an uncertain industry and in many cases it has been exposed as the giant with feet of clay that it really is, as its evolution remains very sensitive to sudden and violent changes in the tourism environment. Changes in the macro and/or micro environment in the form of political instability, economic crisis, revolution and terrorism can greatly dictate the future of tourist destinations and their viability. In this paper we will research the types and impacts of crisis in tourism, evaluate possible response strategies and explore the role of media which makes a great impact on destination image. In times of crisis decline does not magically appear, but it is almost inevitable as tour operators and travel agents scale back operations reacting to low booking numbers (actual or forecasts) and of course insurance and liability fears. Considering two cases Russia and Egypt, we will see how the crisis in tourism happened, what the reasons were and what steps are taken by governments in order to overcome challenges, support local businesses and encourage international travellers to visit the countries.

12.1 Types and Impacts of Crisis in Tourism

UNWTO defines a crisis as "an event, in whatever form it occurs, that creates a shock to the tourism industry resulting in the sudden emergence of an adverse situation", while crisis management is the "strategies, processes and measures which are planned and put into force to prevent and cope with crisis" (UNWTO 2011). Crisis management involves

M. Badr (✉)
Munich, Germany
E-Mail: badr@badr-consulting.com

© Springer Fachmedien Wiesbaden GmbH, ein Teil von Springer Nature 2020

D. Pietzcker und C. Vaih-Baur (Hrsg.), *Ökonomische und soziologische Tourismustrends*,
https://doi.org/10.1007/978-3-658-29640-7_12

deep understanding of what effect the crisis will have on the market, how business and governments should react to crisis and what measures need to be taken.

It's the fact that most crisis cannot be predicted and many of them are pretty hard to avoid. So, tourism industry players must understand the nature of crisis, their reasons and possible consequences. Some authors distinguish between a "crisis" and a "disaster", with the key differences being that crises tend to be more predictable, caused by anthropogenic action, evidencing an observable build-up, and of longer duration; while disasters tend to be more sudden, less predictable, caused by natural forces, and generally shorter in duration (COMCEC 2017). Disasters are likely to give rise to emergencies, in other words rapidly evolving incidents requiring an immediate response. In this report we will use the term "crisis" to cover both crises and disasters, although the term "disaster" is meant when it is utilized for natural events. In each case (whether a natural disaster or anthropogenic crisis), the events demand policies, decisions and counter-measures to limit the extent and duration of the negative consequences (UNWTO 2011). In terms of predictability and avoidance, there are two broad categories of tourism-related crisis:

- beyond the control of managers, politicians and policy-makers, such as natural disasters, disease epidemics, and sudden global economic events;
- those resulting from a failure of management and government to deal with predictable risks. These include poor management or leadership, financial fraud, loss of data, destruction of place of business due to fire or flood without adequate back-up or insurance cover; and (at the level of a region or country) acts of war or terrorism, political upheavals, crime waves, and anthropogenic climate change (COMCEC 2017).

The UNWTO (2011), in turn, divides tourism crises into five categories:

1. Environmental, including geological and extreme weather events, and human-induced situations such as climate change and deforestation.
2. Societal and political, including riots, crime waves, terrorist acts, human rights abuses, coups, violently contested elections.
3. Health-related, such as disease epidemics affecting humans or animals.
4. Technological, including transportation accidents and IT system failures.
5. Economic, such as major currency fluctuations and financial crises.

In addition, specific events may affect individual businesses, such as:

6. Accidents affecting clients in the *public realm*, e.g. traffic accidents, mugging, drowning.
7. Accidents or events within an *individual enterprise*, e.g. fires, injuries, food poisoning

Any significant crisis in Categories 1–5 will affect the tourism sector's ability to operate normally, either because of infrastructure and facilities damages, or because the destination will be considered as unsafe. The real consequence of crises is a rapid decline in overall tourist arrivals and occupancy levels for hotels, tour operators and airlines. Due to heightened perception of risk and erosion of consumer confidence (especially in the case of terrorist attacks), travelers are tend to cancel or postpone their trips. Tour operators remove holidays in affected countries from their brochures and product listings. Airlines reduce flights to affected destinations. Finally, governments restrict the transportation ways and recommend to their citizens not to visit those destinations (UNWTO 2011).

These issues and restrictions will result in jobs losses and a fall in the economic benefits of tourism, including reduced incomes for businesses and individuals along the supply chain. In the end there will be a loss of tax revenues for governments and, hence, reduced investment in facilities.

12.2 Mitigation and Response Strategies

Where crises affect tourism, these will generally affect also tourism-related public and private sector stakeholders with other civil defense and community response groups, enabling tourism to be integrated with the existing system of Disaster Risk Reduction (DRR) (COMCEC 2017). However, too often the national-level crisis management unit and the national tourism board work independently of each other, especially where tourism is not a government priority, even though the biggest casualty of the crisis has always been the tourism sector. According to Morakabati et al. (2017) there is often a misunderstanding that happens between tourism interests and emergency management held by the public sector agencies. The reason is the lack of formal communication and recognition of responsibilities, even to the extent of working on opposing agendas during an incident. Normally, the government's goal is to maximize an international support in recovery and reconstruction, while the tourism sector focuses on maintaining business continuity by ensuring that operations proceed as normal in unaffected areas of the country and on the restoration of services in the affected area (Morakabati et al. 2017).

Destinations hit by events that inhibit their normal tourism operations are faced with a range of tasks with different time frames:

- Pre-crisis,
- Prodromal,
- Emergency,
- Intermediate,
- Recovery and Resolution.

12.2.1 Pre-Crisis

There are 9 principal pre-crisis management steps which can be indicated for the tourism sector (COMCEC 2017):

1. Set up a tourism crisis recovery task force, ideally linked to and working with the national Disaster and Risk Reduction system.
2. Appoint representatives from National Tourism Association and the private sector, with a designated officer to act as the task force's spokesperson, who will work closely with the DRR institution spokesperson to ensure consistency of message.
3. Maintain up-to-date market knowledge in order to maintain understanding of how markets may react at the time of a crisis.
4. Cultivate good relations with the media, so that in the event of a crisis journalists or bloggers who have been identified as being positively predisposed towards the destination can quickly be deployed to disseminate positive messages.
5. Create warm relations with individual tourists, so that in the event of a crisis there is an existing customer-base of people who feel warmly about the destination.
6. Plan policies, procedures and strategies to guide actions if a crisis occurs.
7. Establish capacity building activities to enhance contingency planning to reduce the risk of personal safety to tourists and employees, as well as property damage.
8. Promote individual and family preparedness among employees.
9. Foster tourism clusters at local level and their integration into their communities contingency planning.

In the pre-event phase, a range of policies, procedures, multi-representative organization structures and plans need to be established to prepare for and address a range of possible crises. For example, following the terrorist attack of 9/11 in 2001 in the USA, it developed a National Tourism Incident Response Plan, establishing a response framework and actions for national, state, and territory governments to ensure rapid, detailed, and targeted responses to incidents with an impact on the tourism industry (World Economic Forum 2015).

12.2.2 Prodromal and Emergency Stages

Once the crisis event has occurred, fast response is necessary. In some cases a competent and speedy reaction is essential in order to even prevent an emergency situation and turning it into a full crisis. The emergency phase consists of (COMCEC 2017):

- The safety and welfare of tourists and employees
- Emergency infrastructural repairs
- Handling enquiries from relatives of people affected by the incident
- Media communications to mitigate damage to the destination's image

It should be of the highest priority for all players in the tourism sector to ensure the safety of tourists on the ground.

12.2.3 Post-Crisis – Intermediate

Efforts to ensure recovery from crisis should accelerate as soon as the emergency phase of the disruptive event is over, with actions directed at travel trade channels (i.e. tour operators, travel agents, conference, organizers), the local tourism industry, and individual travelers (COMCEC 2017). The most common policy responses to crisis are increased marketing, clear improvements to security, strengthened public/private partnerships, and a combination of fiscal and monetary measures.

12.3 Crisis Communications and the Role of Media

The principles of a crisis communication plan must be established in advance of a crisis, in particular the human and financial resources of the crisis communications team (COMCEC 2017). It's necessary to identify risks and possible crises that are possible to occur and develop specific plans for each event. The more detailed the pre-event preparation and planning, the more likely the consequences will be less dramatic.

Whatever the nature of crisis is, the optimal response is to provide timely information that is accurate, credible and transparent, enabling stakeholders to act on it and prospective visitors to make informed decisions so they can modify their travel arrangements if they want to. The UNWTO "Toolbox for Crisis Communications" (UNWTO 2011) outlines a model of the crisis communication policy, covering the preparation stage, human resources and training needs. The key principles are presented in Table 12.1.

The press and other forms of traditional media such as television and news agencies have significant influence on tourist decision-making process and on the recovery of tourism through reporting of damages caused by natural disasters, terrorist attacks, disease outbreaks, or internal strife (COMCEC 2017). The mainstream media prides itself on rapid reporting of significant events across the globe, including most forms of tourism crisis – especially those affecting members of the media outlet's target audience. Graphic images of disasters or crises may be accompanied by harrowing accounts of human suffering and detailed accounts of extensive infrastructure and facility damage and destruction. Such images and reporting stays in the mind of the viewer long after the initial response period is completed and the recovery period is under way. In such instances, the reporting of the recovery programme tends to be less extensive because there is less visually exciting material. The images shown at the time of the incident are, therefore, not effectively counter-balanced in the travelling public's mind.

The expansion of user-generated content on social media such as Facebook, YouTube, Twitter, Instagram and TripAdvisor has changed the nature of communications by

Table 12.1 UNWTO principles of crisis communication

Principle	Actions
Appoint crisis communications team	Designate team members by area of responsibility, and ensure regular meetings and communications
Appoint spokesperson	Nominate spokesperson for all media interaction
Background material	Provide comprehensive background information and materials on crisis management team and host organisation online
Develop messages	Draft outline messages in advance of a crisis. Once the crisis occurs, issue messages through designated spokesperson, focusing on transparency and accuracy and avoiding speculation. Share messages with other stakeholders
Media access	Establish crisis channels of communication (e.g. hotline to media office), schedule frequent updates and access (e.g. press conferences, releases)
Victim care	Establish special communications channel and designate team to work with affected individuals/families, establish procedures for providing assistance and chain for rapid approval at highest level
Internal employees communication	Activate communications system with frequent updates to employees only (emails via intranet, text messages)
Website/facebook	Activate dedicated crisis website (via pre-designated web-master), update frequently, including prominent link to regular website. Post updates on Facebook page
Cross-functional integration	All organisations in team to be engaged in decision-making; at least daily interface with crisis communications team
Quantity and quality	Ensure swift and accurate fact-finding channeled to crisis communications team (through industry representatives on the ground)
Monitoring	Measure media and public exposure hits and perception, survey post-crisis including at 3, 6 and 12 month intervals, assess results and develop recommendations for improvements

democratizing the propagation of messages and images (COMCEC 2017). The ability to communicate immediate reports, including graphic images, represents both a threat and an opportunity for destinations, particularly during and after a crisis. The threat is the risk of sensationalist reporting that exaggerates the scale of the problem supported by scenes of devastation and human suffering and the associated risk of "fake news". The opportunity is to respond rapidly with positive material on the limitations of the problem and the actions in place to assist those affected and make the necessary repairs to bring the sector back to normal functioning in the affected area.

Government and private sector organizations are becoming adept at using all channels to promote positive messages during the recovery period. After the 2015 earthquake, Nepal used a digital campaign on social media to help it recover. A study of this campaign by Ketter (2016) concluded that using Facebook enabled the country to counter the largely negative focus of coverage by the news media. Using social media targeting "prosumers" – consumers who create and share social media content quickly and easily – spread the word quickly and influenced a wide range of audiences.

12.4 Russia's Tourism Industry: How the World Cup 2018 Helped Russia's Image

Because of the political confrontation between Russia, Europe and the USA and the start of international mutual sanction policy, the image of Russia as a tourist destination before the World Cup has been seriously spoiled. Besides, the economic crisis of 2014–2017 has played a dramatic role in Russian national and international politics and affected the whole tourism industry during this period. Generally, the economic crisis in Russia had three main causes (OSW 2015):

- the worsening structural problems of the Russian economy,
- serious tensions in the relations between Russia and the West, which have led to the "sanctions war",
- the dramatic slump in oil prices in the second half of 2014.

None of those phenomena would have caused such a rapid decline of the country's economic situation on their own, but their simultaneous occurrence has left the Russian government facing very serious challenges. Figure 12.1 shows how GDP dropped down in 2015.

The slump in oil prices in the second half of 2014 by more than 50%, the deepest since the 2008–2009 crisis, turned out to be particularly painful for the Russian economy. The causes of the slump included the slowing down of the global economy (largely as a result of the weakening dynamics of China's growth), as well as higher supply of oil due to growing production, especially in Libya, the US and Iraq, and the decision of OPEC to maintain production levels despite the falling prices (OSW 2015).

The dynamics of oil prices directly influences the budget stability of Russia because revenues from the sale of oil, gas and petroleum products account for half of its budget. The budget balance depends on the net effect of the dynamics of currency revenues and the ruble-to-dollar exchange rate. If oil prices decrease by one dollar, Russia's budget revenue decreases by around US$ 2 billion, but at the same time if the dollar appreciates by one ruble, Russia gains RUB 210 billion in additional budget revenue. Even though this dynamic produced a positive outcome in 2014, and Russia closed the year with a budget surplus, the government, facing the continuing decline in oil prices, announced spending cuts of 10% and a budget deficit in 2015. The cuts would affect the defense, space and aircraft industries, i.e. Russia's high technology export sectors, as well as education and other social spheres.

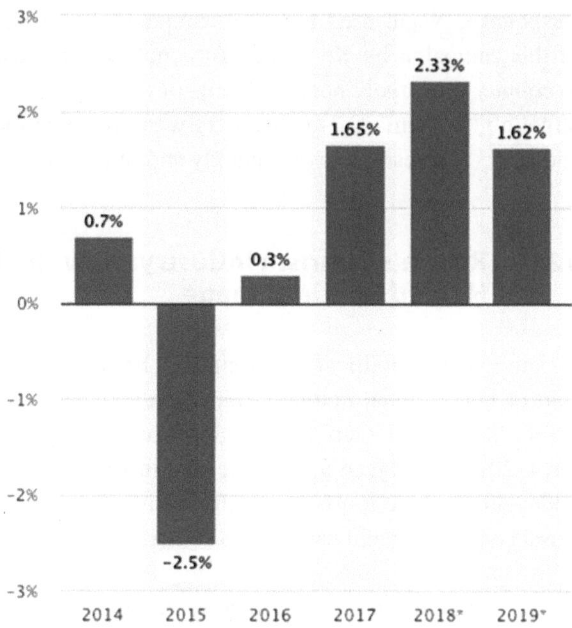

Fig. 12.1 Russia's real gross domestic product growth rate from 2014 to 2019 (Statista 2019)

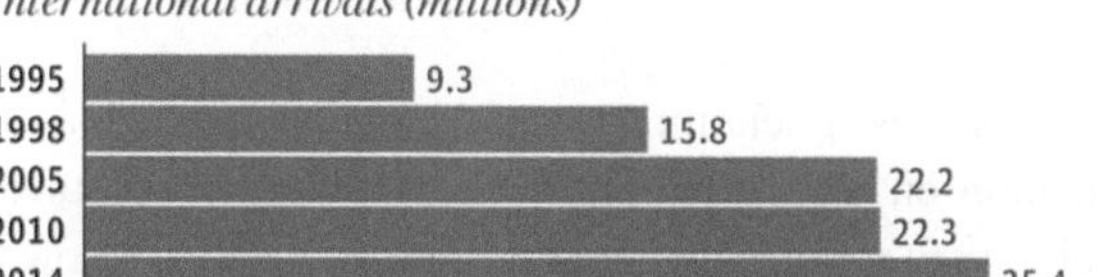

Fig. 12.2 Russia's static tourism industry before the World Cup 2018 (Morris 2018)

Despite the financial crisis, international aid to Russia was not considered likely due to serious tensions in the relations between Russia and the West. Economic sanctions contributed to the decline of the ruble since Russian companies have been prevented from rolling over debt, forcing them to exchange their rubles for U.S. dollars or other foreign currencies on the open market to meet their interest payment obligations on their existing debt.

Despite the fact that falling ruble may encourage international travelers to visit Russia and make it much cheaper for them, Russia has not become a more popular destination to travel to. The political situation between Russia and the EU remains difficult. Whereas in 2014 that drop down in inbound tourist flow may have been mainly driven by safety concerns, later in 2015–2017 it is mostly of a political and emotional nature (Fig. 12.2).

Before a ball had been kicked travel analyst Euromonitor said the country would see around a million visitors during the World Cup, with "increased tourist flows over the summer expected to create a positive impact for the following years" (Morris 2018).

Countries do not usually expect to make big money right from hosting international sporting events. Media coverage in the run-up to opening ceremonies generally focuses on construction and other projects going over budget. However, Rodgers asks relatively fair question: what will change after the last goal is scored, the trophy presented, and the fans – heartbroken or happy – headed home (Rodgers 2018)? Normally, the number of international visitors would jump during a major international sporting tournament, and after the event officials hope there is a chance to put the country and its regions more prominently on the international tourism map.

12.5 Economic and Reputation Effect of the Event

The Federal Agency for Tourism (RUSSIA TURISM) together with the regional executive tourism authorities evaluated the effect of the FIFA World Cup 2018 in Russia. The total number of tourists and fans who visited the Russian cities hosted the games was about 6.8 million, including over 3.4 million foreigners. These 11 cities welcomed in total 40% more tourists than during the same period in 2017. Inbound tourist flow during the 2018 World Cup has grown in these cities by more than 50% (RUSSIA TOURISM 2018). More than 3 million tourists visited Moscow during the World Cup. Almost 2 million were guests from abroad. The largest number of tourists arrived in the capital of Russia was from China (223.2 thousand people), the USA (167.4 thousand people), Germany (81.6 thousand people), the Netherlands (61.9 thousand people) and France (45.1 thousand people). The total tourist flow in the Russian capital during the 2018 World Cup increased by 4% compared to the same period last year, and the flow of foreign tourists from non-CIS countries increased by 56% (RUSSIA TOURISM 2018).

During the preparation to the FIFA World Cup 2018, a lot of work was carried out to create favorable conditions to provide fans with transport infrastructure facilities, accommodation facilities, catering, tourist facilities, etc. Additional trainings were conducted for personnel of the hospitality industry, guide-interpreters and cultural, entertainment and educational services. High-quality information services were created to support international guests and raise awareness aimed at promoting the tourist opportunities of the host cities. Modern airports and railway stations, high-quality hotels (for example, the first five-star hotels in Kaliningrad, Nizhny Novgorod and Saransk) are the legacy of the 2018 World Cup. More than 100 new tourist routes in the "game" regions, informative and inspirational content to popularize Russia as a tourist destination and much more. The FIFA World Cup 2018 has provided a long-term effect for the Russian tourism industry. Its legacy will continue to work, contributing to the growth of domestic and inbound tourist traffic. McKinsey Agency has calculated that due to the holding of the world football championship in Russia, the number of domestic tourists in the country will grow by 10–26%, and tourists from abroad by 14–18% (RUSSIA TOURISM 2018). In the five-year term, the effect of the 2018 World Cup is estimated at 150–210 billion rubles (2.1–3 billion euro) per year. It is expected that about a third of the future effect of the World Cup 2018 will be reflected in the development of tourism industry, while the bulk of the long-term impact will be achieved due to return on investment.

One of the most important results of the World Cup was Russia's 'new reputation. It is something that is even more important than GDP growth. Russia's image is now more in line with reality, and this creates a basis for trust, openness, and new international partnerships (HSE University 2018).

12.6 Egypt's Tourism Industry: Impact of the Arab Spring

In an era of volatility, instability, political turmoil and extremism, tourism is faced with significant challenges. As tourism is a very sensitive industry, political stability, peace and above all safety, are prerequisites to tourism. Besides, tourists and tourism markets are prone to panic and events, such as civil unrest and terrorism can cause tourists to change their decisions to visit certain destinations. In turn, the immediate impact and the short term, midterm and long term aftermath of such occurrences can be catastrophic, not only for the country destination, but also for the region as a whole.

Egypt is an excellent example of what can happen to the tourism industry in such cases. The Arab Spring and the toppling of President Mubarak in 2011 saw tourist arrivals decline by nearly a third by comparison to 2010, a record year for tourist arrivals in Egypt. Given its unique history and heritage the country's tourism industry bounced back in 2012, just so that it could drop again a year later in 2013 when President Mursi was also ousted by the Egyptian armed forces (Timazos 2017) (Fig. 12.3).

In addition, media play an important role as they translate political turbulence into tourism decline by reporting negative accounts and images that can create unfavorable

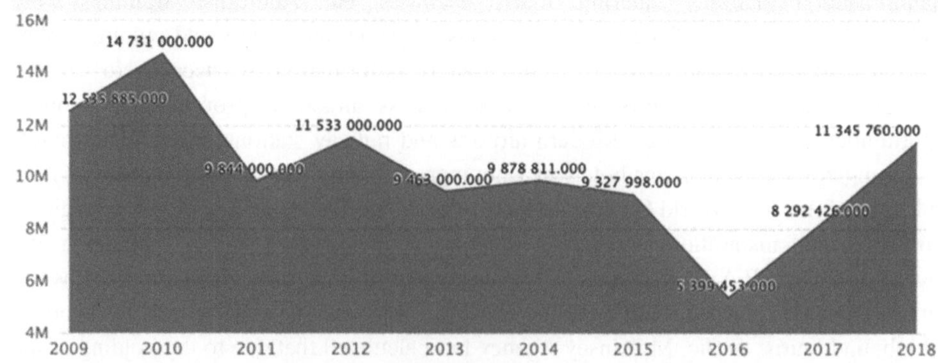

Fig. 12.3 Egypt's visitor arrivals (Ceicdata 2019)

perceptions that could last for years (Timazos 2017). As a result of the political unrest, economic activity suffered with differing levels of intensity in each country. This in turn led to large drops in GDP. Egypt experienced a significant slowdown, where the growth rate went from 5.2% in 2010, to 1.8% in 2011, and continued decreasing trough 2013. The rest of the economies affected by the Arab Spring suffered sharp economy-wide contractions with negative growth rates in 2011, but which, depending on the country, recovered at different rates in the following years. Again, it is worthwhile to mention the special case of Syria: after 2011, the country became involved in a years-long internal conflict (Groizard 2016).

12.7 Tourism Inflows and the Arab Spring

In this section, we investigate the basic structure of the inbound tourism for a sample of Arab countries that were mostly affected by the Arab Spring (AS) events. We also look at other Arab and non-Arab countries of interest.

Table 12.2 compares the number of tourist arrivals before (2008–2010) and after (2011–2013) the AS period for different affected destinations. Clearly, the average number of tourists has fallen in all Arab Spring countries by more than 6 million tourists. The decline was most severe in Egypt and Syria which each experienced reductions of about 25%, compared to the pre-AS period (Groizard 2016).

When we look at the Arab competitor countries, we can see that the AS has not had the same influence on other countries within the region. Inbound tourism figures decreased in Iraq, Jordan, and Lebanon after the AS, while tourist arrivals increased in the rest of the Arab competitors. Apparently, the effect of the AS on other Arab countries depends on their geographical location. For instance, inbound tourism was reduced in countries which share a border with Syria: Lebanon, Iraq, and Jordan by 20%, 4%, and 17%, respectively.

As for the Mediterranean competitors, they showed increased average tourist arrivals after the AS. For instance, small countries such as Albania, Bosnia and Herzegovina, and Malta saw large percentage increases in tourist arrivals after the Arab Spring. Turkey, which has a large economy, has been the MENA country that has most benefited from the AS.

Before the crisis Egypt was a major tourist destination amongst AS countries having 46% of the market share of AS countries (Groizard 2016). The five main tourist origin countries for Egypt are the Russian Federation, the United Kingdom, Italy, France, and Germany. French tourism has been the most affected by the Arab Spring (−49% reduction) followed by the Italian (−44%), German (−26%), and British markets (−26%). However, Russian tourism remained relatively unaltered after the AS, at least before the autumn of 2015. The hardest blow came after Islamic State militants operating in the Sinai Peninsula downed a plane carrying over 200 Russian tourists in October 2015. After the downing of the plane, Russia suspended flights to Egypt, demanding the country improve its airport security. Egypt has since taken extensive measures to adhere

Table 12.2 The number of tourist arrivals by countries in million

Country	Before Arab Spring	After Arab Spring	Growth Rate
Arab Spring countries			
Egypt	12.10	8.97	−25.8%
Syrian Arab Republic	7.14	5.37	−24.8%
Tunisia	6.81	5.50	−19.2%
Yemen	0.42	0.42	−0.03%
Arab competitor countries			
Algeria	0.53	0.85	+61%
Iraq	1.19	1.14	−3.6%
Jordan	4.12	3.40	−17.5%
Kuwait	4.64	5.59	+20.3%
Lebanon	1.78	1.43	−19.7%
Morocco	4.44	5.10	+14.8%
Saudi Arabia	11.60	14.70	+26.7%
Mediterranean competitor countries			
Albania	1.07	1.53	+43.4%
Bosnia and Herz.	0.26	0.37	+41.2%
Croatia	3.70	4.18	+12.9%
Cyprus	2.22	2.40	+8.3%
France	45.90	49.30	+7.4%
Greece	13.50	14.10	+4.4%
Italy	42.10	44.80	+6.4%
Malta	1.20	1.39	+16.2%
Portugal	6.32	7.04	+11.4%
Slovenia	1.79	2.01	+12.1%
Spain	50.00	54.10	+8.2%
Turkey	26.30	31.20	+18.6%

to the Russian demands. Flights from Moscow to Cairo were reinstated in April 2018, but the more important flights to the tourist resorts on the Red Sea such as Hurghada and Sharm el-Sheikh are still on hold (Fanack 2018).

12.8 Getting Over Challenges in Crisis: Tourism Recovery

Egypt's tourism industry is recovering slowly but steadily following years of social unrest and several major terrorist attacks. Once a major source of foreign currency, tourists are also crucial for the country's economic recovery. Despite several setbacks, the signs are promising. The first response to the most recent crisis was for Egypt to fill the gap left by Americans and Europeans by relaxing visa restrictions on Chinese tourist groups. This almost immediate response was followed by a social media campaign in December 2015 that aimed to rehabilitate the image of the country. The hashtag #thisisEgypt was launched to boost the image of the country. However, due to unfortunate timing, this social media campaign has not succeeded as the hash tag was high jacked and lampooned using examples of Egypt's abysmal human rights record (Timazos 2017).

In terms of improving the image of its airports, Cairo hired the global security consultancy firm 'Control Risk' which specialises in assessing risk at airports, to obtain an internationally accredited by a neutral party safety certificate for its airports. The message they are trying to send is clear – Egyptian airports are safe. In addition, in order to reassure the lucrative Russian markets the Egyptian government hosted Russian committees tasked with assessing airport security systems for themselves. Most importantly Egypt in 2016 signed the UNWTO cooperation protocol which aims to provide the country's tourism sector with long term technical and political support in addition to crisis management expertise. So at this stage the response strategy looked as follows:

1. **Security**: Control Risk company consultancy
2. **Promotion**: highlight Egypt's unique historical heritage
3. **Research**: bringing together of international experts and representative from the private sector to help develop Egyptian tourism
4. **Image Rehabilitation**: mount international promotion campaigns telling the world about Egypt and promoting it as a world-class tourist destination.

In addition Egyptian authorities are also very keen to support the struggling tourism sector by offering certain conveniences to tourism businesses. In February 2016 the Central Bank of Egypt (CBE) decided the deferral of debts owned by the tourism sector to the banks for a maximum of three years (Timazos 2017). On top of that they also announced the creation of a special unit within the CBE that would contribute to the restructuring of the tourism sector's debts and coordinate between clients and banks taking part in the initiative. Furthermore, the ministry of electricity agreed to postpone the tourism sector's dues for six months and then allowing them to be repaid in installments over two years (Timazos 2017). It is not only the state that is deploying funds in the local sector. There is also significant foreign investment in the local industry. This is coming from a variety of sources. As of July 2017, for example, Saudi investors alone had US$266.6 m worth of investments in Egypt across 17 projects. This included six projects in the Red Sea, two on the Gulf of Aqaba, three in the town of Ain Sokhna, and one on the North Coast. As such, the market is still seen as attractive despite recent setbacks. Indeed, Egypt is the second largest recipient of capital investment in tourism in Africa, behind Morocco (Oxford Business Group 2018). In the first half of 2018, around

5 million tourists visited Egypt, bringing in US$4.8 billion in tourism revenues, a 77% increase compared to the same period in 2017. In 2010, before the 2011 revolution, the total number of tourists was 14.7 million. By the end of 2018, Egypt earned US$9 billion in tourism revenues, compared to US$7.7 billion in 2017 (Fanack 2018).

12.9 Conclusion

We have analyzed the impact of crisis on the tourism industry as well as strategies and actions for rebuilding a country or destination's tourism. Generally, a good contingency plan which should be constantly revised and updated according to the latest trends, is vital. However, recovery efforts will only be effective if the disaster or crisis is a one-off or rare occurrence. If the underlying cause of the disruptive event remains unresolved, such as with long-running political and social tensions, little can be done to repair a country's image and persuade tourists to return. Simply ignoring the issue and attempting to turn the focus of attention elsewhere may work for a time but is unlikely to succeed in the longer term if crises of a similar nature continue to occur. Therefore, in case of the Russian tourism industry which, is growing after the successful World Cup 2018, it is crucial to diversify products, continue investing in the infrastructure and encourage businesses to launch new offers. For instance, now it's a good time to put more attention on developing the yachting industry. St. Petersburg has always been the largest shipbuilding and industrial center of Russia, with high-tech enterprises, design bureaus, and qualified expert in the shipbuilding industry, whose history begins since 1706. At the same time, the conditions to welcome small- and middle-sized vessels is pretty poor. The new stadium which was built for the World Cup on one of the St. Petersburg islands gave a push for development of yacht clubs, marinas, and navy infrastructure on several islands next to the World Cup heritage. As a result, a new big segment of tourists can be attracted to St. Petersburg to encourage the growth of sustainable tourism.

Nowadays, sustainability has become an important concept for tourism development all over the world. Egypt has experienced a significant reduction in the flow of tourists after the Arab Spring. Today, the country is taking several steps to diversify its tourism product as well. Beside its traditional tourism products, Egypt is required to develop new products in order to enrich the tourism industry. For instance, ecotourism in desert areas. In fact, Egypt embraces several tourist areas that are not yet exploited, in spite of the fact that they possess all the potentials to be an attractive tourist area. One of these places is AlFayoum – a beautiful oasis that is endowed with rich natural and cultural heritage. However, the vast potentials it holds has not yet transformed into economic value. The ecotourism management plan for the oasis must be a positive model for an ecologically sustainable and unique example of combining environment, local businesses and people, and crisis management.

References

Ceicdata. (2019). Egypt's tourist arrivals. https://www.ceicdata.com/en/indicator/egypt/visitor-arrivals.

COMCEC. (2017). Risk and crisis management in tourism sector: Recovery from crisis in the OIC member countries (PDF). http://www.sbb.gov.tr/wp-content/uploads/2018/11/Ris_and_Crisis_Management_in_Tourism_Sector-.pdf

Fanack.com. (2018). Egypt looks to return of Russian flights to aid tourism recovery. https://fanack.com/egypt/economy/egypt-tourism-recovery/.

Groizard J. (2016). The economic consequences of political upheavals. The case of the Arab Spring and international tourism (PDF). Departament d'Economia Aplicada, Universitat de les Illes Balears. https://editorialexpress.com/cgi-bin/conference/download.cgi?db_name=JEI2016&paper_id=97.

HSE University. (2018). What the world cup brings to Russia. https://www.hse.ru/en/news/society/221430197.html.

Ketter, E. (2016). Destination image restoration on Facebook: Case study of Nepal's Gurkha earthquake. *Journal of Hospitality and Tourism Management, 28,* 66–72.

Morakabati, Y., Page, S. J., & Fletcher, J. (2017). Emergency management and tourism stakeholder responses to crises: A global survey. *Journal of Tourism Research, 56*(3), 299–316.

Morris, H. (2018). *Russia is a serial underachiever when it comes to tourism—Will the World Cup change that?* London: The Telegraph. https://www.telegraph.co.uk/travel/destinations/europe/russia/articles/russia-world-cup-visitors/.

OSW. (2015). The economic and financial crisis in Russia (PDF). Center for Eastern Studies OSW. https://www.osw.waw.pl/sites/default/files/raport_crisis_in_russia_net.pdf.

Oxford Business Group. (2018). *Egypt sees growth in visitor numbers and tourism revenues.* OBF, The Report: Egypt 2018.

Rodgers, J. (2018). *World cup inspires Russia to head for new tourism goals.* London: Forbes. https://www.forbes.com/sites/jamesrodgerseurope/2018/07/10/world-cup-inspires-russia-to-head-for-new-tourism-goals/#55ad66a14971.

RUSSIA TOURISM. (2018). Results of the World cup FIFA 2018. https://www.russiatourism.ru/news/15818/.

Statista. (2019). Russia: Real gross domestic product (GDP) growth rate from 2014 to 2024. https://www.statista.com/statistics/263621/gross-domestic-product-gdp-growth-rate-in-russia/.

Timazos, K. (2017). Egypt's tourism industry and the Arab Spring. In R. Butlier & W. Suntikul (Hrsg.), *Tourism and Political change* (2. Aufl.). Oxford: Goodfellow.

World Economic Forum. (2015). *The travel and tourism competitiveness report 2015.* Geneva: World Economic Forum.

World Tourism Organization. (2011). Toolbox for crisis communications in tourism. UNWTO, Madrid. https://doi.org/10.18111/9789284413652.

Prof. Dr. Mohamed Badr studied in Alexandria, Rome and Munich and received his PhD from La Sapienza University of Rome. He joined the diplomatic service of the government of Egypt and lead various missions in Italy until 2010, before reentering academia with a broad experience in researching and consulting. He is the head of media faculty at Macromedia University campus Munich since 2018. In addition, he was elected as member of the university's executive board in 2019.

References

13 Hermann Hesse und Eckhard Henscheid entdecken Bergamo – Eine „Individualreise“ durch die Wege der Ich-Wanderung

Ester Saletta

Zusammenfassung

Italien als imaginierter Sehnsuchtsort gehört zu den großen Topoi der Literatur nördlich der Alpen. Goethe, Seume, Platen – sie alle schwärmten vom Süden als Erlösungsort. Auch im 20. Jahrhundert bleibt der Süden eine wesentliche ästhetische und literarische Koordinate, wie nicht zuletzt Hermann Hesse und Eckhard Henscheid belegen. In sieben illustrierten Etappen führen Text und historische Aufnahmen durch das historische Bergamo.

13.1 Reisen und literarische Spuren

„Überall im Leben findet sich ein Element zauberhaften Zufalls“ (Henscheid 1983, S. 5). Mit diesem Zitat aus Gilbert Keith Chestertons Roman *Die Einfalt des Pater Brown* (1911) beginnt nicht nur Eckhard Henscheids Roman *Dolce Madonna Bionda* (1983), dessen Protagonist, der erfolgreiche 46-jährige Feuilletonist Dr. Bernd Hammer, auf der Suche nach seiner damaligen Liebhaberin Annemarie Mosch in der kleinen mittelalterlichen norditalienischen Provinzstadt Bergamo ist, sondern auch all die metaphorisch

Einen sehr herzlichen Dank an die Kollegin Frau Dr. Alessandra Facchinetti, die mir diese ausgewählte historische Bildgalerie der Stadt Bergamo zur Verfügung gestellt hat. Die hier publizierten Bilder dokumentieren die verschiedenen Etappen der Reise nach Bergamo von Hermann Hesse im Jahre 1913 und zeigen indirekt seine innere Steigerung.

E. Saletta (✉)
Bergamo, Italien
E-Mail: ester.saletta@tin.it

© Springer Fachmedien Wiesbaden GmbH, ein Teil von Springer Nature 2020
D. Pietzcker und C. Vaih-Baur (Hrsg.), *Ökonomische und soziologische Tourismustrends*,
https://doi.org/10.1007/978-3-658-29640-7_13

neu-kodierten abenteuerlichen Reiseerfahrungen der deutschen literarischen Moderne, wie auch jene von Hermann Hesse.

Vielfach untersucht in der allgemeinen deutschen Kulturdimension ist das Motiv der literarischen Reisetradition. Noch älter und verbreiteter ist jene Reise, deren Ziel Italien ist (vgl. u. a. Gendolla 2014; Wiegel 2004). Von allen literarischen Interpretationen durch die verschiedenen Epochen ist Goethes Reisebericht aus Italien in den Jahren 1813 und 1817 sicherlich die bekannteste. Gleichzeitig ist sie auch die von der Mehrheit der damaligen und auch heutigen Schriftsteller am häufigsten nachgeahmte Italiendarstellung. Gänzlich anders konzipiert ist hingegen die Italienbeschreibung von Hermann Hesse und Eckhard Henscheid, eine Italienvision, die insbesondere von der Neuformulierung des traditionell definierten Reisebegriffs geprägt ist.

Sowohl in Hesses als auch in Henscheids Prosa muss man von einer Neukodierung dieses Terminus in ihrer Erzählperspektive reden. Das neue Reisekonzept der deutschen Moderne, das dann auch später in Henscheids humorvoller und ironisch-satirischer Erzählgegenwart der 1980er Jahre wiederauftaucht, stimmt nicht mehr mit der Ästhetisierung einer rein passiven und still kontemplativ distanzierten Literarisierung der Naturbeobachtung und der Schönheiten Italiens überein. Diese wird abgelöst durch eine tiefe, seelisch bestrebte Identitätssuche des Reisenden, die durch das unerwartete Motiv des Zufalls angestoßen wird. Das „ewige Wandern" wird zur „exemplarischen Lebensform" idealisiert (vgl. Mattenklott 1993, S. 21).

Überrascht und neugierig auf alles Neue rund um ihm, erlebt der Reisende seine Abenteuer im italienischen Ausland als eine lang ersehnte Selbstbefreiung aus der dekadenten sterilen Monotonie des modernen und zu konservativ preußischen bzw. protestantischen Alltags.[1]

Die Zäsur mit der strengen, militanten deutschen Lebensroutine, in der er zu ersticken droht, ist besonders bei Hermann Hesse die lebensnotwendige Selbstrettung, die eine alternative Welt eröffnet. Diese ist nicht mehr nur literarisch idealisiert bzw. metaphorisiert, sondern in sich so konkret und wörtlich beschrieben, dass man von

[1]Die Auseinandersetzung von Hermann Hesse mit dem Land Italien beginnt sehr früh, schon als Schüler, der eben *zufällig* eine Bildersammlung mit den bekanntesten Skizzen von Venedig, jener Stadt, die im Laufe seines Lebens Hesses Lieblingsstadt Italiens wird, durchblättert. Nach dieser ersten fotografischen Fantasiereise nach Italien gibt es die literarische Begegnung Hesses mit Goethes italienischen Tagebuchberichten, die Hesse *zufällig* wiederentdeckt, als er in einer Buchhandlung in Tübingen arbeitet. Die dritte Phase von Hesses Reise nach Italien ist wieder literarisch und handelt von seinem tiefen Kunstinteresse für die italienische Malerei und Architektur der Renaissance. Im Jahre 1901 beginnt Hermann Hesse, auch die italienische Sprache zu lernen und hebt hervor, dass „la poesia del viaggiare sta nel vivere, nell'arricchirsi, nell'aumentare la nostra comprensione per le unità nella loro molteplicità, nel ritrovare antiche verità e leggi in tutt'altre condizioni." [man die Dichtung des Reisens in der Erfahrung, in der Bereicherung unserer Erkenntnis von Einheit in ihrer Vielschichtigkeit, in der Wiederfindung alter Wirklichkeiten und Gesetze unter anderen Bedingungen findet.] Zu Hesses Italiensehnsucht als Reaktion auf seine Erfahrungen mit dem deutschen Protestantismus vgl. Banchelli (1990).

einer echten inneren Neugeburt des Ich sprechen kann. Bildhaft-symbolisch steht diese Neugeburt des reisenden Ich der Leere der modernen, zivilisierten, deutschen Gesellschaft im Verfall ihrer Werte radikal gegenüber. Man kann beinahe von einer utopischen und idyllischen Kontraposition zwischen dem menschlichen Kind- und Erwachsensein, zwischen Primitivgesellschaft und hohem Entwicklungszustand oder auch von dem uralten, konfliktbeladenen Binom Natur und Kultur sprechen. In diesem Sinne wird das Reisen ein innerer, verdrehter und stürmisch gequälter Pfad, den man ganz allein und nur von der guten Gesellschaft des eigenen Selbst begleitet, durchwandern muss, um die wahrste und tiefste regenerierende Lebenswirkung einer solchen solipsistischen Erfahrung zu erlangen. Diese speist sich aus den unberührten Landschaften des stillen italienischen Panoramas. Das intensive und unermüdliche Ich-Beobachten sowie das ewige und pausenlose Ich-Wandern sind folglich die Hauptprinzipien dieser neuen modernen Reisedimension, deren Fokus das individualistische und selbstzentrierte Bedürfnis des Individuums ist. Der Wanderer, der Taugenichts, der Weltenbummler und Abenteurer, diese romantischen Protagonisten, treten in der Literatur der Moderne erneut auf (vgl. Banchelli 1990, S. XIII).

Man versteht hier also, wie die – beinahe Brechtsche – epische Entfremdungskomponente eine entscheidende Rolle in der Wiedererfindung der emotionalen und empathischen Wurzeln des Ichs spielt. Ohne eine geistige und völlig vernunftfreie Selbstreflexion, die das essenziell notwendige Präludium zu jener dialogischen, asketischen und mystischen Konversation des Ich mit seiner Naturumgebung darstellt, kann man die Harmonie Italiens nicht spüren und sie auch nicht direkt erleben. Resultat und Folge ist: Die sanierende Wirkung jenes archaisch-heiligen und biblischen Gewichts Italiens geht verloren, wenn man sich nicht psychisch und physisch auf das Natur-Kultur-Binom einlässt. Es bedarf einer unbewussten Versenkung, um sich aus der dekadenten, materialistischen, deutschen Konsumgesellschaft zu befreien.

Epikureisch strukturiert ist die Naturdimension in der modernen Kodierung von Reise. Wie Heraklit orientiert sich ihre Dynamik an einer konstanten, seelischen Selbstverwandlung des Reisenden. Das Ich braucht eine pausenlose innere Reisetätigkeit, um sich als Protagonist einer zeitlich-sozialen, realistischen oder auch nur literarisch fiktiven Topografie zu fühlen. Wirklichkeit und Fantasie sowie Sachlichkeit und Imagination sind die ontologischen Bausteine der neuen menschlichen Seelenorientierung, die konkret mit der Überwindung der inneren Unzufriedenheit des Ich übereinstimmen. Die italienische Germanistin Eva Banchelli beschreibt die religiöse Entgrenzung des jungen Hermann Hesse auf der Suche nach einem „geistigen Raum, wo Europa und Asien, die Veda und die Bibel, Buddha und Goethe“ gleichberechtigt nebeneinander stehen (Banchelli 1993, S. 31).

Deutlich zu verstehen ist also, wie die „neue italienische Reise“ bei Hesse und Henscheid konzipiert und strukturiert ist und wie das Erzählen als Verwandlung der Ich-Identität gedacht ist. Innerlich radikal geändert und gleichzeitig auch seelisch überhöht, nimmt die Reise als Begriff fast einen psychoanalytischen Wert im Panorama der menschlichen Seele ein, die versucht, in dieser Modalität ihre verlorene und universale Harmonie des Ichs wiederzugewinnen.

13.2 1913 und 1983: Reiseerfahrungen aus siebzig Jahren

Es ist das Jahr 1913, als der aus Bern kommende und schon prominente Italien-Liebhaber Hermann Hesse die kleine norditalienische Provinzstadt Bergamo mit dem Zug besucht (vgl. Abb. 13.1). Es ist hingegen das Jahr 1983, als der satirische Vertreter der Neuen Frankfurter Schule, Eckhard Henscheid, dieselbe provinzielle Kleinstadt in der italienischen Lombardei ebenfalls allein besichtigt. Siebzig Jahre sind inzwischen vergangen, aber die Darstellung der Stadt, sowohl in Hesses Reisebericht *Bergamo, San Vigilio, Italienischer Reisetag* (1926) (vgl. Abb. 13.2, 13.3 und 13.4) als auch in Henscheids Roman *Dolce Madonna Bianca* (1983), scheint diese Zeitspanne zu überspringen. In beiden Fällen haben die Autoren tatsächlich, wenn auch durch unterschiedliche Erzählperspektiven, d. h. Reisebericht versus Roman, die Stadt Bergamo in einer neuen Reisedynamik zuerst persönlich erlebt und dann literarisch analysiert und porträtiert. Es geht um einen Versuch, die klassische Grand-Tour-Erfahrung durch Italien im Sinne von Goethes romantischer Reisedarstellung in eine private, solipsistische und höchst psychoanalytisch orientierte Ich-Entdeckung zu verwandeln. Diese ist nur möglich, wenn man die hoch frequentierten touristischen Wege und Ziele durch die weniger bekannten Sehenswürdigkeiten ersetzt.

In diesem Sinne sind die populärsten Kulturhauptstädte wie Venedig, Florenz, Rom, Neapel und Palermo nicht mehr von Interesse, während die noch unbekannten und kulturell fälschlicherweise als bedeutungslos verachteten kleinen Provinzstädte wie

Abb. 13.1 Erste Etappe, Bergamo Hauptbahnhof

Abb. 13.2 Zweite Etappe, die Hauptstraße vom Bahnhof zur Seilbahn

Abb. 13.3 Dritte Etappe, die Seilbahn zur Alten Stadt

Abb. 13.4 Vierte Etappe, Altstadt und ihre engen Gassen

Como, Verona, Bergamo, Treviglio, Cremona eine immer entscheidendere Rolle im Bildungsprozess des Ich-Erzählers gewinnen (vgl. Abb. 13.5). Grund dafür ist wieder jenes neue Konzept des Fremden bzw. des südlich Exotischen des Reisens in der Moderne, als zielloses Streben, als seelisches Wandern, wie das frühere Flanieren eines Taugenichts in Eichendorffs Perspektive, als mystische und orientalische Annullierung des Selbst in der ekstatischen Weltkontemplation einer noch nicht industrialisierten und kontaminierten wilden Natur. Zu diesem Aspekt der weltlichen Abkehr ins ein typischer Topos der Dekadenz- bemerkt Alfonso Di Nola, dass die „Flucht in den Orient keine exotische Entfremdung", sondern „mystisch oder allegorisch" als „Identitätsbildung" zu verstehen sei (Di Nola 1993, S. 42).

All das findet man eben auch bei Hesses und Henscheids Schreibart. Denn beide Autoren sind nicht mehr die Vertreter der Massentouristen ihrer Epoche, die ständig nur auf der Suche nach den klassischen, architektonischen Schönheiten Italiens sind. Eine solche Suche hätte auf eine bestimmte, begrenzte Konvention hingewiesen, während die Protagonisten von Hesses und Henscheids Texten sich nach der Erkenntnis freier, instinktiver und emotionaler Abenteuer sehnen. Es ist keine konventionelle Reise im urbanen Raum mehr, sondern eine Reise des Ich durch die verhüllte und schattenhaftere Topografie der eigenen Innerlichkeit, die immer lebendiger wird je mehr der Protagonist in der Zurückgezogenheit der stillen italienischen Provinzlandschaft mit dieser verschmilzt. Dank dieser inneren Reise hat das Individuum die Gelegenheit, die Wurzel der klassischen Tradition wiederzufinden und diese so zu modernisieren, dass sie das nötige Instrument für die seit jeher gesuchte innere Lösung gegen die Wertlosigkeit des modernen Lebens darstellt. Interessant zu betonen ist hier, wie das Ziel der Reise sowohl bei Hermann Hesse als auch bei Eckhard Henscheid nicht mehr weit weg von ihrer Heimat ist.

Kein Orientalismus oder Exotismus als Themenwahl mehr, sondern eine immer mehr heimatlich verinnerlichte Biedermeierlichkeit markiert die neue literarische Botschaft des modernen Reisens, das sich mehr in Richtung einer inneren Neugeburt, die topografisch und zeitlich universal ist, bewegt. Reisen bedeutet also, sich der Welt und

Abb. 13.5 Fünfte Etappe, der Garibaldi-Platz um 1900, heute Piazza Vecchia genannt

damit seines Ichs zu vergewissern. Die geografische Reise korrespondiert dabei mit der immensen inneren, mit der seelischen Entwicklung des Reisenden und lässt folglich an die unendliche Wanderschaft der romantischen Helden zurückdenken. Dahinter steht aber auch die Auffassung, dass man das Leben vergeudet, das Alte hinter sich lässt, getrieben von einer allumfassenden Sehnsucht, etwas Neues für sich zu finden. Man vermag nicht die Möglichkeiten zu nutzen, die sich jedem körperlich und geistig flexiblen Leben zwangsläufig bieten müssen. Es wird also deutlich, dass empiristisches und rationalistisches Denken nie den gesamten Komplex menschlicher Weltbeziehungen erfassen kann. Das lange propagierte Prinzip der reinen Naturnachahmung ist daher unzulänglich. Hesses und Henscheids Texte sind aus ebendiesem Grund realistisch zu nennen, denn sie umfassen doch auch das Seelenleben des Ich in der erzählerischen Realität der agierenden bzw. reisenden Protagonisten.

13.3 Die Überwindung des romantischen Reisens

Dieser poetische Realismus präsentiert sich als ein dynamisches Identitätsspiel, wobei das Ich jetzt seine traditionell kodierte und bis hier fest topografisch verankerte Menschdimension infrage stellt, damit es sich wieder auf seine vernachlässigte nomadische Innerlichkeit konzentrieren kann. Es geht um eine mystische, fast orientalisch-religiöse Ich-Welt-Beziehung, die jenes romantische Sehnsuchtsstreben erwecken kann, sodass man die Dekadenz des modernen Lebens unter der neuen Perspektive der wiedergefundenen Harmonie, der überwundenen Differenz zwischen Natur und Kultur erfahren kann (vgl. Di Nola, ebd.).

Was Eckhard Henscheid mit den Romantikern verbindet, sind ganz andere wichtige Kategorien wie z. B. das Jähe, das fantastische, der Schmerz, das Intuitive, das Schreckliche. Wenn die tiefsten, wirklich elementaren Schichten des menschlichen So-Seins im Verlauf der ersten Aufklärung der Reflexion entzogen wurden und das meistens nur in ihrem bis zur Flachheit, Trivialität und Problemlosigkeit vereinfachten Weltbild, sodass die Materialisten keinen Platz für die Seele mehr gelassen haben und diese im Glauben an die allein glücklich machende Kraft der Wissenschaft zum Opfer gefallen war, hat Henscheid sie in ihre alten Rechte gesetzt.

Man spricht also von Henscheids zweiter Aufklärung, die somit die erste um ein Vielfaches übertrifft, reicht sie doch ungleich weiter und tiefer als diese, und die Vernunft behält unterm bilanzierenden Schlussstrich die absolute Priorität. Henscheid weiß sehr wohl um die Bedeutung der Nachtseite der Kultur, des Unbewussten, und wer beim Begriff „Romantik" an modrige Grüfte denkt, an verlassene Gärten, Vollmond über Marmorstatuen, ehrbare Jungfrauen, angebetet von blassen Rittern in Burgruinen, erfasst nur einen winzigen Aspekt dessen, was Henscheids Romantik in Wahrheit beinhaltet. Friedrich Schlegels Problem der Poesie an sich, die „Vereinigung des Wesentlich-Modernen mit dem Wesentlich-Antiken" (vgl. Brucker 1990, S. 18), gelingt Henscheid in seinem Roman *Dolce Madonna Bionda* auf eine ganz erstaunliche Art und Weise gleich in mehreren Variationen. Es beginnt mit dem Grundthema der verlorenen Liebe, das so alt ist, wie die Menschheit. Davon ausgehend bildet sich erzählerisch der Schlüsselbegriff der Sehnsucht heraus. Diese Sehnsucht ist sowohl auf das Gefühl der Liebe als auch auf das Gefühl, das beim Reisen entsteht, anwendbar. Arg gebeutelt von existenziellen Grunderfahrungen des Mensch-Seins wird der Protagonist in Henscheids Roman *Dolce Madonna Bionda* in einer goetheschen Faust-Perspektive zum guten Schluss doch gerettet. Die räumliche Distanz schärfte die Wahrnehmung so, dass der Schwachsinn ständig die ganze Narration markiert. Der Romanheld Dr. Bernd Hammer begegnet seiner früheren Geliebten Annemarie Mosch tatsächlich in Bergamo, nachdem sie ihn 14 Jahre zuvor in Frankfurt verlassen hatte und nachdem er die Inschrift „MOSCH" in der alten italienischen Provinzstadt zufällig entdeckt hat. Henscheid beschreibt „ein weißlich prachtvolles, ziemlich prahlerisch tempelhaftes Kolonnadengebäude" (Henscheid 1983, S. 8), welches noch heute in Bergamo zu sehen ist.

In Henscheids Text jedoch erkennt die Frau den Protagonisten nicht, sie geht einfach weiter und verschwindet, ohne je wieder in der Erzählung aufzutauchen. Die Recherche verlagert sich mehr und mehr in Hammers Inneres, in seinen Gefühls- und Erinnerungsapparat, wo es furchtbar drunter und drüber geht. Aber die Handlung dieses Romans bleibt trotzdem kümmerlich. Es passiert nichts in der Öffentlichkeit, aber innerlich beginnt der Protagonist seine Selbstentwicklung langsam und graduell zu steigern, bis ihm das Gefühl der Einheit von Körper und Geist völlig spürbar wird – etwas „in ihm drohte zu platzen" (Henscheid 1983, S. 135).

Hammer leidet ständig unter dieser inneren Zerrissenheit, einer regelrechten Persönlichkeitsspaltung, die zwar im Unterbewusstsein rumort und ihm Beschwerden bereitet, ihm aber nie richtig bewusst wird. In ihr liegt der Grund sowohl seiner Sehnsucht nach Selbstwahrheit als auch seiner tiefsitzenden Unzufriedenheit, die schon bei der Ankunft am italienischen Urlaubsort als erstes unter Kontrolle gebracht wird. Mit den Gefühlen kommt das Wissen, ein beständiges Lebensgefühl, das dem einer universalen Liebe nahe verwandt ist, einer alles in sich aufnehmenden Humanität. Er möchte einen harmonischen Lebenszustand zwischen Herz und Hirn, Mensch und Natur, Endlichem und Grenzenlosem erreichen, ist aber nur in der Lage, Gegensätze und Spaltungen seines Ichs entweder zu überbrücken, oder sehr gut mit ihnen zu leben bzw. diese sogar noch zu synthetisieren. Sie zu lösen und zu annullieren schafft er nicht.

Am vorläufigen Ende seiner Selbstentwicklung bringt er der Inschrift „MOSCH“ „interesseloses Wohlgefallen“ (Henscheid 1983, S. 444) entgegen, sie berührt ihn nicht mehr, Frau und Inschrift haben ihren Zweck erfüllt und somit auch ausgedient. Eckhard Henscheid ist es gelungen, einen Roman über Gefühle und Emotionalität zu schreiben, eine Geschichte des Selbstbewusstseins in ihren mit innerer Notwendigkeit aufeinander folgenden Entwicklungsstufen. Um nicht in einem ungelösten Widerspruch stehenzubleiben, muss Dr. Hammers Geist vom Bewusstsein zum Selbstbewusstsein, zur Vernunft, zum sittlichen Geist, zu Kunst und Religion, endlich zum absoluten Wissen übergehen.

Durch eine ähnliche innere Selbstnotwendigkeit ist auch Hermann Hesses Reisekonzept charakterisiert. Nach Italien zu reisen, und insbesondere in eine den meisten deutschen Touristen unbekannte Provinzstadt wie Bergamo, bedeutet den Ekel vor der zerfallenden Moderne zumindest momentan zu überbrücken, um wieder die antike Harmonie der italienischen Natur-Kultur-Tradition zu spüren. Deswegen ist Hesses Bergamo-Reise durch eine ausgewogene Darstellung von Natur und Kultur gekennzeichnet. Sie enthält sowohl Elemente des Goetheschen Italienbildes als auch emotional gefärbte, gleichsam nachromantische Natur- und Kunstbeschreibungen. Verblüffend ist dabei die detaillierte Darstellung von „Säulen und Säulchen, von Reliefs in allen möglichen Materialien, Porträts und Engelchen (…)“ (Michels 1988, S. 25).

Diese thematische Koexistenz von einer stillen und gleichzeitig auch wilden landschaftlichen Italiendimension spiegelt die Innerlichkeit des Autors wider, dessen rebellisches und seelisch widersprüchliches Ich konstant auf der Suche nach seinem verlorenen geistigen Gleichgewicht ist. Es ist das erhabene Gefühl der Verschmelzung von klassischer pantheistischer Wahrnehmung der Ich-Welt mit der dekadenten, psychoanalytischen, ungelösten Ich-Zerrissenheit, die Hermann Hesse wie auch schon Eckhard Henscheid mit einem pausenlosen faustischen Wissensdurst identifiziert. Bei Hesse geht es nicht um die Suche nach einer verlorenen Liebe oder einer imaginierten Liebhaberin, sondern um die autodidaktisch erworbene Kenntnis über ein Land, die sich beim Bereisen desselben in die Liebe zum Reisen an sich verwandelt. Tatsächlich gehen all die Reisen von Hermann Hesse immer zuerst von einer pausenlosen leidenschaftlichen Lektüre von vielschichtigen Dokumenten, Materialien, Impressionen aus, die man am Schreibtisch mit einem Baedeker im Hand sammeln kann, und erst danach reist man wirklich an jene Orte, die man bereits literarisch für sich entdeckt hat: Die Realität folgt der Imagination (vgl. Michels 1988, S. 9).

Keine abenteuerliche Improvisation, sondern eine aufmerksam geplante und streng rationale Reisevorbereitung braucht man laut Hermann Hesse, um das Reisen aus dem Massentourismus der Moderne zu befreien, und ihm folglich den Wert einer geistigen Selbstentwicklung zuschreiben zu können. Man versteht, wie das Bereisen eines Landes die schon zuvor im Buch symbolisch besuchten Reiseziele so tief verinnerlicht, dass man von einer evokativen Vergeistigung der Reisesensationen sprechen kann. In diesem verinnerlichten Prozedere verlieren die besichtigten Reiseorte ihren konkreten Zustand als Sehenswürdigkeiten und werden Orte des seelischen Mitgefühls. Der Reisende richtet sein Ich empathisch in Richtung der ursprünglichen Weltharmonie eines biblischen Eden aus. Diese so definierte seelische Ich-Wanderung, in der Hermann Hesse seine traditionelle, eindimensionale, preußisch-pietistische Herkunft in eine globalisierte, symbolgeprägte, zeit- und ortlose, geistige Reisedimension verwandelt, ist die perfekte Spiegelung von Eckhard Henscheids Traum nach seiner „Dolce Madonna Bionda". So engelhaft schön und gleichzeitig auch immer so vollkommen angemessen in seiner MOSCH-Frauenphantasie ist Henscheids Bild der seelischen Ich-Welt-Harmonie. Ebenso ist auch Hesses Ich-Welt-Vision widersprüchlich. Einerseits konstant, rational und strebend, andererseits klassisch und romantisch.

13.4 Das eigene Ich als Reiseziel

Die hier oben geführte Analyse hat deutlich gezeigt, wie das Reisekonzept im Fall von Hermann Hesse und von Eckhard Henscheid eine neue Dimension gewonnen hat. Man reist nicht mehr aus kulturellem Wissensdurst oder Abenteuerlust, sondern aufgrund einer immer wieder latenten, doch nie völlig zum Ausbruch gelangenden Ich-Suche. In dieser neuen Reisekodierung verliert das Reisen sowohl seine ursprüngliche touristische Dimension einer elitären Grand-Tour als auch seine spätere, moderne, massenhafte Volksdimension.

Es geht darum, den Wert einer seelischen Ich-Wanderung im Sinne einer an Jung orientieren Psychoanalyse zu erfahren und die traditionellen, topografisch kodierten Reisemerkmale von Zeit und Ort durch deren geistige Metaphorisierung bzw. ästhetische Literarisierung zu ersetzen. Man versucht, das Reisen so zu verinnerlichen, dass man ihm eine existenzielle ontologische Dimension zuschreibt, die zuerst durch eine theoretische Vorbereitungsphase aktiviert werden muss. Bei Hesse wie auch bei Henscheid spielt die Lektüre tatsächlich eine entscheidende Rolle bei der Vorbereitung auf neue Reiseerfahrungen. Wenn Hesse als Protagonist seiner eigenen leidenschaftlichen und unermüdlichen Reisetätigkeiten alles Mögliche in der Stille seines Zuhauses liest, so liest der Protagonist von Henscheids Roman *Dolce Madonna Bionda* auch etwas, das so wichtig ist, dass die psychische Reiseleidenschaft des Romanhelden sofort in Bewegung versetzt wird. In beiden Fällen steht das Binom Lesen und Reisen parallel zu Vernunft und Fantasie. Je mehr der Reisende leidenschaftlich liest, desto mehr beginnt er, in sich die Reiselust zu spüren. Die emotionale Erhabenheit des, für den Reisenden unkontrollierbaren, manchmal auch widersprüchlichen, Gefühlstanzes oszilliert ständig zwischen Tradition und Moderne, zwischen Realität und Fantasie, zwischen Harmonie und Chaos, zwischen Natur und Kultur, kurz gesagt, zwischen Klassik und Romantik.

Deutlich faustisch-mephistophelisch, seelisch doppeldeutig und innerlich konfliktbeladen ist die Figur des Reisenden bzw. des Flaneurs in Hesses und Henscheids Prosa. Und das nicht zufällig, denn dieser Zerrissenheit entspricht die seelische Widersprüchlichkeit des Ich. Wenn Henscheids Romanheld schon von Anfang an in sich tief gespalten ist, weil er von seiner Geliebten plötzlich nach vielen Jahren einer festen Beziehung in Frankfurt verlassen wird, gibt sich Hesse in seiner Reise nach Bergamo noch ganz preußisch-monolithisch. Seine innere Zerrissenheit manifestiert sich erst, als er am Abend seiner Ankunft die Gassen der Altstadt – „alles im trüben Dämmer schwimmend, alles voll Ahnung und Versprechung" (Hesse 1983, S. 23) – zum ersten Mal bewusst wahrnimmt (vgl. Abb. 13.4).

Parallel dazu ist auch Henscheids erste Stadtbeschreibung mit Regen, Feuchtigkeit und abendlicher Stimmung zuerst nur emotional und später auch physisch charakterisiert (Henscheid 1983, S. 7) (Abb. 13.6).

Erst viel später in der Erzählung beginnt der Autor, die städtischen Sehenswürdigkeiten im Detail bzw. in einer akribischen Präzision zu beschreiben. Dies stimmt auch mit dem krampfartigen Gefühl des Protagonisten überein, der fürchterlich von seiner Ich-Suche besessen ist. Henscheids Protagonist hat am Ende seines Selbstreisens die „Dolce Madonna Bionda", seine frühere Verlobte, schnell und nur für kurze Zeit in Bergamo wiedergetroffen, sodass das Ziel seiner Ich-Wanderung, wenn auch nur kurz, tatsächlich erreicht wird. Nicht so in Hesses Fall, bei dem das Reisen unvollkommen und unverwirklicht bleibt, weil der Reisende seine Innerlichkeit noch nicht finden kann; innerlich im Sinne eines noch nicht erreichten harmonischen Gleichgewichts (vgl. Abb. 13.7). Deswegen muss er weiterhin einsam, zeit- und ortlos reisen. Mobilität ist bei Hermann Hesse ein ewiges Unterwegsein, das metaphorisch mit der kontinuierlichen Entwicklung der „Seele" als Symbol vollendeter Menschwerdung übereinstimmt: ein Weg, der kein Ende findet.

Abb. 13.6 Sechste Etappe, die drei Hauptsehenswürdigkeiten auf dem Alten Platz – Dom, Basilika und Cappella Colleoni

Abb. 13.7 Siebte und letzte Etappe: Der Hügel von San Vigilio und Panorama

Literatur

Arnold, H. L. (Hrsg.). (1990). *Eckhard Henscheid. Text und Kritik* (Bd. 107). München: Edition Text + Kritik.

Banchelli, E. (1990). *Introduzione a Hermann Hesse. Dall'Italia. Diari, poesie, saggi e racconti* (p. X). Milano: Oscar Mondadori.

Barbolini, R. (1993). Hesse e la steppa del fantastico. In M. Manzoni & G. Pontiggia (Hrsg.), *I volti di Hermann Hesse*. Milano: Fondazione Arnoldo e Alberto Mondadori.

Banchelli, E. (1993). Il gioco dell'altrove. In M. Manzoni & G. Pontiggia (Hrsg.), *I volti di Hermann Hesse*. Milano: Fondazione Arnoldo e Alberto Mondadori.

Brucker, M. (1990). „Nichts ist so phantastisch und sinnlos wie die Liebe." Anmerkungen zum Romantischen in Eckhard Henscheids Roman ‚Dolce Madonna Bionda'. In H. L. Arnold (Hrsg.), *Text und Kritik* (S. 107). München: Edition Text + Kritik.

Di Nola, A. M. (1993). Le porte dell'Oriente. In M. Manzoni & G. Pontiggia (Hrsg.), *I volti di Hermann Hesse*. Milano: Fondazione Mondadori. (Erstveröffentlichung 1983).

Facchinetti, A. (2018). Bergamo nelle impressioni di Hermann Hesse: dalla percezione all'anima. https://www.bergamodascoprire.it/2018/12/17/bergamo-nelle-impressioni-di-hermann-hesse-dalla-percezione-allanima-2/. Zugegriffen: 14. Febr. 2019.

Fumagalli, A. (1991). *Bergamo die poeti: Hermann Hesse*. Bergamo: Edizioni dell'Ateneo.

Gendolla, P. (2014). *Die Erfindung Italiens. Reiseerfahrung und Imagination*. Paderborn: Wilhelm Fink Verlag.

Henscheid, E. (1983). *Dolce Madonna Bionda*. Zürich: Haffmanns.

Hesse, H. (1983). *Reisetagebuch 1901*. Frankfurt a. M.: Suhrkamp.

Manzoni, M., & Pontiggia, G. (Hrsg.). (1983). *I volti di Hermann Hesse*. Milano: Fondazione Mondadori.

Mattenklott, G. (1993). Pubertà come Weltanschauung. Aspetti dell'ammirazione di Hesse in Germania. In M. Manzoni & G. Pontiggia (Hrsg.), *I volti di Hermann Hesse*. Milano: Fondazione Arnoldo e Alberto Mondadori.

Michels, V. (Hrsg.). (1988). *Mit Hermann Hesse durch Italien. Ein Reisebegleiter durch Oberitalien*. München: Insel.

Roncalli, M. (2012). Sulle orme di Hesse. *Il Corriere della Sera, 137*(170) https://bergamo.corriere.it/bergamo/notizie/cultura-e-spettacoli/12_luglio_19/hesse-citta-alta-bergamo-orme-2011080781672.shtml.

Schardt, M. M. (Hrsg.). (1990). *Über Eckhard Henscheid.* Paderborn: Igel.

V.A. (1927). Bergamo nelle impressioni di uno scrittore tedesco. *La Rivista di Bergamo, 1927,* 9–14.

Wiegel, H. (Hrsg.). (2004). *Italiensehnsucht. Kunsthistorische Aspekte eines Topos.* München: Deutscher Kunstverlag.

Dr. Ester Saletta studierte Germanistik und Anglistik an der Universität Bergamo (Italien). Sie promovierte bei Prof. Wendelin Schmidt-Dengler an der Universität Wien und war Lektorin für Italienisch sowie Researcher bei verschiedenen europäischen und amerikanischen Forschungsinstitutionen. 2018/2019 Post-Doc-Stipendiatin am Instituto Italiano di Studi Germanici in Rom. Zahlreiche Publikationen über Gender und PostGender Studies, Wiener Moderne, deutsche Exilliteratur (insbesondere der Topos des Holocaust) sowie über die österreichische Frauenliteratur der Gegenwart.

Unfulfilled Potential – Tourism Development in the Republic of Moldova

14

Mihai-Razvan Corman

This whole stretch of land along the Dniestr River is one of the most fertile I have ever seen. The grass grows so high that one can barely see the grazing herds. The air is pure and healthy, and the landscapes are unforgettable. Gardens and crops, walking birds and fish of all kind, in few simple words, everything that includes nourishment is abound. Nothing is missing but inhabitants to relish these magnificent assets of nature.
(Sumarokov 1800, p. 230).

Abstract

This contribution sheds light on the Republic of Moldova, explores the development of tourism and examines the conditions, initiatives and events that favoured tourism in the country. The small Eastern European country, situated between Romania and Ukraine, suffers, in spite of a recently increased interest in Eastern Europe as a whole, either from a lack of attention or, here and there revealed, limited knowledge on the part of Western European or German observers. This article will commence by offering some key facts about Moldova, including some curiosities, its political and economic situation, as well as the all-too-well-known break-away region of Transnistria. Second, it will provide an overview of the main sights in the country, not with the ambition of serving as a tourist guide but with the objective of providing testimony to the fact that Moldova is a country that has plenty to offer for tourists. Third, the piece will analyse the development of tourism in the last ten years and offer an overview of national, EU and international initiatives aimed at creating a thriving tourism sector in Moldova. The article will end with concluding remarks and

M.-R. Corman (✉)
Brussels, Belgium

© Springer Fachmedien Wiesbaden GmbH, ein Teil von Springer Nature 2020
D. Pietzcker und C. Vaih-Baur (Hrsg.), *Ökonomische und soziologische Tourismustrends*,
https://doi.org/10.1007/978-3-658-29640-7_14

some perspectives on future development in the tourism sector. It is argued that while Moldova's potential as an attractive tourist destination remains largely untapped, more recent figures demonstrate that the country has embarked on the right path. Continued efforts are needed, however, to build on the progress made.

14.1 Moldova – What and Where?

Today, the probability of meeting someone from Western Europe who does not know the exact geographic location of Moldova, or even never heard of the existence of such a country, is considerably lower than 15 years ago. In the media and among the general population the interest for Eastern Europe in general and Moldova in particular has increased. This finds its expression in more or less regular articles appearing in newspaper articles and TV reports. The greater interest for Eastern Europe may be correlated, among others, to the "big bang" enlargement of the EU in 2004 and the "Maidan revolution" of 2014 in Ukraine. However, despite Moldova's prominent appearance among the first subjects of the ZDF heute journal, one of Germany's leading news broadcasts, on 7 April 2009, when the country was affected by violent protests against the governing regime, a considerable number of question marks arise when the topic "Moldova" occasionally comes up. Also, the majority of media appearances is characterized by a negative or, at least, less flattering coverage, which does not always entirely reflect the reality in the country. This includes attributions like "poorhouse of Europe" (Radio SRF 1 2015), "one of the most inebriated populations" (Kurier 2017) and "Venezuelan conditions on the edge of Europe" (Schwartz 2019).

The official name of the country, to begin with, is "Republic of Moldova" or, less official, "Moldova", which in English corresponds with the denomination in the country's language ("Republica Moldova" and "Moldova" respectively). In German, however, the established use of in total four different denominations creates at least some confusion: "Republik Moldau", "Moldau", "Moldawien" and "Moldova". Especially the term "Moldau" and the identical denomination of the longest river in the Czech Republic often leads to the assumption the two might be somehow related. Moldova, with the capital city of Chişinău, is situated between Romania and Ukraine and finds itself at the external border of the EU. With a surface of 33,846 km^2, the country is nearly as big as the German federal state Nordrhein-Westfalen and slightly bigger than Belgium. As of 2018, as many people live in Moldova as in Berlin (3.55 million). Its population is no less multi-cultural than Germany's capital city. According to the census from 2014, 75% are Moldovans, 23.2% Romanians (whereby some individuals claim to belong to the Moldovan and Romanian ethnicity), 7.6% Ukrainians, 5.4% Russians, 3.4% Gagauzi and 2% Bulgarians (National Bureau of Statistics of Moldova 2014). The country's language has often been a cause for division, both politically and legally, and, since its independence in 1991, continues to be so every year on 31 August, when Moldova celebrates "the day of our Romanian language". Ironically, Moldova's national anthem, which ought to serve as a unifying element, is called "Our Language", not really contributing to clarification. Moldovan citizens are equally divided: 40.3% declared that their mother language is Romanian and 34.7% acknowledged to speak Moldovan (National Bureau of Statistics of Moldova 2014). In contrast, since its entry into force in 1994, the Constitution unequivocally stipulates "Moldovan" as the state language. According to the decision of the Constitutional Court of Moldova, however, the Declaration of Independence, which states that the state language is Romanian, prevails over the Constitution (Constitutional Court of Moldova 2013). Plans to change the Constitution accordingly failed for political reasons, even if Romanian and Moldovan are as far away from each other as German and Austrian.

14.2 Political, Economic and Demographic Situation as Well as Curiosities

After the parliamentary election of February 2019 and a severe constitutional and political crisis, revisionist, pro-Russian and reformist, pro-European political forces decided to join hands and oust Moldova's most powerful and omnipresent oligarch, who had directed fates in the country without occupying any elective mandate (Corman 2019). The short-lived coalition with diamterically opposed foreign policy objectives governed the country between June and November 2019, until it collapsed following disputes over justice reform. Although revisionist, pro-Russian political forces have been in charge since then, Moldova continues to struggle, as it has in the past, to find its foreign policy trajectory, oscillating between Russia and Western integration structures Moldovan citizens are equally divided between a pro-EU and pro-Russia external policy.

Moldova has a predominantly agrarian economy (World Bank 2019a). With an annual GDP of €10.27 billion, which is similar to the one of the German city Erlangen, a Moldovan worker produces in a year on average the same amount a German worker produces in 18 days (World Bank 2019a). While a visit to Moldova's capital Chişinău, judging among others by the amount of pleasantly classy restaurants, bars and cafes (which contrary to some Western European countries offers its guests a perfectly working and fast internet connection), is not necessarily suggestive of one of the poorest countries in Europe, the situation outside of the capital is rather disastrous. The lack of economic and professional opportunities at home and the belief in a better future abroad has driven 200,000 people predominantly to Russia, Italy and Israel between 2004 and 2018 (World Bank 2019b), leaving behind torn apart families in ghost villages. Especially the exodus of young people, the alleged future of the country, causes a brain-drain that in the long term, if not reversed, will have dramatic consequences. From 353,700 people currently working abroad,[1] 54% are aged between 15 and 34, many

[1]People who have been staying abroad for longer than 12 months; a compilation of data from destination countries indicates a much higher number of in total over 800,000 Moldovans living abroad (Ziarul de gardă 2018); unofficial numbers might be even higher.

of whom have a higher education (National Bureau of Statistics of Moldova 2019). Moreover, from 2002 until April 2018, 521,025 Moldovans have become Romanian citizens (Ziarul National 2018), further facilitating the exodus with the acquisition of Union citizenship rights. As the many migratory workers send money to their families and friends in Moldova, i.e. remittances, the economy is kept stable, making it at the same time highly dependent on external factors. In 2018, remittances to Moldova amounted to €1,155.48 million (National Bank of Moldova 2019), whereas the actual monetary flow is likely to be much higher.

One thing Moldovans are most proud of is their wine. Having produced two million hectolitres of wine in 2018, Moldova is the 11th biggest wine-producer in Europe and the 19th largest producer in the world (Statista 2018). Situated on the same latitude as Bordeaux and Burgundy, Moldova has the highest ratio of agricultural land dedicated to vineyards worldwide (Food and Agriculture Organization of the United Nations 2011, p. 13). 27.5% of the available vineyards are planted around houses in villages and are used to produce home-made wine. Strands of grapes and recipes are often preserved throughout the generations. The wine-hype in Moldova reaches its height every year on the second weekend of October when the country celebrates the wine day. The majority of vineyards, however, is used for commercial purposes. The export of wine last year, predominantly to Poland, Romania, Czech Republic, Russia and China, constituted 6% of overall exports and provided around 200,000 jobs in the full in-country value chain (production, processing and packaging) (Wine of Moldova 2019a). Thanks to the country's typical, black-colored soil called "chernozem", which is famous for containing a high amount of humus (Krupenikov et al. 2011, p. 7), the strong sunshine, periodic rainfall as well as the ever-increasing investments for the modernization of production processes (Wine of Moldova 2019a), Moldovan wine has reached a quality that can easily compete with French and Italian wines. 500 medals and awards obtained in competitions all over the world last year alone (Wine of Moldova 2019b), especially with local grapes like Rara Neagră and Fetească Neagră, but also Cabernet Sauvignon and Saperavi, speak for themselves. However, on Western European markets price levels constitute the biggest challenge for the competitiveness of Moldovan wine. Whereas French, Italian, Austrian and German wines are well-established, the equally priced Moldovan wine brands remain little know. Therefore, the export of Moldovan wine is primarily oriented towards Eastern Europe and, most recently, towards China (The Business Year 2019).

14.3 Beauties and Tourism in Moldova – An Unequal Relationship

Tourism to Moldova goes back as far as the beginning of the nineteenth century. Alexander Pushkin, one of the greatest Russian poets and first famous visitors, was exiled to Bessarabia, the territory of today's Moldova when it was part of the Russian Empire (1812–1918). In this period, between 1820 and 1823, he wrote approximately one fourth of his opus (see Corman 2015, pp. 192–196), including, among others, "To Ovid" in which he expresses his admiration for the land's "hazy vaulted heaven" and its "sun-warmed meadows" (Pushkin 1821, verses 9–10):

> "Here the heavenly azure is light for long periods of time,
> Here the cruel winter storms reign only briefly.
> The purple vines do gleam forth, sons of the south,
> A new settler on the Scythian banks.
> On Russian meadows gloomy December
> Has already spread forth layers of downy snow;
> Winter breathed there – while here the bright sun
> Streams spring's warmth over me;
> The withered meadow was speckled with new shades of green
> The early plow already digging into open fields."
> (Pushkin 1821, verses 65–74)

These verses convey a valid description of Moldova also today. The country does not have access to the sea or picturesque mountains. As a result of the Molotov-Ribbentrop Pact of 1939, the core of Bessarabia, which had been part of Romania since 1918, was integrated into the Soviet Union and re-named the Moldavian Soviet Socialist Republic (SSR). Its more mountainous northern part (Northern Bukovina and Hertza) as well the Black Sea accessing southern part were forcefully integrated into the Ukrainian SSR. Yet, its typically hilly landscapes decorated with sunflowers, grain fields, Tuscany-like vineyards, all sorts of fruit trees and magnificent monasteries have the ability to captivate the observer. Of the over 40 orthodox monasteries in the country, Orheiul Vechi (Fig. 14.3), which has the potential to become a UNESCO World Heritage Site, is probably the most fascinating monastic complex. Dating back more than 2000 years to the Geto-Dacian civilisation, today's monastery, consisting of cave-like chapels, is fully functional and inhabited by monks whose appearances transport the spectator back in time. Back to more secular attractions, one of the facts less known is Moldova's possession of the biggest wine cellar in the world. The 85 meters deep underground labyrinth of Mileştii Mici includes 200 km of roadways and stores over two million bottles of wine. This comes together with a fabulously traditional gastronomy at Mileştii Mici, the other 57 wineries as well as throughout the country. The most appreciated experience of 71% of tourists is Moldova's "local hospitality" (USAID 2018). Other sights include the statue of Ştefan cel Mare (Fig. 14.1), the country's national hero, and the Nativity Cathedral (Fig. 14.2), the main cathedral of the Moldovan Orthodox Church.

Ironically, most commonly known about Moldova is the break-away region of Transnistria, situated between the Dniester River and Ukraine. In the wake of the nationalist, pro-Romanian movement in Moldova and collapse of the Soviet Union, a two-year fight between separatist Russian-baked pro-Transnistrian forces and Moldovan military and police broke out in 1990. The violent phase of the conflict ended in July 1992 with a ceasefire. The "frozen", purely geopolitical Transnistrian conflict remains unsolved. Russia keeps about 1500 soldiers (Necsutu 2018) to preserve its sphere of

Fig. 14.1 The statue of Ştefan cel Mare (Stephen the Great, Voivode of Moldova 1457–1504) in the very center of Chişinău. After defeating the Ottoman Empire to protect Moldova, he was named Athleta Christi ("Champion of Christ") by Pope Sixtus IV. Ştefan cel Mare is considered to be the national hero of Moldova

influence in the de facto independent entity. Transnistria, which resembles a full-size Soviet museum, holds an original Lenin statue as well as the "embassies" of the fellow "wannabe", internationally not recognized, states of Abkhazia and South Ossetia (Georgia).

Although Moldova offers untouched and diverse natural beauty, rich cultural heritage, culinary delights, preserved traditionalism, rural life, and also finds itself in a geographically accessible location and exempts tourists from the EU, USA and Japan from visa requirements, data show that tourism is poorly developed. In 2017, the number of international arrivals amounted to 145,000, similar to Eritrea and Samoa Moldova is the 31st least visited country worldwide and the second least visited in Europe (after Liechtenstein) (World Bank 2019c). 55% of these arrivals originated from the EU-28 (National Bureau of Statistics Moldova 2019b). Although Moldova welcomed less than 50 non-resident arrivals per 1000 inhabitants in 2017, only seven thousand bed places were available in hotels and similar establishments (European Commission 2018). This figure, which is by far the lowest in the region, points to an underdeveloped tourism infrastructure and an overall low capacity to attract tourists. Accordingly, international tourist receipts amounted to €289 million, the lowest in Europe (UNWTO 2019, p. 18). The overall low quality of accommodations, scarce amenities at tourist attractions, rare

Fig. 14.2 Nativity Cathedral, Chişinău (Eliana Coraci)

Fig. 14.3 Orheiul Vechi Reserve Cliffs (Eliana Coraci)

touristic information points and the low number of soft adventure activities and qualified personnel needed for their conduct is insufficient to attract high-spending tourists for longer periods (Government of Moldova 2014). In addition, Moldova's image as an attractive destination is weakly developed in Europe as well as throughout the world and needs refinement through participation in international trade fairs, marketing campaigns and positive foreign media coverage to increase tourist demand. Also, the legal framework in the area of tourism needs adjustments to approximate Moldovan laws with best practices internationally, engage public-private partnerships and minimize entry barriers for touristic businesses, including among others rural Bed and Breakfasts (B&Bs) (Government of Moldova 2014, pp. 6–7).

At the same time, Moldova is a fast growing travel destinations. The number of international tourist arrivals has increased by 142% since 2009 (60,000 international tourist arrivals) (UNWTO 2012, p. 7). Also, the number of tourists from European countries alone has more than tripled between 2004 and 2018 (National Bureau of Statistics of Moldova 2019a). An increase of tourism is also noticeable when looking at the numbers of curious visitors from Germany (National Bureau of Statistics of Moldova 2019b).[2] The National Wine Day as well as "DescOpera", a music festival bringing opera and classical music into the very center of the Orheiul Vechi Reserve Cliffs, attract each year 5000 local and international visitors (DescOpera Open Air Festival 2019). Four years after Lonely Planet declared Moldova "Europe's least visited country" in 2013 (Lonely Planet 2013), the country earned its place on the list of "best destinations in Europe" (Lonely Planet 2017). The international tourism receipts have increased by 84%, from US$173 million in 2009 to US$319 million in 2017 (UNWTO 2019, p. 18), and the number of bed places in hotels and similar accommodation establishments has constantly increased within the same period (European Commission 2018).

14.4 "Be Our Guest!" and "Discover the Routes of Life"

The positive tourism development trend since 2009 is correlated to a variety of factors (see Fig. 14.5). A major increase in tourist numbers occurred immediately after the change of power from the eight-years reigning Communist Party to the Alliance for European Integration in 2009. Civil unrest within the polarized Moldovan society in April 2009 could not prevent the Communists from winning the parliamentary election in July but mobilized the opposition parties to form a coalition that ultimately ousted the outdated incumbent. In the aftermath of the change of guards in Chişinău, an intensification of EU-Moldova relations began. The country's westward, pro-European and open-minded image, previously characterized by the hammer and sickle of the

[2]From 2692 tourists in 2004 to 7020 tourists in 2018.

Fig. 14.4 The national brand of the republic of Moldova since november 2018 developed by the Moldovan investment agency

Communist Party, started to take shape. The new government's unambiguously pro-European, reformist orientation and the EU's branding of the country as "the Eastern Partnership's most dependable model student" (DGAP 2012) culminated in the granting of visa-free travel to the EU (as the first post-soviet, non-Baltic country) and the signing of the Association Agreement and the Deep and Comprehensive Free Trade Area (DCFTA) in 2014 allowing for ever more privileged political, economic and trade relations with the Union.

Beyond the broader political context, the Moldovan Government has launched a number of actions aimed at improving the tourism business environment. With the help of the US Agency for International Development (USAID) Competitiveness Enhancement and Enterprise Development II (CEED II) Project (USAID 2012) the Moldovan Tourism Agency developed the national tourism brand "Tree of Life" in 2014 as a response to Lonely Planet's classification of Moldova as the "least visited country in Europe". With the slogan "Discover the routes of life" the tourism campaign focused on the country's good, old strengths: beautiful landscapes, cultural heritage, modernity evading rural life accompanied by Moldovan traditions, hospitality, wine and gastronomy (State Agency on Intellectual Property of Moldova 2014; Cheregi 2018, pp. 81–106).[3] The multi-facetted international marketing focused on Romania, Poland and Italy as target markets. Since November 2018, the national tourism brand has been updated to the National Brand of Moldova developed by the Investment Agency (Fig. 14.4).

Within the framework of the national campaign "Be Our Guest", financed by the USAID's CEED II Project and the Government of Sweden, Moldovan citizens from the diasporas around the world were involved as ambassadors of tourism and urged to actively share their travelling experiences from Moldova while home. As a consequence, the social media campaign #BeOurGuest received 2 million hits from

[3]For the promotion video see: https://www.moldova.org/en/moldovas-new-tourism-promotion-video-guest/ (consulted on 10.09.2019).

within target markets in just one week (USAID 2018). With EU financial assistance within the framework of the Support to Confidence Building Measures Programme, implemented by United Nations Development Programme (UNDP), and with the support of USAID and the Swedish Government, the first Tourist Information Center was established in Chişinău at the end of 2017, providing information about boarding facilities, events, itineraries and tours (UNDP Moldova 2017). The external financing programs were preceded by a clear prioritization of tourism development by the Moldovan Government, which in cooperation with tourism business associations has started a strategic reform in 2014. The Tourism Development Strategy 2020 and the National Strategy "Diaspora 2025" aimed at strenghtening the normative legal framework in the area of tourism, exhausting the national tourism potential, developing information access and distribution, lowering the market entry barriers for rural tourism businesses, diversifying tourism promotion instruments, strengthening tourism investment opportunities, enhancing the quality of tourism services and engaging the Moldovan diaspora (Government of Moldova 2014, Annex 2). Probably most impactful for tourism development was the demonopolization of the aviation sector in Moldova and the liberalization of flight prices. Most notably, in 2017, the low-cost airline Wizz Air launched a base at Chişinău International Airport, currently operating direct flights between Chişinău and 19 cities in ten EU countries having carried a total number of 432,300 passengers to Moldova in 2018 (Market Screener 2019). The airline contributed to 14.3% more tourists from the EU in 2018 compared to the previous year – the biggest increase registered so far (National Bureau of Statistics Moldova 2019b) (Fig. 14.5).

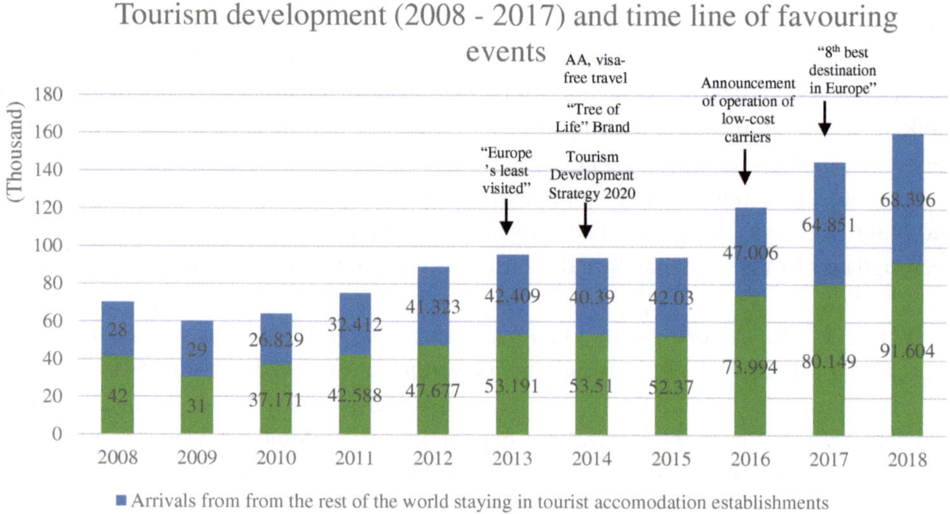

Fig. 14.5 Author's own analysis and elaboration based on data from the National Bureau of Statistics of Moldova (2019a)

14.5 Conclusions and Future Perspectives

Moldova, a country that progressively sounds more and more familiar to the European ear, rightly acquired its place on the list of Europe's best destinations. Its beautiful landscapes, rich cultural heritage and preserved traditions, modernity evading rural life, generous hospitality, wine and gastronomy attracts more and more tourists from Europe as well as around the world every year. The various national and international initiatives combined with an advanced transport connectivity facilitated by low-cost carriers have propelled Moldova to become a rapidly growing tourist destination.

The tourism development numbers for Moldova also indicate that the country's full potential still remains untapped. While a number of initiatives have been implemented or are underway, a lot remains to be done. In light of Moldova's dependency on external assistance programs and previous experience, further EU political and economic integration and participation in the internal market can be expected, not only to foster democracy, rule of law and human rights, but also to continue positively affecting tourism development. Further strengthening EU-Moldova ties would mean exhausting all opportunities for sector-specific cooperation within the multi-lateral track of the Union's relations with its Eastern neighbours – the Eastern Partnership (EaP). In particular, the sector-specific "gains" announced at the 2017 EaP Brussels Summit in the wake of the EU's more pragmatic, politically non-sensitive approach (Corman and Bălutel 2018) and summed up as the "20 deliverables for 2020" would have a beneficiary impact also on tourism development in Moldova. These include, among others, the extension of the EU's Trans- European Transport (TEN-T) network, which foresees the development of approximately 5500 km of roads and railways across the region by 2020 and an additional 4600 km by 2030, as well as reduced roaming tariffs (European Commission 2017).

Yet ultimately, Georgia, a country comparable to Moldova in terms of size and population, demonstrated that "you got to do your own homework". The Caucasian country's tourist sector exploded in the last ten years having registered a 23 times increase in arrivals of non-resident tourists between 2007 and 2017 (European Commission 2018). Above all, the work of the Georgian National Tourism Association, made the difference. Global ad campaigns, conferences with thousands of international journalists in Georgia as well as the creation of incentives for local communities to build infrastructure and set up tourism services keeps attracting wine connoisseurs, hikers, gourmands, culture vultures from around the world and also major European carriers. Ryanair announced that it will operate routes starting in November 2019 (Kemper 2019). If Moldova embarks on Georgia's path and manages to leverage its main attraction assets, including rural life, gastronomy and wine, it is estimated that the tourism sector could grow ten times in the next ten years (USAID 2018) boosting business development and job creation as well as reducing poverty and migration even in the most peripheral areas.

References

Cheregi, B.-F. (2018). Nation branding in transition countries: A multimodal analysis of Romania and Moldova tourism campaigns. *Journal of Entrepreneurship, Management and Innovation, 14*(4), 81–106.

Constitutional Court of Moldova. (2013). Declaration of independence of the republic of Moldova. Decision of 5 December 2013. http://www.constcourt.md/libview.php?l=ro&id=512&idc=7.

Corman, G. (2015). *Das Bessarabien-Bild in der zeitgenössischen russischen Reiseliteratur 1812–1918*. Leipzig: Leipziger Universitätsverlag.

Corman M.-R. (2019). What happened in Moldova? And what should the EU do about it? *Open Democracy*. https://www.opendemocracy.net/en/odr/what-happened-moldova-and-what-should-eu-do-about-it/.

Corman, M.-R., & Bălutel A. (2018). Between a rock and a hard place: The EU and the Eastern Partnership after the 2017 Brussels Summit. *College of Europe Policy Brief Series, 5*(18). https://www.coleurope.eu/research-paper/between-rock-and-hard-place-eu-and-eastern-partnership-after-2017-brussels-summit.

DescOpera Open Air Festival. (2019). DescOpera—The only open-air festival of classical music in the Eastern Europe. https://descopera.md.

European Commission. (2017). Eastern Partnership—20 Deliverables for 2020 Focusing on key priorities and tangible results, Joint Staff Working Document, SWD(2017) 300 final. https://eeas.europa.eu/sites/eeas/files/swd_2017_300_f1_joint_staff_working_paper_en_v5_p1_940530.pdf.

European Commission. (2018). European Neighbourhood Policy—East—tourism statistics. https://ec.europa.eu/eurostat/statistics-explained/index.php?title=European_Neighbourhood_Policy_-_East_-_tourism_statistics#Non-resident_arrivals.

Food and Agriculture Organization of the United Nations. (2011). General agricultural census 2011. Thematic study on Vineyards in the republic of Moldova. National Bureau of Statistics of the Republic of Moldova. http://statistica.gov.md/public/files/publicatii_electronice/Recensamint_agricol/Studiu1_viniviticol_en.pdf.

German Council on Foreign Relations (DGAP). (2012). Moldova leads the way in the Eastern partnership. https://dgap.org/en/node/22478.

Government of the Republic of Moldova. (2014). Adoption of the tourism development strategy "Tourism 2020" and of the action plan for its implementation 2014–2016, Decision nr. 338. http://www.turism.gov.md/index.php?pag=sec&id=39&l=.

Kemper, B. (2019). How Ryanair's cheap flights to Georgia will change travel to the country. Conde Nast Traveler. https://www.cntraveler.com/story/how-ryanairs-cheap-flights-to-georgia-will-change-travel-to-the-country?fbclid=IwAR36k-E9OtGph5julBmQYQhiNE2zwTo8KmZipHs9JOx7sPC_Rzl0h3iDgP8.

Krupenikov, I. A., Boincean, B. P., & Dent, D. (2011). *The black earth ecological principles for sustainable agriculture on chernozem Soils*. Heidelberg: Springer.

Kurier. (17.05.2017). Wo am meisten Alkohol getrunken wird. https://kurier.at/wissen/wo-am-meisten-alkohol-getrunken-wird/264.448.836.

Lonely Planet. (2013). Traveller's choice: The top destinations of 2013, part 3. https://www.lonelyplanet.com/blog/2013/02/26/lonely-planet-travellers-choice-the-top-destinations-of-2013-part-3/.

Lonely Planet. (2017). Lonely planet's best in Europe 2017. https://www.lonelyplanet.com/articles/best-in-europe-2017.

Market Screener. (2019). Wizz air: Expands its Chisinau operations. https://www.marketscreener.com/WIZZ-AIR-HOLDINGS-PLC-21163062/news/WIZZ-AIR-EXPANDS-ITS-CHISINAU-OPERATIONS-28924332/.

Necsutu, M. (2018). Russian military games on Dniester Anger Moldova. Balkan Insight. https://balkaninsight.com/2018/08/15/russian-soldiers-forced-the-dniester-river-from-transnistria-08-15-2018/.

National Bank of Moldova. (2019). The evolution of monetary transfers from abroad in favour of natural persons through bancs in the Republic of Moldova in 2018 (net settlements). https://www.bnm.md/ro/content/evolutia-transferurilor-de-mijloace-banesti-din-strainatate-efectuate-favoarea-17.

National Bureau of Statistics Moldova. (2014). Census 2014, republic of Moldova. http://statistica.gov.md/pageview.php?l=ro&idc=479.

National Bureau of Statistics Moldova. (2019a). Statistical data base. http://statbank.statistica.md/pxweb/pxweb/ro/30%20Statistica%20sociala/30%20Statistica%20sociala__03%20FM__03%20MUN__MUN070/MUN070100.px/?rxid=2345d98a-890b-4459-bb1f-9b565f99b3b9.

National Bureau of Statistics Moldova. (2019b). Statistical data base. http://statbank.statistica.md/pxweb/pxweb/ro/40%20Statistica%20economica/40%20Statistica%20economica__11%20TUR__TUR020/TUR020400.px/?rxid=b2ff27d7-0b96-43c9-934b-42e1a2a9a774.

Pushkin, A. (1821). "To Ovid", translation in: Sandler, S. (1989). *Distant pleasures: Alexander Pushkin and the writing of exile*. Stanford: Stanford University Press.

Radio SRF 1. (16.12.2015). Moldawien, das Armenhaus Europas. https://www.srf.ch/radio-srf-1/radio-srf-1/moldawien-das-armenhaus-europas.

Schwartz, R. (2019). Republik Moldau – Venezolanische Zustände am Rande Europas. Deutsche Welle. https://www.dw.com/de/kommentar-republik-moldau-venezolanische-zustände-am-rande-europas/a-49148399.

State Agency on Intellectual Property of Moldova. (2014). "Tree of Life"—The new touristic brand of the Republic of Moldova!, November 2014. http://agepi.gov.md/en/news/"tree-life"—-new-touristic-brand-republic-moldova.

Statista. (2018). Volume of wine produced in European wine producing countries in 2018. https://www.statista.com/statistics/445651/leading-countries-wine-production-europe/.

Sumarokov, P. (1800). *Voyage across all of the Crimea and Bessarabia in 1799*. Moscow.

The Business Year. (2019). Moldovan wine. Moldovan wine exports grew by 9% in 2018, as Asian markets got a taste for Eastern European grapes. https://www.thebusinessyear.com/moldovan-wine-exports-grow-by-9-in-2018-increased-consumption-asia/focus.

United Nations Agency for International Development (USAID). (2012). USAID's CEED II Project How can it help you? https://www.amcham.md/userfiles/file/2012%20events%20materials/Mr_Douglas%20Griffith%20-%20%20USAID%60s%20CEED%20II%20Project.pdf.

United Nations Agency for International Development (USAID). (2018). Fact sheet: Moldova competitiveness project. Tourism industry. https://www.usaid.gov/moldova/fact-sheets/fact-sheet-moldova-competitiveness-project-tourism-industry-0.

United Nations Development Program Moldova (UNDP Moldova). (2017). Chisinau launches its first tourist information center. https://www.md.undp.org/content/moldova/en/home/press-center/pressreleases/2017/la-chi_in_u-a-fost-inaugurat-primul-centru-de-informare-pentru-t.html.

United Nations World Tourism Organisation (UNWTO) (2012). International tourism highlights. 2012 Edition. https://www.e-unwto.org/doi/pdf/10.18111/9789284414666.

United Nations World Tourism Organisation (UNWTO). (2019). International tourism highlights. 2019 Edition. https://www.e-unwto.org/doi/pdf/10.18111/9789284421152.

Wine of Moldova. (2019a). Moldovan Vine and Wine Sector: 2018 grape harvest was one of the biggest grape harvests in past 10 years and with an exceptional qualitative potential. http://wineofmoldova.com/news/moldovan-vine-and-wine-sector-2018-grape-harvest-was-one-of-the-biggest-grape-harvests-in-past-10-years-and-with-an-exceptional-qualitative-potential/.

Wine of Moldova. (2019b). Record of medals for "Wine of Moldova" in 2018: ONVV launches the first catalogue of champion wines. http://wineofmoldova.com/news/record-of-medals-for-wine-of-moldova-in-2018-onvv-launches-the-first-catalogue-of-champion-wines/.

World Bank. (2019a). Moldova economic update. https://www.worldbank.org/ro/country/moldova/brief/moldova-economic-update.

World Bank. (2019b). Moldova: Labor force. https://www.theglobaleconomy.com/Moldova/labor_force/.

World Bank. (2019c). International tourism, number of arrivals. https://data.worldbank.org/indicator/ST.INT.ARVL.

Ziarul de garda. (10.05.2018). Moldova remains without its citizens. https://www.zdg.md/editia-print/social/moldova-ramane-fara-cetateni.

Ziarul National. (2018). Houndreds of thousands of people who live in Moldova also have Romanian citizenship. https://www.ziarulnational.md/oficial-cati-cetateni-care-locuiesc-in-r-moldova-au-si-cetatenia-romaniei-sute-de-mii-de-persoane/.

Mihai-Razvan Corman studied law at the Humboldt University in Berlin and obtained a Master's Degree at the College of Europe. Since 2018 he is a PhD candidate at Ghent University and scholarship holder of the Foundation of the German Economy (Stiftung der Deutschen Wirtschaft). His research focuses on the Eastern Partnership, the European Neighbourhood Policy and the EU legal instruments in the area of anti-corruption policy in Moldova and Ukraine. He has worked as a research associate for different international law firms specialised in the field of public procurement law and as a consultant providing expertise for the Council of Europe and the European Commission.

15 Aktuelle Angebotsformen im Shoppingtourismus

Torsten Widmann

Zusammenfassung

Shoppingtourismus findet als erlebnis- bzw. freizeitorientierter Einkauf in einer Vielzahl unterschiedlicher shoppingtouristischer Destinationen statt. Hierbei kann aufgrund ihrer einkaufstouristischen Tradition zwischen den neuen Orten des Shoppingtourismus und den klassischen Orten des Shoppingtourismus unterschieden werden. Shopping kann sowohl konstituierendes Element der Reise sein als auch im Rahmen eines komplexen Motivbündels stattfinden. In diesem Kapitel werden diese Strukturen näher dargestellt, Motivkomplexe erläutert und Angebotsstrukturen im Shoppingtourismus mit ihren wichtigsten Charakteristika vorgestellt.

15.1 Was ist unter Shoppingtourismus zu verstehen?

Einkaufen ist für viele Menschen längst zu einer Freizeitbeschäftigung geworden, die keineswegs nur in der Nähe des eigenen Wohnortes durchgeführt wird. Bei vielen Tagesausflügen, Urlaubs- oder Geschäftsreisen ist daher auch Shopping heute ein wichtiges Motiv, in vielen Fällen sogar der entscheidende Auslöser für die Reise. Nach Angaben des Deutschen Tourismusverbandes (DTV) haben die Konsumausgaben für Shopping mit rund 50 Mrd. € sogar einen größeren Ausgabenanteil am Gesamtkonsum im Deutschlandtourismus (ca. 287 Mrd. €) als die Beherbergungsleistungen mit ca. 36 Mrd. € (vgl. DTV 2019, S. 23). Die Abgrenzung des Begriffs Shopping als erlebnis- bzw. freizeitorientierter Einkauf vom Versorgungseinkauf sowie die für die verschiedenen Orte des

T. Widmann (✉)
DHBW Ravensburg, Ravensburg, Deutschland
E-Mail: widmann@dhbw-ravensburg.de

© Springer Fachmedien Wiesbaden GmbH, ein Teil von Springer Nature 2020
D. Pietzcker und C. Vaih-Baur (Hrsg.), *Ökonomische und soziologische Tourismustrends*,
https://doi.org/10.1007/978-3-658-29640-7_15

Freizeiteinkaufs festgestellten Merkmale lassen ein differenziertes Bild vom Shoppingtourismus entstehen. Das Phänomen Shoppingtourismus kann wie folgt beschrieben werden: „Shoppingtourismus ist die Gesamtheit aller Beziehungen und Erscheinungen, die sich aus den während der Reise und dem Aufenthalt von Personen, für die der Aufenthaltsort weder hauptsächlicher noch dauernder Wohnort noch Arbeitsort ist, vorgenommenen Aktivitäten zum Zweck des erlebnis- bzw. freizeitorientierten Einkaufs von Gütern des nicht-alltäglichen Gebrauchs ergeben." (Widmann 2006a, S. 21).

Hierunter fallen also jene Einkaufsaktivitäten, die mit einem Ortswechsel des Konsumenten verbunden sind und nicht Versorgungszwängen unterliegen, sondern vielmehr eine Erlebnis- und Freizeitkomponente beinhalten. Diese Erlebnis- und Freizeitkomponente ist allerdings schwer zu fassen. So kann einerseits der Einkauf von Gütern zu einem auf individuellen Einschätzungen beruhenden niedrigen Preis einen wesentlichen Erlebnisfaktor darstellen und als wichtige Shoppingkomponente Reisetätigkeit der Smart Shopper generieren. Andererseits lässt sich Versorgungseinkauf nicht immer scharf vom Shoppingtourismus trennen, da er in vielen Fällen ebenfalls mit einem Ortswechsel verbunden ist und in entsprechende Shoppingcenter führt.

Ähnlich problematisch verhält es sich auch mit dem kleinen Grenzverkehr zu Einkaufszwecken (Cross-Border-Shopping), sofern er einer Regelmäßigkeit unterliegt und ausschließlich durch Disparitäten im Preisniveau ausgelöst wird. Betrachtet man oben genannte Definition als enges Verständnis vom Shoppingtourismus, so sind diese Formen weitgehend auszuschließen. Beinhaltet der kleine Grenzverkehr jedoch eine freizeitorientierte Komponente und unterliegt keiner versorgungsnotwendigen Regelmäßigkeit, so kann diese Form des grenzüberschreitenden Tourismus durchaus zum Shoppingtourismus hinzugerechnet werden.

Shoppingtouristen können folglich alle Arten von Touristen sein, die während ihrer Reise Aktivitäten zum Zweck des Erlebniseinkaufs unternehmen; hier kommen sowohl Geschäftsreisende als auch Tagesausflügler, Kurzurlauber und Urlaubsreisende als Zielgruppen infrage. Entsprechend gliedern sich die Nachfrager dieser Tourismusform im Wesentlichen in folgende, sich hinsichtlich ihrer konstitutiven Kriterien teilweise überschneidende Gruppen:

- Shoppingtouristen im engeren Sinne, deren ausschließliches oder hauptsächliches Motiv das erlebnisorientierte Einkaufen ist
- Shoppingtouristen im weiteren Sinne, deren Einkaufserlebnis im Rahmen eines komplexen touristischen Motiv- und Aktivitätsbündels stattfindet.

Nachfolgend soll das Augenmerk auf die Angebotsstrukturen im globalen Shoppingtourismus und Umsetzungsbeispiele im deutschsprachigen Raum gelegt werden. Auch hier kann zwischen Destinationen unterschieden werden, deren wesentlicher Attraktivitätsfaktor das Einkaufsangebot ist und hauptsächlich die Shoppingtouristen im engeren Sinne anziehen und Destinationen, deren Einkaufsangebot ein wichtiger

Bestandteil des Gesamtangebotes ist und somit hauptsächlich Shoppingtouristen im weiteren Sinne ansprechen. Weiterhin ist der Kategorisierung von einkaufstouristischen Destinationen dienlich, zu bestimmen, ob diese Ziele ihre Attraktivität aufgrund der gegebenen Voraussetzungen (z. B. attraktive Innenstadt) besitzen, oder ob sie speziell zur Attraktion von Shoppingtouristen geplant wurden (z. B. Factory-Outlet-Center) (vgl. Widmann 2006a, S. 23).

15.2 Angebotsstrukturen im Shoppingtourismus

Neben dem Kriterium Motiv- bzw. Aktivitätenbündel sollen die Ziele in Anlehnung an Francks Bestimmung der „Neuen Orte des Erlebniskonsums" (2000, S. 29 ff.) anhand ihrer shoppingtouristischen Tradition in neue Orte des Erlebniseinkaufs und in klassische Orte des Erlebniseinkaufs eingeteilt werden, wie die Abb. 15.1 aufgezeigt.

Überschneidungen der Kategorien sind durchaus möglich und verschiedene shoppingtouristisch relevante Destinationen können nicht eindeutig einem bestimmten Typus zugeordnet werden. Entsprechend dieser Systematisierung lassen sich jedoch in Deutschland hauptsächlich folgende Typen von Shoppingdestinationen bzw. Ausprägungen des Shoppingtourismus benennen.

Abb. 15.1 Abgrenzung der shoppingtouristischen Destinationen. (Quelle: Widmann 2006a, S. 25)

15.3 Innenstädte als Shoppingdestination

Die deutschen Innenstädte, seien es Metropolen oder kleinere Städte mit historischem Stadtkern, sind aus ihrer Funktion als Einzelhandelsagglomerationen heraus die klassischen Shopping-Ziele. Auch wenn die Denkmalpflege die Expansion des Einzelhandels hin und wieder behindert, so ist doch gerade der Erhalt der historischen Bausubstanz ein wesentliches Alleinstellungsmerkmal der Altstädte im Wettbewerb mit den verschiedenen neuen Orten des Shoppingtourismus (vgl. Abb. 15.1) um Shoppingtouristen. Städtetourismus ist seit langem ein starker Markt. Jede dritte Übernachtung wird in Großstädten (>100.000 Ew.) getätigt (2017: 143 Mio., destatis 2017), dabei sind ein Drittel aller in Deutschland unternommenen Kurzreisen Städtereisen (F.U.R. 2017). Auch haben Städte einen Marktanteil von 72 % bei den Tagesreisen (vgl. dwif 2013, S. 73 ff.). Städte, die bisher als Kulturreiseziele galten, wie Trier oder Regensburg werden sich ihres shoppingtouristischen Potenzials immer mehr bewusst.

15.4 Ländlicher Raum mit shoppingtouristischem Potenzial

Erlebniseinkaufen kann auch in kleineren Städten bzw. im ländlichen Raum unabhängig von der Versorgungsfunktion und Zentralität des entsprechenden Standortes wesentlich zur touristischen Wertschöpfung beitragen. Besonders an jenen Standorten, an welchen die Herstellung von traditionellen, regionstypischen Produkten oder der Handel mit entsprechenden Waren zu den primären bzw. ursprünglichen Ausstattungsfaktoren des Standorts für den Tourismus gezählt werden kann, lassen sich shoppingtouristische Umsätze generieren. Auch traditionelle landwirtschaftliche Produkte zählen zum endogenen touristischen Potenzial einer Region und können bei vorausgesetzter Produktattraktivität shoppingtouristische Umsätze im primären Wirtschaftssektor generieren. Regionen, in denen eine jahrzehntelange touristische Tradition besteht, verstehen es, regionale Produkte als Teil des endogenen touristischen Potenzials in Wert zu setzen. Beispielhaft können hier die Weinregionen mit ihren Weinfesten und Möglichkeiten des Direkteinkaufs bei Winzern genannt werden oder aber auch Mittelgebirge wie der Schwarzwald (Uhrenhandwerk) oder der Thüringer Wald (Weihnachtsschmuck) mit ihren touristisch attraktiven Handwerkstraditionen.

15.5 Shopping-Center

Shopping-Center sind aufgrund zentraler Planung errichtete großflächige Versorgungseinrichtungen, die kurz-, mittel- und langfristigen Bedarf decken. Sie existieren in verschiedenen Formen in der Bundesrepublik seit Ende der 1950er Jahre, moderne Planungen beziehen verstärkt den Freizeitcharakter des Einkaufens mit ein. Moderne Shoppingcenter entstehen an Verkehrsknotenpunkten wie dem Bahnhof Leipzig oder dem Internationalen Flughafen in München.

15.6 Shopping Malls

Kein deutsches Shopping-Center besitzt die Dimensionen der beispielhaften nordamerikanischen Malls, wie etwa der „Mall of America“ in Bloomington, Minnesota, welche seit 1992 in Betrieb ist und in 520 Einzelhandelsgeschäften, 50 Restaurants, sechs integrierten Indoor-Vergnügungsparks und weiteren Einrichtungen insgesamt 11.000 Angestellte beschäftigt. Dennoch kann aufgrund seiner funktionalen Gliederung beispielsweise das CentrO. Oberhausen in seinem Kern als Shopping Mall betrachtet werden. Grundelemente der Shoppingmalls sind Plätze und Platzzonen, die wetterunabhängig für verkaufsfördernde Events genutzt werden, sog. *Plazas.* Ebenso gehört der *Food Court* zu den konstituierenden Merkmalen, hierbei handelt es sich um einen zentral gelegenen Platz mit verschiedenen Fast-Food-Verkaufsstellen aber gemeinsamem Sitzplatzangebot. Die Shoppingmöglichkeiten bestehen in der Regel aus einer Vielzahl von Einzelmarken-Geschäften *(Stand-Alone-Stores)* und einem oder mehreren großen Ankermietern in Form von kaufhausartigen *Department Stores,* die von Kaufhausketten betrieben werden.

15.7 Urban Entertainment Center/Urban Entertainment Destination

Hierunter werden im Allgemeinen großflächige Einkaufszentren mit angeschlossenen Freizeit- und Vergnügungsparks verstanden, die regionale oder sogar überregionale Bedeutung anstreben. Die Hälfte der Fläche eines Urban Entertainment Centers ist normalerweise für Unterhaltung geplant. Aber wie ein Einkaufszentrum hat es einen Mix von Läden, Themenrestaurants, und Unterhaltungsaktivitäten. Das Einkaufen gerät – wie der Name bereits nahe legt in diesen Zentren im Grunde zur Nebensache, während Freizeitvergnügen und die Unterhaltung im Vordergrund stehen. Der Begriff *Urban Entertainment Destination* wird häufig synonym zum Urban Entertainment Center verwandt. Es handelt sich bei Urban Entertainment Destinations jedoch um eine seit Mitte der 1990er-Jahre insbesondere in Nordamerika entstehende Agglomerationskategorie, die sich aus der rasant zunehmenden unterhaltungs- und tourismusorientierten Stadterneuerung ergibt. Sie zielt darauf ab, ein Stück Stadt so zu gestalten, dass sich dort eine urbane Erlebnisatmosphäre mit der Beschaulichkeit, Sicherheit und sozialen Homogenität der Suburbs verbindet.

Prominentes Beispiel hierfür ist das von der Walt Disney Company federführend geleitete *Times Square Redevelopment Project,* einem bedeutenden unterhaltungs- und konsumorientierten Stadterneuerungsprojekt, bei dem aus einem verrufenen Rotlichtviertel innerhalb kürzester Zeit ein Familienausflugsziel wurde. Ebenso auffällig sind die Engagements weiterer Medienkonzerne im Städtebau: Mit dem *Universal City Walk* (vgl. Abb. 15.2) wurde von den Universal Studios ein künstliches Stadtteilzentrum bestehend aus Gastronomie, Shopping- und Vergnügungseinrichtungen auf dem Firmengelände in Hollywood, Los Angeles geschaffen. Anders als die Studios und der entsprechende

Abb. 15.2 Universal City Walk. (Quelle: Widmann 2006a, b)

Themenpark ist dieses Zentrum ohne Einschränkungen zugänglich (vgl. Widmann 2006a, S. 41 ff.).

Als städtebauliche Großprojekte, die dem Urban Entertainment Destination-Konzept folgen, können in Deutschland beispielsweise der Potsdamer Platz in Berlin oder die Neue Mitte in Oberhausen verstanden werden.

15.8 Brand Lands/Flagship Stores

Diese Angebotsformen sind vielfach aus dem Werksbesichtigungstourismus hervorgegangen, wie die *Autostadt Volkswagen* in Wolfsburg oder wie die *Swarowski Kristallwelten* in Wattens, Tirol. Sie wurden als Ausdruck des Selbstverständnisses des Unternehmens als Erlebniswelt konzipiert. Nach Steinecke (2000, S. 20) sind die charakteristischen Elemente eines Brand Lands die Komponenten Firmenmuseum, Einzelhandelsgeschäft, Kunstgalerie, Events und Besucherinformation. Allerdings besitzen sie nur dann Relevanz für den Shoppingtourismus, wenn die Werksbesichtigung auch mit einem Einkauf verknüpft werden kann, was allerdings nicht bei jedem Brand Land der Fall ist. So besteht bei den Brand Lands der Automobilindustrie lediglich die Möglichkeit, den beim Händler gekauften Wagen im Werk selbst abzuholen. In *Flagship-Stores* wird nicht der Produktionsprozess gezeigt, sondern ein idealtypisch eingerichteter Verkaufsladen für die eigenen Produkte präsentiert.

Diese Geschäfte mit Vorbildcharakter finden sich vorwiegend in 1a-Lagen von Metropolen. Sie tragen dort zur touristischen Attraktivität des Standortes bei, wie z. B.

der Flagship-Store der Firma Sony, der im Sony-Center am Potsdamer Platz in Berlin ausschließlich die Neuheiten der unterhaltungselektronischen Produktpalette der Firma präsentiert oder wie der Flagship-Store des Herstellers von Schmucksteinen und optischen Geräten *Swarowski* im eigenen Brand Land (Abb. 15.3 und 15.4).

Abb. 15.3 Swarowski Kristallwelten, Eingang. (Quelle: Widmann 2018a)

Abb. 15.4 Flagshipstore der Swarowski Kristallwelten. (Quelle: Widmann 2018b)

15.9 Factory-Outlet Center

Unter *Factory-Outlet Center* bzw. *Factory-Outlet Malls* werden großflächige Zusammenschlüsse vieler Hersteller mit Gesamtverkaufsflächen über 3000 m^2 verstanden. Mieter der Flächen sind Hersteller von hochwertigen Marken- und Designerwaren, die ca. 30 bis 40 % unter dem üblichen Ladenverkaufspreis angeboten werden, da sie aus Muster- bzw. Vorjahreskollektionen stammen oder II.-Wahl-Ware sind. Allerdings gehen manche Markenartikler dazu über, spezielle Kollektionen für diesen Distributionskanal zu entwickeln. Das Angebot von Premiummarken (A-Marken) ist wesentliches Kriterium für die Kundenattraktivität und damit auch für eine weiträumige Ausstrahlung der gesamten Anlage (vgl. Widmann 2006a, b, S. 47). Das Designer-Outlet-Center Zweibrücken und das FOC Wertheim-Village können hier beispielhaft genannt werden. Die Verkaufsform des Factory-Outlet (Werksverkauf) findet jedoch an einigen weiteren Standorten statt und generiert dort mitunter hohe touristische Umsätze, wie beispielsweise in der Stadt Metzingen, wo u. a. der Werksverkauf der Bekleidungsmarken Boss, Escada und Joop angesiedelt ist und sich enorme Anziehungseffekte von weiteren Markenartiklern ergaben. Metzingen vermarktet sich als *Outletcity* und generiert mit 270 Markengeschäften ein touristisches Aufkommen von 4 Mio. Besuchern pro Jahr (vgl. Outletcity Metzingen 2019).

15.10 Cross-Border-Shopping

Eine Sonderform bzw. einen Grenzbereich des Erlebniseinkaufs stellt im wahrsten Sinne des Wortes das Cross-Border-Shopping dar. Grenzverkehr zu Einkaufszwecken findet nach Deutschland sowohl ohne Freizeitkomponente (z. B. regelmäßiger Lebensmitteleinkauf von Schweizern in Deutschland) als auch mit Freizeitkomponente (z. B. Tanktourismus von deutschen ins benachbarte Ausland in Verbindung mit einem Tagesausflug, beispielsweise nach Österreich oder Luxemburg) statt. Grundsätzlich sind im deutschsprachigen Raum also nahezu alle in der schematischen Darstellung aufgeführten Shoppingdestinationen bereits vorhanden oder zumindest denkbar, bis auf die gigantischen nordamerikanischen Shopping Malls, welche aus raumordnerischen Gründen in Deutschland in der Größe des aufgeführten Beispiels *Mall of America* kaum realisierbar, geschweige denn wünschenswert wären. Des Weiteren sind die Angebotsformen Theme-Park-Shopping und Tourist Shopping Village im Aufbau begriffen.

15.11 Theme-Park-Shopping

Theme-Park-Shopping ist ein Geschäftsfeld, das in den Themenparks zunehmend an Bedeutung gewinnt. Dem Theme-Park-Shopping liegt die Strategie zugrunde, sich durch in enger thematischer Verbindung mit dem Park stehende Einzelhandelsgeschäfte

Abb. 15.5 Wartebereich Silverstar, Europapark Rust. (Quelle: Widmann 2019)

zusätzliche Zielgruppen zu erschließen, Markenübertragungseffekte zu generieren und die Aufenthaltsdauer im Park zu erhöhen. So finden sich im Europapark Rust zahlreiche Bekleidungsgeschäfte, in denen sowohl aktuelle Kollektionen verkauft als auch speziell für den Park angefertigte Souvenir-Bekleidungsartikel angeboten werden. Markenübertragungseffekte lassen sich durch das *Marken-Branding* von Fahrgeschäften erzielen, so ist beispielsweise im Wartebereich der Achterbahn *Silverstar* das Rennsportengagement von Mercedes-Benz thematisiert. Im angeschlossenen Shop können Modellautos und Rennsport-Devotionalien erworben werden (Abb. 15.5).

In Verbindung mit der Entwicklung der Themenparks zu Kurzurlaubsressorts entstehen im Umfeld dieser Parks shoppingtouristische Infrastrukturen in Form von Urban Entertainment Center und Factory Outlet Center, wie beispielsweise das UEC Disney Village und das FOC La Vallée Village in unmittelbarer Umgebung des Disneyland Resorts Paris. Tourist Shopping Villages können als Agglomerationen verstanden werden, die ihre touristische Anziehungskraft hauptsächlich aus dem Einzelhandel schöpfen, oft in einer gefälligen Umgebung mit historischem Ambiente oder natürlicher Anziehungskraft. In Deutschland weist die Innenstadtentwicklung der bereits angesprochenen Stadt Metzingen entsprechende Tendenzen auf.

15.12 Fazit

Die voranstehende Übersicht der shoppingtouristischen Destinationen und Ausprägungen macht deutlich, welchen hohen Stellenwert das freizeitorientierte Einkaufen in der postmodernen Gesellschaft genießt und wie hoch differenziert sich die Standorte darstellen, an denen dieser Freizeitbeschäftigung nachgegangen werden kann. Das Reisen besitzt unter den Freizeitbeschäftigungen ebenfalls einen hohen Stellenwert und so ist es nur logisch, dass sich überall dort, wo touristischer Verkehr entsteht – Geschäftstourismus eingeschlossen – auch touristisches Einkaufen stattfindet und entsprechende Möglichkeiten geschaffen werden müssen. Andererseits können Shoppingangebote, wie die Shopping Malls und Factory-Outlet Center nach nordamerikanischem Vorbild, auch dazu geeignet sein, selbstständig touristische Nachfrage zu generieren.

Literatur

Deutscher Tourismusverband e. V. (2019). *Zahlen – Daten – Fakten*. Berlin: DTV.

Dwif e. V., & BMWi. (2013). *Tagesreisen der Deutschen. Grundlagenuntersuchung*. München: BMWi.

Franck, J. (2000). Erlebnis- und Konsumwelten: Entertainment Center und kombinierte Freizeit-Einkaufs-Center. In A. Steinecke (Hrsg.), *Erlebnis- und Konsumwelten* (S. 28–43). München: Oldenbourg.

F.U.R. Forschungsgemeinschaft Urlaub und Reisen e. V. (2017). Reiseanalyse – Kurzversion. Kiel: F.U.R.

Outletcity Metzingen GmbH. (2019). Wir über uns. https://www.outletcity.com/de/metzingen/ueber-uns/. Zugegriffen: 27. Jan. 2020.

Steinecke, A. (Hrsg.). (2000). *Erlebnis- und Konsumwelten*. München: Oldenbourg.

Widmann, T. (2006a). *Shoppingtourismus. Wachstumsimpulse für Tourismus und Einzelhandel in Deutschland* (= Materialien zur Fremdenverkehrsgeographie, Heft 64). Trier: GGT.

Widmann, T. (2006b). Universal City Walk. Eigene Fotografie.

Widmann, T. (2018a). Swarowski Kristallwelten, Eingang. Eigene Fotografie.

Widmann, T. (2018b). Flagship Store der Swarowski Kristallwelten. Eigene Fotografie.

Widmann, T. (2019). Wartebereich Silverstar, Europapark Rust. Eigene Fotografie.

Prof. Dr. Torsten Widmann, Dipl.-Geogr. Studium der Fremdenverkehrsgeographie, Betriebswirtschaftslehre und Volkswirtschaftslehre an der Universität Trier. Seit 2007 Professor für Tourismusmanagement, zunächst als Head of Tourism Management Department an der Cologne Business School, ab 2009 als Studiengangleiter Freizeitwirtschaft im Studiengang BWL – Tourismus, Hotellerie und Gastronomie an der Dualen Hochschule Baden-Württemberg in Ravensburg. Seit 2010 Direktor des Steinbeis-Transferzentrums für Tourismus und Freizeitwirtschaft.

Teil III

Destinationsmarketing aus praktischer Perspektive – Interviews mit Branchenrepräsentanten

„Wir bilden alle vorstellbaren Urlaubsformen ab“ – Die Tourismusmesse CMT

16

Interview mit Alexander Ege, Manager der Messe Caravan, Motor, Touristik (CMT) in Stuttgart – Das Gespräch führte Christina Vaih-Baur

Alexander Ege und Christina Vaih-Baur

Zusammenfassung

Nicht nur Produkte und Marken, auch touristische Destinationen präsentieren sich – möglichst real – gegenüber potenziellen Reisenden und Gästen. Das Interview gestattet einen Blick hinter die Kulissen einer großen Tourismusmesse, der CMT in Stuttgart.

Frage (Vaih-Baur): *Herr Ege, Sie sind der Leiter des Projektteams der CMT. Was sind die wichtigsten Eckpfeiler bei der Organisation der CMT?*
Antwort (Ege): Zunächst müssen wir den Tourismus-Markt und dessen Entwicklungen permanent im Blick behalten, damit wir schnell und zielorientiert auf dortige Veränderungen reagieren können. Das bedeutet, dass wir sehr nah an den jeweiligen Branchen dranbleiben und im ständigen Austausch mit unseren Kunden, den Ausstellern, stehen. Die zweite wichtige Zielgruppe sind natürlich unsere Besucher, denen wir bei jeder CMT neue Highlights, Inspirationen und Informationen bieten wollen. Zum Infotainment gehören ein abwechslungsreiches Programm auf den Bühnen sowie authentische Präsentation von Folkloregruppen aus den Ländern und Regionen. Was die technische Vorbereitung der CMT angeht, sind wir in regelmäßigem Kontakt mit unseren Service-Abteilungen, in Fragen beispielsweise zur Einfahrtsregelung, zu Standbau-Wünschen oder zur Besucherführung.

A. Ege
Landesmesse Stuttgart, Stuttgart, Deutschland
E-Mail: alexander.ege@messe-stuttgart.de

C. Vaih-Baur (✉)
Hochschule Macromedia, Stuttgart, Deutschland
E-Mail: christina@vaih-baur.de

© Springer Fachmedien Wiesbaden GmbH, ein Teil von Springer Nature 2020
D. Pietzcker und C. Vaih-Baur (Hrsg.), *Ökonomische und soziologische Tourismustrends*,
https://doi.org/10.1007/978-3-658-29640-7_16

Verfolgt die CMT eine besondere Philosophie?
Die CMT bildet alle vorstellbaren Urlaubsformen ab und unser Anspruch ist, die Bedürfnisse unserer Besucher möglichst umfassend zufriedenzustellen. Wir bringen die ganze touristische Welt in neun Tagen nach Stuttgart und bieten neben Informations- und Wissensplattformen den persönlichen Kontakt zu Experten aus den entsprechenden Ländern und Regionen. Unser Motto lautet: „Der erste Urlaubstag im Jahr beginnt auf der CMT!".

Welche Herausforderungen gilt es zu bestehen?
Die Herausforderungen liegen zum einen in der wechselhaften weltpolitischen Lage mit Auswirkungen auf den Tourismus im jeweiligen Land, die wir nicht beeinflussen können. Dennoch ist es unser Bestreben, auch „schwierigeren" Destinationen eine Präsentationsfläche auf der Messe zu bieten und unbekannte Reiseziele zu präsentieren. Zum anderen sind wir gefordert, immer neue Ideen auszuarbeiten und diese dann als Highlights auf der CMT umzusetzen. Und zum dritten sehen wir, als originäre Publikumsmesse, den Ausbau des B2B-Bereichs als eine weitere Herausforderung, die wir ganz gut meistern. Mit deutlich mehr als 33.000 Fachbesuchern stoßen die spezifischen Angebote der CMT auch bei dieser Gruppe auf großes Interesse.

Was waren die Höhepunkte der CMT 2019?
Das ist sicher die am häufigsten gestellte Frage, und die, die am schwersten zu beantworten ist. Im Grunde ist die CMT insgesamt der Höhepunkt, aber wir haben natürlich unsere jährlichen Schwerpunktthemen und Partner. In diesem Jahr waren dies die Caravaning-Partnerregion Kärnten, die Bundesgartenschau in Heilbronn und unser Outdoor Spezial Baden-Württemberg.

Wie akquirieren Sie die Partner bzw. Aussteller der CMT?
Der erste Schritt vor der Akquise ist die Recherche. Gibt es neue Themen oder Trends in der Branche? Finden wir die passenden Aussteller dazu? Welche Länder, Regionen oder Städte würden noch zu uns passen? Etc. Danach stellen wir potenziellen neuen Ausstellern die Vorteile der CMT vor und machen ihnen entsprechende Angebote für ihren Auftritt. Ähnlich sieht es bei neuen Partnern aus. Hier entwickeln wir zusätzlich maßgeschneiderte Konzepte zusammen mit ihnen, damit ihr Auftritt auf der CMT für alle Beteiligten ein Gewinn wird. Und bisher hat sich noch kein Partnerland über zu wenig Arbeit oder Aufmerksamkeit auf der Messe beschwert. Zur Akquise gehört auch der Besuch anderer Veranstaltungen wie Fachmessen, Roadshows oder Länderpräsentationen, um mit potenziellen Ausstellern ins Gespräch zu kommen.

Worauf legen die Aussteller bzw. die Gäste besonderen Wert?
Für die Aussteller stehen zunächst das möglichst einfache Handling ihres Messeauftritts im Vordergrund sowie der persönliche Kontakt zum Projektteam. Diesen müssen wir außerhalb der Messe regelmäßig und während der CMT verstärkt pflegen. Sie

erwarten auch keinen Stillstand, sondern dass wir die Messe stetig weiterentwickeln, neue Akzente setzen und natürlich möglichst viele Besucher anziehen. Das ist uns in den vergangenen 50 Jahren auch gelungen. Für die CMT-Besucher muss vor allem das Messeangebot möglichst umfangreich und spannend sein, da sich die Individualisierung im Tourismus weiter fortsetzen wird. Dazu gehört die Spezialisierung in unseren Kernthemen, dem Tourismus in all seinen Facetten sowie beim Angebot für Besucher, die sich für unser zweites Standbein, Camping und Caravaning, interessieren.

Wie sehen die Zielgruppen der CMT aus?
Auf Ausstellerseite unterscheiden wir in die Bereiche Tourismus und Caravaning. Im T-Teil decken unsere Sondermessen Fahrrad- und Wanderreisen, Golf- und Wellnessreisen sowie Kreuzfahrt- und Schiffsreisen spezielle Urlaubsvorlieben ab. Im C-Teil stehen die verschiedenen Modell- und Marken-Kategorien sowie der Zubehörbedarf im Vordergrund. Hier besteht unsere Aufgabe darin, neue, interessante Aussteller zu akquirieren, die einen Mehrwert für unsere Besucher bringen. Bei den Besuchern sehen wir die Gruppen, die sich vornehmlich für Tourismusangebote interessieren oder sich für das Thema Caravaning begeistern. Klar gibt es hier genügend Schnittmengen, aber wir erkennen, dass das Interesse am Caravaning-Urlaub zunimmt. Wir haben es in erster Linie mit einem B2C-Publikum zu tun, aber, wie schon oben erwähnt, bauen wir aufgrund unseres hohen Fachbesucheranteils auch das B2B-Programm kontinuierlich aus und werden in den kommenden Jahren hier weiter zulegen.

Wie erkennen Sie neue Trends in der Reisebranche, die unbedingt auf der CMT zur Schau gestellt werden sollten?
Mithilfe der regelmäßigen persönlichen Gespräche mit unseren Ausstellern und Messepartnern oder durch den Besuch anderer Branchenveranstaltungen. Außerdem nutzen wir die Recherchen, Erkenntnisse und Umfrageergebnisse der Fachmedien sowie den Austausch mit Tourismus relevanten Institutionen und Forschungseinrichtungen. Und schließlich spielen die eigenen Erfahrungen auch eine gewisse Rolle.

Mit welchen Ländern bzw. Regionen auf dieser Welt möchten Sie verstärkt zusammenarbeiten?
Wir grenzen kein Land oder eine bestimmte Region aus, das würde der Idee einer Messe, wo man sich trifft und austauscht, widersprechen. Insofern sind auf der CMT alle touristischen Ländervertretungen willkommen. Folgten wir den Trend- und Wunschdestinationen unserer Besucher, stünden die Arabischen Emirate sowie Länder aus Skandinavien, Asien oder Südamerika auf der Liste ganz oben. Australien und Neuseeland als Traumdestinationen der Deutschen gehören hier genauso dazu wie die Safari-Regionen Afrikas. Aus diesem Grund freut es mich, dass Namibia im kommenden Januar zum ersten Mal einen eigenen Auftritt auf der CMT haben wird.

Was sind aktuelle, neue Konzepte in der Tourismusbranche, die erst in den letzten Jahren entstanden sind?
Hier ist eindeutig das Schlagwort Digitalisierung zu nennen, das nicht nur für die Tourismusbranche enorme Veränderungen brachte. Online-Information, Online-Buchung, Online-Bezahlung gehören inzwischen völlig normal zum Verreisen dazu. Eine kundenfreundliche Homepage ist hierbei natürlich ein Muss. Digital ist aber nicht alles. Auch die Urlaubsplanung und -buchung im Reisebüro erlebt eine Renaissance. Altersbedingt spielen die „Sozialen Medien“ eine große Rolle, wenn man an die Angebote und Informationen auf Facebook, Snapchat oder Instagram denkt. Auf der diesjährigen Messe haben wir mit „CMTrend“ zum ersten Mal einen Gemeinschaftsstand für Start-ups und Firmen mit innovativen Produkten, Konzeptionen und Dienstleistungen rund um das Thema Reisen ins Leben gerufen, der gleich viel Anklang fand. Dem Trend Deutschlandtourismus begegnen wir auf der CMT mit dem „Destination Germany Day“ in Zusammenarbeit mit dem Fachmagazin fvw. Die Besucher können sich zudem an den Ständen der verschiedenen Bundesländer informieren und beraten lassen. Für die weiterhin boomenden Urlaubsformen, Outdoor-Tourismus und Kreuzfahrten, bieten die CMT-Töchter mit ihren Sonderthemen jede Menge an Informationen.

Wie gehen Sie mit dem Thema Nachhaltigkeit um?
Generell ist die Messe Stuttgart eine „Grüne Messe“, das Thema Nachhaltigkeit spielt in verschiedenen Bereichen eine wichtige Rolle, und wir veranstalten mit den Messen „Markt des guten Geschmacks – die Slow Food Messe“, sowie der „Fair Handeln“ sogar zwei eigene Veranstaltungen zu diesem Thema. Zudem wird Anfang Juni 2020 bei uns im Haus erstmals ein Nachhaltigkeitstag stattfinden. Wiederverwertung und das Trennen von Restmüll, Wertstoffen und Papier gehören also auch zur CMT. In ihrem Ausstellungsbereich findet sich das Thema beispielsweise bei Naturbaustoffen bei Wohnwagen und Elektro-Reisemobilen im Caravaning-Teil sowie bei Anbietern von nachhaltigen Reisen und sanftem Tourismus wieder.

Welche Trends erkennen Sie für die nächsten zehn Jahre?
Ich bin zwar kein Prophet, aber der Individualtourismus wird sich sicher weiter auffächern und weitere Nischen suchen und finden. Vielleicht noch nicht die Mehrheit, aber immer mehr Menschen wollen weg von den ausgetretenen Wegen und neue Pfade und Ziele entdecken, ohne diese gleich wieder zu zerstören. Achtsamkeit und Respekt vor der Natur und dem Lebensumfeld anderer Menschen werden für eine bestimmte Gruppe von Reisenden wichtiger. Dazu zählt auch „Mindful Reisen“, also zusätzlich zu den „normalen“ Urlaubsaktivitäten Yoga- oder Meditationskurse zu buchen, auf gesunde Ernährung achten, Massagen, Couching-Sitzungen und vieles andere. Angesichts der demografischen Entwicklung gehört auch der Gesundheitstourismus dazu, Spa-Bereiche mit Anwendungen und Therapien oder das angesagte Waldbaden. Und auch der Hochsee- und Flusskreuzfahrt-Tourismus ist noch lange nicht am Ende angekommen.

Über den Interviewpartner
Alexander Ege, B.A., startete nach seinem Studium in Freiburg und dem Abschluss an der University of Brighton (GB) ins Berufsleben bei der Motor Presse Stuttgart im Bereich für Motorradveranstaltungen. Nach einem kurzen Stopp bei dem Caravaning Verlag DoldeMedien wechselte er zur Landesmesse Stuttgart und zur CMT.

"Digitization has rapidly taken place in India" – A Diverse Destination

17

Interview with Sanjiv Vashist, International Marketing Manager "India Tourism", Germany – Conducted by Dominik Pietzcker

Sanjiv Vashist und Dominik Pietzcker

Abstract

India has much more to offer than palaces, temples and its colonial past. The interview gives a brief, yet deep insight in the marketing strategy of the global tourism campaign "Incredible India".

Question: *How would you describe the perfect destination to spend a two weeks holiday?*
Answer: It would be a destination which offers good value for money, which is historically, culturally and spiritually rich and fulfills all the requirements of the traveller.

There is such a multitude of possible travel destinations. So, why come to India?
India is one of the world's oldest civilizations dating back to 5000 years of history. It is a tourist destination which has everything to offer including wildlife, cuisine, handicrafts, dance, music, festivals, desert, mountains and over 7500 km of coastline. India is the birthplace of yoga and ayurveda. India combines rural landscapes and hypermodern cities, it is full of diversity and due to its cultural richness unique in the world.

S. Vashist
India Tourism, Frankfurt a. M., Germany
e-mail: sk.vashist@gov.in

D. Pietzcker (✉)
Berlin, Germany
e-mail: dominik@dominik-pietzcker.com

© Springer Fachmedien Wiesbaden GmbH, ein Teil von Springer Nature 2020

D. Pietzcker und C. Vaih-Baur (Hrsg.), *Ökonomische und soziologische Tourismustrends*,
https://doi.org/10.1007/978-3-658-29640-7_17

What are your main markets to advertise India as a touristic destination? Mainly English speaking countries?
Our main markets are USA, UK, Germany, France, Spain, Italy, Malaysia, Japan, Australia, Bangladesh, Israel.

Is there a typical target group you are aiming at – e.g. families, couples, travel groups, baby boomers, business etc.?
As India is a very diverse destination, it is visited by different types of tourists. There are free individual travellers, group travellers, people combining business trips with leisure and their families. There is no particular segment which we target. India as a tourist destination has to offer a lot from culture to wildlife to adventure to wellness and caters to all age groups. We are not limited to one specific target group.

How do you reach potential clients and guests? What are your preferred channels of communication?
The governemental organisation India tourism reaches the travel industry through B2B interactions, participating in trade and consumer related travel shows, i.e. B2C events, fairs, roadshows in important tourist generating cities, release of print and online advertisements and, finally, out of home advertisements. Under the umbrella of our central media campaign we distribute TV spots in leading TV channels all over the world in different languages. Apart from these activities India Tourism has various promotional schemes for tour operators, travel agents, media personalities including TV teams, journalists and bloggers.

How does the digitization affect the tourism industry in India?
Digitization has rapidly taken place in India and has made travelling easy. Tourists are making payments online for obtaining the visa. They pay their agents online in India and book air travel within the country. All international credit and debit cards are accepted in India. Tourists do not have to carry cash with them which is both safe and convenient. There are numerous pay apps in India through which payments can be made. For domestic tourists in India with the click of one button all travel related requirements are fulfilled. Digitization has made travel very easy. The ministry of tourism's official website is not only interactive but also extremely user friendly and multi-lingual.

Do you see any risks – safety issues, fears, environmental aspects etc. – that might affect tourism in India?
India is a safe destination for all travellers. There is a 24/7 helpline for the safety of the tourists in 12 languages including German. A traveller has to be cautious while travelling: not to make friends with strangers too easily and avoid desolate or isolated places during night. India is known for its thousands of years of hospitality. Even today a "guest is considered God". India is laying a lot of emphasis on sustainable tourism. Environmental issues were never as important as today.

How much time is needed to see the most attractive places and in India? Would you recommend to return for a second or even third time to India?
To be honest, India is not a country but a continent, and one life is not enough to see the entire country. Each village, each city, each destination is totally different from the other due to the vast cultural, historical and ethnic diversity. India has 22 official languages, but still the country is one in terms of administration and organisation, as English is the language for communication. Many visits are required to see even the most important tourist sites, manmade and natural. There are many examples where people have visited India over 10–80 times in their life.

What are the future prospects of tourism in India? What would be your prognosis?
Tourism to India from overseas is growing at a considerable pace. An average stay of a tourist in India is for two weeks (length of stay is longer if compared to other destinations). Tourism is a big contributor to India's GDP and generates a large number of direct and indirect jobs. Domestic tourism is also huge due to the growing middle class in India. My forecast: Within a few years India will be the third largest civil aviation market in the world and tourism will be of increasing importance for India's infrastructure, economy and education system.

Did I forget some important questions or would you like to add something?
India has 37 UNESCO world heritage sites, both manmade and natural. Geographically it is the seventh largest country in the world with home to over 540 national parks. 50 national parks are dedicated to tigers only. India is the only country in the world which has tigers and lions as well as one horned rhinoceros. Throughout the centuries India was – and still is! – known for its spices. That is the main reason which drew Europeans towards India. The diversity and size of the country can be measured from the areas in the North where temperatures run much below freezing point in winters to the South of India where often 50 °C in summer are reached.

Every day there is some festival in some part of the country. Ayurveda – the world's oldest form of organic medicinal system – is still practised in the country with its healing qualities known to travellers from around the world. A destination which is 365 days a year "for all reasons and all seasons".

About the Interview Partner

Sanjiv Vashist holds a Master of Arts degree in History from University of Delhi. Since 1988 he is working for the Indian Ministry of Tourism, holding various positions in Seville, Paris and Los Angeles. He is now assistant director of the Indian Tourism Office in Frankfurt (Germany).

„Wir empfehlen Inselhopping!“– Die Seychellen 18

Interview mit Marketingleiterin Mira Schermann, SeyVillas – Das Gespräch führte Dominik Pietzcker

Mira Schermann und Dominik Pietzcker

Zusammenfassung

In den letzten Jahren sind exotische Destinationen zunehmend populärer geworden, dazu gehören auch die Seychellen. Mira Schermann, Team Leader Marketing der SeyVillas, spricht über Trauminseln, Riesenschildkröten und die Herausforderungen des ökologisch und ökonomisch nachhaltigen Tourismus.

Frage (Pietzcker): *Wenn Sie jetzt die Augen schließen und sich die ideale Urlaubsdestination vorstellen, wie würden Sie diese beschreiben?*
Antwort (Schermann): Ganzjährig warme Temperaturen um die 25 °C, tolle Strände mit kristallblauem Wasser, viele Möglichkeiten für Aktivitäten, kulturelle Vielfalt und vor allem extrem viel Natur!

Es gibt eine schier unermessliche Zahl an Urlaubsmöglichkeiten und Reisezielen. Was macht die Seychellen zu einer besonderen Destination?
Die Seychellen sind einfach das Paradies auf Erden! Hier finden Besucher eine intakte Natur, die typischen Steinformationen sowie die weißen, puderzuckerfeinen Strände, welche atemberaubend schön sind. Hin und wieder begegnet einem eine der Aldabra-Riesenschildkröten und auf Praslin im von der UNESCO zertifizierten Naturpark „Vallée de Mai“ kann der größte Samen der Welt, die Coco de Mer, entdeckt werden.

M. Schermann · D. Pietzcker (✉)
Berlin, Deutschland
E-Mail: dominik@dominik-pietzcker.com

M. Schermann
E-Mail: mira.schermann@seyvillas.com

© Springer Fachmedien Wiesbaden GmbH, ein Teil von Springer Nature 2020
D. Pietzcker und C. Vaih-Baur (Hrsg.), *Ökonomische und soziologische Tourismustrends*,
https://doi.org/10.1007/978-3-658-29640-7_18

Gibt es ein Alleinstellungsmerkmal und wenn ja, welches wäre dieses?
Drei Dinge möchte ich nennen. Die Aldabra Riesenschildkröte kann hier entdeckt werden. Diese Spezies wird bis zu 120 Jahre alt. Die berühmteste unter ihnen heißt „Esmeralda", lebt auf Bird Island und ist einem Mythos nach über 200 Jahre alt. Der größte Samen der Welt, die Coco de Mer, wächst nur auf den Seychellen. Die endemische Palmenart bzw. deren Samen erinnern an einen „Frauenschoß" bzw. an das männliche Geschlechtsteil. Die Anzahl und die Schönheit der Strände. Es gibt kaum eine andere Destination mit einer solchen Vielzahl wunderschöner Strände, welche alle jeweils nur einen Steinwurf voneinander entfernt sind.

Auch Urlaubsangebote richten sich an spezifische soziodemographische Milieus. Welche Zielgruppen werden von Ihnen angesprochen?
Zur Beantwortung dieser Frage schildere ich gerne erst einmal die Situation der Vergangenheit. In der Vergangenheit, vor 30–40 Jahren, waren die Seychellen eher als Luxusreiseziel bekannt. Eine Reise dorthin galt als „Einmal im Leben"-Abenteuer, das sich nur wenige leisten konnten. Das Unterkunftsangebot war begrenzt auf Hotels und Resorts im oberen Sternebereich. Hinzu kam, dass die Destination eher als „Honeymoon-Ziel" bekannt war. Dieses Bild der Seychellen ist auch heute noch in vielen Köpfen verankert. Tatsächlich ist es jedoch so, dass sich die Seychellen seit einigen Jahren vielen weiteren Zielgruppen öffnen. Mittlerweile gibt es nämlich nicht nur mehr die hochpreisigen Hotels, sondern auch eine Vielzahl an erschwinglicheren Unterkünften, wie z. B. Appartements oder Gästehäuser. Die Preise für diese Unterkünfte liegen zwischen 80 € und 150 € pro Nacht für 2 Personen, was im Vergleich zu einer Hotelübernachtung (ab 200 €/Nacht für 2 P.) relativ günstig ist. Natürlich bleiben die Inseln mitten im Indischen Ozean ein Fernreiseziel, jedoch ist es dank dieser günstigeren Unterkünfte nun auch anderen Zielgruppen möglich, dorthin zu reisen. Wir von SeyVillas möchten genau diese Zielgruppe ansprechen, die eben nicht nur 14 Tage im gleichen Fünf-Sterne-Resort verbringt, sondern sich die Destination anschaut, während eines Inselhoppings verschiedene Inseln und deren Einzigartigkeiten kennenlernt und offen für z. B. Selbstversorger-Urlaub in Appartements oder Gästehäusern ist. Auch der Kontakt zu den Einheimischen ist bei diesen Unterkünften viel intensiver, da sie meist nur 4–10 Zimmer haben und von Seychellois (den Bewohnern der Seychellen) geführt werden.

Ist es eher eine in Deutschland lebende, eine europäische oder eine internationale Klientel?
Insgesamt kamen 2018 66 % aller Touristen aus Europa, 19 % aus Asien, 10 % aus Afrika, 4 % aus Amerika und 1 % aus Ozeanien. Dies zeigt, dass Europa der stärkste Seychellenmarkt ist.

Hier lieferten sich Frankreich und Deutschland in den letzten Jahren immer ein Rennen um den Platz 1, seit 2016 liegt Deutschland auf Platz 1. Im Jahr 2018 kamen 61.339 Touristen (17 % aller Touristenankünfte) aus Deutschland, 43.549 aus Frankreich

(12 % aller Touristenankünfte). UK lag mit 26.671 Touristen auf Platz 3. Die Plätze 4 und 5 wurden von VAE (25.024 Touristen) und Italien (24.409 Touristen) belegt. Wir von SeyVillas bieten unsere Webseite und Kundenbetreuung in 4 Sprachen an (Deutsch, Französisch, Englisch, Italienisch), der deutsche Markt ist für uns am stärksten (DE: 72 %, IT: 10,5 %, FR: 10,3 % und EN: 7,2 %).

Wie erreichen Sie Ihre Kunden?
SeyVillas ist ein Online-Reiseveranstalter, d. h., wir beschränken unser Marketing (fast) ausschließlich auf Online-Kanäle. Hierbei nutzen wir Online Marketing Tools wie das Suchmaschinenmarketing mit Google Ads und Bing. Diese bringen uns einen Großteil unserer Webseitenbesucher. YouTube und Facebook sind ebenfalls enorm wichtige und reichweitenstarke Plattformen. Jährlich nehmen wir an mehreren Messen in Deutschland teil, wie z. B. der CMT in Stuttgart. Auch in Sachen Public Relations sind wir sehr aktiv. Hierzu gehören Pressemitteilungen, Kooperationen, Journalistenreisen und redaktionelle Publikationen. In den Sozialen Medien sind wir grundsätzlich mehrsprachig präsent.

Wie online-affin sind diese?
Dadurch, dass wir ein Online-Reiseveranstalter sind und unsere Kunden nur online buchen, können wir im Prinzip nur sagen, dass diese online-affin sind. Für viele Kunden ist eine Seychellenreise (erstmal) ein „Once-in-a-lifetime-Erlebnis", da vertrauen sie uns als Seychellen-Spezialisten ggf. mehr als ihrem lokalen Reisebüro.

Gibt es präferierte Kommunikationskanäle?
Der Großteil der Kommunikation läuft über E-Mail und Telefon mit unserem 14-köpfigen Sales-Team in Bielefeld. Das Team ist unter der Woche und auch am Wochenende zu erreichen, somit können wir absichern, dass Kunden uns immer erreichen können. Zudem erhalten wir zahlreiche Nachrichten und Kommentare auf Facebook und Instagram, die wir entsprechend zeitnah beantworten. Oftmals kommen Fragen auf bestimmte Posts, wie z. B. „Was kostet eine Nacht in diesem Hotel?" oder „Könnt ihr mir bitte eine Reise zusammenstellen?", die von unserem Team beantwortet werden. Präferierte Kommunikationskanäle sind E-Mail und Telefon, da wir diese am schnellsten beantworten können.

Beobachten Sie einen Trend, z. B. Kurzurlaub, mehrere zeitlich eng begrenzte Reisen – oder sind es noch die klassischen drei bis vier Wochen Sommerferien, mit oder ohne Kinder?
Bezüglich der Reisedauer hat sich in den vergangenen Jahren wenig geändert. Wie schon in 2014, als unsere Kunden im Durchschnitt 11,67 Nächte auf den Seychellen verbracht haben, verbrachten unsere Kunden in 2018 11,32 Nächte auf den Seychellen. Insgesamt (mit Hin- und Rückflug) sprechen wir hier vom klassischen „14-Tage-Urlaub". Die meisten unserer Kunden verreisen tatsächlich in der Sommerferienzeit, aber auch der Dezember ist sehr gefragt, besonders Reisen über Weihnachten und Silvester.

Die Seychellen gelten als Ziel für die Flitterwochen. Was sind hier die touristischen Erfahrungen?
Fast keine andere Destination ist wohl für Honeymooner so bekannt, wie die Seychellen es sind. Kein Wunder, denn die Trauminseln im Indischen Ozean bieten tolle Strände und all das, was man nach stressigen Hochzeitsvorbereitungen zum Entspannen braucht. Zudem eignen sich die Strände und Naturkulissen perfekt für ein After-Wedding-Fotoshooting. Aber nicht nur wegen der Schönheit der Destination sind die Seychellen ein Top-Reiseziel für Honeymooner. Denn auch die Reisekasse wird bei Honeymoonern geschont. Alle größeren Hotels und Resorts bieten spezielle Rabatte für Frischvermählte, wie z. B. bis zu 50 % Rabatt auf den Zimmerpreis, kostenfreie Massageanwendungen oder ein Candle-Light-Dinner am Strand. Wer bereits seine Hochzeit im Paradies verbringen möchte, ist auf den Seychellen natürlich auch sehr willkommen. In 2018 buchten ca. 50 Paare ihre Hochzeit über uns. Interessant dabei ist, dass mehr als die Hälfte davon nur zu zweit auf die Seychellen gereist ist und dort eben ohne Familie und Co. geheiratet hat.

Wie viele Menschen machen auf den Seychellen pro Jahr Urlaub?
Insgesamt kamen in 2018 362.000 Touristen auf die Seychellen. In 2011 waren es noch 194.500.

Die Touristenankünfte sind also in den letzten sieben, acht Jahren enorm gestiegen. Auch in der Anzahl Buchungen bei SeyVillas erkennen wir eine deutliche Steigerung. Im Vergleich zu 2015 konnten wir die Anzahl Buchungen im Jahr 2018 verdoppeln. Insgesamt reisen nun etwa 30 % aller Deutschen, die auf die Seychellen reisen, mit SeyVillas. Gründe dafür sind zum einen sicherlich die besseren Flugverbindungen, mehr Direktflüge aus Deutschland, Frankreich und UK. Zum anderen versuchen wir als Spezialreiseveranstalter auch erschwingliche Unterkünfte zu promoten um einen Seychellenurlaub für „alle“ möglich zu machen.

Kommen auch Senioren auf die Inseln?
Unsere Kunden stammen aus allen Altersklassen, auch für Senioren sind die Seychellen ein beliebtes Reiseziel.

Wer sind Ihre direkten Wettbewerber?
Die Frage nach direkten Wettbewerbern ist gar nicht so einfach. Neben den großen Resorts und Hotels versuchen wir von SeyVillas, auch kleine Unterkünfte mit z. B. nur 4 oder 8 Zimmern ins Portfolio aufzunehmen. Diese Unterkünfte (Guesthouses, Apartments) sind deutlich günstiger als Resorts oder Hotels und richten sich daher auch an eine andere Zielgruppe. Mitbewerber haben diese Unterkünfte teils eben gar nicht im Portfolio. Als direkten Wettbewerber würde ich Booking.com nennen sowie MySeychelles.

Wie wichtig ist für Sie die Präsenz auf Reisemessen?
Die Teilnahme an Reisemessen erfolgt für uns ausschließlich in Kombination mit dem Seychelles Tourism Board. Sicher erreichen wir einen Teil unserer Kunden durch diese Messen, den Großteil erreichen wir allerdings durch Online-Marketing-Kampagnen.

Wer einmal auf den Seychellen war – kommt er gerne wieder?
Für viele gelten die Seychellen bis heute als Luxus-Reiseziel oder „Once in a lifetime"-Erlebnis, das sich nur wenige leisten können. Die Realität sieht jedoch anders aus, denn wer auf den Urlaub in Luxushotels verzichtet und eher Guesthouses oder Apartments bucht, der wird schnell feststellen, dass die Seychellen eben nicht unbedingt nur einmal im Leben möglich sind.

Woran messen Sie Ihren Erfolg? Bekanntheit – Übernachtungszahlen – Umsatz?
Im Prinzip ist es eine Mischung aus dem Bekanntheitsgrad und dem Umsatz! Durch unsere starke Zusammenarbeit mit einer PR-Agentur profitieren wir von zahlreichen medialen Veröffentlichungen, durch die unsere Brand stark in den Vordergrund gestellt wird. Zudem sind wir im Bereich „Social" sehr stark aufgestellt, wofür wir aber natürlich auch ein dankbares Produkt haben. Urlaub interessiert schließlich (fast) jeden von uns. Am Ende des Tages zählt aber natürlich auch der Umsatz, der die stetige Weiterentwicklung sicherstellt.

Stichwort „Overtourism": auch für die Seychellen eine Gefahr?
Die Seychellen haben in den letzten Jahren steigende Touristenankünfte verzeichnet. Natürlich sind auch wir als Reiseveranstalter mit dafür verantwortlich, dass diese Zahlen steigen. Allerdings versuchen wir, durch die zahlreichen Gästehäuser und Apartments die wir im Programm haben, den Tourismus umzuverteilen auf kleinere Unterkünfte. So profitieren nicht nur große Hotelgruppen vom Tourismus, sondern auch kleine Gästehausbetreiber. Bei dieser Art des Tourismus gelingt es zugleich, Touristen und Einheimisch näher zusammenzubringen. Zudem gelingt es dem Fremdenverkehrsamt der Seychellen, die richtige Balance zu finden aus einerseits mehr Touristen und entsprechendem Wirtschaftswachstum und andererseits einem schonenden Umgang mit der Natur und der Bewahrung des Paradieses, welches die Seychellen immer noch sind.

Süßes Nichtstun oder Aktiv-Urlaub?
Beides ist möglich! Die Seychellen bieten spektakuläre Wanderwege, die teils steil bergauf gehen und bei 80 % Luftfeuchtigkeit entsprechend anstrengend sind. Mahé, Praslin, La Digue, Silhouette Island und Sainte Anne verfügen über ein Netz von Wanderwegen, die für Aktivurlauber genau das Richtige sind! Zudem ist La Digue eine Fahrradinsel, auf der sich Einheimische und Touristen fast ausschließlich mit dem Fahrrad bewegen. Natürlich ist auch das Meer mit seinen zahlreichen Möglichkeiten (Tauchen, Schnorcheln, Bodysurfen) ein Paradies für Aktivurlauber.

Was macht man zwei Wochen lang auf einem entlegenen Archipel?
Ganz klar: Inselhopping! Wir von SeyVillas empfehlen unseren Kunden ein Inselhopping. Dabei übernachten sie ein paar Nächte auf den Inseln ihrer Wahl. Von Insel zu Insel gelangen sie entweder per Fähre oder per Kleinflugzeug. Jede Insel ist für sich einzigartig und sollte daher erkundet werden!

Wie sehen Sie die Zukunft des Tourismus auf den Seychellen – welche Herausforderungen zeichnen sich aus Ihrer Perspektive bereits ab?
Die größte Herausforderung wird es in Zukunft sein, die Natur so zu bewahren, wie sie ist. Nur so können die Seychellen ihren ganz speziellen Charakter behalten und weiterhin als Paradies bestehen bleiben. Schon seit langer Zeit gibt es spezielle Projekte, die der Nachhaltigkeit dieses Archipels gewidmet sind, und daher denke ich, dass alles in die richtige Richtung geht.

Über die Interviewpartnerin
Mira Schermann studierte an der Universität Trier und graduierte 2013 mit einem Master of Arts in Tourismus- und Destinationsmanagement. Nach ihrem beruflichen Einstieg ins Tourismusmarketing ist sie seit 2015 als Teamleitung Marketing bei der SeyVillas GmbH, einem Spezialreiseveranstalter für die Seychellen, tätig.

„Lead the good-good life“ – Kommunikation für Baden-Baden 19

Interview mit Nora Waggershauser, Geschäftsführerin Baden-Baden Kur & Tourismus GmbH, Baden-Baden Events GmbH und des Kongresshauses Baden-Baden – Das Gespräch führte Thomas Avenhaus

Nora Waggershauser und Thomas Avenhaus

Zusammenfassung

Nur auf wenige Städte in Deutschland trifft das Adjektiv mondän zu. Baden-Baden blickt auf eine langjährige Tradition als europäische Bäderstadt zurück und erfindet sich zugleich neu. Ein Gespräch über Luxus, Architektur, innovative Kommunikation und Lebenskunst.

Frage (Avenhaus): *Frau Waggershauser, wie sieht die Tourismusstrategie für Baden-Baden 2.0 aus?*

Antwort (Waggershauser): „Belle Époque meets Instagram“ schrieb die New York Times vor einiger Zeit über Baden-Baden. Und damit bringt die Zeitung mehrere Faktoren auf einen Nenner. Thema Belle Époque: Wie überführt man ein Lebensgefühl aus dem 19. ins 21. Jahrhundert? Der Lebensgeist der Belle Époque war ja von Schönheit, von Ästhetik geprägt – und Baden-Baden ist in diesem Geist gebaut. Man kann natürlich noch viel tiefer in die Geschichte von Baden-Baden einsteigen, denn schon die alten Römer fanden es hier so schön und heilsam, dass sie Baden-Baden gründeten. Nun wird so ein traditioneller Ort schnell zum Freilichtmuseum. Es gibt z. B. immer wieder Touristen aus Amerika, die hier an der Touristinfo Eintrittskarten in den Schwarzwald kaufen wollen, weil sie denken, alles sei ein großer Nationalpark. Und natürlich gibt

N. Waggershauser
Baden-Baden Kur & Tourismus GmbH, Baden-Baden, Deutschland

T. Avenhaus (✉)
Berlin, Deutschland
E-Mail: info@thomasavenhaus.de

© Springer Fachmedien Wiesbaden GmbH, ein Teil von Springer Nature 2020
D. Pietzcker und C. Vaih-Baur (Hrsg.), *Ökonomische und soziologische Tourismustrends*,
https://doi.org/10.1007/978-3-658-29640-7_19

es Gäste, die immer wieder nach Baden-Baden kommen, weil hier manchmal die Zeit stehengeblieben zu sein scheint.

Aber beim Thema Zeit muss man genau hinschauen: Wenn die Zeit stehenbleibt, bedeutet das ja nicht unbedingt eine wohltuende Entschleunigung. Mit anderen Worten: Wenn nichts passiert, ist das auch keine Erholung. Stillstand wäre das Aus für Baden-Baden, das sehen wir ja an vielen Orten in Deutschland. Andererseits ist hier jedes brachiale Zukunftsdenken völlig fehl am Platz. Es geht um eine Entwicklung, die von Achtsamkeit und Nachhaltigkeit geprägt ist. Aber es geht um Entwicklung.

Nun sagt ja der Satz „Belle Époque meets Instagram“, dass die junge Generation schon hier ist.
Instagram steht für jung, global, Sharing, ein Dazugehören und doch individuell sein. Nach dem Motto: „Ich sehe meine Welt mit eigenen Augen und zeige meiner Welt, was ich sehe.“ Ich will damit nicht sagen, dass unsere Zielgruppe aus egomanen Handy-Usern bestehen soll, aber wir richten uns an jüngere moderne Menschen mit globalen Tourismus-Erfahrungen, ob sie aus Deutschland, Europa oder anderen Kontinenten kommen. Und die Zahlen sprechen für sich: Immer mehr „junge“ Leute um die 35 bis 40 Jahre kommen aus der ganzen Welt zu uns. Das ist natürlich in erster Linie ein Verdienst der Investitionen der neuen und traditionellen Hotels und Restaurants, unserer Kulturangebote, Sport- und Erholungsmöglichkeiten hier vor Ort, aber der neue kommunikative Auftritt Baden-Badens spielt doch auch eine Rolle.

Was ist der strategische Kern dieses neuen kommunikativen Auftritts?
„Hauptstadt der europäischen Lebenskultur“ – das war der Satz, der uns zum Leitgedanken wurde. Das bedeutete vor allem: groß denken, global handeln. Früher sprachen wir von „Heilbad, Bäderstadt und internationaler Festspiel-, Kur- und Kongressstadt“. Das hat Baden-Baden in Funktionsteile separiert, klein gemacht. Heute sprechen wir von einem magischen Ort, der jenseits konkreter Leistungs- ein Glücksversprechen hat: The good-good life. Das ist unser Claim. Der Claim ist bewusst englisch, weil unser Publikum immer internationaler wird. Und er sagt ja nichts anderes als: Hier wird Lebenskultur gelebt. Die doppelte Verwendung des Adjektivs good ist natürlich eine Referenz an den Namen unserer Stadt, aber noch mehr. Es schwingt mit, dass sich hier in Baden-Baden etwas entzündet, weil spannende Kombinationen entstehen. Denn – das möchte ich später noch genauer beleuchten – Baden-Baden ist immer dann aufregend, wenn es zwei Dinge zusammenbringt. Wie eben: Belle Époque meets Instagram. Oder: Nature meets City. Old meets young. Glamour meets Heimat.

„Hauptstadt Europäischer Lebenskultur“ – das ist eine große Behauptung. Wie stützen Sie die Aussage? Was macht Baden-Baden anders als andere Orte?
Zunächst einmal muss man den Begriff „Europäische Lebenskultur“ für die Gegenwart definieren: „Europäisch“ zu sagen, fällt leicht: Wir sind im Herzen Europas. Frankreich liegt vor der Tür, die Schweiz ist nebenan. Wir sind von beinahe überall gut zu

erreichen. Das Wort „Lebenskultur“ ist schon komplizierter. Denn es lässt sich nicht so schnell umschreiben. Wir meinen weder eine bestimmte Lebensstilvorgabe, noch ein ungebremstes Bekenntnis zu Reichtum oder Tradition. Wir denken auch nicht, dass kurzfristige Modeerscheinungen zur Lebenskultur gehören. Lebenskultur meint wohl eher eine Haltung dem Leben gegenüber, die bewusst, genießend, erholsam und versöhnend ist. Eine Haltung, die den eigenen Körper und Geist ernst nimmt. Eine Haltung, die das Beste will. Für sich und andere. Denn weil der Mensch kein Einzelwesen ist, entsteht Lebenskultur immer nur im Austausch, im Miteinander. Für beides, die Wahrnehmung der eigenen Individualität, des eigenen Körpers und Geistes und den Austausch mit anderen, bietet Baden-Baden einen einzigartigen Rahmen.

Warum? Warum hat Baden-Baden mehr Lebenskultur als beispielsweise Paris?
Nun, das ist natürlich subjektiv. Wir denken aber: Baden-Baden ist ein Gesamtkunstwerk, das es so nicht noch einmal gibt. Im Vergleich zu Paris z. B. ist Baden-Baden eine kleine Stadt. Alles ist zu Fuß erreichbar: Kultur, Kunst, Natur, Gesundheit, Sport und Stadt gehen eine intensive Verbindung ein. Alles ist übersichtlich. Im Vergleich zu kleinen Städten ist Baden-Baden groß: Kunst, Natur und Architektur schaffen so etwas wie eine „Erhabenheit“, wenn man ein solches Wort mal benutzen will. Baden-Baden war nie provinziell, sondern immer international. Wenn Sie tiefer in den Bereich Stadtsoziologie eintauchen wollen, und das muss man tun, um Tourismus-Strategien zu entwickeln, die langfristig wirken, dann kann ich nur Alexander Mitscherlichs Buch „Die Unwirtlichkeit unserer Städte“ empfehlen. Denn das, was Mitscherlich dort beschreibt, ist quasi „die andere Seite“ von Stadt-Erfahrung, eine Stadt-Erfahrung, die viele unserer Gäste im normalen Leben täglich machen – und von der sie sich hier erholen wollen. Der Titel verrät ja schon, worum es geht: Unwirtlichkeit. Die Städter fühlen sich in ihren Städten nicht heimisch. Das hat seine Gründe. Der Städtebau in Deutschland nach 1945, letztlich auch international, hat vor allem eins gemacht: Er hat Lebensbereiche getrennt. Wir alle kennen die Schlafstädte, die Reihenhaus-Vororte, die Arbeitszentren, die Konsumzonen. Ohne Auto geht fast nichts. Das Leben passt sich diesem Abgetrennt-Sein an. In Mitscherlichs Gedankenwelt wurde die so entmischte Stadt zur „Provinz“ und der Städter wurde zu einem „bloßen Bewohner“. Und wenn Sie sich heute Provinzstädte, aber auch Großstädte anschauen, dann fehlt ja oft eines: ein städtischer Raum der Anregung, der Inspiration, des Austausches, der gemeinsamen Erfahrung. Ohne jetzt zu tiefgründig, pauschal oder politisch zu werden: Die Trennung der Lebensbereiche Wohnen, Arbeiten, Einkaufen schafft Entfremdung, die unwirtliche Stadt verhindert eine Bindung des Menschen an den Raum, in dem er lebt. Ich denke, hier liegt das Geheimnis von Baden-Baden. Wir sind eine Stadt, die „Öffentlichkeit“ bietet wie kaum eine andere. Diese Öffentlichkeit findet ebenso im Kunstmuseum wie in der Geschäftsstraße statt, in den Thermalbädern wie im Festspielhaus, im Casino wie auf der Pferderennbahn, aber auch in spannenden Formaten wie den Baden-Badener Sommerdialogen, wo wir uns letztens z. B. mit der Frage beschäftigten: „Wie gefährdet ist die Demokratie?“

Und um auf die „Unwirtlichkeit“ noch einmal konkret zu kommen: Baden-Baden hat immer von seinen Gästen gelebt. „Wirtlichkeit“ hat hier also allergrößte Tradition. Und deshalb stellen wir uns immer wieder die Frage: Was müssen wir tun, um ein Höchstmaß an Gastlichkeit zu garantieren? Wie wird der Gast hier heimisch? Wie kann man sich in der Fremde zuhause fühlen? Dieses Denken ist gewissermaßen in unseren Genen. Wir verleihen ihm jetzt mit unseren kommunikativen Maßnahmen einen zeitgemäßen Ausdruck. Dazu müssen wir die Bedürfnisse unserer Gäste kennen und ansprechen. Und wenn wir sie befragen, was sie an Baden-Baden einzigartig finden, hören wir oft: Muße, Entschleunigung, Fokussierung auf das Wesentliche, Genuss auf hohem Niveau. Und ich denke, diese Mischung aus Entspannung und Konzentration hat viel mit dem zu tun, was ich oben beschrieben habe: Der Mensch erlebt hier ein Ganzes, ein Zusammenwirken von Kunst, Natur, Stadt, Öffentlichkeit und Rückzug. Er kann sich selbst als Teil von etwas sehen und gleichzeitig als ernst genommenes Individuum – diese Mischung versöhnt und ist erholsam.

Wie kommunizieren Sie diese komplexen Ansätze?
Subtil. Natürlich nötigen wir nicht jedem Gast das Mitscherlich-Buch auf, damit er begreift, wie gut er es hier hat. Aber unsere Broschüren z. B., unsere Pläne für neue Formate, die in der Öffentlichkeit stattfinden, unsere Reflexionen über funktionierende Stadträume sprechen eine Sprache: Sie erzählen von Baden-Baden als einem Ort, an dem die oben beschriebene Entspannung und eine intensive, wohltuende Verbindung des Menschen mit sich und seiner Umwelt möglich sind. Und wir erzählen Geschichten aus der „Europäischen Hauptstadt der Lebenskultur“: von Menschen aller Couleur und jeden Alters, die das zeitgleiche Miteinander von Belle Époque und Instagram, Tradition und Moderne, Kunst und Kultur, Stadt und Natur, Genuss, Erholung, Sport, Kontemplation auf die vielfältigste Weise genießen. Alle Geschichten sagen: Hier ist der Ort, an dem DU, Gast, zu dir kommen kannst.

„Reich, aber sexy“ hat ein Journalist Baden-Baden genannt. Ist das, was Sie gerade beschrieben haben, nur den „Happy Few“ vorbehalten?
Nein, denn natürlich gibt es in Baden-Baden Hotels und Pensionen für jeden Geldbeutel. Der Besuch der Alleen, Parks und Gärten ist für jeden Menschen ein Luxus, der gar nichts kostet. Aber Sie haben schon Recht: Baden-Baden war immer eine Luxusdestination und wird es immer sein. Wir arbeiten mit unseren kommunikativen Maßnahmen daran, die Zielgruppe der Gutverdienenden weltweit anzusprechen. Und offensichtlich gelingt es uns, dabei auch jüngere Menschen zu erreichen. Heute gehen die 35-Jährigen elegant gekleidet ins Casino, nachdem sie exzellent zu Abend gegessen haben. Es gibt eine Sehnsucht nach Tradition, die Baden-Baden glaubwürdig stillen kann. Baden-Baden, und das ist noch einmal der Unterschied zu den großen Metropolen, ist eine kleine Bühne, auf der jeder wahrgenommen wird, wenn er es denn will. Sprich: Man kann hier zeigen, was man hat, egal ob jung oder alt. Das war immer so und so

ist es bis heute geblieben. Aber die Einstellung zum Luxus wandelt sich auch. Bling-Bling ist nur noch eine Spielart. Diese Spielart müssen wir nicht betonen, sie existiert. Spannender sind neue Facetten des Luxus, oder wenn Sie so wollen: die Definition des Luxusbegriffs 2.0.

Und wie sieht der Luxus zu Beginn des 21. Jahrhunderts aus?
Nun, grob zusammengefasst würde ich sagen: vielfältiger. Zeitgenössische Philosophen wie Lambert Wiesing, der ein empfehlenswertes Buch über Luxus geschrieben hat, und Institute, die sich mit Zeitfragen beschäftigen, sehen zweierlei Luxus: den des Konsums und den des Seins. Das Konsumverhalten hat sich verändert, Luxusmarken haben sich demokratisiert, die Luxuserfahrung wird für den Konsumenten schwieriger, wenn er etwas kauft, das maschinell hergestellt und im Grunde ein Massenartikel ist. Teuer, aber austauschbar. Qualitativ hochwertige Produkte erleben eine massive Aufwertung angesichts der Überschwemmung der Welt mit Plagiaten. Unikate sind wichtig, edle Materialien und Verarbeitung. Qualitäten, die nur für den Kenner sichtbar sind, zählen mehr als Markenembleme. Da ist man in Baden-Baden natürlich an der Quelle: Wir haben die besten Manufakturen und handwerklichen Betriebe, wir pflegen eine große Tradition in höchstem Anspruch an das Werkstück selbst. Das fängt beim Wein an und hört beim Maßschuh noch lange nicht auf.

Und die immaterielle Seite dieses neuen Luxusbegriffs?
Luxus ist nicht mehr der reine Besitz von Dingen, sondern das individuelle Erlebnis und die Zeit dafür. „Slow food" oder „Quiet Räume" in Luxus-Kaufhäusern gibt es heute überall in den Metropolen. Ich würde sagen, in Baden-Baden ist die ganze Stadt, wenn Sie so wollen, ein „Quiet Room", eine „Slow World", eine Entschleunigung. In unserer durchrationalisierten Welt, in der jeder gezwungen ist, sich ständig selbst zu optimieren – und viele unserer Gäste kommen aus beruflichen Umfeldern, die einem vieles abverlangen – ist Luxus eine Art stiller Protest, eine Auszeit vom Alltag.

Wir erzählen Geschichten mit einem neuen Blick auf Luxus *und* Baden-Baden: Es geht nicht um das Protzen, sondern darum, von einem Ort zu erzählen, an dem man seine anderen Seiten ausleben kann. Und ob das auf einer Wanderung ist, die sportlich geplant und dann zu einem erholsamen Schlaf auf einer Wildkräuterwiese wurde, oder durch die Beschreibung eines Traums, in dem sich jemand mit einem Casino-Gewinn die absurdesten Preziosen kauft: Wir möchten unseren Gästen und denen, die es werden könnten, sagen, dass Baden-Baden eine besondere Form von Luxus bietet. Einen Luxus, der nichts mit Konkurrenz und Abgrenzung, sondern viel mit Spaß, Genuss, Inspiration und Zu-sich-Kommen zu tun hat. Wir erzählen vom Luxus ohne die hohlen, werblichen Phrasen von Hochglanz-Anzeigen, die oft so langweilig sind. Sondern leicht, authentisch, mit Humor und Selbstironie – und durchaus auch ein bisschen Verführung (Abb. 19.1, 19.2, 19.3, 19.4, 19.5, 19.6, 19.7, 19.8, 19.9, 19.10, 19.11, 19.12 und 19.13).

Abb. 19.1 Die Caracalla Therme von innen.(Bildquelle Abb. 24.1 bis 24.13: Baden-Baden Kur & Tourismus GmbH)

Abb. 19.2 Der Innenraum des Baden-Badener Casinos

Abb. 19.3 Das Festspielhaus in Baden-Baden

Abb. 19.4 Das historische Friedrichsbad

Abb. 19.5 Das Kurhaus inmitten des Ûlumenbestückten Kurparks

Abb. 19.6 Die imposante Lichtenthaler Allee, Ýie entlang der Oos verläuft

Abb. 19.7 Zeitlos-modern: das Gebäude des Frieder Burda Museums

Abb. 19.8 Blick auf Baden-Baden von den Weinanbauhängen

Abb. 19.9 Der Innenraum des Baden-Badener Theaters

Abb. 19.10 Die mit Jakob Götzenbergers Fresken geschmückte Trinkhalle

Abb. 19.11 Die neuen Headlines auf einem Banner

Abb. 19.12 Durch den Markenrelaunch neu aufgelegte Infobroschüren

Abb. 19.13 Der Stand Baden-Badens auf der ITB in Berlin

Über die Interviewpartnerin

Nora Waggershauser begann ihren beruflichen Werdegang in der Hotellerie und ist seit 15 Jahren in Baden-Baden tätig. Sie ist Geschäftsführerin der Baden-Baden Kur & Tourismus GmbH, der Baden-Baden Events GmbH sowie des Kongresshauses Baden-Baden.

Über den Interviewer

Thomas Avenhaus arbeitet nach einem Studium der Theaterwissenschaften an der Ruhr-Universität Bochum als freier Autor und Kreativdirektor für Agenturen in Werbung und PR, u. a. für TBWA, Hirschen Group, We Do und A&B One. Für seine Arbeiten wurde er mehrfach ausgezeichnet.

„Sharing & Caring ist unser Konzept“ – Urlaub mit Hapimag

20

Interview mit Baha Jamous, CMO Hapimag, Schweiz – Das Gespräch führte Dominik Pietzcker

Baha Jamous und Dominik Pietzcker

Zusammenfassung

Die Schweizerische Hapimag verfolgt ein einzigartiges Urlaubskonzept. Die Anteilseigner des Unternehmens erwerben Wohnpunkte für Ferienimmobilien, die weltweit genutzt werden können. Im Gespräch erläutert CMO Baha Jamous die Hintergründe dieser speziellen Positionierung.

Frage (Pietzcker): *Üblicherweise wird die Schweiz als Urlaubsland wahrgenommen – weniger als Standort eines internationalen Anbieters für Urlaubsimmobilien. Ist das aus Ihrer Sicht ein Handicap?*

Antwort (Jamous): Ganz im Gegenteil. Gerade weil der Tourismus einer der wichtigsten Zweige der Schweizer Wirtschaft ist, verfügen die hier ansässigen Unternehmen über viel Erfahrung und eine hohe Wettbewerbsfähigkeit. Im Travel and Tourism Competitiveness Report des World Economic Forums belegte die Schweiz 2017 Platz 10 von 136 Ländern. Der in den 1990er Jahren geprägte und markenrechtlich geschützte Begriff der Swissness ist zudem Markenkern vieler Schweizer Unternehmen geworden. So auch bei der Hapimag. Der Begriff verkörpert unter anderem Attribute wie Zuverlässigkeit, Sauberkeit und Stabilität. Merkmale, welche in der Hospitality bzw. Tourismus-Industrie sehr wichtig sind – gerade vor dem Hintergrund sich zunehmend verändernder Märkte. Dass die Schweiz per se ein attraktiver Wirtschaftsstandort für international tätige Unternehmen

B. Jamous
Immensee, Schweiz

D. Pietzcker (✉)
Berlin, Deutschland
E-Mail: dominik@dominik-pietzcker.com

© Springer Fachmedien Wiesbaden GmbH, ein Teil von Springer Nature 2020

D. Pietzcker und C. Vaih-Baur (Hrsg.), *Ökonomische und soziologische Tourismustrends*,
https://doi.org/10.1007/978-3-658-29640-7_20

ist, ist inzwischen hinreichend bekannt. Für Hapimag als Anbieter von Ferienwohnrechten spielt zudem das liberale Wirtschaftsumfeld im Hinblick auf regulatorische Rahmenbedingungen, den Arbeitsmarkt oder auch Unternehmensbesteuerung eine zentrale Rolle.

Wie würden Sie das Geschäftsmodell der Hapimag beschreiben?
Das Geschäftsmodell von Hapimag basiert auf dem Konzept „Sharing & Caring". Viele Personen finanzieren gemeinsam Ferienanlagen und die zugehörige Infrastruktur, um sie dann individuell für Ferien zu nutzen. Der „Schlüssel" zur Hapimag-Ferienwelt ist die Hapimag-Aktie. Sie berechtigt deren Eigentümer, sämtliche Hapimag-Resorts zu nutzen.

Die Hapimag-Aktie ist keine an der Börse gehandelte Aktie mit Dividende, sondern eine reine Ferienaktie, für die jährlich eine fixe Anzahl Wohnpunkte gutgeschrieben wird. Die erforderliche Anzahl Wohnpunkte für eine Ferienwohnung variiert je nach Resort und Saison. Hinzu kommen lokale Kostenbeiträge vor Ort. Sie dienen zur Deckung der Betriebskosten, der spezifischen Leistungen der Ferienanlagen sowie der lokalen Steuern vor Ort. Mit den Jahresbeiträgen der Aktionäre und Mitglieder finanziert Hapimag die zentralen Kosten für den Betrieb und die Verwaltung der Resorts und der Konzernzentrale sowie für die Renovierungen der Ferienanlagen. Jeder Aktionär hat ein Stimm- und Wahlrecht an der Generalversammlung.

Worin unterscheidet es sich von Wettbewerbern?
Hapimag ist eine exklusive Community mit gemeinsamen Werten. Unser Konzept ist ökonomisch und ökologisch nachhaltig und nicht auf Gewinnmaximierung ausgerichtet. Das unterscheidet uns von vielen traditionellen, aber auch innovativen Wettbewerbern.

Haben Sie einen USP?
Unsere Kunden schreiben uns mehrere USPs zu. Neben dem exklusiven Zugang bieten wir hochwertige Ferienwohnungen, Resorts in bester Lage, persönliche Betreuung und zuverlässige Standards. Dieses Leistungsversprechen macht Urlaub mit Hapimag besonders.

In welchen Ländern ist die Hapimag aktiv? Gibt es Länder, die besonders stark nachgefragt werden?
Hapimag hat Resorts in 16 Ländern – vorwiegend in Europa. Es gibt jedoch auch Resorts in der Türkei, Marokko und den USA. Besonders stark nachgefragt sind die Resorts in der Schweiz und Italien.

Auch Urlaubsimmobilien richten sich an spezifische soziodemographische Milieus. Welche Zielgruppen werden von der Hapimag angesprochen?
Hapimag hat zwei Kernzielgruppen. Zum einen richten wir uns an sog. Best Ager. Also Männer und Frauen 50+ sowie aktive Pensionäre aus der gehobenen Mittelschicht. Diese Zielgruppe schätzt den sicheren Wert und zuverlässigen Service von Hapimag und ist bereit, mehr Geld für Komfort im Urlaub zu bezahlen. Die zweite Zielgruppe

der Familien sind vor allem Eltern U50 mit 1–3 Kindern im Kindergarten- oder schulpflichtigen Alter. Diese suchen einen zuverlässigen Anbieter für Familienurlaub ohne negative Überraschungen. Sie schätzen gute Qualität für einen fairen Preis und zählen ebenfalls zur gehobenen Mittelschicht.

Ist es eher eine Schweizerische oder eine dezidiert internationale Klientel?
Hapimag-Aktionäre finden sich überall auf der Welt. Kernmärkte sind Deutschland, Italien, Niederlande, Österreich und natürlich die Schweiz. Knapp 60 % der Hapimag-Aktionäre haben ihren Wohnsitz in Deutschland. Das ist mit Abstand der größte Markt. Schweizer Aktionäre liegen mit knapp 10 % in etwa gleichauf mit den anderen Märkten. Aktuell beobachten wir eine wachsende Nachfrage in der Türkei.

Und: Wie erreichen Sie Ihre Kunden?
Unsere Kundenansprache erfolgt auf zwei Arten: online und über Empfehlungen. Über gezieltes Online-Marketing in Suchmaschinen, Social Media oder via Newsletter sprechen wir Interessenten an und erklären das Hapimag-Konzept. Attraktive Promotionen und zielgruppengerechter Content überzeugen Interessenten, mit uns Kontakt aufzunehmen. Das Erstberatungs- bzw. Verkaufsgespräch führen Mitarbeiter dann per Telefon. Dieser persönliche Kontakt ist uns wichtig, da eine Hapimag-Aktie ein signifikantes Investment erfordert sowie ein langfristiges Commitment darstellt, welches gut durchdacht sein muss. Empfehlungen unserer Community spielen daher auch eine große Rolle für Hapimag. Die beste Werbung sind schließlich glückliche Kunden.

Gibt es bevorzugte Destinationen, auf die Ihre Klientel besonders stark anspricht?
Da Hapimag per se ein Familienprodukt ist, sind die größeren Resorts mit entsprechend familienfreundlicher Ausstattung und Serviceangeboten wie Kinderbetreuung sehr beliebt. Die meisten befinden sich im Mittelmeerraum oder in der Toskana. Zudem sind unsere Resorts in den Hauptstädten sehr beliebt. Letztlich zählt für uns jedoch die Vielfalt im Portfolio, da wir als geschlossene Community den Urlaubsbedarf in der Breite abdecken müssen. Neben Anlagen in den Alpen oder Flachland haben wir auch ausgefallenere Angebote, wie z. B. Hausboote oder ein Schloss in Frankreich.

Wer sind Ihre direkten Wettbewerber?
In unserer Branche sind wir quasi gezwungen, Airbnb als Wettbewerber zu nennen. Dennoch grenzen wir uns auch deutlich ab, da wir gerade bei den Themen Vertrauen und Sicherheit ein klares Differenzierungsmerkmal sehen. Im Ferienwohnungsmarkt sehen wir natürlich große Plattformen wie etwas fewo-direkt oder Interhome und in Bezug auf unsere Zielgruppe sind sicherlich Timesharing-Anbieter oder Cluburlaub-Anbieter für Familien wie z. B. Robinson Wettbewerber.

Wirkt sich die massive Digitalisierung, gerade im Segment Wohnen auf Zeit, auch auf das Geschäftsmodell der Hapimag aus? Und wenn ja, in welcher Form?
Die Digitalisierung allein hat nicht viel verändert. Menschen wollen weiterhin Urlaub, sie suchen alternative Modelle und es gibt nach wie vor eine Menge Menschen, die Eigentum oder Quasi-Eigentum auch für Urlaubszwecke schaffen möchten. Wenn man jedoch die zunehmende Digitalisierung im Zusammenhang mit den Megatrends der Globalisierung, Urbanisierung und Individualisierung betrachtet, so lässt sich resümieren, dass Menschen heute mehr teilen als besitzen wollen. Sie wollen flexibler sein und spontan Urlaub machen. Am Ende darf jedoch der Service nicht leiden, es muss alles immer individueller und personalisierter sein und darf nicht komplizierter sein, als ein Buch auf Amazon zu bestellen. Dies stellt tradierte Unternehmen wie die Hapimag vor große Herausforderungen, da wir unser Geschäftsmodell optimieren und digitalisieren müssen und gleichzeitig unser Produkt den Bedürfnissen der heutigen Zeit anpassen müssen. Dieser Dualismus erfordert immens viele Ressourcen und viel Zeit und Fehler werden vom Kunden schnell bestraft.

Benutzen Sie Social Media für Ihre Kommunikation? Wenn ja, wie sehen Ihre Maßnahmen konkret aus?
Social Media ist heute in allen Bereichen der Kommunikation relevant. Auch Hapimag setzt auf Social Media. Vor allem pflegen wir den Kontakt zu unserer Community. Wir informieren über Neuerungen bei der Hapimag und holen uns Feedback ein. Facebook ist inzwischen zu einem Kundenservice-Kanal geworden. Als Urlaubsanbieter muss man heute auf Instagram sein und sein Produkt visuell positionieren. Twitter ist für uns ähnlich wie LinkedIn ein Kanal, um vor allem Unternehmenskommunikation zu treiben oder Führungskräfte zu positionieren. Seit einigen Monaten nutzen wir LinkedIn auch gezielt für die Suche nach Fachkräften und Managern. Unser CEO pflegt einen eigenen Blog, in dem er mit Kunden kritische Themen diskutiert und Feedback einfordert. Dieser Kanal ist mit Abstand der erfolgreichste. Mittelfristig werden wir Social Media auch für Vertriebszwecke einsetzen. Da unser Produkt jedoch recht komplex ist und eine intensive Auseinandersetzung durch den potenziellen Neukunden erfordert, werden wir hier vor allem auf Lead Nurturing setzen und Remarketing treiben.

Tourismus ist noch immer ein Wachstumsmarkt. Wie ambitioniert sind die Zukunftspläne der Hapimag?
Der Ansatz von Hapimag ist in erster Linie non-profit. Wir haben eine begrenzte Anzahl an Produkten, sprich Wohnraum und auch Aktien, die wir rausgeben können. Unsere Zielgruppe ist sehr spitz und nischig und unser Geschäftsmodell daher nicht skalierbar. Auf der anderen Seite ist Hapimag ein Pionier der Sharing Economy und das Geschäftsmodell heute relevanter als je zuvor. Wie alle anderen Branchen werden auch die Grenzen im Tourismus weiter verschwimmen und wir werden neue Geschäftsfelder identifizieren und ausbauen müssen. Viele junge Digitalunternehmen bauen heute schnell Plattformen und suchen dann mittels gigantischer Marketing-Spendings

nach Kunden bzw. einer Community. Hapimag hat diese Community bereits und eine starke, über 55 Jahre gefestigte Kundenbeziehung. Wenn es uns gelingt, die erforderliche digitale Plattform zu bauen und die Community zu aktivieren, wird Hapimag nicht nur für die zwei Wochen Urlaub im Jahr mit dem Kunden interagieren können, sondern ein Potenzial von weiteren 50 Wochen haben.

Sind Ihre Mitarbeiter auch Ihre Kunden?
Viele unserer Mitarbeiter sind auch Aktionäre der Hapimag. Unser Produkt hat eine starke emotionale Komponente, die auch auf unsere Mitarbeitenden wirkt. Wir zwingen niemanden, Hapimag Aktien zu -kaufen, aber wir sind stolz, dass es dennoch so viele tun.

Wie wichtig ist die interne Kommunikation für Ihr Unternehmen?
Die interne Kommunikation ist aktuell ein großes Thema für Hapimag. Seit einigen Jahren befindet sich unser Unternehmen im Wandel. Durch die Veränderungen, die wir vorgenommen haben und auch noch vornehmen, entsteht eine Kultur der Verunsicherung und Ungewissheit. Dagegen hilft nur eine offene und transparente Kommunikation. Diese konnten wir in den letzten zwei Jahren etablieren und die Mitarbeitenden mitnehmen. Dennoch stellt uns der Change-Prozess immer wieder vor neue Herausforderungen in der Kommunikation und wir haben dafür kürzlich auch ein Projekt zur Organisationsentwicklung aufgelegt.

Bemerken Sie den demografischen Wandel – bei Ihrer Klientel, aber auch beim Recruiting von Mitarbeiterinnen und Mitarbeitern?
Ja, definitiv. Der demografische Wandel in Bezug auf die Überalterung der Gesellschaft macht sich auch bei uns bemerkbar. Viele Aktionäre und Mitglieder sind inzwischen im hohen Alter und können unser Produkt nicht mehr nutzen. Ihre Kinder und Enkelkinder dagegen sind zwar mit dem Produkt vertraut, schätzen jedoch Flexibilität mehr als Vertrauen oder Verlässlichkeit. Hapimag steht aktuell vor der großen Herausforderung diesen Generationswechsel zu meistern, indem es Produkte, aber auch Strukturen und Prozesse modernisiert. Nachdem die durchschnittliche Lebensdauer der Fortune 500 in den letzten Dekaden drastisch gesunken ist, kann man heute behaupten, dass Tradition und Geschichte die neue Generation nicht beeindrucken.

Was das Thema „war for talents“ betrifft, so sind die Hapimag und der Tourismus allgemein natürlich genauso betroffen wie andere Unternehmen. Jeder kämpft heute um die besten Absolventen und klügsten Köpfe. Gerade Berufe im Hotel- und Gastronomiegewerbe haben an Attraktivität verloren, obwohl sie doch einen großen Beitrag zum Lebensglück anderer Menschen beitragen. Wir als Hapimag, aber auch jedes andere Unternehmen muss schauen, dass es eine starke Marke aufbaut, die einen gesellschaftlichen Mehrwert verkörpert und junge Leute sich mit dieser identifizieren wollen.

Wie sehen Sie die Zukunft des Tourismus – welche Herausforderungen zeichnen sich aus Ihrer Perspektive bereits ab?
Die Zukunft des Tourismus ist schwer vorherzusagen. Ich bin mir sicher, dass auch in Zukunft die Destination im Fokus steht. Die meisten Menschen haben ein klares Reiseziel und fordern eine authentische Experience vor Ort. Der Kampf der Buchungsplattformen ist in vollem Gange und der Markt wird sich in den nächsten Jahren zunehmend konsolidieren.

Service ist meines Erachtens ebenfalls ein Schlüsselfaktor für den Tourismus der Zukunft. Sicher werden einige Serviceangebote volldigitalisiert, wie etwa ein Check-in-Prozess oder Bezahlung der Zimmerrechnung. Auf der anderen Seite wünschen sich Menschen in einer zunehmend komplexeren und globalisierten Welt einen kompetenten Ansprechpartner, der sie berät und ihre Sonderwünsche erfüllt. Am Ende geht Tourismus ohne Menschen halt auch nicht.

Noch am Anfang steht das ganze Thema Guest Experience. Gäste möchten nicht nur ein Zimmer an einem Ort, sondern sie wollen in die Region eintauchen. Sie suchen nach ausgefallenen Aktivitäten, Geheimtipps und Abenteuern. Wichtig ist dabei das Gefühl, etwas Einzigartiges erlebt zu haben. Für den Tourismus bedeutet das natürlich, mehr auf den Gast und sein Bedürfnis einzugehen und den Aufenthalt quasi zu personalisieren.

Zudem sehen wir Trends wie unter anderem kürzere Aufenthalte, Städtetrips und natürlich eine zunehmende Reiseaktivität weltweit. In diesem Zusammenhang kommt der Begriff „Overtourism“ ins Spiel und zeigt seine destruktive Wirkung an Beispielen wie Venedig. Hier gilt es, in Zukunft nachhaltige Urlaubskonzepte zu entwickeln und die Menschen im Kontext des drohenden ökologischen Kollapses zu einem anderen Reise- und Konsumverhalten zu erziehen.

Über den Interviewpartner
Baha Jamous ist Chief Communication Officer der Hapimag AG, eines Tourismus-Konzerns mit Sitz in der Schweiz. Zuletzt war er Associate Director bei der strategischen Kommunikationsberatung Hering Schuppener in Berlin. Er studierte Wirtschaftsrecht in Dresden und absolvierte anschließend ein Masterstudium in Kommunikationspsychologie und Management.

„Siri, buche mir einen Flug nach Paris!" – Wie die Digitalisierung die Reisewelt revolutioniert hat

21

Interview mit Thomas Käppler, Skill Agentur VoiceDev – Das Gespräch führte Verena Geisel

Thomas Käppler und Verena Geisel

Zusammenfassung

Die Möglichkeiten digitaler Kommunikation sind auch im Tourismus noch lange nicht ausgeschöpft. Im Gespräch zweier Branchen- und Technikexperten werden überraschende Potenziale der Tourismusindustrie deutlich.

Frage (Geisel): *Nichts ist mehr, wie es einmal war, denn das Smartphone und der Laptop sind bereits stetige Reisebegleiter. Mit diesen Devices kommt eine Vielzahl von Möglichkeiten auf uns zu, die nun ergänzt werden durch sog. Smart Speaker – sprachgesteuerte, internetbasierte intelligente persönliche Assistenten. Vor diesem Hintergrund sprach ich mit dem erfahrenen Agentur-Mann und Pionier des Voice Commerce, Thomas Käppler, über die aktuellen Entwicklungen. Welche Auswirkungen haben diese Entwicklungen auf die Customer Journey?*

Antwort (Käppler): Die Menschen haben in den letzten Jahren ihr Konsumverhalten radikal geändert. Internet, Smartphone oder Chat sind mittlerweile zur Gewohnheit geworden. Um die Kundenbindung über viele Kanäle hinweg sicherzustellen, müssen alle Kontaktpunkte über die gleiche Datenbasis verfügen. Steigende Rechenkapazitäten der Computersysteme und sinkende Preise für Datenspeicher ermöglichen das Sammeln und Segmentieren von Daten. Künstliche Intelligenz reichert die Daten sinnvoll an und verbessert das Nutzererlebnis. Die ständige Verfügbarkeit von Smartphone und anderen

T. Käppler (✉)
Backnang, Deutschland
E-Mail: thomas@voicedev.de

V. Geisel (✉)
Imquadrat Kommunikation, Stuttgart, Deutschland

© Springer Fachmedien Wiesbaden GmbH, ein Teil von Springer Nature 2020

D. Pietzcker und C. Vaih-Baur (Hrsg.), *Ökonomische und soziologische Tourismustrends*,
https://doi.org/10.1007/978-3-658-29640-7_21

Devices sowie die gewachsenen Erwartungen von Kunden stellen Unternehmen vor erhebliche Herausforderungen, damit die Customer Journey reibungslos verläuft.

2020 sind die „Digital Natives" in der Mehrheit. Wie müssen wir uns das Reisen dieser Zielgruppe vorstellen?
Die „Digital Natives" haben sich daran gewöhnt, Flug-, Bahn- und Hotelbuchungen mit Alexa, Google Assistent oder Siri per Sprache durchzuführen. Die Assistenten leiten die Benutzer sicher durch den Such- und Buchungsprozess. Auf Reisen werden Smartphones oder Smartwatches mit integriertem Sprachassistenten den genauen Standort erkennen und nach entsprechender Bitte des Benutzers ein Taxi ordern können. Im Hotel rufen die Digital Natives nicht mehr die Rezeption an, sondern bitten einen digitalen Assistenten um Auskunft oder Erledigung. Nächtigt der Gast öfters innerhalb der Hotelgruppe, merkt sich der Sprachassistent die Vorlieben des Gastes und schlägt z. B. ein passendes Restaurant vor.

Das japanische Hotelkette Henn'na nutzt Alexa bereits als Assistent im Hotelzimmer. Sprachassistenten bieten großes Potenzial für Hotelaufenthalte, welche sehen Sie, Herr Käppler?
Die Steuerung von Licht, Musik und Fernseher sind auf den ersten Blick die naheliegendsten Use Cases. Die Vorteile für Gäste und Hotel fangen schon viel früher an: Hat der Gast eine Alexa in seinem Zuhause, kann er von dort das Zimmer reservieren. Auf dem Weg ins Hotel wird der Gast seinem Wearable mit integrierter Alexa sagen, dass er später anreist. Gleichzeitig erkundigt sich Alexa, ob der Gast bei Ankunft etwas zum Essen wünscht und leitet den Wunsch an die Hotelküche weiter. Der Gast betritt das Zimmer und aus vorherigen Besuchen weiß Alexa, welche Lichtszene bevorzugt wird.

Zunehmend drängen digitale Newcomer der Sharing Economy in den Markt. Wie schätzen Sie diese Entwicklung ein?
Es sind vor allem neue Geschäftsmodelle entstanden. So haben Airbnb & Co. die Art und Weise revolutioniert, wie Reisende übernachten. Früher wurde eine Urlaubsreise ganz selbstverständlich bei einem Reiseveranstalter und im Reisebüro gebucht. Heute nutzt der Kunde Reise–Apps, folgt den Empfehlungen auf Bewertungsportalen und bucht den Flug direkt bei der Airline, deren Website auch die Buchung eines Hotels oder Mietwagens ermöglicht. Veränderte Buchungswege und Produktformen ersetzen den klassischen Katalog. Hinzu kommt, dass wir für unseren heutigen Lebensstil oft viel mehr Ressourcen benötigen, als uns eigentlich zur Verfügung stehen – oder anders gesagt: Wir leben über unseren Verhältnissen. Sharing Economy macht es trotzdem möglich. Dabei ist das Geschäftsmodell des Teilens nicht neu. Statt dem Schwarzen Brett übernimmt das Internet jetzt die Rolle des Vermittlers. Die Sharing Economy finanziert sich durch Werbung und Vermittlungsgebühren und der Anbieter der Dienstleistung wird durch entsprechende Bezahlung der Leistung durch den Kunden belohnt. Letztendlich ist es eine Win-win-win-Situation für alle drei Parteien.

Social Media werden zur Storytelling – Plattform, insbesondere Instagram. Was können Sprachassistenten wie „Alexa" diesbezüglich leisten?
Sprachassistenten können einerseits Social Media ergänzen. Viel spannender ist es jedoch, für Voice ganz eigene Möglichkeiten der Interaktion zu finden. Wird es irgendwann Voice-Communitys geben, quasi als Weiterentwicklung von Facebook & Co.? Sicher hingegen ist, dass Sprachassistenten immer mehr ihrem Anspruch als „Assistent" und Berater gerecht werden. Künstliche Intelligenz (KI) und Machine Learning machen es möglich, dass die Assistenten ihren Besitzer, dessen Gewohnheiten und Vorlieben selbstständig besser verstehen und Vorschläge für z. B. Bekleidung, Reiseziele, Veranstaltungen oder Kochrezepte machen werden.

Was ist schon heute möglich (Best Practice) und wie sehen Sie die Zukunft?
Zug- und Flugbuchungen sind heute bereits möglich. Solche Anwendungen werden künftig noch intelligenter und lernen selbstständig, dem User die bestmöglich auf ihn zugeschnittenen Angebote zu unterbreiten. Dadurch wird das Buchen einer Reise über digitale Assistenten in naher Zukunft zu einer Selbstverständlichkeit – die KI hat die Daten aufbereitet und sinnvoll auf die Anforderungen des Benutzers zugeschnitten. Ein Beispiel: Ich möchte einen Wochenendausflug zum Mountainbiken unternehmen. Durch bisherige Ausflugs- und Reisebuchungen hat die KI gelernt, in welcher Art Hotel ich gerne übernachte, in welchen Restaurants ich bevorzugt esse, und auch, ob ich ein Mountainbike vor Ort ausleihe oder selbst mitbringe. Unter Berücksichtigung der Stauprognose, des Wetters und der Hotelverfügbarkeit wird mir völlig automatisiert „das perfekte Wochenende" organisiert. Denn selbstverständlich übernimmt Alexa auch gleich die Buchung und erinnert mich rechtzeitig daran, wann der beste Zeitpunkt zur Abfahrt ins Wochenende ist, um staufrei anzukommen.

Eine große Zukunft wird dem Voice Commerce, also Einkaufen per Sprache, zugesprochen. Voice Commerce wird bereits heute von Amazon eindrucksvoll umgesetzt – allerdings nur im eigenen Amazon-Universum. Zukünftig werden alle Onlineshopbetreiber und der stationäre Handel vom Voice Commerce profitieren. Voice Commerce eröffnet völlig neue Möglichkeiten der Kundenkommunikation, der Kundenbindung und der Produkt- und Dienstleistungspräsentation.

Über den Interviewpartner
Thomas Käppler entdeckte kurz nach Markteintritt der ersten digitalen Sprachassistenten ihre innovativen Einsatzgebiete im Umfeld von B2B und B2C. Als Founder der Skill Agentur VoiceDev bringt er seine mehr als zehnjährige Erfahrung aus Online-Marketing und Digitalprojekten ein und berät Unternehmen bei der Entwicklung von Geschäftsmodellen und innovativen Sprachanwendungen.

Über die Interviewerin
Verena Geisel, MA., gehört zu den Internet-Pionieren in Deutschland. Bereits in den 1990er Jahren restrukturierte sie als Intrapreneur mit dem Aufbau eines digitalen Geschäftsbereichs ein klassisches Verlagshaus. Als Founder gründete sie die Multimediaagentur imquadrat und berät Unternehmen aus der IT-und Kreativwirtschaft zu Innovationsthemen. Ebenfalls coacht sie Führungskräfte. Verena Geisel hat einen Lehrauftrag an der Hochschule Macromedia (Campus Stuttgart).

„Der Reishut in Reisfeldern hat wohl den größten Wiederkennungswert" – Reisen nach Vietnam

22

Interview mit Peter Heise, Geschäftsführer des Reiseanbieters Vietnam-Heise – Das Gespräch führte Dominik Pietzcker

Peter Heise und Dominik Pietzcker

Zusammenfassung

Vietnam gehört auch touristisch zu den aufstrebenden Ländern Südostasiens. Grund genug, mit einem der führenden und erfahrensten Anbieter von Vietnam-Reisen zu sprechen: ein Interview über Natur, Gastlichkeit, Kulinarik und Reiseklischees.

Frage (Pietzcker): *Wenn Sie jetzt die Augen schließen und sich das ideale Urlaubsland vorstellen, wie würden Sie dieses beschreiben?*
Antwort (Heise): Freundliche Menschen, spannende Landesgeschichte, alte Traditionen, exotische Landschaften, gute Küche, schöne Plätze zum Erholen.

Es gibt eine schier unermessliche Zahl an Urlaubsmöglichkeiten und Reisezielen. Was macht Vietnam zu einer besonderen Destination?

- Beschauliche, traditionelle Städte mit viel alter Bausubstanz, wie Hanoi oder Hoi An.
- Pulsierende, moderne Metropolen wie Saigon. Also auch Gegensätze.
- Spektakuläre Landschaften wie die Halongbucht oder das Bergland des Nordens mit ethnischen Bergvölkern und faszinierenden Reisterrassen.
- Grüne Nationalparks in der trockenen Halongbucht.
- Das Mekongdelta mit tausenden Wasserwegen und schwimmenden Märkten.

P. Heise
Vietnam-Heise, Hamburg, Deutschland
E-Mail: peter@vietnam.heise.de

D. Pietzcker (✉)
Berlin, Deutschland
E-Mail: dominik@dominik-pietzcker.com

© Springer Fachmedien Wiesbaden GmbH, ein Teil von Springer Nature 2020
D. Pietzcker und C. Vaih-Baur (Hrsg.), *Ökonomische und soziologische Tourismustrends*,
https://doi.org/10.1007/978-3-658-29640-7_22

- Hue mit der alten Kaiserstadt – das kulturelle Zentrum Vietnams.
- Aufgeschlossene, hilfsbereite und freundliche Menschen.
- Die variantenreiche Küche mit ihren regionalen Unterschieden.
- Traumstrände.

Gibt es ein Alleinstellungsmerkmal und wenn ja, welches wäre dieses?
Der Reishut in Reisfeldern hat wohl den größten Wiederkennungswert.

Auch Urlaubsangebote richten sich an spezifische soziodemographische Milieus. Welche Zielgruppen werden von Ihnen angesprochen? Ist es eher eine in Deutschland lebende, eine europäische oder eine internationale Klientel?
Eher deutschsprachige Kundschaft aus Deutschland, der Schweiz und Österreich.

Wie erreichen Sie Ihre Kunden?
Weiterempfehlungen, ausgesuchte Reisemessen, Landespräsentationen.

Gibt es präferierte Kommunikationskanäle? Wie wichtig ist Präsenz auf Reisemessen – ITB, CMT?
Die CMT ist sehr wichtig für uns, die ITB eher weniger, da es keine Endverbrauchermesse ist.

Gibt es den typischen Vietnam-Urlaubsreisenden?
Eher nicht. Die Wünsche sind recht individuell. Die meisten Gäste möchten die Höhepunkte des Landes im klassischen Sinne erleben.

Nord-Zentral-Südvietnam mit anschließender Erholung am Strand.

Es gibt aber auch Gäste, die eher an Natur und an sportlichen Aktivitäten interessiert sind, wie Wandern oder Radfahren. Andere interessieren sich für Kultur oder menschliche Begegnungen auf Augenhöhe.

Das Land Vietnam wird vielfach mit dem Indochinakrieg und in seiner Nachfolge mit dem Vietnamkrieg assoziiert. Spielen solche historischen Vorstellungen überhaupt noch eine Rolle?
Bei den Einheimischen eher nicht. Die meisten Vietnamesen sprechen eher ungern über diese Zeiten. Sie schauen nur auf die Gegenwart und Zukunft, sind sehr pragmatisch. Auch bei den deutschsprachigen eher selten. Bei den Franzosen ist das anders wegen der kolonialen Vergangenheit.

Wie viele Menschen machen in Vietnam pro Jahr Urlaub?
2017 hat Vietnam 13 Mio. Touristen begrüßt.

Beobachten Sie eine steigende Tendenz?
Tendenz leicht steigend.

Benutzen Sie Social Media für Ihre Kommunikation?
Hin und wieder Facebook. Wir posten Fotos von Informationsreisen.

Wer einmal in Vietnam war – kommt er gerne wieder? Warum?
Ja, wir haben Wiederholer. Diese Gäste möchten dann Regionen besuchen, die sie bei der ersten Reise nicht bereist haben.

Woran messen Sie Ihren Erfolg? Bekanntheit – Übernachtungszahlen – Umsatz?
Bekanntheit und Umsatz sind schon Gradmesser – aber natürlich auch die Kundenzufriedenheit. Nur zufriedene Gäste empfehlen uns weiter.

Stichwort „Over-tourism“: auch für Vietnam eine Gefahr?
In der Halongbucht sehe ich schon die Gefahr. Aber auch hier gibt es Möglichkeiten, als Landeskenner Wege zu finden, die am Massentourismus verbeigehen.

Kollidiert die stürmische Industrialisierung Vietnams mit dem touristischen Angebot?
Teilweise. Den chinesische Einfluss und deren Investitionen empfinden die meisten Vietnamesen als bedrohlich. Das ist aber in fast allen südostasiatischen Ländern der Fall.

Wie sehen Sie die Zukunft des Tourismus in Vietnam – welche Herausforderungen zeichnen sich aus Ihrer Perspektive bereits ab?
Ich sehe die Zukunft des Tourismus in Vietnam sehr positiv. Die politische Situation ist seit der Öffnung Anfang der 1990er Jahre stabil. Die größte Herausforderung sind die Müllbeseitigung und das Verkehrsproblem. Viele Vietnamesen heben einen gewissen Reichtum erlangt und der Wunsch nach eigenen Autos ist groß. Doch die Straßen sind dafür nicht ausgelegt. An der Infrastruktur gilt es zu arbeiten.

Über den Interviewpartner
Peter Heise ist Gründer und Geschäftsführer des Reiseanbieters Vietnam-Heise. Seit vielen Jahrzehnten ist er mit der Region Süd-Südostasien gut vertraut und hat längere Zeit dort gelebt. Als Reiseveranstalter ist er spezialisiert auf maßgeschneiderte Individualreisen und individuelle Gruppenreisen nach Vietnam, Laos, Kambodscha, Myanmar, Thailand, Bhutan, Indien, Sri Lanka, Nepal, Taiwan und Nordkorea.

„Schlüsselinstrument zur Beeinflussung der öffentlichen Wahrnehmung" – Nation Branding und Tourismus

23

Interview mit Dr. Johannes Bohnen, Gründer und Geschäftsführer von Bohnen Public Affairs, Berlin – Das Gespräch führte Dominik Pietzcker

Johannes Bohnen und Dominik Pietzcker

Zusammenfassung

Nation Branding kann einen bedeutenden Beitrag leisten, um ein Land auch als touristische Destination attraktiv zu gestalten. Kommunikationsexperte Dr. Johannes Bohnen gibt Aufschluss über die Zusammenhänge von Destinationsmarketing und Nation Branding.

Frage (Pietzcker): *Wenn Sie jetzt die Augen schließen und sich das ideale Reiseziel vorstellen, wie würden Sie dieses beschreiben?*
Antwort (Bohnen): Kaum schließe ich die Augen, habe ich meinen „Sehnsuchtsort" vor mir: Ein Findling an einem kleinen Strand mit Schilfbewuchs auf Usedom – mit Blick auf das Achterwasser, also die Boddenseite. Die Ruhe und schöne Aussicht muss ich mir allerdings immer wieder neu verdienen, indem ich mich eine Viertelstunde durch Wald und Gestrüpp kämpfe. Den genauen Ort werde ich natürlich nicht verraten.

Was hat Nation Branding mit Ihrer Vorstellung des idealen Reiselandes zu tun?
Ich persönlich schätze die Möglichkeit, Entspannung und kulturelles Erleben miteinander zu verbinden. Das durch Nation Branding zu beeinflussende Image eines Landes hat sicher große Bedeutung für die Auswahl einer idealen Destination. Um die Marke einer Nation herauszuarbeiten, muss allerdings bei den – nicht zuletzt politisch

J. Bohnen · D. Pietzcker (✉)
Berlin, Deutschland
E-Mail: dominik@dominik-pietzcker.com

J. Bohnen
E-Mail: jb@bohnen-pa.com

© Springer Fachmedien Wiesbaden GmbH, ein Teil von Springer Nature 2020

D. Pietzcker und C. Vaih-Baur (Hrsg.), *Ökonomische und soziologische Tourismustrends*,
https://doi.org/10.1007/978-3-658-29640-7_23

bestimmten – Realitäten angedockt werden. Diese können zwar mit positiven Bildern aufgeladen, aber nicht überdehnt werden – die Stärken des Landes müssen wahrhaftig bleiben. Daher kann Nation Branding nicht den grundlegenden Einsatz für die Pflege der nationalen Stärken ersetzen. Sonst verkäme es zur Werbefassade, die früher oder später von der Wirklichkeit eingeholt würde.

Wie würden Sie den Begriff Nation Branding definieren?
Unter Nation Branding verstehe ich die Identifikation und Verdichtung kultureller, wirtschaftlicher, gesellschaftlicher und ökologischer Stärken eines Landes. Ziel ist die internationale Profilierung bzw. Positionierung. Es ist ein Schlüsselinstrument zur Beeinflussung der öffentlichen Wahrnehmung und Reputation eines Landes, dient also der Vertretung seiner Interessen. Wie der Name Nation Branding ausdrückt, wird die Marke nicht in erster Linie für den Staat als territorial begrenzten Herrschaftsbereich entwickelt, sondern für das Volk (die Nation) als Gruppe von Menschen, die durch Tradition, Sprache, Sitten, Bräuche, Religion o. Ä. verbunden sind. Angesichts dieser Komplexität geht Nation Branding über klassisches Tourismus- oder Investitionsmarketing hinaus – ein Land ist selbstredend ungleich vielschichtiger als ein Produkt.

Eine gelungene Nation Brand muss auf wahrhaftige, differenzierende und relevante Weise auf den Punkt bringen, was das Land zum Wohle der Weltgemeinschaft beiträgt. Damit ist sie, technisch gesprochen, ein Indikator für die Verlässlichkeit eines Landes als internationaler Kooperationspartner. Das Ergebnis des Brandings wird – dahingehend der Bildung von Unternehmensmarken vergleichbar – in einem Leitbild erfasst, aus dem Werbeclaims abgeleitet werden können. Um nachhaltig nach außen zu strahlen, sollte die Marke im Inneren wertgeschätzt werden. Ohne Kongruenz keine Glaubwürdigkeit.

Ihre Einschätzung: Spielt die politische Situation eines Landes eine vordergründige Rolle bei der Wahl des Urlaubsziels?
Die politische Situation eines Landes spielt vor allem im Hinblick auf Sicherheit eine Rolle. Terrorattacken, Unruhen oder sonstige Gewalt sorgen regelmäßig für einen Einbruch des Tourismus. Zudem wächst zumindest in Europa der Druck der Kunden auf Tourismusunternehmer, politisch, sozial und ökologisch integre Reiseprodukte zu bieten. Die entsprechenden Themen reichen von Frauenrechten über Müllvermeidung bis zum Kampf gegen die Ausbeutung von Kindern. Gerade medienwirksame aktuelle politische Ereignisse können zu Dellen in den Besucherzahlen führen. Eine besondere Übereinstimmung mit dem politischen System des Gastlandes scheint dennoch kaum erforderlich für die Reiseentscheidung. Auch Nicht-Demokratien sind für viele Touristen interessante Destinationen, wenn sie z. B. mit Erholungsmöglichkeiten oder einem attraktiven kulturellen Erbe punkten können.

Können nicht auch autoritäre Regimes oder Diktatoren perfekte Gastländer sein – sicher, geordnet, zuverlässig?
Ob autoritäre Staaten tatsächlich ein hohes Maß an Sicherheit und Ordnung aufweisen, lässt sich bezweifeln. Phänomene wie der Arabische Frühling zeigen, dass illiberale, vermeintlich stabile Systeme auch plötzlich kippen können. Demokratien hingegen besitzen aufgrund ihrer Offenheit vielleicht bessere Ressourcen zum Umgang mit verschiedenen Interessen und externen Schocks. Davon abgesehen können natürlich auch autoritäre Länder gastfreundlich sein. Was als „perfekt" empfunden wird, hängt nicht zuletzt von der Erwartungshaltung der Reisenden an ihren Urlaub ab. Politische Ansprüche können in diesem Zusammenhang hinter anderen rangieren.

Sehen Sie einen Zusammenhang zwischen Nation Branding und Demokratie? Welche aktuellen Bezüge lassen sich angesichts der Bedrohung westlicher Demokratien herstellen?
Studien zufolge gibt es eine positive Korrelation zwischen Demokratie und der Reputation einer Nation Brand in den Augen der weltweiten Öffentlichkeit. Funktionierende demokratische Prozesse gehen also mit einer hohen Bewertung der Nation Brand einher. Das widerlegt zugleich frühere Positionen, laut denen Nation-Brand-Management hierarchisch statt konsensorientiert zu gestalten sei. Insgesamt gilt, dass einladende, Verbindungen, Partizipation und Interaktion befördernde Marken gute Erfolgsaussichten haben – ob öffentliche oder kommerzielle. Etwas abstrakter formuliert: Die Bedeutung einer Marke steht in enger Beziehung zu den sie umgebenden kulturellen Strukturen und Prozessen. Marken sind Symbole kultureller Ideale. Hier schließt der Mehrwert von Demokratie für eine Nationenmarke an: Die Bürger akzeptieren keine präfabrizierten Markenerzählungen, sondern sind deren Ko-Kreateure. In diesem Sinne lässt sich von einem „democratic turn in branding" sprechen (Kemming und Humborg 2010).

Ihre Schubwirkung für das Nation Branding fügt sich in das Bild von der Demokratie als begehrtestem politischem Preis weltweit (Müller 2018). Es empfiehlt sich daher, diesen Preis nicht vorschnell zu verleihen, insbesondere nicht an Regime wie z. B. das ungarische, die sich als „illiberale Demokratie" bezeichnen. Denn während sich Demokratie prinzipiell mit illiberaler Politik (strenge Abtreibungsgesetze, Wirtschaftsprotektionismus etc.) vertragen kann, kommt sie nicht ohne basale politische Freiheiten und Garantien aus. Wer diese untergräbt, ist nicht bloß illiberal, sondern antidemokratisch. Diese Kritik ist – gerade angesichts der gegenwärtigen Herausforderungen der Demokratien – wichtig, würde sie doch manchem Autokraten eine wertvolle Ressource für das Nation Branding entziehen.

Können einem Touristen die politischen Rahmenbedingungen des Ziellandes nicht gleichgültig sein? Man bleibt ja nur für wenige Wochen …
Es wäre zumindest gut, sich über die grundsätzlichen politischen Rahmenbedingungen sowie aktuelle Entwicklungen zu informieren und eine bewusste Entscheidung für oder gegen bestimmte Destinationen zu treffen. Tourismus stellt nicht nur eine Einnahmequelle für das jeweilige Gastland dar, sondern bedeutet tendenziell auch dessen

Aufwertung und Einbindung in die internationale Gemeinschaft. Da Tourismus in dieser Hinsicht prämiert ist, kann er einerseits Anreize für Öffnungs- und Transformationsprozesse liefern, andererseits aber auch zur äußeren Legitimierung von Unrechtsregimen beitragen. Überschießende Erwartungen sollten also vermieden werden. Insbesondere mächtige Autokratien wie China werden ihr gesellschaftliches Modell kaum ohne Weiteres ändern.

Welches sind, Ihrer Überzeugung nach, die Prinzipien erfolgreichen Nation Brandings?

1. Führungsstärke: Nation-Branding-Maßnahmen sollten glaubhaft von politischen Entscheidern getragen und finanziell ausreichend unterfüttert sein.
2. Einbeziehung von Anspruchsgruppen: Die Unterstützung, Kooperation und Motivation wichtiger Stakeholder in Politik, Wirtschaft, Wissenschaft, Medien und Zivilgesellschaft ist ein wesentlicher Faktor für den Erfolg von Nation Branding. Ein breit gestalteter Markenbildungsprozess dient der Selbstvergewisserung der involvierten Akteure und macht sie zu Multiplikatoren bzw. Botschaftern des entworfenen Markenbildes.
3. Öffentliche Unterstützung: Die Nation Brand muss von innen „strahlen". Nur wenn sie von der Bevölkerung getragen ist, können Kommunikationsmaßnahmen Stärke und Glaubwürdigkeit im Inland wie Ausland vermitteln.
4. Stärkenfokus: Es empfiehlt sich die Entwicklung eines positionierenden Satzes, der die Stärken und den Mehrwert des Landes im Vergleich zu anderen Ländern und Regionen hervorhebt.
5. Konsistenz: Schlüssige Botschaften sind zentral für die Entwicklung einer Nation Brand. Aus dem positionierenden Satz sollten interne und externe Kommunikationsmaßnahmen abgeleitet werden, die ein einheitliches Narrativ ergeben.
6. Wahrhaftigkeit: Glaubwürdige Kommunikation basiert auf der Fähigkeit und dem Willen, sich selbst gegenüber ehrlich zu sein.
7. Unterscheidbarkeit: Aufmerksamkeitserzeugende Kommunikation muss erfinderisch sein und sich vom Wettbewerb abheben.
8. Relevanz: Die Zielgruppen müssen klar identifiziert sein. Auf welche Länder, NGOs, multinationalen Konzerne, zivilgesellschaftlichen Akteure, einflussreichen Individuen, Touristen oder Investoren soll die Nation-Branding-Kampagne zugeschnitten sein; und welche Interessen haben diese wiederum gegenüber dem Land?
9. Konkurrenzanalyse: Eine Untersuchung der Positionierung, Kampagnen und Kommunikation der Wettbewerber – Länder vergleichbarer Größe, Einwohnerzahl, Kultur, Wirtschaftsstärke – ist unverzichtbar.
10. Langlebigkeit: Ein nationales Image ist ein bemerkenswert stabiles Phänomen. Es zu verändern, erfordert viel Zeit und Einsatz. Idealerweise sollte ein Rebranding eine gewisse Dauerhaftigkeit haben, also auch in zehn Jahren und darüber hinaus noch attraktiv sein.

11. Institutionalisierung: Es empfiehlt sich, ein langfristiges zentrales Brand-Management zu etablieren, das Lernprozesse, Forschungsergebnisse und andauernde Verbesserungen kommuniziert.
12. Glaubwürdigkeit: Kommunikation ist glaubwürdiger, wenn sie eine klare politische Grundlage hat: *good governance,* kluge Investitionen, Innovation und öffentliche Unterstützung.
13. Selbstbewusste Tonalität: Externe Kommunikation muss authentisch, emotional und selbstbewusst sein, aber nicht arrogant.
14. Effektivität: Ausgaben für Kommunikationsmaßnahmen sollten klug ausgewählt und transparent dargelegt werden. Kreative PR und Public Affairs können beispielsweise effektiver als meist kostspielige klassische Werbung sein.
15. Motivierendes Momentum: Nation Branding ist ein Prozess mit vielen Lerneffekten für die teilnehmenden Akteure. Die gemeinsame Arbeit und Reflexion führt in der Regel zu Begeisterung und Einigkeit in der Entwicklung einer Zukunftsvision für das Land.

Auf welche Weise kann Nation Branding ein Instrument der Tourismuskommunikation sein?
Nation Branding schafft die Voraussetzungen für gelingende Tourismuskommunikation. Ein Land, das ein stimmiges, differenzierendes, ansprechendes Bild von sich entwirft, kann daraus Botschaften ableiten. Diese blieben ohne systematische Grundlage, würden die Vorzüge des betreffenden Landes nicht zuvor pointiert herausgearbeitet. Unabhängig vom konkreten Resultat des Nation Brandings trägt vor allem der dahinführende Prozess zur nationalen Selbstvergewisserung bei, aus der sich vielfältige Aufhänger für kommunikative Maßnahmen ergeben. Ein involvierender Prozess funktioniert gewissermaßen als Ideenmaschine. Gleichzeitig müssen die Verantwortlichen darauf achten, dass lose Enden verbunden werden, damit das touristische Messaging am Ende kohärent, fokussiert und wiedererkennbar ist. Nur dann kann die Ansprache von Meinungsmultiplikatoren, Investoren, Kunden, etc. erfolgversprechend sein.

Welche Kommunikationskanäle spielen bei erfolgreichem Nation Branding eine Rolle? Online, Offline, direkte Kommunikation? Wie sind Ihre Erfahrungen?
Die Mischung macht's. Online-Kommunikation spielt beim Nation Branding, wie in den meisten anderen Domänen auch, eine immer wichtigere Rolle. Durch Datenanalyse können diverse Zielgruppen passgenau angesprochen werden. Die Möglichkeiten der Individualisierung erlauben es, unterschiedliche Facetten einer Nation Brand je nach Kontext in den Vordergrund zu rücken. Zudem kann über Digitalkanäle wie soziale Medien schnell und direkt Kontakt mit verschiedenen Stakeholdern gehalten und ein vielseitiges Bild des eigenen Landes vermittelt werden.

Klassische Offline-Marketing- und PR-Maßnahmen komplettieren das Spektrum, z. B. Messen und andere Veranstaltungsformen, organisierte Reisen, Medienarbeit und Direct Mailings. Um möglichst kostengünstig einen nachhaltigen Effekt zu erzielen, lohnt es sich, die „Kommunikationspyramide" von der Spitze her zu bearbeiten, also Meinungsmultiplikatoren anzusprechen, die nach dem „trickle-down-effect" schließlich breitere Bevölkerungskreise erreichen. Und sicher hilft es, immer wieder nach kreativen neuen Ansätzen zu suchen.

Gibt es ein Land, in welches Sie nicht reisen würden?
Zurzeit würde ich nicht in die Türkei reisen, so leid es mir um die dortigen Menschen tut, deren Möglichkeiten zu Einnahmen und persönlich-kulturellem Austausch durch Boykotte schwinden. Auch stehen gerade die Touristenregionen und weltoffene Großstädte wie Istanbul Erdogan und seiner zunehmend autoritären Politik sehr kritisch gegenüber. Dennoch halte ich Zeichen gegen den Umbau des Landes zur Diktatur für wichtig. Nur ein Beispiel: Mehr als die Hälfte der Journalisten, die sich weltweit hinter Gittern befinden, sitzen in der Türkei, Ägypten und China ein – mit steigender Tendenz. Politisch ist es einfach sinnvoll, den Druck auf Erdogan und seinesgleichen hoch zu halten. Und politisch sollten nicht nur Regierungen, sondern auch verantwortliche Bürger handeln.

Literatur

Kemming, J. D., & Humborg, C. (2010). Democracy and nation brand(ing): Friends or foes? *Place Branding and Public Diplomacy, 6*(3), 183–197.

Müller, J.-W. (2018). 'Democracy' still matters, NYT, 05.04.2018. https://www.nytimes.com/2018/04/05/opinion/hungary-viktor-orban-populism.html.

Über den Interviewpartner
Dr. Johannes Bohnen ist Gründer und Geschäftsführer von BOHNEN Public Affairs. Seine Beratung positioniert Unternehmen und andere gesellschaftliche Akteure im öffentlichen Raum. Johannes Bohnen war fünf Jahre bei Scholz & Friends Berlin, wo er als Geschäftsführer den PR und Public Affairs Bereich (Scholz & Friends Agenda) mit aufbaute. Davor war er u. a. Redenschreiber eines Bundesministers. Er studierte in Harvard, Bonn und an der Georgetown University in Washington D.C. Internationale Politik und promovierte an der Oxford University. Vor 18 Jahren gründete er mit einigen Mitstreitern die gemeinnützige Atlantische Initiative (atlantic-community.org).

„Wir machen Lust auf Land" – Tourismus im Land Brandenburg

24

Interview mit Dieter Hütte, Geschäftsführer Tourismus Marketing Brandenburg (TMB) und Birgit Kunkel, Pressesprecherin TMB – Das Gespräch führte Dominik Pietzcker

Dieter Hütte, Birgit Kunkel und Dominik Pietzcker

Zusammenfassung

Brandenburg gewinnt seit vielen Jahren als touristische Destination an Bedeutung. Dieter Hütte und Birgit Kunkel erläutern im Gespräch die Hintergründe, Angebote und strategischen Überlegungen für Brandenburg als Reiseland.

Frage (Dominik Pietzcker): *Wenn Sie jetzt die Augen schließen und sich die ideale Urlaubsdestination vorstellen, wie würden Sie diese beschreiben?*
Antwort (Birgit Kunkel, BK): Ein Wechselspiel aus urbanen Räumen und einer authentischen Natur- und Kulturlandschaft mit viel Wasser.

Es gibt eine schier unermessliche Zahl an Urlaubsmöglichkeiten und Reisezielen. Was macht Brandenburg zu einem besonderen Urlaubsland? Gibt es ein Alleinstellungsmerkmal und wenn ja, welches wäre das?
Antwort (Dieter Hütte, DH): Dazu gehört sicherlich das Wasser: unsere großartigen Seen- und Flusslandschaften, die vielfach ineinander übergehen und ein reichhaltiges Urlaubsangebot auf und am Wasser möglich machen. Sie prägen das Urlaubs- und Lebensgefühl in Brandenburg.

D. Hütte · B. Kunkel
TMB Tourismus-Marketing Brandenburg GmbH, Potsdam, Deutschland

B. Kunkel
E-Mail: birgit.kunkel@reiseland-brandenburg.de

D. Pietzcker (✉)
Berlin, Deutschland
E-Mail: dominik@dominik-pietzcker.com

© Springer Fachmedien Wiesbaden GmbH, ein Teil von Springer Nature 2020

D. Pietzcker und C. Vaih-Baur (Hrsg.), *Ökonomische und soziologische Tourismustrends*,
https://doi.org/10.1007/978-3-658-29640-7_24

BK: Dann dieser spannende Gegensatz, den nur wir zu bieten haben: der Naturreichtum – ein Drittel der gesamten Fläche des Landes steht unter Naturschutz – und mittendrin die Metropole Berlin. In Brandenburg lässt sich die Auszeit in der Natur mit dem Erlebnis einer Weltstadt sehr gut kombinieren. Hinzu kommt noch unser großartiges kulturelles Erbe, für das die weltbekannte Schlösser- und Parklandschaft in Potsdam stellvertretend steht (Abb. 24.1).

Mit dem ContentNetzwerk Brandenburg gehen Sie auch technisch neue Wege in der Vermarktung Ihres Angebotes. Was steckt dahinter?

DH: Das ContentNetzwerk Brandenburg ist der verlässliche Datenlieferant für die gesamte Destination und in dieser Form im Deutschlandtourismus einmalig. 450 Redakteure aus allen Reiseregionen Brandenburgs pflegen jährlich rund 1000 buchbare Übernachtungsangebote, 25.000 Veranstaltungen und 13.500 Points of Interest (POI). Wir nutzen also das Expertenwissen und die Nähe unserer Partner zu ihren Angeboten, um Daten zu generieren und aktuell zu halten, die dann wiederum der Information unserer Gäste vor und vor allen Dingen auch während ihres Aufenthalts dienen. So entsteht eine hohe und konsistente Qualität touristischer Daten. Momentan werden die Daten des ContentNetzwerks auf rund 60 Landes-, Regions- und Ortswebsites und Apps ausgespielt. Sie sind auch die Basis von digitalen Touchpoints, die derzeit in Touristeninformationen, Hotels sowie vielen anderen Servicepunkten im ganzen Land etabliert werden.

Abb. 24.1 Auch vom Wasser aus das Weltkulturerbe im Blick – unterwegs auf den Potsdamer Havelseen (TMB-Fotoarchiv/Yorck Maecke)

Wie feinmaschig muss ein solches Netzwerk sein, um attraktiv und praktikabel für Urlaubsreisende zu sein?

DH: Feinmaschig ist in diesem Zusammenhang das richtige Stichwort. Ich würde es noch um vollständig ergänzen, denn gerade im ländlichen Raum ist feinmaschig natürlich eine Sache des Angebotes. Aber gerade hier ist Vollständigkeit wichtig. Ist nämlich die nächste Gaststätte 4 km oder der nächste Fahrradladen im Fall einer Panne 3 km entfernt sind, dann sind die beiden Kriterien feinmaschig und vollständig von größter Bedeutung, um einen guten Service anbieten zu können. Richtigkeit wäre dann noch das abschließende Kriterium.

Auch Urlaubsangebote richten sich an spezifische soziodemographische Milieus. Welche Zielgruppen werden von Ihnen angesprochen?

DH: Seit dem Bestehen der TMB, also seit mehr als 20 Jahren, beschäftigen wir uns sehr intensiv mit Marktforschung und verfügen immer über aktuelle Marktforschungsdaten, die es uns auch ermöglichen, Entwicklungen zu erkennen. Das heißt, wir wissen z. B., woher unsere Gäste kommen, wie alt sie sind und welche Aktivitäten sie im Urlaub bevorzugen. Seit dem Jahr 2012 arbeiten wir außerdem mit einer sehr ausgefeilten touristischen Markenstrategie, um künftig ein noch konsistenteres Bild von Urlaub in Brandenburg zu vermitteln. Dazu gehört natürlich auch, dass wir für uns relevante Zielgruppen definiert haben. Insgesamt sind es fünf Zielgruppen, wovon die „geselligen Familien" und die „genussorientierten Natururlauber" eine besonders große Rolle spielen. Diese aktiven Zielgruppen bauen auf Urlaub auf dem Land, in Naturräumen in Verbindung mit Aktivitäten am und auf dem Wasser wie Radfahren oder Wandern. Neben diesen aktiven Naturerlebnissen sind auch starke Elemente wie eine gute regionaltypische Küche und der Einkauf regionaler Produkte, aber auch qualitativ hochwertige Ferienwohnungen für sie wichtig. Die geselligen Familien finden wir in Brandenburg vor allen Dingen am, im und auf dem Wasser. Wichtig für diese Gästegruppe sind aber auch Erlebniseinrichtungen und Aktivangebote. Ferienhäuser und Ferienwohnungen, aber auch Campingplätze passen besonders gut zu diesen Gästen (Abb. 24.2).

Ist es eher eine in Deutschland lebende, eine europäische oder sogar eine internationale Klientel?

BK: In Brandenburg haben wir im Jahr 2018 erstmals die „magische Grenze" von einer Million Übernachtungen aus dem Ausland überschritten. Damit kommen rund 8 % der Übernachtungen aus dem Ausland, davon drei Viertel aus Europa. Die Gäste aus unserem Nachbarland Polen und aus den Niederlanden sind hier am stärksten vertreten.

DK: Die TMB wirbt seit 10 Jahren aktiv im Ausland, mit dem klaren Ziel, immer mehr internationale Gäste für Brandenburg zu begeistern. Da Budgets natürlich begrenzt sind, haben wir für unser Marketing sieben Schwerpunktmärkte definiert, in denen wir in unterschiedlicher Ausprägung mit Maßnahmen vertreten sind. Wir sehen in den internationalen Märkten noch ein großes Potenzial. Während aufgrund demografischer Aspekte ein Wachstum der inländischen Quellmärkte begrenzt ist, wird das Incoming

Abb. 24.2 Besondere und individuelle Urlaubsarchitektur wie hier auf Gut Fergitz steht bei vielen Gästen hoch im Kurs (TMB-Fotoarchiv/Steffen Lehmann)

weiterwachsen. Die Deutsche Zentrale für Tourismus (DZT) geht in ihren Prognosen von bis zu 121 Mio. internationalen Übernachtungen bis 2030 in Deutschland aus und sieht gerade für die ostdeutschen Reiseziele ein enormes Incomingpotenzial. Nicht vergessen werden darf, dass mit Berlin einer der stärksten Incomingmärkte in Deutschland mit großer internationaler Ausstrahlung in der Mitte unseres Landes liegt. Wachstumstreiber sind auch Partner wie Tropical Islands, deren Anteil ausländischer Gäste bereits jetzt bei 20 % liegt und die einen Ausbau ihrer Bettenkapazitäten von 1900 auf 9000 planen. Auch durch den neuen Flughafen Berlin-Brandenburg wird sich einiges tun. Es gibt derzeit eine Langstreckeninitiative der Industrie- und Handelskammern sowie u. a. von visitBerlin und TMB mit dem Ziel, die Zahl der Interkontinentalverbindungen von derzeit 6 auf 15 bis 17 in 2025 auszubauen (Abb. 24.3).

Wie erreichen Sie Ihre Kunden? Wie online-affin sind diese?
BK: Wir bedienen uns eines Marketingmixes, bei dem Online-Maßnahmen immer mehr zunehmen. Die Online-Affinität ist auch bei unseren Gästen sehr stark gestiegen. Mehr als die Hälfte informieren sich vor dem Urlaub online und buchen auch online. Media- und Außenwerbung gibt es auch noch, aber immer nur zu bestimmten Kampagnen, also zeitlich und räumlich stark begrenzt. Basis unseres gesamten Marketing- und Informationsangebotes ist unsere Website www.reiseland-brandenburg.de, deren Grundlage u. a. die Daten des ContentNetzwerks Brandenburg sind. Darüber hinaus bieten wir unseren Gästen mit einem hausinternen Informations- und Vermittlungsservice auch den direkten Draht zu den Brandenburg-Experten der TMB, sowohl per Telefon als auch

Abb. 24.3 Bei Gästen aus dem Ausland sehr beliebt: Tropical Islands ist eine der größten freitragenden Hallen der Welt (Foto: Tropical Islands)

über E-Mail und Chat von unserer Website aus. Und auch die Buchung kann direkt vorgenommen werden. Wir betreiben gemeinsam mit ausgewählten Partnern unserer Reiseregionen das größte touristische Reservierungssystem im Land mit Anbietern in allen Regionen.

Braucht man ein Auto, um in Brandenburg Urlaub zu machen?
DH: Wenn man auf die Anreisen schaut, so ist in Brandenburg – wie auch im Bundesdurchschnitt – der Anteil der Gäste, die mit dem PKW anreisen, am stärksten. Es sind 78 %, gefolgt von Bus und Bahn mit 15 %. Der Anteil der Bahnreisenden konnte jedoch in den letzten Jahren leicht gesteigert werden. Die Gäste, die dann während ihres Urlaubes im Land unterwegs sind, finden ein sehr gut ausgebautes touristisches Radwegenetz vor und können mit der Bahn in viele Teile des Landes reisen. Dabei können sie dann z. B. die App DB Ausflug nutzen, die DB Regio Nordost im Jahr 2017 zusammen mit der TMB herausgebracht hat. Hier werden Ausflugsziele vorgestellt, die mit der Bahn gut erreichbar sind. Allerdings gibt es Themen, die wir in Sachen Mobilität nach wie vor auf der Agenda haben: Das ist zum einem die „sogenannte letzte Meile" – also der Weg vom Bahnhof zum touristischen Ziel – hier gilt es, Konzepte seitens der Anbieter und der Verkehrsunternehmen zu entwickeln. Aber es sind auch Fortschritte erkennbar: Gerade sind zwei touristisch sehr relevante Bahnstrecken im Norden Brandenburgs wiederbelebt worden. Das ist ein gutes Zeichen. Dabei stellt die Taktverdichtung eine wichtige Herausforderung dar (Abb. 24.4).

Abb. 24.4 12.000 km ausgeschilderte touristische Radrouten in Brandenburg erschließen das ganze Land – hier im Oderbruch auf dem Oder-Neiße-Radweg (Foto: TMB-Fotoarchiv/Yorck Maecke)

Braucht man ein Smartphone?
BK: Der Anteil der Gäste, die mit dem Smartphone unterwegs sind oder per Smartphone auf unsere Website kommen, hat stetig zugenommen und wächst auch weiterhin kontinuierlich. Insofern stellt sich die Frage, ob man ein Smartphone braucht, gar nicht unbedingt – der überwiegende Teil unserer Gäste nutzt das Handy. Man kommt aber in Brandenburg durchaus auch noch ohne ein Smartphone aus. Wir haben ein gutes und dichtes Netz an Touristeninformationen. Unseren Gästen ist nach wie vor der Kontakt „von Mensch zu Mensch" sehr wichtig. Rad- und Wanderwege sind landesweit gut ausgeschildert und es gibt auch durchaus noch Prospekte und Kartenmaterial (Abb. 24.5).

Benötigt man Deutschkenntnisse oder reicht Englisch?
DH: Die Anzahl der englisch sprechenden Mitarbeitenden im Tourismus nimmt in Brandenburg stetig zu. Dies liegt natürlich auch am Generationswechsel. Das Thema ist für die Touristiker selbstverständlich sehr wichtig. Das Land Brandenburg hat zum Thema Internationalisierung einen Leitfaden herausgegeben, der ganz praktisch aufzeigt, wie sich die einzelnen Leistungsträger auf internationale Gäste einstellen können. Wir sind außerdem gerade dabei, einen Großteil unserer Points of Interest auch in Englisch verfügbar zu machen. Neben Englisch sind bei uns aber auch besonders Polnisch und auch Tschechisch wichtig. Gerade der tschechische Markt wächst sehr stark. In beiden Fällen ist eine Ansprache in der Landessprache wünschenswert. Wir stellen zunehmend fest, dass sich die Leistungsträger darauf einstellen, weil sie die steigenden Gästezahlen

Abb. 24.5 Auch die Gäste, die nach Brandenburg reisen, sind immer häufiger mit ihrem Smartphone unterwegs (TMB-Fotoarchiv/Wolfgang Ehn)

aus dem Ausland registrieren. Vielfach gibt es z. B. auch bereits Mitarbeiterinnen und Mitarbeiter aus Polen.

Beobachten Sie einen Trend, z. B. Kurzurlaub, Wochenendurlaub, mehrere kleine Reisen – oder sind es noch die klassischen drei bis vier Wochen Sommerferien mit den Kindern?
BK: Nach wie vor liegen mehrere kurze Aufenthalte im Jahr im Trend. Zumal Brandenburg gerade auch wegen des so starken und nahen Quellmarkts Berlin schon immer ein Kurzreiseziel war. Allerdings können wir seit einigen Jahren feststellen, dass die Zahl der längeren Urlaubsreisen nach Brandenburg zugenommen hat. Das freut uns natürlich und hier werden wir daher künftig noch stärker ansetzen und uns z. B. als Familienreiseziel an und auf dem Wasser positionieren (Abb. 24.6).

Wie viele Menschen machen in Brandenburg pro Jahr Urlaub?
DH: Im Jahr 2018 hat die amtliche Statistik 13,5 Mio. Übernachtungen gezählt, erneut ein Rekordwert. Bei den Gästezahlen lagen wir damit auch erstmalig über 5 Mio.

Beobachten Sie eine steigende Tendenz?
DH: Insgesamt kann man sagen, dass die Übernachtungszahlen mit wenigen Ausnahmen seit 1992 kontinuierlich zugenommen haben. Im Jahr 1992 lagen wir bei 4,6 Mio. Übernachtungen, im Jahr 2008 haben wir erstmalig die 10-Millionen-Grenze geknackt, im Jahr 2017 erstmals die 13 Mio. Hier sind nur die Zahlen in gewerblichen Betrieben über 10 Betten erfasst. Gerade im ländlichen Raum sind die Strukturen aber viel kleinteiliger,

Abb. 24.6 Hausbooturlaub wie hier im Ruppiner Seenland ist besonders bei Familien beliebt (TMB-Fotoarchiv/Yorck Maecke)

daher müssen die Übernachtungen in Ferienunterkünften unter 10 Betten, in eigenen Ferienimmobilien, Wohnmobilen, privat, auf Hausbooten etc. hinzugezählt werden. Wenn man dies tut, verdoppelt sich die Zahl der Übernachtungen, wir liegen dann also bei rund 26 Mio. Die Entwicklung ist kontinuierlich und positiv.

Ist Brandenburg eigentlich auch bei Senioren beliebt?
BK: Der Altersdurchschnitt unserer Gäste lag im Jahr 2017 bei 49,2 Jahren – leicht über dem Bundesdurchschnitt, wo es 47,6 Jahre sind.

Neue oder alte Bundesländer – ist das ein Thema für Ihr Marketing? Wenn ja, warum – wenn nein – warum nicht?
DH: Das können wir ganz kurz beantworten: Nein, das ist überhaupt kein Thema für uns. Und 30 Jahre nach dem Mauerfall sollte es auch keine Rolle mehr spielen.

Was sind die Dinge in Brandenburg, die man als Urlauber unbedingt gesehen haben sollte?
BK: Ich beginne mal mit Potsdam, unserer Landeshauptstadt mit ihrem UNESCO Welterbe, die sicherlich zu den schönsten internationalen Städtereisendestinationen zählt. Hier sollte man auch dem neuen Museum Barberini einen Besuch abstatten, das sich zu einem neuen großen Publikumsmagneten entwickelt hat. Unbedingt empfehlenswert ist es auch, Brandenburg vom Wasser aus zu erleben. Hier bieten sich z. B. die Seenketten im Norden Brandenburgs, rund um Rheinsberg, aber auch im Westen des Landes, zwischen Potsdam und Brandenburg an der Havel an.

DH: Auch Bad Saarow am Scharmützelsee hat sich in den letzten zehn Jahren zu einer starken touristischen Destination entwickelt, weitere Investments werden den Standort zusätzlich stärken. Einzigartig in Europa ist das Wasserlabyrinth des Spreewaldes. Auch unsere Flussauenlandschaften sind beeindruckend, z. B. im Nationalpark Unteres Odertal oder an der Elbe in der Prignitz. Und wer Landschaftswandel im großen Stil erleben möchte, der ist in der noch jungen Reiseregion des Lausitzer Seenlandes genau richtig (Abb. 24.7 und 24.8).

Gibt es Präferenzen, ein regionales Gefälle?

DH: Von regionalem Gefälle kann man nicht sprechen. Selbstverständlich gibt es Unterschiede, wenn man sich die Übernachtungszahlen anschaut, die wiederum aus den unterschiedlichen Größen der Reiseregionen und den Übernachtungskapazitäten resultieren. Spitzenreiter war 2018 das Seenland-Oder-Spree mit mehr als zwei Millionen Übernachtungen, gefolgt von den Regionen Spreewald, Ruppiner Seenland, Potsdam, Fläming, Havelland, Dahme-Seenland und Uckermark mit jeweils mehr als einer Million Übernachtungen.

Wer sind Ihre direkten Wettbewerber? Andere Bundesländer oder europäische Länder?

DH: Keine Frage, es gibt unter den Regionen in Deutschland einen Wettbewerb. Schließlich buhlen wir alle mehr oder weniger um die gleichen Zielgruppen und Quellmärkte. Allerdings pflegen wir einen sehr fairen und kollegialen Umgang mit einander und es gibt auch Kooperationen über Landesgrenzen hinweg. Mit visitBerlin sind wir

Abb. 24.7 Das im Jahr 2017 eröffnete Kunstmuseum Barberini gehört zu den neuen Besuchermagneten der Landeshauptstadt Potsdam (Foto: Helge Mundt)

Abb. 24.8 In Europa einzigartig: Das Wasserlabyrinth im UNESCO Biosphärenreservat Spreewald (TMB-Fotoarchiv Rainer Weisflog)

als TMB sogar gesellschaftsrechtlich verbandelt und haben mit der Berlin Brandenburg Welcome Center GmbH eine gemeinsame Tochterfirma. Auch mit Mecklenburg-Vorpommern arbeiten wir seit mehr als 10 Jahren erfolgreich und freundschaftlich bei der Vermarktung unserer Wassersportangebote zusammen. Die Gäste machen ja mit ihren Booten an der Landesgrenze nicht halt. Das Lausitzer Seenland und der Fläming sind sogar Landesgrenzen überschreitende Reiseregionen.

BK: Auch mit europäischen Destinationen stehen wir im Wettbewerb. Denken Sie z. B. nur an das Thema Hausbooturlaub, das für Brandenburg eine große Rolle spielt. Hier sind auch Frankreich oder die Niederlande stark. Wir leben in einer globalisierten Welt und das gilt für den Tourismus ganz besonders (Abb. 24.9).

Wirkt sich die Digitalisierung der Tourismusbranche auch auf Ihre Kommunikationsstrategie aus? Und wenn ja, in welcher Form?

DH: Ja, ganz eindeutig. Die Devise ist hier online first, d. h., die Informationen und Angebote müssen zunächst und vorrangig auf unserer Website verfügbar sein, da alle anderen Kommunikationsmaßnahmen dann auf die Website lenken. Der Anspruch der Gäste ist es, sich rund um die Uhr informieren und auch buchen zu können. Mit unserem ContentNetzwerk sind wir in der Lage, genau dies zu bedienen und landesweit ein umfassendes Netz an aktuellen Daten zur Verfügung zu stellen.

Abb. 24.9 Brandenburg und Mecklenburg-Vorpommern vermarkten ihre angrenzenden Binnenreviere gemeinsam auf www.deutschlands-seenland.de

Benutzen Sie Social Media für Ihre Kommunikation? Wenn ja, wie sehen Ihre Maßnahmen konkret aus?

BK: Wir sind vor neun Jahren mit einem ersten Facebook-Auftritt gestartet. Mittlerweile sind wir auf außerdem auf Twitter, Instagram und YouTube mit eigenen Kanälen vertreten und nutzen diese für unsere Kommunikation und unser Marketing. Wir setzen stark auf Inspiration, schalten aber auf Facebook und Instagram auch gezielt Werbung. Es gibt auch Kooperationen mit Influencern, die inhaltliche Schnittmengen zu unseren Themen aufweisen, sich also z. B. auf Outdoorthemen, Familienurlaub oder unsere Region spezialisiert haben. Selbstverständlich kommunizieren wir aber über diese Kanäle auch mit unseren Kunden und beantworten ganz konkrete Fragen.

Wie nachhaltig ist Tourismus in Brandenburg?

DH: Mit seinen intakten Natur- und Kulturräumen bietet das Land Brandenburg ausgezeichnete Voraussetzungen für nachhaltigen Tourismus. Mit elf Naturparks, drei Biosphärenreservaten, einem Nationalpark sowie einem UNESCO-Weltnaturerbe steht ein Drittel der Fläche Brandenburgs unter naturräumlichen Schutz. Im Sinne eines nachhaltigen Tourismus muss ein intensives Erlebnis der Natur mit einer gleichzeitig möglichst geringen Beeinflussung der Natur zusammengebracht werden. In unseren geschützten Naturlandschaften funktioniert dies bei Aktivitäten wie Radfahren und Wandern oder verschiedenen Wassersportarten sehr gut. Neben den ökologischen Aspekten bezieht nachhaltiges Handeln aber auch ökonomische und soziale Prämissen in die Wertschöpfung mit ein. Dieser Dreiklang ist ein wichtiges Anliegen der Brandenburger Tourismuswirtschaft und ist in der Landestourismuskonzeption als Querschnittsthema verankert. Energie- und Ressourceneffizienz, regionale Wertschöpfungsketten und umweltfreundliche Mobilitätslösungen, aber auch langfristige Finanzierbarkeit touristischer Infrastruktur sowie Teilhabe der örtlichen Bevölkerung sind genauso wichtig wie die Bewahrung und behutsame Weiterentwicklung der natürlichen und traditionellen Orte und Traditionen. Ein schönes Beispiel ist unsere Reiseregion Uckermark, die sich seit einigen Jahren ganz konsequent dem Thema Nachhaltigkeit widmet und gezielte Produktentwicklung betreibt. Die Uckermark hat sich daher auch einem Audit unterzogen und wurde auf der ITB 2017 als nachhaltiges Reiseziel ausgezeichnet (Abb. 24.10).

Wer einmal in Brandenburg Urlaub gemacht hat – kommt er gerne wieder?

DH: Für uns liegt der Schlüssel zum Wiederkommen, aber auch für die Weiterempfehlung, ganz eindeutig in der Qualität. Immerhin gehören persönliche Erfahrungen mit 31 % zu den wichtigsten Informationsquellen für Urlaubsreisen. Wir sind davon überzeugt, dass wir durch das Erlebnis vor Ort überzeugen müssen, dann kommen unsere Gäste auch gerne wieder. Deshalb engagieren wir uns hier seit vielen Jahren. Wir gehören zu den Vorreitern beim Qualitätssiegel Servicequalität Deutschland. Kein anderes Bundesland hat so viele Betriebe, die sich diesem Verfahren unterzogen haben und mit dem Siegel ausgezeichnet sind. Im Herbst wurde mit dem Spreewald erstmalig auch eine ganze Qualitätsregion ausgezeichnet. 71 % unserer Urlaubsgäste bewerten ihren Aufenthalt mit sehr gut, damit liegen wir bundesweit über dem Durchschnitt. Das ist eine sehr gute Basis.

Abb. 24.10 Eselswanderungen in der Uckermark, die im Jahr 2017 als nachhaltiges Reiseziel zertifiziert wurde (Foto: Heidi Diehl)

Woran messen Sie Ihren Erfolg? Bekanntheit – Übernachtungszahlen – Umsatz durch Tourismus?
In die Bewertung fließen all diese Kriterien ein. Übernachtungszahlen sind immer der erste Indikator. Aber auch der Tagestourismus spielt für uns eine große Rolle. Unsere Aufgabe und die der Branchenverbände aber ist es, tiefer in die Kennziffern zu schauen. Und dabei sind Faktoren wie der Umsatz selbstverständlich wichtig. Der Tourismus ist für Brandenburg ein starker Wirtschaftsfaktor. Der gesamte touristische Konsum liegt bei 6,1 Mrd. €. Die direkten und indirekten Bruttowertschöpfungseffekte bei 3,4 Mrd. €. Und die Tourismuswirtschaft ist beschäftigungsintensiv. Mit rund 100.300 direkt und indirekt Beschäftigten ist die Branche ein Jobmotor für das Land Brandenburg.

Bemerken Sie den demographischen Wandel – bei den Urlaubern, aber auch beim Recruiting von Mitarbeiterinnen und Mitarbeitern?
BK: Der Altersdurchschnitt unserer Gäste hat seit dem Jahr 2014 leicht zugenommen. Dies könnte man dem demographischen Wandel zuschreiben. Das Thema Fachkräftegewinnung ist bundesweit in der Tourismusbranche ein ganz zentrales Thema. Und wenn ich auf die Situation in anderen Branchen schaue, dann befürchte ich, das ist im Moment nur ein Vorgeschmack auf das, was uns noch erwartet.

Wie sehen Sie die Zukunft des Tourismus in Brandenburg – welche Herausforderungen zeichnen sich aus Ihrer Perspektive bereits ab?
DH: Grundsätzlich sehe ich die Zukunft des Tourismus in Brandenburg positiv. Die Branche hat in Brandenburg in den letzten 30 Jahren eine kontinuierliche, positive Entwicklung hingelegt und ist zu einem starken Wirtschaftsfaktor geworden. Die Strukturen konnten dabei mitwachsen, sodass es eine gesunde Basis gibt. Der Tourismus nimmt für die Strukturentwicklung im ländlichen Raum eine wichtige Rolle ein. „Wir machen Lust auf Land" ist daher auch das Motto unserer Landestourismuskonzeption.

Dennoch sehe ich vier große Herausforderungen:

1. Das Thema Arbeitskräfte haben wir bereits genannt. Wie gelingt es uns, unsere Services in der Qualität aufrechtzuerhalten, wenn es immer schwieriger wird, qualifiziertes Personal zu bekommen und zu halten?
2. Auch die Frage der Mobilität wird künftig immer wichtiger werden. Schon jetzt drehen sich viele der aktuellen Diskussionen um nachhaltige Mobilität und um Mobilitätskonzepte für den ländlichen Raum.
3. Wir werden weiter am Thema Ganzjährigkeit arbeiten müssen. Gerade auch im Hinblick auf die Fachkräftesicherung ist es wichtig, auch die bisher eher schwächeren Monate noch stärker ins Visier zu nehmen.
4. Auch dies darf nicht vergessen werden: Um mehr Wachstum zu erzielen, müssen auch größere Kapazitäten her, also weitere größere Investments, die das Land durchaus noch vertragen kann.

Über die Interviewpartner

Dieter Hütte war nach einem Studium der Geographie in verschiedenen Positionen der Tourismusbranche tätig, u. a. als Kurdirektor und Betriebsleiter des kommunalen Eigenbetriebes Kurverwaltung Baiersbronn. Seit Gründung der TMB Tourismus-Marketing Brandenburg GmbH im Jahr 1998 ist er ihr Geschäftsführer. Dieter Hütte ist außerdem Vizepräsident des Deutschen Tourismusverbandes, Vorstand Tourismus des ADAC Berlin-Brandenburg sowie Aufsichtsratsmitglied von visitBerlin.

Birgit Kunkel übte nach ihrem Studium der Kommunikationswissenschaft und der Germanistik verschiedene Positionen im Bereich der Presse- und Öffentlichkeitsarbeit aus. Ihr Schwerpunkt waren dabei immer Unternehmen und Projekte im touristischen Umfeld. Seit dem Jahr 2006 verantwortet sie die Unternehmenskommunikation der TMB und ist ihre Pressesprecherin.

„Wir setzen unseren Fokus auf besondere Destinationen“ – Hapag-Lloyd Cruises

25

Interview mit Karl J. Pojer, Vorsitzender der Geschäftsführung von Hapag-Lloyd Cruises – Das Gespräch führte Christina Vaih-Baur

Karl J. Pojer und Christina Vaih-Baur

Zusammenfassung

Hapag-Lloyd Cruises schreibt eindrücklich eine touristische Erfolgsgeschichte auf den Weltmeeren. Die Philosophie des traditionsreichen Anbieters von Kreuzfahrten setzt dabei auf unvergessliche Erlebnisse.

Frage (Vaih-Baur): *Welche Kreuzfahrten werden von Hapag-Lloyd Cruises angeboten?*

Antwort (Pojer): Wir zählen im deutschsprachigen Raum zu den führenden Anbietern von Kreuzfahrten im Luxus- und Expeditionsbereich. Mit MS EUROPA und MS EUROPA 2, den weltweit einzigen 5-Sterne-plus-Kreuzfahrtschiffen, sowie den kleinen, wendigen Expeditionsschiffen bieten wir weltweite Routen auch an Orte an, die für andere Kreuzfahrtschiffe unerreichbar sind. Die MS BREMEN blickt als das älteste Schiff der Flotte auf eine langjährige Erfahrung im Bereich Expeditionskreuzfahrten zurück. Des Weiteren setzen wir im Expeditionssegment auf Expansion. Die HANSEATIC nature wurde als erster von drei Neubauten auf 5-Sterne-Niveau im Frühjahr 2019 in die Flotte aufgenommen. Es folgte die HANSEATIC inspiration im Herbst 2019. Im zweiten Quartal 2021 wird die HANSEATIC spirit in Dienst gestellt. Unsere Routen zeichnen sich durch außergewöhnliche Destinationen und besondere Premieren bei Expedition und im

K. J. Pojer
Hapag-Lloyd Kreuzfahrten GmbH, Hamburg, Deutschland
E-Mail: presse@hl-cruises.com

C. Vaih-Baur (✉)
Hochschule Macromedia, Stuttgart, Deutschland
E-Mail: christina@vaih-baur.de

© Springer Fachmedien Wiesbaden GmbH, ein Teil von Springer Nature 2020
D. Pietzcker und C. Vaih-Baur (Hrsg.), *Ökonomische und soziologische Tourismustrends*,
https://doi.org/10.1007/978-3-658-29640-7_25

Luxussegment sowie durch eine gelungene Mischung an touristischen Highlights aus. Unser Angebot wird mit exklusiven Reisen im Privatjet ALBERT BALLIN abgerundet.

Existieren hier neue Konzepte, also Schiffsreisen, die in dieser Form vor zehn Jahren noch nicht angeboten wurden?
Im Gegensatz zum Volumensegment setzen wir unseren Fokus im exklusiven Luxussegment auf besondere Destinationen. Unsere Routen zeichnen sich durch außergewöhnliche Destinationen und besondere Premieren bei Expedition und im Luxussegment aus. Im Jahr 2015 haben wir z. B. als einziger nicht russischer Anbieter die Nordost-Passage befahren. Im selben Jahr haben wir zudem die Marshallinseln als Premiere in unseren Routenplan aufgenommen. Im Jahr 2016 hat die BREMEN als erstes Kreuzfahrtschiff die Nordwestpassage durchquert. Aufgrund ihrer Größe erreichen unsere Schiffe auch kleine Häfen, die andere Kreuzfahrtschiffe nicht erreichen können. So z. B. den italienischen Hafen Portofino und den an der südlichen Spitze Korsikas gelegenen Hafen Bonifacio. Unser Fokus liegt darauf, unseren Gästen Erlebnisse anzubieten, die mit Geld nicht zu kaufen sind. Unsere Gäste können unter anderem auf unseren Reisen persönlich mit Maria Höfl-Riesch trainieren, die exklusiv für die EUROPA2Gäste das BE.YOU-Programm entwickelt hat, exklusive Ausstellungen von Künstlern und Galeristen im Rahmen von art2seaReisen besuchen sowie sich von neuen Kollektionen bekannter Modedesigner auf fashion2seaReisen inspirieren lassen.

Wie lautet die Philosophie von Hapag-Lloyd Cruises?
Wir möchten unseren Gästen unvergessliche Erlebnisse an Bord bieten und erfüllen ihnen mit jedem unserer Kreuzfahrtschiffe ihren persönlichen Urlaubstraum. Wir setzen unseren Fokus auf einen hohen und individuellen Kundenservice. Unsere Gäste reisen in einer modernen und entspannten Atmosphäre und haben eine Auswahl an verschiedenen Reisen rund um die Welt. Die Zufriedenheit unserer Gäste liegt uns sehr am Herzen. Wir verkaufen Emotionen und Erlebnisse. Das ist ein Auftrag, den wir uns jeden Tag beim Aufstehen geben.

Wie sehen die Zielgruppen von Hapag-Lloyd Cruises aus?
Unsere Zielgruppe besteht aus reiseerfahrenen und anspruchsvollen Gästen der höheren Bildungsschicht. Sie kommen aus dem Luxussegment und legen besonderen Wert auf einzigartige Destinationen, einen erstklassigen und persönlichen Service sowie auf besondere Reiseerlebnisse. Unsere Gäste der Expeditionsschiffe sind Naturliebhaber, die ein Once-in-a-lifetime-Abenteuer suchen. Die Themen Erlebnis, Natur und Edutainment stehen dabei im Fokus. Unsere Gäste der Luxusschiffe interessieren sich insbesondere für Themen wie Gourmet, Well-Being, Beauty, Fashion und Lifestyle. Wir sprechen von der Zielgruppe 50 plus, die in den nächsten Jahren weiterwachsen wird.

Worauf legen die Gäste besonderen Wert?
Die Gäste möchten auf besonderen Routen Außergewöhnliches erleben. Des Weiteren spielen die Themen Entspannung, Fitness und Gourmet eine große Rolle. Besonders die persönliche, familiäre Atmosphäre und den erstklassigen Service wissen unsere Gäste zu schätzen. Individualität und das Reisen in kleinen Gruppen stehen im Vordergrund.

Welchen Luxus gibt es auf dem Schiff?
Das Verständnis von Luxus verändert sich „vom Haben zum Sein" und zeigt sich vor allem an Bord. Luxus ist erlebnisorientiert, und einmalige und authentische Erlebnisse sind das, was wir unseren Gästen bieten. Luxus bemisst sich anhand von Raum pro Person. Unsere Schiffe geben den Gästen viel Raum und Freiheit. Wir bieten fast ausschließlich Verandasuiten sowie Außenkabinen mit Balkon an. Unser außergewöhnliches Crew-Gäste-Verhältnis sorgt zudem für einen individuellen und persönlichen Service.

Wie viel kostet eine Reise mit Hapag Lloyd Cruises?
Qualität hat immer ihren Preis. Unsere Reisen sind aber ihren Preis wert, die Gäste erhalten eine hohe Gegenleistung. Der durchschnittliche Preis pro Tag pro Person liegt auf unseren Schiffen bei etwa 500 €.

Wie geht Hapag-Lloyd Cruises mit dem Thema Nachhaltigkeit um?
Hapag-Lloyd Cruises hat einen hohen Standard in Bezug auf umweltbewusstes und nachhaltiges Handeln. Dabei hat der verantwortungsvolle Umgang mit Natur und Umwelt immer höchste Priorität. Die Entscheidung, sukzessive unseren Treibstoff umzustellen und ab Juli 2020 ganzjährig auf allen Routen der Expeditionsflotte Marine Gasöl einzusetzen, ist für uns daher ein richtiger und wichtiger Schritt auf diesem Weg. Alle Fahrpläne werden mit einer ökologisch bewussten Durchschnittsgeschwindigkeit berechnet, wodurch der Verbrauch um rund ein Drittel reduziert werden kann. Grundsätzlich setzen wir beim Bau von neuen Schiffen auf modernste Technik und Umwelttechnik. Neben den Neubauten verfügt auch die EUROPA 2 über einen Landstromanschluss sowie über einen SCR-Katalysator, der den Ausstoß von Stickoxid um fast 95 % reduziert. In Zusammenarbeit mit der Klimaschutzorganisation myclimate bieten wir unseren Gästen die Kompensation von CO_2-Ausstoß für die Seepassage an. Wenn sie sich dafür entscheiden, übernehmen wir ein Viertel der Kompensationssumme. Mit dem Beitrag werden Klimaschutzprojekte unterstützt.

Welche Trends erkennen Sie für die nächsten zehn Jahre?
Auf der einen Seite vergrößert sich das Volumensegment im Kreuzfahrtmarkt. Die Schiffe werden größer und immer mehr selbst zur Destination. Auf der anderen Seite spielen kleine luxuriöse Schiffe in Zukunft eine große Rolle. Der Fokus liegt auf einzigartigen und individuellen Erlebnissen auf außergewöhnlichen Reiserouten. Das Motiv der Reise wird immer entscheidender für die Reise- und Schiffswahl.

Karl J. Pojer ist seit 2013 Vorsitzender der Geschäftsführung von Hapag-Lloyd Cruises. Nach einem mehrjährigen Hotelfachstudium in Österreich und den USA arbeitete er zunächst als Manager, Generaldirektor und Regionaldirektor für führende Hotelkonzerne in verschiedenen Ländern. 1996 kam Karl J. Pojer zur TUI und leitete als Sprecher der Geschäftsführung die Robinson Club GmbH. Er wurde 2015 zum deutschen *Travel Industry Manager* gewählt und erhielt zudem die Auszeichnung *Hamburger Kreuzfahrtpersönlichkeit.* Im April 2016 wurde Karl J. Pojer zum Chairman des Leadership Councils von CLIA Deutschland, dem Branchenverband der deutschen Kreuzfahrtindustrie, ernannt. Im September 2017 wurde er als *Seatrade European Cruise Personality of the Year* ausgezeichnet.

„Menschen mit Hund haben ganz besondere Anforderungen ans Reisen" – Unterwegs mit Tieren

26

Interview mit Alexander Schug, Geschäftsführer Fred & Otto – Der Hundeverlag – Das Gespräch führte Christina Vaih-Baur

Alexander Schug und Christina Vaih-Baur

Zusammenfassung

Nicht nur die Menschen verreisen, sondern oftmals mit ihnen auch ihre Haustiere. Alexander Schug berichtet über das Abenteuer des Verreisens, wenn Vierbeiner mit dabei sind.

Frage (Vaih-Baur): *Du bist Geschäftsführer von Fred & Otto – Der Hundeverlag. Dieser Verlag publiziert außergewöhnliche Reiseführer für Hunde(halter). Wie bist du auf die Idee gekommen, einen Verlag für Menschen mit Hund zu gründen?*

Antwort (Schug): Am Anfang war Otto, ein sogenannter Schokolabrador, den ich vor rund 8 Jahren zu mir genommen habe. Ich bin mit Hunden aufgewachsen, hatte aber später immer gezögert, ob man in einer Stadt wie Berlin einem Hund ein gutes Zuhause bieten könne. In Berlin gibt es jedoch schätzungsweise über 150.000 Hunde, in etwa also gleich viele Menschen, die offenbar diese Frage für sich positiv beantwortet haben: Man kann auch in der Großstadt Hunde halten. Also habe ich es irgendwann versucht und Otto zu mir geholt. Schnell habe ich festgestellt, dass zum Leben von Hund und Mensch in der Stadt zwischen den Hundehaltern viel informelles Wissen kursierte: wo die besten Auslaufgebiete sind, welche Trainer und Tierärzte gut sind. So entstand die Idee zu unserem Stadtführer für Hunde „FRED & OTTO unterwegs in Berlin und Potsdam".

A. Schug
Fred & Otto, Berlin, Deutschland
E-Mail: as@fredundotto.de

C. Vaih-Baur (✉)
Hochschule Macromedia, Stuttgart, Deutschland
E-Mail: christina@vaih-baur.de

© Springer Fachmedien Wiesbaden GmbH, ein Teil von Springer Nature 2020

D. Pietzcker und C. Vaih-Baur (Hrsg.), *Ökonomische und soziologische Tourismustrends*,
https://doi.org/10.1007/978-3-658-29640-7_26

Dafür kreierten wir ein Label, erfanden zu unserem realen Hund Otto seinen besten Kumpel Fred, mit dem er durch die Stadt und Lande stromert. Kommerziell war es eines der erfolgreichsten Buchprojekte von uns, das vor allem auch medial bundesweit gecovert wurde und uns Clippings bis hin zur „Zeit" eingebracht hat (Abb. 26.1).

Welche Philosophie steckt hinter dem Verlag?
Wir wollen Hundehaltern ein naturnäheres Leben mit Hund nahelegen und aufzeigen, wie ein nachhaltigeres, „grüneres" Hundeleben auch für die Stadthunde aussehen kann. Wir haben es uns zur Aufgabe gemacht, den Naturbezug der Großstädter zu kultivieren – das Medium dazu sind die Hunde.

Spielt diese einzigartige Erfahrung schon immer eine wichtige Rolle bei Freizeitführern?
Ja, per se sind Freizeitführer dazu angelegt, aus dem Alltag herauszuführen und Ideen für außergewöhnliche Erlebnisse mitzugeben. Je globaler wir leben, je technizierter unser Alltag wird, je mehr wir im Internet „hängen", desto wertvoller wird diese eine Ressource: in der Natur sein. Aber was heißt Freizeitführer? Unsere Hundefreizeitführer enthalten keine technischen Infos zum nächstgelegenen Schäferhundverein. Freizeit wird vielmehr sinnlich angeleitet und das heißt, dass es notwendig ist, Hundewanderungen mit gutem Essen oder einem gemütlichen Wellnesshotel fürs Wochenende zu verbinden.

Welche Menschen kaufen heute noch einen gedruckten und keinen digitalen Reiseführer?
Vor einigen Jahren war ja die ganze Buchbranche aufgeschreckt, dass mit Print nichts mehr laufen würde. Alles würde sich digitalisieren. Mittlerweile zeigt sich, dass sich das gedruckte Buch relativ stabil am Markt hält. Insbesondere das Reisebuch: Hier geht es offenbar immer noch um sinnliche Erlebnisse, um Haptik, das Blättern. Darauf springen auch jüngere Zielgruppen an, mal abgesehen davon, dass man unterwegs in der Welt keinesfalls immer online sein kann. Das Papier als stromloser Datenträger bleibt deshalb wichtig. Das In-der-Natur-Sein mit dem Hund verleitet außerdem stärker dazu, alles mal auszuschalten. Wir kombinieren zwar bei unseren Wanderführern für Hunde zu den schönsten Wanderregionen Deutschlands Apps mit dem gedruckten Buch. Erfahren aber immer wieder, dass das Buch mehr zur Vorbereitung und danach als Erinnerung und Souvenir eines aufregenden Tages oder Wochenendes dient. Insofern gibt es da auch keine altersbedingten Nutzergruppen. Auch Junge kaufen das Buch, hauptsächlich die 20- bis 30-Jährigen. Bei denen ist auch ein für unser Geschäft wichtiges Phänomen stärker ausgeprägt als bei Älteren: Ohne es zu bewerten, nenne ich es die Vermenschlichung des Hundes. Heutige, vor allem jüngere Hundebesitzer wollen etwas mit ihrem Hund erleben, ihrem Hund aber auch als fast vollwertigem Familienmitglied etwas Gutes tun.

Abb. 26.1 Covergestaltung des Wanderführers für Hunde (Fred & Otto)

Erleben Menschen das Reisen mit Hund anders als Menschen ohne Hund?
Menschen mit Hund haben ganz besondere Anforderungen ans Reisen, dem viele Tourismusanbieter nicht entgegenkommen. Das grundlegende Gefühl vieler Hundebesitzer ist: Wir sind nicht willkommen. Andere Gäste fühlen sich gestört, deshalb dürfen Hunde nicht ins Hotel, Restaurant etc. Damit schließt man aber ein für die meisten wichtiges „Familienmitglied" aus. Tatsächlich ist das Empfinden vieler Hundebesitzer so, dass die Ablehnung ihrer Hunde vergleichbar ist mit der Ablehnung des eigenen Partners. In der Folge werden Hundebesitzer Orte, Hotels, Restaurants meiden, in denen man nicht zumindest eine gewisse Akzeptanz erfährt. Und diese Akzeptanz muss irgendwie definiert sein. Es reicht nicht aus, bestimmte Bereiche eines Hotels als hundefreie Zone zu definieren – man muss dann auch Alternativangebote machen. Also beispielsweise Wartezonen für Hunde vor dem Hotelrestaurant mit Möglichkeiten, die Hunde anzubinden etc.

Allerdings sind die Hundebesitzer auch selbst gefordert, diese Akzeptanz zu erhöhen. Das Geschäft der Hunde zu entfernen, sollte beispielsweise überall dazugehören.

Gibt es noch andere Kriterien, die für Reisende mit Hund wichtig sind?
Die Hotels können viel tun, um Gäste mit Hunden anzulocken: Explizite Informationen zum Aufenthalt mit Hund im Hotel und der Umgebung gehören dazu. Wellcome-Packages für Hunde sind ein gutes Argument für Frauchen und Herrchen, genau dieses oder jenes Hotel zu buchen, dazu gehören dann Körbchen, ein Begrüßungsleckerchen oder ein Hundehandtuch oder Kotbeutel, Adressen von Tierärzten oder sogar das Angebot, Dienstleistungen für den Hund anzubieten wie Gassigehen oder Wellness und Animation für den Hund. Dazu gehören Massagen oder spezielle Programme für den Hund mit Hundetrainern. Das zeigt vor allem eines: Hunde dürfen nicht als Störfaktor gewertet und mit besonderem Reinigungsaufwand und Geruchsbeseitigung gleichgesetzt werden. Über das Hundethema kann man auch viel neuen Umsatz in einer Nische erwirtschaften.

Spielt Nachhaltigkeit eine Rolle bei Reisen mit Hund?
Nachhaltigkeit ergibt sich oft schon aus der Hundehaltung an sich: Hundehalter fliegen kaum mit Hund, sie sind ausgesprochene Naherholungsurlauber. Mehr als ein paar Stunden fährt man im Auto nicht mit einem Hund. Hundehalter haben aber auch einen stärkeren Bezug zur Natur. Sie sind qua ihres Jobs als Halter darauf angewiesen, Natur zu haben – viele Hundebesitzer sind deshalb auch Umweltschutz- und Tierschutzaktivisten. Das geht bis in den Bereich der Hundeernährung: Zunehmend muss auch das Hundefutter nachhaltig sein, aus lokaler biologischer Herstellung kommen oder neuerdings vegan sein. Neuester Trend sind Hundefuttermittel, die auf industrielle Schlachtabfälle bewusst verzichten und stattdessen Proteine von Insekten verwenden. Also fast alle Diskurse der „Menschenwelt" spiegeln sich auch in der Hundehaltung.

Gibt es Besonderheiten bei der kommunikativen Ansprache von Kunden für „Hundereisen" im Allgemeinen?
Es gilt vor allem, die Barrieren zu senken, Hundehaltern also klarzumachen: Ihr seid willkommen. Jede touristische Einrichtung sollte deshalb zunächst einmal Informationen bereithalten, wie der Aufenthalt mit Hund aussehen kann: Sind Hunde erlaubt, wo sind sie erlaubt etc. Eine Besonderheit ist sicher: Für Hundebesitzer muss alles praktisch und abwischbar sein. Hochwertigste Hotelausstattungen mit teuren Seidentapeten sind für die meisten ein riesiges Problem und erzeugen nur Stress: Schüttelt sich ein nasser Hund einmal, ist das ganze Zimmer renovierungsbedürftig. Also neben dem Willkommensein braucht es auch die Botschaft: Dieses Hotel ist es hundegerecht, aber auch die Umgebung. Informationen zum nächsten Auslaufgebiet oder Wald wird jeder Hundebesitzer dankbar aufnehmen. Der Hinweis, dass ein Hotel direkt am Wald liegt, kann buchungsentscheidend sein.

Über den Interviewpartner
Dr. Alexander Schug ist promovierter Historiker, Verleger und langjähriger Hundebesitzer. Mit seinem aktuellen Hund Otto, einem Schokoladen-Labrador, entstand die Idee, Stadtführer und Wanderführer für Hunde als Bücher zu verlegen. Unter dem Label www.fredundotto.de entwickelten sich die Bücher zu großen Erfolgen in der deutschsprachigen Hundecommunity.

„Storytelling für die tägliche Praxis neu definieren" – Reiselust beflügeln

27

Interview mit Helge Sobik, Journalist und Berater für Storytelling – Das Gespräch führte Christina Vaih-Baur

Helge Sobik und Christina Vaih-Baur

Zusammenfassung

Jede Reisedestination kann eine andere Geschichte erzählen. Aber welche ist relevant für die jeweilige Reiseklientel? Das Gespräch mit Helge Sobik, einem Experten für Storytelling, zeigt neue Erzählstrategien und Kommunikationsansätze für touristische Destinationen unter dem Gesichtspunkt des Marketings auf.

Frage (Vaih-Baur): *In der Reisebranche gelten Sie als der Experte für Storytelling in Hotellerie und Reisevertrieb, sie arbeiten als Journalist und Dozent und lehren diese Methode. Was verstehen Sie unter Storytelling?*

Antwort (Sobik): Storytelling ist zum überstrapazierten Modebegriff geworden, der sehr unterschiedlich verstanden wird und inzwischen für alles und für fast nichts stehen kann – ähnlich wie „nachhaltig" und „Wellness". Deshalb ist es tatsächlich jedes Mal aufs Neue wichtig zu klären, was der jeweilige Kunde darunter versteht und sich wünscht, um nicht aneinander vorbeizuarbeiten.

Was verstehen Sie unter Storytelling speziell in der Tourismusbranche?
Im touristischen Kontext steht Storytelling vor allem dafür, diejenigen Stoffe bildhaft und mit hohem Erinnerungswert zu emotionalisieren, die eine Destination, ein Hotel

H. Sobik
Pansdorf, Deutschland
E-Mail: info@sobikpress.com

C. Vaih-Baur (✉)
Hochschule Macromedia, Stuttgart, Deutschland
E-Mail: christina@vaih-baur.de

© Springer Fachmedien Wiesbaden GmbH, ein Teil von Springer Nature 2020

D. Pietzcker und C. Vaih-Baur (Hrsg.), *Ökonomische und soziologische Tourismustrends*,
https://doi.org/10.1007/978-3-658-29640-7_27

oder eine Reederei ausmachen. Der andere soll unser Produkt auf Anhieb im Bauch spüren und „wow“ denken, dieses Gefühl vertiefen und den ersten Gedanken weiterdenken wollen. Wir machen ihn neugierig, indem wir ihn überraschen und berühren.

Gutes Storytelling im Tourismus erkennt die Sehnsüchte des anderen und holt ihn genau dort ab. Im besten Fall ist Storytelling wirklich das, was die wörtliche Übersetzung meint: Geschichten erzählen. Denn Geschichten berühren, sind gut verständlich, bleiben lange im Gedächtnis und bieten die Möglichkeit, sich so stark hineinzuversetzen, dass man im eigenen Kopf Teil der Handlung wird.

Weil das Aufmerksamkeitsfenster in Zeiten der Digitalisierung aber – ich sage: leider – extrem geschrumpft ist, kann man Storytelling heute auch ohne vollständigen Plot, ohne Drehbuch anwenden. Dafür muss man das, was einmal war, auf die heutige Lebenswirklichkeit umbrechen. Die klassische „Heldenreise“ nach Joseph Campbell zum Beispiel hat seit über einem halben Jahrhundert vor allem dem Hollywood-Kino und der Literatur als wunderbare Blaupause gedient. Ein Kinofilm fordert 90 min Aufmerksamkeit ein, ein dickes Buch Stunden. So viel Aufmerksamkeit aber bekommt man immer seltener. So etwas wie Campbells „Heldenreise“ mit all ihren Elementen ist deshalb immer noch als theoretischer Background wichtig und bleibt permanente Anregung. Aber sie ist zugleich inzwischen weit von der Alltagstauglichkeit im Storytelling der Gegenwart entfernt, wenn das Gegenüber nur noch 20 s zu investieren bereit ist. In diesem Mini-Zeitfenster soll dann eine Botschaft zünden, im Idealfall im Bauch und im Kopf ankommen und in unserem Fall die Reiselust auf eine ganz bestimmte Destination oder ein Hotel nicht nur steuern, sondern im besten Fall geradezu beflügeln. In diesem Zeitfenster kann ich gesprochen drei Sätze, aufmerksam gelesen kaum mehr als einen längeren Absatz unterbringen.

Welche Vorgehensweise schlagen Sie vor?
Damit so wenig Sprache zündet, muss ich sehr zugespitzt arbeiten. Das ist zwar wesentlich eindimensionaler als die Herangehensweise von Campbell mit Protagonisten, Dramaturgie, mit Rollenfestlegungen auf Held und Gefährte, aber durch die extreme Verdichtung ebenfalls schwierig. Und trotzdem kein Hexenwerk. Es geht viel Analyse voraus – und es ist entscheidend, sich in zweierlei hineinzufühlen: die Sehnsüchte und Urlaubsbedürfnisse der Zielgruppe, der potenziellen Kunden also auf der einen Seite, und das besondere Lebensgefühl der Destination bzw. des Hotels auf der anderen Seite.

Könnten Sie ein Negativ-Beispiel nennen?
Inzwischen gibt es Vieles, was unter dem Begriff Storytelling segelt und dennoch ziemlich wenig damit zu tun hat. Wenn eine Airline Anzeigen schaltet, in denen immer ein Flugbegleiter als Protagonist einen anderthalb Sätze langen Ausgeh-Tipp für eine Stadt aus dem Netzwerk der Fluggesellschaft preisgibt und das mit einem Foto aus ungewöhnlicher Perspektive begleitet, hat das zumindest sprachlich nach meinem Dafürhalten nichts mit Storytelling zu tun. Das ist verballhornt nur „Tippgebing“, es bleibt auf der reinen Sachebene. Keine Geschichte. Storytelling bewegt sich auf der emotionalen

Ebene und punktet genau damit. Das Faktische ist dabei unwichtig. Auch ein Hoteltext zum Beispiel – ob in einer Broschüre oder im Web –, der auf Zimmerzahl, Baujahr, Ausstattung und Übernachtungspreise abhebt, arbeitet nicht die Spur mit Storytelling.

Ich nenne Ihnen zwei Beispiele: Das neue Vier-Sterne-Hotel auf den Kanaren, das mit der Aussage „mehrmals wöchentlich Tanzveranstaltungen im modernen Multifunktionsraum“ zu punkten versucht, hat die Chance, in Kopf und Bauch des Lesers anzukommen, komplett verschenkt. Ganz anders wäre es, wenn da „Flamenco-Abende mit Live-Musik“ gestanden hätte. Das Kopfkino hätte wenigstens eine Chance gehabt, anzuspringen. Er hätte im Geiste Töne gehört, spezifische Bewegungen gesehen, die zu einem spanischen Hotel passen können – und zu seinem Reise-Interesse, weswegen er womöglich tiefer in die Website dieses Hotels eingestiegen wäre. Die Chance, zum Storytelling anzusetzen, wurde nicht genutzt, es fand keine Emotionalisierung statt, niemand wurde in irgendeinem Assoziationsrahmen abgeholt.

Ein zweites Beispiel: Ein Vier-Sterne-Hotel in der Türkei schreibt, dass es dort „dreimal pro Woche Beach-Barbecue“ gebe und dass das sogar im Preis eingeschlossen sei. Daraus ließe sich so viel mehr machen – wenn denn nur nicht die Sachinfo zugunsten des Kopfkinos und der Emotion in den Vordergrund gerückt worden wäre.

Unter Storytelling-Gesichtspunkten ist es viel besser, die Sinne anzusprechen: „Es duftet nach gegrillten Scampi und Dorade vom Rost beim Barbecue unterm Sternenhimmel im Strandsand von Side an der türkischen Mittelmeerküste.“ Das ist mehr. Erst jenseits des rein Faktischen beginnt Storytelling.

Was ist die besondere Stärke von Storytelling im Reisekosmos?
Jeder Urlaubswunsch ist mit so vielen Sehnsüchten und mit Vorfreude behaftet. Er ist Emotion pur. Fakten aber kochen diese Emotion herunter: auf Zimmerquadratmeter, Südwest-Ausrichtung der Balkone oder Zahl der Campingplätze in der Region. Wer ausschließlich damit arbeitet, nimmt die großen Gefühle der Reisenden nicht ernst – und ist, mindesten subtil empfunden – nicht der ideale Partner für ihre Pläne. Sie schauen weiter, suchen woanders. Weil sie eigentlich viel lieber berührt worden wären.

Das aber leistet Storytelling, das ist die große Stärke – nicht die volle Geschichte zu erzählen, sondern innerhalb des Bildes viel Raum zu lassen, damit der Leser, der Zuhörer oder Zuschauer sein Kopfkino anwerfen und das Motiv in seinem Sinne weiterdenken kann.

Sein Hirn macht ihn dabei zum Hauptdarsteller, er will die Delfine springen sehen, den tollen Wasserfall erleben, den einheimischen Markt in den Tropen mit allen Sinnen wahrnehmen. Die Tourismusbranche hat da so wahnsinnig viel zu bieten und macht vielerorts immer noch viel zu wenig daraus.

Ich kenne zum Beispiel ein hervorragendes Hotel in der Schweiz, das so viel von sich erzählen könnte und großes (Kopf-)Kino böte, sich auf der eigenen Website aber in gestanzten Phrasen verliert und von seinen „sublimen Zimmern“ spricht, was immer da jemand hineininterpretieren mag. Nichts Emotionales jedenfalls. Und keine Story.

Dabei ist Urlaub so etwas wie „Premium Content“. Was diese Branche zu erzählen und zu verkaufen hat, das interessiert die Menschen ganz grundsätzlich sehr. Das ist beim Blumenhändler, beim Zahnarzt und von ein paar Nerds abgesehen in der Computerabteilung eines Kaufhauses anders. Wir haben in der Touristik allerbeste Voraussetzungen, gehört zu werden und zu berühren. Das gelingt mit Storytelling.

Eignet sich die Methode Storytelling für alle Elemente in der Reisebranche?
Grundsätzlich ja. In der Luftfahrt ist es schwieriger als in der Hotellerie, in der Hotellerie schwieriger als in der Destination, weil man sich jeweils auf weniger Stoff beschränken muss, aus dem man etwas machen kann. Die Destination hat dabei den Riesenvorteil, aus der Breite und entsprechender Fülle schöpfen zu können – und meist auch auf mehr Vorwissen und Bilder im Kopf bei der Zielgruppe aufbauen zu können. Letztlich eignet sich Storytelling sogar für das Beratungsgespräch im Reisebüro.

Können Sie mir hier ein Beispiel nennen?
Gerne. Ein exotisches Beispiel. Wenn Sie im Reisebüro eine Flusskreuzfahrt auf dem Amazonas verkaufen möchten und erzählen, wie groß die Kabine ist, dass es viel zu sehen geben wird und dass die Gegend nur übers Wasser zu bereisen ist, ist weder Bauchgefühl noch Wow dabei. Wenn Sie aber wissen, dass der Küchenchef der dortigen Reederei Aqua Expeditions mit Ethnologen zusammenarbeitet, die die Stämme im Dschungel erforschen und dem Kunden davon erzählen, haben Sie seine Neugierde geweckt: von den Forschern, die dem Küchenchef umgehend berichten, wenn sie dort im Urwald auf bisher ungesehene Gemüse-Varianten, Früchte oder Zubereitungen gestoßen sind. Einmal im Jahr nimmt er selbst an einer Expedition teil, befragt dann die Menschen dort an den Seitenarmen des Flusses, will mehr über die Zutaten erfahren, etwas davon mitnehmen, um in seinem Sterne-Restaurant in Lima damit zu experimentieren. Später führt er diese Gerichte auch im unter seiner Ägide arbeitenden Bordrestaurant ein und serviert dort inzwischen zu 80 % heimische Produkte aus dem Amazonasbecken. Jeden Tag, jedem Passagier. Ein Feuerwerk ungekannter Geschmäcker. Das ist eine Story, die die abenteuerlustige und zugleich mit genügend Etat für eine solche Reise ausgestattete Zielgruppe absolut erreicht.

Sie haben sich wegbewegt von Standardfakten und das Hirn des Zuhörers rätselt über neue Geschmäcker, die Sinne sind angesprochen – und das Interesse an einer solchen Reise ist ganz nebenbei schlagartig gewachsen. Und nicht nur das: Übers Storytelling sind sie sofort weit weggelangt von der leidigen Preisdiskussion. Last Minute nach Ibiza können Sie einem Schnäppchenjäger so allerdings kaum verkaufen.

Hier ist die Methode Storytelling also nicht geeignet?
Doch, ich finde, sie ist sogar gut geeignet – immer mit der passenden Story. Man muss sich für eine Geschichte entscheiden, die es zu erzählen gilt. Die einfache Behauptung „dort ist es schön“ oder „das ist ein Abenteuer“ bleibt bloß eine Sachaussage mit etwas unangenehmem Absolutheitsanspruch. Die Geschichte über den Koch und die Geschmäcker an Bord ist dagegen ideal angewandtes Storytelling im Verkaufsgespräch.

Tatsächlich bietet sich Storytelling im Reisebürokontext vor allem im Luxussegment an – weil es dort viele erzählenswerte Geschichten gibt und Sie nicht die Klick&Spar-Klientel befriedigen müssen. Zugleich brauchen die Storys gar nicht so elaboriert zu sein. Es genügt zum Beispiel, in einem Satz davon zu schwärmen, wie großartig frischer Palmenherzensalat auf den Seychellen schmeckt oder wie spannend es ist, sich durch die Garküchen in Bangkok zu probieren. Es genügt ein im Idealfall sinnliches Motiv, das der andere für sich weiterdenken kann. Daraus macht sein Kopf Bewegtbild mit dem jeweiligen Menschen als Hauptdarsteller.

Deshalb gehört zum Erfolgsrezept fast immer, ganz gezielt nicht in der Ich-Form zu erzählen. Denn es geht nicht um einen selbst, sondern immer um den anderen. Das „Ich" nimmt ihm unnötig Raum für sich selber. Es ist sein Film, er soll der Held werden, der Erzähler ist frei nach Campbells „Heldenreise" der Gefährte, der dem Helden zum Erfolg verhilft. Ich-Erzähler, die sich selber allzu gern zum Helden machen, sind da hinderlich. Gerade bei Storytelling auf wenig Raum rate ich dazu, es ohne die Ich-Form zu versuchen und quasi die Rolle des übergeordneten Erzählers einzunehmen. Der ist jedem vertraut, Lokalzeitungen zum Beispiel berichten aus dieser Perspektive. Kein Reporter käme dort auf die Idee zu schreiben „Als ich vor der überfallenen Bank ankam, bot sich mir dieses und jenes Szenario."

Ich habe in den letzten Jahren für das TUI-Luxuslabel airtours auf Seminaren über zweieinhalbtausend Reisebüromitarbeiterinnen und -mitarbeiter im Storytelling geschult und war anfangs skeptisch, wie erfolgreich das in der Alltagsanwendung tatsächlich sein würde – auch weil es enorme Spontanität des Anwenders erfordert. Das Feedback der Praktiker war von Anfang an großartig, die Methode funktioniert selbst im Beratungsgespräch hervorragend.

Welche Medien eignen sich in besonderem Maße für die Initiierung bzw. Aktivierung von inneren Bildern und Geschichten?
An der Spitze steht das Kino, weil es Zeit und Raum hat, umfassend zu erzählen. Und weil sämtliche andere Medien in Vor- und Nachberichterstattung die großen Kino-Produktionen begleiten und sich der Effekt dadurch multipliziert. Die Regierung von Abu Dhabi zum Beispiel hat den siebten Teil von „Star Wars" mit einigen Millionen US-Dollar gefördert, die Szenen des Sandplaneten Jakku wurden in der Rub-al-Khali-Wüste zwei Fahrtstunden außerhalb von Abu Dhabi Stadt gedreht. Darüber wurde erstmals kurz nach den Dreharbeiten, ein zweites Mal umso massiver kurz vor Veröffentlichung des Filmes und seitdem auch danach weltweit immer wieder in allen Mediengattungen berichtet. Die letzte Zahl, die ich kenne, ist einige Jahre alt: Zu dem Zeitpunkt bereits hatte die Berichterstattung über Abu Dhabi und die dortige Wüste in Kombination mit Star Wars einen Media-Gegenwert von über 700 Mio. US$. So viel hätte diese Coverage gekostet, wenn man für dieselbe Fläche in Print, dieselben Klicks online und dieselbe Zahl Sendeminuten im TV und Radio die Anzeigenpreise bezahlt hätte. Die Rechnung ist perfekt aufgegangen. Bei Star Wars und Bond natürlich mehr als bei kleineren Filmen (Abb. 28.1).

Abb. 28.1 Die Rub-al-Khali-Wüste in Abu Dhabi war Drehplatz des siebten Star-Wars-Films. (Quelle: Sobik 2019)

Das Gute bei Kino und Fernsehen ist, dass dem Zuschauer eine Denkleistung abgenommen wird und er die Bilder anders als beim Lesen oder Hören nicht selbst erschaffen muss. Zugleich gelingt es natürlich nicht alle Tage, die eigene Destination zum Drehort für Kino- oder Fernsehproduktionen werden zu lassen. In dem Kontext würde ich übrigens davon abraten, alles mitzumachen. Spielort von Trash-TV auf RTL2-Niveau zu sein, kann der Destination auch schaden. Man mag manchen gewinnen – aber etliche andere verliert man dann. Wahrscheinlich die, die mehr Geld vor Ort ausgegeben und höherwertig gebucht hätten.

Bücher unterdessen bieten zwar Platz für klassisches Storytelling, werden aber selten zu Bestsellern und in noch weniger Fällen verfilmt. Die Destination aktiv zum Handlungsort eines Buches werden zu lassen, ist die Mühe deshalb kaum wert, weil die Wirkung wahrscheinlich gering ist. Bleibt die klassische Medienarbeit: Große Magazin- oder Tageszeitungsveröffentlichungen ebenso wie große Online-Plattformen haben weiterhin ihre Wirkung durch ihr Geschichtenerzählen. Das gilt identisch für Storytelling-basierte Insertion in diesem Umfeld.

Wie sieht es bei Influencern aus?

Influencer betreiben zwar unter Umständen auch Storytelling, aber behindern den Erfolg, weil sie mit der großen Ich-Betonung im besseren und der Ich-Besessenheit im noch schlechteren Fall nur Hardcore-Nachahmer erreichen, von denen sie bewundert werden. Diese Bewunderer identifizieren sich zwar ganz wunderbar, aber hängen immer an ihrem Vorbild, statt selber zum Helden der eigenen Sehnsüchte zu werden – und zu buchen bzw. zu reisen.

In dem Zusammenhang fallen mir Luxusreise-Blogs ein, von denen ich viele für wirkungslos halte. Nicht weil nicht der eine oder andere auch gutes Storytelling betriebe, sondern weil die Preishürde fehlt: Wer bereit ist, zwölf Euro für ein gedrucktes Luxusreisemagazin auszugeben, hat dieses Geld übrig und kann sich auch eine teure Reise leisten. Wer einem kostenlosen Online-Luxusreiseblog folgt, hat nicht gleichermaßen naheliegend das Geld, die zugrunde liegende Reise auch zu buchen und sich leisten zu können. Da nützen der Destination, die den Influencer bezahlt hat, dessen viele Follower nicht zwingend etwas. Es werden viele reine Sofareisende dabei sein.

Letztlich eignen sich Prospekte und Websites von Hotels wie von Destinationen ideal, um in einer Vielzahl kurzer Anrisse und Gedanken allein mit Sprache Bilder in den Kopf des anderen zu zaubern. Und die Optik ist bei beiden Medien ja auch mit dabei. Da lässt sich branchenweit mit überschaubarem Aufwand noch sehr viel bewegen.

Gibt es innere Bilder bzw. Geschichten, die bei allen Zielgruppen besonders gut ankommen?
Oft setzt man zu kompliziert an und zu viel voraus. Am besten ist es, die Zielgruppe mit wenigen wohlüberlegten Begriffen bei ihrem Vorwissen abzuholen.

Ein Beispiel: Wenn ich ins Storytelling über Rio de Janeiro einsteigen will, hat jeder bereits das eine oder andere Bild im Kopf. Sage ich jetzt „Copacabana", wissen die meisten, um was es geht, und sehen ein spezifisches Strandbild vor dem inneren Auge. Sage ich stattdessen aber „Guanabara" – den Namen der Bucht, an deren südöstlichem Rand der Copacabana-Strand liegt –, gehen mir viele potenzielle Zuhörer oder Leser verloren, weil sie mit dem weniger populären Begriff nichts anfangen können.

Welche Schritte schlagen Sie vor?
Am Anfang steht also immer die Analyse: Ich muss überlegen, welche Begriffe oder Motive ich als vorhanden voraussetzen kann. Damit hole ich die Leute ab, darauf baue ich auf. Storytelling für die Schriftform beginnt deshalb mit Brainstorming.

Was in unserem touristischen Kontext besonders gut ankommt, ist all das, was entweder für Erholung oder aber für Entdeckung steht. Diese beiden Zielgruppen möchte ich unterscheiden. Die Erholer und die Entdecker. Und die, die beides wollen als dritte Komponente. Erholer kann ich gut mit Begriffen oder Formeln wie „Freiheit", „Weite", „den Alltag abstreifen" erreichen, auch mit dem Wörtchen „Robinson", das in der Assoziation immer auf Strand, Palmen, Meer umgehoben wird und fürs erstrebenswerte Abschalten steht – gar nicht mehr für die Story eines Schiffbrüchigen, die es ursprünglich bei Daniel Defoe war. Sein Robinson wollte nichts sehnlicher als nach Hause, weg von der Insel – die Robinson-Urlauber heute wollen hin. Da hat sich quasi die „emotionale Befüllung" des Begriffs über die Zeit ins Gegenteil gedreht. Den Entdeckern hingegen signalisiert man mit Begriffen wie „vorausgereist" und „aus der Zeit gefallen" usw. leicht, dass sie gemeint sind. Ist das alles so weit vorsortiert, kommt die eigentliche Story: von den Früchten am Amazonas, den Delfinen in den Fjorden von Musandam im Oman, den Klängen und Gerüchen auf dem Gauklerplatz Djemaa el Fna

Abb. 28.2 Die Fjorde der omanischen Musandam-Halbinsel sind Bilderbuch-Arabien. (Quelle: Sobik 2019)

in Marrakesch, dem Streetfood in Bangkok und ebenso dem Wanderausflug mit dem Murmeltierflüsterer in Südtirol (Abb. 28.2).

Gibt es noch andere Kriterien, die für die Nutzung von Storytelling in der Reisebranche wichtig sind?
Marketingmaßnahmen sind ja häufig von mehreren Partnern gemeinschaftlich finanziert, auch im Storytelling. Da ist es wichtig, jedem einzeln klarzumachen, dass er genauso profitiert, auch wenn der Name seines Hotels in einem Storytelling-Anzeigentext oder einer Reportage nicht auftaucht. Wenn die Gegend und dort das Marktsegment profitieren, profitiert er auch. Storytelling wird kaputt gemacht, wenn zu viele Facts und zu viele Placements auf wenig Raum untergebracht werden müssen. Lieber weniger für mehr Erfolg. Oder abwechselnd die Leistungsträger einbauen.

Auch hier steht wieder die Analyse am Anfang. Ich habe so eine Beratung mal für eine schwedische Teilregion mit den verschiedenen Partnern des Fremdenverkehrsverbands vom Hotel über den Bootsverleiher bis zu Restaurant und Museum durchgeführt. Wir haben im ersten Schritt ermittelt, was potenzielle deutsche Schwedenurlauber überhaupt positiv mit dem Land assoziieren. Auf Platz eins stand der Elch, den aber die Schweden nur als lästiges Tier aus der Wildnis sehen, der ihnen besser nicht vors Auto laufen sollte. Urlauber träumen hingegen – wahrscheinlich auch heute noch – davon, ihn einmal in freier Wildbahn zu sehen und fotografieren zu können. Die Erkenntnis lag nahe: Wir haben unsere Storytelling-Maßnahmen des ersten Schrittes für den deutschen Markt so aufgestellt, dass der Elch darin vorkommt. Er ist für die Zielgruppe

Synonym für die Weite Schwedens, für die vielen Wälder und das Gegenteil unseres dicht bevölkerten Landes. Er ist ein Sehnsuchtsmotiv.

Lassen sich bestimmte Themen nicht mit dieser Methode darstellen und für welche Themen ist sie hervorragend geeignet?
Im Grunde lässt sich alles so darstellen. Nicht im Hauruckverfahren, nicht platt, immer mit Analyse und Überlegung. Aber zur Wahrheit gehört auch dies: Weitererzählinhalte für einen Autoverleiher zu finden, ist schwieriger als für ein Fünf-Sterne-Hotel. Dafür ist es schwieriger, den Verantwortlichen im Fünf-Sterne-Hotel die vielen heißgeliebten und vertrauten Standardphrasen aus Werbung und PR auszureden, die zu gerne zur Anwendung kommen und Storytelling kaputtmachen können.

Gibt es Besonderheiten beim Storytelling für Kunden, die Luxusreisen buchen?
Luxuskunden suchen eher als die preissensiblere Kundschaft das vertrauensvolle Gespräch bzw. die niveauvolle Beratung. Das schafft Raum für Austausch und entsprechend fürs Storytelling. Sie sind darüber hinaus bereit zu lesen, das Aufmerksamkeitsfenster ist größer. Dieselbe Zielgruppe ist gebildeter als das Schnäppchen-Publikum. Das alles schafft mehr Fundament und bietet Ansatzpunkte fürs Storytelling. Und nicht zuletzt rechtfertigt der Umsatz, der im Luxussegment zu erzielen ist, auch umso eher Aufwand und Kosten des Storytellings. Das passt dann alles gut zusammen.

Erkennen Sie neue Trends beim Storytelling in der Reisebranche, die Sie noch nicht genannt haben?
Weil das Aufmerksamkeitsfenster der meisten Menschen so kurz geworden ist, muss ich sie mit meinem Storytelling schnell erreichen, einen Satz, zwei Sätze, ein paar Begriffe hinwerfen, die sofort das Kopfkino starten. Ich muss also heute mit weniger genauso viel erreichen wie früher mit einer umfassenderen Story. Ich nenne das gerne „Neuro-Storytelling" und meine damit die ganz bewusst und im Zweifel individuell reduzierte Version einer Geschichte, die sofort den Nerv des Gegenübers treffen soll. Das wird die Zukunft des Storytellings sein.

Im Verkauf geht es derweil mehr und mehr um einzelne Bausteine: um den Ausflug, der nach Festlegung auf das eigentliche Hotel und die ganz bestimmte Reise noch hinzugebucht wird, dazu die Reservierung im besonderen Restaurant, den Limousinen-Transfer, die vom Hotel arrangierte Begegnung mit dem Künstler aus der Nachbarschaft. Fast alles davon ist so weit konfektioniert, dass es immer wieder buchbar ist.

Es fehlt in der Branche aber noch deutlich daran, diese einzelnen Bausteine über Sprache zu emotionalisieren, sprich übers Storytelling aufzuladen. Wer sie sowieso bucht, findet die eigene Idee plötzlich toller, wenn ihm bereits die Formulierung des buchbaren Angebots Lust macht und jemand ihn bereits beim Abfassen des Angebots in seinen Sehnsüchten erkannt hat. Wer hingegen noch unschlüssig ist, bucht umso eher und umso mehr solche Bausteine, weil er ein Bild in den Kopf bekommen hat.

Diese sogenannten Ancillaries, die gerade in der Veranstalterwelt, aber auch in Destinationen, die ja mit ihren oft privatwirtschaftlich getragenen Fremdenverkehrsbüros mehr und mehr auch selber als Mittler auftreten, eine immer größere Rolle spielen, sind ein Multi-Millionen-Umsatzbringer aufs Ganze gesehen. Leider klingen sie fast nirgends attraktiv. Eher bucht man etwas nicht, wenn man den Dreizeiler dazu liest, als umgekehrt. Da gibt es ein gewaltiges Potenzial für Storytelling, das ist geradezu ein ungehobener Schatz.

Über den Interviewpartner

Helge Sobik ist Autor von über 30 Büchern. Als Journalist schreibt er u. a. für das FAZ-Magazin, Spiegel online, den Standard in Wien und den Tages-Anzeiger in Zürich. Helge Sobik ist mehrfach mit Journalistenpreisen ausgezeichnet worden und zuletzt 2018 und 2019 von einer Branchenjury zum Reisejournalisten des Jahres gewählt worden. Seit zwanzig Jahren ist er auch in der Journalistenaus- und -fortbildung tätig. Er berät und coacht weltweit namhafte Tourismusunternehmen und -organisationen. Regelmäßig schult er zudem große PR-Agenturen im deutschsprachigen Raum. www.sobikpress.com.

„Versteckte Juwelen und authentische Erlebnisse" – Studienreisen als Anbieterkonzept 28

Interview mit Guido Wiegand, Bereichsleiter Marketing & Vertrieb des Reiseanbieters Studiosus – Das Gespräch führte Christina Vaih-Baur

Guido Wiegand und Christina Vaih-Baur

Zusammenfassung

Bildungsreisen sind im Trend. Aber wie lässt sich Erholung mit Bildungserlebnissen nachhaltig verbinden? Studiosus, Anbieter für Studienreisen, gehört seit Jahren zu den innovativen Impulsgebern der Branche.

Frage (Vaih-Baur): *Studiosus ist Europas größter Anbieter von Studienreisen. Gibt es so etwas wie die klassische Studiosus-Studienreise?*

Antwort (Wiegand): Es gibt Gemeinsamkeiten bei unseren Reisen. Zum Beispiel wollen unsere Kundeninnen und Kunden die wichtigsten Sehenswürdigkeiten eines Landes kennenlernen und sie haben einen hohen Anspruch an die Qualität unserer Reiseleiterinnen und Reiseleiter. Die Frage ist, was man unter „klassisch" verstehen möchte. Die klassische Studiosus-Studienreise existiert in zweierlei Hinsicht nicht mehr.

Wenn man klassisch als „traditionell" versteht, dann haben sich unsere Reisen sehr deutlich verändert. Heute sind moderne Inhalte Trumpf. Es existieren wechselnde Interessen, je nach aktuellen Entwicklungen. Beispielsweise ist auf unseren Griechenland-Reisen mittlerweile die große Finanzkrise, die das Land erschütterte, ein unverzichtbarer Bestandteil bei den Themen, die von den Reiseleitern behandelt werden. Daraus resultierte auch ein Schulungsbedarf für unsere Reiseleiterinnen und Reiseleiter,

G. Wiegand
München, Deutschland
E-Mail: guido.wiegand@studiosus.com

C. Vaih-Baur (✉)
Hochschule Macromedia, Stuttgart, Deutschland
E-Mail: christina@vaih-baur.de

© Springer Fachmedien Wiesbaden GmbH, ein Teil von Springer Nature 2020
D. Pietzcker und C. Vaih-Baur (Hrsg.), *Ökonomische und soziologische Tourismustrends*,
https://doi.org/10.1007/978-3-658-29640-7_28

die in Griechenland in der Regel Kunsthistoriker sind. Sie wurden zum Thema Volkswirtschaft weitergebildet. Oder ein anderes Beispiel. Es gibt für uns spürbar steigende Ansprüche an Individualität. Zahlreiche Gäste möchten sich auf unseren Reisen auch einmal außerhalb der Gruppe bewegen. Wir haben auf diese Wünsche reagiert und sog. Extratouren in unsere Programme eingebaut. Parallel zu dem organisierten Gruppenprogramm bieten wir seitdem auch die Möglichkeit, ein vororganisiertes Individualprogramm zu nutzen. Jederzeit kann zwischen dem Gruppenprogramm und dem Individualprogramm gewechselt werden.

Wenn man allerdings klassisch als „typisch" verstehen möchte, dann gibt es auch das nicht mehr. Denn unsere Reisekonzepte richten sich nach den Möglichkeiten, die ein Reiseziel bietet. Weltweit betrachtet ist das von Zielgebiet zu Zielgebiet sehr unterschiedlich. Auch die Wünsche der Zielgruppen, mit denen wir die Destinationen bereisen, variieren sehr deutlich. Folglich differenzieren sich die Reisen je Zielgruppe und Destination. Die klassische Studienreise gibt es bei Studiosus also nicht mehr.

Könnten Sie mir zwei völlig unterschiedliche Produkte von Studiosus erläutern, die Ihre Differenzierungsstrategie gut veranschaulichen?
Hier würde ich gerne die Produkte vorstellen, die sich am stärksten voneinander unterscheiden. Hieraus wird vieles sehr deutlich. Zum einen bieten wir Eventreisen an, die wir unter der Submarke *kultimer* vermarkten. Diese sind als typische Zweitreisen konzipiert, also nicht für den Haupturlaub, sondern für den Zweiturlaub. Diese Reisen sind in der Regel kürzer, sie nutzen häufig Feiertagskombinationen. Sie werden spontaner gebucht. Und bei der Zielgruppe sind kulturelle Events häufig Auslöser für die Reiseentscheidung. Der Auswahlprozess ist hier ein anderer als beispielsweise für den Haupturlaub in den Sommerferien.

Im Gegensatz dazu stehen die Reisen, die wir unter der Marke *Marco Polo* vermarkten, insbesondere die Produktlinie *Marco Polo Young Line Travel.* Damit sprechen wir Reisende an, die zwischen 20 und 35 Jahre alt sind. Diese haben eine ganz andere Erwartungshaltung als die o. g. Zielgruppe, die an Kulturevents interessiert ist. Für diese beiden Angebote haben wir ganz unterschiedliche Vermarktungskonzepte.

Wie sehen die Zielgruppen für diese beiden Produkte aus?
Faktisch ist das *kultimer*-Angebot die Offerte mit den ältesten Reisenden. Es sind zu 90 % *Studiosus*-Stammkunden, die wir gut kennen. Sie sagen zum Teil auch, dass ihnen eine lange Reise, womöglich noch in andere klimatische Verhältnisse, zu anstrengend sei. Sie möchten lieber für vier oder fünf Tage in Deutschland oder im deutschen Umfeld verreisen. Oder sie wollen auch deshalb zum Beispiel nicht nach Australien fliegen, weil sie bereits dort waren.

Bei *Young Line Travel* hingegen reden wir über Menschen, die in aller Regel ihre erste pauschal organisierte Reise unternehmen. Die meisten Menschen reisen als Twens eher individuell organisiert, als Backpacker. Hier wird aber eine Reise pauschal organisiert. Mit Young Line Travel erreichen wir einen hohen Anteil an Neukunden.

Kann man sagen, dass eher Akademiker Ihre Reisen buchen?
Ja, das ist tatsächlich eine Gemeinsamkeit. Bei *Young Line Travel* haben wir sogar den höchsten Akademikeranteil. Das hat aber sicherlich auch mit einer gesellschaftlichen Entwicklung zu tun. Die Zahl der Akademiker steigt insgesamt. Der Begriff Akademiker beschreibt aus meiner Sicht auch eher den formalen Bildungsabschluss und nicht automatisch das, was wir als Bildung betrachten. So haben sich viele unserer Stammkunden, die Nicht-Akademiker sind, über die Jahre und Jahrzehnte zu wirklich gebildeten Menschen entwickelt.

Welche Erwartungen haben diese ungleichen Konsumentengruppen an ihre jeweilige Reise? Und gibt es hier Gemeinsamkeiten?
Bei den *kultimer*-Gästen steht das Thema Convenience im Vordergrund. Das heißt: „Ich muss mich um nichts mehr kümmern.“ Ich habe also für vier Tage eine komplett organisierte Reise. Ich habe ein anspruchsvolles Kulturprogramm und was auch noch sehr wichtig ist: Ich habe Eintrittskarten! Wir gehören z. B. mit zu den Anbietern, die im ersten Jahr der Eröffnung der Elbphilharmonie viele Eintrittskarten erhalten haben. Diese Reisen haben uns die Kunden buchstäblich aus den Händen gerissen. Hier sind auch der Besuch der Mailänder Scala und des La Fenice in Venedig zu nennen. Oder die Wagner-Festspiele in Bayreuth. Dort warten andere bis zu zehn Jahre auf die Möglichkeit, die Festspiele besuchen zu können. Diesen Interessenten hilft *Studiosus,* indem hier die Karten besorgt werden und ein Programm drumherum gebaut wird. Der Gast muss sich um nichts kümmern.

Bei den jungen Leuten sieht es tatsächlich etwas anders aus. Hier haben wir 80 % allein reisende Twens. Zwei Themen sind für sie ein wesentlicher Buchungsgrund: Zum einen möchten sie Abenteuer erleben und Land und Leute kennenlernen. Der zweite wichtige Grund sind die Mitreisenden. Man entscheidet sich bewusst für das Reisen in einer Gruppe und idealerweise lernt man hier auch noch den Partner fürs Leben kennen. Der soziale Kontakt ist für viele der wesentliche Buchungsgrund. Vielen unserer Stammkunden ist es gar nicht mehr so wichtig, wohin sie reisen. Sie wollen sich in erster Linie in ihrer Community bewegen.

Inwiefern unterscheidet sich die kommunikative Ansprache der Zielgruppen?
Wenn man sich die Reiseausschreibung anschaut, dann ist die Ansprache der älteren Gäste sehr viel mehr auf den Punkt gebracht. Hier ist die Reiselogistik von entscheidender Bedeutung. Wie komme ich dahin? Wie komme ich von A nach B? Die Ansprache ist faktenbasierter und „nutzenorientiert“. Die Aufforderung ist: Nimm an einem Event teil.

Die jüngere Zielgruppe hingegen sprechen wir sehr viel emotionaler an. Die Erlebnisse und die Mitreisenden stehen im Vordergrund. Ich möchte mit den Mitreisenden etwas erleben. Da ist die Aufforderung: Werde Teil einer Community! Diese Zielgruppe duzen wir auch. Die *kultimer*-Gäste siezen wir natürlich, der Ton ist hier viel verbindlicher.

Sprechen Sie die Zielgruppen mit unterschiedlichen Fotos bzw. Farben und Formen an?
Die Bildauswahl ist unterschiedlich. Bei *Young Line Travel* zeigen wir immer Mitreisende, weil das der wichtigste Buchungsgrund ist und das diese Kunden am meisten interessiert. Über die Bildwelt wird die Stimmung erzählt: Das könntest du auf deiner Reise erleben! Das sind keine dokumentarischen Bilder, sondern werbliche Bilder, die Assoziationen freisetzen.

Unsere ältere Zielgruppe bei *kultimer* sprechen wir artifizieller an. Wenn man sich das Cover unseres *kultimer*-Katalogs anschaut, dann haben wir artifizielle Bildkommunikation, bei der nicht die Mitreisenden im Vordergrund stehen, sondern die Themen Kunst, Kultur und Events.

Auf welchen Kanälen sprechen Sie die verschiedenen Zielgruppen an?
Die ältere Zielgruppe sprechen wir durch klassisches Direktmarketing an. Wir schicken ihr sechsmal im Jahr unseren Katalog mit 50 bis 60 Reiseideen zu. Das hat mit dem relativ kurzfristigen Entscheidungsprozess speziell bei diesen Zweitreisen zu tun. Wir versuchen, die Empfänger von einer Reisebuchung zu überzeugen, die sie eigentlich nicht geplant hatten. Vom Oldtimer-Rennen Mille Miglia in Italien bis hin zum Voodoo-Festival in Benin haben wir alles im Angebot. Oder: kulinarische Reisen ins Piemont oder zu Sonnenfinsternissen irgendwo auf dieser Welt. Hier wird ein ganz breiter Bogen mit den unterschiedlichsten Reiseideen gespannt. Wir schreiben ungefähr 250.000 Kulturinteressierte an. Ergänzt werden diese Adressen noch durch Reisebüros, die sich an diesen Direktmarketing-Aktionen beteiligen.

Die jungen Leute hingegen sprechen wir so gut wie gar nicht mehr offline, sondern fast ausschließlich online an. Den *Marco Polo* Young Line Travel Katalog gibt es aber noch, er wird auch von den Online-Usern häufig bestellt. Die Ansprache ist aber in aller Regel online. Hier spielt Social Media die entscheidende Rolle. Unsere aktuelle Kampagne haben wir automatisiert ausgespielt, in einem selbstoptimierenden System. Die Motive werden in den Kanälen transportiert, dort, wo sie am besten funktionieren, sprich Leads generieren. Zielgruppen um die 20 Jahre erreichen wir zu 80 % über Instagram, Facebook ist der bessere Kanal für unsere Zielgruppen um die 30 Jahre. Der große Vorteil von Social Media ist, dass sich die Interessierten vor einer Reisebuchung informieren können, welche Leute ebenfalls mitreisen. Gerade für Gruppenreisende spielt dieser Aspekt eine große Rolle. Soziale Medien bieten hier ungeahnte Möglichkeiten, die es früher nicht gab. Gerade diejenigen, für die die Gruppe der entscheidende Buchungsgrund ist, sind in den sozialen Medien besonders gut aufgehoben. Daran hat sich unsere Vermarktung angepasst. In der Unternehmensgruppe müssen wir alle Disziplinen der Vermarktung spielen, um die unterschiedlichen Zielgruppen zu erreichen. Vom Direktvertrieb bis hin zum stationären Vertrieb. Von klassischen Anzeigen bis hin zu Online-Kampagnen. Wir müssen heute die ganze Klaviatur bedienen.

Lernen die jungen Leute in den Social Media vorab tatsächlich Mitreisende kennen, die dann auf ihrer Reise dabei sein werden?
Wir haben zwei Facebook-Communitys. Die eine wird von uns selbst administriert und ihr Auftritt ist eher werblich. Die andere Community wird von den Reisenden selbst administriert. Hier sind derzeit 10.000 Mitglieder sehr aktiv. Folgender Beispiel-Post findet sich dort häufig: „Ich möchte im nächsten Jahr nach Myanmar. Hat jemand von euch schon die Reise gemacht?" Dann erhält der Fragende rund 10 bis 20 Antworten von *Originalreisenden,* die tatsächlich dort waren. Hier findet also eine echte, konkrete Beratung statt. Der zweithäufigste Post ist: „Ich reise im Dezember nach Myanmar. Wer fährt mit?" Da melden sich immer drei, vier Leute, die tatsächlich mitfahren. Diese Leute machen dann eine eigene Gruppe auf. Man lernt dort tatsächlich die Mitreisenden kennen. Natürlich nicht alle, aber man bekommt einen ziemlich guten Eindruck, auf was man sich einlässt.

Setzen Sie zentrale Kernbotschaften ein, die alle Kommunikationsaktivitäten für sämtliche Konsumenten durchdringen?
Zentrale Kernbotschaft der Marke *Studiosus* ist: *Intensiver* leben. Das ist unser Claim, den wir intensiv getestet haben. Er ist sehr emotional und drückt die Haltung vieler unserer Gäste aus. Nicht möglichst viel oberflächlicher Konsum steht im Vordergrund, sondern das, was man tut, richtig zu machen und zu genießen. Man will das reale Leben vor Ort kennenlernen. Neben diesem Claim haben wir *Erleben Sie Menschen in ihrer Kultur* und *Land und Leute kennenlernen* als weitere Kernbotschaften, die wir mit der Marke *Studiosus* verbinden.

Bei *Marco Polo* sieht es anders aus. Der Claim ist hier *Meine Entdeckung.* Diese Marke ist viel individueller und sie steht für Abenteuer und Entdeckung. Als wir dieses Unternehmen Ende der 1990er Jahre gekauft haben, haben wir die Produktpolitik neu ausgerichtet. Für die Produktkonzepte war für uns maßgeblich, was die Menschen mit der Marke *Marco Polo* assoziieren und welche Art von Reisen sie von ihr erwarten. Ein weiterer Aspekt ist hier noch *Entdeckerreisen im Team.*

Welche Kommunikationsinhalte üben eine besondere Faszination auf die ältere bzw. jüngere Zielgruppe aus? Gibt es Gemeinsamkeiten zwischen den Zielgruppen?
Hier gibt es tatsächlich Gemeinsamkeiten, die aber doch anders interpretiert werden müssen. Vor allem während der Reise. Beide Zielgruppen haben großes Interesse, Land und Leute kennenzulernen, und wünschen sich Begegnungen mit Einheimischen. Beide wollen Authentizität erleben. Diese wird aber anders interpretiert. Wir verwenden den Begriff einer inszenierten Authentizität. Eigentlich ein Widerspruch in sich.

Ich möchte dies an einem Beispiel festmachen: Wenn ich davon träume, in einer griechischen Taverne Essen zu gehen, dann ist die Erwartungshaltung, dass ich am Meer sitze, möglichst draußen, und lecker esse. Und wenn ich in den Gastraum gehe, dann sehe ich womöglich Fischernetze an der Wand befestigt, mit einer Fototapete und „Griechischer Wein" von Udo Jürgens wird gespielt. In Wirklichkeit sind griechische

Tavernen häufig anders. Im Gastraum steht ein brummender Coca-Cola-Eisschrank, grelle Neonröhren beleuchten die Szenerie und man sitzt auf unbequemen Stühlen. Das wollen die Gäste nicht. Sie wollen entsprechend ihrem Klischee etwas erleben. Das ist zum Teil eine romantische Erinnerung an etwas, was es nicht mehr gibt. Aber trotzdem sucht man es.

Ein anderes Beispiel: Wenn wir mit unseren älteren Zielgruppen nach Sri Lanka reisen und eine Tee-Fabrik besuchen, dann gehen wir üblicherweise in einen Showroom. Dort wird gezeigt, wie Tee gepflückt wird. Und das ist für unsere *Studiosus*-Reisenden prima und kommt bei ihnen gut an. Die *Young Liner* hingegen sagen: „Das ist doch eine reine Show für Touristen. Wir möchten nicht ein paar adrett gekleidete Frauen Tee sortieren sehen. Schickt uns nach hinten in die Fabrik. Wir wollen sehen, wie es tatsächlich ist.“ Die Bereitschaft, sich von den üblichen Klischees zu lösen, ist bei den nachwachsenden Generationen wesentlich stärker ausgeprägt als bei den älteren Gästen, die eher ihre Klischees bedient haben wollen.

Welche Kommunikationsaktivitäten sind für die unterschiedlichen Zielgruppen imstande, ein attraktives Bild von Studiosus erfolgswirksam zu initiieren?
Das Word-of-Mouth ist hier ein entscheidender Punkt. Wir fragen unsere Gäste, wie sie auf uns aufmerksam geworden sind. Aus methodischen Gründen ist dies ein grober Anhaltspunkt. Das Weiterempfehlen ist bei unserer Art des Reisens von wesentlicher Bedeutung. Es ist egal, ob die Weiterempfehlung von Bekannten oder Nachbarn kommt oder im Reisebüro erfolgt. *Studiosus* ist ein Empfehlungsprodukt. Messbare Effekte erzielen wir auch bei ganz klassischen Werbekampagnen. Wir setzen auf Marken- und nicht auf Produktkommunikation.

Bei den jüngeren Zielgruppen setzen wir auf Online-Kommunikation und können die Erfolge auch nachweisen. 1996 haben wir das Produkt *Young Line Travel* auf den Markt gebracht und über einige Jahre eher mäßigen Verkaufserfolg gehabt. Erst das Internet und speziell die sozialen Netzwerke haben diese Art des Reisens wachgeküsst. Letztlich ist das auch Weiterempfehlung wie Word-of-Mouth. Die Reisenden schreiben selbst in Social Media, was sie erlebt haben, sie fügen noch Bilder hinzu und viele Menschen lesen diese Einträge.

Wie unterscheiden sich die Markenbilder, die bei den verschiedenen Zielgruppen von Studiosus existieren?
Für *kultimer* haben wir kein eigenes Markenbild. Hier reisen in der Regel *Studiosus*-Stammkunden und das *Studiosus*-Markenbild wird genutzt. Wir haben vor ein paar Monaten eine Markenkernanalyse mit dem Marktforschungsinstitut *Rheingold* durchgeführt. Das machen wir turnusmäßig und überprüfen die Entwicklung der Marke. Rational steht *Studiosus* für ein umfangreiches Kulturprogramm, eine perfekte Organisation, die Reisenden können sich auf alles verlassen. Man muss sich um nichts kümmern. Und man hat eine niveauvolle Begleitung.

Die emotionale Komponente beinhaltet ebenso das Thema Reiseleitung. Es geht hier nicht nur um die Gewissheit, dass Studiosus gut ausgebildete Reiseleiter einsetzt, sondern es geht auch um das tiefe Vertrauen in *Studiosus*-Reiseleiter. In tiefenpsychologischen Einzelinterviews sprechen die Befragten sogar in Bezug auf die Reiseleiter von ihren „Eltern". Sie sprechen wie die Kinder über ihren Vater oder sagen: „Mein Papa (*Studiosus*) wird es schon richten." Zu den eigenen Eltern hat man ja in der Regel ein sehr tiefes Vertrauen. Da ist das Vertrauen in die Reiseleiter schon enorm.

Eine weitere emotionale Komponente ist, dass man mit *Studiosus* in Regionen kommt, in die man sich alleine nie trauen würde. Da suchen unsere Kunden sich einen Partner, dem sie 100 % vertrauen, was das Thema Sicherheit anbelangt. Aber sie tauchen auch tiefer in ein Land ein, als sie das mit einem anderen Anbieter machen könnten. Es geschehen dann sog. emotionale Verwandlungsmomente, wie es die Marktforscher beschrieben haben. Das sind Erlebnisse, die die Menschen und ihren Horizont verändern.

Marco Polo steht dafür, dass man im Vergleich zu anderen Anbietern zusätzliche authentische Erlebnisse bekommt. *Marco Polo* steht für ein tiefes Eintauchen in die Landeskultur. Die Angebote von *Marco Polo* heben sich also von der Masse ab und stehen für Abenteuer und Entdeckung. Die Markenassoziation ist hier überraschenderweise eine andere als die, die wir in unserer Produktpolitik hervorrufen wollen. Wir haben eigentlich ein vergleichbares Produkt wie bei Studiosus, das wir über die Marke *Marco Polo* inhaltlich aber anders aufladen. Die Kommunikation spielt hier eine wesentliche Rolle, weniger das ganz konkrete Reisen.

Über den Interviewpartner

Guido Wiegand ist Chief Marketing Officer bei Studiosus Reisen. Nach zehn Jahren Berufspraxis in einer Werbeagentur wechselte Guido Wiegand 1993 als Werbeleiter zu Studiosus Reisen. 1996 stieg er in die Unternehmensleitung auf und verantwortet seitdem den Geschäftsbereich Marketing & Vertrieb der Unternehmensgruppe. Zudem ist er seit 2007 im Vorstand der Forschungsgemeinschaft Urlaub & Reisen tätig, dessen Vorsitz er 2010 übernommen hat.

"The Gorilla Tracking Experience Is like None Other in the World" – An Invitation to Uganda

29

Interview with Jean Byamugisha, Uganda Hotel Owners Association, Kampala – Conducted by Dominik Pietzcker

Jean Byamugisha und Dominik Pietzcker

Abstract

Uganda is one of the most interesting touristic destinations in Africa. Massive tourism has not reached Uganda, yet: a fact that adds a lot to its particular charm – says Jean Byamugisha.

Question (Pietzcker): *How would you describe the perfect destination to spend a two weeks holiday?*
Answer (Byamuhisha): The world is a beautiful place with lots of secrets ready to unfold for those willing to step out of their comfort zones. The perfect destination to spend a two weeks holiday would be in Uganda that has more to offer than one can imagine. The gorilla tracking experience is like none other in the world. This is something one has to experience for oneself. You cannot read about it, you cannot hear about it, you must experience it! The Rwenzori Mountains of the Moon in Uganda are also another beautiful attraction where one would spend two weeks. There are not many places in the world where one can see snow on the equator.

There is such a multitude of possible travel destinations, but time is always limited. So, why come to Uganda?
Wow, my favorite question. Here are my seven reasons why Uganda is an excellent and outstanding tourism destination. First, our gorillas: Uganda hosts 53% of the world

J. Byamugisha
Uganda Hotel Owners Association, Kampala, Uganda

D. Pietzcker (✉)
Berlin, Germany
E-Mail: dominik@dominik-pietzcker.com

© Springer Fachmedien Wiesbaden GmbH, ein Teil von Springer Nature 2020
D. Pietzcker und C. Vaih-Baur (Hrsg.), *Ökonomische und soziologische Tourismustrends*,
https://doi.org/10.1007/978-3-658-29640-7_29

population of gorillas at the Bwindi Impenetrable National Park. Second, Uganda is a birders paradise with 1078 species. Third, Uganda is the source of the river Nile, the longest river in Africa. Fourth, Uganda is also home to the second deepest lake in Africa, Lake Bunyonyi. Fifth, Uganda is also one of the most culturally diverse countries in the world with 56 indigenous tribes all under one boarder. We have, this is my sixth point, also one of the largest fresh water lakes in the world, Lake Victoria. And finally, Uganda has been voted one of the friendliest countries in the world. In short, Uganda has got lots to offer to everyone at whatever budget.

What are your main markets to advertise Uganda as a touristic destination?
Uganda has got market destination representatives in three major markets i.e. the US, UK and German speaking countries. We have expanded these to include China and India. However, Uganda is open to the world. Most tourists can get their visa on arrival at the Airport.

Is there a typical target group you are aiming at – e.g. families, couples, business etc.?
Uganda has mainly been targeting the leisure market of tourists which includes families and couples. This market segment remains our primary target. However, we are now diversifying our product to include the MICE (Meetings Incentives Conferences and Events) market. Uganda is undertaking a robust campaign to position herself as the new MICE destination of choice for business travellers. More business hotels are being built as well as facilities and tour packages.

How do you reach potential clients and guests?
We have tried to cover all bases to reach all our guests and potential guests. We have embraced social media as a powerful medium of communication along with the traditional channels of TV, magazines as well as word of mouth.

What are your preferred channels of communication?
Social media has been very powerful, indeed, but we also hire PR representatives in the destination markets. We also regularly attend tourism conferences and fairs to market the country to potential clients.

Are there official facts and figures on tourism in Uganda? How important is this field, in economic terms?
Yes, we do have some official figures. For instance, Uganda's tourism contributes 9% to the GDP. Tourism earned US$ 1.453 billion in 2017. We had 1.53 million arrivals in 2018 which was a 9% growth and contributed US$ 1.63 billion to the Ugandan economy. This is extremely important because tourism has now overtaken agriculture as Uganda's No 1 foreign exchange earner.

How does the digitization affect tourism in Uganda?
Digitization supplements tourism promotion in Uganda. We are able to reach more people in the world by advertising online. It is a lot more convenient than the traditional methods of printing magazines that would many times not reach the right audience. All information about Uganda can now be accessed at one's finger tips. However, we are also very aware of some of the challenges and restrictions, but overall digitization is very good for marketing our country.

Do you see any risks—safety issues, fears, environmental aspects etc. – *that might affect tourism in Uganda?*
The risks we all worry about are not only unique to Uganda but to all countries around the world. Uganda is one of the safest countries on the African continent. Unfortunately, sometimes there is false information that affects tourism in Uganda. For instance, the ebola outbreak in West Africa greatly affected tourism in Uganda, even though we were thousands of miles away from the threat. Again, Uganda is a very safe country that's open for business with the rest of the world.

How much time is needed to see the most important places in Uganda?
A good safari would require about 7–10 days in Uganda. A birding safari has been known to go for 20 days. Uganda is a melting pot of culture, food and beautiful destinations.

What are the future prospects of tourism in Uganda? What would be your prognosis?
Uganda is definitely a diamond in the rough. As you know, Sir Winston Churchill, wowed at Uganda's beauty and referred to Uganda as the "pearl of Africa". Our biggest future prospect is the MICE market. Uganda is on course to position herself as the meetings capital of East and central Africa. The government is heavily invested in the MICE market. Investors are setting up big hotels with big convention centres to tap into this market. Tour operators are also preparing beautiful travel packages to sell to the business guests after their conferences. MICE will greatly transform Uganda's tourism.

About the Interview Partner

Jean Byamugisha is working for many years as marketing officer and spokesperson for the Uganda Hotel Owners Association, one of the leading touristic organisations of Uganda.

„Neugier ist unverzichtbar“ – Aktuelle und bleibende Trends im Reisejournalismus

30

Interview mit GEO-Chef Markus Wolff – Das Gespräch führte Florian Stadel

Markus Wolff und Florian Stadel

Zusammenfassung

Mit dem Reisen verändert sich auch der Reisejournalismus – thematisch und medial. Ein Gespräch über Print, Online und geänderte Lesegewohnheiten mit dem Chefredakteur von GEO.

Frage (Stadel): *Herr Wolff, Sie haben das innovative Reisemagazin „Walden“ miterfunden und sind seit Anfang 2019 zusätzlich Redaktionsleiter der GEO-Reisemagazine „GEO Saison“ und „GEO Special“. Wo liegt künftig Ihr Hauptaugenmerk, mehr bei Ihrem Baby „Walden“ oder bei „GEO“?*
Antwort (Wolff): Mein Hauptaugenmerk liegt seit dem Jahreswechsel bei den Reisetiteln der GEO-Gruppe, also vor allem „GEO Saison“ und „GEO Special“. Für beide Titel sind Relaunches in Planung. Aber natürlich ist auch WALDEN ein Titel, den wir kontinuierlich weiterentwickeln.

In welche Richtung werden Sie die Titel weiterentwickeln?
Wir werden die Vorteile von Print noch weiter herausarbeiten und den Magazinen ein stärkeres Alleinstellungsmerkmal verleihen. Weitere Details geben wir aktuell aber noch nicht bekannt.

M. Wolff
Gruner + Jahr GmbH, Hamburg, Deutschland

F. Stadel (✉)
Hochschule Macromedia, Stuttgart, Deutschland
E-Mail: fstadel@macromedia.de

© Springer Fachmedien Wiesbaden GmbH, ein Teil von Springer Nature 2020

D. Pietzcker und C. Vaih-Baur (Hrsg.), *Ökonomische und soziologische Tourismustrends*,
https://doi.org/10.1007/978-3-658-29640-7_30

Sie verfolgen eine absolut printorientierte Strategie, online findet bei den GEO-Reisetiteln und „Walden" praktisch nicht statt. Die Websites dienen eigentlich nur als Verkaufsplattform für die Printtitel, warum?
Ausgewählte Inhalte der Reisemagazine und WALDEN zeigen wir auch online auf unserer Dachmarken-Website geo.de und auch auf Social Media finden die Titel statt. Wir machen damit neugierig auf die weiterführenden Inhalte der Hefte. Mit den Magazinen schaffen wir ein haptisches Leseerlebnis, das z. B. ein Blog nicht leisten kann, und wecken damit Impulse und Emotionen: „Jetzt muss ich wieder raus, etwas erleben!"

Die Auflage von „GEO Saison" liegt bei 65.000 Stück, vor drei Jahren war sie doppelt so hoch, das verheißt mit Blick auf die Zukunft wenig Gutes, oder?
Das ist eine marktübliche Entwicklung. Viele Printtitel leiden unter Auflagenschwund, auch die Großen wie „Stern" oder „Spiegel". Die Herausforderung ist es, auf diese Entwicklung eine Antwort zu finden.

Mit „Walden"?
Ja, mit Walden ist uns das geglückt. Da haben wir sehr schnell ein gutes Ergebnis erzielt.

Die verkaufte Auflage liegt bei 25.000 Stück.
Genau, aber einen „Stern" oder „Spiegel" mit einer Millionenauflage, so etwas wird es nicht mehr geben. In der Zukunft wird es darum gehen, eine Nische zu finden und diese zu besetzen, zum einen die große Nische „Reisen" mit den GEO-Titeln, zum anderen die kleine „Outdoor-Nische" mit „WALDEN". Das ist auch für unsere Werbekunden spannend, wir treffen mit geringem Streuverlust genau die für den Kunden passende Zielgruppe.

Mit der Werbung sind wir auch schon beim Thema Einnahmen und Geld. Gerade im Reisejournalismus sind Sponsoring und die Nähe zum Gegenstand der Berichterstattung ja eine heikle Angelegenheit. Gibt es bei Ihnen im Haus eine Art Kodex für journalistisch einwandfreies Verhalten?
Klar ist, dass wir in den Redaktionen unabhängig arbeiten. Zwar haben wir Kooperationspartner, die nehmen aber keinen Einfluss auf unsere Inhalte, ergänzen jedoch natürlich die Themenschwerpunkte der Ausgaben. Einige Reiseziele könnten im Magazin außerdem schlichtweg nicht mehr stattfinden, wenn die Reisen nicht bezahlt werden würden. Wir wählen hier aber natürlich mit Bedacht aus und schauen, ob das Reiseland oder die Unterkunft auch zum Magazin und unseren Lesern passt.

Verändert der anhaltende und sich weiter steigernde Reiseboom den Reisejournalismus?
Da GEO auch Wegbereiter ist und dem Massentourismus gewissermaßen eine Plattform bietet, ist meine Haltung hier ambivalent. Wir können das Phänomen feststellen und dafür sensibilisieren, aber Touristen für ihr Reisen zu denunzieren, ist natürlich

Abb. 30.1 Titelseite GEO Special, 02/2019

schwierig. Was wir tun, ist verstärkt Alternativen aufzeigen, wie nachhaltiges Reisen funktionieren kann. So geht es bei „WALDEN" zum Beispiel um Abenteuer vor der Haustür und nicht um die nächste Fernreise.

Wohin geht die Reise beim Reisejournalismus insgesamt?
Weg vom Destinationstourismus. Es wird künftig nicht mehr heißen: „Ich erklär' dir mal Andalusien." Wir müssen mehr die Protagonisten, die Reisenden in den Geschichten zeigen. Das Motto lautet: „Personalisieren!" Daher läuft ja auch Airbnb so gut.

Welchen Rat würden Sie angehenden Reisejournalisten mit auf den Weg geben?
Neugier ist sicher unverzichtbar. Aber auch genügend Selbstvertrauen, dem eigenen Bauchgefühl zu vertrauen und ein Gespür für eigene Themen zu entwickeln ist wichtig. Der Trend geht weg von der klassischen Länderreportage.

Darüber hinaus muss Journalisten der Brückenschlag in die Lebenswelt der Leser gelingen. Und deren Zeitfenster ist immer begrenzter. Sie wollen wissen: Was kann ich nach Feierabend erleben? (Abb. 30.1)

Über den Interviewpartner
Markus Wolff hat Journalistik und Politikwissenschaften in Dortmund studiert. Seine Laufbahn bei Gruner+Jahr begann er 2002 bei GEO SAISON. Seit 2005 arbeitet er als Reporter in der GEO-Gruppe. 2015 war er Teil des Gründerteams des Outdoor-Magazins WALDEN, das er auch weiterhin mitverantwortet. Für seine Texte erhielt er mehrfach Preise und Auszeichnungen. Seit dem 1. Januar 2019 steht Markus Wolff an der Spitze der GEO Reisemagazine GEO Saison und GEO Special.

Über den Interviewer

Prof. Dr. Florian Stadel hat Geschichte, Politische Wissenschaft und Romanistik an den Universitäten Bonn, Pisa und Trient studiert. Er promovierte mit einer Arbeit über die Rolle deutscher Tageszeitungen während des Aufstiegs der Nationalsozialisten. Anschließend arbeitete er als Journalist für die Nachrichtenagentur Reuters, das Nachrichtenmagazin Focus und die Neue Zürcher Zeitung. Er berät deutsche und Schweizer Medienhäuser in Fragen der Organisation und Marktpositionierung. Er hält eine Professur für Journalistik an der Hochschule Macromedia in Stuttgart und veröffentlicht regelmäßig Artikel zu journalistischen Themen.

Teil IV

Nische und Mainstream – Mediale Ausprägungen von Mobilität und Tourismus

31 Vertrauen in der Sharing-Economy am Beispiel von Airbnb – Eine theoretische Annäherung

Christian Rudeloff und Colin Witt

Zusammenfassung

Die Sharing-Plattform Airbnb hat in den vergangenen Jahren den Tourismus-Sektor revolutioniert und stellt viele Akteure innerhalb dieses Sektors weiterhin vor große Herausforderungen. Der Beitrag untersucht vor diesem Hintergrund eine zentrale Erfolgsbedingung der Sharing-Economy: die Bildung von Vertrauen aufseiten der Nutzer. Es wird deutlich, dass in der Sharing-Economy eine neuartige Form der Vertrauensbildung zu beobachten ist. Charakteristisch ist dabei die Hierarchielosigkeit innerhalb eines sich selbst regulierenden Personennetzwerkes, indem Erfahrungen verschiedener Personen zu einem digitalen Vertrauenskapital kumuliert werden, um die Entstehung neuer Vertrauensbeziehungen zu beschleunigen.

31.1 Einleitung

Die Sharing-Economy ist ein neues Wirtschaftssystem, das einen grundlegenden Wandel für das ökonomische und gesellschaftliche Miteinander bedeuten könnte. In der Literatur wird diese Wirtschaft des Teilens bereits als „[…] das erste neue ökonomische Paradigma seit dem Aufkommen von Kapitalismus und Sozialismus […] das tatsächlich Wurzeln zu fassen vermag" beschrieben (Rifkin 2014, S. 9). Charakterisiert

C. Rudeloff (✉)
Lüneburg, Deutschland
E-Mail: c.rudeloff@macromedia.de

C. Witt
Hamburg, Deutschland
E-Mail: cwitt@stud.macromedia.de

© Springer Fachmedien Wiesbaden GmbH, ein Teil von Springer Nature 2020
D. Pietzcker und C. Vaih-Baur (Hrsg.), *Ökonomische und soziologische Tourismustrends*,
https://doi.org/10.1007/978-3-658-29640-7_31

wird die Sharing-Economy durch eine dezentrale Angebots- und Nachfragestruktur, die auf digitalen Personennetzwerken basiert. Aufgrund der Abwesenheit von Hierarchien innerhalb dieser sich selbst regulierenden Netzwerke wird dem Vertrauensbegriff in der Sharing-Economy eine besondere Rolle zugeschrieben. Dabei lassen sich neuartige Vertrauensmodelle beobachten, welche in diesem Beitrag genauer untersucht werden.

Zur Sharing-Economy wird eine Vielzahl verschiedener Angebote und Unternehmen gezählt. Zu den bekanntesten gehören etwa die Fahrdienstleister Uber, Lyft und der Carsharing-Anbieter Car2Go. Für den Tourismus-Sektor von zentraler Relevanz ist Airbnb. Das 2008 in den USA gegründete Unternehmen erlaubt es Privatpersonen, über eine Online-Plattform Unterkünfte an andere Nutzer zu vermieten. Airbnb ist in 191 Ländern und insgesamt über 81.000 Städten vertreten. Das Unternehmen hat den Markt für Tourismus und Übernachtungen radikal verändert (Guttentag 2015).

Im folgenden Abschnitt werden als theoretische Grundlage verschiedene Formen des Vertrauens und ihre Bedeutung erläutert, anschließend wird das Phänomen der Sharing-Economy beleuchtet. Auf dieser Basis wird abschließend der Versuch unternommen, die besondere Rolle von Vertrauen in der Sharing Economy zu konzeptualisieren.

31.2 Begriffsklärung: Vertrauen

Im Folgenden wird zunächst grundsätzlich Vertrauen als „die Erwartung einer Person, dass es in einer Situation auch ohne die vollständige Kontrolle möglicher negativer oder opportunistischer Verhaltensweisen zu einem gewünschten positiven Ausgang kommt" (Oswald 2006, S. 711) gefasst. Vertrauen, als Faktor einer meist dyadischen Beziehung, nutzt eine positive Erwartungshaltung, um subjektiv die Wahrscheinlichkeit des Auftretens eines Schadens zu reduzieren. Durch vorhandenes Vertrauen wird dementsprechend das wahrgenommene Gesamtrisiko einer Interaktion verringert. Dabei ist zu beachten, dass Vertrauensbildung ein wahrgenommenes Risiko nicht eliminieren kann, dieses jedoch verringert. „[…] Vertrauen gibt keine vollständige Information über das zu erwartende Verhalten der Vertrauensperson. [Es dient] nur als Sprungbasis für den Absprung in eine immerhin begrenzte und strukturierte Ungewissheit" (Luhmann 1968, S. 31).

Dabei bleibt stets ein Restrisiko bestehen, dessen Eintreten sich ggf. durch Kontrolle verhindern lässt bzw. verhindern lassen hätte. Vertrauen kann entsprechend nie den gewünschten oder erwarteten Ausgang einer Situation garantieren, ist jedoch unabdingbar für ein gesellschaftliches und wirtschaftliches Miteinander. Luhmann beschreibt die Hauptfunktion von Vertrauen daher als „Mechanismus der Reduktion von sozialer Komplexität" (Luhmann 1968, S. 21).

31.3 Zur Entstehung von Vertrauensbeziehungen

Vertrauen kann auf verschiedenen Ebenen entstehen und bestehen. Grundsätzlich beruht Vertrauen auf Erfahrung und wird im Laufe einer Beziehung zweier Parteien graduell aufgebaut. Vertrauen ist entsprechend nicht statisch, sondern entwickelt sich fortlaufend auf der Basis von Interaktionen und Routine (Einwiller 2003). Die Intensität des Vertrauens zwischen zwei Parteien hängt oftmals von der Art der Beziehung ab. So hat eine private Beziehung zwischen Freunden grundsätzlich mehr Potenzial, eine höhere Stufe des Vertrauens zu erreichen, als beispielsweise eine Beziehung zwischen Geschäftspartnern (Einwiller 2003). Private Vertrauensbeziehung zeichnen sich dabei durch „einen stärkeren emotionalen und schwächeren rationalen Gehalt aus“ (Einwiller 2003, S. 82).

Grundsätzlich lässt sich die Vertrauensentwicklung in drei Phasen unterteilen. Dabei ist zu beachten, dass eine Vertrauensbeziehung nicht zwingend alle diese Phasen durchläuft. Die Entwicklungsstufen stellen ein Grundsatzmodell dar, mithilfe dessen die Entstehung einer typischen Vertrauensbeziehung beschrieben werden kann. Die Phasen werden je nach Art der Beziehung (geschäftlich, freundschaftlich, intim etc.) in unterschiedlicher Intensität und Dauer durchlaufen.

31.3.1 Bekanntheit

Die erste Phase der Vertrauensentwicklung ist die der Bekanntheit. Bekanntheit stellt eine notwendige Grundlage dar, auf der sich zukünftiges Vertrauen entwickeln kann. Luhmann (1968) betont, dass man „[…] nicht ohne jeden Anhaltspunkt und ohne alle Vorerfahrung Vertrauen schenken [kann]“ (S. 17 f.). Ein Mindestmaß an Bekanntheit ist zudem unabdingbar, da es ein grundsätzlich gelerntes Selbstverständnis in der Annahme gibt, dass es unangebracht oder gar gefährlich ist, einer vollkommen fremden Person zu vertrauen bzw. mit ihr zu interagieren (Einwiller 2003). Da es in der Phase der Bekanntheit um die ersten Interaktionen und Kontakte mit einer anderen Partei geht, werden in dieser Phase nach Möglichkeit externe Informationen als Indikatoren für die Vertrauenswürdigkeit herangezogen. Diese Informationen können sowohl von persönlichen Quellen (Informationen von Freunden oder Bekannten) als auch von unpersönlichen Quellen (z. B. allgemeines Kategoriewissen) stammen.

31.3.2 Vorhersagbarkeit

Im weiteren Verlauf einer Vertrauensbeziehung entsteht, durch die bei fortlaufenden Interaktionen mit dem Gegenüber gesammelten Erfahrungen, ein vertieftes Wissen über die Vorhersagbarkeit dessen zukünftigen Verhaltens (Einwiller 2003). Die Vorhersagbarkeit des Interaktionspartners ist vor allem kognitiv geprägt und wird durch Erfahrungen bestimmt und bewertet. Dabei muss es sich nicht zwangsläufig um eigene Erfahrungen mit dem Interaktionspartner handeln. Auch über Dritte vermitteltes Wissen ist für die Bewertung der Vorhersagbarkeit relevant. Kondensiert können diese Informationen als Reputation verstanden werden (Geiger 2017). Die gesammelte Reputation lässt es zu, Rückschlüsse über die Beständigkeit und Stabilität der Handlungen des Interaktionspartners zu ziehen. Eine hohe Vorhersagbarkeit schafft also einen Mechanismus, der es ermöglicht, den Interaktionspartner bzw. dessen Handlungen auf Beständigkeit zu bewerten. Dabei ist zu beachten, dass eine höhere Vorhersagbarkeit nicht mit einem entsprechend höheren Vertrauen gleichzusetzen ist. Die Vorhersagbarkeit hilft lediglich dabei, die Beständigkeit der Handlungen zu beurteilen. Handelt der Interaktionspartner basierend auf den bekannten Informationen z. B. meist negativ, so ist die Vorhersagbarkeit hoch, das Vertrauen jedoch gering.

31.3.3 Verlässlichkeit

Die Phase der Verlässlichkeit wird vor allem durch den hohen Anteil an emotionalen Elementen charakterisiert. Jedoch sind auch rationale Elemente bei der Evaluation des Interaktionspartners in Bezug auf Verlässlichkeit von Relevanz, im Vergleich zu den ersten beiden Phasen spielen diese jedoch hier eine untergeordnete Rolle (Geiger 2017). Die dritte Phase der Vertrauensbeziehung führt „zu einem umfassenden Verständnis der Persönlichkeit des [Interaktions]partners“ (Geiger 2017, S. 84).

Wie bereits erwähnt ist es nicht zwangsläufig gegeben, dass eine Vertrauensbeziehung alle diese Entwicklungsstufen durchlaufen muss. Gerade die dritte Phase der Verlässlichkeit impliziert eine vertiefte Vertrautheit mit dem Interaktionspartner, wie sie grundsätzlich eher zwischen engen Freunden oder Partnern auftritt.

31.4 Formen und Ausprägungen von Vertrauen

31.4.1 Generelles Vertrauen

Allem zugrunde liegt das generelle Vertrauen. Beschrieben wird dadurch eine allgemeingültig generalisierte Erwartungshaltung. Diese Erwartungshaltung besteht zwischen nahezu allen Teilnehmern einer Gesellschaft (Oswald 2006). Luhmann (1968) beschreibt das generelle Vertrauen als „Gleitschienen, [welche] dem täglichen Erleben zugrunde gelegt werden“ (S. 22). Dabei geht das Vertrauen stufenlos in Kontinuitätserwartungen über und ist somit routinemäßig und unbedacht als Notwendigkeit im täglichen Leben vorhanden (Luhmann 1968). Wie von Luhmann (1968) beschrieben, dient „Vertrauen als Mechanismus zur Reduktion sozialer Komplexität“ (S. 21). Das generelle Vertrauen spielt dabei eine essenzielle Rolle, indem es den einfachen, alltäglichen Routinen ihre Komplexität nimmt.

Luhmann (1968) beschreibt außerdem, dass auch Misstrauen zur Reduktion von Komplexität dienen kann. Misstrauen fokussiert sich jedoch auf die Negativerwartungen, welche oftmals deutlich komplexer sind und bei denen es mehr mögliche Szenarien gibt (Luhmann 1968). Misstrauensstrategien als Hauptmechanismus des gesellschaftlichen Zusammenlebens sind daher weniger geeignet als Vertrauensstrategien bzw. das Annehmen eines generellen Vertrauens.

31.4.2 Kalkulationsbasiertes Vertrauen

In einer kalkulationsbasierten Vertrauensbeziehung wird das Vertrauen durch ein klares Kosten-Nutzen-Kalkül bestimmt, welches den positiven Ausgang der Interaktion absichert. Erfahrungen mit dem Gegenüber werden bei kalkulationsbasiertem Vertrauen wenig Relevanz zugesprochen, da die erwartete Reziprozität durch eine Anreizstruktur abgewogen wird. Dabei werden die Kosten für ein konkurrierendes Verhalten den Belohnungen für kooperatives Verhalten gegenübergestellt und als Indiz für die Auftretenswahrscheinlichkeit eines Schadens verwendet (Oswald 2006). Vertrauensbeziehungen dieser Art finden sich oft im geschäftlichen Kontext, oder in einer de-personalisierten Interaktion mit beispielsweise Unternehmen oder Institutionen wieder.

31.4.3 Wissensbasiertes Vertrauen

Anders als beim kalkulationsbasierten Vertrauen wird beim wissensbasierten Vertrauen den moralisch positiven Eigenschaften der betreffenden Person die höchste Relevanz zugesprochen. Dabei ist Erfahrung ein wichtiger Faktor, um die andere Partei und deren moralische Überzeugung einschätzen zu können (Oswald 2006).

31.4.4 Systemvertrauen

Das Systemvertrauen beschreibt die Einstellung bzw. das Vertrauen in die Strukturen einer Umgebung, in denen eine Interaktion mit einem Vertrauenspartner stattfindet. „Vertrauensbereitschaft beruht in jedem Falle auf der Struktur des Systems, das Vertrauen schenkt. Nur dadurch, dass die Sicherheit des Systems strukturell gewährleistet wird, ist es möglich, die Sicherheitsvorkehrungen für einzelne Handlungen in konkreten Situationen herabzusetzen“ (Luhmann 1968, S. 84). Auch wenn dem Interaktionspartner vertraut wird, kann das Systemvertrauen Auswirkungen auf das Vertrauen in die Interaktion insgesamt haben. Dieses Phänomen funktioniert jedoch auch andersherum. So kann ein sicheres, vertrauensvolles System/Umgebung, wie bereits erwähnt, den Effekt haben, dass persönliche Sicherheitsvorkehrungen herabgesetzt werden und eine Vertrauensbeziehung bzw. genug

Vertrauen entstehen kann, um eine Interaktion durchzuführen. Ein hohes Systemvertrauen kann entsprechend ausschlaggebend dafür sein, sich auch auf nicht unmittelbar bekannte Formen der Kooperation einzulassen, da aufgrund der Strukturen des Systems davon ausgegangen werden kann, dass die Interaktion positiv verläuft (Luhmann 1968).

31.4.5 Spezifisches Selbstvertrauen

Das spezifische Selbstvertrauen spielt eine wichtige Rolle in Bezug auf allgemeines Systemvertrauen. Luhmann (1968) merkt dazu an, dass Komplexität nicht nur durch externe, sondern auch durch interne Strukturen und Prozesse reduziert wird. Gemeint ist damit, dass das Vertrauen in die eigenen Fähigkeiten ein weiterer wichtiger Faktor des Systemvertrauens ist. Glaubt man von sich selber, dass man aufgrund von internen Einschränkungen mit den gegebenen Strukturen und Prozessen eines Systems nicht umgehen kann, so hat dies auch Auswirkungen auf das grundlegende Vertrauen in das System. Daraus resultiert in der Regel eine eher ablehnende Haltung gegenüber dem System.

31.4.6 Die Entwicklung von Vertrauen in Wirtschaftssystemen

Vertrauen spielt im wirtschaftlichen Kontext eine bedeutende Rolle. In geschäftlichen Beziehungen fixiert man sich in der Vertrauensfrage meist vorherrschend auf die Risiken, welche durch einen kalkulationsbasierten Vertrauensansatz abgewogen werden (Kirchler 2011). Obwohl vor allem Vertrauensbeziehungen in der Wirtschaft stark durch externe Rahmenbedingungen abgesichert werden, gilt „gegenseitiges Vertrauen [als] eine Grundvoraussetzung für die Funktionsfähigkeit einer arbeitsteiligen Marktwirtschaft“ (Petersen 2011, S. 589). In geschäftlichen Beziehungen wird der bewusste Kontrollverlust meist durch rechtliche Rahmenbedingungen, wie beispielsweise Verträge, minimiert bzw. kompensiert. Durch rechtliche Grundlagen werden Sanktionsmaßnahmen geschaffen, die es ermöglichen, den Ausgang der Interaktion vorherzusagen, zu strukturieren und das subjektive Risiko dadurch zu verringern. Da es auch bei ökonomischen Austauschprozessen zu einer Begegnung menschlicher Akteure kommt, welche Erwartungen aneinander richten, kann auf Vertrauen jedoch nicht verzichtet werden (Braun et al. 2012). Vertrauen als solches hat in der Vergangenheit, gerade im ökonomischen Kontext, immer wieder grundlegende Veränderungen erlebt. Die Mechanismen der Vertrauensentstehung und der Risikoreduktion entwickeln sich dabei parallel zu gesellschaftlichen und technologischen Veränderungen und den daraus resultierenden Notwendigkeiten, Vertrauensbeziehungen neu zu definieren. Grundsätzlich kann die Entwicklung bzw. die Evolution von Vertrauen in drei Kategorien eingeteilt werden: lokales Vertrauen, institutionelles Vertrauen und vernetztes Vertrauen (siehe Abb. 31.1).

Abb. 31.1 Evolution of Trust. (Quelle: Botsman, 2017)

Das Modell des lokalen Vertrauens basiert auf der Annahme, dass es sich um sehr kleine Communities handelt, in denen untereinander gewirtschaftet wird. Dabei kann davon ausgegangen werden, dass jeder Teilnehmer dieser Gesellschaft den entsprechenden Interaktionspartner persönlich kennt (Botsman 2017). Damit ist die erste Voraussetzung bzw. die erste Phase der Vertrauensbeziehung (Bekanntheit) bereits gegeben. Es bedurfte zu dieser Zeit des lokalen Wirtschaftens keiner externen Rahmenbedingungen, wie z. B. rechtlich bindende Verträge, welche die Interaktionen absicherten. Im Gegensatz zu rechtlichen Sanktionen bei Fehlverhalten, wurde ein Vertrauensbruch im Modell des lokalen Vertrauens durch soziale Sanktionen bestraft (Luhmann 1968). Diese sozialen Sanktionen äußerten sich z. B. darin, dass der vertrauensbrechende Interaktionspartner auf dem gesamten lokalen Markt als nicht vertrauensvoll galt. Entsprechend hätte diese Person in zukünftigen Interaktionen Schwierigkeiten gehabt, da aufgrund von Erfahrungen angenommen werden konnte, dass dieser Person nicht vertraut werden kann. Luhmann (1968) merkt dazu an, dass sich in solchen einfachen Systemen Recht und Vertrauen als Mechanismen nicht trennen lassen (S. 32).

Im Zuge des gesellschaftlichen und technologischen Fortschritts haben sich auch die Märkte und die ökonomischen Systeme weiterentwickelt. Durch neue Handelswege und logistische Möglichkeiten konnten neue, deutlich größere und eben auch unbekannte Märkte erschlossen werden. Die Vertrauensbeziehungen und die damit verbundene Risikoreduktion werden daher, vor allem im ökonomischen Kontext, nun vorherrschend durch gesetzliche Rahmenbedingungen und entsprechende rechtliche Sanktionsmöglichkeiten gefördert. Vertrauen wurde dadurch institutionalisiert und im Zuge dessen weitestgehend depersonalisiert (Botsman 2017).

In den letzten Jahren hat sich ein weiteres Vertrauensmodell etabliert, welches zunehmend an Bedeutung gewinnt. Botsman (2017) nennt dieses Modell „distributed trust“ (S. 7 f.). Luhmann spricht in diesem Kontext auch von einer Heterarchie (Rudeloff 2013). Durch dezentral organisierte Medienformen wie dem Internet beschleunigt und intensiviert sich Luhmann zufolge die Entwicklung von Heterarchien. „Die Vernetzung unmittelbarer, jeweils an Ort und Stelle diskriminierender (beobachtender) Kontakte“ untergrabe systematisch „die Autorität der Experten“ (Luhmann 1998, S. 312).

Im Modell des institutionellen Vertrauens fließt das Vertrauen klassischerweise in einer hierarchisierten Form von unten nach oben. Vertrauen wird entsprechend von unten nach oben an Autoritäten oder Experten geleitet. Diese übergestellten Instanzen können entsprechend staatliche Einrichtungen, Institutionen oder Unternehmen sein. Dieser klassisch-hierarchische Verlauf erlebt derzeit einen Wandel, indem er sich zu einem horizontalen Verlauf entwickelt (Botsman 2017). Horizontal fließt das Vertrauen beispielsweise zu anderen Personen oder Bekannten und bildet so eher ein Netzwerk als ein hierarchisches System. Diese Personennetzwerke entstehen oft auf Basis einer Plattform, welche als Vermittler agiert. Bis auf die allgemein geltenden gesetzlichen Rahmenbedingungen regulieren und kontrollieren sich diese Personennetzwerke mithilfe der Plattform selbstständig (Diekhöner 2017).

31.5 Begriffsklärung: Sharing-Economy

Es gibt verschiedene Merkmale, welche für die Sharing-Economy charakteristisch sind.

Grundsätzlich kann Sharing zwischen verschiedenen Akteuren stattfinden: Zwischen Unternehmen und Privatpersonen (B2C, Business-to-Consumer), zwischen zwei Privatpersonen (P2P, Peer-to-Peer) oder zwischen zwei Unternehmen (B2B, Business-to-Business) (Scholl et al. 2015). Eine typische B2C-Transaktion in der Sharing-Economy wäre beispielsweise die Nutzung eines Car-Sharing-Services wie Car2Go oder DriveNow. Dabei wird das Angebot von einem Unternehmen gestellt, welches dann von Nutzern verwendet wird. Im Gegensatz dazu steht das P2P-Sharing, welches durch das Modell des Unternehmens Airbnb beschrieben werden kann. Airbnb agiert als Plattform, auf der Unterkünfte vermittelt werden. Airbnb bietet selbst keine Zimmer an, sondern fungiert als Vermittler zwischen Privatpersonen. Die Transaktion bzw. das „Sharing" findet also zwischen Privatpersonen statt. Die dritte Ausprägung ist das B2B-Sharing. Ein Beispiel hierfür ist die Plattform LiquidSpace, welche als Vermittlungsplattform für die geteilte Nutzung von Büroflächen dient (Scholl et al. 2015).

Der Ansatz der Sharing-Economy basiert auf der Idee, dass der On-demand-Zugriff auf Produkte und Dienstleistungen gegenüber dem Besitz eben dieser präferiert wird und so eine effizientere Verteilung und Nutzung der verfügbaren Ressourcen ermöglicht wird (Walter 2017). Dabei ist charakteristisch für die Sharing-Economy, dass zwei Parteien eine Transaktion vornehmen, welche es ihnen erlaubt, ein Produkt oder eine Dienstleistung so zu nutzen, dass ein gegenseitiger Vorteil für beide Parteien entsteht und eine ansonsten nicht ausgelastete Ressource effizienter genutzt wird (Walter 2017). In der Sharing-Economy werden Besitzer einer nicht ausgelasteten Ressource entsprechend mit Nachfragern verbunden. Dies geschieht in der Regel über webbasierte Plattformen, welche Anbieter und Kunden zusammenbringen (Walter 2017).

Ein weiteres Merkmal der Sharing-Economy, insbesondere des P2P-Sharings, ist das Verschwimmen von privaten und professionellen Aktivitäten. Durch die Sharing-Plattformen werden Aktivitäten, welche sonst privater oder persönlicher Natur sind, entsprechend kommerzialisiert. Des Weiteren verschwimmen dabei die Grenzen der Beschäftigungsarten. So können Anbieter ihre Aktivitäten auf Sharing-Plattformen sowohl als Vollzeit- als auch als Teilzeitbeschäftigung oder als unregelmäßige Nebenaktivität ausführen (Sundararajan 2016). Arbeitsverträge gibt es dabei nicht, da jeder Anbieter in einer Quasi-Selbstständigkeit handelt. Die Anbieter arbeiten dabei nicht direkt für die Plattformen, sondern nutzen diese lediglich, um sich mit Kunden zu vernetzen.

Des Weiteren ist zu beachten, dass die Transaktionen des Peer-to-Peer-Sharings grundsätzlich über eine webbasierte Plattform stattfinden und es sich dabei nicht um das Leihen und Tauschen unter Freunden oder Familienmitgliedern handelt. Trotz des meist kommerziellen Hintergrundes kann nicht ausgeschlossen werden, dass in der Sharing-Economy Leistungen auch ohne eine entsprechende Gegenleistung oder Bezahlung erbracht werden.

Grundsätzlich kann des Weiteren zwischen zwei Ausprägungen im Peer-to-Peer-Sharing unterschieden werden: Sharing als verlängerte Nutzung und Sharing als intensivere Nutzung. Wie in Abb. 31.2 dargestellt, handelt es sich bei der verlängerten Nutzung um das Tauschen oder Verkaufen von Gebrauchtwaren (Scholl et al. 2015). Hintergrund dabei ist, wie bereits beschrieben, der Gedanke, Ressourcen effizienter zu nutzen. Die Alternativen zu einer Nutzungsverlängerung durch Tausch oder Verkauf wäre die Entsorgung des Gegenstands oder eine Nichtnutzung. In beiden Fällen wäre die potenzielle Nutzungskapazität der Ressource nicht ausgenutzt (Scholl et al. 2015).

Im Gegensatz zu der verlängerten Nutzung steht die in Abb. 31.3 dargestellte intensivere Nutzung. Diese lässt sich beispielsweise wieder an dem Unternehmen Airbnb beschreiben. Dabei wird durch das Vermitteln freier Plätze in einer Wohnung eine intensivere Nutzung der Wohnung, also der Ressource erreicht. So werden nicht ausgelastete Kapazitäten effizienter verwendet. Bei diesem Modell ist es allerdings nicht zwangsläufig notwendig, dass die Nutzung der Ressource von mehreren Personen gleichzeitig erfolgt, da dies nicht mit allen Gütern möglich ist. Daher wird auch eine sequenzielle Nutzung einer Ressource durch das Modell der intensiveren Nutzung beschrieben.

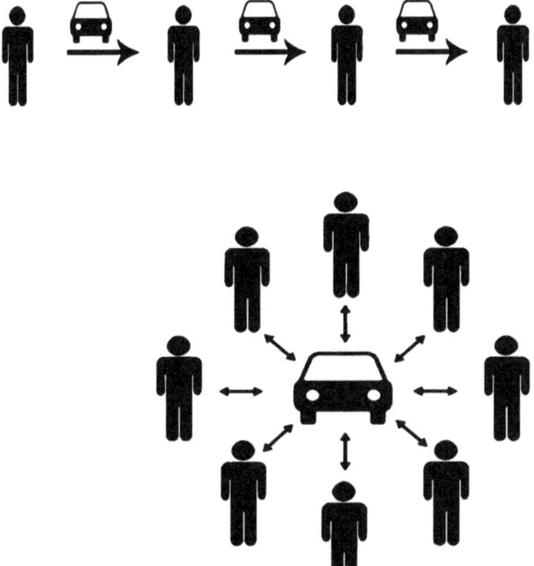

Abb. 31.2 Verlängerte Nutzung. (Quelle: Eigene Grafik)

Abb. 31.3 Intensivere Nutzung. (Quelle: Eigene Grafik)

31.6 Versuch einer theoretischen Annäherung: Vertrauen in der Sharing-Economy

Neue digitale Vertrauensmechanismen machen zwischenmenschliches Vertrauen skalierbar und ermöglichen so ein bisher ungenutztes Kollaborationspotenzial. Sharing-Plattformen wie Airbnb und die darin entstehenden Vertrauensmodelle eröffnen neue Möglichkeiten des Wirtschaftens.

Die Möglichkeit, schnelle, verlässliche Vertrauensbeziehungen mit fremden Personen auf der ganzen Welt zu etablieren, führt zu einem Angebots- und Nachfragenetzwerk. Airbnb ermöglicht es Privatpersonen, die Unterkünfte vermieten, eine Marke zu entwickeln, indem Vertrauen und Reputation als Image bzw. als Währung gesehen werden können (Sundararajan 2016).

Auf den einzelnen Nutzerprofilen kann durch das Kumulieren von Interaktionen ein Vertrauenskapital aufgebaut werden, welches es den Nutzern ermöglicht, schneller Vertrauensbeziehungen aufzubauen und verlässliche Interaktionen mit fremden Personen zu haben. In Abb. 31.4 ist das klassische graduelle Modell der Entstehung einer Vertrauensbeziehung zu erkennen. Vertrauen wird über die Zeit anhand von vielen Interaktionen zwischen der Person a und der Vertrauensperson VP aufgebaut. Die jeweiligen Interaktionen werden entsprechend als Erfahrungen abgespeichert. Die Darstellung skizziert den idealtypischen Aufbau einer entstehenden Vertrauensbeziehung, bei dem davon ausgegangen wird, dass es sich lediglich um positive Interaktionen handelt. In Abb. 31.5 ist zu erkennen, wie das idealtypische Vertrauensmodell in der Sharing-Economy funktioniert. Dabei werden einzelne Interaktionen mit unterschiedlichen Personen durch die Plattform zu einem Vertrauenskapital aggregiert. Dieses gesammelte Vertrauenskapital kann durch einen neuen Nutzer direkt abgerufen werden. So besteht die Möglichkeit, eigene, direkte Erfahrungen mit dem Interaktionspartner, welche in herkömmlichen Vertrauensmodellen als notwendige Bedingung galten, zu überspringen. Eine Vertrauensbeziehung kann so deutlich schneller aufgebaut werden. Die erste Phase der Vertrauensentwicklung (Bekanntheit) kann durch dieses Modell direkt übersprungen werden. Selbst die zweite Phase (Vorhersagbarkeit) kann ggf. übersprungen bzw. direkt erreicht werden, da die Beständigkeit der Interaktionen des Vertrauenspartners direkt sichtbar ist.

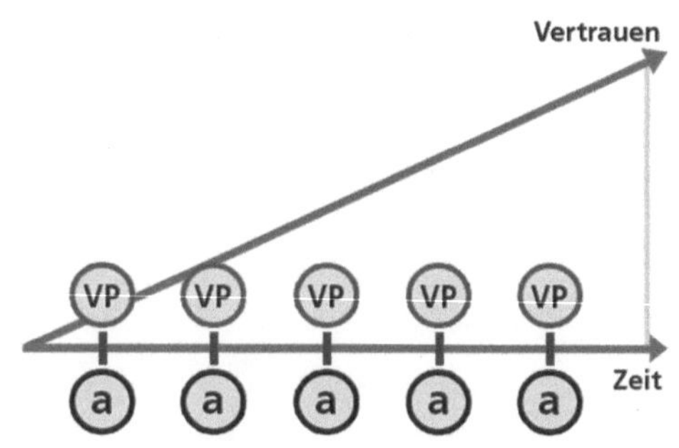

Abb. 31.4 Klassische Entstehung einer Vertrauensbeziehung. (Quelle: Eigene Grafik)

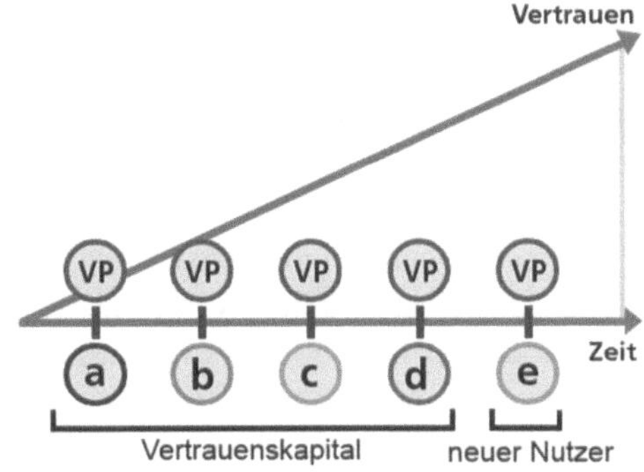

Abb. 31.5 Entstehung einer Vertrauensbeziehung in der Sharing-Economy. (Eigene Darstellung)

Um den Nutzern zu ermöglichen, ein Vertrauenskapital anzusammeln bzw. das Vertrauenskapital anderer Nutzer einzusehen, hat Airbnb zahlreiche Mechanismen und Funktionen etabliert (Hawlitschek et al. 2016). Dazu gehören z. B. gegenseitige Bewertungssysteme, Verifizierungsmechanismen, Zahlungsabwicklung oder aussagekräftige Benutzerprofile. Bei der Betrachtung dieser Vertrauensmodelle fällt auf, dass die Funktionsweise bzw. die Sanktionsmöglichkeiten denen des lokalen Vertrauens ähneln. Diese kollaborativen Systeme regulieren sich überwiegend selbst und sind (außer den gesetzlichen Rahmenbedingungen) wenigen externen Faktoren unterlegen. Durch diese Selbstregierung sanktionieren sich die Nutzer untereinander entsprechend eigenständig. Die Sanktionierung erfolgt dabei, wie auch in den früheren lokalen Märkten, sozial. Dies geschieht auf den Plattformen dann beispielsweise durch negative Bewertungen, wodurch die Vertrauenswürdigkeit bzw. die Ebene der Vorhersagbarkeit infrage gestellt und für alle Nutzer sichtbar wird.

In der Sharing-Economy findet Vertrauen auf verschiedenen Ebenen und zwischen unterschiedlichen Parteien statt. Eine Person, die Airbnb nutzt, muss sowohl dem Unternehmen, also der Plattform, als auch dem Anbieter des Produktes oder der Dienstleistung vertrauen. Dies bedeutet, dass der Kunde Vertrauen in zwei verschiedene Parteien entwickeln muss, bevor die Transaktion stattfinden kann (Walter 2017). Aufgrund des noch relativ neuen Trends der Sharing-Economy kommt bei vielen (Erst-)Nutzern noch das grundsätzliche Vertrauen in eine neue Idee des Wirtschaftens hinzu. Es entwickelt sich ein neues dezentralisiertes Vertrauensmodell. Die Sharing-Economy ist sowohl für diese Entwicklung verantwortlich als auch von diesem Vertrauensmodell abhängig. Wie beschrieben ist das Modell des „distributed trust" erst durch neue Technologien und die Digitalisierung möglich geworden.

Wie funktioniert also die Digitalisierung von Vertrauen und wie nutzt die Sharing-Economy diese Entwicklung? Zur Beantwortung dieser Frage werden einige Begrifflichkeiten aus der bereits behandelten Vertrauenstheorie wieder relevant, welche direkt auf das Modell von Sharing-Plattformen angewendet werden können. Wie bereits dargestellt, besteht eine Herausforderung darin, dass die Idee der Sharing-Economy relativ neu ist und daher vorerst Vertrauen in die Idee bzw. das System aufgebaut werden muss. Der Begriff des Systemvertrauens ist dabei besonders relevant und kann im Fall der Sharing-Economy entsprechend auf die Plattformen, welche Anbieter und Kunden vernetzen, bezogen werden, da diese das System – also die Umgebung der Interaktionen – darstellen. Die Plattformen müssen eine Struktur und Sicherheit bereitstellen, welche es den Nutzern (Anbietern und Kunden) ermöglicht, die eigenen, persönlichen Sicherheitsvorkehrungen herabzusenken. Das Systemvertrauen kann in diesem Beitrag entsprechend auch als Plattformvertrauen betitelt werden.

Auch das spezifische Selbstvertrauen spielt eine wichtige Rolle, gerade wenn es um die Nutzung neuer Technologien oder Angebote geht. Fühlt sich der Nutzer in seinem Wissen oder seinen Fähigkeiten beschränkt, in einem System zu agieren, so kann dies Auswirkungen auf das Plattformvertrauen haben. Auch hier wird die Neuheit der Sharing-Economy wieder relevant, da Vertrauen auf Erfahrung basiert. Dies gilt auch für das spezifische Selbstvertrauen. Durch noch wenige oder gar keine Interaktionen innerhalb des Systems der Sharing-Economy ist das Vertrauen gering und muss sich erst entwickeln. Die in grundsätzlich drei Phasen unterteilte Entwicklung von Vertrauensbeziehungen ist ein Modell, welches in der Sharing-Economy durch verschiedene Mechanismen beschleunigt werden soll. Dieses Drei-Phasen-Modell beschreibt eine graduelle Entwicklung über einen längeren Zeitraum, basierend auf Erfahrungen. Auf Airbnb wird fast jede neue Interaktion mit einer fremden Person ausgeführt. Müsste jede dieser Vertrauensbeziehungen die klassischen drei Phasen durchlaufen, könnte ein so schnelles, kollaboratives Wirtschaftssystem nicht zustande kommen. Durch die Möglichkeit, Vertrauenskapital aus gesammelten persönlichen Erfahrungen mit unterschiedlichen Nutzern digital verfügbar zu machen, entsteht ein Indikator für die Bewertung der Vertrauenswürdigkeit einer fremden Person (Sundararajan 2016).

Des Weiteren wird durch die Verifizierung der Person bzw. auch durch die Validierung der Erfahrungen durch externe Instanzen Vertrauen geschaffen. Durch Verifizierungen von Identitäten und die Bestätigung von Erfahrungsberichten kann die vertrauensrelevante Eigenschaft der Vorhersagbarkeit gestärkt werden. Dabei liegt die Aufgabe der Umsetzung hier bei den Plattformen. Auch hier spielen neue technologische Möglichkeiten wieder eine zentrale Rolle. Beispielsweise ist die Bestätigung bzw. die Verknüpfung eines Online-Profils mit einer echten Identität erst seit kurzer Zeit möglich. Es ist dabei hervorzuheben, dass diese Mechanismen grundsätzlich schon seit Jahrzehnten bestehen. „But only recently have technologies emerged that allow you to digitize such external forms of validation and make them available as part of your online profile" (Sundararajan 2016, S. 64). Dabei entwickelt sich Vertrauen und Reputation zu einer Art Währung oder Kapital in der Sharing-Economy. „[…] These platforms contain digitized representations of our real-world, physical-world social capital" (Sundararajan 2016, S. 63). Dieses individuelle Vertrauenskapital ist für jeden Nutzer der Sharing-Economy ein ausschlaggebender Faktor für jede zukünftige Interaktion. Wie bereits dargestellt erfolgt in diesen Modellen des „distributed trusts" auch wieder eine Form der sozialen Sanktionierung. Natürlich kann dieses Vertrauenskapital im Umkehrschluss auch einen positiven Einfluss auf die Interaktionsmöglichkeiten der jeweiligen Person haben.

Literatur

Botsman, R. (2017). Who can you trust?: how technology brought us together–and why it could drive us apart. UK: Penguin.

Braun, N., Keuschnigg, M., & Wolbring, T. (2012). *Wirtschaftspsychologie II. Anwendungen.* München: Oldenbourg Wissenschaftsverlag GmbH.

Diekhöner, P. K. (2017). *The trust economy. Building strong networks and realising exponential value in the digital age.* Tarrytown: Marshall Cavendish Business.

Einwiller, S. (2003). *Vertrauen durch Reputation im elektronischen Handel* (Dissertation). Bamberg: Difo-Druck GmbH.

Geiger, A. (2017). *A consumer behavior perspective on reciprocity within Peer-to-Peer sharing* (Dissertation). Bayreuth: Universität Bayreuth.

Guttentag, D. (2015). Airbnb: Disruptive innovation and the rise of an informal tourism accommodation sector. *Current issues in Tourism, 18*(12), 1192–1217.

Hawlitschek, F., Teubner, T., & Weinhardt, C. (2016). Trust in the sharing-economy. *Die Unternehmung, 2016*(1), 26–44. https://doi.org/10.5771/0042-059X-2016-1.

Kirchler, E. (2011). *Wirtschaftspsychologie. Individuen, Gruppen, Märkte, Staat* (4. Aufl.). Göttingen: Hogrefe.

Luhmann, N. (1968). *Vertrauen. Ein Mechanismus der Reduktion sozialer Komplexität.* Stuttgart: Ferdinand Enke.

Luhmann, N. (1998). *Die Gesellschaft der Gesellschaft.* Frankfurt a. M.: Suhrkamp.

Oswald, M. E. (2006). *Handbuch der Sozialpsychologie und Kommunikationspsychologie.* (D. Frey & H.-W. Bierhoff, Hrsg.) Göttingen: Hogrefe Verlag GmbH.

Petersen, T. (2011). Vertrauen – (k)eine ökonomische Kategorie? *Wirtschaftswissenschaftliches Studium (WiSt), 40,* 585–589.

Rifkin, J. (2014). *Die Null Grenzkosten Gesellschaft. Das Internet der Dinge, kollaboratives Gemeingut und der Rückzug des Kapitalismus.* New York: Campus.

Rudeloff, C. (2013). *Mediensystem und journalistisches Feld: eine Bestandsaufnahme vor dem Hintergrund der Medienökonomisierungsdebatte* (29. Aufl.). Münster: LIT.

Scholl, G., Behrendt, S., Flick, C., Gossen, M., Henseling, C., & Richter, L. (2015). Peer-to-Peer Sharing: Definition und Bestandsaufnahme. Berlin: Institut für ökologische Wirtschaftsforschung. http://www.peer-sharing.de/data/peersharing/user_upload/Dateien/PeerSharing_Ergebnispapier.pdf.

Sundararajan, A. (2016). *The sharing economy. The end of employment and the rise of crowd-based capitalism.* Cambridge: MIT.

Walter, E. (2017). *Trust in the sharing economy. Can trust make or break a sharing enterprise?* Hamburg: Anchor Academic.

Prof. Dr. Christian Rudeloff lehrt Medienmanagement am Campus Hamburg der Hochschule Macromedia, University of Applied Sciences. Er war knapp zehn Jahre als Praktiker in der Kommunikationsberatung tätig, zuletzt als Senior-Berater bei der Faktor 3 AG. Dr. phil. an der Universität Hamburg 2013. Forschungsinteressen: Medien- und Kommunikationstheorien, Entrepreneurial Marketing und Kommunikationsmanagement.

Colin Witt, B.A., studierte Medienmanagement an der Hochschule Macromedia, University of Applied Sciences in Hamburg, wo er 2018 seinen Bachelor of Arts Abschluss erlangte. Im Anschluss begann er mit dem Masterstudium im Fachbereich Soziologie an der Universität Hamburg. Neben dem Studium arbeitete Colin Witt bei verschiedenen Unternehmen in den Bereichen Marketing und Online-Kommunikation.

Globaler Tourismus vs. regionale Kampagnen – Kommunikationsoffensiven des Euro Lloyd Reisebüros Stuttgart

32

Christina Vaih-Baur

Zusammenfassung

In diesem Kapitel stehen die Kommunikationsoffensiven, die zu einem nachhaltigen Erfolg von Reisebüros führen, im Fokus der Betrachtungen. Im ersten Schritt wird geklärt, was ein Reisebüro ist. Daraufhin werden die Kommunikationsoffensiven vom Eurolloyd Reisebüro Stuttgart dargelegt. Warum gerade dieses Reisebüro? Es wurde ausgewählt, weil es seit Jahrzehnten als Vorzeigeunternehmen in der Branche gilt und mit zahlreichen Tourismuspreisen ausgezeichnet wurde.

32.1 Was ist ein Reisebüro?

Eines der weltweit dichtesten Reisebüronetze im Verhältnis zur Bevölkerung existiert in Deutschland. Die Anzahl der standörtlichen Reisebüros nimmt zwar fortlaufend ab, sie stellen aber immer noch den bedeutendsten Vertriebsweg für die Reiseveranstalter dar (vgl. Herrmann 2016, S. 60). Reisebüros sind also wichtige Akteure in der Tourismuswirtschaft. Sie vermitteln meist als Handelsunternehmen die Leistungen von Reiseveranstaltern sowie von Transport- und Beherbergungsbetrieben in deren Namen an Verbraucher. Oftmals verkaufen sie weitere Leistungen, wie z. B. Eintrittskarten für Museen oder Events. In der Regel sind Reisebüros eng mit Reiseveranstaltern vernetzt und an diese gebunden. Bekannte Reiseveranstalter sind TUI (Touristikunion International), DER Touristik, Thomas Cook oder Studiosus. Zum Teil verkaufen

C. Vaih-Baur (✉)
Hochschule Macromedia, Stuttgart, Deutschland
E-Mail: christina@vaih-baur.de

© Springer Fachmedien Wiesbaden GmbH, ein Teil von Springer Nature 2020
D. Pietzcker und C. Vaih-Baur (Hrsg.), *Ökonomische und soziologische Tourismustrends*,
https://doi.org/10.1007/978-3-658-29640-7_32

Reiseveranstalter ihre Leistungen in eigenen Reisebüros. Dabei werden häufig auch Reiseleistungen von anderen Anbietern offeriert (Freyer 2015, S. 300–301). Airlines wie Lufthansa oder Thai Airways sowie die Deutsche Bahn oder Reedereien gehören zu den Transportunternehmen. Hotelketten wie Mandarin Oriental oder Ferienhausanbieter wie Interhome u. a. zählen zu den Beherbergungsbetrieben, die vermittelt werden.

Konsumenten sind beispielswiese Urlaubs-, Kur- oder auch Geschäftsreisende (vgl. Freyer 2011, S. 18; Dörnberg 2018).

In den Reisebüros werden die Kunden also fachgerecht beraten und die Reisen werden dort gebucht. Zudem werden durch sie die Wünsche der Reisenden an die Reiseveranstalter, Hotelketten und Schiffslinien weitergeleitet. Sie sorgen für das Inkasso der Tourismusproduzenten und übergeben die Reservierungsunterlagen an die Konsumenten (vgl. Freyer 2011, S. 22). Neben diesen Leistungen erteilen die Mitarbeiter in Reisebüros ihren Kunden auch Auskünfte zu Ein- und Ausreisebestimmungen in Urlaubsländern und -gebieten und verkaufen Reiseversicherungen, insbesondere Auslandskrankenversicherungen und Reiserrücktrittskostenversicherungen können abgeschlossen werden (vgl. Freyer 2015, S. 302; Dörnberg 2018).

Das traditionelle Voll-Reisebüro ist eine selbstständige Geschäftseinheit mit mehreren Lizenzen: IATA, Bahn- und DER-Lizenz und einen Agenturvertrag mit mind. einem Leitveranstalter, wie z. B. der TUI. Das Euro Lloyd Reisebüro in Stuttgart ist ein solches Vollreisebüro mit mehreren Lizenzen. Aus Gründen der Vollständigkeit sollen hier noch weitere Formen von Reisebüros kurz genannt werden. Ein Touristik-Reisebüro hat üblicherweise keine eigene Lizenz für Beförderungsleistungen. Anzumerken ist, das ungefähr 50 % der Reisebüros vorwiegend Touristikbüros darstellen (Freyer 2015, S. 307). Reisebüros, die auf E-Commerce spezialisiert sind, werden als Online-Reisebüros bezeichnet. Firmenreisebüros, auch Business-Travel-Reisebüros genannt, konzentrieren sich auf Geschäftsreisende. Und sog. Incoming-Agenturen agieren in den Zielgebieten, indem sie Reiseleistungen aus der Region an auswärtige Reiseveranstalter und Gäste verkaufen (vgl. Freyer 2015, S. 304; Dörnberg 2018).

32.2 Branding von Reisebüros am Beispiel des Euro Lloyd Reisebüros Stuttgart

Das Branding von Reisebüros beinhaltet wie allgemein üblich die Kernelemente Name, Logo sowie Claim. Die Geschäftseinrichtung mit charakteristischen Formen und Farben wird ebenso wie die Gestaltung von Briefpapier, Visitenkarten und Hüllen bzw. Taschen für die Reiseunterlagen markenkonform gestaltet. Diese Elemente werden in eigenen Corporate-Design-Manuals bereitgehalten, damit alle Kommunikationstreibenden einheitlich agieren und so ein unverwechselbares, prägnantes Markenbild bei den Bezugsgruppen entsteht sowie kontinuierlich gefestigt wird (vgl. Esch 2017, S. 307 ff.).

Abb. 32.1 Logo der Euro Lloyd Reisebüros. (Quelle: Beejees 2019a)

Euro Lloyd Reisebüro
Stuttgart • Ludwigsburg • Sindelfingen
www.reisebuero-eurolloyd.de

Am Beispiel des Euro Lloyd Reisebüros in Stuttgart werden die Markenelemente veranschaulicht.

Der Markenname ist Euro Lloyd Reisebüro. Dieses Reisebüro gibt es in Stuttgart, Ludwigsburg und Sindelfingen. Betrachtet wird aber nur das Reisebüro Stuttgart.

Das Reisebüro wurde ursprünglich unter dem Namen „Breuninger Reisebüro“ im Warenhaus Breuninger geführt. Doch die Unternehmensstrategie des Hauses Breuninger änderte sich dahingehend, dass nur noch Abteilungen für Kleidung und Schuhen und Accessoires zu Breuninger gehören sollten. Folglich wurde das Reisebüro verkauft. Es sollte aber dennoch unter dem Breuningerdach beherbergt werden. Nach Wechsel des Eigentümers ist der heutige Inhaber die Raiffeisen Vertriebs GmbH. Die Schriftart ist Arial; die ersten beiden Wörter erscheinen fett gedruckt (Abb. 32.1). Dieses Logo wird auch mit Internetadresse eingesetzt, z. B. bei Anzeigen im Breuninger Kundenmagazin (Abb. 32.2).

Der Claim lautet: *Eine schöne Reise beginnt mit einem guten Reisebüro.*

In diesem Satz ist die bedeutungsvolle Rolle eines Reisebüros bei der Identifikation und Vermittlung von passgenauen, Reiseleistungen für die Konsumenten hervorgehoben. Wer möchte nicht eine schöne Reise unternehmen, die die eigenen Bedürfnisse berücksichtigt? Die Schriftart ist Americana Bold.

Er erscheint z. B. auf der Rückseite der Visitenkarte der Leiterin der Reisebüros und Urlaubsexpertin Gabriele Reminder-Schray (Abb. 32.3). Dort ist auch ein Co-Branding mit der Luxushotelkette „The Chedi“ zu erkennen. Das Bild weckt Sehnsüchte nach fernen, faszinierenden Welten, die im Reisebüro angeboten werden.

Euro Lloyd Reisebüro

Abb. 32.2 Logo der Euro Lloyd Reisebüros mit Internetadresse. (Quelle: Beejees 2019b)

Abb. 32.3 Vorder- und Rückseite der Visitenkarte der Leiterin der Euro Lloyd Reisebüros. (Quelle: Beejees 2019c)

32.3 Die Mitarbeiter als USP und Identitätsvermittler des Reisebüros

Häufig eingesetzt werden verschieden zusammengesetzte Gruppenbilder mit Gabriele Reminder-Schray im weißen Anzug in der Mitte, umgeben von Mitarbeiterinnen des Euro Lloyd Reisebüros (Abb. 32.4). Alle Personen tragen schwarz-weiße Kleidung, wie sie im Breuninger Warenhaus alle Mitarbeiter tragen, die im Kundenkontakt stehen. Die Damen wirken fröhlich, kompetent und einladend. Wer möchte hier nicht gezielt beraten werden? Dieses Bild erscheint beispielsweise auf den Reisemappen (Abb. 32.5) und auf der Website.

Abb. 32.4 Darstellung der Mitarbeiterinnen des Euro Lloyd Reisebüros. (Quelle: Beejees 2019d)

Abb. 32.5 Vorderseite der Reisemappe der Euro Lloyd Reisebüros. (Quelle: Beejees 2019e)

32.4 Die Countergestaltung des Euro Lloyd Reisebüros Stuttgart

Die Ladeneinrichtung mit ihrer spezifischen Architektur gehört zum visuellen Erscheinungsbild eines Unternehmens. Sie sollte also die Werte des Reisebüros gemäß der festgelegten Unternehmensidentität nach außen kommunizieren (vgl. Esch 2019). Die Werte des Reisebüros in Stuttgart sind Professionalität, Engagement, Verantwortung, Vertrauen sowie Offenheit. Sie werden über das Arrangement der Countermöbel, der Wände und Katalogfächer visuell transportiert. Die Wände aus Holzschindeln in der Farbe Weiß oder Taube vermitteln eine sowohl offene als auch geschützte Atmosphäre,

Abb. 32.6 Countergestaltung im Euro Lloyd Reisebüro Stuttgart. (Quelle: Beejees 2019f)

die eine positive Gesprächssituation ermöglicht. Die Ladengestaltung wirkt insgesamt warm, weich und großzügig (Abb. 32.6).

Reisebüros setzen, wie andere Dienstleister auch, neben dem Branding und Corporate Design vielfältige Kommunikationsinstrumente in ihrer Kommunikationsstrategie um. Wichtig ist, dass eine sinnvolle Collage entsteht, die ein gewünschtes Markenbild sowie die anvisierten Botschaften zielgruppenaffin transportiert. Letztendlich soll der Konsument sich für dieses Reisebüro entscheiden, sich dort beraten lassen und die Reiseleistungen auch dort einkaufen.

32.5 Website und Blog

Die Website ist ein zentrales Kommunikationsinstrument des Euro Lloyd Reisebüros Stuttgart (Abb. 32.7). Sie ist übersichtlich gestaltet und zeigt auf der Landing Page die für die Konsumenten wichtigen Elemente Telefonnummer und Namen und Bilder der persönlichen Berater im Reisebüro. Die wichtigsten Angebote, hier Cluburlaub, Hotels, Kreuzfahrten und Rundreisen, haben einen eigenen Button. Unter dem Button „Über uns" können unter dem Button „Privilegien" diese nachgelesen werden. In den Genuss dieser Privilegien kommen Kunden, die im Reisebüro bestimmte Hotels buchen. So gehört das Reisebüro beispielsweise zum Mandarin Oriental Fanclub. Die Gäste erhalten „bei Buchung ihrer Reise über das Euro Lloyd Reisebüro in fast allen Mandarin Oriental Hotels weltweit ein kostenfreies Upgrade in die nächst höhere Zimmerkategorie (nach

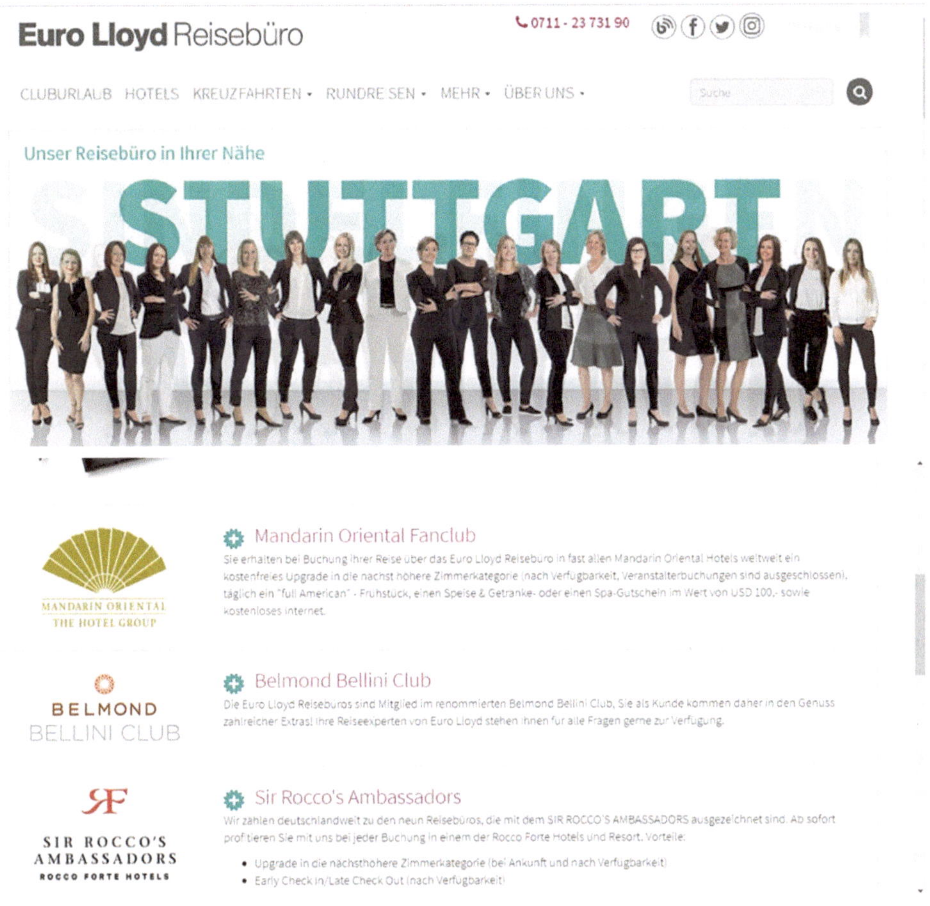

Abb. 32.7 Collage Website und Site Privilegien des Eurolloyd Reisebüros Stuttgart. (Quelle: Euro Lloyd 2019b)

Verfügbarkeit, Veranstalterbuchungen sind ausgeschlossen), täglich ein ‚full American'-Frühstück, einen Speise & Getränke- oder einen Spa-Gutschein im Wert von USD 100,- sowie kostenloses Internet" (Euro Lloyd 2019a).

Oben rechts erscheinen die Verlinkungen zum Blog, Twitter, Facebook sowie Instagram. Der Blog wird von „Freunden und Mitarbeitern der Euro Lloyd Reisebüros" (Euro Lloyd 2019c) geführt. Die Mitarbeiterin Nadine Schaake berichtet beispielsweise von ihrer Studienreise nach Namibia und zeigt eindrucksvolle Fotos (Abb. 32.8).

Auf der Website des Reisebüros und der Website von Breuninger werden zudem besondere Reiseangebote für Breuninger-Card-Kunden präsentiert. Sie zeigt spezielle Reisen, die das ganze Jahr über dargeboten werden. Oder es gibt auch Sonderreisen, die speziell für Breuninger Platin-Card-Kunden zusammengestellt werden. Diese Offerten für Breuninger-Card-Kunden sind ein beachtlicher Distributionsweg für das Reisebüro.

Abb. 32.8 Blog-Eintrag Namibia Euro Lloyd Reisebüros Stuttgart. (Quelle: Euro Lloyd 2019d)

32.6 Kundenzeitschriften Move und Cruise Magazin

Aktuell werden zwei unterschiedliche Kundenzeitschriften an die spezifischen Kunden gesandt: Das Move Magazin (Abb. 32.9) sowie das Cruise Magazin, die jeweils einmal im Jahr erscheinen. Beide Kundenzeitschriften werden an die Kunden verschickt. In jeder Ausgabe der „Move" werden Anregungen für die nächste Reise gegeben, meist werden einzigartige Hotels oder Clubs rund um den Globus gezeigt.

Eine besondere Kundenaktion mit Gewinnspiel ist „Move on Tour" (Abb. 32.10), die seit dem Jahr 2017 stattfindet. Kunden werden hierbei aufgefordert, Urlaubsfotos mit

Abb. 32.9 Move Kundenmagazine. (Quelle: Beejees 2019g)

Abb. 32.10 Fotoaktion Move on Tour. (Quelle: Beejees 2019h)

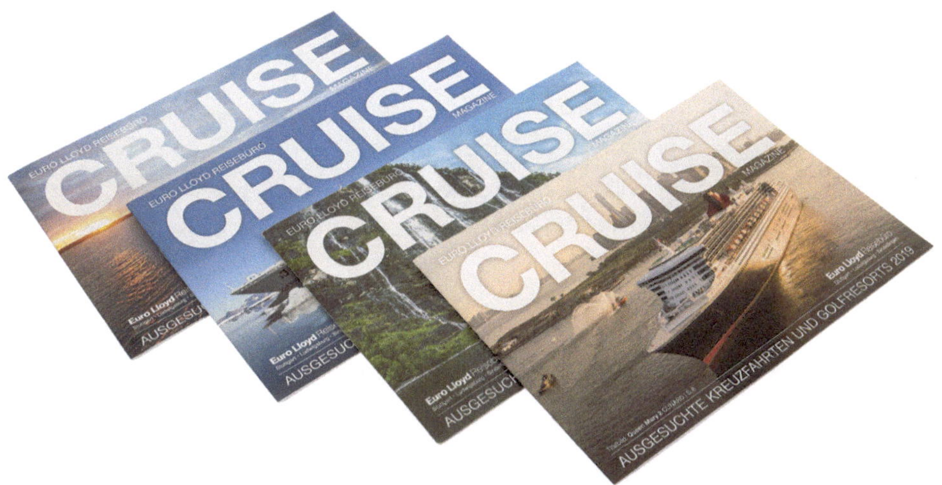

Abb. 32.11 Cruise Kundenmagazine. (Quelle: Beejees 2019i)

einem Move Magazin auf die Euro Lloyd Reisebüro Website hochzuladen. Als Preis gibt es drei Urlaubsgutscheine im Wert von 300, 200 oder 100 EUR pro Jahr.

Das Cruise Magazin (Abb. 32.11) erscheint einmal im Jahr. Es offeriert ausgewählte Kreuzfahrten und stellt luxuriöse Golfresorts auf der ganzen Welt vor. Diese Publikation spricht speziell die Luxuskunden an, die gerne Kreuzfahrten und Golfreisen unternehmen. Auch hier werden Destinationen und Ideen für die nächste Reise vorgestellt.

32.7 Gedruckte Beileger und Grußkarten

Beileger mit ausgewählten Reisen werden vielfältig eingesetzt (Abb. 32.12). Sie liegen in den Reisebüros aus und werden in differenzierten Direktmailings an ausgesuchte Kunden verschickt.

Um eine stabile Beziehung mit den Kunden zu erzeugen und aus diesen Stammkunden zu generieren, werden die Kunden in Form von Grußkarten persönlich angeschrieben. Für jeden Mitarbeiter gibt es eine persönliche Grußkarte mit Foto. Anlässe für den Versand sind jahreszeitliche Festtage wie Weihnachten oder Ostern sowie die Geburtstage. Zudem begrüßen die Mitarbeiter über die „Willkommen-zu-Hause-Karten" die Kunden nach der Reise wieder am Wohnort. Abb. 32.13 zeigt verschiedene Variationen von Grußkarten.

Abb. 32.12 Beileger Euro Lloyd Reisebüros. (Quelle: Beejees 2019j)

Abb. 32.13 Auswahl an Feiertagskarten und Geburtstagskarte des Euro Lloyd Reisebüros. (Quelle: Beejees 2019k)

32.8 Events

Über das Jahr verteilt finden ungefähr fünf Events statt. Hier lädt das Reisebüro beispielsweise gemeinsam mit einer Auswahl an Veranstaltern, Reedereien sowie Luxushotels ein (Abb. 32.14). Im Jahr 2018 fand ein solches Event im Restaurant Sansibar im Breuninger Warenhaus Stuttgart statt (Abb. 32.15). Neben Häppchen und verschiedenen Getränken wie Wein oder (alkoholfreien) Cocktails stellen sich die touristischen Partner an diversen Ständen vor und beraten die interessierten Gäste. Ein Gewinnspiel mit interessanten Preisen rundet einen gelungenen Abend ab. Hier werden also Aufmerksamkeits- und Erinnerungswerte sowie Exklusivität geschaffen. Die touristischen Marken werden durch eine emotionale und faszinierende Ansprache erlebbar gemacht (Nufer 2012, S. 19 f.).

Abb. 32.14 Euro Lloyd Reisebüro Kundenevent. (Quelle: Beejees 2019l)

Abb. 32.15 Euro Lloyd Reisebüro Kundenevent im Restaurant Sansibar in Stuttgart. (Quelle: Beejees 2019m)

32.9 Fazit

Gerade im Luxussegment in der Tourismusbranche, aber auch für alle anderen Kunden sind der Aufbau und die andauernde Festigung einer guten Beziehung elementar. Ein prägnantes Corporate Design und adäquate Kommunikationsaktivitäten sorgen beim Euro Lloyd Reisebüro Stuttgart für Vertrauen, Aufmerksamkeit und Wiedererkennbarkeit der Marke in unterschiedlichsten Kontexten. Das ständige Bemühen um den Kunden und eine sympathische sowie empathische Ansprache stellen eine feste Bindung von Mitarbeitern des Reisebüros und Kunden her. Diese existiert im Falle des Euro Lloyd Reisebüros vielfach bereits über Jahrzehnte. Die Sicherung des Images und der Kundenbindungen ist ein anhaltender Prozess, der viel Einsatz von allen Akteuren erfordert und auf allen kommunikativen Kanälen stimmig transportiert wird. Am Beispiel des Euro Lloyd Reisebüros Stuttgart ist der Erfolg dieses Zusammenspiels offensichtlich.

Literatur

Beejees. (2019a). Logo Euro Lloyd. E-Mail vom 09.07.2019.

Beejees. (2019b). Logo Euro Lloyd mit Internetadresse. E-Mail vom 09.07.2019.

Beejees. (2019c). Vorder- und Rückseite der Visitenkarte der Leiterin der Euro Lloyd Reisebüros. E-Mail vom 09.07.2019.

Beejees. (2019d). Darstellung der Mitarbeiterinnen des Euro Lloyd Reisebüros. E-Mail vom 09.07.2019.

Beejees. (2019e). Vorder-, Innen- und Rückseite der Reisemappen aus dünner Pappe der Euro Lloyd Reisebüros. E-Mail vom 09.07.2019.

Beejees. (2019f). Countergestaltung im Euro Lloyd Reisebüro Stuttgart. E-Mail vom 09.07.2019.

Beejees. (2019g). Move Kundenmagazine. E-Mail vom 09.07.2019.

Beejees. (2019h). Fotoaktion Move on Tour. E-Mail vom 09.07.2019.

Beejees. (2019i). Cruise Kundenmagazine. E-Mail vom 09.07.2019.

Beejees. (2019j). Beileger Euro Lloyd Reisebüros. E-Mail vom 09.07.2019.

Beejees. (2019k). Auswahl an Feiertagskarten und Geburtstagskarte des Euro Lloyd Reisebüros. E-Mail vom 09.07.2019.

Beejees. (2019l). Euro Lloyd Reisebüro Kundenevent. E-Mail vom 09.07.2019.

Beejees. (2019m). Euro Lloyd Reisebüro Kundenevent im Restaurant Sansibar in Stuttgart. E-Mail vom 09.07.2019.

Dörnberg Freiherr von, A. (2018). Reisebüro, https://wirtschaftslexikon.gabler.de/definition/reisebuero-44020/version-267341. Revision von Reisebüro. Zugegriffen: 26. März 2018.

Esch, F.-R. (2017). *Strategie und Technik der Markenführung* (9. Aufl.). München: Vahlen.

Esch, F-R. (2019). Corporate Design. https://wirtschaftslexikon.gabler.de/definition/corporate-design-30453/version-254035. Zugegriffen: 1. Aug. 2019.

Euro Lloyd. (2019a). Reisebüro Euro Lloyd, https://www.reisebuero-eurolloyd.de/privilegien. Zugegriffen: 1. Aug. 2019.

Euro Lloyd. (2019b). Reisebüro Euro Lloyd, https://www.reisebuero-eurolloyd.de/privilegien. Zugegriffen: 1. Aug. 2019.

Euro Lloyd. (2019c). Website Euro Lloyd Reisebüro, https://www.reisebuero-eurolloyd.de. Zugegriffen: 1. Aug. 2019.

Euro Lloyd. (2019d). Reisebericht, https://reisebuero-eurolloyd.de/blog/reisebericht/48348_atlantik-duenen-und-wilde-tiere-eine-reise-nach-namibia/. Zugegriffen 1. Aug. 2019.

Freyer, W. (2011). *Tourismus-Marketing. Marktorientiertes Management im Mikro- und Makrobereich der Tourismuswirtschaft* (7. Aufl.). München: Oldenbourg.

Freyer, W. (2015). *Tourismus. Einführung in die Fremdenverkehrsökonomie*. Berlin: de Gruyter.

Herrmann, Hans-Peter. (2016). *Tourismuspsychologie*. Heidelberg: Springer.

Nufer, Gerd. (2012). *Event-Marketing und -Management: Grundlagen – Planung – Wirkungen – Weiterentwicklungen* (4. Aufl.). Wiesbaden: Gabler, Springer.

Prof. Dr. Christina Vaih-Baur war nach ihrem Studium der Gesellschafts- und Wirtschaftskommunikation an der Universität der Künste (UdK) Berlin in der Unternehmenskommunikation eines internationalen Konzerns sowie bei einer global agierenden Kommunikationsagentur tätig. Im Anschluss forschte sie als wissenschaftliche Mitarbeiterin an der UdK und promovierte im Bereich multisensuelle Produkt- und Markengestaltung. Sie berät Organisationen in den Bereichen der Markenführung und -kommunikation, war Lehrbeauftragte an verschiedenen deutschen Hochschulen und Universitäten und ist seit 2007 Professorin für Public Relations und Kommunikation an der Hochschule Macromedia in Stuttgart. Sie publiziert regelmäßig zu Public Relations, Verpackungsmarketing und Markenkommunikation.

33 Der Run auf Europas Metropolen – Die boomende Reisebranche verändert auch den Reisejournalismus

Florian Stadel

Zusammenfassung

Dieses Kapitel behandelt die Reisebranche, die sich seit Jahren in einer Umbruchsphase befindet, an deren Ende auch ein Kollaps des Systems nicht auszuschließen ist. Vom boomenden Tourismus sind vor allem die europäischen Metropolen betroffen. Wer zuletzt einen Städtetrip nach Paris, London, Amsterdam, Venedig, Barcelona oder Dubrovnik hinter sich gebracht hat, der konnte am eigenen Leib erfahren, dass sich der Charakter der Orte – nicht zum Guten – verändert hat, sie sind überfüllt und z. T. überfordert. Abhängig von ihrer Größe sind die Urlaubsziele als Ganzes betroffen (Venedig oder Dubrovnik) oder deren historische Zentren mit den touristischen Hot Spots. Und Globalisierung wie Digitalisierung dürften diese Entwicklung weiter befeuern.

Längst ist der boomende Tourismus mit seinen für viele Einheimische fatalen Folgen zum Titelthema deutscher Zeitungen und Magazine avanciert. Zur besten Reisezeit im August 2018 etwa titelte der „Spiegel": „Das verlorene Paradies – Wie der Reisende zerstört, was er liebt" (Der Spiegel 2018). Die „Süddeutsche Zeitung" konstatierte unter der Headline „Ausverkauft": „Der boomende Tourismus macht aus Städten Museen. Die ersten verlangen jetzt sogar Eintritt. Über den Fluch der Attraktivität" (Süddeutsche Zeitung 2019a, b). „Wie Europas Städte gegen Überfüllung kämpfen", beschrieb „Spiegel Online" (2018) (Abb. 33.1).

F. Stadel (✉)
Hochschule Macromedia, Stuttgart, Deutschland
E-Mail: fstadel@macromedia.de

© Springer Fachmedien Wiesbaden GmbH, ein Teil von Springer Nature 2020

D. Pietzcker und C. Vaih-Baur (Hrsg.), *Ökonomische und soziologische Tourismustrends*,
https://doi.org/10.1007/978-3-658-29640-7_33

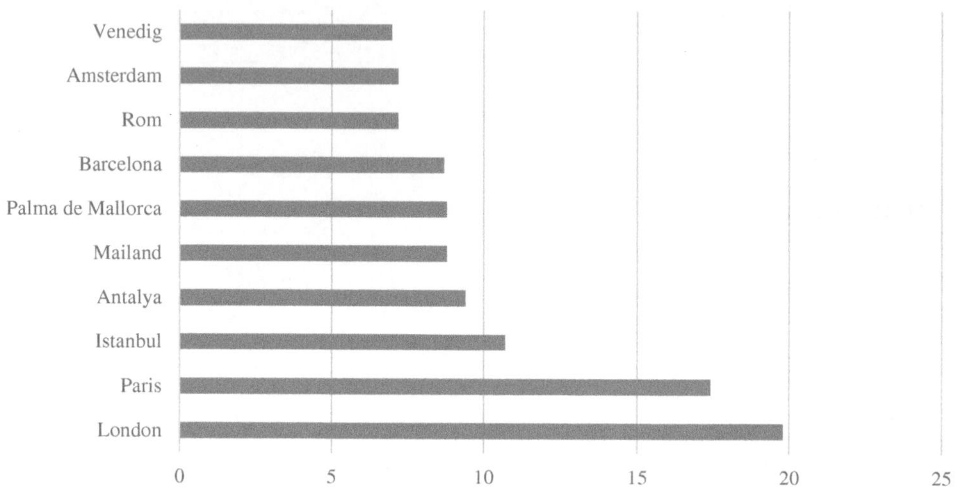

Abb. 33.1 Europas beliebteste Städte. (Quelle: Mastercard Global Destination Cities Index)

Deutschlands beliebteste Destinationen Berlin und München kamen auf rund fünf Millionen Gäste. Insgesamt stehen in Europa die Zeichen auf Wachstum. Alle Top-10-Destinationen erhöhten die Zahl an internationalen Besuchern und prognostizieren weitere Steigerungsraten. Mit Hamburg (Platz 6, 8,5 % Wachstum binnen Jahresfrist) und Berlin (Platz 10, 7,4 % Wachstum) konnten sich zwei deutsche Städte in den Top 10 der am schnellsten wachsenden Städte-Ziele positionieren. Berlin erreichte noch eine weitere Top-10-Platzierung: Im europäischen Ranking zu den Städte-Destinationen mit den höchsten Besucher-Ausgaben im Jahr 2017 erreichte Berlin mit 2,77 Mrd. EUR den zehnten Rang. London (18,86 Mrd. EUR) und Paris (11,12 Mrd. EUR) lagen auch hier klar vorne.

33.1 Der erste Reporter der Welt

Um die Radikalität, die Geschwindigkeit, ja, die disruptive Kraft der derzeitigen Entwicklung zu verdeutlichen, erscheint ein Blick in die Anfänge des Reisejournalismus sinnvoll. Und diese Anfänge reichen tatsächlich weit zurück. Der polnische Reiseschriftsteller und Reporter Ryszard Kapuscinski bezeichnet Herodot als „ersten Reporter der Welt“ (Kapuscinski 2005, S. 359). Damit ist das Genre Reisejournalismus über zweieinhalbtausend Jahre alt, denn Herodot wurde 490 v. Chr. in Kleinasien als Sohn einer einflussreichen Familie aus dem Bildungsbürgertum von Halikarnass geboren. Er gilt unter Historikern als wichtigster Chronist des griechischen Altertums.

Seine Reisen führten ihn durch Kleinasien bis nach Babylon und an der östlichen Mittelmeerküste entlang nach Ägypten, wo er den Nil hinauf reiste. In Griechenland kannte er sich ebenso aus wie im nördlich anschließenden heutigen Bulgarien und Rumänien. Seine Methode waren Interviews mit den Menschen vor Ort, die er aufforderte, aus ihrem Leben, aus ihrer Geschichte zu berichten. „Herodot hatte mit seinen Kultur- und Länderberichten die damals gebräuchliche Erzählform der ‚Logoi' (kurze, in sich geschlossene Berichte, meist Reiseerzählungen) zur Kunstform entwickelt: Er bot spannende, mit Anekdoten, Kolportage, Augenschein und Zeugenaussagen reich garnierte Geschichten über die Lebensweise fremder Völker, Dynastien und Stämme, darauf angelegt, stets das Fremde dem Vertrauten gegenüberzustellen – eine Urform der Reportage" (Haller 2008, S. 18). Dem Reisereporter geht es dabei nicht in erster Linie ums Erzählen seiner Reise, sondern – wie es der Leipziger Journalistik-Professor Michael Haller es ausdrückt – ums „Nahebringen des Fernen" (Haller 2008, S. 20). Und eben „als Urvater des Heimbringens von Erfahrungen mit fremden Ländern gilt der griechische Reisende Herodot" (Kleinsteuber 2005, S. 403).

33.2 Italien-Reporter Johann Wolfgang von Goethe

Nach Antike und Mittelalter, woher auch andere Berichte bekannt sind, kann als weiterer Milestone des Reisejournalismus die Epoche der kolonialen Eroberungen bezeichnet werden, in der die Neugier über die Andersartigkeit der neuen Gebiete, Länder und Kontinente befriedigt werden wollte. In Deutschland darf sicherlich Johann Wolfgang von Goethe als prominentester Autor auf Reisen genannt werden, der seine Reise nach Italien 1786 bis 1788 als Tagebuch verfasste. Ab Mitte des 19. Jahrhunderts fanden sich in den Feuilletons deutscher Tageszeitungen journalistisch formulierte Reiseberichte. Das geschah zeitgleich mit dem Entstehen des organisierten Tourismus (Kleinsteuber 2005). Eigene Reisebeilagen entstanden in den Zeitungen bereits vor dem Ersten Weltkrieg, etwa bei der in Berlin erscheinenden „Vossischen Zeitung" unter dem Namen „Für Reisen und Wandern" oder bei der „Leipziger Zeitung", wo „Aus Bädern und Sommerfrischen" berichtet wurde. Wie zahlreiche andere Tageszeitungen mussten beide Publikationen ihr Erscheinen unter den Nationalsozialisten einstellen.

33.3 Zielgruppengenaue Anzeigenschaltung

Diese frühen Reisebeilagen hatten für die Zeitungen schon damals den willkommenen Nebeneffekt zusätzlicher Werbeinnahmen, ermöglichten sie doch eine zielgruppengenaue Anzeigenschaltung. „Längst waren der Reiseteil und die reisebezogene Werbung eine enge Allianz eingegangen" (Kleinsteuber 2008, S. 50). „Die Reisebeilagen bieten den Inserenten einen Rahmen, innerhalb dessen sie ihre Anzeigen um so wirkungsvoller platzieren können" (Schmitz-Forte 1994, S. 395). Achim Schmitz-Forte legte in seiner Dissertation zudem dar, dass in den folgenden Jahren die Reiseberichterstattung im Volumen stark zunahm, was mit der sich immer weiter verstärkenden Reiselust der Deutschen einherging, die die „Fresslust“ der frühen Wirtschaftswunderjahre ablöste.

Mit der wachsenden Reiselust der Deutschen „setzte eine Intensivierung und Diversifizierung des Angebots ein, die bis heute keinen Abschluss gefunden hat“ (Kleinsteuber 2005, S. 403). Von Reiseredaktionen produzierte Reiseteile sind bei Tageszeitungen längst Standard. Darüber hinaus haben sich auf Reisen spezialisierte Zeitschriften etabliert, ganz vorne ist hierbei „GEO Saison“ mit einer Auflage von zuletzt etwa 65.000 Stück (1. Quartal, 2109) zu nennen. Daneben tauchen immer wieder neue Publikationen oder Reisesonderteile in Publikumszeitschriften auf. Auch werden einzelne Zielgruppen direkt angesprochen, Biker, Camper, Sportler, Frauen oder wie bei „Walden“, das seit 2015 erscheint, „alle, die gerne draußen unterwegs sind“, so die Selbstbeschreibung der Macher des neuen GEO-Zöglings (Abb. 33.2).

33.4 Reisejournalismus im ethischen Dilemma

Das Thema Reisen ist selbstredend auch für den Bewegtbildbereich attraktiv; so finden sich Reisemagazine sowohl im öffentlich-rechtlichen („ARD-Ratgeber Reisen“, „Reiselust“ im ZDF) wie auch im privaten Fernsehen („Vox-Tours“). Auf viele Journalisten üben solche Reisemagazine „geradezu magnetische Anziehungskraft aus. Scheint es doch ein bisschen wie bezahlter Urlaub zu sein: Traumreisen auf Kosten des Senders (Nothelle 2016, S. 219).“ Genau hier liegt aber ein Trugschluss, denn Reisejournalismus sollte eben keinen sonnigen Bilderbogen, sondern journalistischen Mehrwert in Form

Abb. 33.2 Titelseite GEO Saison, Mai 2019. (Quelle: Gruner + Jahr)

von Information und Service liefern. Journalisten sollten es nicht versäumen, „genau nachzufragen, ob das gezeigte Hotel tatsächlich hält, was es verspricht“ (Nothelle 2016, S. 220).

Der Reisejournalismus befindet sich – wie beispielsweise der Auto- und Motorjournalismus und der Modejournalismus auch – in einem ethischen Dilemma: Reisen kosten Geld und die Redaktionen sind – abgesehen vielleicht von den öffentlich-rechtlichen – öfter einmal knapp bei Kasse. „Umgekehrt laden Veranstalter von Reisen und Reiseziele Journalisten gerne zu Besichtigungsfahrten ein, verbunden mit der Erwartung, dass daraufhin freundlich berichtet wird“ (Kleinsteuber 2005, S. 404). Zudem stehen viele Reisejournalisten als Freie in besonderen Abhängigkeitsverhältnissen. Diese Gemengelage führt dazu, dass die Berichterstattung sich häufig Superlativen bedient und Geheimtipps wie Paradiese sich förmlich stapeln. Probleme der Zielregion werden ausgeklammert und Stereotypen bedient (Kleinsteuber 2008).

Auf die Problematik weist auch das Institut zur Förderung publizistischen Nachwuchses (ifp) hin: „Besonders im Reise- und Motorjournalismus bietet sich immer wieder die Möglichkeit, kostenlos oder günstig an Reisen teilzunehmen sowie andere geldwerte Vorteile zu erhalten. Hiermit […] kann die Entscheidungsfreiheit von Journalisten beeinträchtigt werden“ (ifp 2005, S. 127). Daher hätten einige Verlage, wie etwa Axel Springer, Richtlinien erlassen, die die Käuflichkeit ihrer Journalisten verhindern sollen. Das könnten sich kleinere Verlage aber oft nicht leisten, belegt das ifp mit folgender Aussage von David Brandstätter, dem Geschäftsführer der Mediengruppe „Main-Post“: „Wenn wir alle Reise- und Übernachtungskosten für Mitarbeiter der Reise-Seiten übernehmen müssten, könnten wir keine mehr veröffentlichen.“

Markus Wolff, der Redaktionsleiter der GEO-Reisemagazine und Miterfinder des innovativen Reisemagazins „Walden“, stellt für sein Haus Gruner + Jahr klar, dass einige Destinationen in der Berichterstattung überhaupt nicht mehr stattfinden würden, wenn die Kosten nicht übernommen würden. Denn Reportagen von den Seychellen oder Malediven würden den Redaktionsetat eines Jahres aufbrauchen (Abb. 33.3).

Für die „Süddeutsche Zeitung“ gilt in diesem Kontext nach den Worten von Reisereporter Dominik Prantl ein Primat der Transparenz gegenüber dem Leser. So würden Artikel, die von Veranstaltern, Fluglinien oder anderen Unternehmen gesponsert mit entsprechenden Hinweisen der Redaktion kenntlich gemacht.

Der Deutsche Presserat hat für diese Fälle Ziffer 15 des Pressekodex formuliert: „Die Annahme und Gewährung von Vorteilen jeder Art, die geeignet sein können, die Entscheidungsfreiheit von Verlag und Redaktion zu beeinträchtigen, sind mit dem Ansehen, der Unabhängigkeit und der Aufgabe der Presse unvereinbar. Wer sich für die Verbreitung oder Unterdrückung von Nachrichten bestechen lässt, handelt unehrenhaft und berufswidrig“ (Presserat 2019).

Davon unbenommen waren Kooperationen von Massenmedien und Massentourismus schon immer gang und gäbe. Üblich auch bei Qualitätsmedien wie der „Süddeutschen Zeitung“, der „Frankfurter Allgemeinen Zeitung“, dem „Spiegel“ oder der „Zeit“ sind

Abb. 33.3 Titelseite Walden, 01/2019. (Quelle: Gruner + Jahr)

Lesereisen. Durch die zusätzliche Option der Interaktion haben sich im Onlinebereich Anbieter etabliert, „die im Sinne von Konvergenz Reiseberichte mit der rechten Hand und Buchungsmöglichkeiten mit der linken anbieten“ (Kleinsteuber 2005, S. 403).

33.5 Objektivität von Reisendem zu Reisendem

Mit der zunehmenden Bedeutung sozialer Medien, Themenblogs, Ratgeberportalen und anderer privater Onlineangebote verschwimmen die Grenzen zwischen Journalismus und Kommerz zusehends. Zusätzliche Konkurrenz ist dem Reisereporter in Bewertungstools und Rankings erwachsen, die auf Erfahrungsberichten der so stetig wie rasant anwachsenden Reisecommunity gründen. Diese Häppchen sind verglichen mit einer gut recherchierten Reisereportage deutlich leichter zu konsumieren und suggerieren Objektivität von User zu User, von Reisendem zu Reisendem.

Allein im deutschsprachigen Raum ist das Feld der Reiseblogger recht unübersichtlich geworden. Um hier wieder etwas Licht ins Dunkel der Masse zu bringen, mühen sich Blogger und Touristikbranche mit Abstimmungen und Rankings die Spreu vom Weizen zu trennen. So kürte Touristik PR und Medien GbR 2018 bereits das zweite Jahr in Folge Elke Weilers Meerblog zum besten Reiseblog, vor Johannes Klaus' „Reisedepeschen“. „Travel Episodes“ erreichten Platz drei von 50 (Touristik PR 2019). 238 Reiseblogs wurden bei einer Abstimmung des Onlinereisetagebuchs „22 Places“ für das Jahr 2018 genannt. Hier lagen die „Reisedepeschen“ vorne, die „Travel Episodes“ schafften es knapp in die Top Ten, der „Meerblog“ knapp nicht. An den Abstimmungen beteiligten sich jeweils 100 bis 200 Blogger, Journalisten und sonstige Branchenvertreter (22places 2019).

Dass sich der Tourismus verändert hat und sich weiter verändert, weiß jeder, der in den letzten Jahren vor allem in Europa eine Städtereise unternommen hat. Nach Angaben der Welttourismusorganisation der Vereinten Nationen UNWTO ist der Kontinent die am heftigsten besuchte Region der Welt, mit sich jährlich weiter steigernden Zahlen.

> „International city trips have been the fastest-growing segment of the leisure market and grew four times as much as the total holiday market between 2007 and 2017. […] Europe is the most preferred continent receiving 60 % of all international city trips."
> (IPK International 2019)

Reisten laut UNWTO 1950 noch weltweit 25 Mio. Menschen, sind es derzeit 1,3 Mrd., für 2030 werden 1,8 Mrd. prognostiziert (Abb. 33.4).

Orte wie Venedig, Dubrovnik oder San Gimignano (die Reihe ließe sich problemlos um Avignon, Carcassonne, Reykjavik und weitere Städte verlängern) haben längst ihren ursprünglichen Charakter eingebüßt. Wer etwa die italienische Lagunenstadt bereist, sucht vergeblich nach einer halbwegs funktionierenden urbanen Infrastruktur: Zwischen Souvenirläden und Imbissmöglichleiten aller Art findet sich praktisch kein normales Geschäft mehr. Der einzige Lebensmittelladen liegt in unmittelbarer Nähe des Bahnhofs, aber auch dort kaufen keine Einheimischen ein, sondern Fremde aus aller Welt, die sich mit Reiseproviant versorgen.

Dem Kollaps ein Stück näher gebracht hat Venedig sicherlich die Flut der Kreuzfahrtpassagiere, die Altstadt und Sehenswürdigkeiten seit einigen Jahren zusätzlich überrennen. Besonders bizarr ist die Situation, wenn sich die mittelalterlichen Gassen an den

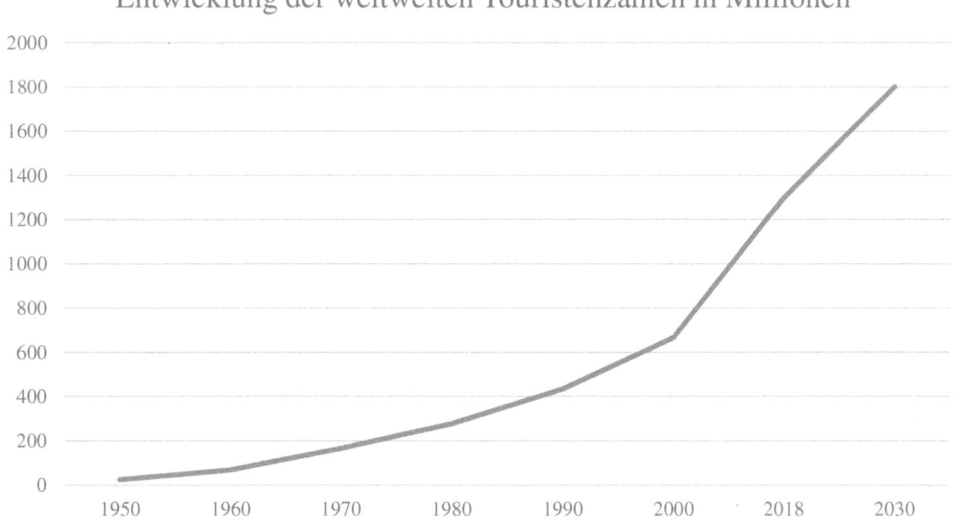

Abb. 33.4 Weltweite Touristenzahlen. (Quelle: UNWTO)

Canaletti entlang plötzlich verdunkeln, weil sich am Ende der Häuserzeile langsam ein vielstöckiges Kreuzfahrtschiff vorbeischiebt, das die städtische Architektur um einiges überragt.

Kreuzfahrtschiffe legen auch vor Dubrovnik an und ihre Passagiere fluten dann das etwa 300 mal 400 m große Zentrum innerhalb der alten Stadtmauern, an manchen Tagen sind es um die 10.000 Besucher. Dramatisch zugenommen hatten die Touristenzahlen seit die malerische Altstadt der Fantasyserie „Game of Thrones“ als Kulisse diente. Da die Unesco jedoch ausgerechnet hat, dass das Areal nur 8000 Menschen gleichzeitig verträgt, drohte sie dem kroatischen Ort bereits mit dem Entzug des Weltkulturerbes. Dasselbe droht übrigens auch Venedig.

Und weil sich der Run auf die europäischen Zentren in den kommenden Jahren mit den prognostizierten weiter ansteigenden Touristenzahlen aus Europa, aber auch Asien und Lateinamerika verstärken wird, die Anzahl der Reiseziele aber gleichbleibt, zieht Jochen Temsch, Ressortleiter Reise bei der „Süddeutschen Zeitung“, den Schluss: „Die Folge ist zwangsläufig eine noch krassere Überfüllung aller bereits überlaufenen Orte“ (Süddeutsche Zeitung 2019a, Ausverkauft). Für den Tourismusforscher Jürgen Schmude von der Ludwig-Maximilians-Universität in München sei diese Entwicklung eine der vordringlichsten Aufgaben, die auf uns zukommen. Es drohten soziale Konflikte und die Musealisierung der Städte, so Temsch.

Die enge Altstadt Dubrovniks mit ihren Kirchen, Festungen, dem Franziskanerkloster und ihrem Onoforiobrunnen ist längst kein funktionierendes Gemeinwesen mehr, sondern zum öffentlichen Ausstellungsraum mutiert. Darauf deuten die verrammelten Fensterläden in den Etagen über Cafés und Läden hin. Die dahinter liegenden Wohnungen werden vielfach als Ferienwohnungen genutzt. Dass sich auch hinter den Fassaden der venezianischen Palazzi inzwischen häufig solche Appartements befinden, weiß jeder, der dort morgens schon vom Lärm der übers Pflaster ratternden Rollkoffer der Touristenkarawanen geweckt wurde, die nicht aus Hotels, sondern privaten Hauseingängen kommend in Richtung Stazione oder Aeroporto strömen.

Neben Globalisierung und Digitalisierung sind Angebote der Sharing Economy wie Airbnb und andere Vermittler privater Unterkünfte eine der Hauptursachen für den Overtourism, der laut Umfragen den Verursachern selbst, also den Reisenden, bereits auf die Nerven geht. So sei vielfach die Urlaubsfreude durch Überfüllung getrübt worden (Spiegel Online 2018). Das Airbnb-Modell ist für Vermieter äußerst lukrativ: Von Touristen können sie ein Vielfaches dessen verlangen, was dauerhafte Bewohner zahlen müssen. Das hat inzwischen von München, Hamburg, Berlin, über Paris, Barcelona bis nach New York zu Beschwerden der Kommunen geführt, da Wohnungsinhaber die pro Jahr erlaubten acht Wochen oft überschreiten, die sie ihre Wohnungen an Touristen vermieten dürfen. Alles Darüberhinausgehende ist illegale Zweckentfremdung.

Das Verwaltungsgericht München wies Ende 2018 eine Klage von Airbnb gegen eine Aufforderung der Stadt zurück, die Namen und Adressen von Anbietern illegal genutzter Ferienwohnungen preiszugeben. Das amerikanische Unternehmen muss nun bei der

Fahndung nach Verstößen gegen die Achtwochenbestimmung mithelfen und Nutzerdaten herausrücken. München ist kein Einzelfall, auch andere deutsche Großstädte wie Köln, Hamburg du Berlin kämpfen gegen illegale Ferienwohnungen.

33.6 Reisejournalismus im Wandel – „Reine Länderreportagen sind auserzählt"

Die Umbrüche in der Reisebranche und die immer weiter um sich greifende Digitalisierung lassen auch den Reisejournalismus nicht unberührt. So betonen Experten wie GEO-Chef Wolff, SZ-Reporter Prantl oder auch der Manager des Online-Reiseportals „Reisereporter“ aus dem Hause Madsack, Tobias Schäffer, dass Grundtugenden wie Neugier, Reisebegeisterung oder journalistisches Handwerkszeug auch in Zukunft Voraussetzung für Erfolg im Job blieben, jedoch Zusatzqualifikationen gefragt seien. So müssten Reisejournalisten heute nicht nur schreiben, „sondern das komplette Paket denken können“ (Schäffer im persönlichen Interview mit dem Autor). Damit meint er das multimediale Zusammenspiel von Bildern, Videos, Texten und Social Media.

Prantl äußerte sich im persönlichen Gespräch mit dem Autor ebenfalls überzeugt, dass soziale Medien im Reisejournalismus immer wichtiger werden, daneben aber auch Longread-Formate aus Texten, Bildern und Filmen für iPads und iPhones. „Der Reisejournalismus ist für digitales Storytelling geradezu prädestiniert.“ Prantl verweist in diesem Zusammenhang auf sein eigenes Dolomiten-Bergsteiger-Projekt, ein Hybrid aus Zeitungsartikeln und iPad-Inhalten.

Wolff, der die Digitalbegeisterung von Schäffer und Prantl zwar nicht teilt, sieht den Wandel eher auf der inhaltlichen Seite. Der reine Destinationstourismus habe ausgedient, ist er überzeugt. „Ich erkläre dir mal Andalusien“, funktioniere nicht mehr, so Wolff. Vielmehr müssten die Reisenden selbst, die Protagonisten, ins Zentrum der Berichterstattung rücken.

Dabei denkt Wolff sich nicht an die Myriaden Hot-Spot-Seeker, die eine Destination nach der anderen im Eiltempo abhaken, sondern an Reisende, die auf Rückbesinnung und alternative Reisekonzepte wie -ziele setzen, die manchmal vielleicht gar nicht weit weg von der Haustür liegen.

Wer Ende Mai 2019 in der „Süddeutschen Zeitung“ den Artikel „Overtourism in Peru – ein Fluchhafen für Machu Picchu“ gelesen hat, dem dürfte ein Satz von Hans Magnus Enzensberger aus der Seele sprechen, den dieser bereits vor über 60 Jahren in seiner „Theorie des Tourismus“ formulierte: „Die Tugend, die man beschwören will, wird vernichtet, indem man sie in Anspruch nimmt“ (Enzenzberger 1958). In dem SZ-Artikel (Süddeutsche Zeitung 2019a, b, Overtourism) wird über den bereits im Bau befindlichen Flughafen berichtet, der noch mehr Touristen zur meistbesuchten Sehenswürdigkeit schaffen soll als die derzeit 1,5 Mio. pro Jahr. Laut Unesco sprengen diese den Rahmen des Erträglichen für die Inka-Stätte schon um das Doppelte (Abb. 33.5).

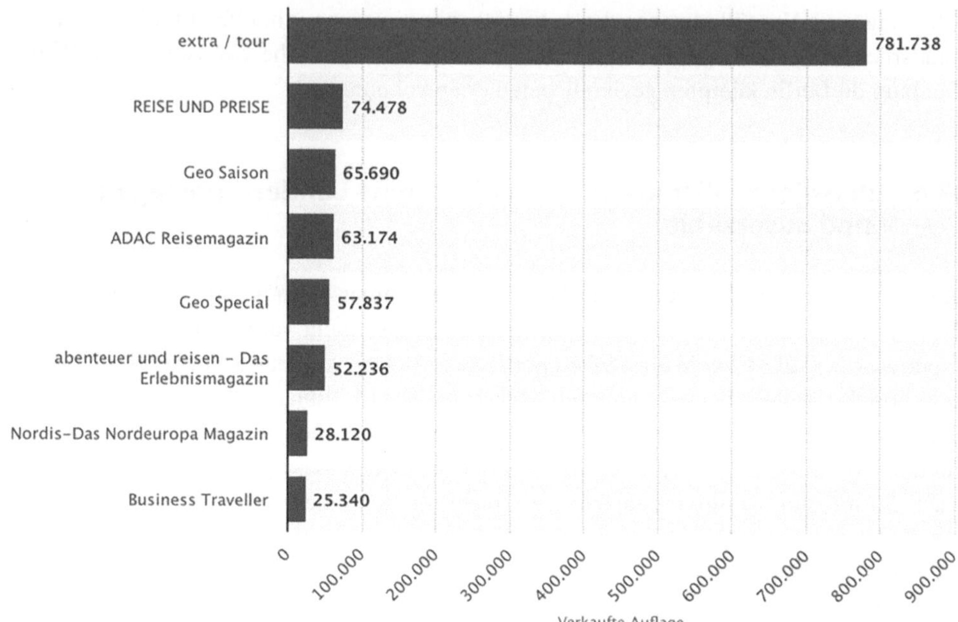

Abb. 33.5 Ranking der auflagenstärksten Reisezeitschriften in Deutschland im 1. Quartal 2019. (Quelle: Statista)

Literatur

Der Spiegel. (2018). Das verlorene Paradies – Wie der Reisende zerstört, was er liebt. Hamburg.

Enzenzberger, H. M. (1958). Vergebliche Brandung der Ferne. Eine Theorie des Tourismus. *Merkur, 12,* 701–720.

Haller, Michael. (2008). *Die Reportage* (6. Aufl.). Konstanz: Metzler.

Institut zur Förderung publizistischen Nachwuchses/Deutscher Presserat. (2005). *Ethik im Redaktionsalltag*. Konstanz: UVK.

IPK International. (2019). Europea Travel Monitor. https://www.ipkinternational.com/en/world-travel-monitor. Zugegriffen: 4. Juni 2019.

Kapuscinski, R. (2005). *Meine Reisen mit Herodot*. Frankfurt a. M.: AB - Die Andere Bibliothek.

Kleinsteuber, H. J. (2008). *Reisejournalismus – eine Einführung* (2. Aufl.). Frankfurt a. M.: VS Verlag.

Nothelle, C. (2016). Magazine. In A. Buchholz (Hrsg.), *Fernseh-Journalismus – Ein Hanbuch für Ausbildung und Praxis* (9. Aufl.). Berlin: Econ.

22places. (2019). Die beliebtesten Reiseblogs: Reisebloggerwahl. https://www.22places.de/reise-blogs-reiseblogger/. Zugegriffen: 4. Juni 2019.

Presserat (2019) handelt es sich um die Internetseite des Presserates. https://www.presserat.de/pressekodex.html. Zugegriffen: 10. Juli 2020.

Schmitz-Forte, A. (1994). Die journalistische Reisebeschreibung nach 1945 am Beispiel des Kölner Stadt-Anzeiger und der Süddeutschen Zeitung. Frankfurt a. M.

Spiegel Online. (2018). Massentourismus – Wie Europas Städte gegen Überfüllung kämpfen. https://www.spiegel.de/reise/aktuell/venedig-amsterdam-barcelona-was-staedte-gegen-touristenmassen-tun-a-1197383.html. Zugegriffen: 16. Mai 2019.

Süddeutsche Zeitung. (2019a). Ausverkauft – Der boomende Tourismus macht aus Städten Museen. Die ersten verlangen jetzt sogar Eintritt. Über den Fluch der Attraktivität. München: Süddeutscher Verlag Zeitungsdruck GmbH.

Süddeutsche Zeitung. (2019b). Overtourism in Peru – Ein Fluchhafen für Machu Picchu. München: Süddeutscher Verlag Zeitungsdruck GmbH.

Touristik PR (2019). Reiseblog des Jahres 2018. https://www.touristikpr.de/fileadmin/user_upload/TPR18_Wahlergebnisse_Reiseblog_des_Jahres.pdf. Zugegriffen: 4. Juni 2019.

Prof. Dr. Florian Stadel hat Geschichte, Politische Wissenschaft und Romanistik an den Universitäten Bonn, Pisa und Trient studiert. Er promovierte mit einer Arbeit über die Rolle deutscher Tageszeitungen während des Aufstiegs der Nationalsozialisten. Anschließend arbeitete er als Journalist für die Nachrichtenagentur Reuters, das Nachrichtenmagazin Focus und die Neue Zürcher Zeitung. Er berät deutsche und Schweizer Medienhäuser in Fragen der Organisation und Marktpositionierung. Er hält eine Professur für Journalistik an der Hochschule Macromedia in Stuttgart und veröffentlicht regelmäßig Artikel zu journalistischen Themen.

34 Freedom and Social Media – The Aesthetic Paradox of Travelling in the Era of Overtourism

An Experiment as Practice-Based Research

Silvio Barta

Abstract

How do travelling and the documentation of travelling cohere? How do social media affect the aesthetics of travelling? This article explores how mindfulness, authenticity, and serendipity are affected by travelling and social media. In an attempt to subvert social media algorithms, an artefact (a photographic series) records travelling in Tuscany, where motives were chosen based on their unpopularity on social media. The artefact is analysed based on content and contextualised historically and aesthetically. An analysis of the effectiveness of the method leverages Google's image search engine. The artefact thus offers an "alternative" Tuscan experience that is aesthetically free from the paradoxes arising from social media. Finally, the article aims to frame the artefact within cybernetics and the concept of freedom.

34.1 Introduction

The phenomenon of travelling as a form of tourism has already been examined in the domains of economics and sociology in detail: travelling as a luxury experience, as an economical factor, as an expression of beliefs, as an ecological factor etc. An analysis in terms of aesthetics, especially the development of aesthetics in wake of social media, has been neglected in research until now. Travelling as a form of tourism has always been a top subject on social media and has experienced continually increasing interest

S. Barta (✉)
Hochschule Macromedia, Hamburg, Germany
e-mail: s.barta@macromedia.de

© Springer Fachmedien Wiesbaden GmbH, ein Teil von Springer Nature 2020

D. Pietzcker und C. Vaih-Baur (Hrsg.), *Ökonomische und soziologische Tourismustrends*,
https://doi.org/10.1007/978-3-658-29640-7_34

(Fig. 34.1). This increase in relative interest has been even more pronounced than in the other top hashtag clusters (i.e. fashion, design, celebrities and DYI). And this increasing interest has over the past years fundamentally changed how travelling as a form of tourism is perceived, experienced and communicated. For simplicity, travelling in this chapter always refers to travelling as a form of tourism, or in other words mobility for leisure purposes. Travelling implies all the activities involved in taking advantage of commercial and non-commercial services, visits to places of interest, and so forth.

This chapter revolves around an artefact (a photographic series) that forms the basis of the analysis, focusing on content and contextualisation. The content analysis aims to add a level of objectivity to the artefact by tagging and categorising visual components and by leveraging the Google's AI image search engine to find similarities to other images on the internet. The contextualisation aims to contribute to the aesthetic discourse, based on the artefact. This approach is described by Candy (2006), "If a creative artefact is the basis of the contribution to knowledge, the research is practice-based." The research question is, therefore, how social media can be (ab)used to generate a travelling experience that is different (though not "inferior" or less enjoyable!) than travelling experiences that depend on the filter-bubble and swarm intelligence of social media. The artefact seeks to question not only how travellers use social media as a source of

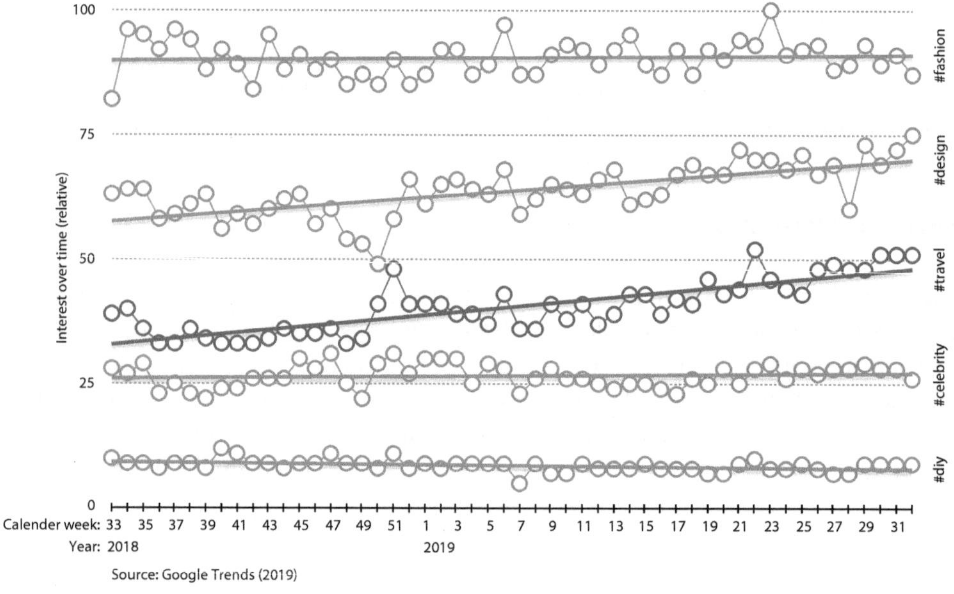

Fig. 34.1 Interest over time of the top five hashtag clusters on Instagram. Data from Google Trends (2019)

Fig. 34.2 Posting on Instagram by Elisa Dionigi (2019) on the Piazza della Signoria

information about travelling (hence social media's influence on where and how people travel), but also how people communicate their travelling experiences on social media. This notion becomes apparent when one searches, for example, for "top places to visit" or something similar. More subversive is the filter-bubbles that form on social media: the "suggestions" or "inspiration" (Fig. 34.2) for travelling converge on postings of my friends or influencers I follow. Obviously, all I can experience then in the "real" world while travelling is exactly the same experiences that everyone I am "friends" with also has already experienced.

As I will discuss below, there are four central needs that steer how travel is experienced currently: mindfulness, authenticity, serendipity and freedom. My analysis will frame the artefact in relation to these needs. Finally an outlook will combine these needs and their manipulation on social media in terms of cybernetics.

34.2 Artefact and Method

The artefact of practice is a series of photographs that evolved on a journey through one of the most popular cultural landscapes in the world. Tuscany ranks number two (after Venice) in Italy (Instituto Nazionale di Statistica 2019) with almost 48 million nights spent in hotels in 2018. My goal was to document experiences that were as diametrically different than the ubiquitous photographic documentation available on social media. Social media (mainly Instagram) was used to research sites for the series by scraping location (and landmark, sights etc.) tags with the *fewest* posts, in an effort to use *un*popularity to create the most unique travelling experience possible.

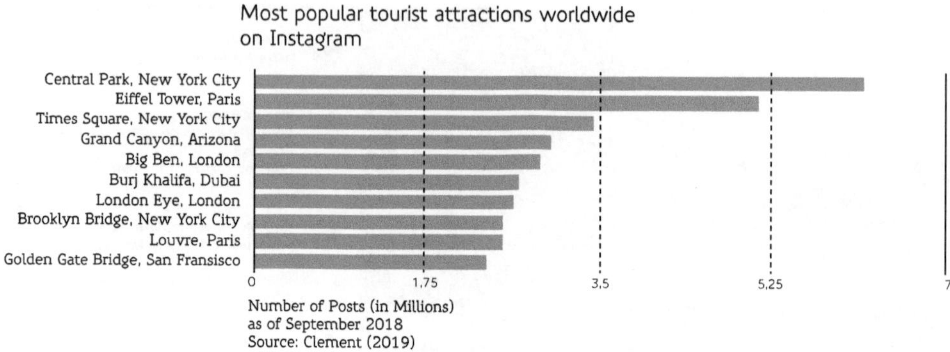

Fig. 34.3 Most popular tourist attractions worldwide on Instagram. Data from Clement (2019)

The logic here is that this relationship between travelling and social media represents a second-order cybernetic system (Heylighen and Joslyn 2001): the posts on social media reflect the experiences of a swarm intelligence. A user's interactions with her timeline influence how popularity and the thematics of individual posts affect what she sees. This, in turn, influences how she perceives "reality", specifically which travelling experiences she interprets as being desirable. If she herself decides to travel, she will most likely visit places or do things she has seen on her timeline, expectedly then document her own experiences also on social media, further amplifying the filter-bubble. This is a classic example of circular processes such as Ashby's (1999) self-organisation. Even the strange "uniqueness" of individual "noise" that each person contributes to the social media does not, as shown by von Foerster (1995), cause the system to become vague or indefinite, rather only enhance the self-organisation (Fig. 34.3).

The photographs were composed as a typical social media post: something interesting in a cityscape was framed centrally, passersby were included if present. The photographs should resemble the countless other photographs posted on social media, yet the motives were consciously different. Locations with a high number of posts (such as San Gimignano) were replaced with locations with a low number of posts (Castelfiorentino or San Miniato). The aim was to create a documentation of an alternative Tuscan experience, where especially the aspects of authenticity and serendipity remain intact.

34.3 Content

The photographs were categorised based on content: the predominant aesthetic (beautiful, ugly or sublime), motive categories (either landscapes, cityscapes or both), and whether people (either tourists, locals or both) were present in the photographs. Furthermore, the photographs were then used for image searches on Google to determine, whether the locations would be identified. The reasoning here was, that if enough other images of the locations exist, the search algorithm would be able to identify the location based on the image. This is a negative test: if the search engine returns meaningless results, then there are not enough correspondingly similar images of this location for the algorithm to identify it.

The results are striking. Only two images of a total of twenty-six (under 8%) were successfully identified (Fig. 34.9, San Miniato; Fig. 34.27, Museo Civico in Prato). That the photograph from Prato would be found in the image database was to be expected: the city is only 21 km from Florence; has many tourist attractions; and, has a population of almost two hundred thousand. The motive, the Museo Civico, is probably the most striking building in Prato and is centrally located on the main square, directly next to the tourist information centre. That San Miniato (45 km from Florence, 48 km from Pisa; one fortress and a piazza as tourist attractions; and, a population of under 29,000) would be identified was surprising. Furthermore, no other photograph could be found on the internet from the same point of view, so that the match probably occurred due to the insignia visible in the middle left on the monastery building in the photograph.

Another interesting result were the partial matches (50%), where at least the country was successfully identified (Fig. 34.4, San Miniato; Fig. 34.5, Castellina in Chianti; Figs. 34.16, 34.17, and 34.18, Barga; Figs. 34.21 and 34.22, Castelfalfi; Figs. 34.25 and 34.26, Volterra; and, Fig. 34.29, Pesciolica). Obviously, the algorithm identified something "Italian" about the photographs. Further three photographs were classified at least partially as "Tuscan" (Fig. 34.5, Castellina in Chianti; Fig. 34.21, Castelfalfi; and, Fig. 34.23, Volterra). These mixed matches often yielded results like real-estate offerings (23%) and only two matches (under 8%) had some relationship to tourism (e.g. wedding in Tuscany, places to visit in Tuscany) (Figs. 34.6, 34.7, 34.8).

Fig. 34.4 Artefact – San Miniato (Sublime) Cityscape, Landscape, People: None, Image matches: Country (Partial)

Fig. 34.5 Artefact – Castellina in Chianti (Beauty) Cityscape, People: Tourists, Image matches: Country, Tuscany (weddings)

Fig. 34.6 Artefact – Castelfiorentino (Ugliness) Cityscape, People: Locals, Image matches: None

If, however, a tourist was by chance included in the photograph, the photograph was at least a partial match 60% of the time. A causality is impossible (is it the presence of the tourists, or are tourists present in locations that are more likely to be identified?), but a correlation is obvious. Furthermore, in the photograph in San Miniato (Fig. 34.9), where the location was identified 100% correctly, tourists are in the photograph, themselves taking a photograph in the other direction.

Fig. 34.7 Artefact – Castelfiorentino (Ugliess) Cityscape, People: None, Image matches: None

Fig. 34.8 Artefact – Castellina in Chianti (Sublime) Cityscape, Landscape, People: None, Image matches: None

In conclusion, I surmise the artefact contains elements of a Tuscan journey, yet does not correspond to a typical experience or a composite "average" experience that is subsumed out of the millions of individual experiences available online, as demonstrated by the fact that only 8% could actually be identified. Interestingly, photographs with typography (e.g. "trattoria") didn't necessarily increase the likelihood of identification. That 50% of the artefacts were identified as somehow "Tuscan" or "Italian" shows

Fig. 34.9 Artefact – San Miniato (Ugliess) Cityscape, People: Tourists, Image matches: 100%

that the artefacts do in fact reflect an atmosphere of what a traveller would seek to experience. As will be examined below, the artefacts represent authenticity and serendipity in a location where these characteristics are difficult to find.

34.4 Traveling as a Form of Self-Definition

Our genetics, our socialisation make us experts at processing information and communication forms. The more familiar we are with our surroundings (physically or geographically, culturally in terms of related local singularities and in terms of language, economically in terms of the function of supply (see Fig. 34.7) and demand and the *communication* of this function – in other words, advertising – , etc.), the more effective, efficient and quick we are in processing the information around us and putting it into good use for us. Basically, that's our evolutionary advantage that has guaranteed our success and survival over the past tens of thousands of years. Why would we, then, willingly put ourselves into situations (see Figs. 34.6, 34.10, 34.11, 34.12, 34.13, 34.14, 34.15) that are completely unfamiliar to us, that make this processing of information difficult, communication perhaps completely impossible? Moreover, why do we so much enjoy traveling to exotic locations with a deep and complex history, where the intellectual exercise of understanding the aesthetic input is challenging enough, and through that exoticism, those unfamiliar contexts and surroundings become almost overwhelming (see Fig. 34.27)? We freely choose to be overwhelmed.

An obvious answer is that it excites us, refreshes our thought processes, and makes us feel more alive. We delight in being surprised, we revel in the unexpected. As analysed a countless number of times already in similar ways, Jean Kim (2018) writes,

Fig. 34.10 Castellina in Chianti (Ugliess) Cityscape, People: Locals, Image matches: None

Fig. 34.11 Artefact – Arezzo (Beauty) Cityscape, People: Tourists, Image matches: None

Travel disrupts your routine and introduces novelty to your brain, which improves cognition and helps reactivate reward circuits. You have to think about how to get through new neighborhoods, new transportation patterns, new customs and rules. Initially, such changes can be stressful and frustrating, as anyone who has dealt with minor annoyances like different toilets or trouble getting change back for large bills knows. But ultimately, your brain can benefit from being put on its toes; according to Brent Crane's article in The Atlantic, the cognitive flexibility helps stimulate neuroplasticity. This, in turn, can help generate creativity that persists even when travelers return home and helps with innovative idea generation at their jobs.

Fig. 34.12 Artefact – Arezzo (Ugliess) Cityscape, People: None, Image matches: None

Fig. 34.13 Artefact – Arezzo (Beauty) Cityscape, People: Tourists, Image matches: None

I would argue that there is more to this than just "neuroplasticity". Mobility (and it's leisurely-oriented sibling *travel*) is certainly an important, perhaps unique, characteristic of contemporary societies: the efficiencies and structures of the developed economies enable, for the first time in human history, global travel for a majority. Travelling satisfies deeply engrained desires, and is at the same time the communication of these desires. It is at the same time a perception and expression – it is this system's theoretical framework that informs the following analysis.

Fig. 34.14 Artefact – Arezzo (Beauty) Cityscape, People: None, Image matches: None

Fig. 34.15 Artefact – Lucca (Ugliess) Cityscape, People: None, Image matches: None

Traveling has expressed financial and intellectual status (at least since industrialisation, as discussed below): the destination we choose, the activities we undertake and the landmarks we visit, and the form of the travel (whether it is self-organised, backpack or all-inclusive) all express deep views we have. Whether we choose to travel sustainably, for example, is intimately connected with our behaviour at home and our position towards consumption, energy use, etc. In the trinity of dimensions that inform the design of artefacts (Vickers and Renand 2003), the communicative dimension – what the object of consumption communicates about us – is becoming increasingly important (Barta and Stoklossa 2018). As contemporary society develops away from a consumption of goods (or services) enabling experiences to the direct consumption of experiences (Žižek 2018), traveling will become increasingly important in how we define ourselves as individuals, how we define our affinity to culture and art, how we express what is important and precious to us. This goes beyond a decision whether we backpack or book an all-inclusive resort on the beach. These motivators – aesthetics, authenticity, serendipity, and in the end, freedom – are the focus of this chapter. These motivators are also being profoundly "reinvented" by our ability to "design" ourselves (or at least the image of ourselves perceived by others) through social media.

34.5 Context: Mindfulness

Mindfulness is set on overtaking yoga as the most widespread mental health programme in 2020 in workplaces (NBGH 2019) and involves "paying attention in a particular way: on purpose, in the present moment, and nonjudgementally" (Kabat-Zinn 1994). In other words, explicitly perceiving what is around oneself. In a postmodern, hyperconnected society the daily grind is for most people dominated by the virtual world, digital communication and ephemeral interactions – in other words, mindfulness is a challenge. Our starved senses crave input: the colours produced as light is absorbed and reflected from rolling hills covered in vineyards for example (see Figs. 34.4, 34.8, 34.22, 34.29), or the visual impressions of a medieval market square; the scent of stone pine trees, or the mixture of aromas coming from a restaurant serving traditional specialities; the clicking of cicadas, or the cacophony of incomprehensible discussions in a melodic foreign language; the warmth of sunlight on the skin, the cool smoothness of worn marble (see Figs. 34.16, 34.24, 34.26). The aesthetic of the sublime becomes more and more important (see Figs. 34.17, 34.18, 34.19). And of course, taste is paramount. Travelling is the diametric opposite of everyday perceptions, it makes a mindful experience much *easier*, case in point: street-food and Instagram (Handayani et al. 2019).

Everyday experiences can seem to lack "depth", as it is so much more difficult to actively perceive inputs, to concentrate on a moment or to appreciate a simple pleasure. As almost every therapist or yoga instructor will agree, this lack of authenticity is only an illusionary one – as mindfulness is in fact possible in the grind – but traveling makes us more receptive.

So, if we use travelling to define ourselves and we seek to perceive travelling "on purpose, in the present moment, and nonjudgementally", how does this fit together with the experience when meshed with social media. This describes the first paradox the artefact attempts to illustrate: the perception/feedback loop on social media undermines individuality as our experiences only amplify the system through self-organisation. Mindfulness and authenticity are deeply connected. Mindfulness is the acceptance of the real, authenticity is a cloak of "realness".

Fig. 34.16 Artefact – Barga (Sublime) Cityscape, People: None, Image matches: Italian Alps

Fig. 34.17 Artefact – Barga (Sublime) Cityscape, Landscape, People: None, Image matches: Italian homes

Fig. 34.18 Artefact – Barga (Ugliess) Cityscape, People: Locals, Image matches: None

Fig. 34.19 Artefact – Barga (Sublime) Cityscape, People: None, Image matches: Italian home (Partial)

34.6 Context: Authenticity

National Geographic is often viewed as an ethical, good organisational. It has already for decades championed environmental issues, funds research all over the world, makes scientific information available to a large audience, and – as is widely accepted – has a serious, non-commercial image. Instagram has always remained in the top accounts list on Instagram since the social medium's launch, underlining the connection between aesthetics, travelling and learning. However, despite or exactly because of this, as will be examined below, the main focus of travelling has shifted away from learning to a more passive consumption of experiences: the bucket list approach to life dictated by a series of role models on social networks. Exploration is outsourced to influencers, one's own voice (the "post" or "like") accentuates "democratically" the apparent validity of the bucket list. It's a virtual, digital flock. In the top five hashtag clusters on Instagram, travel (along with design) has experienced the highest, continual increase in interest over the last year (as measured by Google Trends, 2019). The visual, photography-oriented nature of Instagram is predestined both as a source of information on travel as well as a possibility to share one's experiences of travel.

Authenticity is the currency of social media – we choose to consume social media that we perceive to be honest, authentic, "real". Authenticity can be defined in many ways, but the most common characteristic on social media is that the message is devoid of ulterior motives. This can explain the popularity of National Geographic, as it embodies authenticity as discussed above. This also seems to be the promise that people on social media (influencers?) make: they, as ordinary people, post information about themselves that they want to share. More precisely, they post relevant information out of an intrinsic desire to share it. Obviously, the reality is different, but let us accept that this is the reason why the information is *perceived* to be authentic.

In traveling, we put together a story, a narrative, that is then communicated – often in realtime – over social media. Social media (especially the visually-centric Instagram, Google trends 2019) serves both as a source of inspiration for a travels, as well as an outlet for the communication of our experiences while traveling. The information posted is perceived as worth seeing (see Fig. 34.3) and this is illustrated by spontaneous memes (Trolltunga, 1170 Shakespeare Avenue, Rue Crémieux, train street Hanoi, etc., but compare with Fig. 34.20) that suddenly become extremely popular, attracting more and more tourists (Fig. 34.21).

Fig. 34.20 Artefact – San Giusto di Brancoli (Sublime) Landscape, (Architecture), People: None, Image matches: None

Fig. 34.21 Artefact – Castelfalfi (Beauty) Cityscape, People: None, Image matches: Tuscany (Partial)

34.7 A Very Brief History of Cultural Tourism

Travelling as a form of learning – even research – has always had the function of seeking out new aesthetic ideas and introducing them into the cultural vocabulary back home. The Grand Tour, popular with firstly the British upper class in the 17th and 18th and then with well-off youngsters from industrialised northern Europe, led to a new appreciation of the aesthetics of antiquity. The past time of visiting the important remnants of the Roman (and later Greek) civilisation was considered an important part of the education of the elite.

Furthermore, the fascination with classical ruins introduced the idea of the sublime to the aesthetic vocabulary, manifesting firstly in English landscape and gardening design, for example, with the introduction of the folly (decorative constructions intentionally designed as ruins), continuing then to expand the appreciation for new categories of aesthetic classification beyond that of "beauty". From Joseph Addison's first reflections at the end of the 17th century, continuing with Edmund Burke's (1756) definition of the sublime, to Immanuel Kant's famous analysis in The Critique of Judgement (1790), the inputs gathered by travellers through the then "exotic" Mediterranean area inundated with the past led to the eventual formulation of the modern aesthetic. In short, those cultural tourists in the 17th century were indispensable in cultural, aesthetic and philosophical developments during the Enlightenment.

As detailed visual documentation of these sites were not readily available, travellers were still able to "discover" something new, even though the Grand Tour trend remained relevant for – in today's time measurement – a very long time. The hippie generation in the 1970s "discovered" India and introduced eastern aesthetics (and philosophy) into the western mainstream. From the 1990s onwards South East Asia became popular with individualist travellers – a lack of typical tourism infrastructure makes it possible to "discover" something, to be individual. Today, Vietnamese and Thai restaurants are an integral part of the cityscape in every Western city. The idea of discovering something new, of learning about yet unknown cultural or natural sights, is an important motivator for travelling (Figs. 34.22, 34.23, 34.24).

Fig. 34.22 Artefact – Castelfalfi (Sublime) Cityscape, People: None, Image matches: Country

Fig. 34.23 Artefact – Volterra (Beauty) Cityscape, People: Locals, Image matches: Country, Tuscany

Fig. 34.24 Artefact – Volterra (Beauty) Cityscape, People: Locals, Image matches: None

What possible locations exist today, yet undiscovered? In a postmodern, hyperconnected society we can instantly order an obscure cooking ingredient from Indonesia, watch a livestream from Machu Picchu, or "stroll" around a 3D Venice in StreetView. How much "learning" is possible, since almost everything about every place is already known? "Discovery" and "exploration" seem hollow and pointless, when, after "discovering" something, we are forced to share that "discovery" with hundreds (or thousands) of other tourists – which then instantly degrades us from "discoverer" to "tourist". And, since everywhere can virtually be here, why would we bother to travel anyway? I would argue that it is a search for authenticity, or better, an *aesthetic* authenticity.

Aesthetic authenticity is not an intellectual activity, but a purely visceral and emotional one: scent of pine trees, cool smooth marble, the taste of local wine, and so on as already discussed. The artefact documents a possible, alternative to the Tuscan experience, that focuses more on mindful and authentic experiences, where space for serendipity exists, where freedom can be felt.

In a postmodern, hyperconnected society, we are not necessarily seeking "new" experiences and inputs, but rather reassurance, a nostalgia freed from real memory, without a past. Categories such as "new" or "exploration" are not realistically possible: we all have images that we've soaked up through various media, of how "the Orient" or "Tuscany" should be. We want to experience this expectation, feel it fulfilled. Hardly anyone travels uninformed these days, instead we have already perceived the destinations, sights, landmarks and vistas thousands (if not millions) of times beforehand, and we feel reassured, if in fact the food tastes as fabulous as we expected (because we've experienced vicariously its preparation in cooking shows), if the artwork is as impressive as we imagined (because we seen them online and planned which museums to visit). Interestingly, half of the Artefacts seem to fulfil these expectations at least partially.

34.8 The Aura and The Influencers

Michelangelo Bounarroti produced in his lifetime many sculptural masterpieces. Certainly the most famous is David (1501–1504), which in my personal, humble opinion is neither his technically best nor his most evocative work. For me his technical triumph is the Pietà (1498–1499) in St. Peter's Basilica in the Vatican; his non-finitio Awakening Slave (1520–1523) on display at the Accademia is my choice for his most evocative.

Nevertheless, everyone visiting Florence simply must see David (but compare to Figs. 34.23, 34.25, 34.28), as this statue symbolises the Renaissance, Tuscany and the Florentine spirit. The commission for the David statue was originally intended for the roofline of the cathedral where the statue could only have been viewed from below. From very far below in fact, since the statue was designed to be installed at a height of 25 m. However, the statue was placed instead in front of the Palazzo Vecchio, probably because it inspired Renaissance Florentines thematically (freedom, fighting against oppression, the underdog being victorious, beauty of youth and so on). The original David now stands in the Galleria dell'Accademia. The "original" means the statue that Michelangelo himself produced. Obviously, a large amount of the work was carried out by his students in his workshop. The exhibition context in the Accademia makes David appear truly

Fig. 34.25 Artefact – Volterra (Beauty) Cityscape, People: Locals and Tourists, Image matches: Country (Partial)

spectacular: a proportional tour de force and a demonstration of the absolute mastery of perspective.

The marble copy now on Piazza della Signoria is certainly not inferior in any way, and was produced in 1873 to replace the original. This (subtractive: created by removing Carrara marble until that which we can see was left) version of David can normally only be viewed as distorted, since the only possibility to approach the statue even nominally from the perspective Michelangelo originally intended is from the Piazzale degli Uffizi. And this approach is normally congested with tourists. However, from all other positions on the Piazza, for example from the Via de' Cerchi, David looks hideous: oversized hands, a swollen head, and so on; definitely not how Michelangelo wanted him to be seen. When arriving from the Via de' Cerchi, one should therefore avert one's eyes from the David copy and just focus on the Fontana del Nettuno by Baccio Bandinelli and Bartolomeo Ammannati (1565–1574) and enjoy the mannerist, expressively caricature faces of the maritime scene with Neptune, nymphs and satyrs. (My personal favourite are the Seahorses by Giambologna.) (Fig. 34.26).

A visit to Florence would definitely be incomplete without a quick stop to the Piazzale Michelangelo. That is why busloads of tourists are spat out there over the entire day until late in the evening, when the sun sets and lights up the Duomo and the cityscape of Florence in fiery light. Towering over the Piazzale Michelangelo is yet another copy of David. This copy of David is in bronze, not like the original in marble (and hence not constructed in the same subtractive technique as the original). There are many great bronze statues in Florence – for example Seahorses by Giambologna mentioned above or Perseus (1554) by Cellini. I am sure Michelangelo turned over in his grave when in 1860, Giuseppe Poggi designed the Piazalle as part of the Risanamento urban renewal of Florence and decided to make bronze copies not only of

Fig. 34.26 Artefact – Volterra (Beauty) Cityscape, People: Locals (Performers), Image matches: Country (Partial)

Michelangelo's David but also of his allegorical Dawn and Dusk statues (1533) from the tomb of Lorenzo duca di Urbino in the Medici Chapel in San Lorenzo and combine them into a strange form of victory column assemble. This montage or collage is intellectually wrong in so many ways, yet like so many tourist sites (e.g. Los Vegas or Disney World, compare with Fig. 34.21) aesthetically pleasing, almost titillating when freed from an intellectual analysis. Can this be described as an aesthetic authenticity, emotional authenticity?

Once I eavesdropped on a tour guide explaining the highlights of the Piazzale Michelangelo to a group of exhausted and sweaty tourists (it was around 40 °C) as he pointed to the David and said, "It's not the original, but it's not bad." Aesthetically it is not a question of "good" or "bad", rather an analysis of Michelangelo's intention and ductus would lead us to the conclusion, that *this* David being perceived by a group of tourists is "unintended" or "unfitting". And as such, unauthentic. My description of David and the copies of David seeks to emphasise a particular point: there are thousands of excellent Renaissance piazzas with statues in Tuscany (Figs. 34.5, 34.9, 34.27), yet there is only one Piazza della Signoria, which certainly deserves to be seen as unique peak in Western culture and art. Yet, it cannot fulfil what travellers are looking for here: authenticity. Strictly, because the David here is not "original". Yet there is more.

How does authenticity play a role in the experiences mentioned above? In a state of artificial excitement, one runs from one historic site to the next, taking and posting photographs in a delirium, oblivious to the aesthetic and historic content, even though one chose that particular site to visit exactly *because of* the aesthetic and historic content. The aesthetic and historic content cannot be instantaneously *understood* (in the way we consume social media), but it instead must be *experienced*. And this takes time, something the modern traveller often does not have enough of.

Fig. 34.27 Artefact – Prato (Beauty) Cityscape, People: None, Image matches: 100%

Walter Benjamin's *Aura* becomes especially apparent here. In his discussion (1935) on picture magazines and newsreels, he consumes, "Uniqueness and permanence are as closely linked in the latter as are transitoriness and reproducibility in the former." Benjamin continues:

> To pry an object from its shell, to destroy its aura, is the mark of a perception whose "sense of the universal equality of things" has increased to such a degree that it extracts it even from a unique object by means of reproduction. Thus is manifested in the field of perception what in the theoretical sphere is noticeable in the increasing importance of statistics. The adjustment of reality to the masses and of the masses to reality is a process of unlimited scope, as much for thinking as for perception.

In truly clairvoyant fashion, Benjamin brings together the three hallmarks of tourism in the wake of social media, especially Instagram: authenticity (the aura), "the adjustment of reality to the masses" (instant global communication, i.e. social media), and "the increasing importance of statistics" (the "algorithm" or filter-bubble). And hence, the second paradox: we seek authenticity, but all we get is a pile of objects pried from their shells, where the Aura has been destroyed by our own actions that adjust reality to our audience using the algorithm. If it is the experience of a Renaissance piazza with a statue that a traveller seeks, then she would be better advised to look for it elsewhere (Prato, for instance) where the aesthetic is more authentic. But it is not only a desire to experience, to perceive something intensely, we are also driven by a desire for novelty. Authenticity is closely connected with serendipity – that which is unexpected, unplanned, and surprising feels more authentic. Nothing destroys the unexpected more than a feeling of déjà-vu, that hard-to-place feeling of already having been here.

34.9 Déjà-vu without a Past

Is it possible in a postmodern, hyperconnected society to travel, for example, to Tuscany without going to see Michelangelo's David? This statue is a fundamental part of the Tuscan mythos, an inherent aspect of the nostalgic construct. Is a trip to Tuscany even "real" if it isn't documented on Instagram with the obligatory selfie on the Piazza della Signoria in front of David or Neptune (see Fig. 34.2)? How much freedom do we in fact enjoy, when our expectations so dominantly affect how we travel?

I would argue that the destination is known a priori and traveling is only a confirmation of that knowing, and that social media plays a fundamentally central aspect in this "knowing" and "confirming". Note that I mean "knowing" and not "learning", as learning implies something that takes place over time: it is a process, it is internalised and affects future thought and behaviour. Social media generates instead instantaneous knowledge. And all the information available to us (as mentioned above: the online shop for obscure cooking ingredients from Indonesia, a livestream from Machu Picchu, or a 3D Venice in StreetView) make it very difficult for us not to know everything about

Fig. 34.28 Artefact – Prato (Sublime) Cityscape, Landscape, People: None, Image matches: None

a destination, but at the same time make it very difficult to *learn* something about it (Fig. 34.28).

And what happens when we are disappointed? When the accommodation isn't as spectacular as on the website? When the piazza isn't as charming as promised on Instagram? If in fact we are seeking authenticity and serendipity, but we actually settle for a confirmation of the expected, the unexpected must in any case be better. Alas, if the destination doesn't meet our expectations we complain to the airline, the organiser, the travel insurance or, we give the destination a horrendous rating. And the self-organisation of the system continues. But isn't a complete disappointment in fact a perfectly authentic and serendipitous experience?

34.10 Context: Freedom

This pendulum swinging between "expectation" and "disruption" gives us a more intense feeling of freedom. Is this not exactly both the challenge and opportunity: self-realisation, individuality, and freedom? Being the first traveller somewhere gives us exactly this feeling of being free, especially the freedom from being influenced by all the information available online. This is the last paradox I'll discuss: what we desire we inevitably destroy.

When we walk around a piazza (see Fig. 34.19, Barga) and enjoy the view of a small café or shop with homemade sauces, suddenly hearing our own language being spoken or seeing a tourist group (see Fig. 34.5) shatters this delusion: we are neither "like the Romans" nor invisible spectators. We, too, are in fact part of the problem.

Our presence destroys this delusion for the others as well. The piazza remains undiscovered as long as we don't post the first photography onto social media. Yet, the temptation is often too great, and then the process of self-organisation starts, which could – depending on the algorithm – lead to that piazza becoming the next Trolltunga (Fig. 34.29).

Even more paradoxical: there is so much information and literature (e.g. Pappyn and De Vleeschauwer 2014, etc.) available about "hidden places" or about travelling like a local (e.g. the LonelyPlanet series). But it is simply impossible to be hidden and on the internet at the same time.

While travelling, we feel we have more options, more latitude for decision-making than we have in our routine – though this may be completely delusional as travel timetables or cruise ship schedules, for example, can be far more tyrannical than the daily grind. As travel is something we do for fun, we *feel* we have more control over it. And yet, as Harari (2018) notes, this freedom is not only delusional but probably also falsely invested. The algorithm statistically does know better, for example what the traveller enjoys, at least *most* of the time for *most* travellers. The question then becomes one of simulation: the difference between the "real" and "simulated" is purely subjective, or more accurately, aesthetic. Therefore, the traveller is presented with an "authentic" and "serendipitous" solution by the algorithm that by definition can be neither authentic (because a social medium cannot arise from the singularity of the local, freed of ulterior motives) nor serendipitous (because a social medium cannot be unplanned). But if the traveller is not disappointed, does it matter? It appears to be the ultimate aesthetic subjective sweepstake: everyone wins all the time, because it *feels* real.

Fig. 34.29 Artefact – Pesciolica (Beauty) Cityscape, People: None, Image matches: Country (Partial)

Can authenticity and serendipity be simulated through cybernetic systems? Theoretically it is certainly possible, and there is enough data (Leppänen et al. 2015, among others) showing that these characteristics are simulated successfully on social media every day. I can imagine how social media systems may someday soon also simulate a feeling of mindfulness and freedom, too.

Bibliography

Ashby, W. R. (1956–1999) Introduction to cybernetics. London: Methuen. (electronically republished at http://pcp.vub.ac.be/books/IntroCyb.pdf).

Barta, S., & Stoklossa, U. (2018). Without design it's just a lump of gold: Future developments in design as luxury. In C. Vaih-Baur & D. Pietzsker (Hrsg.), *Luxus als Distinktionsstrategie: Kommunikation in der internationalen Luxus- und Fashionindustrie*. Wiesbaden: Springer Gabler.

Benjamin, W. (1969). The work of art in the age of mechanical reproduction. In H. Arendt (Ed.) & H. Zohn (Trans.). *Illuminations*. New York: Schocken Books. (Original work published in 1935).

Candy, L. (2006). Practice based research: A guide. *CCS Report, 1,* 1–19.

Clement, J. (2019, April 5). Most popular tourist attractions worldwide on Instagram as of September 2018, by number of posts (in millions). Statista. www.statista.com/statistics/625240/most-instagrammed-tourist-attractions.

Dionigi, E. (2019). https://www.instagram.com/p/B1v0P3zo-2B/?igshid=q6oyihx7ymdf. Zugegriffen: 29 August 2019.

Foerster, H. (Hrsg.). (1974). Cybernetics of cybernetics. Urbana, Illinois: *The Biological Computer Laboratory* (2. Aufl.). (1995). Minneapolis: Future Systems, Inc.

Handayani, B., Seraphin, H., Korstanje, M., & Pilato, M. (2019). Street food as a special interest and sustainable form of tourism for Southeast Asia destinations. In B. Handayani, H. Seraphin, & M. Korstanje (Hrsg.), *Special interest tourism in Southeast Asia: Emerging research and opportunities* (S. 81–104). Hershey: IGI Global.

Harari, Y. N. (2018). *21 Lessons for the 21st Century*. London: Jonathan Cape.

Heylighen, F., & Joslyn, C. (2001). Cybernetics and second-order cybernetics. In R. A. Meyers (Hrsg.), *Encyclopedia of physical science & technology* (3. Aufl.). San Diego: Academic.

Instituto Nazionale di Statistica. (2019). Turismo in Italia nel 2018. www.istat.it/it/files//2019/07/infograficaIT.pdf. Zugegriffen: 5. Nov. 2019.

Kabat-Zinn, J. (1994). *Wherever you go, there you are: Mindfulness meditation in everyday life*. New York: Hyperion.

Kim, J. (2018, March 26). Why travel is good for your mental health. *Psychology Today*. www.psychologytoday.com/us/blog/culture-shrink/201803/why-travel-is-good-your-mental-health.

Leppänen, S., Møller, J., Nørreby, T., Stæhrc, A., & Kytölä, S. (2015). Authenticity, normativity and social media. *Discourse, Context and Media, 8,* 1–5.

National Business Group on Health. (2019). The employer investment in wellbeing. www.businessgrouphealth.org/pub/?id=364D7F72-0162-0B77-D3B8-ECA8468F4215. Zugegriffen: 7. Nov. 2019.

Pappyn, D., & De Vleeschauwer, D. (2014). *Remote: Places to Stay*. Berlin: Lannoo.

trends.google.com. (2019). Google Trends. trends.google.com/trends/explore?q=travel%20instagram,fashion%20instagram,design%20instagram,DIY%20instagram,celebrity%20instagram. Zugegriffen: 26. Aug. 2019.

Vickers, S. J., & Renand, F. (2003). The marketing of luxury goods: An exploratory study—Three conceptual dimensions. *The Marketing Review, 3*(4), 459–478.

Žižek, S. (2018). *Like a thief in broad daylight*. London: Allen Lane.

Prof. Silvio Barta is a designer and has been working in visual communication since 1993 in the fields of interface, user experience, 3D, motion and spatial design, consulting various Fortune 500 and top DAX companies in online communication. He has lived and worked in Canada and several European countries. He currently resides in Germany and is the Professor for Interaction Design at the Macromedia University, Hamburg.

35 Vom Outbound- zum Inboundmarketing – Reisen als Prototyp-Branche für die neuen Anforderungen von Marketing 4.0

Jan Lies

Zusammenfassung

Ab-in-den-Urlaub, Airbnb, check24.de, Flixbus, Fluege.de, HRS, Secret Escapes, TripAdvisor, Trivago, Urlaubspiraten, Urlaubsguru: Wer sich für eine Reise interessiert, dem liefert das Internet eine Vielzahl von Angeboten. Dieser Beitrag zeigt, dass der Tourismus trotz der noch andauernden Marktführerschaft von Reisebüros längst vom sog. E-Tourismus geprägt wird. Die Digitalisierung ist aber weit mehr als einfach nur ein webgestützter Vertrieb von Destinationen und Reisedienstleistungen. Es wird gezeigt, dass die Digitalisierung auch einen Methodenwechsel im Marketing beinhaltet, der mit dem Wechsel vom Outbound- zum Inbound-Marketing zu kennzeichnen ist. Im Folgenden werden ausgehend von der Digitalisierung und der Customer Journey digitale Entwicklungen im Tourismus herausgearbeitet: die Entwicklungen vom E- zum M-Tourismus sowie zum C-Tourismus. Es folgt ein Blick auf die Marketing-Versionen 1.0 bis 5.0. Abschließend werden vor diesem Hintergrund Veränderungen im Marketing identifiziert, die mit den beschriebenen digitalen Marketingtechniken innerhalb der Customer Journey zu methodischen Verschiebungen im Marketing führen. Vor allem die Suchmaschinen-Marketingtechnik betont die aktuelle Bedeutung des „Inbound-Marketings" als Methode der Marktbearbeitung, da diese vor allem gut besuchte Webangebote mit „Content" in den Rankings führen. Ein Blick auf die sich verändernde Nachfrage zeigt die Bedeutung der Disneyfizierung, die den Tourismus derzeit prägt.

J. Lies (✉)
FOM Hochschule, Dortmund, Deutschland
E-Mail: jan.lies@jan-lies.de

© Springer Fachmedien Wiesbaden GmbH, ein Teil von Springer Nature 2020
D. Pietzcker und C. Vaih-Baur (Hrsg.), *Ökonomische und soziologische Tourismustrends*,
https://doi.org/10.1007/978-3-658-29640-7_35

35.1 Digitalisierung im Tourismus

Ungeachtet temporärer, regionaler oder saisonaler Einflüsse wie etwa der Corona-Pandemie 2020 gilt der Tourismus als eine der wichtigsten Wachstumsbranchen. Sie bezeichnet herkömmliche Dienstleister wie vor allem Reiseveranstalter, Reisemittler, Fluggesellschaften und die Hotellerie. Auch die Vermarktung von Destinationen, also Reisezielen von Freizeitparks, über Kreuzfahrten bis Regionen zählt dazu. Dabei hat sich dieser Markt insgesamt vom Luxus- zum Massenmarkt gewandelt (Schultz et al. 2014, S. 1 ff.) Der Offline-Reisemarkt ist mit der Buchung von Reisen bis heute der größte Tourismusmarkt (Maurer 2015, S. 52 ff.; Rohleder 2015, S. 5, 2018, S. 15; Travelport 2018):

- Bei der Buchung der Reise ist das Reisebüro bis heute führend. Knapp jeder Zweite (48 %) bucht seine Reise im Reisebüro.
- Damit sind die klassischen Reisebüros als Agentur vor Ort auch gleichzeitig die größten Verlierer der Digitalisierung. Die Online-Buchung bevorzugen 41 % der Befragten.
- Der Anteil digitaler Reisebuchungen hat mit einem starken Wachstum zu mehr als 40 % digitalem Buchungsanteil geführt.
- Hierbei ist auch ein Generationenwechsel zu beobachten. Nur noch in der Generation 65+ (58 %) bucht die Mehrheit der Touristen im Reisebüro.
- Übernachtungen, Flüge, Mietwagen sind die digital am häufigsten vermarkteten touristischen Dienste.
- 88 % informieren sich auf Bewertungsseiten und anderen Websites. 80 % vertrauen auch dem Rat von Reisebüros.

Betrachtet man, mithilfe welcher Instrumente Reisende ihren Urlaub planen, ergibt sich folgendes Bild:

Abb. 35.1 deutet an, dass wir derzeit die „Phygitalisierung" oder das „Outernet" (Egger 2015, S. 33) als Beschreibung der Verschmelzung von Online- und Offline-Reisediensten erleben, die beispielsweise in den Möglichkeiten der Augmented

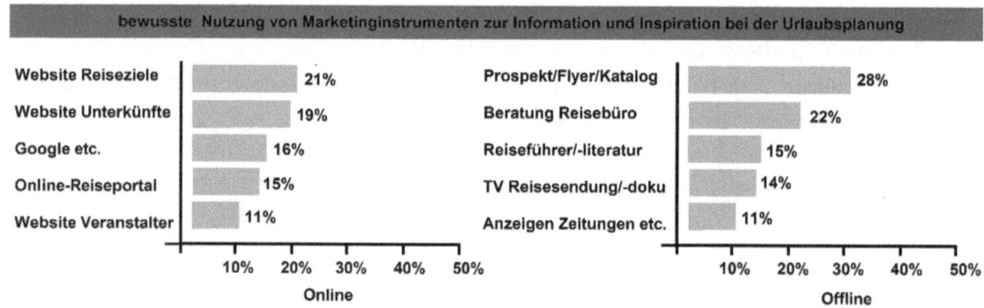

Abb. 35.1 Die bewusste Nutzung von Online- und Offline-Marketinginstrumenten bei der Reiseplanung. (Quelle VIR und FUR 2016)

Reality (AR) gesehen werden: Vor allem bei Sehenswürdigkeiten, Museen oder Städtereisen bietet es sich an, das Display des Smartphones als virtuelle Reiseleiter auszustatten. Derzeit prägt die Digitalisierung vor allem die Vertriebskanäle.

35.2 Digitalisierung als Aktualisierung des Tourismus-Wettbewerbs

Für die Angebotsseite hat die Digitalisierung längst spürbare Auswirkungen. Das Bundesministerium für Wirtschaft stellt in einer Studie fest, dass vor allem kleine und mittelständische Unterkunftsbetriebe sich häufig in einem Abhängigkeitsverhältnis zu großen Vermittlungsplattformen befinden. Sie vereinfachen den Marktzugang und die Möglichkeiten zur Erhöhung der eigenen Sichtbarkeit im Internet deutlich. Solche Unternehmen stehen daher in Zeiten der Digitalisierung verstärkt vor der Herausforderung, ihre Distributionskanäle strategisch zu managen und eine geeignete Mischung aus Eigen- und Fremdvertrieb zu finden (BmWi 2017, S. 34).

Insgesamt hat der „E-Tourismus" die Reisebranche neu strukturiert. Das „E" steht für „elektronisch" und hält sich als Rahmenbegriff für eine Vielzahl digitaler touristischer Angebote, die die klassischen Vertriebswege touristischer Angebote in Form von Reisebüros ergänzen oder ersetzen (Freyer 2015, S. 364).

Auch wenn etwa Fluggesellschaften bis in die 1980er Jahre Tickets handgeschrieben ausstellten, gelten sie doch als Pioniere der Digitalisierung im Tourismus. Ihre Reservierungssysteme sind heute als Vorläufer der heutigen globalen Distributionssysteme zu verstehen. Insofern hat die Digitalisierung der Tourismusbranche mit Reservierungssystemen von Linienfluggesellschaften bereits in den 1970er Jahren eingesetzt (Schultz et al. 2015, S. 236 f.). Nimmt man die Hotellerie als einen zentralen Anbieter touristischer Angebote, setzt sich hier die Digitalisierung mit Hotelmanagementsystemen und Reservierungs-Systemen fort. Sie stellen für den Vertrieb Vakanzen, Services und Preise bereit. Mit den 1990er Jahren begann der Boom des Internets auch im Tourismus. Von hier aus vermarkten Destinationsportale, alternative Distributionssysteme, zu denen vor allem Online Travel Agencies (OTA) gehören. Globale Distributionssysteme machen Angebote weltweit verfügbar (Goecke 2015a, S. 371 ff.).

Dass der Tourismusmarkt hart umkämpft ist und besonders sensibel auf nachfragerelevante Effekte wie Terrorismus oder Pandemien reagiert, zeigen die Margenschwäche der Branche und diverse Insolvenzen von Reiseanbietern. Auch prominente Anbieter wie Unister mit Angeboten wie Holidaycheck, das Unternehmen meldete 2016 Insolvenz an, sind hiervon betroffen. Die Provisionen, die Reiseanbieter an Online Travel-Agencies zahlen, betragen zwischen zwölf und 14 %. Dies entspricht in vielen Fällen rund zwei Drittel der Marge (Hell 2018).

Erfolgskritisch aus Anbietersicht ist, dass Touristen selbst zentral die Vermarktung beeinflussen: Das Internet dient Touristen intensiv zur Reisevorbereitung. Mit der mobilen Echtzeitkommunikation nutzen sie die Möglichkeit, individuelle Reiseerfahrungen in Social Media zu posten, sharen und zu liken. Dieser „Peer-to-peer-Reisejournalismus“ wird von den Reisenden – zumindest derzeit – für vertrauenswürdig gehalten. Im Tourismus-Marketing ist die Bedeutung von „C2C“ (also Consumer-to-Consumer) für B2C (also Business-to-Consumer) besonders spürbar geworden (Kagermeyer 2011, S. 59). Das Reisebüro hat so starke digitale Konkurrenz bekommen. Man könnte folgern, dass die Reise des Touristen längst im Web begonnen hat, bevor der Tourist tatsächlich zum Ziel aufbricht (Scherle 2010, S. 292).

Hotels, Gastronomie, Events und andere Institutionen der Reisebranche müssen daher wissen, wo welche Mediennutzer und damit Reisende welche Medien nutzen. Suchmaschinen sind heute mit künstlicher Intelligenz in der Lage, relevante Blogs, Foren, Hotelbewertungs-Sites und andere für Touristen oft besuchte digitale Quellen so zu ranken, dass sie ihre sogenannte Web-Authority optimieren müssen. Die Web-Authority ist eine Form der digitalen, sozialen Autorität und ist ein Aspekt von Image und Reputation im Internet. In der Online-Kommunikation steht sie für Ansehen und Bedeutung einer Website, die bei Suchmaschinen deshalb gute Platzierungen bei Suchworttreffern erzielen. Ein Indikator für die Webautorität ist die Anzahl der Links, die die Website von anderen Internetseiten erhalten hat und damit auf relevanten Content schließen lassen. Hotels müssen ihren eWOM (elektronischen Word of Mouth) stets im Blick behalten. Entsprechend meinen fast 80 % befragter Hotels in Deutschland, Österreich und der Schweiz, dass ihre digitale Reputation von Bedeutung ist und damit Kundenbewertungen ein zentrales Marketinginstrument geworden sind (Riegler und Stangl 2011, S. 105 f.).

35.3 Die Customer Journey als Klammer um digitale Grundfunktionen von E-Tourismus-Angeboten

Die digitale Reputation umgibt und prägt die Customer Journey. Der Begriff Customer Journey ist im Marketing schon relativ lange bekannt (Holland und Flocke 2014, S. 827). Er wird vor allem im Online- und Mobile Marketing intensiv bearbeitet, bezieht aber darüber hinaus auch die Offline-Welt mit ein (vgl. im Folgenden Lies 2017, S. 25 ff.).

Die Customer Journey meint im Tourismus verwirrender Weise nicht die Reise des Touristen, sondern bezeichnet einen erweiterten Kaufentscheidungsprozess. Er wird als „Reise“ eines potenziellen Kunden über verschiedene Kontaktpunkte (sog. Touchpoints) mit einem Produkt bzw. einer Dienstleistung, einer Marke oder einem Unternehmen beschrieben: von der Inspiration und Bedürfnisweckung über die Informationsbeschaffung und Suche bis hin zur finalen Zielhandlung (Holland und Flocke, 2014, S. 827). Das Konzept der Customer Journey erklärt, warum die Reise des Kunden beginnt, bevor er tatsächlich zu seiner Destination aufbricht.

Das Web bietet eine Vielzahl von Funktionen, die die Online-Angebote im E-Tourismus nicht puristisch als Einzelfunktion prägen, sondern mit unterschiedlichen Akzenten zu einer heterogenen Angebotsvielfalt touristischer Dienste führt, sodass sich die Touchpoints mit Mehrfachdarstellungen überschneiden. Die Funktionen und Dienste der digitalen Anbieter gehen von daher oft fließend ineinander über (s. Abb. 35.2).

Abb. 35.2 Webfunktionen im Tourismus. (Quelle: in Weiterentwicklung von Freyer 2015, S. 264)

Nimmt man ein Beispiel wie Tripadvisor, werden Reisesuchmaschinen mit Rankings und Blogs kombiniert. Topstrände finden sich genauso wie die beliebtesten Reiseziele oder Fotos und Bewertungen von Reisenden. Die Customer Journey eines Reiseinteressierten ist insofern eher eine radikal vereinfachende Skizze der Orientierung entlang idealtypischer digitaler Touchpoints. Sie könnte mit der Suche in Internet-Suchmaschinen, der Diskussion in Social Media bis hin zur Buchung in Online Travel-Agencies so aussehen wie in Abb. 35.3 dargestellt.

Die folgenden Ausführungen beschreiben diese zentralen Kontaktpunkte einer gedachten Customer Journey. Wichtige Touchpoints wie das soziale Umfeld, vor allem also Familie, Freunde, Arbeitskollegen werden zugunsten digitaler Wahrnehmungspunkte hier genauso ausgeblendet wie auch die Frage, inwieweit mobile Kontaktpunkte – vor allem bei Social Media oder Bewertungsportalen – eine Rolle hierbei spielen:

- **Suchmaschinen:** Suchmaschinen spielen vor allem in der Reiseplanung eine große Rolle (Bing et al. 2011). TrustYou, eine Gästefeedback-Plattform, hat Anfang des Jahres 2016 eine Studie zum Verhalten von Reisenden bei der Suche und Buchung von Unterkünften durchgeführt. Die Ergebnisse zeigen, dass 91 % der Reisenden Suchmaschinen nutzen, um eine Unterkunft zu finden, wobei die Mehrheit von 81 %

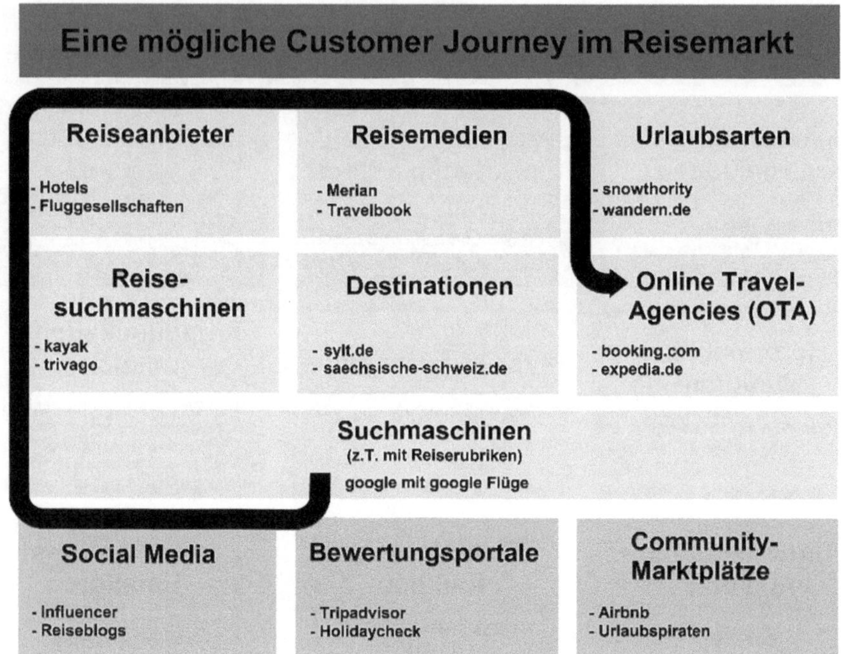

Abb. 35.3 Digitale Tourismusangebote als Customer Journey. (Quelle: eigene Abbildung)

vorzugsweise Google verwendet. 77 % der Reisenden suchen Begriffe in Bezug auf Unterkunft und/oder Standorte. 57 % der Reisenden suchen Hotels, 49 % suchen einen Standort und 31 % suchen eine Kombination dieser beiden Elemente (Johnson 2016, S. 2).

- **Reisesuchmaschinen:** Spezialisierte Reisesuchmaschinen bzw. Buchungsportale mit Anbietern wie Momondo, Kayak oder Trivago, letzter zur Expedia-Gruppe gehörend, sind ein wichtiger Treiber der Digitalisierung, die wiederum von Reiserubriken bei den führenden Suchmaschinen wie Google, z. B. Google Flüge, flankiert werden. Die Stiftung Warentest hat das Angebot solcher Suchmaschinen mehrfach untersucht. Von 14 Buchungsportalen schnitt keines sehr gut ab. Mangelnde Beratung und die Preisdarstellung, die sich mit fortschreitenden Klicks im Buchungsprozess oft erhöhen, sind hier zentrale Kritikpunkte (Stiftung Warentest 2016).
- **Reiseanbieter:** Laut Deutschem Reiseverband DRV/ITB gibt es in Deutschland mehr als 2500 Reiseveranstalter. TUI, Thomas Cook und DER Touristik bilden die drei umsatzstärksten Reiseanbieter in Deutschland. Sie prägen zentral auch die digitale Marktstruktur, wobei hier die Angebote von Leistungsträgern (z. B. Airlines, Bahn, Hotels), die Produktportale (z. B. Hotel-, Flug-, Mietwagen) und die Reisebüros zu unterscheiden sind (DRV und ITB 2018).

- **Reisemedien:** Dass der Journalismus insgesamt in einer tiefen Strukturkrise steckt und die Social Media das Informationsmonopol des (angeblichen) Qualitätsjournalismus gebrochen haben, gilt insbesondere auch für den Tourismus. Die „Experimentierphase Internet" (Kleinsteuber 1997, S. 145) mündet aus heutiger Sicht in die nicht abgeschlossene Suche nach profitablen digitalen Geschäftsmodellen. Dennoch: Die Übersicht über die Nutzung von Marketinginstrumenten (online/offline) hat bereits die aktuelle Bedeutung des Reisejournalismus als Touchpoint in der Customer Journey aufgezeigt (siehe oben).
- **Urlaubsarten:** Urlaubsarten werden vor allem nach Reisegrund (Privat- und Geschäftsreisen), nach (Haupt-)Reisezeit, nach Aktivitäten, Unterkunftsarten sowie Reisemittel (vor allem PKW, Flug- oder Bahnreisen) strukturiert. In Bezug auf die Urlaubsaktivitäten gelten der (Sommer-)Badeurlaub (52 %), die Rundreisen (12 %), Wanderurlaube (12 %), Städtereisen (11 %) sowie Wellness-Reisen (8 %) als häufigste Urlaubsformen (ADAC 2018, S. 43). Plattformen wie www.fluege.de oder www.swoodoo.de, beides Flugsuchmaschinen, verdeutlichen die Bedeutung von Urlaubs- bzw. Reisetypen als digitale Angebote bzw. hierauf spezialisierte Portale.
- **Destinationen:** Destinationen sind Reiseziele, die zuerst aus Nachfragersicht definiert werden. Hotels können aus Sicht des Touristen genauso Destinationen sein wie Städte, Regionen oder Länder (Eisenstein 2014, S. 12 ff.). So gelten auch Kreuzfahrten mit Kreuzfahrt-Marken wie Aida Cruises der Carnival Corporation oder Freizeitparks wie Disneyland als touristische Destinationen, indem ganz unterschiedliche Reiseangebote durch Marken zu einem funktionalen Angebot mit spezifischer emotionaler Zusatzprämie werden. Besonders deutlich wird dies bei Destinationen wie Städte, Regionen oder Ländern. Sie bestehen typischerweise aus vielen Institutionen, die sie prägen. Destinationen-Marketing erfordert daher vor allem eine Marketing-Organisation, die die Stakeholder-Vielfalt nach Innen und Außen koordiniert. Sie formuliert die Vision, setzt die Agenda und bietet einen Rahmen an – vor allem die Positionierung, die Marke, und Werbeplattformen – damit Institutionen der Destination sie mit Content füllen. Ggf. übernimmt die Marketing-Organisation auch die Vermarktung mit der Ansprache von Touristen (Birdir et al. 2018, S. 7 f.). Laut ADAC-Reisemonitor sind neben Deutschland vor allem Spanien und Italien die Destinationen der Haupturlaubsländer 2019 (ADAC 2019, S. 8).
- **Online-Travel-Agencies (OTA):** OTA sind digitale Reiseagenturen, die die Angebote unterschiedlicher Reiseanbieter zusammenführen, vergleichen und mit eigenen Vertriebsstrukturen wie Websites und Hotlines anbieten (Weithöner und Goecke 2010, S. 129). Booking.com (16,6 %), ab-in-den-Urlaub.de (14,6 %) und expedia.de (11,6 %) sind gemessen am Buchungsanteil die führenden OTA in Deutschland (VuMA 2019). Vor allem Plattformen wie Booking.com, die Expedia-Gruppe und HRS bestimmen zunehmend den Markt. Rund ein Viertel der Buchungen machen die Hotels hiervon inzwischen abhängig – mit zunehmender Tendenz (Hotrec 2018).
- **Bewertungsportale:** „Nutzerbewertungen, Kommentare und Empfehlungen der Reisenden stellen vor allem die klassischen Reiseanbieter, Hotels und regionale

Tourismusorganisationen vor große Herausforderungen. (…) Im Touristik-Markt ließen sich die klassischen Reiseanbieter lange Zeit, Bewertungen und Empfehlungen ihrer Kunden als Instrument der Kommunikation mit den Kunden zuzulassen. Erst infolge des Drucks, der von unabhängigen Bewertungsportalen wie HolidayCheck (die zunächst auf den eigenen Vertrieb von Reisen verzichteten und sich so als unabhängige Plattform etablieren konnten) ausging, begannen sich auch die Reiseanbieter mit dem Thema zu beschäftigen. Inzwischen gehören Bewertungs- und Empfehlungsfunktionen auf fast allen etablierten Reisesites zum Standard." (Schmeißer 2010, S. 42 f.) Holidaycheck und Tripadivsor stehen stellvertretend für die Bedeutung von digitalen Online-Bewertungsportalen. – Eine Befragung der FH Münster zeigt die Bedeutung von Reise-Bewertungsportalen: 85 % der Befragten lassen sich durch negative Bewertungen von einer Buchung abhalten, während über 90 % von einer positiven Bewertung zum Kauf animiert werden. Dabei hat die Gesamtpunktzahl/Weiterempfehlungsrate mit 51 % den größten Einfluss. 85 % der Reisenden teilen ihre Reise-Erfahrungen, größtenteils mit Freunden/Verwandten/Bekannten, doch nur 40,6 % tun dies im Internet. Ein Großteil dieser Bewertungen wird über Online-Reiseportale abgegeben. 36,3 % gaben an, sich durch Anreizsysteme (Gutscheine, Rabatte etc.) zur Abgabe einer Bewertung bewegen zu lassen (Schengber 2016, S. 21 ff.).

- **(Mobile) Social Media:** Social Media gewinnen im Tourismus an Prominenz (Hays et al. 2012). Diverse Studien weisen auf die Bedeutung auch mobiler Anwendungen im Vorfeld von Reisebuchungen hin (Živković et al. 2014, S. 758 ff.). Ein neuerer Trend mit marktprägender Relevanz ist die neue Bedeutung von Reiseblogs. Backpacking, Camping, Kreuzfahrten, Lastminute-Angebote, Städtereisen: Es gibt wohl keine Tourismusart, die nicht in Social Media vertreten ist oder über die kein Blog geschrieben wird. Der Blog www.planetbackpack.de gilt mit 100.000 monatlichen Nutzern als einer der größeren Reiseblogs. Auf Sites mit Reiseinformationen wie des Münchener Flughafens oder des Reiseführers Marco Polo finden sich Übersichten über die Vielfalt von Reiseblogs. Die urlaubspiraten.de gelten als Paradebeispiel, die seit 2011 aktiv sind.
- **Community-Plattformen:** Zu den touristischen Digitalangeboten gehören derzeit zunehmend auch nutzer-getragene Plattformen. Hierzu gehört prominent vor allem Airbnb, ein Community-Marktplatz aus dem kalifornischen Silicon Valley, dessen ursprüngliches Angebot in der Vermittlung privater Unterkünfte bestand. Heute umfasst das Angebot aber auch Hotels, Restaurants und mehr. Der direkte Draht zwischen Bucher und Anbieter war zumindest ursprünglich ein Kennzeichen dieser Plattform, der mit selbstlernenden Suchalgorithmen das Nutzerverhalten (z. B. durchschnittliche Nutzerbewertung) und Bewertungssystemen die Community stärken soll (Täuscher et al. 2017, S. 202).

Diese Übersicht zur Analyse der Customer Journey ist nicht nur grob vereinfachend, sondern wird zu oft zu unkritisch in Bezug auf den Aussagegehalt für die Marketing-Analyse dargestellt. Das Konstrukt der Customer Journey ist schon konzeptionell problematisch: So suggeriert der Begriff der „Journey", dass der Kunde nach einer Orientierungsphase bei einem Anbieter ankommt. Das muss aber nicht so sein. Im Extremfall kann bei der Customer Journey durchaus der Weg das Ziel sein, also eher das digitale Bummeln durch Destinationen vorliegen. Die Customer Journey im Online-Marketing kommt hier bevorzugt gegenüber dem Offline-Marketing zum Einsatz. Hier ist die Erfolgsmessung etablierter Kontaktpunkt mit Trackingtechnologien besonders einfach, indem das Klick- und Suchverhalten der Internetnutzer untersucht wird. „Besonders problematisch erweist sich die Customer Journey, wenn sie sowohl Online- als auch Offlinekanäle umfasst. In diesem Fall stößt das sog. Tracking der Customer Journey an Grenzen, weil Klickverhalten auf Websites, reales Informationsverhalten und das letztlich folgende Kaufverhalten nicht mehr eine Einheit bilden müssen. Daher sind kreative Lösungsmöglichkeiten in der Verknüpfung der beiden Kommunikationswelten gefordert." (Böcker 2015, S. 166) Dennoch ist die Betrachtung einer Customer Journey für das Marketing interessant, da Internetsucher an den Kontaktpunkten Daten hinterlassen und so immer neue Optimierungsansätze entstehen.

35.4 Marketing Intelligence als Big-Data-Tourismus

Touchpoints sind nicht nur Wahrnehmungspunkte, die die Buchungsentscheidung des Reisenden prägen, sondern bilden zugleich auch Datenquellen. Damit prägen Reisende – gewollt und ungewollt, bewusst und unbewusst – mit ihrem Such- und Klickverhalten digitale Reiseangebote. Die Suche nach bestimmten Reisen, das Abonnement des digitalen Newsletters, die Buchung und Bezahlung im Web oder der Post mit dem Urlaubsfoto auf Instagram: Reiseinteressierte füttern digitale Angebote mit ihren Daten und ermöglichen so perfektionierte Angebote, indem Tourismus-Anbieter aus dieser Vielzahl von Daten Angebote konzipieren und/oder optimieren. Big-Data-Analysen, also die Auswertung von Massendaten, sollen neue Potenziale beispielsweise in der Konzeption von Angeboten und damit im Campaigning ergeben.

- Data Mining im Tourismus: Data Mining zielt darauf ab, versteckte und für das Marketing interessante Muster in Datensätzen mittels Methoden des Maschinenlernens und der künstlichen Intelligenz automatisch aufzudecken. Die Marktkorbanalyse (engl. market basket analysis) soll ergeben, welche Käufe einem vorausgehenden Produktkauf folgen: Wenn die Massendatenanalyse ergibt, dass ein Reisebürokunde beispielsweise Europa bereist hat, wird er als nächstes in die USA reisen, zeigen Datenauswertungen. Auf der Basis dieser Data Mining-Ergebnisse wurden deshalb optimierte Beratungsstrategien abgeleitet: Wenn etwa das Einkommen unter einem bestimmten Betrag liegt und der Kunde bereits Europa bereist hat, dann soll die Beratungsinteraktion intensiviert und Informationen über Billigangebote in die USA oder nach Australien angeboten werden (Fuchs und Höpken 2009, S. 73 ff.).

- Mass Customization: Marketing beinhaltete ursprünglich die Bearbeitung von Massenmärkten. Massendatenauswertungen ermöglichen heute die so genannte „Massenindividualisierung" (Mass Customization), also beispielsweise die Anpassung von Reisediensten an bestimmte Kunden auf der Basis der Auswertung des Kaufverhaltens von Reisenden. Das Internet ermöglicht neben der herkömmlichen Massenmarktbearbeitung zunehmend das One-to-One-Marketing (Hudson und Hudson 2017, S. 66 ff.). Reisen werden mithilfe von Big-Data-Analysen auf Verbraucher persönlich zugeschnitten z. B. durch die Analyse von Daten aus sozialen Netzwerken (Rohleder 2015, S. 5). Hierfür ist auch das zuvor vorgestellte Data- oder Textmining eine wichtige Technologie, um etwa aus Social-Media-Kommentaren kunden-spezifische Destinationsangebote herzuleiten.
- Echtzeitmarketing und Dynamic Pricing: Das Echtzeitmarketing meint die zeitnahe Reaktion auf die Kundenanforderung, die technisch mit Echtzeitadvertising, Real-Time-Bidding (Online-Auktionspreise für Werbung), dynamischen Preisanpassungen und anderen Anwendungen umgesetzt wird (Lies 2017, S. 55). Wie auch die Personalisierung erfordert das Echtzeitmarketing die Leistungsfähigkeit von Massendaten-Auswertungen, deren Anwendungen in Millisekunden auf das Klick- und Suchverhalten von Internetnutzern reagieren. So kann das Dynamic Pricing auch zur kurzfristigen Kapazitätssteuerung als Teil des Yield-Managements beispielsweise von Hotels oder Fluggesellschaften werden (Goecke 2015a, S. 473 ff.).

Diese Beispiele deuten die Big Data-Potenziale an, die so vielfältig sind, wie es Massendaten an Touchpoints gibt: Der „Checkpoint of the Future" ist eine Blaupause („Blueprint" interessanterweise ein historischer Begriff eines Entwurfs mittels einer einfachen Durchzeichnung) von IATA (International Air Transport Association, Dachverband der Fluggesellschaften) für ein Massendaten-Sicherheitsprofil eines Touristen: Wer als Reisender viel über sich preisgibt und dessen Daten kein Gefährdungspotenzial ergeben, kommt am Flughafen schneller durch den Sicherheits-Check (IATA 2011). – Ein anderes Beispiel, das das Potenzial von Daten veranschaulicht, ist FlixMobility („Flixbus"). Hierbei handelt es sich um einen Betreiber nationaler und internationaler Fernbuslinien. Das Unternehmen hat sich innerhalb von drei Jahren zum Marktführer in Deutschland entwickelt. Es kann vor allem als Daten- und Koordinationsplattform bezeichnet werden. Das Unternehmen selbst besitzt keine Busse, sondern arbeitet mit meist mittelständischen Busunternehmen auf Basis eines Beteiligungsmodells zusammen. Während das operative Geschäft bei den Busunternehmen liegt, kümmert sich Flixbus – durch den Verbleib des direkten Kundenzugangs – um Marketing, Ticketverkauf und den Aufbau bzw. die Weiterentwicklung der Online-Plattform und des Produktes (BmWi 2017, S. 35).

35.5 Vom E- zum M-Tourismus

Ein besonders großes Big Data-Potenzial wird dem mobilen Tourismus zugesprochen, also der Diskussion, Information, Buchung und Bezahlung touristischer Dienste mit dem Smartphone. Auch mobile Anwendungen produzieren Daten und sind insofern eine Quelle für Big Data. Zugleich ist das mobile Telefon der Begleiter von Touristen, sodass es sich vor allem für touristische Dienstleistungen für Reisende anbietet und so derzeit die Evolution des Tourismus-Marketing prägt (Hudson und Hudson 2017, S. 68).

Apps sind typischerweise Softwareapplikationen, die mit mobilen Endgeräten wie dem Smartphone oder Tablets Reisende begleiten und unterstützen. Sie werden in Anwendungen für die Reisevorbereitung, -durchführung und -nachbereitung unterteilt (Abb. 35.4). Insofern überschneidet sich bei der Reisevorbereitung der M-Tourismus mit dem E-Tourismus. Neue Potenziale werden in Diensten gesehen, die Reisende unterwegs unterstützen. Eine repräsentative Befragung von 994 Flugreisenden im Auftrag des Digitalverbands Bitkom ergab Hinweise zur Entwicklung im mobilen Tourismus. Demnach nutzt ein Fünftel aller Befragten (21 %) bereits Apps zur Navigation am Zielort. Zu Übersetzungs-Apps greifen 15 % der Flugreisenden. Jeder Achte nutzt außerdem Apps zur Buchung von Flugtickets (13 %), jeder Zehnte Bewertungs-Apps (11 %) und mobile Anwendungen zum Einchecken am Flughafen (9 %).

Abb. 35.4 Apps für den mobilen Tourismus. (Quelle: in Anlehnung an Bitkom 2016)

35.6 Vom M- zum C-Tourismus: Conversational Tourismus

Zum Teil wird mit der aktuellen Digitalisierung von einer „Voice First-Revolution" – also „Vorfahrt für Sprachservices" statt aktuell „Vorfahrt für mobile Dienste" – gesprochen, wenn die Entwicklung des digitalen Marketings dargestellt wird (Tuzovic und Paluch 2018, S. 80 ff.). Diese Entwicklung führt zum Conversational Commerce, also zum gesprächsbasierenden Handel, der insbesondere durch die Entwicklung des Web 3.0 (semantisches Web) getrieben wird. Der Begriff „Conversational Commerce" wird z. T. Messina zugschrieben, der bereits 2015 diesen Begriff verwendete und das Jahr 2016 zum Jahr des Conversational Commerce ausrief (Messina 2015). Allerdings greift der Begriff „Commerce" zu kurz, da vor allem das Servicemarketing von dieser Entwicklung profitiert.

„Statt sich am heimischen PC durch Bestell- und Bezahlvorgänge zu quälen, werden Kunden schon bald auf ihrem Smartphone per Sprachsteuerung Flüge buchen, Essen bestellen, Konzerttickets ordern oder Schuhe kaufen. Mehr noch: Über ihre Messaging App werden sie auch Schadensfälle abwickeln, Dienstleistungen in Anspruch nehmen und sich live beraten lassen: Conversational Commerce, die Kundeninteraktion mit Hilfe von künstlicher Intelligenz." (Dörner und Hosseini 2016).

Eine Studie von Travelport unter 11.000 Reisenden aus 19 Ländern ergab, dass bereits die Hälfte der Befragten Sprachdienste zur Unterstützung von Online-Reisesuchen nutzt (Travelport 2018). Führende Hotels testen beispielsweise den Sprachdienst Alexa von Amazon. Das Hotel Wynn Las Vegas hat beispielsweise alle 4700 Zimmer damit ausgestattet. Die Gäste können das Zimmer selbst, – von der Heizung, über das Rollo bis zur Stereoanlage, – aber auch den Zimmerservice damit aufrufen oder über lokale Reiseinformationen verfügen (Hertzfeld 2017). Mit diesem Beispiel wird nicht nur das Service-Potenzial deutlich, mit dem sich Reiseanbieter positionieren können.

35.7 Marketing 1.0 bis Marketing 5.0: vom Outbound- zum Inbound-Marketing

Schaut man sich die Digitalisierung im Tourismus aus Sicht der methodischen Marketing-Diskussion an, so zeigt sich, dass sie aktuell das sogenannte Marketing 4.0 prägt. Marketing 4.0 meint eine Kombination aus Werteorientierung und Digitalisierung, die über die klassische Vertriebs- und Massenmarktorientierung hinausgeht. – Marketing war ursprünglich vertriebs-, produkt- bzw. marktorientiert, folgte also der „Inside-out-Perspektive" oder dem „Outbound-Marketing", also vom Unternehmen ausgehendes Marketing, das Massenmärkte erschließt. Die von Kotler et al. geprägte Diskussion von Marketing 3.0 und 4.0 (Kotler et al. 2017) aktualisiert die Erkenntnis, dass sich das Marketing im Zeitablauf verändert:

- **Marketing 1.0:** Der Ursprung als Prototyp legt die Kernkompetenz des Marketings auf das Produkt und seinen Vertrieb. Hierauf sind die Marketingaktivitäten ausgerichtet, sodass der Markt im Zentrum steht.
- **Marketing 2.0:** Der Schwerpunkt verschiebt sich zum Konsumenten. Unternehmen positionieren sich in Abgrenzung zueinander, weil der Konsument selbstbewusster wird (ab ca. 1970er Jahre).
- **Marketing 3.0:** Hier rückt der Mensch in den Mittelpunkt. Er ist von Werten bestimmt, der in Abhängigkeit von seinem Umfeld handelt. Nicht die marktorientierte Unternehmensführung, sondern das Kundenmanagement als Menschenzentrierung prägt das Marketing (ab ca. 1980er Jahre).
- **Marketing 4.0:** Hier werden die Digitalisierung und damit die Konvergenz von Technologien in den Mittelpunkt gestellt, ohne dass die vorige Stufe aus dem Blick zu verlieren ist. Dies bedeutet eine Online-Offline-Integration (ab ca. 2010er Jahre).

Als weitere Entwicklung könnte sich ergeben:

- **Marketing 5.0:** Vieles deutet darauf hin, dass die Zukunft des digitalen Marketings plattform-gestützte Vertrauensstrukturen erfordert. Blockchains zur sicheren Organisation von Bitcoins, die bisher als manipulationssicher gelten, stehen stellvertretend für diese Entwicklung. Solche Technologien werden die manipulationsfähigen Social Media um Fake-Accounts bereinigen, die Qualität von Hotels- und anderen touristischen Angeboten verbessern und so beispielsweise die Reputation von Urlaubsbewertungsportalen fundieren (ab ca. 2020er Jahre).

Die Digitalisierung steht insgesamt also nicht nur für eine Vielzahl neuer Marketing-Techniken: Social Media, Blogs, Bewertungsplattformen usw. Hierbei handelt es zugleich auch um Sozialtechniken. Eine häufige Definition von Sozialtechniken ist, dass sie allgemein Einfluss auf gesellschaftliche Gruppen nehmen (Kennedy 2012, S. 37 ff.). Marketing 4.0 wäre insofern eine (selbst-)bezügliche Einflussmethodik. Ein Abgrenzungsmerkmal von Social Media im Vergleich zu klassischen Medien besteht darin, dass Internetnutzer selbst Inhalte bearbeiten, kommentieren, teilen und/oder publizieren können. Dies ist zugleich auch eine weitere Marketing-Technik: Content Curation, also die Erstellung von Inhalten, die wiederum die Anforderungen an die Art von Marketing in den Social Media geprägt hat. Das heißt, auf der Vielzahl digitaler Marketing-Techniken basiert das sogenannte Content-Marketing. Content-Marketing bezeichnet die informierende, beratende und/oder unterhaltende Bereitstellung von Unternehmensinformationen mit dem Ziel, dass sie sich mit den Informationen überhaupt beschäftigen. „Während klassische Marketing-Instrumente die Aufmerksamkeit der Konsumenten direkt auf das Produkt lenken, liegt der Fokus beim Content-Marketing vielmehr auf dem Publizieren von Medieninhalten. Weil dabei vor allem journalistische Arbeitsweisen und -techniken eingesetzt werden, sprechen manche Autoren – vor allem im amerikanischen Raum – auch von Brand oder Branded Journalism.“ (Bürker 2015, S. 430).

Damit steht der Content-Begriff aus methodischer Sicht für das Edutainment (Kofferwort aus engl. „Education“ für Bildung und „Information“), also die ansprechend-spielerisch-unterhaltsame Kommunikation, um virale Effekte vor allem in den Social Media anzustoßen. In der Umsetzung ist hiermit die Aufbereitung einstiger Werbebotschaften in Form von Texten, Bildern oder Videos gemeint, die das besondere Interesse der Websitebesucher wecken sollen, was letztlich der Old-School des PR-Managements entspricht (Lies 2015, S. 12 ff.). Die klassisch werbliche Marketingkommunikation als Prototyp des Marketings (Kaufappell als Spitze des „Hard Selling“) (Lies 2019, S. 234 ff.) gilt hier derzeit als ungeeignet und wird durch das Soft Selling auf Basis sozialer Interaktionsprozesse ergänzt.

Mit dem Online-Marketing hat also eine neue Marketing-Entwicklung eingesetzt: das digitale Inbound-Marketing. In Ergänzung bzw. in Ablösung unterbrechender Werbung basiert es auf Interaktivität und Engagement der Rezipienten. Dies bezeichnet das „Pull-Marketing“. Beim aus Unternehmenssicht passiven Inbound-Marketing geht die Initiative vom Kunden aus, der aktiv Kontakt mit einem Unternehmen aufnimmt.

Spätestens mit dem Content-Marketing ist die „Inside-out-Perspektive“ durch die „outside-in-Perspektive“ ergänzt worden. Diese Art von Marketing folgt im Kern der prägenden Methodik des PR-Managements, indem Kaufappelle unzulässig sind und stattdessen unterhaltend-humoristisch-zielgruppengerechte Inhalte von den Stakeholdern gefordert werden. Für das Marketing bedeutet das Pull-Prinzip, vier Handlungsfelder zu beachten: Content-Bereitstellung, Suchmaschinen-Optimierung, Social-Media-Marketing und markenorientierte Marketing-Kommunikation (Opreana und Vinerean 2015, S. 29 ff.; s. Abb. 35.5).

Eckpunkte	**Herkömmliches Marketing** **Marketing 1.0 & 2.0**	**Inbound Marketing** **Marketing 3.0 & 4.0**
Basis	Unterbrechung	Interaktion
Ziel	Interaktion als Neukundengewinnung durch Kurzfristige Umsatzsteigerung	Interaktion als Anfragen neuer Interessenten für den Aufbau langfristiger Kundenbeziehungen
Methode	Push-Marketing als Outbound-Marketing (inside-out-Denken)	Pull-Marketing als Inbound-Marketing (outside-in-Denken)
Prozess	Planungs- und Abstimmungsprozesse als Konsequenz der inside-out-Methode	Echtzeitkompetenz als Konsequenz der outside-in Methode
Ort	Zu Hause	Zu Hause und unterwegs
Vertriebsansatz	"Hard-Selling" als Konsequenz der Verkaufsorientierung	„Soft Selling“ als Konsequenz der Interaktionsorientierung
Zielgruppe	Massenmärkte	Fans, Marketing-to-One
Instrumente	Herkömmliche Werbung	Blogs, Posts, virale Kommunikation usw.

Abb. 35.5 Methodische Eckpunkte von Out- und Inbound-Marketing. (Quelle: in Weiterentwicklung von Opreana und Vinerean 2015, S. 30)

Zum Teil wird die Auffassung vertreten, dass herkömmliches Marketing keine brauchbare Option mehr ist, da es auf Push-Botschaften in der Tradition des herkömmlichen Transaktionsmarketings arbeitet (Opreana und Vinerean 2015, S. 29 ff.).

35.8 Neue Motive des Reisens als Ausdruck des Inbound- bzw. Pull-Marketings

Offen ist derzeit, ob und wie intensiv dieser Paradigmenwechsel auch die Offline-Aktivitäten prägen wird. Man könnte jetzt vorschnell folgern, dass damit das Kundenbedürfnis und die Werteorientierung des Marketing 3.0 „gewonnen" hat. Das wäre aber ein Trugschluss, da zeitgleich das sogenannte Performance-Marketing Einzug hält: Damit ist das datengestützte und automatisierte digitale Marketing als besonders effizientes Marketing gemeint. Das Monitoring ausgewählter Key-Performance-Indikatoren führt hier zu einer strikten Auslese performance-starker Marketing-Maßnahmen. Hier ist mit der Marketing Automation als Marketingtechnik davon auszugehen, dass viele Services der vordergründigen Marketingeffizienzmessung zum Opfer fallen werden. Zugleich wird das Big Data-Marketing aber auch neue Kreativitätspotenziale schöpfen. Die Einbindung von Kunden in die Wertschöpfung ist nicht neu, wenn man an das Möbelhaus Ikea denkt, das Kunden die Endmontage überlässt. Doch die Vielzahl und Bandbreite des interaktiven Marketings führt zur kooperativen Wertschöpfung: die Auswertung von Bestellungen und Kundenwünschen zur Entwicklung individualisierbarer Bestelloptionen von ansonsten standardisierten Produkten und/oder Diensten bis zum so genannten „Kunde als Co-Designer".

Die Integration des Kunden in die Leistungserstellung ist allerdings nicht neu, sondern der Standard im Dienstleistungsmanagement. Ein besonderes Merkmal von Dienstleistungen ist, dass der Kunde „als externer Faktor" in die Leistungserstellung einbezogen werden muss. Wie bei der Bildung oder Gesundheitsdienstleistungen auch, muss der Kunde mitwirken, damit der Konsum zum Erfolg wird. Ob Städteausflug, Museumbesuch oder Strandurlaub. Wenn der Kunde nicht selbst die Attraktionen anschaut, die Exponate betrachtet oder den Strand sauber hält, wird er als Tourist nicht zufrieden sein. Im Marketing 4.0 findet sich dieses Phänomen, da Digitalisierung vor allem seit dem Erfolg der Social Media zum Kunden als so genannter „Prosument", also ein Kofferwort aus „Produzent" und „Konsument", geworden ist (Freyer 2011, S. 73).

35.9 Die neue Nachfrage im Tourismus

Die Frage ist, ob sich mit der Digitalisierung auch die Motive des Reisens verändert haben. – Hierzu findet seit etwa den 1960er Jahren mit dem wachsenden Tourismus eine intensive Motivforschung statt, die einschlägig in Push-und Pullfaktoren differenziert wird. Hier meinen Push-Faktoren so genannte „Weg-von-Motive" und Pull-Faktoren

Push-Faktoren („Weg-von-Motive“)	Pull-Faktoren („Hin-zu-Motive“)
▪ Erholungs- und Ruhebedürfnis ▪ Bedürfnis nach Abwechslung und Ausgleich ▪ Befreiung von Bindungen ▪ Erlebnis- und Interessenfaktoren	▪ Rekreationsbedürfnis (suche nach Erholung) ▪ Kompensationsbedürfnis (Suche nach Erlebnissen) ▪ Edukationsbedürfnis (Suche nach Wissen) ▪ Kontemplationsbedürfnis (Suche nach Selbstbestimmung, Freiheit) ▪ Integrationsbedürfnis (Suche nach Gesellschaft) ▪ Partizipationsbedürfnis (Suche nach Mitgestaltung) ▪ Enkulturationsbedürfnis (Suche nach Kultur und Kreativität)

Abb. 35.6 Push- und Pullfaktoren des Reisens. (Quelle Steinbach 2003, S. 80 ff.)

„Hin-zu-Motive“ – analog zur Wirkung von Push- und Pull-Marketing. Sie nehmen also auf die Wirkung von Reisemotiven Bezug, die den Reisenden entweder „weg“ aus dem Alltag bzw. „hin“ zu bestimmte Reisetypen treiben (Pompl 1996, S. 18 f.). Abb. 35.6 lehnt sich K.D. Hartmann und H. Opaschowski an (im Anschluss an Steinbach 2003, S. 80 ff.).

Reisemotive sind nicht mehr nur allein von der Erholung und der Distanz zum Alltag bestimmt. Neuere Beiträge zur Motivforschung stellen das Erleben in den Vordergrund: Neues, Ungewohntes, Soziales, Emotionen usw. (Zielke 2004, S. 65 f.). Der Unterhaltungsfaktor mit Sport und Abenteuer, Genuss von Meer, Berge und Natur, Kontakt zu anderen Reisenden und Menschen vor Ort, Einblicken in die Kultur, Bildung, sich bewirten zu lassen, spielt insgesamt eine große Rolle. Mit der „wachsenden Demokratie des Reisens“ kommt es immer weniger darauf an, wohin man reist, sondern auf das „Wie“ (Steinecke 2010, S. 25 ff.).

Tatsächlich entwickelt sich der Tourismus immer mehr zu einem Komplettservice: „Der komplett individuell und auf eigene Faust organisierte Urlaub verliert massiv an Bedeutung. Wurden 1995 noch 59 % aller Urlaubsreisen ohne professionelle Unterstützung unternommen – dabei haben Reisende entweder direkt in der Pension/Hotel oder beim Fremdenverkehrsamt angerufen oder sind ohne vorherige Reservierung einfach losgefahren –, so ist der Anteil auf inzwischen nur noch 34 % abgesackt.“ (DRV und ITB 2018, S. 11).

Schaut man sich die Motive speziell für Städtereisen an, werden neue Angebotsakzente von Destinationen gesetzt. Städte und andere Destinationen vereinen einen Primärnutzen mit dem Unterhaltungsnutzen (Probst 2010, S. 110):

- Entertainment zur Unterhaltung (Musical-Theater und Shows)
- Happytainment zum Spaß, zur Familienunterhaltung oder als Erlebniskitzel (Freizeit- und Erlebnisparks, Freizeitbäder)
- Edutainment zur Vermittlung von Bildungsinhalten (Museen, Zoos, Großaquarien, Planetarien, Science Center)

- Infotainment zur unterhaltsamen Berichterstattung und Information (Themenpavillons (EXPO), Brand Lands)
- Eatertainment zur gastronomischen Versorgung und als lukullischer Genuss (Themen- und Erlebnisgastronomie bzw. -hotellerie)
- Shopotainment zur unterhaltenden Einkaufsgestaltung (Shopping Center, Brand Labs)

35.10 Zum Schluss

Führt man Entwicklungen des Marketing 3.0 und 4.0 mit Methoden wie dem Content-Marketing als Pull-Marketing und Full-Service-Urlaube wie die mit Luxus-Reiseschiffen oder All-Inclusive-Paketen von Reiseveranstaltern zusammen, könnte man die Unterhaltungsdimensionen als Disneyfizierung der Städte und auch des Tourismus bezeichnen: Damit ist nicht nur die Symbolwirkung des Engagements des Disney-Konzerns bei der Umgestaltung des New Yorker Time Square gemeint. Vielmehr meint das Bild der Disneyfizierung den Trend, Städte zu Vergnügungszentren zu entwickeln (Roost 2000, S. 12): Shopping-Centren und multifunktionale Event-Arenen stehen stellvertretend für diese Entwicklung, die die veränderte Nachfrage nach touristischen Diensten insgesamt beschreiben könnte: das Inbound-Marketing.

Literatur

ADAC. (2018). ADAC Reisemonitor Trendforschung im Reisemarkt 2018 eine ADAC Medien und Reise GmbH Studie. https://media.adac.de/fileadmin/user_upload/Studien/Downloads/ADAC_Reise-Monitor_2018_Handout.pdf. Zugegriffen: 1. Apr. 2019.

ADAC. (2019). ADAC Reisemonitor Trendforschung im Reisemarkt 2019 eine ADAC Medien und Reise GmbH Studie. https://media.adac.de/fileadmin/user_upload/Studien/Downloads/Reisemonitor_2019_D_final.pdf. Zugegriffen: 1. Apr. 2019.

Bing, P. et al. (2011). The dynamics of search engine marketing for tourist destinations. *Journal of Travel Research; A Quarterly Publication of the Travel and Tourism Research Association, 50,* (4), 365–377, DOI: org/https://doi.org/10.1177/0047287510369558.

Birdir, S. S., Dalgic, A., & Birdir, K. (2018). A critical review of destination marketing. In D. Gursoy & C. G. Chi (Hrsg.), *The Routledge handbook of destination marketing* (S. 7–15). Abingdon: Routledge.

Bitkom. (2016). Apps als digitale Urlaubshelfer, Pressemitteilung. http://www.bitkom.org. Zugegriffen: 1. Apr. 2019.

BmWi. (2017). *Wirtschaftsfaktor Tourismus in Deutschland Kennzahlen einer umsatzstarken Querschnittsbranche Ergebnisbericht, Bundesministerium für Wirtschaft und Energie (BMWi), Bundesverband der Deutschen Tourismuswirtschaft (BTW).* Berlin: DIW Econ.

Böcker, J. (2015). Die Customer Journey – Chance für mehr Kundennähe. In Deutscher Dialogmarketing Verband e. V. (Hrsg.), *Dialogmarketing Perspektiven 2014/2015, Tagungsband 9. wissenschaftlicher interdisziplinärer Kongress für Dialogmarketing* (S. 165–178). Wiesbaden.

Bürker, M. (2015). Content-Marketing. In J. Lies (Hrsg.), *Praxis des PR-Managements Strategien – Instrumente – Anwendung* (S. 429–444). Wiesbaden: Springer.

Dörner, K., & Hosseini B. (2016). Conversational Commerce entwickelt sich zum Zukunftstrend – Dank Messenger-Boom und Bots, McKinsey&Company. In Absatzwirtschaft. http://www.absatzwirtschaft.de/conversational-commerce-entwickelt-sich-zum-zukunftstrend-dank-messenger-boom-und-bots-89619/. Zugegriffen: 1. Apr. 2019.

DRV, & ITB. (2018). Der Deutsche Reisemarkt, Zahlen und Fakten 2017, Berlin. https://www.drv.de. Zugegriffen: 1. Apr. 2019.

Egger, R. (2015). Die Welt wird phygital. In R. Egger & K. Luger (Hrsg.), *Tourismus und mobile Freizeit: Lebensformen, Trends, Herausforderungen* (S. 27–46). Norderstedt: Books On Demand.

Eisenstein, B. (2014). *Grundlagen des Destinationsmanagements*. München: Oldenbourg.

Freyer, W. (2011). *Tourismus-Marketing: Marktorientiertes Management im Mikro- und Makrobereich*. München: Oldenbourg.

Freyer, W. (2015). *Tourismus: Einführung in die Fremdenverkehrsökonomie*. Berlin: De Gruyter & Oldenbourg.

Fuchs, M. & Höpken, W. (2009). Data Mining im Tourismus. *HMD Praxis der Wirtschaftsinformatik, 46*(6), 73–80. Springer. https://doi.org/10.1007/BF03340421

Goecke, R. (2015). Marketingmanagement-Systeme. In A. Schulz et al. (Hrsg.), *eTourismus: Prozesse und Systeme: Informationsmanagement im Tourismus* (S. 473–499). Berlin: De Gruyter & Oldenbourg.

Goecke, R. (2015). Informationsmanagement im Hotel- und Gastronomiebereich. In A. Schulz et al. (Hrsg.), *eTourismus: Prozesse und Systeme: Informationsmanagement im Tourismus* (S. 371–405). Berlin: De Gruyter & Oldenbourg.

Hays, S., Page, S. J., & Buhalis, D. (2012). Social media as a destination marketing tool: Its use by national tourism organisations. *Current Issues in Tourism, 16*(3), 211–239. https://doi.org/10.1080/13683500.2012.662215.

Hell, M. (2018). Diese zwei Player beherrschen den Online-Reisemarkt. https://www.internetworld.de/e-commerce/online-handel/zwei-player-beherrschen-online-reisemarkt-1547900.html. Zugegriffen: 1. Apr. 2019.

Hertzfeld, E. (2017). Best Western is testing voice-activated rooms. Hotel management. https://www.hotelmanagement.net/tech/best-western-testing-voice-activated-rooms. Zugegriffen: 1. Apr. 2019.

Holland, H., & Flocke, L. (2014). Customer-Journey-Analyse – ein neuer Ansatz zur Optimierung des (Online-)Marketing-Mix. In Holland, H. (Hrsg.), *Digitales Dialogmarketing, Grundlagen, Strategien, Instrumente* (S. 825–856). Wiesbaden.

Hotrec. (2018). European hotel distribution study results for the reference year 2017, Roland Schegg Institute of Tourism, HES-SO Valais. https://www.hotrec.eu. Zugegriffen: 1. Apr. 2019.

Hudson, S., & Hudson, L. (2017). *Marketing for tourism. Hospitality & events: A global & digital approach*. London: Sage.

IATA. (2011). Checkpoint of the future blueprint. http://aci-aviation.com/presentations/Checkpoint_of_the_Future_IATA.pdf. Zugegriffen: 1. Apr. 2019.

Johnson, N. (2016). Verbraucheranalyse zum Verhalten von Reisenden bei Online-Suchen und Buchungen. TrustYou. http://resources.trustyou.com/c/wp-online-search-booking-de?x=pLtdxi. Zugegriffen: 1. Apr. 2019.

Kagermeyer A. (2011). Social Web&Tourismus – Implikationen des internetgestützten Empfehlungsmarketing für die nachfrageseitige touristische Praxis. In P. Boksberger & M. Schuckert (Hrsg.), *Innovationen in Tourismus und Freizeit: Hypes, Trends und Entwicklungen* (S. 59–78). Berlin: Schmidt.

Kennedy, A.-M. (2012). Macro-social marketing and social engineering: A systems approach. *Journal of Social Marketing, 2*(1), 37–51. https://doi.org/10.1108/20426761211203247. Zugegriffen: 1. Apr. 2019.

Kleinsteuber, H. J. (1997). *Reisejournalismus: Eine Einführung*. Wiesbaden: Springer.

Kotler, P., Kartajaya, H. & Setiawan, I. (2017). *Marketing 4.0: Moving from Traditional to Digital*. Hoboken: Wiley.

Lies, J. (2015). Old School vs. New School der Public Relations. In J. Lies (Hrsg.), *Theorien des PR-Managements – Geschichte – Basiswissenschaften – Wirkungsdimensionen* (S. 12–18). Wiesbaden: Springer Gabler.

Lies, J. (2017). *Die Digitalisierung der Kommunikation im Mittelstand – Auswirkungen von Marketing 4.0*. Wiesbaden: SpringerGabler.

Lies, J. (2019). Marketing 4.0 als „Old School" des PR-Managements. In M. Stumpf (Hrsg.), *Digitalisierung und Kommunikation Konsequenzen der digitalen Transformation für die Wirtschaftskommunikation* (S. 231–252). Wiesbaden: Springer VS.

Maurer, C. (2015). eTourismus – Daten und Dakten. In A. Schulz (Hrsg.), *eTourismus: Prozesse und Systeme: Informationsmanagement im Tourismus* (S. 52–64). Berlin: De Gruyter & Oldenbourg.

Messina, C. (2015). Conversational commerce. Medium, 16. Januar 2015. https://medium.com/chris-messina/conversational-commerce-92e0bccfc3ff. Zugegriffen: 1. Apr. 2019.

Opreana, A. & Vinerean, S. (2015). *A New Development in Online Marketing: Introducing Digital Inbound Marketing, Expert Journal of Marketing, 3*(1), 29–34.

Pompl, W. (1996). *Touristikmanagement 2: Qualitäts-, Produkt-, Preismanagement*. Berlin: Springer.

Probst, P. (2010). Freizeit und Erlebniswelten, in Entwicklung, Trends, Perspektiven. In A. Steinecke (Hrsg.), *Erlebnis- und Konsumwelten* (S. 104–118). München: Oldenbourg.

Riegler, B. & Stangl, B. (2011). Monitoring Web 2.0 – User Generated Content in der Hotellerie im deutschsprachigen Raum. In: P. Boksberger, M. Schuckert (Hrsg.), *Innovationen in Tourismus und Freizeit, Hypes, Trends und Entwicklungen*. Berlin: Erich Schmidt.

Rohleder, B. (2015). Von der Pauschalreise zum E-Tourismus: Wie die Digitalisierung die Touristikbranche verändert, Bitkom, Berlin. https://www.bitkom.org/. Zugegriffen: 1. Apr. 2019.

Rohleder, B. (2018). Die Zukunft des Reisens ist digital, Bitkom, Berlin. https://www.bitkom.org/. Zugegriffen: 1. Apr. 2019.

Roost, F. (2000). *Die Disneyfizierung der Städte: Großprojekte der Entertainmentindustrie am, Beispiel des New Yorker Time Square und der Siedlung Celebration in Florida*. Wiesbaden: Springer Fachmedien.

Schengber, R. (2016). *Studie zum Käuferverhalten im Tourismus*. FH Münster.

Scherle, N. (2010). „Get connected" – Internetkulturen im Kontext gesellschaftlicher Erwartungen und vor dem Hintergrund des öffentlichen Mediendiskurses. In D. Amersdorfer et al. (Hrsg.), *Social Web im Tourismus: Strategien – Konzepte – Einsatzfelder* (S. 283–296). Berlin: Springer.

Schmeißer, D. R. (2010). Kundenbewertungen in der eTouristik – Segen oder Fluch? Psychologie der Reiseentscheidung im Social Web. In D. Amersdorffer et al. (Hrsg.), *Social Web im Tourismus Strategien – Konzepte – Einsatzfelder* (S. 51–56). Heidelberg: Springer.

Schultz, A. (2015). *eTourismus: Prozesse und Systeme: Informationsmanagement im Tourismus*. Berlin: De Gruyter & Oldenbourg.

Schultz, A., et al. (2014). *Grundlagen des Tourismus: Lehrbuch in 5 Modulen*. München: Oldenbourg.

Steinbach, J. (2003). *Tourismus: Einführung in das räumlich-zeitliche System*. München: Oldenbourg.

Steinecke, A. (2010). *Populäre Irrtümer über Reisen und Tourismus*. München: Oldenbourg.

Stiftung Warentest. (2016). Reise buchen – auf diesen Portalen klappt es gut. https://www.test.de/Reise-buchen-Portale-im-Test-4458063-4458068/. Zugegriffen: 1. Apr. 2019.

Täuscher, K. et al. (2017). Geschäftsmodellelemente mehrseitiger Plattformen. In D. Schallmo et al. (Hrsg.), *Digitale Transformation von Geschäftsmodellen: Grundlagen, Instrumente und Best Practices* (S. 179–212). Wiesbaden: Springer Gabler.

Travelport. (2018). Global digital traveler research, Frankfurt. https://marketing.cloud.travelport.com/Global-Digital-Traveler-Research-2018. Zugegriffen: 1. Apr. 2019.

Tuzovic, S., & Paluch, S. (2018). Conversational commerce – A new area for service business development. In M. Bruhn & K. Hadwich (Hrsg.), *Service Business Development: Strategien – Innovationen – Geschäftsmodelle; Forum Dienstleistungsmanagement* (Bd. 1, S. 81–100). Wiesbaden: Springer Gabler.

VIR, & FUR (2016). *Daten und Fakten zum Online-Reisemarkt*. Unterhaching: Verband Internet Reisevertrieb.

VuMA. (2019). Leading online travel agencies in Germany from 2014 to 2018, by share of bookings. https://www.statista.com/statistics/452984/travel-agencies-most-popular-online-platforms-germany/. Zugegriffen: 1. Apr. 2019.

Weithöner, U., & Goecke, R. (2010). Informationsmanagement bei Reiseveranstaltern. In A. Schulz, U. Weithöner, & R. Goecke (Hrsg.), *Informationsmanagement im Tourismus: E-Tourismus: Prozesse und Systeme* (S. 118–141). München: Oldenbourg.

Zielke, M. (2004). *Qualität komplexer Dienstleistungsbündel: Operationalisierung und empirische Analysen der Qualitätswahrnehmung am Beispiel des Tourismus*. Wiesbaden: DUV.

Živković, R., Gajić, J., & Brda, I. (2014). The impact of social media on tourism. Sinteza 2014: E-Business in tourism and hospitality industry, S. 758–761. https://doi.org/10.15308/sinteza-2014-758-761.

Prof. Dr. Jan Lies ist promovierter und habilitierter Wirtschaftswissenschaftler. Seit 2013 ist er Professor für Betriebswirtschaftslehre, insbesondere Unternehmenskommunikation und Marketing, an der FOM Hochschule für Oekonomie und Management in Dortmund und Münster. Zu seinen Forschungsgebieten gehören das evolutions- und verhaltenswissenschaftliche Kommunikationsmanagement und Marketing.

36 Digitale Informationsflut und touristische Angebote – Marketingstrategien von Stadtführungsunternehmen

Nora Winsky

Zusammenfassung

Die wechselseitige Durchdringung von touristischen Praktiken und neuen Medien ist vielfältig beobachtbar: Reiseinteressierte konsultieren Suchmaschinen für die touristische Informationssuche, sie lesen Bewertungen anderer Reisender auf Bewertungsportalen und in den sozialen Medien, sie tragen durch eigene Beiträge zu diesen Medien bei und nutzen das mobile Internet schließlich auch während ihres Aufenthalts in der Destination. Jene Transformationen des digitalen Zeitalters tangieren touristische Anbieter in ihrem strategischen und operativen Marketing. Der vorliegende Beitrag bezieht sich auf jene aktuellen Veränderungen bei der nachfrageseitigen, touristischen Nutzung neuer Medien und leitet Implikationen für digitale, anbieterseitige Vermarktungsstrategien ab. Ziel der Unternehmen ist es, die Sichtbarkeit ihrer touristischen Produkte und Dienstleistungen innerhalb der digitalen Informationsflut zu gewährleisten. Die Ergebnisse einer empirischen Studie nehmen Freiburger Stadtführungsunternehmen als Ausgangspunkt, um deren unterschiedliche digitale Marketingstrategien zu identifizieren. Dabei werden grundlegende Trends der medialen Inszenierung und Kunden-Kommunikation für den Städtetourismus illustriert und eingeordnet.

N. Winsky (✉)
Albert-Ludwigs-Universität, Freiburg, Deutschland
E-Mail: nora.winsky@neuesreisen.uni-freiburg.de

© Springer Fachmedien Wiesbaden GmbH, ein Teil von Springer Nature 2020
D. Pietzcker und C. Vaih-Baur (Hrsg.), *Ökonomische und soziologische Tourismustrends*,
https://doi.org/10.1007/978-3-658-29640-7_36

36.1 Einleitung

Von einem Stadtführer[1] die besuchte Destination präsentiert zu bekommen, ist bei vielen Reisenden beliebt. Bei klassischen Stadtführungen erhalten die Besucher einen ersten Eindruck von der Stadt. Zudem zählen die Stadtführer häufig zu den ersten Kontaktpersonen vor Ort. Entsprechend können sie ein positives Image von Stadt und Bewohnern etablieren: „Eine gelungene, freundliche Führung vermittelt ein positives Verhältnis zum Urlaubsort und ermöglicht dem Gast die Identifikation mit ‚seinem' Ferienziel" (Schmeer-Sturm 2012, S. 19). Profitieren können von dieser Imagepflege auch weitere Akteure des Städtetourismus (z. B. Gastronomie, Einzelhandel, Kunst- und Kultureinrichtungen). Folglich ist die Relevanz von Stadtführungen im städtischen Kontext nicht zu unterschätzen: Sie sind aktiv an der Repräsentation einer Stadt beteiligt und tragen zur wirtschaftlichen Wertschöpfung von Unternehmen bei, die direkt oder indirekt mit dem Tourismus in Verbindung stehen.

Der vorliegende Beitrag widmet sich dem touristischen Feld der Stadtführungen, welches von Konkurrenz und stetigen Anforderungen bei der digitalen Unternehmenskommunikation gekennzeichnet ist.[2] Merkmale und Funktionsweisen traditioneller sowie innovativer Formate der Wissensvermittlung werden dargelegt, um das touristische Phänomen als solches sowie seine Bedeutung für den städtischen Tourismussektor zu charakterisieren. Darauffolgend werden zentrale Transformationen der Digitalisierung aufgegriffen und deren Auswirkungen auf das Feld der Stadtführungen bezogen. Das Konsultieren von Suchmaschinen bei der reisebezogenen Informationssuche, das Partizipieren in sozialen Netzwerken sowie die Nutzung des mobilen Internets in der Destination konnten als Trends identifiziert werden, die touristische Anbieter in ihrer Kommunikationspolitik betreffen. Anhand des konkreten Segments der geführten Touren soll aufgezeigt werden, wie mit jenen Veränderungen umgegangen werden kann und wie diese bei der Vermarktung berücksichtigt werden können. Im Fokus steht die Frage nach praktischen Maßnahmen, um die Sichtbarkeit der angebotenen touristischen Produkte und Dienstleistungen im Kontext der digitalen Informationsflut zu gewährleisten. Die Ergebnisse einer empirischen Studie zeigen die Positionierungsstrategien von vier Stadtführungsunternehmen in Freiburg im Breisgau auf, deren Ausgestaltung der Touren,

[1]Aus Gründen der Lesbarkeit und des flüssigen Sprachstils wird im Folgenden verallgemeinernd das generische Maskulin verwendet. Dies impliziert keinerlei Diskriminierung - alle Geschlechter werden mitgedacht.

[2]Der Dank der Autorin gilt der VolkswagenStiftung für die Förderung der Forschungsarbeiten im Kolleg „Neues Reisen – Neue Medien" an der Albert-Ludwigs-Universität Freiburg. Ferner richtet sich der Dank an alle Interviewpartner, die mit ihrer Gesprächsbereitschaft und ihren umfangreichen Auskünften einen wesentlichen Beitrag für den vorliegenden Artikel geleistet haben.

adressierte Zielgruppen und schließlich Werbemaßnahmen divergieren. Abschließend werden übergeordnete Handlungsempfehlungen abstrahiert und dargestellt, die von anderen touristischen Anbietern adaptiert werden können.

36.2 Das touristische Feld der Stadtführungen

Wie zu zeigen sein wird, erfährt der touristische Sektor der Stadtführungen fundamentale Transformationen durch Entwicklungen der Digitalisierung. Um jene Veränderungen und deren Auswirkungen zu beschreiben – die Chancen und Herausforderungen gleichermaßen bedeuten – sollen in einem ersten Schritt Stadtführungen im Kontext touristischer Destinationen verortet werden. Die nachfolgenden Ausführungen widmen sich jenem touristischen Feld, das es zu spezifizieren gilt: Wodurch unterscheiden sich Stadtführungen von Reiseleitungen? An welche Zielgruppen richten sich erstere? Und inwiefern erweitern Innovationen die Angebotspalette?

Gemeinhin werden Stadtführungen von Reiseleitungen unterschieden: Während Erstere sich auf einen Ort konzentrieren und ortsspezifisches Wissen vermitteln, umfassen Letztere eine umfangreichere Reisetätigkeit von mehreren Tagen. Aufgabe der Reiseleiter ist es, ein Programm von mehreren Tagesausflügen und Zielorten zu planen, den Verlauf sicherzustellen und Informationen an die Gruppe weiterzugeben (Schmeer-Sturm 2012). Häufig nehmen Busreisende dergleichen Angebote wahr. Das mitgeteilte Wissen von Stadtführer konzentriert sich auf spezifische Gebiete wie eine Stadt, in welcher die Tour stattfindet. Ein Rundgang umfasst wenige Stunden. Zugleich sind sie „im Rahmen des Kultur- und Vergnügungstourismus“ mit stetig wechselnden Gruppen konfrontiert – eine hohe Anpassungsfähigkeit im Sinne einer Zielgruppenorientierung ist erforderlich (ebd., S. 15). In erster Linie vermitteln Stadtführungen einen Überblick über die Angebote eines Ortes zu „Monumente[n], Freizeit-, Verkehrs- und Erholungseinrichtungen“ (ebd., S. 19). Ziel der Stadtführer ist es, die Besucher über die Geschichte und Kultur zu informieren und zugleich ein positives Image der Stadt zu etablieren. In den meisten touristisch erschlossenen Städten teilt sich das Angebot in offene und private Führungen auf: Offene Touren sind zumeist an den Tourist-Informationen oder direkt bei dem Stadtführer buchbar. Uhrzeit, Gruppengröße, Dauer und Preise sind fest vorgegeben; die Gruppe der verschiedenen Städtereisenden ist meist heterogen. Private Touren sind individuell auf eine Gruppe zugeschnitten, da im Vorfeld deren Inhalte und Verlauf abgesprochen werden. Für Anbieter sind private Touren ein lukrativeres Geschäft, da höhere Gewinne erzielt werden können. Öffentliche Touren finden hingegen auch dann statt, wenn sich nur wenige Teilnehmer einfinden, sodass seitens der Anbieter nicht mit einer festen Summe gerechnet werden kann.

Stadtführungen sind durch prototypische Dreieckskonstellationen charakterisiert, die sich um den Stadtführer, die teilnehmende Gruppe und die jeweiligen Anschauungsobjekte konstituieren. Der Reiseleiter ist für die Wissensvermittlung und Interaktion mit der Gruppe sowie den Verlauf der Tour mit wechselnden Schauplätzen verantwortlich. Außerdem nehmen die Touren den städtischen Raum zum Gegenstand und sind von visueller Anschauung als substanziellem Bestandteil geprägt (Stukenbrock und Birkner 2010). Jene visuelle Konsumption[3] von meist baulichen Manifestationen wird um Narrationen zur städtischen Geschichte und Kultur komplettiert. Der Wissenstransfer bei Stadtführungen erfolgt als „prodesse et delectare", d. h., er soll gleichermaßen „nützen" und „erfreuen" (ebd., S. 217).

Stadtführungen richten sich vorrangig an Touristen, doch vermehrt auch an Bewohner der eigenen Stadt. Eine zunehmende Erlebnisorientierung der Angebote (z. B. kulinarische Stadtführungen, historische Schauspielführungen) geht über die Vermittlung von historischen und kulturellen Fakten bei Standardführungen hinaus und richtet sich gleichermaßen an ein einheimisches Publikum (Stors et al. 2019), welches die eigene Stadt aus einem neuen Blickwinkel kennenlernt. Neue Facetten des primär durch Alltagsroutinen geprägten und erfahrenen Stadtraums eröffnen sich. Jene Modi des Binnentourismus (Sommer 2018) vollziehen sich beispielsweise, wenn Stadtbewohner Familie und Freunde zu Besuch haben und gemeinsam die Stadt via geführte Tour besichtigen. Gleichsam kann beobachtet werden, dass Betriebsausflüge von ortsansässigen Firmen Stadtführungen zum Anlass nehmen, um die eigene Wohn- und/oder Arbeitsumgebung – beispielsweise unter kulturgeschichtlichen oder architektonischen – Aspekten kennenzulernen. Aufgrund der unterschiedlichen und nicht klar zu benennenden Zielgruppen, die nicht auf die Besucher und Gäste in einer Stadt zu beschränken sind, soll im Folgenden der übergreifende Begriff der Stadtführung (anstelle der Gästeführung) Verwendung finden, um den Fokus auf die Stadt als Schauplatz und Anschauungsgegenstand zu legen.

Mehrheitlich sind in deutschen Städten die Stadtführungsangebote als „leistungspolitisches Kerngeschäft" (Steinecke und Herntrei 2017, S. 101) von Destinationsmanagementorganisationen strukturiert. Sie sind daran interessiert, ein breites Angebot an öffentlichen Führungen für Stadtbesucher zur Verfügung zu stellen. Vielerorts partizipieren auch private Anbieter[4], die deutschlandweit aktiv sind, am Stadtführungsmarkt. Ihre Marktdominanz wächst stetig. Entsprechend ist der touristische Sektor der Stadtführungen von Konkurrenz gekennzeichnet. Des Weiteren erhöhen app-basierte, selbstgeführte Touren ebenfalls den Druck auf traditionelle Stadtführungsangebote. Die Angebote richten sich an Besucher, die eine Stadt auf eigene Faust und zeitlich unabhängig erkunden möchten. Ein breites Angebotsspektrum, Abgrenzungsmechanismen und stetige Innovationen sind die Folge. Die Bandbreite reicht von klassischen

[3]Das Konzept des „touristischen Blicks" bzw. „tourist gaze" geht auf den Soziologen John Urry (1990) zurück. Er räumt der visuellen Konsumption einen zentralen Stellenwert im touristischen Prozess ein. Der touristische Blick, so Urry, basiere auf Differenzerfahrungen zu Zeichen, die von „Zuhause" bekannt sind. Klassische Sehenswürdigkeiten zählen zu jenen „fremden" Komponenten, auf welche sich der touristische Blick richte.

[4]Beispielsweise bietet das Unternehmen Eat the World in 46 deutschen Städten kulinarisch-kulturelle Stadtführungen an (Stand: Juni 2019), die Wissenswertes einer Stadt mit Kostproben in Gastronomiebetrieben verbinden. Der hohe Professionalisierungsgrad des Unternehmens erhöht den Druck bei lokal ansässigen Stadtführungsunternehmen.

Modelle der Informationsvermittlung	Erklärung	Auswahl an Beispielen
thematische Innovationen	ungewöhnliche Schauplätze, außergewöhnliche Zeiten, Lebenswelten sozialer bzw. religiöser Gruppen, unterschiedliche Fachgebiete	• historische Schauspielführungen • literarische Rundgänge
methodisch-didaktische Innovationen	Aktivierung der Teilnehmer/innen, Ansprachen aller Sinne, bestimmte Zielgruppen, animative Elemente	• kulinarische Touren • Stadterkundungsspiele (z. B. Geocaching) • Stadtführungen für Kinder • Gruselführungen
technische Innovationen	unterschiedliche Transportmittel, neue Kommunikationsmittel	• Radtouren • Segway-Touren • app-basierte selbstgeführte Touren mit Smartphone oder Tablet

Abb. 36.1 Innovationen bei Stadtführungsangeboten (in Anlehnung an Steinecke und Herntrei 2017, S. 102), mit eigenen Ergänzungen.

Stadtführungen bis hin zu neuen Modellen der Informationsvermittlung, welche Steinecke & Herntrei (ebd., S. 102) wie in Abb. 36.1 gezeigt gruppieren.

Um Zielgruppen durch adäquate Marketingmaßnahmen ansprechen zu können, ist es für touristische Unternehmen entscheidend, die eigenen Alleinstellungsmerkmale zu kennen. Das Nutzen sozialer Medien und mobiler Endgeräte von unterwegs sowie das Online-Suchverhalten potenzieller Kunden stellt Anbieter des gesamten Tourismussektors vor fundamentale Herausforderungen. Jene Transformationen werden im nachfolgenden Abschnitt diskutiert. Sie bilden die Grundlage für daran anknüpfende Marketingstrategien.

36.3 Trends und Transformationen im Zuge der Digitalisierung

Für den Großteil der Deutschen ist die Nutzung des Internets während der Arbeits- und Freizeit ein selbstverständlicher und nahezu unverzichtbarer Bestandteil. On- und Offlinewelten durchdringen und bedingen sich gegenseitig. Ergebnisse der ARD/ZDF-Onlinestudie 2018 zeigen, dass in den letzten drei Jahren die Internetnutzung der Deutschen weiterhin zugenommen hat: 2015 nutzten 79,5 % der über 14-Jährigen das Internet, bis 2018 ist der Anteil auf 90,3 % angestiegen (Frees und Koch 2019). Das sind mehr als 63 Mio. Menschen. Smartphones und Tablets ermöglichen die mobile Internetnutzung.

Laut derselben Studie greifen täglich über ein Drittel der Deutschen (37 %) von unterwegs auf das Internet zu; bei den unter 30-Jährigen trifft dies auf rund 70 % der User zu (ebd.). Ständig und überall erreichbar zu sein, beruflich und privat zu interagieren sowie standortunabhängig Internetdienste zu nutzen, tangieren Alltag und Urlaub gleichermaßen – durch stetige Innovationen vervielfältigen sich die Nutzungsoptionen.

Jene Entwicklungen wirken sich auf den Reisemarkt aus. So ist die Nutzung des Internets während der Reisevorbereitung, -durchführung sowie -nachbereitung weit verbreitet. Insbesondere im Vorfeld einer Reise ist der Bedarf an Informationen zu touristischen Produkten und Dienstleistungen hoch, da Buchung und Konsumption zeitlich sowie räumlich auseinanderfallen (Steinecke und Herntrei 2017; Parlov et al. 2016; Hinterholzer und Jooss 2013). Als weitere Eigenschaften von touristischen Produkten sind deren Immaterialität sowie Intangibilität zu nennen. Es sind jene Charakteristika touristischer Produkte in Kombination mit der Digitalisierung, welche den Trend fördern, Reiseinformationen mehrheitlich online zu beziehen. Relevant ist gleichsam die zeit- und ortsunabhängige Verfügbarkeit von Reiseinformationen im Internet. Die Eintrittsbarrieren für die Informationsproduktion und Meinungswiedergabe im Web sind niedrig: Alle Akteure können sich – ob mit einer eigenen Website oder auf Plattformen der sozialen Medien – daran beteiligen. Das Ergebnis ist eine hohe Informationsflut, derer sich Anbieter und Nachfrager stellen (Parlov et al. 2016).

Im Folgenden soll auf drei zentrale Transformationen im Zuge der Digitalisierung detailliert eingegangen werden. Die Funktionsweisen der Technologien und deren Stellenwert im Reiseprozess von Konsumenten zu kennen, ist für touristische Anbieter wesentlich, um anknüpfende, digitale Marketingstrategien zu verwirklichen. Diese sind entscheidend, um sich in der Flut von Informationen hervortun zu können. Das Online-Suchverhalten, die Partizipation in sozialen Netzwerken und schließlich die Nutzung mobiler Endgeräte stellen drei zentrale Entwicklungslinien dar.

36.3.1 Suchmaschinen

Der Trend, dass Reiseinformationen mehrheitlich online bezogen werden, hat sich bereits in den letzten Jahren abgezeichnet. Im Januar 2019 hatten sich bereits 67 % der Deutschen schon einmal im Internet zum Thema Urlaubsreisen informiert (FUR 2019). Bei Internetnutzern, die auch verreist sind, beträgt der Wert 86 % (ebd.). Auf die Informationsbeschaffung folgen im idealtypisch angelegten Customer Journey die Selektion und Validierung vor der Buchung touristischer Angebote (Kreilkamp 2015; Horster 2014). 2018 wurden erstmals mehr Urlaubsreisen per Online-Buchung als im persönlichen Kontakt gebucht. Die Forschungsgemeinschaft Urlaub und Reisen e. V. (FUR 2019, S. 4) spricht von einem „Meilenstein im langfristigen, durch die Digitalisierung getriebenen Strukturwandel bei der Urlaubsbuchung".

Sowohl durch den Boom sozialer Medien als auch bedingt durch den leicht möglichen Markteintritt von Anbietern, die um die Ausgaben der Gäste konkurrieren, entstehen eine Fülle von Informationen. Es ist jene Informationsflut, die Nachfrager und Anbieter gleichermaßen vor große Herausforderungen stellt: Während Erstere sich Such- und Filterstrategien aneignen und nutzen (Parlov et al. 2016), um die für sie relevanten Informationen zu extrahieren, versuchen Letztere für potenzielle Kunden sichtbar zu sein (Stichwort Suchmaschinenoptimierung). „[…] [S]earch engines have become a powerful interface that serves as the 'gateway' to travel-related information as well as an important marketing channel through which destinations and tourism enterprises can reach and persuade potential visitors" (Xiang und Gretzel 2010, S. 179). Suchmaschinen wie Google sind häufig die erste Adresse von Reisenden, um in Sekundenschnelle gewünschte Informationen zu einem Reiseziel zu erhalten. Je nach Suchanfrage werden Ergebnisse aufgelistet, die mit den eingetippten Schlüsselbegriffen korrespondieren. Suchmaschinennutzer können dann auf die jeweiligen Ergebnisse der Trefferliste klicken und werden zu den touristischen Domains geführt. „With the capabilities to index and organize huge amount of information, search engines are powerful tools in representing the virtual world and thus, the tourism domain" (Xiang et al. 2008, S. 146). Engl (2017) betont, dass in einer gewachsenen Informations- und Wissensgesellschaft weniger die Informationen also solche, sondern die Auswahl und Relevanz dieser, wichtig seien. Suchmaschinen steuern durch ihre Funktions- und Darstellungsweise des „Treffer-Rankings" beides.

Suchmaschinen sind für Anbieter auf mehreren Ebenen relevant: Erstens kann über das Google-Anzeigenprogramm (Google Adwords) Werbung geschaltet werden. Zweitens können sie über Suchmaschinenoptimierung für ein hohes Ranking sorgen und damit die Klickraten der eigenen Website beeinflussen. Drittens können die Monitoring-Programme von Google Analytics genutzt werden, um Einsichten in das Verhalten der Website-Besucher zu erlangen. Die Auswertung der Daten kann wiederum in die Optimierung der eigenen Website einfließen.

36.3.2 Social Media und User-Generated Content

An dem Generieren von Informationen wirken im Zeitalter der digitalen Kommunikation (des Web 2.0) nicht nur touristische Anbieter, sondern auch die Internet-Community weltweit mit. Die Deutungshoheit über touristische Leistungen hat sich verschoben, da neue Informationen aktiv seitens der Internetuser (mit)produziert werden (Graf und Barton 2018; Urry und Larsen 2011). Sie bespielen diverse Plattformen wie Bewertungsportale, Foren und Reiseblogs, um ihre Erfahrungen und Empfehlungen mit anderen Reiseinteressierten zu teilen. „Diese digitale Mundpropaganda, die auch als nutzergenerierter Inhalt (User-Generated Content) bezeichnet werden kann, stellt die größte Veränderung zwischen Web 1.0 und Web 2.0 dar und definiert auch die Rolle des Informationsproduzenten neu" (Kräußlich und Schürholz 2017). Eine entscheidende Rolle nehmen soziale Medien ein, die Hartmann (2017, S. 376) als Sammelbegriff für internetbasierte mediale Anwendungen versteht, die es ermöglichen, „eigene Inhalte verschiedener Art (Text, Bild, Audio, Video etc.) für ein breites Publikum zu veröffentlichen und davon ausgehend soziale Beziehungen zu pflegen oder neu zu knüpfen".

Soziale Medien werden oftmals konsultiert, um Erfahrungsberichte anderer Reisender zu lesen, aber auch um eigene Meinungen zu veröffentlichen: „Many of these social media Websites assist consumers in posting and sharing their travel-related comments, opinions, and personal experiences, which then serve as information for others" (Xiang und Gretzel 2010, S. 179). Das soziale Foto-Netzwerk Instagram gilt bei seinen Usern beispielsweise als Inspirationsquelle einerseits und dient während oder nach dem Reiseerleben der Dokumentation und Reflexion andererseits. Die Plattform und deren mögliche Anwendungen begleiten viele Reisende während aller Reisephasen.[5] Touristische Akteure können ihrerseits soziale Medien nutzen, indem sie eigene Auftritte erstellen, beispielsweise einen Facebook- oder Instagram-Account, und diese mit Inhalten bespielen. Das Vernetzen mit anderen Akteuren des Städtetourismus sowie insbesondere mit (potenziellen) Kunden ist substanziell. Die Option, vergleichsweise kostengünstig Werbung schalten zu können sowie in Interaktion mit einem bereits erschlossenen Kundenkreis zu treten, ist für die Erschließung neuer und Bindung bereits überzeugter Kunden relevant.

Soziale Medien stellen einen wichtigen Knotenpunkt für die Interaktion und den Austausch zwischen verschiedenen Akteuren des Städtetourismus dar, doch sind die Anforderungen beim Social-Media-Marketing nicht zu vernachlässigen: Zeitnah und angemessen auf Anfragen, Bewertungen und Kommentare zu reagieren und eigenständig unterhaltende und informative Beiträge zu posten, erfordert zeitliches, technisches und strategisches Know-how (Kräußlich und Schürholz 2017). Jene „24h/7 Tage-Kommunikation" (ebd., S. 280) bzw. potenzielle Erreichbarkeit rund um die Uhr erfordert insbesondere personelle und zeitliche Ressourcen, bei denen kleine und mittlere Unternehmen schnell ihre Kapazitätsgrenzen erreichen können.

36.3.3 Mobiles Internet

Die Suche von Reiseinformationen hat sich wortwörtlich verschoben bzw. ist nicht länger auf einen stationären, heimischen Computer beschränkt. Die Verbreitung von mobilen Endgeräten wie Tablets und Smartphones hat dazu beigetragen, dass Informationen standortunabhängig bezogen werden können. Die Abschaffung der europaweiten Roaminggebühren im Jahr 2017 sowie der voranschreitende Ausbau des öffentlichen WLAN unterstützen diese Entwicklung. Germann Molz (2012,

[5] Brysch (2013, S. 144) beschreibt den Einfluss virtueller Anwendungen in einem 4-Phasenmodell. Dieses umfasst die Stadien vor, während und nach der Reise sowie zwischen verschiedenen Reisen. Verschiedene internetbasierte Anwendungen und damit einhergehende Praktiken sind den jeweiligen Phasen zugeordnet.

S. 43) spricht von sog. „Blended Urban Geographies" und referiert damit auf die Verschränkung von On- und Offlinewelten: „[Blended urban geographies] as new kinds of geographies, subjectivities and socialities that emerge when digital technologies and locative media intersect with the physical city". Medien und deren diverse Anwendungen (z. B. Internetzugang, Kamera- und Videofunktion von Smartphones, Ortung und Navigation mithilfe von Location-based Services) verändern Reisepraktiken. Am Reiseziel angekommen, können mobile Endgeräte beispielsweise genutzt werden, um Informationen zum Wetter, zur Angebotspalette in der Destination sowie zu Verbindungen im öffentlichen Nahverkehr zu erhalten. 60 % der in der Reiseanalyse Befragten gaben an, das mobile Internet für folgende touristische Zwecke am Urlaubsort zu nutzen: Informationen zum Reiseziel im Allgemeinen, zu Sehenswürdigkeiten, Veranstaltungen, Restaurants und Einkaufmöglichkeiten vor Ort (FUR 2019). Damit einhergehend wächst die Spontaneität und Flexibilität von Reisenden; kurzfristige Buchungen können die Folge sein.

Nachfrager solcher Angebote schätzen einfache Informationswege und sichere Buchungsmöglichkeiten. Für Anbieter bedeutet dies, dass sie bei den Treffern von einschlägigen Suchmaschinen gelistet sein müssen, die eigene Website die wichtigsten Informationen auf einen Blick zusammenstellt (Stichwort userzentriertes und responsives Webdesign) und eine bequeme Buchung ermöglicht.

36.4 Methodisches Vorgehen

Um jene Chancen und Anforderungen der digitalen Kommunikation zu beleuchten, wurden im Frühjahr 2019 Interviews mit Expertinnen und Experten des Freiburger Tourismus geführt. Städtische Akteure, Geschäftsführer von Marketingunternehmen und Agenturen für Kommunikation sowie Anbieter von Stadtführungen wurden als Interviewpartner für die empirische Studie gefunden, die ihre Perspektiven zu aktuellen Transformationen kundgaben. Insgesamt wurden im Zeitraum von Februar bis April 2019 neun halbstrukturierte, leitfadengestützte Experteninterviews geführt, deren Aufnahmen durchschnittlich etwa 45 Minuten umfassten. Inhaltlich orientierten sich die Fragen an drei thematischen Blöcken. Im ersten Abschnitt sollten die Interviewpartner ihre Rolle im Freiburger Städtetourismus illustrieren und wurden nach ihren Angeboten und Zielgruppen befragt. Die Entwicklungsgeschichte der Unternehmen und Veränderungen in den letzten Jahren wurden ebenfalls thematisiert. Im zweiten Abschnitt wurden verschiedene Marketingstrategien im digitalen Zeitalter diskutiert und die Relevanz verschiedener Plattformen eingeschätzt. Der letzte Teil des Interviews richtete sich insbesondere an Stadtführungsunternehmen und deren Umgang mit neuen Medien. Die Frage nach dem Integrieren von Tablets und Smartphones in die touristischen Angebote und korrespondierende Erfahrungsberichte standen im Mittelpunkt dieses Abschnitts. Freiburger Stadtführungsunternehmen, die ein begrenztes und dynamisches touristisches Feld abbilden, wurden ausgewählt, um Einblicke in die Mechanismen digitaler

Vermarktung von touristischen Angeboten zu gewinnen. Im Zentrum stand folgende Forschungsfrage, die unter der Prämisse einer zunehmenden Druck- und Konkurrenzerfahrung der Digitalisierung thematisiert wurde: Welcher Mittel bedienen sich die Unternehmen, um Sichtbarkeit für ihre touristischen Angebote zu erlangen?

Die Interviewtranskripte als fixierte bzw. verschriftlichte Kommunikation wurden anschließend einer qualitativen Inhaltsanalyse unterzogen. Vorteil jenes Interpretationsverfahrens ist die Zerlegbarkeit der Analyseschritte: „Dadurch wird sie [die Analyse] für andere nachvollziehbar und intersubjektiv überprüfbar, dadurch wird sie übertragbar auf andere Gegenstände, für andere benutzbar, wird sie zur wissenschaftlichen Methode" (Mayring 2015, S. 61). Kernstück einer jeden Inhaltsanalyse bildet das Kategoriensystem, welches im vorliegenden Material induktiv entstanden ist und mit der formulierten Forschungsfrage abgestimmt wurde. „Eine induktive Kategorienbildung [...] leitet die Kategorien direkt aus dem Material in einem Verallgemeinerungsprozess ab, ohne sich auf vorab formulierte Theorienkonzepte zu beziehen" (ebd., S. 85). Die Hauptkategorien – inhaltliche Ausrichtung der Angebote, adressierte Zielgruppen und Marketingstrategien – wurden extrahiert, da sich die Aspekte gegenseitig konstituieren (Abb. 36.2). Entsprechend wurden sie als geeignet erachtet, um Aussagen über die mediale Inszenierung und Gesamtkonzeption der Anbieter zu gewinnen.

Durch das Anwenden der Kategorien wurde das Textmaterial reduziert. Herausgefiltert werden konnten zentrale Aspekte aus den Gesprächen, die sich nahezu vollständig im gesamten Material ausgedrückt haben. Im nächsten Analyseschritt wurde an den überschaubaren Corpus – als Abbild des Grundmaterials – zusätzliches Material für die Explikation herangetragen (ebd., S. 67). Forschungsrelevante Literatur zur Digitalisierung im touristischen Kontext hat das Verständnis zu den getroffenen Aussagen erweitert und diese eingeordnet.

Hauptkategorien	**Subkategorien**
Inhaltliche Ausrichtung der Angebote	• Stadtführung/ Reiseleitung • öffentliche Führung/ private Führung
Adressierte Zielgruppen	• Einzelpersonen/ Gruppen • jüngeres Publikum/ älteres Publikum • ausländische Besucher/innen/ inländische Besucher/innen/ Besucher/innen aus dem Raum Freiburg
Marketingstrategien	• analog/ digital (Website, Suchmaschinen, soziale Medien)

Abb. 36.2 Kategoriensystem der qualitativen Inhaltsanalyse. (Eigene Darstellung)

Im folgenden Abschnitt werden die Ergebnisse der empirischen Studie anhand von vier Anbietern von Stadtführungen in Freiburg illustriert. Die qualitative Inhaltsanalyse konnte eine Vergleichbarkeit und Nachvollziehbarkeit bei der Auswertung der Interviews gewährleisten.

36.5 Ergebnisse: Marketingstrategien von Stadtführungsunternehmen

In Freiburg im Breisgau partizipiert eine Vielzahl von Unternehmen am Stadtführungsmarkt, die unterschiedliche thematische Ausrichtungen verfolgen. In Freiburg werden die Angebote ausschließlich von privaten Anbietern (und nicht von städtischen Destinationsmanagementorganisationen) bereitgestellt. Folglich ist jener touristische Sektor durch eine hohe Dynamik und starke Konkurrenz gekennzeichnet. Für die vorliegende wissenschaftliche Untersuchung ergeben sich weitreichende Einblicke zur inhaltlichen Positionierung einerseits sowie zu digitalen Kommunikationsstrategien andererseits. Um ihre Zielgruppen durch adäquate Marketingmaßnahmen erreichen zu können, ist es für die Unternehmen wichtig, ihre Unterscheidungsmerkmale zu kennen. Das Nutzen sozialer Medien und mobiler Endgeräte von unterwegs sowie das Online-Suchverhalten potenzieller Kunden stellt Anbietern des Tourismussektors vor wesentliche Herausforderungen. Die im Folgenden dargestellten Ergebnisse beziehen sich auf eine empirische Studie, die vier Freiburger Stadtführungsunternehmen als Ausgangspunkt nimmt, um Marketingmaßnahmen im Zuge der digitalen Informationsflut zu analysieren und grundlegende Trends der medialen Inszenierung abzuleiten.

36.5.1 Die Stadt überblicken: Klassische Stadtführungen

Innenstadtbereiche sind meist „emotionales Herz“ (Engl 2017, S. 284) und historisches Erbe zugleich. Die historischen Spuren manifestieren sich in den baulichen Strukturen und prägen das heutige Stadtbild mit. Entsprechend sind städtische Zentren bei touristischen Rundgängen beliebt: Ein Feld von „früher“ und „heute“ wird aufgespannt, um darin beispielsweise städtebauliche Entwicklungen und prägende Persönlichkeiten zu verorten.

In Freiburg im Breisgau sind mittelalterliche Baustrukturen nach wie vor sichtbar (z. B. Münster, Straßenkreuz, Stadttore). In klassischen Stadtführungen werden jene historischen Stadtstrukturen sowie die Organisation des Lebens der damaligen Einwohner aufgegriffen und versprachlicht. Das Unternehmen *Freiburg Kultour* fällt in diese Sparte und bietet primär klassische Überblicksführungen sowie Reiseleitungen an. Nach eigenen Angaben ist das Unternehmen „offizielle[r] Partner der Stadt Freiburg und der größte Anbieter von Stadt- und Münsterführungen“ (Freiburg Kultour 2019, online). Im Interview mit dem Unternehmen wurde auf die Teamgröße und das Anbieten einer Vielzahl von Sprachen als Wettbewerbsvorteile gegenüber den Konkurrenten hingewiesen. Internationale Kunden und „klassische Rentner“ (ebd.) aus Deutschland können als Hauptzielgruppen identifiziert werden, die mit der internationalen Ausrichtung des Unternehmens korrespondieren:

> Generell würde ich jetzt mal sagen, dass wir alles haben. Wir haben ganz viel deutsche Seniorengruppen, klassische Busreisen, zwei bis drei Tage Schwarzwald, so was. […] Dann haben wir sehr viele französische Schulklassen. […] Na gut, und ganz viel kommt über Incoming-Agenturen. Ich habe also Incomer sitzen in Spanien, die, wenn sie hier etwas in der Gegend machen, mich kontaktieren. Ich habe auch Incomer in Italien, und solche Beziehungen pflegt man dann auch (Freiburg Kultour 20.03.2019).

Das operative Marketing umfasst die direkte Kundenansprache einerseits sowie einen hohen Aufwand bei der Suchmaschinenoptimierung andererseits. Per Direkt-Mailing werden gezielte Anschreiben an Busunternehmen deutschlandweit geschickt, die über *Freiburg Kultour* und die Vorzüge von Freiburg und der Schwarzwaldregion als Reiseziel informieren. Freiburg als die „Hauptstadt des Schwarzwaldes“ erweist sich als beliebter Ausgangspunkt, um Ausflüge an den Titisee, die Triberger Wasserfälle oder den Feldberg zu unternehmen. Die Vermarktung der geografischen Lage Freiburgs ist für Reiseleitungen mit integrierter Freiburg-Führung relevant. Als weitere Maßnahmen der Vermarktung setzt das Unternehmen auf Suchmaschinenoptimierung: „Wir haben eine sehr gut funktionierende Website. Wenn Sie Stadtführungen in Freiburg googeln, dann kommen Sie sehr, sehr schnell auf uns“ (ebd.). Dies gehe mit einem hohen zeitlichen Aufwand sowie Personalkosten für Informatiker einher. Das Erreichen eines hohen Rankings umfasst die Onpage-Optimierung (inhaltliche Anpassung der eigenen Website) sowie die Offpage-Optimierung (Linkstruktur mit anderen Websites) (Engl 2017, S. 257). Das Google-Ranking – so die Kernaussage des Interviews – sei unabdingbar: „[W]enn Sie bei Google nicht auf der ersten Seite sind, dann können Sie es vergessen. Das ist leider so. Sie müssen es auf die erste Seite schaffen und so weit wie möglich nach oben!“ (Freiburg Kultour 20.03.2019). Bezogen auf den Customer Journey, also die Betrachtung der Abläufe bei Reiseentscheidungen (Kreilkamp 2015; Horster 2014), rückt die Initial- bzw. Informationsphase in den Vordergrund. Internetbeiträge werden konsultiert, um sich über Angebote im Reiseziel zu informieren. Für erfolgreiche Marketingstrategien bedeutet dies, Innovationen zu verfolgen: „[…] [I]t is critial to understand changes in technologies and consumer behavior that impact the distribution and accessibility to travel-related information“ (Xiang und Gretzel 2010, S. 179).

Bei der medialen Inszenierung auf der Website greift das Unternehmen bekannte Topoi des Freiburger Städtetourismus auf (z. B. das Münster oder die Bächle als klassische Sehenswürdigkeiten). Jene Inhalte, die Touristen bei den Führungen erwarten, werden bildlich dargestellt. Mental findet eine unmittelbare Verknüpfung der Destination Freiburg mit den abgebildeten Monumenten statt, was den Wiedererkennungswert der Stadt erhöht.

36.5.2 Die Stadt geschmacklich erleben: Kulinarische Stadtführungen

Ein weiteres etabliertes Stadtführungsunternehmen ist *FREIBURGerLEBEN,* das einen inhaltlichen Schwerpunkt auf kulinarische Touren legt (z. B. Probiertour über den Freiburger Münstermarkt, Genusstour durch Freiburg, Schokoladen Tour) (FREIBURGerLEBEN 2019, online). Der Name des Unternehmens referiert bereits auf den versprochenen Erlebniswert der angebotenen Dienstleistungen und trifft damit einen Trend, der seit den 1980er und 1990er Jahren in Deutschland zu beobachten ist: Die Erlebnisgesellschaft (Schulze 1996) sehnt sich nach erlebnisreichen und authentischen Momenten. „Die Erlebnisinszenierung bietet dem Tourismus eine sehr gute Möglichkeit, die Attraktivität und das Potenzial einer Destination zu steigern. Die Produkteigenschaft Erlebnis, die von den heutigen Konsumenten gefordert wird, muss dabei authentisch, einzigartig und qualitativ hochwertig inszeniert werden, da die Austauschbarkeit touristischer Erlebnisprodukte steigt“ (Kreilkamp 2013, S. 36 f.). Um den individuellen Anforderungen der Nachfrager zu entsprechen, erfährt das touristische Angebot eine zunehmende Ausdifferenzierung. Der Trend hin zu kulinarischen Stadtführungen, die regionale Speisen und Getränke in den Mittelpunkt stellen, folgt jener Inszenierungslogik, die zugleich eine Abwendung von klassischen Standardführungen bedeutet: „Also die jungen Leute, die wollen eher [ein] Erlebnis. Die wollen Spaß haben – das steht im Vordergrund. Das ist nicht mehr nur das Wissen über die Stadt. Die Geschichtsdaten kann man häufig völlig vernachlässigen, das will man nicht mehr so hören“, so *FREIBURGerLEBEN* (18.02.2019) im Interview. Das durchschnittliche Alter der Teilnehmenden sei etwas niedriger als bei Teilnehmern klassischer Führungen.

Um dieses Versprechen an potenzielle Kunden zu transportieren, setzt die Gästeführungsagentur auf eine persönliche Gestaltung der eigenen Website:

> […] [U]ns ist eigentlich schon sehr früh klar geworden, dass die Website das Aushängeschild eines Unternehmens ist und wir haben da auch schon früh angefangen, Fotografen hinzuzuziehen, uns also auch professionelle Hilfe zu nehmen und das nicht alles selber in die Hand zu nehmen […]. Und wir haben uns bemüht, das sehr persönlich zu gestalten mit vielen Fotos eben, auf denen auch unsere Gästeführer bei der Arbeit abgebildet sind, um einfach auch zu transportieren, dass wir mit viel Spaß dabei sind (ebd.).

Komplettierend setzt *FREIBURGerLEBEN* auf Social-Media-Kanäle wie Facebook und Instagram, um ein jüngeres Zielpublikum mit „schöne[n] Fotos“ (ebd.) zu erreichen. Auf Instagram seien es vor allem ansprechende Fotos von Freiburg und der Region mit informativen Beschreibungen, die für die Community bereitgestellt werden. Die mediale Gestaltung referiert auf die tatsächliche Ausgestaltung des kulinarischen Rundgangs; sinnliches Erleben und Information gehen Hand in Hand. Bei den kulinarischen Führungen tragen Gruppeninteraktionen, Geschichten rund um die Produkte und deren Zubereitung sowie die Verköstigung zum Erlebnischarakter des touristischen

Arrangements vor Ort bei. Instagram als soziales Medium wurde ausgewählt, um im Vorfeld jene Aspekte zu transportieren. Des Weiteren erlaubt die Kommentarfunktion eine multidirektionale Interaktion zwischen Unternehmen und Community, das Vertrauen und Verbundenheit generiert (Eilers 2013). Über die Bild-Text-Kombinationen werden „Blicke hinter die Kulissen" realisiert, die vielfältige Eindrücke von Freiburg als Stadt und den angebotenen Touren vermitteln.

Bislang war von Plattformen die Sprache, deren Inhalte vorrangig von den Anbietern bespielt und durch sie kontrolliert werden. Zu den sozialen Medien, die sich enormer Beliebtheit erfreuen, zählen auch Bewertungsportale. TripAdvisor ist eine der beliebtesten Foren für Reiseinteressierte. „Part social network, part virtual community and part blog, like all Web 2.0 sites TripAdvisor is difficult to categorise. However it's clear that the primary function is the collection and dissemination of user generated content – reviews, rating, photos and videos – on a highly specific domain, namely travel" (O'Connor 2008, S. 52). Bewertungen von anderen Reisenden (Stichwort electronic Word-of-Mouth bzw. digitale Mundpropaganda) seien aktueller und glaubwürdiger als bereitgestellte Informationen von Anbietern (Tan und Chen 2012). Insbesondere im Zuge der Informationsflut von Angeboten sind die Filteroptionen der Bewertungs- und Vergleichsportale beliebt, um Rezensionen zu spezifischen Angeboten zu überblicken. Im Interview betonte *FREIBURGerLEBEN* die Bedeutung solcher Portale und gab an, aktiv bei ihren Kunden für das Verfassen von Bewertungen zu werben. Es sei jedoch schwierig, Rückmeldungen bei TripAdvisor oder Google-Rezensionen zu generieren: „Selbst wenn man ein tolles Erlebnis hatte, sich dann aufzuraffen […], das ist tatsächlich nicht ganz einfach. Und ich habe es wirklich schon oft gehabt, dass […] Leute mir das versprochen haben und dann doch nicht gemacht haben" (FREIBURGerLEBEN 18.02.2019). Kunden im Nachhinein per E-Mail an Rezensionsmöglichkeiten zu erinnern, ist eine Option, die jedoch einen hohen administrativen Aufwand bedeutet.

36.5.3 Stadtgeschichte erleben: Historische Schauspielführungen

Freiburg Living History konzentriert sich vorrangig auf historische Schauspielführungen, bei denen Schauspieler historische Persönlichkeiten verkörpern, ihre Geschichte erzählen und dabei das Publikum in das historische Freiburg versetzen. „[U]ns ist ganz wichtig, dass diese Person, diese Figur, für die Menschen wieder erlebbar wird und man berührt wird. Das ist ganz wichtig. Die Figur steht im Vordergrund, sodass man diese Figur verstehen kann. Wer jetzt nur […] auf reine Fakten aus ist, ist da jetzt nicht richtig aufgehoben" (11.04.2019). Catharina Stadellmenin („Die Hexe von Freiburg") oder Berthold Schwarz („Erfinder des Schwarzpulvers") verkörpern beispielsweise bekannte Persönlichkeiten der Freiburger Geschichte und öffnen ein Zeitfenster in das mittelalterliche Freiburg (Freiburg Living History 2019, online). Historische Schauspielführungen knüpfen an die konstatierte Erlebnisorientierung im Tourismus an, ermöglichen sie doch ein Eintauchen in andere Welten, die einen starken Kontrast zum eigenen Alltag – im Sinne einer Differenzerfahrung – bilden.

Viele Interessierte nutzen nach Angaben des Geschäftsführers Suchmaschinen und gelangen über diese auf die Website des Unternehmens. Großformatige Portraitaufnahmen der Schauspieler oder dynamische Bilder, welche sie während ihrer Performances zeigen, ziehen die Wahrnehmung der Website-Besucher auf sich.

Als Standbein im Social-Media-Marketing wurde im Interview Facebook genannt, da über das soziale Netzwerk „Fans", Personen, die dem Facebook-Auftritt von *Freiburg Living History* folgen, leichter einbezogen werden können: „Man kann sehen, dass wieder ein neuer Schauspieler dabei ist, neue Rolle, neue Figur oder so. Oder heute haben wir Premiere, oder Fotos mal von den Proben – so was" (ebd.). Freiburger Bürger und Bewohner der Region stellen die überwiegende Zielgruppe des Unternehmens dar, sodass eine Kundenbindung über die Facebook-Community als probates Mittel angesehen werden kann. Bestandteil einer zielgruppenorientierten Kommunikationsstrategie ist das Teilen exklusiver Aufnahmen und das Verkünden von Neuigkeiten. Herauszustellen ist, dass die multidirektionale Kommunikation es erlaubt, dass Kunden Bewertungen und Kommentare hinterlassen oder Fotos von den Führungen posten. Das Web 2.0 als kollaboratives Web ermöglicht einen Ko-Produktionsprozess aller Beteiligten bei der Informations- und Meinungswiedergabe (Tavakoli und Wijensinghe 2019).

Auf sozialen Medien wie Facebook können Bewertungen hinterlassen werden, die entsprechend Entscheidungen von Interessierten für oder gegen konkrete Angebote beeinflussen können. Von Betreibenden der Fanseiten werden Rückmeldungen erwartet – auch bei negativen Kommentaren. Eilers (2013) spricht von dem Langzeitgedächtnis sozialer Medien, da einmal veröffentlichte Inhalte – unabhängig von wem – nicht mehr gänzlich entfernt werden können. Auf Feedback einzugehen, demonstriert Interesse an den Meinungen der Kunden. Aus Sicht der touristischen Anbieter bedeuten die stetige Interaktion und die Pflege solcher Accounts indes ein zeitintensives Unterfangen.

36.5.4 Ungewöhnliche Stadtansichten entdecken: Alternative Stadtführungen

Als gemeinnütziger Verein und Mitglied im StattReisen-Verband nimmt *VISTAtour* eine besondere Stellung innerhalb der Landschaft Freiburger Stadtführungen ein (Forum Neue Städtetouren 2019, online). Der Verband, dessen Konzept in den 1980er Jahren entwickelt wurde und heute 20 Stadtreiseninitiativen umfasst, möchte der „touristische[n] Musealisierung von Städten und ihre[r] Reduzierung auf Highlights nach dem Baedecker Sternchen-Prinzip" (Schmeer-Sturm 2012, S. 22) entgegenwirken. Der Verband verweist auf einen hohen Qualitätsstandard der selbstständig recherchierten Inhalte, die bekannte Sehenswürdigkeiten und ungewöhnliche Orte umfassen (Forum Neue Städtetouren 2019, o. S.). *VISTAtour* wirbt mit dem Slogan „Freiburg auf den zweiten Blick" (VISTAtour

2019, online) und wendet sich mit ihrem Programm mehrheitlich an Einheimische bzw. Bewohner der Region. Die Führungen befassen sich beispielsweise mit Spezialthemen zu Zeit-, Kunst- und Frauengeschichte (VISTAtour 20.02.2019).

„Was ich [Vorstand des Vereins] persönlich wahnsinnig gerne mache, das sind so Führungen durch Ecken, in denen man auf den ersten Blick gar nichts Besonderes sieht [...]. Entlang einer vierspurigen Straße gehen, wo niemand auf die Idee kommt, dass man da eine Stadtführung machen könnte [...]. Aber wenn man da genau hinguckt, dann sind genau an solchen Ecken [...] spannende Details [zu erkennen]" (ebd.). Jenen Ausführungen ist zu entnehmen, dass bei diesen Führungen Kennern der Stadt eine wesentliche Zielgruppe darstellen. Dies bedingt unmittelbar die Vermarktung der öffentlichen Führungen über Presseinformationen, die über die *Badische Zeitung* Verbreitung finden (ebd.). Für private Führungen, die bei *VISTAtour* anteilig dominieren, erfolgt keine aktive Bewerbung: „Sie werden eigentlich, muss ich ehrlich sagen, gar nicht gezielt beworben. Also der größte Anteil [...] von Aufträgen sind Empfehlungen von Gruppen, die schon mal eine Führung bei uns gemacht haben. Das ist so ein bisschen ein Selbstläufer [...]" (ebd.). Da Freiburger Bürger sowie Bewohner der Region die Hauptzielgruppe bilden, sind persönliche Empfehlungen durch Mund-zu-Mund-Propaganda wichtig, um die Angebote bekanntzumachen. Neben der persönlichen Fürsprache ist auch die Website, über welche Interessierte auf die Angebote aufmerksam gemacht werden, ein weiterer Informationskanal.

Das Beispiel *VISTAtour* belegt eindrücklich, dass die Stadtführungsunternehmen in Bezug auf Programmgestaltung, Zielgruppenorientierung sowie digitale und analoge Vermarktung unterschiedliche Strategien verfolgen. Ein eindeutiger Trend, beispielsweise hin zu Social-Media-Marketing, trifft nicht auf alle Unternehmen im gleichen Umfang zu. Digitale Marketingprozesse folgen keiner linearen Pfadabhängigkeit, sondern ordnen sich neu an, indem sie sich um traditionelle und neue Komponenten arrangieren. Spielformen der inhaltlichen Ausgestaltung von Stadtführungsangeboten und deren Vermarktungen vervielfältigen sich.

36.6 Impulse für die Praxis

Das Feld der Freiburger Stadtführungsunternehmen weist eine hohe Dynamik auf, die durch die private Organisation der Betriebe bedingt ist. Aufgrund der ausgeprägten Konkurrenz konnten im vorangehenden Abschnitt Abgrenzungsmechanismen bei den thematischen Ausrichtungen der Angebote, das Fokussieren auf verschiedene Zielgruppen und schließlich die Ansprache dieser beobachtet und verglichen werden. Jene drei Bereiche – Angebotspalette, Kundenkreis und Vermarktungsstrategien – konstituieren einander und sollten aufeinander abgestimmt sein. Im Folgenden sollen grundlegende Trends der medialen Inszenierung und Kundenkommunikation im digitalen Zeitalter dargestellt werden. Anhand der Interviews konnten allgemeine digitale Marketingstrategien identifiziert und Handlungsempfehlungen abgeleitet werden. Diese sind konkret auf andere Standorte und Stadtführungsunternehmen übertragbar und bieten darüber hinaus Einblicke in generelle Strategien und Mechanismen der digitalen Vermarktung, die für touristische Anbieter relevant sind.

Grundsätzlich gilt, dass vor dem Reisevorhaben bereits Ideen für ein Reiseziel oder für Aktivitäten in diesem vorliegen. Häufig werden weitere Informationen mit konkreten Suchaufträgen via Online-Suchdienste ermittelt. Um im Ranking einen hohen Listenplatz zu erlangen, können touristische Anbieter auf Suchmaschinenoptimierung sowie das Erstellen von Anzeigen zurückgreifen. Sichtbarkeit ist das A und O, um sich im Zuge der Informationsflut zu behaupten. In Städten wie Freiburg, in denen die Unternehmen privatwirtschaftlich organisiert sind, könnten Zusammenschlüsse in Form eines gemeinsamen Webauftritts, welcher userzentriert die gesamten Angebote darstellt, Ressourcen bündeln. Denn die Website, ob als gemeinsame Plattform oder von den einzelnen Unternehmen betrieben, ist die Visitenkarte der Anbieter. „Sie [die Kunden] […] erwarten eine aktuelle, eine gut gemachte Seite, die die richtigen Infos hat, die Lust macht, die emotional ist – all diese Dinge erwartet man", so die Leiterin des Freiburger Tourismusmarketings (Dr. Franziska Pankow von *Freiburg Wirtschaft Touristik und Messe GmbH,* 02.04.2019). Eine kundengerechte Aufbereitung sei essenziell. Dies stellt weitgehend Anbieter mit einer breiten Angebotspalette vor die Aufgabe, primär die eigenen Kernkompetenzen und Alleinstellungsmerkmale sowie Hauptzielgruppen zu kennen, um diese adäquat zu adressieren – auch, da die Aufmerksamkeit von Internetusern zeitlich sehr eng begrenzt ist: „Die durchschnittliche Aufmerksamkeitsspanne ist noch mal geringer geworden. Ich glaube, sie lag jahrelang bei 11 Sekunden oder so, und sie ist mittlerweile unter 6 Sekunden gefallen. Innerhalb dieser Zeitspanne muss man eine Information aufnehmen können, sonst ist der User schon wieder weg. Es wird viel schnelllebiger!" (Christoph Kunz von *Schwarzwald Tourismus GmbH,* 18.02.2019). Auf der Textebene erreichen einfache und konzentrierte Botschaften Internetuser am ehesten (Parlov et al. 2016). Eine sinnvolle Aufbereitung der Kernbotschaften ist für die Verarbeitung seitens der Rezipienten essenziell (Wiesner 2016). Bilder fungieren im besten Fall ergänzend zu den Textbausteinen – sie transportieren verstärkt Emotionen, die bei erlebnisbetonten Angeboten der touristischen Praxis einen hohen Stellenwert einnehmen. Hinsichtlich der mobilen Dienste ist es zudem „State of the Art", deren Nutzung zu ermöglichen und zu erleichtern. Der Medienwandel von einer stationären hin zu einer mobilen Internetnutzung erfordert mobiles Marketing: Die Ansicht über das jeweilige Endgerät sollte keine bloße Kopie der Internetpräsenz darstellen, sondern sich dynamisch auf die jeweiligen Endgeräte wie Smartphone und Tablet ausrichten – Stichwort responsives Webdesign (Egger und Horster 2014). Zusammenfassend ist zu empfehlen, dass bei der Kommunikationspolitik darauf geachtet werden sollte, dass diese übersichtlich, aktuell, informativ, visuell und emotional ist. Konnte die multimedial gestaltete Website mit einer informativen und emotionalen Darstellung überzeugen, kann der Buchungsprozess folgen, der wiederum eine intuitive Bedienbarkeit erfordert. Dieser kann bei den Leistungsträgern direkt oder über Intermediäre erfolgen. Barrieren auf der Buchungsstrecke sind zu vermeiden (Horster 2014).

Auch für das Social-Media-Marketing sind Handlungsempfehlungen auszumachen, die einen Buchungsvorgang initiieren können. Aufgrund der Angebotsvielfalt und Informationsflut ist seitens der Nachfrager der Wunsch nach einer vergleichenden Übersicht von touristischen Angeboten mit Bewertungen ausgeprägt. Immaterielle und nicht greifbare touristische Produkte stärken das Bedürfnis nach Selektionsmöglichkeiten einerseits und Bewertungen von Reisenden andererseits. Verschiedene Social-Media-Kanäle (z. B. Facebook, TripAdvisor) begegnen diesem Anliegen, indem sie Bewertungsoptionen bereitstellen. Multiplikatoreneffekte können entstehen, wenn vorherige Kunden positiv über Angebote berichten und beispielsweise deren Qualität betonen. Jenes Nachkaufverhalten kann sich positiv auf andere Nutzer der sozialen Netzwerke auswirken. Auf TripAdvisor kann die Sichtbarkeit touristischer Produkte seitens der Anbieter durch gesponserte Platzierungen erhöht werden. Bei Unternehmenseinträgen kann zudem auf Kundenbewertungen schriftlich Bezug genommen werden. Dies suggeriert eine Nähe zwischen Anbietern und Nachfragern und kann sich langfristig positiv auf eine Kundenbindung auswirken.

Die Anzahl der Kanäle hat sich in den letzten Jahren – hauptsächlich durch die Entwicklung des Web 2.0 – vervielfältigt und damit einhergehend hat sich die Komplexität an Einsatzmöglichkeiten für Kunden und Unternehmen erhöht. Touristische Leistungsträger müssen sich deshalb die Frage stellen, welcher Kanal mit einhergehenden Funktionsweisen und Möglichkeiten am besten die Botschaft des Unternehmens transportieren kann. „[W]enn Sie solche Accounts haben, müssen Sie sie auch pflegen, sonst sieht es keiner und sonst sieht es auch so aus als wäre man quasi nicht mehr vorhanden. Das ist sehr, sehr zeitintensiv. Und dann bin ich lieber auf einem sozialen Medium ordentlich vertreten als nur halbherzig auf mehreren“ (Freiburg Kultour 20.03.2019). Im Zuge der Digitalisierung entsteht bei touristischen Anbietern häufig der Eindruck, den Trends folgen zu müssen, um nicht „abgehängt“ zu werden. In den Gesprächen hat sich herauskristallisiert, dass es vorteilhaft sein kann, die Entwicklungen zu beobachten und sich nicht von der empfundenen Schnelligkeit unter Druck setzen zu lassen. Die bewusste Entscheidung für ein Medium bedeutet, dieses regelmäßig mit informativen und unterhaltsamen Beiträgen zu bespielen sowie auf Feedback und Anfragen einzugehen. Werbemaßnahmen zu schalten, die vergleichsweise günstiger sind als in klassischen Medien, ist ebenfalls attraktiv. Das Erstellen eines Strategieplans mit Zeit- und Aktionsplänen für soziale Medien bindet personelle und zeitliche Ressourcen, kann sich jedoch positiv auf die Entwicklung des Unternehmens auswirken.

Die Gäste der Touren auf Bewertungsmöglichkeiten hinzuweisen, ist eine weitere Strategie, um die Interaktionsraten und somit die Sichtbarkeit der Angebote im Internet zu steigern. Wenige Tage nach der Tour mit einer E-Mail, die per Direktlink zu TripAdvisor oder zu den Google-Rezensionen leitet, Teilnehmer an die Tour zu erinnern, ist eine weitere Option, die jedoch einen hohen Verwaltungsaufwand nach sich zieht. Solche Maßnahmen sollten nur dann verfolgt werden, wenn entsprechende Kapazitäten zur Verfügung stehen.

36.7 Schlussbetrachtung und Ausblick

Der vorangegangene Teil des Artikels hat sich umfangreich verschiedenen Vermarktungsstrategien gewidmet und diese im Spiegel gegenwärtiger Entwicklungslinien der Digitalisierung thematisiert. Vor dem Hintergrund technischer Innovationen einerseits und Entwicklungen im Bereich der sozialen Medien und Netzwerke andererseits verändern sich touristische Praktiken. Für weitere Forschungsvorhaben ist es von Interesse, die wechselseitige Beeinflussung von technischen Geräten, virtuellen Netzwerken, medialen Repräsentationen, physisch-materiellen Beschaffenheiten sowie touristischen Handlungen in besuchten Destinationen zu untersuchen. Um sich jenem tourismuswissenschaftlichen Forschungsfeld zu nähern und weiterführende Erkenntnisse zu gewinnen, eignen sich transdisziplinäre Projekte, die wissenschaftliche sowie außerwissenschaftliche Perspektiven berücksichtigen. Ziel muss es sein, verschiedene Wissensbestände und -logiken des wissenschaftlichen und praxisnahen Arbeitens zusammenzubringen und eine Ko-Kreation von Wissen voranzutreiben (Dressel et al. 2014). Der vorliegende Artikel hat einen Schritt in diese Richtung vollzogen, indem Einschätzungen der Interviewpartner aufgegriffen und diese mit aktuellen wissenschaftlichen Einordnungen zur Digitalisierung in Verbindung gebracht wurden. Einblicke in das Freiburger Netzwerk des Städtetourismus sowie in digitale Vermarktungsstrategien konnten gewonnen und vermittelt werden.

Abschließend sei herausgestellt, dass Stadtführungsunternehmen und weitere touristische Leistungsträgern aktiv an der Produktion eines Destinationsimages beteiligt sind. Bei den touristischen Anbietern von Stadtrundgängen ist dies in doppelter Weise gegeben: Digitale Repräsentationen (wie Website, Social-Media-Auftritt) bestehen aus bildlichen und sprachlichen Mitteln, die auf die Destination referieren. Bei konkreten Stadtführungen erfahren die Eigen- und Besonderheiten einer Destination eine Verbalisierung. Destinationen sind „diskursive Produkte“ (Held 2019, S. 152). Durch Attribuierungen und Symbolisierungen werden Räume zu Trägern bestimmter Werte (ebd.). Ein kohärentes Bild stärkt das Destinationsimage, an welchem verschiedenste Akteure – so auch die Anbieter von Stadtführungen – mitwirken. Aus einer Governance-Perspektive (Saretzki und Wöhler 2013) können anschließend weitere wirtschaftliche und politische Akteure sowie deren Handlungsfelder identifiziert werden. Destinationen, in denen Vernetzung und Kooperation vorliegen, weisen bei der Vermarktung einer gesamten Destination weitreichende Steuerungsmöglichkeiten auf. Jene Einblicke in die Mechanismen touristischer Inwertsetzung und von Destinationsvermarktung zu gewinnen und diese zu untersuchen, bleibt eine Aufgabe für künftig nachfolgende Forschungsprojekte.

Literatur

Brysch, A. A. (2013). Innovative Interaktionsformen im Tourismus durch Reise-Apps und Smartphones. In H.-D. Quack & K. Klemm (Hrsg.), *Kulturtourismus zu Beginn des 21. Jahrhunderts* (S. 143–151). München: Oldenbourg.

Dressel, G., Berger, W., Heimerl, K., & Winiwarter, V. (Hrsg.). (2014). *Interdisziplinär und transdisziplinär forschen. Praktiken und Methoden*. Bielefeld: transcript.

Eat the World. (2019). Kulinarisch-kulturelle Stadtführungen mit Eat the world. https://www.eat-the-world.com. Zugegriffen: 7. Juli 2019.

Egger, R., & Horster, E. (2014). mTourism. In A. Schulz, U. Weithöner, R. Egger, & R. Goecke (Hrsg.), *eTourismus Prozesse und Systeme: Informationsmanagement im Tourismus* (2. Aufl., S. 166–183). München: De Gruyter Oldenbourg.

Eilers, D. (2013). *Wirkung von Social Media auf Marken. Eine ganzheitliche Abbildung der Markenführung in Social Media*. Wiesbaden: Springer Gabler.

Engl, C. (2017). *Destination Branding von der Geografie zur Bedeutung*. Konstanz: UVK.

Forum Neue Städtetouren e. V. (2019). Forum Neue Städtetouren. http://www.stattreisen.org/start.html. Zugegriffen: 7. Juli 2019.

Frees, B., & Koch, W. (2019). ARD/ZDF-Onlinestudie 2018: Zuwachs bei medialer Internetnutzung und Kommunikation. *Media Perspektiven, 9,* 398–413.

Freiburg Kultour. (2019). Stadtführung Freiburg. https://www.freiburg-kultour.com. Zugegriffen: 7. Juli 2019.

Freiburg Living History GmbH. (2019). Schauspielführungen in Freiburg. https://www.freiburg-living-history.de. Zugegriffen: 7. Juli 2019.

FREIBURGerLEBEN. (2019). FREIBURGerLEBEN – Kulinarische Stadtführungen. https://freiburgerleben.de. Zugegriffen: 7. Juli 2019.

FUR. (Forschungsgemeinschaft Urlaub und Reisen e. V.) (Hrsg.). (2019). ReiseAnalyse 2018. Erste ausgewählte Ergebnisse der 48. Reiseanalyse zur ITB 2018. https://reiseanalyse.de/wp-content/uploads/2018/06/RA2018_Erste-Ergebnisse_DE.pdf. Zugegriffen: 24. Juni 2019.

Germann Molz, J. (2012). *Travel connections: Tourism, technology and togetherness in a mobile world*. London: Routledge.

Graf, M., & Barton, T. (2018). Analyse von Reiseblogs oder: Was können wir aus Reiseberichten über das Verhalten von Reisenden lernen? In T. Barton, C. Müller, & C. Seel (Hrsg.), *Digitalisierung in Unternehmen. Von den theoretischen Ansätzen zur praktischen Umsetzung* (S. 219–235). Wiesbaden: Springer.

Hartmann, M. (2017). Soziale Medien, Raum und Zeit. In J.-H. Schmidt & M. Taddicken (Hrsg.), *Handbuch Soziale Medien* (S. 367–388). Wiesbaden: Springer.

Held, G. (2019). Destinationswerbung. Zur Image-Konstruktion von touristischen Räumen durch multimodale Inszenierung von Identitätsmarkern. *Zeitschrift für Tourismuswissenschaft, 11*(1), 149–174. https://doi.org/10.1515/tw-2019-0008.

Hinterholzer, T., & Jooss, M. (2013). *Social Media Marketing und -Management im Tourismus*. Berlin: Springer.

Horster, E. (2014). Die Customer Journey im digitalen Tourismusmarketing. In A. Schulz, U. Weithöner, R. Egger, & R. Goecke (Hrsg.), *eTourismus Prozesse und Systeme: Informationsmanagement im Tourismus* (2. Aufl., S. 94–116). München: De Gruyter Oldenbourg.

Kräußlich, B., & Schürholz, P. (2017). Der Einsatz der sozialen Medien im Place Branding. *Angewandte Geographie, 41,* 279–286. https://doi.org/10.1007/s00548-017-0509-6.

Kreilkamp, E. (2013). Von der Erlebnis- zur Sinngesellschaft – Konsequenzen für die touristische Angebotsgestaltung. In H.-D. Quack & K. Klemm (Hrsg.), *Kulturtourismus zu Beginn des 21. Jahrhunderts* (S. 33–47). München: Oldenbourg.

Kreilkamp, E. (2015). Destinationsmanagement 3.0 – Auf dem Weg zu einem neuen Aufgabenverständnis. *Zeitschrift für Tourismuswissenschaft, 2,* 187–206. https://doi.org/10.1515/tw-2015-0206.

Mayring, P. (2015). *Qualitative Inhaltsanalyse. Grundlagen und Techniken* (12. überarb. Aufl.) Weinheim: Beltz.

O'Connor, P. (2008). User-generated content and travel: a case study on Tripadvisor.Com. In P. O'Connor, W. Höpken, & U. Gretzel (Hrsg.), *Information and communication technologies in tourism* (S. 47–58). Berlin: Springer.

Parlov, N., Perkov, C., & Sičaja, Z. (2016). New trends in tourism destination branding by means of digital marketing. *Acta Economica Et Turistica, 2*(2), 139–146. https://doi.org/10.1515/aet-2016-0012.

Saretzki, A., & Wöhler, K. (2013). Tourismus und Governance – Eine Einführung. In A. Saretzki & K. Wöhler (Hrsg.), *Governance von Destinationen. Neue Ansätze für die erfolgreiche Steuerung touristischer Zielgebiete* (S. 3–16). Berlin: Schmidt.

Schmeer-Sturm, M.-L. (2012). *Reiseleitung und Gästeführung. Professionelle Organisation und Führung*. München: Oldenbourg.

Schulze, G. (1996). *Die Erlebnisgesellschaft. Kultursoziologie der Gesellschaft* (6. Aufl.). Frankfurt: Campus.

Sommer, C. (2018). Stadttourismus neu denken. Worauf es bei der Arbeit an einem stadtverträglichen Tourismus ankommt. *vhw FWS, 2,* 75–77.

Steinecke, A., & Herntrei, M. (2017). *Destinationsmanagement* (2. überarb. Aufl.). Konstanz: UVK.

Stors, N., Stoltenberg, L., Sommer, C., & Frisch, T. (2019). Tourism and everyday life in the contemporary city: An introduction. In N. Stors, L. Stoltenberg, C. Sommer, & T. Frisch (Hrsg.), *Tourism and everyday life in the contemporary city* (S. 1–23). London: Routledge.

Stukenbrock, A., & Birkner, K. (2010). Multimodale Ressourcen von Stadtführungen: In M. Costa & B. Müller-Jacquier (Hrsg.), *Deutschland als fremde Kultur: Vermittlungsverfahren in Touristenführungen* (S. 214–243). München: Iudicium.

Tan, W.-K., & Chen, T.-H. (2012). The usage of online tourist information sources in tourist information search: An exploratory study. *The Service Industries Journal, 32*(3), 451–476. https://doi.org/10.1080/02642069.2010.529130.

Tavakoli, R., & Wijensinghe, S. (2019). The evolution of the web and netnography in tourism: A systematic review. *Tourism Management Perspectives, 29,* 48–55. https://doi.org/10.1016/j.tmp.2018.10.008.

Urry, J. (1990). *The tourist gaze*. London: Sage.

Urry, J., & Larsen, J. (2011). *The tourist gaze 3.0.* London: Sage.

VISTAtour. (2019). Vistatour Stadtführungen Freiburg. https://www.vistatour.de. Zugegriffen: 7. Juli 2019.

Wiesner, K. A. (2006). *Strategisches Tourismusmarketing. Erfolgreiche Planung und Umsetzung von Reiseangeboten*. Berlin: Schmidt.

Xiang, Z., & Gretzel, U. (2010). Role of social media in online travel information search. *Tourism Management, 31,* 179–188. https://doi.org/10.1016/j.tourman.2009.02.016.

Xiang, Z., Wöber, K., & Fesenmaier, D. R. (2008). Representation of the online tourism domain in search engines. *Journal of Travel Research, 47*(2), 137–150. https://doi.org/10.1177/0047287508321193.

Nora Winsky, studierte Geographie und Germanistik an der Albert-Ludwigs-Universität in Freiburg. Seit Oktober 2018 ist sie als Doktorandin und wissenschaftliche Mitarbeiterin im Forschungskolleg „Neues Reisen – Neue Medien", gefördert von der VolkswagenStiftung, tätig. In ihrem humangeographischen Promotionsvorhaben untersucht sie touristische Praktiken und deren mediale Repräsentationen im Kontext von Freiburg und der Schwarzwaldregion.

37 Digital Storytelling im Destinationsmarketing

Andrea Rohrberg

Zusammenfassung

Der Beitrag definiert zunächst den Begriff Storytelling und gibt zudem einen Einblick in das Digital Storytelling. Letzteres steht besonders im Fokus des Beitrags, da die Digitalisierung (der Kommunikation) als gesamtgesellschaftliches Phänomen den Tourismus besonders beeinflusst und Print-Produktionen im Marketing zunehmend in den Hintergrund treten. Durch die Demokratisierung der Medienproduktion und den steigenden Anteil an User-Generated Content (UGC) bekommt Storytelling eine ganz neue Bedeutung im Marketing: Marken werden nunmehr von den Konsumenten selbst geprägt. Die Kontrolle einzelner Inhalte entzieht sich den Marketingverantwortlichen – sie können lediglich über (möglichst unterhaltsam) dargebotene Inhalte den Dialog der Nutzer untereinander beeinflussen. Am Beispiel aktueller Untersuchungen zeigt der Beitrag Einsatzszenarien von Digital Storytelling im Destinationsmarketing und beschreibt Ansätze für Marketingverantwortliche, Nutzer bei der Erstellung eigener Inhalte über die Destination zu unterstützen. Der zweite Teil des Beitrags erläutert, wie Storytelling im Allgemeinen und Digital Storytelling im Speziellen im Destinationsmarketing eingesetzt werden können. Die Empfehlungen basieren auf Erfahrungen beim Einsatz von Storytelling in der täglichen Arbeit von Destinationsmanagementorganisationen (DMO), Stadtmarketinggesellschaften und Tourist-Informationen im deutschsprachigen Raum. Abschließend wird die Messbarkeit von Storytelling betrachtet und am Beispiel einer Datenauswertung dargestellt.

A. Rohrberg (✉)
Petershagen, Deutschland
E-Mail: andrea.rohrberg@scottyscout.com

© Springer Fachmedien Wiesbaden GmbH, ein Teil von Springer Nature 2020
D. Pietzcker und C. Vaih-Baur (Hrsg.), *Ökonomische und soziologische Tourismustrends*,
https://doi.org/10.1007/978-3-658-29640-7_37

37.1 Storytelling – was ist das überhaupt?

Wirft man einen Blick weit in die Vergangenheit, sieht man, dass Erzählungen in der Menschheitsgeschichte schon immer eine große Rolle spielten: Höhlenmalereien aus der Steinzeit stellen Abläufe von Jagdszenen dar und lassen einen zeitlichen Ablauf einzelner Ereignisse vermuten. Und die aus dem antiken Griechenland überlieferten Erzählungen rund um die Orakelbefragungen in Delphi erlauben es, die „menschliche[n] Kommunikationsbemühungen mit den Göttern schärfer zu fassen" und „der Welt einen Sinn [zu] verleihen" (Scott 2018). Die Form der Erzählung hilft Menschen also, komplexe Inhalte besser und intuitiver zu verstehen. Über Geschichten fällt es Menschen leichter, den Bezug zur eigenen Alltagsrealität, zu den eigenen Erlebnissen und Wünschen herzustellen. Gut erzählte Inhalte erzeugen beim Zuhörer eine emotionale Bedeutsamkeit.

Die vermittelten Inhalte scheinen zudem länger im Gedächtnis zu bleiben. Nicht von ungefähr spielt die Wissensvermittlung über Narration, also das Erzählen von Geschichten, in der Menschheitsgeschichte eine so wichtige Rolle. Warum können Geschichten besser gemerkt werden? Eine eindrücklich erzählte Geschichte weckt bei den Zuhörern Emotionen z. B. in Form von angenehmen oder auch unangenehmen Erinnerungen an eine ähnliche, selbst durchlebte Situation. Das menschliche Gehirn kann Emotionen wesentlich besser verarbeiten und speichern als rein rationale Informationen, wie z. B. die Quadratkilometerzahl eines Naturschutzgebietes, die nicht mit einem emotionalen Stimulus verknüpft ist. Ist eben diese Zahl jedoch eingebunden in eine Erzählung, die beim Gegenüber Assoziationen zu „unberührter Natur", „endlose Weite", „Freiheit" und ähnlichem entstehen lässt, wird die Information mit Emotionen verknüpft und kann leichter im Gehirn gespeichert und später wieder abgerufen werden.

Für die Marketingkommunikation sind diese Eigenschaften der Emotionalität und Merkbarkeit von Narrativen besonders interessant. Für den Einsatz von Erzählungen im Marketing wurde der Begriff des Storytelling geprägt. Ettl-Huber (2019) differenziert zwischen Storypotenzialen, der Story und dem eigentlichen Storytelling: „Storypotenziale bezeichnen dabei die inhärenten Nachrichtenwerte von Geschehnissen, Stories die Aufbereitung dieser Geschehnisse in Form einer Geschichte/Story und Storytelling schließlich das strategische Kalkül, mit dem Erzählen von Geschichten bestimmte Wirkungen erzielen zu wollen" (Ettl-Huber 2019, S. 2). Will man also Storytelling z. B. im Destinationsmarketing einsetzen, gilt es, diese drei Aspekte in den Blick zu nehmen – denn eine Story kann noch so gut aufbereitet sein, sie wird jedoch keine oder sogar eine gegenteilige Wirkung (spätestens beim Besuch des Gastes in einer Destination oder einer Sehenswürdigkeit) erzielen, wenn die Informationen, auf die die Story aufbaut uninteressant, beschönigt oder gar verfälscht sind. Die Story wird auch ihre Wirkung im Sinne des Storytellings für das Destinationsmarketing verfehlen, wenn sie nicht im Zusammenhang einer übergreifenden Kommunikationsstrategie oder zumindest eines speziellen Kommunikationsziels steht, wie z. B. das Image eines „naturnahen Erholungsortes“ zu vertiefen.

Welche Informationen oder Gegebenheiten einer Destination das sog. Storypotenzial besitzen, hängt jedoch auch zu einem großen Teil von der Kreativität und dem Erzählgeschick derjenigen ab, die daraus eine Story erstellen. Ein Beispiel: Was macht die abgelegenen bewirtschafteten Berghütten eines Wander- und Skigebietes besonders? Auf den ersten Blick sind hier vor allem der grandiose Ausblick auf die Berglandschaft und die freundlichen Betreiber zu nennen. Dies ist jedoch auch in fast jeder anderen Bergregion gegeben. Wie also im Marketing einen Unterschied, eine Besonderheit herausstellen? Eine DMO kam auf die Idee, nicht die Hütten mit ihrer Aussicht, sondern die Frage, wie eigentlich die Lebensmittel zur Versorgung der Gäste auf die Hütten kommen, in den Mittelpunkt einer Story zu stellen. Mit diesem (einfachen) Perspektivwechsel wurden eine Reihe von Stories als kurze Filmsequenzen erstellt, die z. B. den schwungvoll-engagierten Einsatz des Eierlieferanten zeigten, wie er mit den Eiern auf dem Rücken und den Skiern an den Füßen einen abenteuerlich-romantischen Lieferweg zwischen abgelegenen Berghütten in einer verschneiten Berglandschaft zurücklegt. Die Botschaft, die mit Storytelling vermittelt wurde: Neben der traumhaften Berglandschaft und den urigen Hütten erwarten engagierte Menschen, denen keine Mühe zu groß ist, die Gäste.

37.2 Digital Storytelling – neue Möglichkeiten und Herausforderungen im Marketing

Konkrete Methoden für Storytelling wurden zunächst in einem ganz anderen Bereich als dem Marketing erforscht: Mitte der 1990er Jahre entwickelten Mitarbeiter des Massachusetts Institutes of Technology (MIT) in den USA eine Methode für die Nutzung von Storytelling im Rahmen von unternehmensinternem Wissens-, Qualitäts- und Veränderungsmanagement (Thier 2018, S. 3). Parallel dazu entstanden die ersten Experimente mit Digital Storytelling im Bereich des Game-Designs und der Video- und Theaterproduktion u. a. an der Berkeley Universität. Diese Ansätze fokussieren darauf, wie Erzählungen mithilfe digitaler Medien umgesetzt werden können (Herbst und Musiolik 2016, S. 39 ff.). Anfang der 2000er Jahre wurde die Anwendung von Storytelling für das Marketing entdeckt, wie Publikationen von Woodside et al. (2008) oder für den Tourismus von Mossberg (2008) zeigen.

Die Verbreitung des Internets und darauf aufbauend die Verbreitung der Sozialen Medien hat dem Storytelling sowohl in seiner Ausgestaltung als auch in seiner Bedeutung für das Marketing einen ganz neuen Schub gegeben. Letzteres trifft in besonderem Maße für das Destinationsmarketing zu, wie im weiteren Verlauf des Beitrags aufgezeigt wird.

Tourismus kann als soziales Phänomen angesehen werden: Seit Mitte des 20. Jahrhunderts entwickelte er sich durch „ein Mehr an Freizeit und finanziellen Ressourcen sowie eine gesteigerte Sehnsucht nach der Ferne“ (Egger 2010, S. 19). Dazu kamen die „schnell fortschreitenden technologische Entwicklung der Transportmittel, [der] internationale Ausbau der Verkehrsanbindungen sowie [die] Professionalisierung seitens der Anbieter“ (Egger 2010 ebd.). Veränderungen in einer Gesellschaft wirken sich also immer auch unmittelbar auf den Tourismus aus. Digitalisierung und die Verbreitung von Sozialen Medien sind gesamtgesellschaftliche Phänomene und haben deshalb hohen Einfluss auf den Tourismus. Insbesondere die Sozialen Medien „beeinflussen stark die Art und Weise, wie Menschen interagieren und handeln“ (Amersdorffer et al. 2010, S. 6). Ein Blick auf die Gesprächsthemen in Sozialen Netzwerken zeigt, dass Reisen die Nutzer dieser Netzwerke maßgeblich beschäftigt: Nach Musik und Fernsehen ist Reisen das drittbeliebteste Thema auf Facebook (Lund et al. 2018, S. 3) – eine große Chance für das Destinationsmarketing. Entsprechend stehen im Folgenden die Sozialen Medien, nicht nur aber zu einem wesentlichen Teil, im Zentrum der Betrachtung von Digital Storytelling.

37.2.1 Gestaltungsmöglichkeiten digitaler Medien und Ausrichtung auf individuelle Interessen des Konsumenten

Mit Blick in den Journalismus, der in besonderem Maße von den neuen Gestaltungsmöglichkeiten digitaler Medien für die Vermittlung von Informationen und Ereignissen betroffen ist, kann folgende Beschreibung von Digital Storytelling herangezogen werden: „Digital Storytelling beschreibt die Wiedergabe von (komplexen) Inhalten in Form einer Geschichte, wobei die unterschiedlichen Elemente der Geschichte (Text, Bild, Ton, Bewegtbild etc.) dabei so verwoben werden, dass die Inhalte für den Leser bzw. die Leserin noch emotionaler dargestellt und damit greifbarer werden.“ (Ulbricht und Tacke 2015, S. 2) Die Rezeption von aktuellen Ereignissen und Informationen macht einen großen Teil des Medienkonsums in einer Gesellschaft aus. Ob ein journalistischer Beitrag unter der Vielzahl der Inhalte im Netz eine Aufmerksamkeit erfährt und für die Leserinnen und Leser „greifbarer“ und „emotionaler“ wird, hängt zu einem großen Teil auch von dessen (multimedialer) Aufbereitung ab. In der Folge finden sich immer mehr solcher (multimedialer) Elemente in einzelnen journalistischen Beiträgen und Menschen gewöhnen sich an bestimmte Formen der Aufbereitung von Inhalten, die ihnen über die verschiedenen Medienkanäle angeboten werden. Der Einsatz von Digital Storytelling im Journalismus setzt gewissermaßen Standards für den Medienkonsum, bzw. prägt zu einem Teil das, was Menschen als „gut“ – und einen weiteren Klick wert – oder eher „schlecht“ – und damit zu übergehen, „wegzuwischen“ oder „wegzuklicken“ – wahrnehmen. In einer Untersuchung auf Basis von Interviews mit Expertinnen und Experten aus dem Journalismus unterstreicht folgende Aussage den Zusammenhang zwischen Aufmerksamkeit und dem Einsatz digitaler Erzähltechniken: „Es hat schon sehr viel damit zu tun, dass die Aufmerksamkeit des Rezipienten verdient werden will und er klar steigende Anforderungen an die Vermittlung von Inhalten hat“ (Ulbricht und Tacke 2015, S. 8).

Jenseits der rein multimedialen Aufbereitung von Inhalten stellen digitale Medien, und hier insbesondere die sozialen, interaktiven Medien, etwas zur Verfügung, das kein analoges Medium in dem Ausmaß bietet: Die Möglichkeit, Inhalte nach den personenspezifischen Interessen und aktuellen Bedürfnissen anzuzeigen. In einem gedruckten Magazin werden die Inhalte zwar auch entsprechend der potenziellen Leserschaft zusammengestellt, sie haben jedoch immer einen relativ hohen Streuverlust, da aufgrund der hohen Kosten der Produktion eine potenziell größere Leserschaft (mit unterschiedlichen individuellen Interessen) angesprochen werden bzw. die Zusammenstellung der Inhalte für einen längeren Zeitraum passen muss – nämlich solange das Druckerzeugnis zur Verfügung steht. Digitale Medien können einem einzelnen Nutzer hingegen flexibel digital aufbereitete Inhalte je nach ihren oder seinen aktuellen Interessen anzeigen. Wenn sich jemand z. B. spontan für eine Wochenendreise interessiert und im Netz recherchiert, kann gleichzeitig ein inspirierend aufbereiteter Inhalt passend zu den individuellen Interessen (z. B. eher Stadt oder eher Natur) zu einer möglichen Destination auf den Bildschirm des Suchenden eingespielt werden und so die Ortswahl beeinflussen. Wie sich die personalisierte Datennutzung im Netz im Allgemeinen und in Sozialen Medien im Speziellen weiter entwickeln wird ist allerdings offen. Der Druck in Richtung mehr Datenschutz, z. B. auf den Facebook-Konzern mit seinen Anwendungen wie Instagram, Facebook, WhatsApp, Messenger, Oculus etc., nimmt zu – sowohl vonseiten der Datenschützer aber auch durch zunehmende Sensibilisierung der Nutzer. Zur Facebook Entwicklerkonferenz im April 2019 kündigte das Unternehmen erneut eine „auf die Privatsphäre ausgelegte Plattform“ an (Beuth 2019). Wie weit sich Soziale Netzwerke allerdings insgesamt von dem Handel mit dem Nutzer – freie Nutzung der Dienste gegen Nutzung privater Daten und Analyse des individuellen Nutzerverhaltens – entfernen werden ist offen.

37.2.2 Weg von Kontrolle, hin zu Dialog im digitalen Marketing

Das Web 2.0, also die Entwicklungsstufe des Internets, welche die Interaktion von Nutzern untereinander z. B. in Sozialen Netzwerken oder Bewertungsportalen zulässt, hat die Medienproduktion demokratisiert: Konsumenten können Inhalte selbst produzieren und veröffentlichen (Lund et al. 2018, S. 5). Und das tun sie leidenschaftlich – oft in Form von Geschichten. Bezogen auf Produkte werden z. B. die persönlichen Erfahrungen des jeweiligen Konsumenten mit dem Produkt „erzählt“, sei es über eine ausführlichere Textbotschaft in einem Bewertungsportal, einem individuellen Blogartikel, mittels Foto oder Video, welche die „Begegnung mit dem Produkt“ dokumentieren. Wie eine Marke von Nutzern wahrgenommen wird, ist also zunehmend das Ergebnis des Austausches der Nutzer in Sozialen Medien untereinander (Lund et al. 2018, S. 2) – und weitgehend der Kontrolle von Marketingverantwortlichen entzogen.

Die Wahrnehmung einer Marke basiert damit immer weniger auf der Umsetzung von geplanten Marketingstrategien, sondern vielmehr auf „Gesprächen“ zwischen den Konsumenten. Am Anfang der Verbreitung Sozialer Medien konzentrierten sich Marketingverantwortliche auf den Umgang mit negativen Markenbotschaften, die in Sozialen Netzwerken kursierten, wenn z. B. in einem über ein Videoportal geteilten Film Qualitätsschwächen aufgedeckt und der filmische Mitschnitt viele Male von (potenziellen) Konsumenten geteilt und kommentiert wurde. „In [solchen] Fällen bedeuten nutzergenerierte Markenbotschaften Kontrollverlust für das markenführende Unternehmen", konstatierten Burmann et al. (2010, S. 348).

Fast zehn Jahre später macht sich die Erkenntnis breit, dass sich dieser Kontrollverlust auf nahezu die komplette Markenführung ausweitet: Ist die Marke in den Markt eingeführt, haben Konsumenten jetzt die wachsende Macht, die Erzählungen, die sich rund um eine Marke ranken neu auszuhandeln, zu verändern und zu fragmentieren, abhängig von ihren persönlichen Erfahrungen und Meinungen (Kohli, zitiert in Lund et al. 2018, S. 5). Marken sollten deshalb – zumindest was die Sozialen Netzwerke und damit einen großen Bereich der digitalen Kommunikation angeht – als verkörpertes Storytelling in unterschiedlichen gesellschaftlichen Kreisen gesehen werden (Lund et al. 2018, S. 11).

37.3 Bedeutung des Digital Storytelling für das Destinationsmarketing

Für DMO (und Marketingverantwortliche allgemein) stellt sich nun die Frage, wie sie die Narration rund um die Marke trotz dieser Verselbstständigung der Markenbotschaften beeinflussen können. Zwei Ansätze zusammengenommen haben sich für DMO als erfolgsversprechend gezeigt, wie Lund et al. (2018) am Beispiel „VisitDenmark", der Landestourismusmarke von Dänemark zeigen:

1. Interaktion und Dialog aufrecht halten
   Die Aufgabe von Marketingverantwortlichen in DMOs verändert sich dahingehend, die nutzergenerierten Geschichten und die in einer Reisedestination gemachten Erfahrungen im Netz und den Sozialen Netzwerken aufzuspüren und in den eigenen Kommunikationsmix der Marke mit aufzunehmen und so eine emotionale Verbindung mit dem Konsumenten herzustellen (Lund et al. 2018, S. 8). Es geht also nicht mehr nur darum, Aufmerksamkeit durch Reichweite der von der DMO erstellten eigenen Inhalte zu generieren, sondern auch darum, Aufmerksamkeit über Interaktion und Dialog aufrecht zu halten.
2. Rohmaterial bereitstellen
   Damit Konsumenten und damit potenzielle Besucherinnen und Besucher einer Destination Storys entwickeln und ihr ganz persönliches Storytelling betreiben können, benötigen sie Inhalte in Form von Text, Bild, Film, bequem verlinkbaren Webseiten etc. Hier bietet sich für DMOs eine gute Möglichkeit „Rohmaterial" zu liefern, das sich einfach in die Inhalte des Nutzers integrieren lässt und ihnen dazu verhilft, den eigenen Newsfeed interessant für den eigenen Kreis der Follower zu

gestalten (Lund et al. 2018, S. 8). Als Rohmaterial können beispielsweise Bilder, Filme, Texte ebenso wie medial aufbereitete Geschichten dienen, die sich mit einer einfachen Einbettung per „drag und drop“ oder „copy and paste“ in einen eigenen Beitrag in einem Sozialen Netzwerk einfügen oder per Teilen und „Liken“ in den eigenen Fluss der Nachrichten aufnehmen lassen. Finden Nutzer kein solches Material – z. B. auf der Destinationswebseite, in Blogeinträgen oder in Beiträgen in Sozialen Medien vor, generieren sie unweigerlich ihr eigenes, das dann überwiegend die Erzählung der Destinationsmarke beeinflusst: Teilweise schlecht ausgeleuchtete Bilder oder langweilige Bildeinstellungen, wackelige Filme und oft ungelenke Texte.

Dabei gilt es jedoch zu bedenken, dass sich die Qualität der Inhalte, bzw. einzelner Elemente, die in die (digitale) Erzählung des Nutzers über eine Destination eingewoben werden, der Kontrolle der DMO entzieht (vgl. Abschn. 37.2 dieses Beitrags). Mit den neuen Möglichkeiten für die Erstellung digitaler Inhalte und der Demokratisierung der Medienproduktion hat sich zudem der Anspruch an die Authentizität eines Erzählelements verändert: Perfekt ausgeleuchtete Bilder oder Videos werden mitunter weniger glaubwürdig eingeschätzt als ein Video-Mitschnitt mit verzögerter Blendenanpassung, wenn die dargestellte Situation unmittelbar ein ungeschöntes, für die Erzählung des Nutzers aber passendes Ereignis vor Ort wiedergibt.

Es gilt also im Destinationsmarketing nicht darum, „schlechtes Material“ zu verdrängen, sondern darum, „Erzähl-Häppchen“ im Netz zur Verfügung zu stellen, die von den Nutzern und (potenziellen) Besuchern gerne aufgenommen werden. Diese digitalen „Häppchen“ sollten eine ganze Bandbreite abdecken von qualitätsvollen (Stimmungs-)Bildern über authentisch erzählte Text-Bild-Episoden aus der Destination bis hin zu Inhalten, die z. B. zeigen, dass hier Menschen auch humorvoll auf die eigenen Schwächen (und Eigenheiten) schauen können. Um ihren Einfluss in Bezug auf das Markenimage in Sozialen Medien aufrechtzuerhalten, müssen DMOs fortlaufend interessante Erzählungen kreieren ebenso wie an ihnen (z. B. durch Interaktion mit einem Nutzer) teilhaben. Einflussnahme durch Storytelling ist deshalb eine Hauptbemühung im Social-Media-Marketing. Wenn DMOs Diskurse beeinflussen, können sie die Erzählung rund um ihre Marke beeinflussen (Lund et al. 2018, S. 12).

Alles in allem hat sich gezeigt, dass die Aufmerksamkeit der „Followerschaft“ für die Inhalte einzelner (privater ebenso wie kommerzieller) Nutzer in Sozialen Netzwerken und auf Plattformen umso höher ist, je attraktiver sie ihre erzählten Geschichten aufbereiten. Emotionales und persönliches Storytelling ist ein einflussreiches Werkzeug für Austausch und Einflussnahme in Sozialen Netzwerken (Lund et al. 2018, S. 11). Trotz allem Fluiden und Veränderbarem, das sich bezogen auf die Narration rund um eine Destination im Netz der Kontrolle der DMO entzieht, bleibt eine wichtige Grundvoraussetzung für erfolgreiches Storytelling: Die jeweilige DMO und die ihr angeschlossenen Mitglieder wie einzelne kommunale Tourismusverbände, Stadtmarketing-Gesellschaften und Tourist-Informationen, müssen ein gemeinsames Verständnis dazu entwickeln, was die Kernbotschaften ihrer Marke sind. Auf diese Kernbotschaften hin müssen sie die von ihnen bereitgestellten digitalen Inhalte für die Netzgemeinschaft ausrichten. Oder anders ausgedrückt: Jede DMO sollte (implizit oder explizit) eine „Leitgeschichte" entwickeln und verinnerlichen. „Diese transportiert die eigenen Werte, läuft in die Richtung der eigenen Vision. Basierend auf dieser Leitgeschichte können alle weiteren Storys – egal, ob im Blog, auf Facebook oder wo auch immer – abgeleitet werden" (Honig 2018).

37.4 Wie Destinationen Storytelling konkret anwenden können

Schon die ersten Methodenentwicklungen des MIT deuteten darauf hin, dass Storytelling sehr aufwendig sein kann. Dementsprechend wurde versucht, die Methoden zu vereinfachen (Thier 2018, S. 16 ff.). Heute findet sich eine ganze Bandbreite an Herangehensweisen an Storytelling für unterschiedliche Anwendungsbereiche.

Damit Marketingverantwortliche das Bild ihrer Destination zielgerichtet prägen können, ist es – wie bereits erwähnt – von zentraler Bedeutung, eine Leitgeschichte zu formulieren, die den Markenkern widerspiegelt. Die Realität, vor allem in kleineren DMOs, sieht allerdings oft anders aus: Mitarbeitende haben ein ganzes Spektrum an Aufgaben auf dem Tisch, für die Betreuung einzelner Kommunikationskanäle und Erstellung von Inhalten ist oft nur ein kleiner Teil der Arbeitszeit vorgesehen. In der Folge wird nach Dringlichkeit entschieden und damit ein nachhaltiger, in sich schlüssiger Aufbau von Inhalten rund um die Destinationsmarke untergraben. Die Ausrichtung der Marketingarbeit nach Dringlichkeit (anstatt nach Wichtigkeit) führt in vielen Tourist-Informationen, bei Stadtmarketingverantwortlichen und kleineren Tourismusvereinen dazu, dass Themen mehr oder weniger spontan aufgegriffen werden, ohne sich Gedanken zu machen, welche Aspekte sich aus den zentralen Werten, Kernbotschaften oder der Leitgeschichte der Destination ableiten lassen. Als Beispiel sei das Jahr der Reformation 2017 anlässlich der Veröffentlichung der 99 Thesen Luthers in Wittenberg genannt: „Luther war hier!" fand sich in vielen Marketingbotschaften einzelner Destinationen. Das allein bietet jedoch wenig Aufmerksamkeit, da der vielgereiste Luther schließlich fast alle Orte im Reformationsgebiet besucht oder zumindest durchreist hat. Vielmehr macht es Sinn, sich auf einen einzelnen dafür aber zur Marke passenden Aspekt zu konzentrieren. So kann z. B. eine Erzählung eines Dorfbewohners zu seinen besinnlichen Momenten in der mittelalterlichen Kirche zusammen mit passendem Bildmaterial Werte wie „Ruhe" und „Entspannung" atmosphärisch und authentisch vermitteln. Weniger ist hier also mehr.

Ein sehr hilfreiches Mittel für die Planung von Kommunikationsinhalten für das Storytelling im hektischen Alltag einer (kleineren) DMO ist eine einfache Pinnwand, auf der drei bis maximal vier zentrale Werte oder Aspekte einer Leitgeschichte auf Karten angebracht werden und dann fortlaufend und assoziativ Bilder, Text-Schnipsel, Zitate von Gästen und Mitarbeitenden zugeordnet werden, um assoziativ ein Stimmungsbild zu vermitteln. Solche Sammlungen werden auch als Moodboard bezeichnet (Honig 2018). Eine gute Quelle hierfür sind oft auch die Materialien des übergeordneten

Tourismusverbandes, der in der Regel mehr Ressourcen für eine differenzierte Markenentwicklung hat und in der sich eine kleinere DMO in der entsprechenden Region zumindest in Teilen wiederfinden sollte.

Ist die Grundlage der Formulierung grundlegender Werte bzw. Aspekte einer Leitgeschichte gelegt, gilt es, drei Aspekte für ein erfolgreiches Storytelling zu berücksichtigen, damit sich die Inhalte für möglichst viele Kommunikationskanäle einer Destination nutzen lassen – für Print-Kanäle ebenso wie für digitale Kanäle (Rohrberg und Herrmann 2015):

1. Zentrale Elemente einer guten Story
2. Technische Rahmenbedingungen
3. Qualifikation der Mitarbeiterinnen und Mitarbeiter

Die folgenden Abschnitte geben einen detaillierten Einblick.

37.4.1 Vorhang auf für gute Stories

Kulturübergreifende Studien haben gezeigt, dass Geschichten unabhängig von der Zeit, in der sie entstanden sind, ähnliche Strukturelemente haben (Herbst 2011, S. 93). In guten Geschichten treten *Handelnde* auf, die im Rahmen einer *Handlung* interagieren und sich auf einer *Bühne* bewegen – wobei Bühne nicht im Sinne einer Theaterbühne zu verstehen ist, sondern als ein Schauplatz oder Ort(e), an dem/denen die Handlung stattfindet. Das Strukturelement der „Bühne" hält für die Anwendung von Storytelling im Tourismus ein ganz besonderes Potenzial bereit: Denn welche Branche hat mehr an faszinierenden Landschaften, versteckten Orten, historischer Architektur, emotionalen Momenten in der Natur etc. zu bieten als der Tourismus?

Die Handelnden: Auf dem Weg zur Gestaltung einer interessanten Geschichte geht es nun also darum, zunächst die Handelnden zu bestimmen. Dazu eignen sich ganz besonders Personen, die aus der Destination selbst kommen oder eng mit ihr verbunden sind. Das kann die Betreiberin eines Cafés ebenso sein, wie die Sennerin einer Alm oder der Turmwärter einer mittelalterlichen Kirche. Als Handelnde eignen sich natürlich auch fiktive oder historische Figuren. Personen aus „Fleisch und Blut" wirken jedoch authentischer und ermöglichen es potenziellen Gästen, sich mit der jeweiligen Geschichte stärker zu identifizieren. Bei der Auswahl der jeweiligen Person(en) sollte darauf geachtet werden, dass diese bzw. das, was sie tut, auch für den zu vermittelnden Wert steht. Bei der Vermittlung von Werten wie „sportlich aktiv draußen" wäre ein Turmwärter also eher unangebracht – es sei denn, der Turm, den er pflegt und wartet ist z. B. eine umgebaute Kletteranlage. Besonders interessant sind Personen, die einer Destination emotional eng verbunden sind, möglichst dort leben und sich aus persönlicher Überzeugung auch ohne unmittelbare Gegenleistung gerne für die Destinationsmarke einsetzen, weil sie ein persönliches Interesse daran haben, dass die Region,

Stadt, Sehenswürdigkeit oder ihre eigene Tätigkeiten im touristischen Zusammenhang bekannter wird. Sie wirken als Multiplikatoren. Solche Personen werden auch als Advokaten (engl. Advocate) bezeichnet (Sussmann 2015). Sie sind meist nur mit einigem Aufwand einzubinden, wirken jedoch sehr authentisch und gewinnen gerade im Tourismus immer mehr an Aufmerksamkeit: Bei einer Sammlung von digitalen Zukunftsthemen für 2019 auf dem Tourismuscamp in St. Peter-Ording (Fischer 2019) wurde „Localisation & Advocacy Marketing" von den über 50 Vertreterinnen und Vertretern der Tourismusbranche am häufigsten genannt. Das Ergebnis zeigt, dass „touristische Akteure […] sich auf ihre Kunden, Mitarbeiter und Partner als Markenbotschafter zurück[besinnen] und […] diese als Multiplikatoren vor allem im lokalen und regionalen Kontext [befähigen]" (Faber 2019). An dieser Stelle sei jedoch auch darauf hingewiesen, dass Advocates (anders als Markenbotschafter[1]) sich in der Regel nicht über eine direkte (finanzielle) Gegenleistung einbinden lassen und deshalb auch stärker ihre eigenen Interessen verfolgen. In der Zusammenarbeit mit ihnen sind deshalb ein besonderes Feingefühl beim Ausloten der Interessen sowie Kompetenzen in Gesprächsführung des jeweiligen DMO-Mitarbeitenden, bzw. Marketingverantwortlichen notwendig, um eine Win-win-Situation zu schaffen und gleichzeitig für die Destination bereichernde Inhalte zu generieren.

Die Handlung: Das zweite Strukturelement einer Story ist die Handlung. Eine Handlung hat folgende Merkmale: eine Ausgangslage, ein Ereignis, eine Konsequenz (Thier 2006, S. 8). Eingängig zeigen sich diese Merkmale in der Urform der Geschichte aus den existenziellen Erfahrungen menschlicher Evolution: Die Protagonisten werden sich zunächst über (eigene) Bedürfnisse bewusst, verlassen dann die Basis, entdecken einen passenden Ort, an dem ein Kampf um Nahrung stattfindet. Sie gehen erfolgreich aus diesem Kampf hervor und kehren wieder zurück zur Basis (Herbst 2011, S. 106). Bei einer Story im Rahmen des Destinationsmarketings sollte als „Konsequenz" oder „Empfehlung" eine klare Handlungsaufforderung stehen. Eine Konsequenz könnte also sinngemäß lauten: „Wenn du auch so etwas erleben willst, dann komm' hierher" oder „Wenn du dich unter solch sympathischen (oder umsorgenden, urigen etc.) Menschen wohlfühlst, dann ist hier der richtige Ort für einen Urlaub für dich".

Es kann sehr aufwendig sein, eine spannende Handlung zu entwickeln, dafür braucht es zudem Erfahrung und ein gewisses „kreatives Händchen". Hier kommt der Vorteil von Advocates bzw. lokal verorteten Persönlichkeiten vor Ort voll zum Tragen: Denn ihre Geschichte ist meist schon per se spannend und unterhaltsam. Wie sind sie in die Region gekommen oder hier aufgewachsen? Was hat sie dazu geführt, das zu tun, was sie heute tun und was waren besondere Hürden auf dem Weg? Warum sind sie immer noch hier bzw. was macht aus ihrer Sicht diese Region oder diesen Ort besonders? Schon allein die Antworten auf diese drei Fragenbündel haben das Potenzial für einen guten unterhaltsamen Handlungsstrang. Es geht also darum, zunächst gut zuzuhören und lediglich

[1]Synonym zu Markenbotschafter wird auch der englische Begriff Ambassador verwendet.

mit ein paar Impulsfragen das Gegenüber zum Erzählen zu bringen. Geschichten müssen auch nicht nur Positives erzählen, um emotional bedeutsam zu sein – interessant für den Einsatz im Destinationsmarketing können z. B. auch gefundene Lösungen auf spezielle Problemstellungen sein oder eine Darstellung, wie die Menschen vor Ort mit bestimmten Konflikten umgehen etc.

Die Bühne: Dieses letzte Strukturelement einer guten Geschichte ist für Marketingverantwortliche im Tourismus meist ein „Heimspiel", da sie die „Hintergrundfolie" der Kernbotschaften der Destinationsmarke darstellt und in der Regel schon feststeht, bzw. nur noch differenziert werden muss, passend zu den Handelnden und der Handlung. Destinationen, die einen „naturnahen Erholungsort" als Kernbotschaft ihrer Marke definiert haben, werden entsprechend Schauplätze an Orten in der Natur auswählen, bzw. Personen, deren Geschichten in der Natur stattfinden, wie der Gästeführer mit Heilkräuterwissen auf der Wanderung durch den Frühlingswald u. ä. Für die Kommunikation in unterschiedlichen Kanälen zu den markenrelevanten Orten der Destination sollte entsprechend eine ganze Bandbreite von Bildmaterial erstellt bzw. vorhandenes genutzt werden.

Grundsätzlich gilt bei der Entwicklung einer guten Geschichte: Darauf achten, dass diese immer relativ simpel ist und nicht zu viel gleichzeitig transportiert (Reingruber 2013, S. 64). So entsteht ein eingängiger und leicht weiterzuerzählender Spannungsbogen.

37.4.2 Anweisungen für die „Bühnentechnik" – der notwendige Rahmen für (digitale) Stories

Ist die Story entwickelt, benötigt sie eine passende Einbindung in die unterschiedlichen Medienkanäle. Dieser „technische Rahmen" ermöglicht es (potenziellen) Besucherinnen und Besuchern einer Destination, die Geschichte zu konsumieren. Mit ihrer Verbreitung trägt die Erzählung dazu bei, den Dialog mit und den Austausch unter den Nutzern in Richtung der zentralen Werte einer Destination zu beeinflussen. Dieser folgende Abschnitt stellt nicht die ganze – sich fortlaufend verändernde – Medienlandschaft und Möglichkeiten der Einbindung von Inhalten dar, sondern konzentriert sich vielmehr auf einige wesentliche Aspekte, die bei der technischen Einbettung einer Story eine Rolle spielen und von Marketing- bzw. Kommunikationsverantwortlichen einer DMO beachtet werden sollten. Es wird dabei nicht zwischen Print und Digital unterschieden, da sich die Inhalte einer Geschichte aus der gleichen Basis, dem „Erzählmaterial" speisen – unabhängig von deren Nutzung in einem bestimmten Kommunikationskanal.

Content in Einzelteilen denken: Ganz oben auf der Prioritätenliste steht das Verständnis, dass im Zeitalter digitaler Kommunikation „Inhalt" bzw. „Content" keine in sich geschlossene Einheit darstellt, sondern sich technisch gesehen aus vielen Einzelteilen zusammensetzt, die erst auf der jeweiligen Oberfläche zusammen ausgespielt werden.

Besucher einer Webseite sehen z. B. eine durchgängig dargestellte Geschichte aus Text-, Bild- und Kartenmaterial. Gleichzeitig befinden sich viele Informationen im Hintergrund, die das Auge des Nutzers gar nicht sehen kann, die aber eine wichtige Rolle bei der Verbreitung und Rezeption des Contents im digitalen Bereich spielen. So greift eine Anwendung wie die Webseite der Destination z. B. für die Darstellung einer Inhaltsseite auf ein Bild in einer bestimmten Größe in der Bilddatenbank zu und stellt gleichzeitig die hinterlegten Bildbeschreibungen für Suchmaschinen und maschinelles Auslesen z. B. einer Voice-Funktion im Hintergrund – für den Leser unsichtbar – zur Verfügung. Ein Teil des Textes der Inhaltsseite rahmt das Bild, andere Textelemente werden nur in der Vorschau des Inhaltes angezeigt und die Anzeige der genauen Koordinaten der beschriebenen Sehenswürdigkeit wird mittels hinterlegter Geodaten auf einem passenden Kartenausschnitt angezeigt.

Crossmedia: Diese Zersplitterung des Inhalts in seine (teilweise nicht sichtbaren) Einzelteile ist die Grundlage dafür, dass Content und hier speziell eine Story, in unterschiedlichen Medien dargestellt und im Rahmen des Storytellings genutzt werden kann – ohne den Inhalt wesentlich für jeden Medienkanal wieder neu aufzubereiten. Natürlich hat jeder Ausgabekanal seine Besonderheiten – manche sind z. B. eher bildbasiert, andere präferieren Bewegtbilder etc. Auch sollte man davon absehen, in jedem bespielten Kanal zeitgleich immer dasselbe zu posten. Gerade für kleinere DMO, Tourist-Informationen und Stadtmarketing-Gesellschaften ist es aber sehr wichtig, die einzelnen Inhalte crossmedial, also gleiche oder ähnliche Inhalten in verschiedenen Kanälen, nutzen zu können. Das spart Ressourcen und garantiert zudem einheitliche Botschaften, die durch eine Story transportiert werden. Dafür benötigt die DMO eine technische Basis, die es erlaubt, einzelne Inhalte einzupflegen und für die spätere Nutzung in verschiedenen Medienkanälen aufzubereiten. In der Regel ist das die Webseite, die auf eine Datenbank im Hintergrund zurückgreift. Sind dort alle Informationen gut eingepflegt, lässt sich z. B. ein Beitrag per „drag & drop“ als Posting in eine Soziale Plattform einbinden. Kurzbeschreibungen, wichtige Stichworte, Bildformate etc. werden hier schon gleich automatisch mit übernommen – vorausgesetzt sie wurden beim Einpflegen der Story auf der Webseite mit den entsprechenden Hintergrunddaten ausgestattet. Zeitersparnis an der falschen Stelle kann sich hier schnell rächen: So merkte z. B. eine DMO, dass ein Mitarbeiter darauf verzichtet hatte, das Bildmaterial entsprechend den auf dem Bild dargestellten Inhalten und Ortsnamen umzubenennen, bzw. keine Bildbeschreibung beim Hochladen des Bildes eingefügt hatte. Bei der Darstellung der Story auf der Webseite war das zunächst nicht ersichtlich: Dem Bild folgte ein Text und eine Karte. Erst später zeigte sich, dass zum einen das Bild nicht dazu beitrug, das Thema bzw. Schlüsselworte der Story in relevanten Suchmaschinen zu verbreiten. Zum anderen konnten die Bilder nicht von maschinellen Assistenzsystemen z. B. zur Barrierefreiheit ausgelesen werden. Was also zu Beginn ein klein wenig Ressource einsparte, multiplizierte sich mit jeder Verwendung einzelner Inhaltsbausteine zu einer zeitaufwendigen Nacharbeit.

Eine passende Datenbankanbindung einer Webseite, die diesen technischen Rahmen für das Storytelling bereitstellen kann, ist also essenziell für eine wirkungsvolle Kommunikation. Die Datenbank z. B. im Hintergrund einer Webseite wird zum zentralen Werkzeug der Marketingverantwortlichen einer DMO. Die Unterstützung bei der Erstellung und technischen Aufbereitung authentischer Inhalte, die ganz speziell die Eigenarten und Besonderheiten der jeweiligen Destination zeigen, ist Aufgabe der Marketingverantwortlichen. Ergänzende Inhalte können z. T. auch aus Datenbanken übergeordneter DMOs gezogen werden, wie das Beispiel *ContentNetzwerk Brandenburg*[2] zeigt. Bei Kooperationen müssen die geltenden Copyright-Bestimmungen beachtet werden.

Mobil denken: In Deutschland verfügten im Jahr 2018 über 57 % der Menschen über ein Smartphone, der Nutzeranteil bei den 14- bis 49-Jährigen belief sich auf 95 % (Statista 2019). Dazu kommen weitere mobile Endgeräte wie Tablet und SmartWatch. Diese hohe Abdeckung zieht ein verändertes Nutzerverhalten beim Konsum von Inhalten (nicht nur für das Storytelling im Tourismus) nach sich. Die technische Form der Inhalte muss an die technischen Rahmenbedingungen mobiler Endgeräte angepasst sein. Bezogen auf die Webseite einer DMO heißt das, dass diese sich „responsive", also flexibel entsprechend der Bildschirmgröße des Nutzers anpassen muss: Bildformate, Textumbrüche, Navigationselemente etc. Mobile Verfügbarkeit von Inhalten wird zu einem zentralen Erfolgsfaktor. Auch Suchmaschinen schätzen den „Wert" eines Inhalts nach seiner mobilen Darstellbarkeit ein – was sich im Ranking der Webseite in den Sucherergebnissen niederschlägt. Inhalte „mobil zu denken" bezieht sich aber nicht nur auf die Darstellungsform, sondern auch auf den Erstellungsprozess von Storytelling. Die hohe Abdeckung mit Smartphones und die Erstellung eigener Inhalte durch die Nutzer hat eine ganze Reihe von Anwendungen/Apps hervorgebracht, die es Nutzern erlauben, „aus der Hand" eine Video-Sequenz aufzunehmen und zu schneiden, Bilder mit Kommentaren und Effekten zu versehen etc. Dieser schnell aufgenommene und kurze „Snack-Content" kann von den Mitarbeitenden einer Destination selbst praktiziert und im Rahmen des eigenen Storytellings der Destination eingesetzt werden.

37.4.3 Kompetenzentwicklung am Set – ein neues Rollenverständnis und notwendige Weiterbildung in DMO

Dafür, dass die Potenziale von Storytelling für die Marketingaktivitäten einer DMO genutzt werden können, sind nicht nur die entwickelten Narrationen und deren

[2]Das *ContentNetzwerk Brandenburg* ermöglicht eine maßgeschneiderte Ausspielung von Inhalten mit hoher Reichweite und hat für diesen Ansatz den 1. Platz des Deutschen Tourismuspreis 2018 erhalten. https://www.deutschertourismuspreis.de/innovationsfinder/tmb-contentnetzwerk-brandenburg.html. Zugegriffen: 15.05.2019.

technische Einbindung ausschlaggebend, sondern zu einem wesentlichen Teil auch die Qualifikationen der Mitarbeiterinnen und Mitarbeiter, die für die touristische Vermarktung einer Region, einer Stadt oder eines einzelnen touristisch interessanten Ortes verantwortlich sind. So zitiert Stobbe (2011) ein Konzept aus den 1950er Jahren, laut dem „das Geschichtenerzählen-Können zur Ausbildung derjenigen gehören sollte, die für die Besucherkonzepte [einer historischen Stätte/eines Museums] zuständig sind" (Tilden zitiert von Stobbe 2011, S. 127) und sieht in der Anwendung von Storytelling eine große Chance für die Zusammenarbeit von Denkmalpflege, Museen und Tourismus (Stobbe 2011, S. 130). Das Bewusstsein, dass eine glaubwürdige, zielgruppengerechte und zugleich unterhaltsame Kommunikation touristischer Angebote in einer Region wesentlich von der Qualifizierung der Mitarbeitenden abhängt, hat sich inzwischen über den Kontext der Vermittlung von Inhalten einer einzelnen Kulturstätte oder eines einzelnen Museums hinaus auf ganze Tourismusregionen ausgeweitet. Wesentlicher Treiber ist der Megatrend Digitalisierung. Der Qualifizierung für die Erstellung von digitalem Content, speziell auch für das Digital Storytelling in einer Destination, wird ein hoher Stellenwert eingeräumt. Dies zeigt der Qualifizierungsbaustein „Content Kings – Mit einfachen Mitteln ansprechende Inhalte generieren" im Land Brandenburg (Hiller 2019). Im Jahr 2019 startete das Tourismuscluster Brandenburg eine landesweite Qualifizierungsoffensive für DMOs, die sog. „Digitale Sprechstunde". Die Inhalte der Qualifizierungsbausteine basieren auf der Beobachtung, dass sich die Rolle der DMO, ebenso wie einzelner Stadtmarketinggesellschaften und Tourist-Informationen, von reinen Marketing-Aktivitäten hin zur Rolle eines „Enablers", d. h. „vor allen Dingen [zu einem] Motivator, Inspirator, Innovationscoach, Kompass usw. für Akteure (Unternehmen, Kommunen u. a.) in ihrer Destination" (Zimmer 2019) entwickelt hat. Mitarbeitende in DMO nehmen also zunehmend eine unterstützende Rolle ein. Für den Bereich des Destinationsmarketings bedeutet das u. a. die Erkenntnis, „dass Marketing […] in Zeiten der Demokratisierung der Kommunikation vor allem durch die Gäste/Unternehmen selbst gemacht wird." (Zimmer 2019) und im zweiten Schritt, dass Mitarbeitende Kompetenzen u. a. in den Bereichen „Content- und Datenmanagement, Schaffung einheitlicher Datenstandards sowie Verfügbarkeit und Sichtbarkeit" und „digital gestützte[r] Marken-, Kommunikations- und Vertriebsstrategien" aufbauen müssen, um die genannten Akteure und Multiplikatoren passend unterstützen zu können. Von den in der ersten Jahreshälfte 2019 angebotenen Seminaren erhielt der Baustein „Content King" zusammen mit den Bausteinen „Social Media Rockstar" und „Website Master" die meisten Zuläufe der insgesamt 400 Teilnehmenden (Hiller 2019).

Übertragen auf den Einsatz von Storytelling im Marketing einer Destination bedeutet dies konkret: Mitarbeitende in DMO versuchen nicht mehr, die Kommunikation einzelner Inhalte zu kontrollieren, sondern unterstützen einzelne Leistungsträger in ihrer Region oder Stadt darin, authentische, glaubwürdige und zu den Kernwerten der Region passende Inhalte zu erstellen, bzw. erstellen diese mit ihnen. Für eine erfolgreiche Unterstützung müssen DMO-Mitarbeitende z. B. wissen, was „Content" im digitalen Zeitalter überhaupt bedeutet, aus welchen Einzelteilen sich touristisch verwertbarer Content zusammensetzt (z. B. Bild, Bildbenennung, Metadaten für Text und Bild, Geodaten etc.)

und wie der entsprechende Content der einzelnen Leistungsträger übergreifend im Sinne der Kommunikation mit (potenziellen) Besuchern „gemanagt“ und in entsprechende Kommunikationskanäle eingespeist werden kann. Dazu kommt der Aufbau von Kompetenzen und Know-how bei der Erstellung einzelner digitaler Inhalte im Rahmen der Kommunikations- und Markenstrategie. Auch hier haben, neben der reinen Handhabung des Erstellungsprozesses, narrative Elemente an Bedeutung gewonnen. Technische „Meisterschaft“ bei der Erstellung von Bildmaterial hat mit der Verbreitung von User-Generated Content jedoch eine Entwertung erfahren. Entsprechend fordert Morton (2017) für die Ausbildung von Fotografen den Fokus mehr auf die Vermittlung von narrativen Kompetenzen zu legen (Morton 2017, S. 16). Das Versprechen des Qualifizierungsbausteins „Content King“, mit einfachen Mitteln ansprechenden Content zu erstellen, entspringt also nicht reinem Pragmatismus und Ressourcenknappheit einzelner DMO, sondern entspricht dem allgemeinen Trend der authentischen Contenterstellung „aus der Hand heraus“.

37.4.4 Welche Effekte des Storytellings im Destinationsmarketing sind messbar?

Wie Lund et al. in ihren Untersuchungen nahelegen, sollte sich das Marketing einer Destination nicht mehr nur über die Generierung von Reichweite definieren (Lund et al. 2018, S. 8). Und Herbst und Musiolik (2016) merken an, dass „durch starke Vernetzung und Austausch der User […] Reichweite und Kontaktzahl von Geschichte in der Mediaplanung schwer zu ermitteln“ (Herbst und Musiolik 2016, S. 56) sind. Es ist kaum messbar, an wie viele Freunde der Nutzer eine Story weitergeleitet hat und wie viele Freunde dieser Freunde wiederum den Hinweis darauf über unterschiedliche Kanäle weiterleiten. Die reine Quantität „von Kontakten ist keine angemessene Kennzahl mehr, da genau in der unkontrollierten Weitergabe von Geschichten die größten Potenziale stecken“ (Herbst und Musiolik 2016, S. 56 ff.). Dennoch ist es das berechtigte Bedürfnis von Marketingverantwortlichen zu wissen, ob die angestoßenen Storytelling-Aktivitäten einen Effekt haben. Wenn es nicht die Reichweite ist, was ist es dann?

Wie bereits ausgeführt, geht es im Marketing einer Destination darum, den Dialog der Nutzer über eine Destination (zumindest im Netz) zu beeinflussen. Im Dialog der Nutzer tauchen einzelne Stichworte häufiger auf, andere weniger häufig. Diese Nennung von Stichworten in Zusammenhang mit einer Destination lässt sich im Rahmen einer sog. „Tagcloud“ über spezielle Analyseinstrumente darstellen (vgl. Abb. 37.1), wie hier am Beispiel einer Destination gezeigt wird.

Aus einer solchen Tagcloud lässt sich das aktuelle Bild, das sich Nutzer von einer Destination machen ablesen. Die Analyse erfolgt über verschiedene Kanäle und ermöglicht auch eine Einsicht in die Reichweite einzelner Influencer, Foren, Blogs etc. Es ist also möglich, den sog. „Social Buzz“ (sinngemäß: das Gemurmel der Nutzer) im Netz abzubilden (vgl. Abb. 37.2).

herausforderungen
fördern betriebe vorarlbergs
ausgezeichnete opéra sachen
seebühne für jahre oper
aktion festspiele tägig
comunale comique
pierre betrieb verdi über preis
tod bodensee stadt vera
umgang
silvretta welt opera möglichkeiten
volkswagen besondere teatro
auszubildende

Abb. 37.1 Beispiel Tagcloud einer Destination im Social Media Monitoring. (Eigene Darstellung)

Erwähnungen im Zeitverlauf

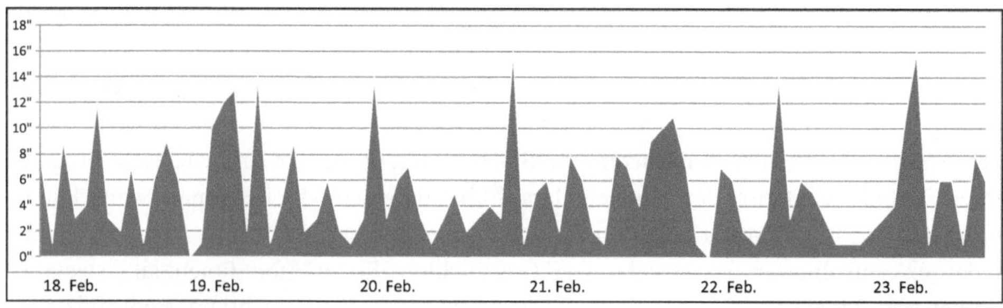

Medienverteilung

32%
22%
17%
12%
9%

- Online News
- Blogs
- Twitter
- Foren
- Instagram
- Magazine
- TV/Radio
- Facebook

Influencer

		Mentions	Engagement per Mention	Reach per Mention
opernfreak		28	12,7	10.5K
Viv_aldi		21	9,2	8.3K
notendurst		18	8,9	7.1K
viola		15	5,8	4.9K

Abb. 37.2 Beispiel Ergebnisse Social Media Monitoring. (Eigene Darstellung)

Auf Grundlage dieser Ergebnisse lässt sich feststellen, ob sich die Themen im Dialog der Nutzer untereinander bezogen auf eine Destination in eine bestimmte thematische Richtung bewegen, bzw. ob einzelne Stichworte verstärkt in die Gespräche aufgenommen werden – wobei „Gespräch" hier zu verstehen ist als alle Spuren (insb. (beschriftete) Bilder und Text), die von den Nutzern hinterlassen werden. Auch hier sollte nicht nur die Quantität der Nennungen im Vordergrund stehen, denn was nützt dem Destinationsmarketing ein reichweitenstarker Forumseintrag mit der Frage, welches der beste Arbeitgeber in der Region ist? Hier wird zwar der Name der Destination genannt, der Kontext ist jedoch nicht relevant für die touristischen Akteure. Eine qualitative Auswertung der Ergebnisse im Sinne des definierten Markenkerns der Destination ist also angebracht.

Der regelmäßige Einsatz solcher Analyseinstrumente ist allerdings sehr kostenintensiv. Für kleinere Destinationen mit geringeren finanziellen Ressourcen liegt der größte Nutzen einer solchen Analyse deshalb im reduzierten und gezielten Einsatz zu bestimmten Zeitpunkten während der Entwicklung der Leitgeschichte bzw. der Definition des Markenkerns. Die Ergebnisse können zu Beginn der Entwicklungsphase Aufschluss geben auf folgende Fragen: Welches Bild bzw. welche Schlagworte über unsere Destination herrscht bei den Nutzern im Netz vor? Worauf können wir aufsetzen bzw. was wollen wir verstärken? Und welche Werte tauchen bisher noch nicht in der Wahrnehmung der Nutzer auf, benötigen also gezielte Maßnahmen? Und zu einem zweiten Analysezeitpunkt nach einem gewissen Zeitraum der Umsetzung konkreter Marketing- bzw. Storytelling-Aktivitäten: Wie hat sich das Gespräch der Nutzer im Netz über unsere Destination qualitativ verändert? Welche Aspekte unseres definierten Markenkerns wurden aufgegriffen, welche weniger bis gar nicht?

Literatur

Amersdorffer, D., et al. (2010). Das Social Web – Internet, Gesellschaft, Tourismus, Zukunft. In D. Amersdorffer, et al. (Hrsg.), *Social Web im Tourismus* (S. 3–16). Berlin: Springer.

Beuth, P. (2019). Mark Zuckerberg preist die Privatsphäre – Facebooks Entwicklerkonferenz F8. Spiegel. 30.04.2019. https://www.spiegel.de/netzwelt/web/facebook-entwicklerkonferenz-f8-mark-zuckerberg-preist-die-privatsphaere-a-1264993.html. Zugegriffen: 6. May 2019.

Burmann, C., Arnold, U., & Becker, Ch. (2010). User Generated Branding – Wie Marken vom kreativen Potenzial der Nutzer profitieren. In D. Amersdorffer, et al. (Hrsg.), *Social Web im Tourismus* (S. 3–16). Berlin: Springer.

Egger, R. (2010). Web 2.0 im Tourismus – Eine Auswahl theoretischer Erklärungsansätze. In D. Amersdorffer et al. (Hrsg.), *Social Web im Tourismus* (S. 17–30). Berlin: Springer.

Ettl-Huber, S. (2019). Glaubwürdigkeit von Storytelling. In S. Ettl-Huber (Hrsg.), *Storytelling in Journalismus, Organisations- und Marketingkommunikation*. Wiesbaden: Springer VS.

Faber, M. (23. Januar 2019). *25 digitale Trends 2019 für den Tourismus*. Tourismusblog von Tourismuszukunft. https://www.tourismuszukunft.de/2019/01/digitale-trends-2019-tourismus/. Zugegriffen: 13. May 2019.

Fischer, C. (24. Januar 2019). *Tourismuscamp in St. Peter-Ording: Es war wieder mal ein Fest!* Tourismusblog von Tourismuszukunft. https://www.tourismuszukunft.de/2019/01/tourismuscamp-ist-peter-ording/. Zugegriffen: 13. May 2019.

Herbst, D. (2011). *Storytelling*. Konstanz: UVK.

Herbst, D. G., & Musiolik, T. H. (2016). *Digital Storytelling – Spannende Geschichten für interne Kommunikation, Werbung und PR*. Konstanz: UVK.

Hiller, B. (2019). *Weiterbildung „Next Level": Die digitale Sprechstunde Brandenburg*. Tourismusblog von Tourismuszukunft. https://www.tourismuszukunft.de/2019/04/weiterbildung-next-level-die-digitale-sprechstunde-brandenburg/. Zugegriffen: 14. May 2019.

Honig, K. (12. Juli 2018). *Storytelling im Tourismus kann soviel mehr sein …* Tourismusblog von Tourismuszukunft. https://www.tourismuszukunft.de/2018/07/storytelling-im-tourismus/. Zugegriffen: 11. May 2019.

Lund, N. F., Cohen, S. A., & Scarles, C. (2018). The power of social media storytelling in destination marketing. *Journal of Destination Marketing and Management, 8,* 271–280.

Morton, H. (2017). The new visual testimonial: Narrative, authenticity, and subjectivity in emerging commercial photographic practice. *Media and Communication, 5*(2), 11–20. https://doi.org/10.17645/mac.v5i2.809.

Mossberg, L. (2008). Extraordinary Experiences through Storytelling. *Scandinavian Journal of Hospitality and Tourism, 8*(3), 195–210. https://doi.org/10.1080/15022250802532443.

Reingruber, M. (2013). *Potenziale von Storytelling der Markenführung von Luxusmarken*. Krems an der Donau: Masterarbeit an der Donauuniversität Krems.

Rohrberg, A., & Herrmann, D. (2015). One size fits all – How to enhance sophisticated travel information for cross media use. In C. Busch & J. Sieck (Hrsg.), *Kultur und Informatik, Cross Media* (S. 277–286). Glückstadt: Verlag Werner Hülsbusch.

Scott, M. (2018). Julia Kindt, Revisiting Delphi. Religion and Storytelling in Ancient Greece. (Cambridge Classical Studies). Cambridge: Cambridge University Press 2016. *Historische Zeitschrift, 307*(1), 162–163. https://doi.org/10.1515/hzhz-2018-1306. Zugegriffen: 25. April 2019.

Statista. (2019). *Anzahl der Smartphone-Nutzer in Deutschland in den Jahren 2009 bis 2018 (in Millionen)*. Hamburg: Statista GmbH. https://de.statista.com/statistik/daten/studie/198959/umfrage/anzahl-der-smartphonenutzer-in-deutschland-seit-2010/. Zugegriffen: 15. May 2019.

Stobbe, U. (2011). Kultur touristisch inszenieren – Kultur bewahren durch Tourismus. In A. Kagermeier & T. Reeh (Hrsg.), *115 Trends, Herausforderungen und Perspektiven für die tourismusgeographische Forschung,* Studien zur Freizeit- und Tourismusforschung Mannheim, 3, 115–132.

Sussmann, B. (2015). Influencers vs. Ambassadors vs. Advocates: Stop the confusion! Online-Beitrag EntreprenneurEurope. https://www.entrepreneur.com/article/249947. Zugegriffen: 13. May 2019.

Thier, K. (2006). *Storytelling – Eine narrative Managementmethode*. Heidelberg: Springer Medizin.

Thier, K. (2018). *Storytelling in organizations – A narrative approach to change, brand, project and knowledge management*. Berlin: Springer-Verlag GmbH.

Ulbricht, S., & Tacke, T. (2015). Digital Storytelling. Graubereich in Wissenschaft und Praxis. *Online Journal des Fachbereichs Kommunikationswissenschaft der Universität Salzburg kommunikation.medien, 5.* journal.kommunikation-medien.at.

Woodside, A. G., Sood, S., & Miller, K. E. (2008). When consumers and brands talk: Storytelling theory and research in psychology and marketing. *Psychology & Marketing, 25*(2), 97–145.

Zimmer, A. (2019). Antwort auf eine individuelle Anfrage per Email vom 09.05.2019 an das Clustermanagement zur Qualifizierungsinitiative „Digitale Sprechstunde" in Brandenburg. Dr. Andreas Zimmer ist der Leiter des Clustermanagements Tourismus Brandenburg. www.tourismusnetzwerk-brandenburg.de.

Andrea Rohrberg ist Mitgründerin und Geschäftsführerin eines Technologie-Start-ups (scottyscout.com) im Bereich Tourismus. Zuvor war sie über 15 Jahre als Personal- und Organisationsentwicklerin im Bereich Innovationsmanagement und mediengestützte Zusammenarbeit tätig.